住宅电气与智能小区系统设计

李英姿　编著

U0232061

中国电力出版社
CHINA ELECTRIC POWER PRESS

内 容 提 要

本书以国家最新颁布的 JGJ 242《住宅建筑电气设计规范》和相关设计规范为依据，全面介绍了智能化住宅小区的供配电系统、室内外管线工程、室内外照明系统、信息系统、小区信息化应用系统、住宅防雷与接地系统等方面的设计规范、设计要求、设计思想、设计方法和设计内容。

全书共分八章，包括绪论、用电负荷、供配电系统设计、照明系统设计、信息系统、智能化住宅建筑小区、防雷接地系统、住宅电气系统与智能化系统设计。本书最后还给出了住宅小区的外线工程、变配电工程和多层住宅、高层住宅、别墅住宅的施工图。

本书突出工程实践和理论知识的应用，可以作为高等院校建筑电气和智能建筑专业的教材，也可供从事建筑电气设计、施工、监理、维护管理和其他相关专业的工程技术人员参考。

图书在版编目（CIP）数据

住宅电气与智能小区系统设计/李英姿编著. —北京：中国
电力出版社，2013.3（2015.6重印）
ISBN 978-7-5123-3415-1

Ⅰ.①住… Ⅱ.①李… Ⅲ.①智能化建筑-电气系统-系统设计
Ⅳ.①TU85

中国版本图书馆 CIP 数据核字（2012）第 194919 号

中国电力出版社出版发行
北京市东城区北京站西街 19 号　100005　http://www.cepp.sgcc.com.cn
责任编辑：周　娟　杨淑玲　责任印制：蔺义舟　责任校对：李　亚
北京市同江印刷厂印刷·各地新华书店经售
2013 年 3 月第 1 版·2015 年 6 月 第 2 次印刷
787mm×1092mm　1/16 开本·33.75 印张·798 千字
定价：**69.80**元

前　言

本书依据最新颁布的设计规范来撰写，涉及住宅建筑的电气系统设计、弱电系统设计、小区智能化系统设计等方面的内容，通过详细而完整地讲解住宅建筑电气设计的各个子系统的设计细节，使读者能够比较全面了解电气设计施工图的深度、设计要求、不同专业的配合协调等内容。

本书共有八章：

第一章重点介绍住宅建筑的发展与分类，住宅建筑设计相关的设计规范，施工图设计要求，建筑电气设计中各专业之间互提条件的内容。

第二章重点介绍住宅电气负荷的构成，负荷计算，能量损耗计算，无功补偿，变压器容量计算和备用电源容量计算等。

第三章重点介绍小区住宅的供配电系统设计，内容包括供电系统的设计内容与程序，10/0.4kV变电所主接线，配变电所，配电系统的设计，低压配电装置，电缆、导线和母线槽，室外电缆线路设计，室内电缆线路设计，常用设备电气装置和弱电系统机房供配电系统设计。

第四章重点介绍住宅电气照明系统的设计，内容包括照明设计基础，套内照明设计，插座设计，套内配电系统设计，电能计量，应急照明设计，室外照明设计等。

第五章重点介绍住宅信息系统设计，内容包括住宅信息设施系统的组成和设施，机房工程，接入网，小区内信息干线系统设计，室外信息管道系统，室外信息设备与线缆，室内信息管道与设备，信息设施系统设计（电视、电话、网络系统和家庭综合布线）。

第六章重点介绍智能化住宅建筑小区系统设计，信息化应用系统（物业运营管理系统、信息导引及发布系统、智能卡应用系统、信息网络安全管理系统、家居管理系统），建筑设备管理系统（建筑设备监控系统、能耗计量及数据远传系统），公共安全系统（火灾自动报警系统、安全技术防范系统、应急联动系统），公共广播系统，小区智能化系统集成。

第七章重点介绍防雷与接地系统，包括防雷措施，防雷装置，电涌保护器，接地系统，等电位联结，小区智能化系统防雷与接地。

第八章重点介绍住宅电气系统与智能化系统设计实例，包括小区外线工程，变配电所和住宅电气系统。

本书由北京建筑工程学院电气工程及其自动化系李英姿撰写。

全书在编写过程中，参阅了大量的参考书籍和国家有关规范和标准及住宅电气工程施工图，将其中比较成熟的内容加以引用，并作为参考书目列于本书之后，以便读者查阅。同时对参考书的原作者表示衷心感谢。

由于目前建筑电气施工技术发展迅速，而作者的认识和专业水平有限，书中必有不妥、疏忽或错误之处，敬请专家和读者批评指正。

作　者

目　　录

第一章 绪 论

第一节 住 宅 建 筑

一、住宅建筑概述

住宅是人类生存所必需的物质资料。从物质形态考察，住宅不是纯粹的自然空间，是人类利用自然物质对自然空间进行再创造而形成的人工空间。

1. 住宅的定义

在《现代汉语词典》里，住宅被定义为"住宅即住房，供人居住的房屋"。《房地产大辞典》则将住宅定义为"以家庭为单位，满足家庭生存和发展需要的建筑物。住宅的物质客体就是生活用房。"

在人类几千年的发展进程中，住宅的形态早已发生了剧烈的变化。从最早的"巢居"、"穴居"，到古代的庭院、阁楼、宫殿，再到今天更多元化的居住形态。住宅的外在形态虽然差异很大，但人类居住的住宅都包含以下几个方面的要素：

（1）相对独立的空间。空间是人居住行为的载体。离开了特定的空间，人的居住行为无法完成。这种用于居住的空间就是住宅。居住空间并非一定是人造的或一定是围合的空间，空间先于人类而存在，当其被人类的居住行为所用时，就称为居住空间。

（2）以居住行为为内容的空间。住宅是一种以居住行为为内容的空间，也就是说，住宅的目的是为了满足人们的生活需要，如起居饮食、休养生息等。

（3）连续居住。住宅与其他建筑的核心差别在于是否具有持续居住的含义。首先是主观心理状态上将其作为住宅，其次应当具有一定程度的连续性。住宅不要求是永久居住，只要该居住行为有一定的持续性即可。

2. 中国住宅发展历程

中国住宅房地产的 60 年发展记录了住宅房地产从基本生存型—温饱型—舒适型—享受型的发展阶段，建设的理念和开发模式跟随着住房体制变革，按简单模仿型—探索型—理智型—精明型的规律不断发展。

（1）住宅标准的发展。20 世纪 30 年代，上海、天津出现了里弄式住宅（中西结合的产物），常见有单间式、一间半式、两间式、三合院、四合院、锁头式楼房，其表现形式为低层、低密度住宅。

20 世纪 50 年代，住房紧张，主要是解决住宅的有、无问题，常采用住宅新村（苏联模式）。

改革开放后，人均居住面积由 1979 年的 3.6m² 上升到 8.8m²，主要解决旧式住宅的过度使用问题、合理布局与合理使用的矛盾。但小区规划具有盲目性，公建指标已不能满足要求。

1996 年 5 月，在依斯坦布尔召开的"世界人居二次会议"上，我国政府提出：努力将中国城市住区建筑规划合理，配套齐全，有利工作、方便生活，环境清洁、优美、安静，居住条件舒适的人类住区。2000 年城镇住房标准为每户居民有一处住宅，70％的家庭可以居住一套使用功能基本齐全的住宅，人均居住面积达 9m²，人均使用面积达 12m²。到了 2010 年，全国城镇居民每户都有一处使用功能基本齐全的住宅，人均使用面积达 18m²，基本达到人均一间住房，并有较好的居住环境。

1999 年后，我国推行住房商业改革后的新区建设，包含安居型和小康型住宅，取消福利分房，将住宅建设纳入经济循环之中。

（2）住宅规划的发展。

1）街坊建设。20 世纪 50 年代以前住宅规划主要形式是扩大街坊模式，效仿苏联提出扩大街坊的规划原则，即一个扩大街坊中包括多个居住街坊，扩大街坊的周边是城市道路，在住宅的布局上明显强调周边式布置。

50 年代后期发展居住小区规划理论，用地一般约为 10hm²，以小学生不穿越城市道路、小区内有日常生活服务设施为基本原理。小区内采用居住小区和住宅组团两级结构。

60 年代在总体布局中运用"先成街、后成坊"的原则，住宅新村中心常采用一条街的形式，沿街两旁配有各种商店、餐馆、旅馆、剧场等商业文化配套设施，形成热闹繁华的商业中心，既方便了居民的生活，又体现了新的城市风貌。

2）成片建设。70 年代后期为适应城市建设规模迅速扩大的需求，住宅建设由老城分片插建改由成片集中统一规划、统一设计、统一建设、统一管理，成为主要的建设模式，逐渐形成居住区—居住小区—住宅组团的规划结构。居住区级用地一般有数 10 公顷，有较完善的百货商店、综合商场、影剧院、医院等公建配套。城市居住区有相对的独立性、完整性，居民日常生活要求均能在居住区内解决。

80 年代以后，居住区规划开始合理配置公共建筑，注意组群组合形态的多样化，注重居住环境的建设，组团空间绿地和集中绿地的做法受到普遍欢迎。一些城市还推行了综合区的规划，如形成工厂—生活综合居住区、行政办公—生活综合居住区、商业—生活综合居住区。综合居住区规划具有多数居民可以就近上班，有利工作和方便生活的特征。在这一阶段，因为单一的住房行政供给制度，福利分房越来越难以满足人们不断增长的住房需求，住房短缺的矛盾逐渐显现出来。

3）小区试点。80 年代中期开始，在全国开展以济南、天津、无锡的"全国住宅建设试点小区工程"，使我国住宅建设取得了前所未有的成绩。三年时间里，小区试点超过数百个。在这个阶段，以公共空间—半公共空间—半私密空间—私密空间序列理论受到普遍欢迎。

4）小康住宅示范小区。90 年代开始的"中国城市小康住宅研究"和 1995 年推出的"2000 年小康住宅科技产业工程"，历经 10 年，为我国住宅建设和规划设计水平跨入现代住宅发展阶段起到了重要的作用。"以人为核心"理念的提出带动了全国居住区规划理念和方法的发展。人均建筑面积 35m²、绿地率提高到 35％、汽车停放等细节都是当时推出的先进理念，小康住宅被认为是未来发展的方向，对引导住宅建设发展具有重要意义。

5）商品楼盘。1998—2008 年是商品化住宅发展的 10 年，房地产发生了许多创新性的变化。城市化加快，核心城市中心土地紧缺，住区选址开始向城郊扩展。

（3）住宅建筑设计的发展。

1）建国初期。建国初期的住宅设计大体沿袭了欧美的生活方式进行平面布局，以起居室为中心组合其他空间，多为低层砖木结构，少量为钢筋混凝土结构。

20世纪50年代中期引入了苏联单元式住宅设计手法，取消了以起居室为中心的居住模式，改为内走廊布置方式增加了独立房间，加大了厨房卫生间面积，以适应多个家庭合用一套住宅的需要。

2）简易住宅。60年代初国家遭遇"大跃进"的冲击，又面临三年自然灾害，住宅发展到了极低点。全国各地出现了一批简易住宅，减小了住宅的开间与进深，厨房及厕所的尺寸极小，出现了厨房、住房分离和共用厕所的住宅。住宅的简易程度已不能满足人的基本生活需求与房屋的基本要求。

3）复苏住宅及体系化技术。70年代以后，为解决土地紧缺的矛盾，北京、上海、广州等大城市相继兴建了少量的高层住宅。当时中国建筑情报所发布的"科技情报100项体系技术"研究成果，促成了高层建筑多种体系技术的探索和发展，并不断推陈出新，高层技术由内浇外砌、内浇外挂、框架轻板直到探索全现浇、全大板、全升板、飞模、滑模建筑等技术，对我国的施工技术的提高有很大的促进作用，高层建筑施工技术逐步成熟并快速提高。

4）住宅设计竞赛。1987年举办了"中国'七五'城镇住宅设计方案竞赛"，更多地考虑了现代生活居住行为，起居厅的概念得到了注意，"大厅小卧"式住宅设计得到了普遍欢迎和应用。

1989年的住房体制改革，开展了"全国首届城镇商品住宅设计竞赛"。竞赛主题定为"我心目中的家"，鼓励设计者设身处地发挥想象力，创造一个宜人的居住环境。

1991年第二次"中国'八五'新住宅设计方案竞赛"开始。设计竞赛重点放在住宅功能改善，由"粗放型向精品型转换"，强调住宅空间利用、厨卫功能、节地节能以及地方风貌等，方案出现了空间利用的众多手法，如错层住宅、复合住宅、跃层住宅、坡屋面利用，甚至利用时空概念的四维空间设计等。

1998年以"迈向21世纪的中国住宅"为主题的第三次"九五"住宅设计方案竞赛活动展开，设计竞赛要求利用产业化理念的成熟和四新技术的提高等条件，创造以产业化技术为条件的现代居住要求的住宅套型；要求住宅设计考虑可持续发展的可能；要有适度的超前意识，引导我国住宅建设在21世纪前期的发展方向。

5）砖混住宅体系化。1984年结合建设部"砖混住宅合理化课题"研究，开展了"全国砖混住宅新设想方案竞赛"，目的是征集砖混住宅体系化的建议方案。方案设计引入了"套型"的概念，反映了住宅单体设计的平面布置合理性、功能实用性与外部环境优美性，出现了花园退台型、庭院型、街坊型等低层高密度的建筑，体现了标准化与多样化的统一。大厅小卧的平面模式开始得到发扬，逐渐向现代起居生活迈进。

同期开展的"中国城市砖混住宅体系化研究"项目吸收了设计竞赛的成果，将传统的砖混住宅改造成符合工业化体系原则的体系化、标准化、机械化的传统生产模式。

（4）住宅工程的发展。

1）小康住宅。1990—2000年10年小康住宅的研究把我国的住宅发展推上了产业现代化、体系化的发展之路。

1989—2003年的中国城市小康住宅研究项目（中日合作JICA项目），创新性地提出了一系列关于中国住宅设计和建设的重要理念。

1994年发布小康住宅的10条标准，至今仍然影响着当前房地产开发的理念。小康住宅功能性研究强调居住的私密性，确立的设计原则是动静分离、公私分离、干湿分离。扩大厨房功能使用上的概念，使之符合商品时代特征，安排了洗、切、烧、储等操作顺序。小康住宅对起居厅的作用被强调到最大，直接影响了新的居住行为的产生。

小康项目几乎把整个住宅研究从头到尾都做完了一遍，小康住宅的思路、方法、研究成果是开创性的，影响力是巨大的。

2）康居工程。2000年开始由建设部牵头建立的康居工程，是扩大和加强1998年7月国务院八部委提出的"关于推进中国住宅产业现代化的若干意见"的实施。

3）健康住宅。健康住宅在世界卫生组织（WHO）的定义为能使居住者在身体上、精神上、社会上完全处于良好状态的住宅。健康住宅有15条标准，其特点是量化了住宅环境，包括了过敏性化学物质的浓度、室内换气的要求、厨厕要设局部排气设备、室内全年温湿度的标准、CO_2浓度、悬浮粉尘浓度标准、室内噪声和日照的要求等。

2001年国家住宅工程中心编制的健康住宅建设技术要点发布，并启动了以小区为载体的试点工程。

我国《健康住宅建设技术要点》（2004年版）主要包括居住环境的健康性和社会环境的健康性两大部分。居住环境的健康性主要内容包括住区环境、住宅空间、空气环境、热声光水环境、绿化环境和环境卫生等。社会环境的健康性主要内容包括住区社会功能、住区心理功能、健身体系、保健体系、公共卫生体系、文化养育体系、社会保险体系、健康行动和健康物业管理等方面。

4）商品化住宅。自1998年住房体制改革实施以来，房地产发展呈现突飞猛进的发展态势，全国土地、资金的投入达到了历史上的最大化。

（5）人居环境建设。中国对于人居环境建设的重视始于改革开放的年代，快速城市化催生了人居环境从理论到实践的发展。

中国城市化发展一个重要指标就是人居环境水准的宜居程度。城市化发展从1993年在整体上进入加速阶段，到2008年中国城市化已经达到45.3％。从"城市人居环境"到"住区人居环境"，一直是中国人居环境建设研究的重点。

1993年，中国人居环境的基本理论与典型范例研究，为人居环境建设建立了理论基础。吴良镛等三位教授提出的人居环境科学基本理论框架，从人居环境中的人与环境的关系、人居环境的规模层次、人居环境的建设原则以及人居环境的研究方法展开，对全球、国家、城市、社区和建筑五大层次进行分类研究，在解决人居环境实际问题的方法上具有广泛的世界意义。

2003年，中国房地产研究会人居环境委员会针对中国快速城市化进程中的城市建设和房地产业发展的实际问题，以《中国人居环境及新城镇发展推进工程》为核心，全方位进行人居环境科学理论和实践的研究。从城市、住区和建筑三个层面推进人居建设事业的发展。

2004—2008年，人居环境委员已经在全国43个城市80个小区建立了规模住区金牌试点。通过试点实践不断总结分析提升，形成了《规模住区人居环境评估指标体系》，从人居软件环境和硬件环境建设两个方面提出生态、环境、配套、科技、亲情、人文和服务七条特色目标。指标体系来自于房地产项目实践，上升为行业标准后，又成为指导人居住区建设的手册，人居委研究路线开创了理论实践的先河。

2009年，人居环境委员在内蒙乌审旗建立第一个以人居环境为目标的示范城镇，开始了以"人居环境规划"为手段，帮助城镇政府实践科学发展观和城乡统筹一体化的探索，全面改善小城镇的人居环境质量水平。

3. 住宅的功能

住宅的基本功能是遮蔽风雨，抵御群害，栖身安顿。

到了近代，由于住宅几乎和人类的全部产业经营活动、社会活动和环境生态活动相连接，因此，住宅就逐渐成为多功能的居住体。

二、现代住宅

1. 智能化住宅

（1）定义。智能化住宅是指将各种家用自动化设备、电器设备、计算机及网络系统与建筑技术和艺术有机结合，以获得一种居住安全、环境健康、经济合理、生活便利、服务周到的感觉，使人感到温馨舒适，并能激发人的创造性的住宅型建筑物。

所谓智能住宅就是通过其结构、系统、服务和管理四个基本要素进行最优化设计，从而为客户提供一个高效和安全的生活工作环境。

（2）功能。一般认为具备下列四种功能的住宅为智能化住宅。

1）安全防卫自动化。

2）身体保健自动化。

3）家务劳动自动化。

4）文化、娱乐、信息自动化。

智能化住宅小区是指以一套先进、可靠的网络系统为基础，将住户和公共设施建成网络并实现住户、社区的生活设施、服务设施的计算机化管理的居住场所。其重点在于提高家庭教育水平、科技水平和住宅的安全性。

（3）标准。《全国住宅小区智能化系统示范工程建设要点与技术导则》（简称《导则》），将全国住宅小区智能化系统建设分为一星级、二星级和三星级三个等级。

1）一星级示范小区。安全防范子系统包括出入口管理及周界防卫报警、闭路电视监控、对讲与防盗门控、住户报警、巡更管理；信息管理子系统包括对安全防范系统实行监控、远程抄收与管理、IC卡、车辆出入与停车管理，供电设备、公共照明、电梯、供水等重要设备监控管理，紧急广播与背景音乐系统，物业管理计算机系统；信息网络子系统包括为实现上述功能科学合理的布线，每户不少于两条电话线和两个有线电视插座，建立有线电视网。

2）二星级示范小区。除应具有一星级的全部功能外，在安全防范子系统和信息管理子系统方面，其功能及技术水平应有较大的提高；信息传输通道应采用高速宽带数据网作为主干网；物业管理计算机系统应配置局部网络，并供住户使用。

3）三星级示范小区。应具有二星级的全部功能，其智能化系统的建设在有可能的条件下，应实现现代集成建造系统（HI-CIMS）技术，并把物业管理智能化系统建设纳入整个住宅小区中，作为HI-CIMS工程中的一个子系统。同时，HI-CIMS要考虑物业公司对其智能化系统管理的运行模式，使其实现先进性、可扩展性和方便管理。

2. 节能住宅

（1）定义。采用新型节能围护体系和综合节能技术措施，使采暖地区的住宅采暖能耗降低，达到国家规定的节能目标，并具有良好的居住功能和环境质量的住宅称为节能住宅。

（2）技术措施。目前国际上的节能建筑都已在墙体采用了外保温技术，我国建筑也正在由传统的内保温转为外保温。外保温墙由有相当厚度的保温板、墙体中间的流动空气层组成，因而能有效地达到保温和隔热作用。

目前，一些节能住宅的墙体和楼板采用了陶粒混凝土，因其使用陶粒材质，与普通混凝土相比，隔声隔热的功能更好。

（3）标准。GB/T 50362《住宅性能评定标准》体现了节能、节地、节水、节材的思想，倡导一次装修，同时引导住宅开发和住房理性消费。据介绍，对住宅性能的综合评定分为五个方面，即住宅的适用性能、环境性能、经济性能、安全性能、耐久性能等。评定级别分为A、B两级。其中A级又分为1A、2A、3A，3A为最高等级。

3. 绿色住宅

（1）定义。GB 50378《绿色建筑评价标准》中绿色住宅（或绿色建筑）主要指的是节能、低碳、环保型建筑。是指在建筑的全寿命周期内，最大限度地节约资源（节能、节地、节水、节材）、保护环境和减少污染，为人们提供健康、适用和高效的使用空间，与自然和谐共生的建筑。

（2）特征。所谓"绿色建筑"中的"绿色"是代表一种概念或象征，指建筑对环境无害，能充分利用环境自然资源，并且在不破坏环境基本生态平衡条件下建造的一种建筑，又可称为可持续发展建筑、生态建筑、回归大自然建筑、节能环保建筑等。

绿色建筑的基本内涵可归纳为：减轻建筑对环境的负荷，即节约能源及资源；提供安全、健康、舒适性良好的生活空间；与自然环境亲和，做到人及建筑与环境的和谐共处、永续发展。

（3）发展现状。2001年我国进入"绿色建筑"的研究阶段，陆续编制了包括中国绿色生态小区建设要点、绿色奥运建筑评估软件在内的研究成果，开创了绿色建筑运动的先河。2004年开始，建设部每年在全国召开一次绿色建筑和智能化国际研讨会，表明了政府的决心和行动。会议对绿色建筑的定义作出了明确的规定，使全国的绿色建筑走上了规范化的发展道路。

2008年第一个以建设部名誉发表的"绿色建筑评价标准"填补了我国绿色建筑发展的空白。

4. 生态住宅

（1）定义。生态住宅以可持续发展的思想为指导，意在寻求自然、建筑和人三者之间的和谐统一，即在"以人为本"的基础上，利用自然条件和人工手段来创造一个有利于人们舒适、健康的生活环境，同时又要控制对于自然资源的使用、实现向自然索取与回报之间的平衡。

（2）特征。国际上，通常把能体现三大主题的住宅称为生态住宅：以人为本，呵护健康舒适；资源的节约与再利用；与周围环境的协调与融合。

（3）技术措施。

1）洁净能源的开发与利用。要尽可能节约不可再生能源（煤、石油、天然气），并积极开发可再生的新能源，包括太阳能、风能、水能、生物能、地热等无污染型能源。

2）充分考虑气候因素和场地因素。如朝向、方位、建筑布局、地形地势等。尽可能利用天然热源、冷源来实现采暖与降温；充分利用自然通风来改善空气质量、降温、除湿。

3）材料的无害化、可降解、可再生、可循环。建筑材料应尽可能利用可降解、可再生的资源，同时还要严格做到建材的无害化（无污染、无辐射）。

4）水的循环利用与中水处理。在适宜的范围内进行雨水收集、中水处理、水的循环利用和梯级利用，特别是对于水资源匮乏的地区。

5）结合居住区的情况（规模密集、区位、周边热网状况）采取最有效的供暖、制冷方式。加强能源的梯级利用。

6）结合居住区规划和住宅设计来布置室外绿化（包括屋顶绿化和墙壁垂直绿化）和水体，以此进一步改善室内外的物理环境（声、光、热）。

7）使用本土材料、降低由于材料运输而造成的能耗和环境污染。

8）在技术成熟、经济允许的情况下，适当地使用新材料、新技术，提高住宅的物理性能。

9）注重不同社会文化所引发的生活方式上的差异以及由此产生的对住宅设计的影响。提倡基于健康、节约基础上的生活方式。

三、住宅小区

住宅小区也称为居住小区，是由城市道路以及自然支线（如河流）划分，并不为交通干道所穿越的完整居住地段，并与居住人口规模7000～15 000人相对应，配建有一套能满足该区居民基本的物质与文化生活所需的公共服务设施的居住生活聚居地。

根据不同的人口和用地规模，城市居住区又可划分为居住区（30 000～50 000人）、居住小区（10 000～15 000人）和居住组团（1000～3000人）三级。

住宅小区一般设置一整套可满足居民日常生活需要的基层专业服务设施和管理机构。

1. 功能

（1）能按城市规划要求建设配套，充分发挥城市功能。

（2）公共服务设施比较齐全。

（3）环境绿化、美化与居民的文化、休息、娱乐用于一体。

（4）创造安全、文明的文化氛围，有利于人际交往，有利于建设社会主义精神文明。

2. 特点

（1）开发建设集中化。

（2）功能齐全，多样化。

（3）房屋和设施配套，一体化。

（4）投资多元化，产权多样化。

3. 管理

（1）管理模式。

1）以房管所为主的管理模式。

2）以街道办事处为主的管理模式。

3）以街道办事处为主，三结合的管理模式。

4）开发公司专业管理的模式。

5）专业性的物业公司管理模式。

6）住宅合作社模式。

新建住宅小区应当逐步推行物业公司管理的模式。

（2）基本内容。对住宅小区内的房屋建筑及其设备、市政公共设施、绿化、卫生、交通、治安和环境容貌等管理项目进行维护、修缮和整治。

住宅小区服务分经常性服务和特定委托服务两大类。经常性服务如清扫、治安保卫、市政公用设施保养等，这些项目可每月向住户收取一定服务费。特定委托性服务，如电梯管理与维修服务；发电机房、供水泵房、自来水设备的管理与服务；代管车辆、房屋等。物业公司可用特定特种服务和多种经营收益补充小区管理经费。

（3）标准。房屋完好率达 90%、市政系统完好率达 90%、卫生清洁率达 95%、消防和避雷装置完好率达 100%、绿化覆盖率达 30%。房屋设备维修率达 98%、群众满意率在98%以上、各种费用收取率在 98%以上、治安事故率在 2%以下。

新建住宅小区应当成立住宅小区管理委员会，管委会决定选聘或续聘物业公司。物业公司有权选聘专营公司承担专业管理业务。

第二节　住　宅　分　类

一、按楼体高度分类

1. 低层

1～3 层为低层住宅。

2. 多层

4～6 层为多层住宅。

3. 中高层

7～9 层为中高层住宅。

4. 高层

第一类，8～16 层，建筑高度在 25～50m 之间，其结构形式一般为钢筋混凝土框架结构。

第二类，17～25 层，建筑高度最高达 75m。

第三类，26～40 层，建筑高度最高达 100m。

第四类，层数在 40 层以上，建筑高度超过 100m，称为超高层建筑。

二、按楼体结构形式分类

1. 砖木结构

砖木结构主要是用砖石和木材建造，并由砖石和木骨架共同承重的建筑物。建筑物中，竖向承重结构的墙、柱等采用砖或砌块砌筑，楼板、屋架等用木结构，如图 1-1 所示。

由于力学工程与工程强度的限制，一般砖木结构是平层（1～3 层）。这种结构建造简单，材料容易准备，费用较低。通常用于农村的屋舍、庙宇等。

2. 砖混结构

砖混结构是指建筑物中竖向承重结构的墙、柱等采用砖或者砌块砌筑，横向承重的梁、楼板、屋面板等采用钢筋混凝土结构，即砖混结构是以小部分钢筋混凝土及大部分砖墙承重的结构，如图 1-2 所示。

砖混结构是混合结构的一种，是采用砖墙来承重，钢筋混凝土梁、柱、板等构件构成的混合结构体系，适合开间进深较小、房间面积小、多层或低层的建筑。对于承重墙体，不能

图 1-1 砖木结构

图 1-2 砖混结构

改动；而对于框架结构，大部分可以改动。

3. 钢筋混凝土结构

钢筋混凝土结构是指建筑物中主要承重结构（如墙、柱、梁、楼板、楼体、屋面板等）用钢筋混凝土制成，非承重墙用砖或其他材料填充。这种结构抗震性能好，整体性强，耐火性、耐久性、耐腐蚀性强。

（1）框架结构。框架结构是指由梁和柱以刚接或者铰接相连接而成，构成承重体系的结构，即由梁和柱组成框架共同抵抗使用过程中出现的水平荷载和竖向荷载。采用框架结构的房屋墙体不承重，仅起到围护和分隔作用，一般用预制的加气混凝土、膨胀珍珠岩、空心砖或多孔砖、浮石、蛭石、陶粒等轻质板材砌筑或装配而成，如图 1-3 所示。

钢筋混凝土结构建筑的特点是适应性强、抗震性能好和耐用年限较长，是目前我国城市建筑工程中采用最多的一种建筑结构类型。

（2）剪力墙结构。剪力墙结构是用钢筋混凝土墙板来代替框架结构中的梁柱，能承担各类荷载引起的内力，并能有效控制剪刀墙结构的水平力，这种用钢筋混凝土墙板来承受竖向和水平力的结构称为剪力墙结构，这种结构在高层房屋中被大量运用，如图 1-4 所示。

剪力墙的主要作用是承担竖向荷载（重力）、抵抗水平荷载（风、地震等）。剪力墙结构

图 1-3 框架结构

图 1-4 剪力墙结构

中墙与楼板组成受力体系，缺点是剪力墙不能拆除或破坏，不利于形成大空间，住户无法对室内布局自行改造。

短肢剪力墙结构应用越来越广泛，采用宽度（肢厚比）较小的剪力墙，住户可以在一定范围内改造室内布局，增加了灵活性，但这是以整个结构受力性能的降低为代价的。

（3）框架-剪力墙结构。框架-剪力墙结构（简称为框剪结构），是框架结构和剪力墙结构两种体系的结合，吸取了各自的长处，既能为建筑平面布置提供较大的使用空间，又具有良好的抗侧力性能。框剪结构中的剪力墙可以单独设置，也可以利用电梯井、楼梯间、管道井等墙体。因此，该结构已被广泛地应用于各类房屋建筑。

4. 钢结构

主要的承重构件都是由钢材作为承重材料的建筑物称为钢结构建筑，适用于超高层建筑，自重最轻，如图 1-5 所示。

三、按楼体建筑形式分类

1. 低层住宅

低层住宅主要是指（一户）独立式住宅、（二户）联立式住宅和（多户）联排式住宅。与多层和高层住宅相比，低层住宅最具有自然的亲合性（往往设有住户专用庭院），适合儿童或老人的生活；住户间干扰少，有宜人的居住氛围。这种住宅虽然为居民所喜爱，但受到土地价格与利用效率、市政及配套设施、规模、位置等客观条件的制约，在供应总量上有限。

图 1-5 钢结构

2. 多层住宅

（1）多层住宅的优点。多层住宅主要是借助公共楼梯垂直交通，是一种最具有代表性的城市集合住宅。它与中高层（小高层）和高层住宅相比，有一定的优势。其优点如下：

1）在建设投资上，多层住宅不需要像中高层和高层住宅那样增加电梯、高压水泵、公共走道等方面的投资。

2）在户型设计上，多层住宅户型设计空间比较大，居住舒适度较高。

3）在结构施工上，多层住宅通常采用砖混结构，因而多层住宅的建筑造价一般较低。

（2）多层住宅的缺点。多层住宅也有不足之处，主要表现如下：

1）底层和顶层的居住条件不算理想，底层住户的安全性、采光性差，厕所易溢粪返味；顶层住户因不设电梯而上下不便。此外，屋顶隔热性、防水性差。

2）难以创新。由于设计和建筑工艺定型，使得多层住宅在结构、建材选择、空间布局上难以创新。如果要有所创新，就需要加大投资，又会失去价格成本方面的优势。

多层住宅的平面类型较多，基本类型有梯间式、走廊式和独立单元式。

3. 中高层住宅

一般而言，中高层住宅主要是指 7~10 层高的集合住宅。从高度上来说，具有多层住宅的氛围，但又是较低的高层住宅，故称为中高层。对于市场推出的这种小高层，似乎是走一条多层与高层的中间之道。小高层较之多层住宅有其自己的特点。

（1）建筑容积率高于多层住宅，节约土地，房地产开发商的投资成本较多层住宅有所降低。

（2）建筑结构大多采用钢筋混凝土结构。从建筑结构的平面布置角度来看，则大多采用板式结构，在户型方面有较大的设计空间。

（3）由于设计了电梯，楼层又不是很高，增加了居住的舒适感。但受容积率的限制，与高层相比，小高层的价格一般比同区位的高层住宅高。

4. 高层住宅

高层住宅是城市化、工业现代化的产物，依据外部形体可将其分为塔楼和板楼。

（1）高层住宅的优点。高层住宅土地使用率高，有较大的室外公共空间和设施，眺望性好，建在城区具有良好的生活便利性，对买房人有很大的吸引力。

（2）高层住宅的缺点。高层住宅，尤其是塔楼，在户型设计方面增大了难度，在每层内很难做到每个户型设计的朝向、采光、通风都合理。并且高层住宅投资大，建筑的钢材和混凝土消耗量都高于多层住宅，需配置电梯、高压水泵、增加公共走廊和门窗。另外还要从物业管理收费中为修缮维护这些设备付出经常性费用。

　　高层住宅内部空间的组合方式主要受住宅内公共交通系统的影响。按住宅内公共交通系统分类，高层住宅分单元式和走廊式两大类。其中，单元式可分为独立单元式和组合单元式，走廊式可分为内廊式、外廊式和跃廊式。

5. 超高层住宅

　　超高层住宅多为30层以上。超高层住宅的楼地面价最低，但其房价却不低。随着建筑高度的不断增加，其设计的方法和施工工艺较普通高层住宅和中、低层住宅会有很大的变化，需要考虑的因素会大大增加。例如，电梯的数量、消防设施、通风排烟设备和人员安全疏散设施会更加复杂，同时，其结构本身的抗震和荷载也会大大加强。另外，超高层建筑由于高度突出，多受人瞩目，因此在外墙面的装修上档次较高，其成本也很高。若建在市中心或景观较好的地区，虽然住户可欣赏到美景，但对整个地区来讲却不协调。因此，许多国家并不提倡多建超高层住宅。

　　各类高度住宅如图1-6所示。

四、按房屋类型分类

1. 单元式住宅

图1-6　各类高度住宅

(a) 低层住宅；(b) 多层住宅；(c) 中高层住宅；(d) 高层住宅；(e) 超高层住宅

单元式住宅是高层住宅中应用最广的一种住宅建筑形式。这类住宅与走廊式住宅的最大区别是每层楼面只有一个楼梯，可为 2～4 户住宅提供服务（大进深住宅每层一梯可服务于5～8 户），住户由楼梯平台进入分户门。

如果住宅设计为点式，则各层住户围绕一个楼梯分布；如果住宅的平面是条形（板式）设计，则一幢条形住宅可有多个楼梯。不论是一梯二户，还是一梯三户，每个楼梯的控制面积称为一个居住单位。因此，条形的梯间式多层住宅又称为连续单元式住宅，点式（墩式或塔式）梯间式住宅又称为独立单元式住宅。

单元式住宅的基本特点：

（1）每层以楼梯为中心，安排户数较少，各户自成一体。

（2）户内生活设施完善，既减少了住户之间的相互干扰，又能适应多种气候条件。

（3）可以标准化生产，造价经济合理。

（4）仍保留一些公共使用面积，如楼梯、走廊、垃圾道，保证了邻里交往，有助于改善人际关系。

单元式住宅一经建造使用，便被社会所接受，并得到了普遍推广。

2. 公寓式住宅

公寓式住宅是相对于独院独户的西式别墅住宅而言的。公寓式住宅大多是高层建筑，每一层内有若干单独使用的套房，包括卧室、起居室、客厅、浴室、厕所、厨房、阳台等。还有一部分附设于旅馆酒店之内，供一些常常往来的中外客商及其家眷中短期租用。

3. 花园式住宅

花园式住宅也叫做西式洋房或小洋楼，即花园别墅。

一般都是带有花园草坪和车库的独院式平房或二、三层小楼，建筑密度很低，内部居住功能完备，装修豪华并富有变化，住宅中水、申、暖供给一应俱全，户外道路、通信、购物、绿化也都有较高的标准。

4. 跃层式住宅

跃层式住宅是近年来推广的一种新颖住宅建筑形式。从外观来说，跃层式住宅是一套住宅占两个楼层，有内部楼梯联系上、下层，一般在首层安排起居室、厨房、餐厅、卫生间，二层安排卧室、书房、卫生间等，如图 1-7（a）所示。

上、下层之间的通道不通过公共楼梯，而采用户内独用的小楼梯连接。跃层式住宅的优点是每户都有较大的采光面；通风较好，户内居住面积和辅助面积较大，布局紧凑，功能明确；相互干扰较小。在高层建筑中，由于每两层才设电梯平台，可缩小电梯公共平台面积，提高空间使用效率。不足之处是户内楼梯要占去一定的使用面积，同时由于二层只有一个出口，如果发生火灾时，则人员不易疏散，消防人员也不易迅速进入。

5. 复式住宅

复式住宅是一种经济型房屋，在层高较高的一层楼中增建一个夹层，从而形成上、下两层的楼房，如图 1-7（b）所示。

复式住宅的下层供起居、炊事、进餐、洗浴用，上层供休息、睡眠和贮藏用，户内设多处入墙式壁柜和楼梯，位于中间的楼板是上层的地板。复式住宅的经济性体现在以下几点。

（1）平面利用系数高。通过夹层，可使住宅的使用面积提高 50%～70%。

（2）户内的隔层为木结构，将隔断、家具、装饰融为一体，降低了综合造价。

(a)

(b)

(c)

(d)

图 1-7　住宅类型

(a) 跃层式住宅；(b) 复式住宅；(c) 错层式住宅；(d) 退台式住宅

（3）上部夹层采用推拉窗及墙身多面窗户，通风采光良好，与一般层高和面积相同的住宅相比，土地利用率可提高 40%。

复式住宅在概念上是一层，并不具备完整的两层空间，但层高较普通住宅（通常层高2.8m）高，可在局部掏出夹层安排卧室或书房等，用楼梯联系上、下层，其目的是在有限的空间里增加使用面积来提高住宅的空间利用率。

6. 错层式住宅

错层式住宅主要是指一套房子不处于同一平面，即房内的厅、卧、卫、厨、阳台处于几个高度不同的平面上，如图 1-7（c）所示。

错层式和复式房屋有一个共同的特征区别于平面式的住宅。平面式住宅表示一户人家的厅、卧、卫、厨等所有房间都处于同一层面，而错层和复式内的各个房间则处于不同层面。

错层和复式房屋的区别在于尽管两种房屋均处于不同层面，但复式层高往往超过一人高度，相当于两层楼，而错层式高度低于一人，人站立在第一层面平视可看到第二层面。因此错层有"压缩了的复式"之称。另外，复式的一、二层楼面往往垂直投影，上、下面积大小一致；而错层式的两个（或三个）楼面并非垂直相叠，而是互相以不等高形式错开。

7. 退台式住宅

退台式住宅又称为"台阶式"住宅，因其外形类似于台阶而得名。这类住宅的建筑特点是住宅的建筑面积由底层向上逐层减小，下层多出的建筑面积成为上层的一个大平台，面积要大大超过一般住宅凸出或凹进的阳台面积，如图1-7（d）所示。

退台式住宅的优点是住户都有较大的屋外活动空间，同时也有良好的采光和通风。缺点是一部分建筑空间转作平台，建筑容积率减少、占地较多，因此其地价在总造价中的比重有所提高。

目前，国内建造的退台式住宅，都属于价格较高的中高档住宅，一般建在地价较低的郊外住宅区或旅游度假区。一些低层的独立式别墅式住宅，也常采用退台式设计。

8. 组团住宅

组团住宅是目前较多为大型社区所引用的概念，是一种融合了中式四合院建筑模式的居住结构。院落式的布局，用四面楼房围合成封闭的空间，由单一的出入口出入，能给住户带来领域感和安全感，邻里有交往的氛围和空间，空间尺度宜人，让人轻松愉快，非常符合现代人交流的心理需要。

9. 走廊式住宅

走廊式住宅分为外廊式住宅和内廊式住宅。

（1）外廊式住宅。外廊式住宅在联排式低层住宅，多层、高层的板式住宅和"Y"型、"工"字型的点式住宅中普遍采用。优点是在房间的一侧设有公共走廊，走廊端通向楼梯和电梯。外廊式住宅又可分为长外廊和短外廊两种。长外廊第一楼层可分为闭式和敞开式两种。前者多在多层、高层住宅中使用，采用柱子和栅栏、玻璃等围护。外廊式住宅的优点是分户明确，每幢或每套住房的公共走廊有一个出入口，每户均可获得较好的朝向，采光和通风较好。缺点是外廊作为公共交通走道，所占的面积较大，建筑造价较高；每户的门对着公共走廊，相互干扰较大。

（2）内廊式住宅。内廊式建筑设计多在早期的多层、高层住宅、大专院校的学生宿舍、工厂的集体宿舍和旅馆、酒店、医院病房两侧，各户毗邻排列。内廊式住宅也有长内廊与短内廊之分，长内廊视住户多少，可设一部或二部楼（电）梯于内廊中部或两端；短内廊仅在一端设楼（电）梯。

内廊式住宅的缺点是楼（电）梯服务的户数较多，各户只有一个朝向，而且由于两排房屋并列相对，无法打开门窗产生穿堂风，采光和通风都大大低于外廊式住宅；由于走廊内设，没有天然光照明，因此过于黑暗；同时各户之间共用走廊，户间干扰比外廊式住宅要大。此类住宅，建设成本较低，销售价格也较便宜。

10. 独院式住宅

独院式住宅是一种独户居住的单幢住宅，有独用的院，居住环境安静，室外生活方便。由于建筑四面临空，平面组合灵活，内部各房间容易得到良好的采光和通风，居住舒适。像各种别墅和花园洋房，都属于独院式住宅。

11. 并联式住宅

并联式住宅一般由两户住宅并靠拼联组成。每户形成三面临空的独用庭院，既有独院式住宅的优点，又比独院式住宅节省用地。二、三层并联式住宅一般每个单元楼上、楼下归一户使用，但也有楼上、楼下分户居住的，前后小院可分户专用。

12. 联排式住宅

联排式住宅一般是由多个独户居住的单元拼联组成的。各户在房前、房后有专用的院子，供户外活动及家务操作之用。这类住宅的日照及通风条件都比较好。

三层联排式住宅一般每个单元楼上、楼下归一户使用，但也有楼上、楼下分户居住的，前、后小院则分户专用。

联排式住宅的组合方式变化很多，有拼联成排的，也有拼联成团的。

13. 商住住宅

商住住宅是 SOHO（居家办公）住宅观念的一种延伸，既属于住宅，同时又融入写字楼的诸多硬件设施，尤其是强大的网络功能，既能居住又能从事商业活动。

商住住宅适合于小型公司以及依赖网络进行社会活动的人群。

五、按房屋政策属性分类

1. 廉租房

廉租房是指政府和单位向具有城镇常住户口居民的最低收入家庭提供的租金相对低廉的普通住房。廉租房主要包括腾空的原有公有住房、现公有住房以及政府和单位出资兴建购置的用于廉租的住房。其租金标准原则上参照维修费和管理费两项因素确定，以后随着最低收入家庭收入水平的提高而适当提高。

2004 年建设部《城镇最低收入家庭廉租住房管理办法》对廉租房的承租、管理、退住都有具体的规定。

2. 经济适用住房

经济适用房是指具有社会保障性质的商品住宅，具有经济性和适用性的特点。经济性是指住宅价格相对市场价格是适中的，能够适应中、低收入家庭的经济能力；适用性是指在住房设计及其建筑标准上强调住房的使用效果，而不是降低建筑标准。它是国家为解决中、低收入家庭住房问题而修建的普通住房。这类住宅因减免了工程报建中的部分费用，其成本略低于普通商品房，故又称为经济实用房。

现阶段经济适用住房有三种：第一种是由政府提供专项用地，通过统一开发、集中组织建设的经济适用住房；第二种是将房地产开发企业拟作商品房开发的部分普通住宅项目改为经济适用住房向社会公开发售；第三种是单位以自建和联建方式建设的经济适用住房，只出售给本单位职工。具体描述如下：

（1）微利房。微利房是指房地产开发商修建的用于公开向社会让利出售获取微利的普通商品房。

（2）安居房。安居房是指实施国家"安居工程"而建设的住房（属经济适用房一类），是国家安排贷款和地方自筹资金建设的面向广大中、低收入家庭，特别是人均 $4m^2$ 以下特困户提供的销售价格低于成本、由政府补贴的非营利性的住房。

（3）解困房。解困房是指在实施安居工程之前或未实施安居工程的城镇，政府为解决当地住房特困户的困难而专门修建的住房。只售给经审查符合条件的住房困难户和无房户。

3. 公有住房

公有住房是指国家和单位投资建设或购买的、产权属国家或单位所有的住房。从管理方看，可分为直管公房（政府房地产管理部门直接管理）和自管公房（各产权单位自行管理）两种类型。

由单位分配给城镇居民居住的住房一般属于公有住房。具有城镇常住户口的合法承租人均可按规定向现住房产权单位申请购买租住的公有住宅楼房。

4. 二手房

二手房通常是指再次买卖交易的住房。个人购买的新竣工的商品房、经济适用住房以及单位自建住房，办完了产权证后再次上市买卖。

5. 集资房

集资房即集资合作建房，是指改变住房建设由国家和单位统包的制度，实行国家、单位、个人三者共同承担，通过多渠道筹集资金，由政府或单位组织建房，或由居民自发组织建造住房，以此解决职工住房困难的一种住房建设方式。

6. 商品房

商品房是指具有经营资格的房地产开发公司（包括外资投资企业）开发经营的住宅。它不同于长期以来在住房体制上所供给的福利性住宅，是纯粹商品化的住宅。

商品房的销售由市场决定其价格。

7. 房改房

房改房是指按照单位分房原则，已经分配的执行国家规定的房改标准出售的住房。

8. 平价房

平价房是指以成本价加上 3% 的管理费作为销售价格向大多数中、低收入家庭提供的住宅。其成本是由征地和拆迁补偿费、勘察和前期工程费、建安工程费、住宅小区基础建设费、管理费、贷款利息和税金等七项因素构成的。

9. 限购房

2010 年 4 月 30 日北京出台"国十条实施细则"中明确提出的：从 5 月 1 日起，北京家庭只能新购一套商品房，购房人在购买房屋时，还需要如实填写一份《家庭成员情况申报表》，如果被发现提供虚假信息骗购住房的，将不予办理房产证。这是全国首次提出的家庭购房套数"限购令"。

限购房是指限购房政策，即"楼市限购令"。

第三节 住宅建筑有关设计规范

一、通用标准

现行建筑通用标准见表 1-1。

表 1-1　　　　　　　　　　现行建筑通用标准

序 号	类 别	标 准 名 称	标 准 编 号
1	制图标准	房屋建筑制图统一标准	GB/T 50001—2010
2		建筑制图标准	GB/T 50104—2010
3		总图制图标准	GB/T 50103—2010
4		道路工程制图标准	GB 50162—1992
5		给水排水制图标准	GB/T 50106—2010
6		供热工程制图标准	CJJ/T 78—2010
7		暖通空调制图标准	GB/T 50114—2010
8		电力工程制图标准	DL 5028—1993（2005）
9		建筑结构制图标准	GB/T 50105—2010
10	模数协调	住宅建筑模数协调标准	GB/T 50100—2001

二、住宅建筑

现行住宅建筑标准见表 1-2。

表 1-2 　　　　　　　　　　　　　现行住宅建筑标准

序　号	类　别	标　准　名　称	标　准　编　号
1	通用	民用建筑设计术语标准	GB/T 50504—2009
2		民用建筑设计通则	GB 50352—2005
3		民用建筑修缮工程查勘与设计规程	JGJ 117—1998
4		建筑地面设计规范	GB 50037—1996
5		城市道路和建筑物无障碍设计规范	JGJ 50—2001
6		湿陷性黄土地区建筑规范	GB 50025—2004
7		电子信息系统机房设计规范	GB 50174—2008
8		人民防空地下室设计规范	GB 50038—2005
9		民用建筑绿色设计规范	JGJ/T 229—2010
10	住宅	住宅建筑规范	GB 50368—2005
11		住宅设计规范	GB 50096—2011
12		老年人居住建筑设计标准	GB/T 50340—2003
13		住宅性能评定技术标准	GB/T 50362—2005
14		住宅卫生间功能及尺寸系列	GB/T 11977—2008
15		住宅和公共建筑物的居住和使用荷载	ISO 2103—1986
16		住宅区和住宅建筑内通信设施工程验收规范	GB/T 50624—2010
17		健康住宅建设技术规程	CECS 179—2009
18		斜屋顶下可居住空间技术规程	CECS 123—2001

三、建筑防火

现行建筑防火标准见表 1-3。

表 1-3 　　　　　　　　　　　　　现行建筑防火标准

序　号	类　别	标　准　名　称	标　准　编　号
1	防火	建筑设计防火规范	GB 50016—2006
2		村镇建筑设计防火规范	GDJ 39—1990
3		人民防空工程设计防火规范	GB 50098—2009
4		高层民用建筑设计防火规范	GB 50045—1995（2005 年版）
5		建筑内部装修设计防火规范	GB 50222—1995（2001）
6		汽车库、修车库、停车场设计防火规范	GB 50067—1997
7	设计	建筑灭火器配置设计规范	GB 50140—2005
8		自动喷水灭火系统设计规范	GB 50084—2001（2005 年版）
9		火灾自动报警系统设计规范	GB 50116—1998
10		二氧化碳灭火系统设计规范	GB 50193—1993（2010 年版）
11		气体灭火系统设计规范	GB 50370—2005
12		住宅防火设施的喷水设备	UL 1626—2001
13		火灾自动报警系统性能评价	GB/Z 24978—2010

四、建筑设备

现行建筑设备标准见表 1-4。

表 1-4　　　　　　　　　　　　　　　　现行建筑设备标准

序号	类别		标 准 名 称	标 准 编 号
1	水	设计	给水排水工程基本术语标准	GB/T 50125—2010
2			建筑给水排水设计规范	GB 50015—2003（2009 年版）
3			建筑与小区雨水利用工程技术规范	GB 50400—2006
4			建筑中水设计规范	GB 50336—2002
5			给水排水工程管道结构设计规范	GB 50332—2002
6			建筑给水聚丙烯管道工程技术规范	GB/T 50349—2005
7			给水排水工程构筑物结构设计规范	GB 50069—2002
8			室外给水设计规范	GB 50013—2006
9			室外排水设计规范	GB 50014—2006（2011 年版）
10			室外给水排水和燃气热力工程抗震设计规范	GB 50032—2003
11			居住小区给水排水设计规范	CECS 57—1994
12		设备	建筑给水排水设备器材术语	GB/T 16662—2008
13			给水用聚乙烯（PE）管材	GB/T 13663—2000
14			混凝土和钢筋混凝土排水管	GB/T 11836—2009
15			给水用硬聚氯乙烯（PVC-U）管材	GB/T 10002.1—2006
16			高压给水加热器用无缝钢管	GB/T 24591—2009
17			罐式叠压给水设备	GB/T 24912—2010
18			无负压管网增压稳流给水设备	GB/T 26003—2010
19		施工	给水排水构筑物工程施工及验收规范	GB 50141—2008
20			给水排水管道工程施工及验收规范	GB 50268—2008
21			建筑给水排水及采暖工程施工质量验收规范	GB 50242—2002
22	暖	设计	采暖通风与空气调节术语标准	GB 50155—1992
23			采暖通风与空气调节设计规范	GB 50019—2003
24			太阳能供热采暖工程技术规范	GB 50495—2009
25			民用建筑太阳能热水系统应用技术规范	GB 50364—2005
26			建筑物围护结构传热系数及采暖供热量检测方法	GB/T 23483—2009
27		设备	燃气采暖热水炉	GB 25034—2010
28			铸铁采暖散热器	GB 19913—2005
29			卫生洁具及暖气管道用直角阀	GB/T 26712—2011
30		施工	建筑给水排水及采暖工程施工质量验收规范	GB 50242—2002
31			空调通风系统运行管理规范	GB 50365—2005
32			通风与空调工程施工质量验收规范	GB 50243—2002
33	电梯		住宅电梯的配置与选择	JG/T 5010—1992
34			电梯工程施工质量验收规范	GB 50310—2002
35			家用电梯制造与安装规范	GB/T 21739—2008
36			火灾情况下的电梯特性	GB/T 24479—2009
37			特种设备质量监督与安全监察规定	国家质量技术监督局 2000.10.1

五、建筑电气

现行建筑电气标准见表 1-5。

表 1-5　　　　　　　　　　　　　现行建筑电气标准

序 号	类 别	标 准 名 称	标 准 编 号
1	电力系统	10kV 及以下变电所设计规范	GB 50053—1994
2		35～110kV 变电所设计规范	GB 50059—2011
3		3～110kV 高压配电装置设计规范	GB 50060—2008
4		10kV 及以下架空配电线路设计技术规程	DL/T 5220—2005
5		电力装置的继电保护和自动装置设计规范	GB/T 50062—2008
6		电力工程电缆设计规范	GB 50217—2007
7		并联电容器装置设计规范	GB 50227—2008
8		火力发电厂与变电站防火设计规范	GB 50229—2006
9		电力设施抗震设计规范	GB 50260—1996
10		城市电力规划规范	GB 50293—1999
11		输电线路对无线电台影响防护设计规范	DL/T 5040—2006
12		电力装置的电测量仪表装置设计规范	GB/T 50063—2008
13		爆炸和火灾危险环境电力装置设计规范	GB 50058—1992
14		电力工程施工测量技术规范	DL/T 5445—2010
15		电力系统设计技术规程	DL/T 5429—2009
16	配电系统	供配电系统设计规范	GB 50052—2009
17		低压配电设计规范	GB 50054—2011
18		通用用电设备配电设计规范	GB 50055—2011
19		民用建筑电气设计规范	JGJ16—2008
20		低压成套无功功率补偿装置	GB/T 15576—2008
21		1kV 及以下配线工程施工与验收规范	GB 50575—2010
22		配电变压器能效及经济技术评价导则	DL/T 985—2005
23		阻燃和耐火电线电缆通则	GB/T 19666—2005
24		建筑电气工程施工质量验收规范	GB 50303—2002
25		电气装置安装工程电缆线路施工及验收规范	GB 50168—2006
26	防雷	建筑物防雷设计规范	GB 50057—2010
27		建筑物电子信息系统防雷技术规范	GB 50343—2004
28		建筑物防雷装置检测技术规范	GB/T 21431—2008
29		建筑物防雷工程施工与质量验收规范	GB 50601—2010
30		防雷装置施工质量监督与验收规范	QX/T 105—2009
31	电气安全	电击防护 装置和设备的通用部分	GB/T 17045—2008
32		用电安全导则	GB/T 13869—2008
33		电流通过人体的效应 第一部分：常用部分	GB/T 13870.1—1992

续表

序 号	类 别		标 准 名 称	标 准 编 号
34	电气安全		电流通过人体的效应 第二部分：特殊情况	GB/T 13870.2—1997
35			剩余电流动作保护装置安装和运行	GB 13955—2005
36			国家电气设备安全技术规范	GB 19517—2009
37	接地		系统接地的型式及安全技术要求	GB 14050—2008
38			雷电电磁脉冲的防护 第2部分： 建筑物的屏蔽、内部等电位 连接及接地	GB/T 19271.2—2005
39			建筑物电气装置 第5—54部分： 电气设备的选择和安装 接地配置、 保护导体和保护联结导体	GB 16895.3—2004
40			交流1000V和直流1500V以下低压配电系统 电气安全 防护措施的试验、测量或监控设备 第4部分：接地电阻和等电位接地电阻	GB/T 18216.4—2007
41			交流电气装置的接地	DL/T621—1997
42			电气装置安装工程接地装置施工及验收规范	GB 50169—2006
43			复合接地体技术条件	GB/T 21698—2008
44	智能建筑		智能建筑设计标准	GB/T 50314—2006
45			智能建筑工程质量验收规范	GB 50339—2003
46			居住区智能化系统配置与技术要求	CJ/T 174—2003
47			智能建筑工程检测规程	CECS 182—2005
48	通信	电话	接入网技术要求——家庭电话线网络设备 （Home PNA 1.1）	YD/T 1298—2004
49			固定电话交换设备安装工程设计规范	YD/T 5076—2005
50			固定电话交换设备安装工程验收规范	YD/T 5077—2005
51			电话网网管系统工程设计规范	YD/T 5053—2005
52			城市住宅区和办公楼电话通信设施验收规范	YD 5048—1997
53		网络	建筑及居住区数字化技术应用	GB/T 20299—2006
54			控制网络 HBES技术规范 住宅和楼宇控制系统	GB/Z 20965—2007
55			电子信息系统机房设计规范	GB 50174—2008
56			建筑物电气装置 第7部分：特殊装置 或场所的要求 第707节：数据处理 设备用电气装置的接地要求	GB/T 16895.9—2000
57			电子信息系统机房设计规范	GB 50174—2008
58			电子信息系统机房施工及验收规范	GB 50462—2008
59			公用计算机互联网工程验收规范	YD/T 5070—2005
60			基于以太网技术的局域网系统验收测评规范	GB/T 21671—2008
61			居住区DCN控制网络通信协议	CJ/T 281—2008
62			网络入侵检测系统技术要求	YDN 140—2006

续表

序　号	类　别		标　准　名　称	标　准　编　号
63	通信	网络	住宅通信综合布线系统	YD/T 1384—2005
64			住宅区和住宅建筑内通信设施工程设计规范	GB/T 50605—2010
65		电视	有线电视系统工程技术规范	GB 50200—1994
66			有线电视广播系统技术规范	GY/T 106—1999
67			有线电视用光缆入网技术条件	GY/T 130—1998
68			有线电视与有线广播共缆传输系统技术要求	GY/T 118—1995
69			有线电视网络工程施工及验收规范	GY 5073—2005
70			有线电视分配网络工程安全技术规范	GY 5078—2008
71			有线电视系统光工作站技术要求和测量方法	GY/T 194—2003
72			卫星广播电视地球站设计规范	GYJ 41—1989
73		广播	公共广播系统工程技术规范	GB 50526—2010
74			城市有线广播电视网络设计规范	GY5075—2005
75			米波调频广播技术规范	GB/T 4311—2000
76			广播电视光缆干线同步数字体系 （SDH）传输接口技术规范	GB/T 17881—1999
77	安防		民用闭路监视电视系统工程技术规范	GB 50198—2011
78			视频安防监控数字录像设备	GB 20815—2006
79			联网型可视对讲系统技术要求	GA/T 678—2007
80			视频安防监控系统工程设计规范	GB 50395—2007
81			安全防范工程技术规范	GB 50348—2004
82			住宅小区安全防范系统通用技术要求	GB/T 21741—2008
83			入侵报警系统工程设计规范	GB 50394—2007
84			出入口控制系统工程设计规范	GB 50396—2007
85			楼寓对讲系统及电控防盗门通用技术条件	GA/T 72—2005
86	综合布线		综合布线系统工程设计规范	GB 50311—2007
87			综合布线系统工程验收规范	GB 50312—2007
88			城市住宅建筑综合布线系统工程设计规范	CECS 119—2000
89			综合布线系统工程施工监理暂行规定	YD 5124—2005
90	电气		住宅建筑电气设计规范	JGJ 242—2011

六、建筑环境

现行建筑环境标准见表1-6。

表1-6　　　　　　　　　　　　　　　现行建筑环境标准

序　号	类　别	标　准　名　称	标　准　编　号
1	气候	建筑气候区划标准	GB 50178—1993
2		建筑门窗玻璃幕墙热工计算规程	JGJ/T151—2008
3		民用建筑热工设计规范	GB 50176—1993
4	热工	供热工程制图标准	CJJ 78—1997
5		被动式太阳房热工技术条件和测试方法	GB/T 15405—2006
6		城镇地热供热工程技术规程	CJJ 138—2010
7	声学	建筑隔声评价标准	GB/T 50121—2005
8		住宅隔声标准	JGJ 11—1982
9	采光	建筑采光设计标准	GB/T 50033—2001
10		建筑照明设计标准	GB 50034—2004
11		建筑照明术语标准	JGJ/T 119—2008
12	照明	城市道路照明工程施工及验收规范	CJJ 89—2001
13		城市道路照明设计标准	CJJ 45—2006
14		城市夜景照明设计规范	JGJ/T 163—2008
15		太阳能光伏照明装置总技术规范	GB 24460—2009
16		环境空气质量标准	GB 3095—1996
17	空气质量	室内空气质量标准	GB/T 18883—2002
18		室内环境空气质量监测技术规范	HJ/T 167—2004
19		民用建筑工程室内环境污染控制规范	GB 50325—2010

七、建筑节能

现行建筑节能标准见表1-7。

表1-7　　　　　　　　　　　　　　　现行建筑节能标准

序　号	类　别	标　准　名　称	标　准　编　号
1		公共建筑节能设计标准	GB 50189—2005
2		热力输送系统节能监测	GB/T 15910—2009
3		民用建筑节水设计标准	GB 50555—2010
4		建筑节能工程施工质量验收规范	GB 50411—2007
5		公共建筑节能改造工程技术规范	JGJ 176—2009
6	节能	居民建筑节能检测标准	JGJ 132—2009
7		公共建筑节能检测标准	JGJ/T 177—2009
8		既有采暖居住建筑节能改造技术规程	JGJ 129—2000
9		居住建筑节能检验标准	JGJ/T 132—2009
10		严寒和寒冷地区居住建筑节能设计标准	JGJ 26—2010
11		夏热冬冷地区居住建筑节能设计标准	JGJ 134—2010
12	能耗	民用建筑能耗数据采集标准	JGJ/T154—2007

第四节　建筑工程涉及的相关单位

一、建设方
(1) 提出使用要求，编制设计任务书。
(2) 确定土地使用范围。
(3) 保证落实建设资金。
(4) 通过招标发包、选择设计、施工单位。

二、勘察单位
(1) 勘察测量房屋所在地段的地质和地形。
(2) 提供地质（含水文）资料、地形图。
(3) 提出对房屋结构基础建设的建议。
(4) 提出对不良地基的处理意见。

三、设计方
1. 建筑师
(1) 与规划的协调，房屋体型和周围环境的设计。
(2) 合理布置和组织房屋室内空间。
(3) 解决好采光、隔音、隔热等建筑技术问题。
(4) 艺术处理和室内外装饰。

2. 结构工程师
(1) 确定房屋结构承受的荷载，并合理选用结构材料。
(2) 正确选用结构体系和结构型式。
(3) 解决好结构承载力、变形、稳定、抗倾覆等技术问题。
(4) 解决好结构的连接构造和施工方法问题。

3. 设备工程师
(1) 确定水源和给排水系统。
(2) 确定热源和照明、弱电、动力用电系统。
(3) 使水、暖、电系统和建筑、结构布置协调一致。

四、施工单位
(1) 施工组织设计和施工现场布置。
(2) 确定施工技术方案和选用施工设备。
(3) 建筑材料的购置、检验和使用，熟练技工和劳动力的组织。
(4) 确保工程质量和工期进度。

五、监理单位
(1) 投资控制目标：施工承包合同所确定的承包总额进度控制目标。
(2) 进度控制目标：施工承包合同所确定的工期。
(3) 质量控制目标：施工承包合同所确定的工程质量标准。
(4) 安全监管目标：督促施工方落实安全管理措施，争取施工阶段不发生重大安全事故,文明施工达标。

第五节 建筑电气施工图设计的具体要求

一、初步设计阶段

初步设计阶段电气专业应包括以下图样:

(1) 目录。

(2) 电气专业初步设计说明。

(3) 图例表。

(4) 竖向配电系统图。

(5) 10kV 配电系统图(有变配电所时出)。

(6) 变配电所平面布置图(有变配电所时出)。

(7) 低压配电系统图及各主要设备机房配电系统图。

(8) 配电干线平面图及照明灯具布置平面图。

(9) 火灾自动报警及消防联动系统说明及系统图。

(10) 消防布点平面图。

(11) 各弱电系统分项系统图。

以上各图样应达到初步设计深度的要求。

二、电气施工图设计阶段

施工图阶段应在初步设计各系统方案基础之上进行深化及完善。

1. 电气总平面图(仅有单体时,无此项内容)

(1) 绘制电力干线总平面图,表达出变配电站位置、容量,线路规格、走向、回路编号,敷设方式,人(手)孔位置。

(2) 绘制庭院照明平面图。

2. 变配电系统

(1) 确定负荷等级:一、二、三级负荷的主要内容。

(2) 负荷计算:对初设计算书进行修正、细化及完善;此计算书应在施工图校审阶段与图样一并提交,并同时归档。

(3) 确定变配电方案:电源数量及回路数、引自何处;高低压供电系统结线型式及运行方式;重要设备的供电方式;标出各回路编号及导线规格型号。

(4) 确定变配站的数量、位置、面积、设备布置;绘制变配电所平、剖面详图。

3. 低压配电系统

(1) 绘制竖向系统图,标注各配电箱编号、对象名称、安装容量、标出各回路编号。

(2) 绘制动力及照明配电系统图。

(3) 绘制配电平面图:包括线路敷设路由、桥架尺寸定位、各回路编号、配电箱位置。

(4) 绘制各电气管井大样图。

4. 照明系统

(1) 绘制照明平面图:标注灯具型号、容量、安装方式、标高,连接线路并标注回路编号、导线根数。

（2）确定应急照明电源型式。

（3）说明照明线路的选择及敷设方式。

5. 消防系统

（1）确定项目的消防保护等级，绘制消防设计说明。

（2）画出消防系统图：包括各系统线路回路数、探测器数量、与强电相关的配电箱编号。

（3）绘制消防平面图。

6. 弱电系统

（1）绘制各系统原理图，系统图表达不清楚的地方需要加以文字说明（如系统参数指标，线路选择及穿管管径、设计要求等）。

（2）绘制弱电平面图，应表达出各弱电系统布点位置、主要桥架敷设路由尺寸及标高、各系统线路布置。

（3）绘制弱电管井大样图。

7. 防雷及接地系统

（1）按照相应防雷等级绘制屋面防雷平面。如果采用接闪杆，则应在校审时提供接闪杆保护范围计算书。

（2）绘制接地平面图。当利用自然接地装置时，可不出此图。

（3）随图说明防雷等级，各项防雷措施（包括直击雷、防侧击雷、防雷电感应等）、接地装置形式、接地极材料要求、敷设要求、接地电阻要求。

（4）说明等电位联结采取的措施，并结合平面图表示清楚。

8. 给其他专业人员的技术设计条件

所有技术设计条件由相关专业人员提交给建筑专业人员，由建筑专业人员综合所提交的技术设计条件后再提供给各相关专业人员。

（1）给建筑专业的技术设计条件。

1）变配电所内洞口、地沟的定位及尺寸。

2）强弱电管井的板上及墙上留洞尺寸及定位。

3）进线留管定位及管径、其节点构造做法。

4）所有剪力墙上留洞尺寸及定位，非剪力墙上留洞（大于300mm之洞口）。

5）提出强弱电桥架路由、定位及标高由建筑专业协调进行管线综合。

（2）给结构专业的技术设计条件。

1）变配电所内洞口、地沟的定位及尺寸、设备基础及预埋件。

2）进线留管定位及管径、其节点构造做法。

3）设备荷载。

（3）给设备专业的技术设计条件。提出强弱电桥架路由、定位及标高与设备管道进行管道综合。

9. 图样清单

施工图设计阶段应包括以下图样：

（1）首页。

（2）目录。

（3）电气专业设计说明。

（4）图例表。

（5）电气总平面图。

（6）各子系统施工平面图和系统图。

（7）计算书。

三、设计说明书

1. 设计依据

（1）建筑概况：应说明建筑类别、性质、面积、层数、高度等。

（2）相关专业提供给本专业的工程设计资料。

（3）建设方提供的有关职能部门（如供电部门、消防部门、通信部门、公安部门等）认定的工程设计资料，建设方设计要求。

（4）本工程采用的主要标准及法规。

2. 设计范围

（1）根据设计任务书和有关设计资料，说明本专业的设计工作内容和分工。

（2）本工程拟设置的电气系统。

3. 变、配电系统

（1）确定负荷等级和各类负荷容量。

（2）确定供电电源及电压等级、电源由何处引来、电源数量及回路数、专用线或非专用线、电缆埋地或架空、近远期发展情况。

（3）备用电源和应急电源容量确定原则及性能要求，有自备发电机时，说明启动方式及与市电网关系。

（4）高、低压供电系统结线型式及运行方式：正常工作电源与备用电源之间的关系；母线联络开关运行和切换方式；变压器之间低压侧联络方式；重要负荷的供电方式。

（5）变、配电站的位置、数量、容量（包括设备安装容量、计算有功、无功、视在容量、变压器台数、容量）及形式（户内、户外或混合），设备技术条件和选型要求。

（6）继电保护装置的设置。

（7）电能计量装置：采用高压或低压，专用柜或非专用柜（满足供电部门要求和建设方内部核算要求），监测仪表的配置情况。

（8）功率因数补偿方式：说明功率因数是否达到供用电规则的要求，应补偿容量和采取的补偿方式和补偿前后的结果。

（9）操作电源和信号：说明高压设备操作电源和运行信号装置配置情况。

（10）工程供电：高、低压进出线路的型号及敷设方式。

4. 配电系统

（1）电源由何处引来、电压等级、配电方式，对重要负荷和特别重要负荷及其他负荷的供电措施。

（2）选用导线、电缆、母线干线的材质和型号，敷设方式。

（3）开关、插座、配电箱、控制箱等配电设备选型及安装方式。

（4）电动机起动及控制方式的选择。

5. 照明系统

（1）照明种类及照度标准。

（2）光源及灯具的选择、照明灯具的安装及控制方式。

（3）室外照明的种类（如路灯、庭院灯、草坪灯、地灯、泛光照明、水下照明等）、电压等级、光源选择及其控制方法等。

（4）照明线路的选择及敷设方式（包括室外照明线路的选择和接地方式）。

6．热工检测及自动调节系统

（1）按工艺要求说明热工检测及自动调节系统的组成。

（2）自动化仪表的选择。

（3）仪表控制盘、台选型及安装。

（4）线路选择及敷设。

（5）仪表控制盘、台的接地。

7．火灾自动报警系统

（1）按建筑性质确定保护等级及系统组成。

（2）消防控制室位置的确定和要求。

（3）火灾探测器、报警控制器、手动报警按钮、控制台（柜）等设备的选择。

（4）火灾报警与消防联动控制要求，控制逻辑关系及控制显示要求。

（5）火灾应急广播及消防通信概述。

（6）消防主电源、备用电源供给方式，接地及接地电阻要求。

（7）线路选型及敷设方式。

（8）当有智能化系统集成要求时，应说明火灾自动报警系统与其他子系统的接口方式及联动关系。

（9）应急照明的电源型式、灯具配置、线路选择及敷设方式、控制方式等。

8．通信系统

（1）对工程中不同性质的电话用户和专线，分别统计其数量。

（2）电话站总配线设备及其容量的选择和确定。

（3）电话站交、直流供电方案。

（4）电话站站址的确定及对土建的要求。

（5）通信线路容量的确定及线路网络组成和敷设。

（6）对市话中继线路的设计分工，线路敷设和引入位置的确定。

（7）室内配线及敷设要求。

（8）防电磁脉冲接地、工作接地方式及接地电阻要求。

9．有线电视系统

（1）系统规模、网络组成、用户输出口电平值的确定。

（2）节目源选择。

（3）机房位置、前端设备配置。

（4）用户分配网络、导体选择及敷设方式、用户终端数量的确定。

10．闭路电视系统

（1）系统组成。

（2）控制室的位置及设备的选择。

（3）传输方式、导体选择及敷设方式。

（4）电视制作系统组成及主要设备选择。

11. 有线广播系统

（1）系统组成。

（2）输出功率、馈送方式和用户线路敷设的确定。

（3）广播设备的选择，并确定广播室位置。

（4）导体选择及敷设方式。

12. 扩声和同声传译系统

（1）系统组成。

（2）设备选择及声源布置的要求。

（3）确定机房位置。

（4）同声传译方式。

（5）导体选择及敷设方式。

13. 呼叫信号系统

（1）系统组成及功能要求（包括有线或无线）。

（2）导体选择及敷设方式。

（3）设备选型。

14. 公共显示系统

（1）系统组成及功能要求。

（2）显示装置安装部位、种类、导体选择及敷设方式。

（3）显示装置规格。

15. 时钟系统

（1）系统组成、安装位置、导体选择及敷设方式。

（2）设备选型。

16. 安全技术防范系统

（1）系统防范等级、组成和功能要求。

（2）保安监控及探测区域的划分、控制、显示及报警要求。

（3）摄像机、探测器安装位置的确定。

（4）访客对讲、巡更、门禁等子系统配置及安装。

（5）机房位置的确定。

（6）设备选型、导体选择及敷设方式。

17. 综合布线系统

（1）根据工程项目的性质、功能、环境条件和近、远期用户要求确定综合布线的类型及配置标准。

（2）系统组成及设备选型。

（3）总配线架、楼层配线架及信息终端的配置。

（4）导体选择及敷设方式。

18. 建筑设备监控系统及系统集成

（1）系统组成、监控点数及其功能要求。

（2）设备选型。

（3）导体选择及敷设方式。

19. 信息网络交换系统

（1）系统组成、功能及用户终端接口的要求。

（2）导体选择及敷设要求。

20. 车库管理系统

（1）系统组成及功能要求。

（2）监控室设置。

（3）导体选择及敷设要求。

21. 智能化系统集成

（1）集成形式及要求。

（2）设备选择。

22. 建筑物防雷

（1）确定防雷类别。

（2）防直接雷击、防侧击雷、防雷击电磁脉冲、防高电位侵入的措施。

（3）当利用建（构）筑物混凝土内钢筋做接闪器、引下线、接地装置时，应说明采取的措施和要求。

23. 接地及安全

（1）本工程各系统要求接地的种类及接地电阻要求。

（2）总等电位、局部等电位的设置要求。

（3）接地装置要求，当接地装置需作特殊处理时，应说明采取的措施、方法等。

（4）安全接地及特殊接地的措施。

24. 需提请在设计审批时解决或确定的主要问题

四、设计图样

1. 电气总平面图（仅有单体设计时，可无此项内容）

（1）标示建（构）筑物名称、容量，高、低压线路及其他系统线路走向、回路编号、导线及电缆型号规格、架空线杆位、路灯、庭院灯的杆位（路灯、庭院灯可不绘线路）、重复接地点等。

（2）变、配电站位置、编号和变压器容量。

（3）比例、指北针。

2. 变、配电系统

（1）高、低压供电系统图：注明开关柜编号、型号及回路编号、一次回路设备型号、设备容量、计算电流、补偿容量、导体型号规格、用户名称、二次回路方案编号。

（2）平面布置图：应包括高、低压开关柜、变压器、母线干线、发电机、控制屏、直流电源及信号屏等设备平面布置和主要尺寸，图纸应有比例。

（3）标示房间层高、地沟位置、标高（相对标高）。

3. 配电系统（一般只绘制内部作业草图，不对外出图）

主要干线平面布置图，竖向干线系统图（包括配电及照明干线、变配电站的配出回路及回路编号）。

4.照明系统

对于特殊建筑，如大型体育场馆、大型影剧院等，有条件时应绘制照明平面图。该平面图应包括灯位（含应急照明灯）、灯具规格，配电箱（或控制箱）位，不需连线。

5.热工检测及自动调节系统

(1) 需专项设计的自控系统需绘制热工检测及自动调节原理系统图。

(2) 控制室设备平面布置图。

6.火灾自动报警系统

(1) 火灾自动报警系统图。

(2) 消防控制室设备布置平面图。

7.通信系统

(1) 电话系统图。

(2) 站房设备布置图。

8.防雷系统、接地系统

一般不出图样，特殊工程只出项目规划平面图、接地平面图。

9.其他系统

(1) 各系统所属系统图。

(2) 各控制室设备平面布置图（若在相应系统图中说明清楚时，可不出此图）。

五、主要设备表

注明设备的名称、型号、规格、单位和数量。

六、设计计算书（供内部使用及存档）

(1) 用电设备负荷计算。

(2) 变压器选型计算。

(3) 电缆选型计算。

(4) 系统短路电流计算。

(5) 防雷类别计算及接闪杆保护范围计算。

(6) 各系统计算结果尚应标示在设计说明或相应图样中。

(7) 因条件不具备，不能进行计算的内容，应在初步设计中说明，并应在施工图设计时补算。

第六节　建筑电气设计中各专业之间互提条件的内容

各专业之间互提设计资料应由设计人员负责；接受资料的专业人员，应及时研究落实，如认为条件深度不够或难以解决时，可提出补充要求或协商解决。

一、总图向其他专业提供的条件

(1) 红线以内道路、建筑物、构筑物的平面布置，建筑物的名称和层数。

(2) 原有建筑物、新建建筑物及已有地下障碍物。

(3) 建筑物、构筑物的设计标高及标高尺寸（与室内±0.000 相对的绝对标高）。

(4) 指北针或风玫瑰图。

二、建筑专业向其他专业提供的条件

（1）凡以建筑平面图表示的建筑物，不论大小、部分或局部都应以建筑平面的形式提给其他专业人员。由其他专业人员所布置（如工艺设备平面、变电所平面、水泵房平面、冷冻机平面等）的图例交给建筑专业人员认可后再以建筑人员绘出的平面图提给其他专业人员。

（2）建筑平面图，如有扩建筑或改建筑部分应绘出新旧建筑的衔接关系。

（3）建筑平面图，应注有房间名称，对有特殊要求的房间或较重荷载要求的应注明。

（4）建筑平面图上剪力墙、承重墙、防火墙、轻质隔断、玻璃隔断等，均应按墙体不同材料以统一的图例表明。

（5）建筑剖立面图，提供室内外地面高度差尺寸，各层之间高度尺寸，门框洞口高度尺寸，总高度尺寸（或标高），女儿墙高度尺寸。

三、结构专业向其他专业提供的条件

（1）建筑物、构筑物的结构选型和选材。

（2）各层结构平面布置、梁、板、柱、墙等构件截面尺寸。

（3）水暖电专业对墙、板、梁上预留孔洞尺寸预埋件等要求的鉴定反馈意见。

四、给排水专业向其他专业提供的条件

（1）给排水设备用房（如水泵房、污水泵房）的设备布置平面尺寸图。

（2）设备基础尺寸、设备自重、电动机功率、适当转速以及是否有配套设备。

（3）生活消防用水水池、化粪池、冷却水塔等的尺寸、标高及位置。

（4）给排水系统、热水系统、消防栓灭火及喷洒系统的启动、控制信号、自动化连锁等要求。

五、电气专业向其他专业提供的条件

（1）变电所、备用柴油发电机房的设备平面布置图的尺寸。

（2）消防控制用房、电话交换机用房、广播及电视分配用房等平面布置尺寸。

（3）电气设备吊装孔洞位置、尺寸、电缆桥架穿墙，穿楼板预留孔洞尺寸。

（4）凡高层建筑须提供各层强弱电用房及竖井的位置，平面布置尺寸。

（5）利用结构梁柱的钢筋作防雷引线与接地极的做法。

（6）变配电室的通风要求，新风换气次数。

（7）柴油发电机房的发热量及排气降温要求。

（8）有空调的房间照明瓦数（W/m²）。

六、暖通专业向其他专业提供的条件

（1）冷冻机房、空调机房设备平面布置尺寸。

（2）设备振动隔噪声的要求。

（3）竖风道管井、水沟风道、吊顶内风位位置断面尺寸。

（4）设备在楼板只装时的荷载、位置尺寸。

（5）屋顶冷却塔位置尺寸及重量。

（6）设备用水量、水温、水压以及排水量。

（7）各机房的用电设备型号、容量、电压使用台数，自起动控制，信号及联锁等要求。

第二章 用 电 负 荷

第一节 用电负荷的构成

一、小区配套设施

一般来说，小区配套设施是指与小区住宅规模或者人口规模相对应的配套建设的公共服务设施、道路和公共绿地的总称。

配套公共服务设施（配套公建）应包括教育、医疗卫生、文化体育、商业服务、金融邮电、社区服务、市政公用和行政管理等设施。

（1）教育设施包括托儿所、幼儿园、小学、中学。

（2）医疗卫生设施包括医院、门诊部、卫生站、护理院。

（3）文化体育设施包括文化活动中心（站）、居民运动场馆、居民健身设施。

（4）商业服务设施包括综合食品店、综合百货店、餐饮店、中西药店、书店、便民店等。

（5）金融邮电设施包括银行、储蓄所、电信支局、邮电所。

（6）社区服务设施包括居委会、社区服务中心、治安联防站等。

（7）市政公用设施包括供热站或热交换站、变电室、开闭所、路灯配电室、燃气调压站、高压水泵房、公共厕所、垃圾转运站、垃圾收集点、居民停车场（库）、消防站、燃料供应站等。

（8）行政管理及其他设施包括街道办事处、市政管理机构（所）、派出所、防空地下室等。

二、动力系统

1. 给排水系统

（1）建筑内部给水分类。建筑给水工程设计包括的内容如图 2-1 所示。建筑内部给水系统按照用途可分为生活给水系统、生产给水系统、消防给水系统和共用给水系统。

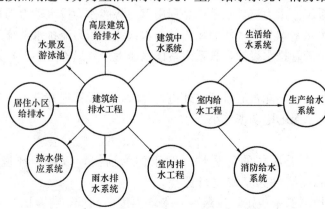

图 2-1　建筑给水工程设计包括的内容

1）生活给水系统。生活给水系统包括供民用住宅、公共建筑以及企业建筑内饮用、烹调、盥洗、洗涤、淋浴等生活用水。

根据用水需求的不同，生活给水系统又可分为饮用水（优质饮水）系统、杂用水系统、建筑中水系统。

生活给水要求：水量、水压应满足用户需要；水质应符合国家规定的《生活饮用水水质标准》。

2）生产给水系统。生产给水系统是为了满足生产工艺要求设置的用水系统，包括供给生产设备冷却、原料和产品洗涤，以及各类产品制造过程中所需的生产用水。

生产给水系统也可以划分为循环给水系统、复用水给水系统、软化水给水系统、纯水给水系统等。

生产给水要求：因生产工艺不同，生产用水对水压、水量、水质以及其他的要求各不相同。

3）消防给水系统。消防给水系统供民用建筑、公共建筑及企业建筑中的各种消防设备的用水。一般高层住宅、大型公共建筑、车间都需要设消防供水系统。消防给水系统可以划分为消火栓给水系统、自动喷水灭火系统、水喷雾灭火系统。消防给水要求：要保证充足的水量、水压，对水质要求不高。

4）共用给水系统。以上三种给水系统，既可以单独设置，又可以联合共用。根据建筑内部用水所需要的水质、水压、水量及室外供水系统情况，通过技术、经济、安全等方面的综合分析，可以组成不同的共用系统。例如，生活和生产共用给水系统，生活和消防共用给水系统，生产和消防共用给水系统，生活、生产和消防共用给水系统。

（2）给水泵。水泵是给水系统中的主要增压设备，按照不同的分类方法，水泵的种类有以下几种：

1）按主轴方向分为卧式、立式、斜式。

2）按吸入方式分为单吸和双吸。

3）按叶轮种类分为离心、混流、轴流。

4）按级数分为单级和多级。

在建筑内部的给水系统中，一般采用离心式水泵。当采用设水泵、水箱的给水方式时，通常水泵直接向水箱输水，水泵的出水量与扬程几乎不变，选用离心式恒速水泵。对于无水量调节设备的给水系统，可选用装有自动调速装置的离心式水泵，调节水泵的转速可改变水泵的流量、扬程和功率，使水泵变流量供水时，保持高效运行。选择水泵，除满足设计要求外，还应考虑节约能源，使水泵在大部分时间保持高效运行。给水泵的电功率与流量、扬程、口径等参数有关，需求的电功率范围一般小于 30kW。水泵外形如图 2-2 所示。

（3）建筑内部排水系统。建筑排水工程设计包括的内容如图 2-3 所示。建筑排水系统可分为重力流排水系统和压力流排水系统。重力流排水系统是利用重力势能作为排水动力，管系排水按一定充满度设计，管系内水压基本与大气压力相等的排水系统。压力流排水系统是利用重力势能或水泵等其他机械动力满管排水设计，管系内整体水压大于（局部可小于）大气压力的排水系统。

（4）污水泵。在地下建筑物的污废水不能自流排至室外检查井时，应设置提升设备。常用潜水泵、液下泵和卧式离心泵，污水泵的电功率较小。

2. 空调系统

住宅建筑的空调系统应以满足人类居住的舒适性、健康性为前提，以保护环境、提高能源利用率为原则，以系统的经济性为基础进行选择。

GB 50176《民用建筑热工设计规范》中规定，按最冷月平均温度的高低，将全国分成严寒地区、寒冷地区、夏热冬冷地区、夏热冬暖地区、温和地区 5 个气候区域。不同气候地

图 2-2 水泵外形

(a) S 型单级双吸卧式离心泵；(b) DG 型多级卧式离心泵；

(c) NB 型凝结水泵；(d) DL 型立式多级泵

区的空调承担的作用不同，具体见表 2-1。

表 2-1　　　　不同气候地区的空调作用

地 区	作 用
严寒地区	以采暖为主，要求较高时应采用空调
寒冷地区	采暖及空调
夏热冬冷地区	空调及采暖
夏热冬暖地区	以空调为主，要求较高时应考虑采暖
温和地区	部分地区需要采暖或采暖/空调

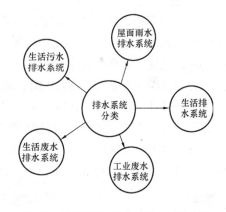

图 2-3　建筑排水工程设计包括的内容

　　不同的能源结构要求不同的空调方式。有条件的地区可以利用风能、太阳能、地热等可再生能源，从而促使空调冷热源的选择成为多元化。

　　住宅建筑空调特点是多采用分体式空调机组为主，使用率低；建筑层高低，人员、新风负荷及冷热量指标相对较小，使用时间以夜晚为主。

　　目前，住宅建筑常用的空调方式有房间空调器、多联机或多联变频变冷媒流量热泵空调系统（即 VRV 系统）、户式中央空调和小区集中供冷供热系统。

　　（1）房间空调器。目前我国常用的房间空调器主要有窗式空调器和分体空调器。房间空调器的优点主要有：性能好，质量可靠，维修率低，安装、使用方便；冷（热）量调节方便，计量方便。缺点是：能效比低，室内舒适度差；无法采集新风；冬季气温低、湿度高时供热量不足；室外机破坏建筑外观，房间空调器的热风、噪声、凝结水成为城市的新公害；

城市环境的污染使室外机组效率逐年下降，耗电量逐年增加。

（2）VRV系统。这类机组的优点主要有：使用灵活，计量简单。如果配上自控，则运行调节十分方便，实现节能运行；室内机有多种形式，可以适应各种室内装修；管径小，便于埋墙敷设，节省建筑空间。其缺点是：由于系统的技术附加值高，价格昂贵；没有摆脱一般房间空调器的模式，对室内环境的改善程度有限；系统的能效比较低，维修仍较困难。

（3）户式中央空调。户式中央空调的特点是：舒适性强，无氟利昂进户，便于计量；可节约建设锅炉房、空调机房及管路外网等投资，节省用地；供暖、制冷共用风机盘管末端装置，可节约暖气片的投资；用户可根据实际情况确定室内温度或开关空调机，节约能源；只有一台室外机，对建筑外观影响小。缺点是：价格高，室外机容量大，噪声大；冬季气温低、湿度高时供热量不足，机组属空气源热泵，能效比较低；在恶劣环境下，室外机的机组效率逐年下降。

目前，常用的户式中央空调有空气-空气热泵机组制备冷（热）风的小型全空气系统和空气-水热泵式冷热水机组系统两种主要形式。

1）空气-空气热泵机组制备冷（热）风的小型全空气系统。系统通过风管将冷（热）风送到每个房间，即风管型。由于有保温层，风管比较粗，所以对住宅建筑的层高有要求。该系统的突出优点是可以引入新风，获得高品质的室内空气，同时还可利用室外新风实现过渡季节的全新风调节；风管型不易滴水；系统采用直接蒸发式，不需要水泵，能效比高，耗电量较小。

2）空气-水热泵式冷热水机组系统。系统通过机组制备冷（热）水供应室内多台风机盘管，即水管型。由于水管较细，容易拐弯和穿梁，适应于多数住宅建筑的层高，但能耗大，且施工要求较高。

（4）小区集中供热、供冷系统。小区集中供热、供冷系统在形式上与常规的集中空调基本相同，即小区集中空调系统。该系统符合"绿色建筑"的要求，是小区住宅建筑空调的发展趋势。该系统的优点是室内热舒适性好，风机盘管噪声低；无废热气、冷凝水排放，不破坏建筑立面；冷水机组的寿命大于热泵机组。缺点是分户计量与空调系统收费技术复杂，一次性投资高；系统的能耗与使用费、分户计量、冷热量调节等运行管理复杂，应有专业化管理。

不同住宅建筑空调方式的性能比较见表2-2。

由于安装调节方便，房间空调器和VRV系统在我国现阶段仍广泛采用。户式中央空调和小区集中空调系统目前主要用在高档住宅建筑。

表2-2　　　　　　　　　　　不同住宅建筑空调方式的性能比较

空调方式	初次投资	舒适性	能效比	运行管理	建筑外观影响
房间空调器	小	差	低	方便	大
VRV系统	较大	较差	较低	方便	较小
户式中央空调	较小	较好	高	方便	较小
小区集中空调系统	大	耗	较高	复杂	小

3. 电梯

（1）电梯的选择。

1）如果只装一台电梯，电梯的额定载重量不得小于630kg，额定速度不得低于0.63m/s。在每一梯群中，所有电梯的额定速度均不得低于1m/s，而且至少有一台电梯的额定载重量应是1000kg。对于高层住宅、公寓，宜大于1000kg；对于办公楼，宜大于1350kg。

2）塔式住宅70户/台；板式住宅100户/台；超过20层宜设三台电梯。

3）速度的提高可能会使得电梯的造价大幅度提高。对于办公楼，75m 以下建筑考虑选择 2m/s 以下的低速电梯；75～150m 建筑可按高度每增加 20m 电梯速度增加 0.5m/s 考虑。

4）对于住宅，多层住宅一般只考虑 1m/s 的电梯；10～16 层的塔式或板式考虑 1.5m/s；16～22 层考虑 2m/s 的电梯。

（2）参数。电梯设计应明确以下参数：

1）电梯的土建要求，如平面布置、机房位置、厅门尺寸、轿厢装饰等。

2）电梯的用途说明，包括停层、行程、服务楼层等。

3）电梯的台数。

4）电梯额定参数，如额定速度、荷载、操作系统、控制系统、平层准确度等。

5）电梯的电源要求、照明要求、通信要求等。

4. 消防设备

（1）水系统。建筑消防系统根据使用灭火剂的种类可分为水消防灭火系统（包括消火栓给水系统和自动喷水灭火系统）和非水灭火剂灭火系统（如干粉灭火系统、二氧化碳灭火系统、泡沫灭火系统等）。

1）消火栓。层数少于 10 层的住宅及建筑高度不超过 24m 的建筑为低层建筑。超过 7 层的单元住宅和超过 6 层的塔式、通廊式、底层设有商业网点的单元式住宅建筑应设置消火栓给水系统。

消火栓给水系统包括消火栓设备、消防卷盘、消防管道，消防水池、高位水箱、水泵接合器及增压水泵，如图 2-4 所示。

消火栓设备由水枪、水带和消火栓组成，均安装于消火栓箱内，如图 2-5 所示。

水泵接合器是连接消防车向室内消防给水系统加压供水的装置，一端由消防给水管网水平干管引出，另一端设于消防车易于接近的地方，如图 2-6 所示。

建筑物内消防管道是否与其他给水系统合并或独立设置，应根据建筑物的性质和使用要求，经技术经济比较后确定。

消防水池用于无室外消防水源情况下，贮存火灾持续时间内的室内消防用水量。可设在室外地下或地面上，也可设在室内地下室，或与室内游泳池、水景水池兼用。消防水池应设有水位控制阀的进水管和溢水管、通气管、泄水管、出水管及水位指示器等附属装置。根据各种用水系统

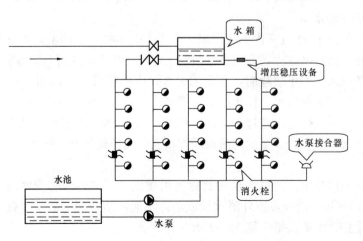

图 2-4 消火栓给水系统

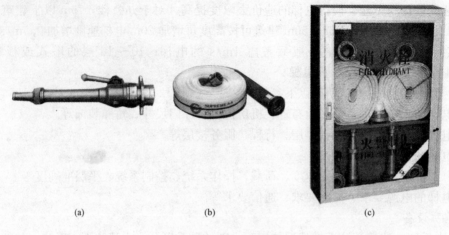

图 2-5   消火栓设备
（a）水枪；（b）水带；（c）消火栓箱

图 2-6   水泵接合器

的供水水质要求是否一致，可将消防水池与生活或生产贮水池合用，也可单独设置。

消防水箱对扑救初期火灾起着重要作用。为确保其自动供水的可靠性，消防水箱应采用重力自流供水方式；消防水箱宜与生活（或生产）高位水箱合用，以保持箱内贮水经常流动、防止水质变坏；水箱的安装高度应满足室内最不利点消火栓所需的水压要求，且应贮存有室内 10min 的消防水量。

室内消火栓超过 10 个且室内消防用水量大于 15L/s 时，室内消防给水管道至少应有两条引入管与室外环状管网连接，并应将室内管道连成环状将引入管与室外管道连成环状。当环状管网的一条引入管发生故障时，其余的引入管应仍能供应全部用水量。7～9 层的单元住宅，其室内消防给水管道可为枝状，引入管可采用一条。超过 6 层的塔式（采用双出口消火栓者除外）和通廊式住宅，超过 5 层或体积超过 10 000m³ 的其他民用建筑，如室内消防竖管为两条或两条以上时，应至少每两根竖管相连组成环状管道。每条竖管直径应按最不利点消火栓出水。

设有消防管网的住宅、超过 5 层的其他民用建筑，其室内消防管网应设消防水泵接合器。距接合器 15～40m 内应设室外消火栓或消防水池。结合器的数量应按室内消防用水量计算确定，每个接合器的流量应按 10～15L/s 计算。

消火栓的设置要求：

①设有消防给水的建筑物，其各层均应设置消火栓，并应满足消防要求。

②消防电梯前室应设室内消火栓。

③室内消火栓应设在明显易于取用的地点，栓口离地面高度为 1.1m。

④高位水箱设置高度不能保证最不利点消火栓的水压要求时，应在每个室内消火栓处设置直接启动消防水泵的按钮，并应有保护措施。

2）给水系统。24m 以下的裙房，应以"外救"为主；24～50m 的部位应立足"自救"，并借助"外救"，两者同时发挥作用；50m 以上部位，应完全依靠"自救"灭火。

消防给水系统按消防给水压力的不同，可分为消火栓给水和临时高压消防给水系统。

消火栓给水系统的给水方式有：①由室外给水管网直接供水的消防给水方式；②设水池、水泵的消火栓给水方式；③设水泵、水池、水箱的消火栓给水方式；④分区给水方式；⑤设水泵、水箱的消火栓给水方式；⑥设水箱的消火栓给水方式等。

临时高压给水系统有两种情况。一种是管网内最不利点周围平时水压和水量不满足灭火要求，火灾时需启动消防水泵，使管网压力、流量达到灭火要求；另一种是管网内经常保持足够的压力，压力由稳压泵或气压给水设备等增压设施来保证，在泵房内设消防水泵，火灾时需启动消防泵，使管网压力满足消防水压要求。

按消防给水系统供水范围的大小，可分为区域集中高压消防给水系统和独立高压消防给水系统。区域集中高压消防给水系统是指数栋建筑共用一套消防供水设施集中供水。独立高压（或临时高压）消防给水系统为每栋建筑单独设置消防给水系统。

按消防给水系统灭火方式的不同，可分为消火栓给水系统和自动喷水灭火系统。

（2）消防电梯。GB 50045《高层民用建筑设计防火规范》规定塔式住宅、十二层及十二层以上的单元式住宅和通廊式住宅需要设置消防电梯。

高层建筑消防电梯的设置数量应符合下列规定：当每层建筑面积不大于 1500m² 时，应设 1 台；当大于 1500m² 但不大于 4500m² 时，应设 2 台；当大于 4500m² 时，应设 3 台。

消防电梯可与客梯或工作电梯兼用，但应符合消防电梯的要求。消防电梯的设置应符合下列规定：①消防电梯宜分别设在不同的防火分区内；②消防电梯间应设前室，居住建筑要求面积应不小于 4.50m²，公共建筑应不小于 6.00m²；③当与防烟楼梯间合用前室时，居住建筑要求面积应不小于 6.00m²，公共建筑不应小于 10m²。

消防电梯间前室宜靠外墙设置，在首层应设直通室外的出口或经过长度不超过 30m 的通道通向室外；消防电梯间前室的门，应采用乙级防火门或具有停滞功能的防火卷帘；消防电梯的载重量应不小于 800kg；消防电梯井、机房与相邻其他电梯井、机房之间，应采用耐火极限不低于 2h 的隔墙隔开，当在隔墙上开门时，应设甲级防火门；消防电梯的行驶速度应按从首层到顶层的运行时间不超过 60s 计算确定；消防电梯轿厢的内装修应采用不易燃烧的材料；动力与控制电缆、电线应采取防水措施；消防电梯轿厢内应设专用电话，并应在首层设供消防队员专用的操作按钮；消防电梯间前室门口宜设挡水措施。

三、照明系统

1. 一般照明

在住宅楼和住宅小区配套设施中，室内照明均采用一般照明方式。

照明方式是指照明设备按照安装部位或使用功能而构成的基本模式，分为一般照明、分区一般照明、局部照明和混合照明，如图 2-7 所示。

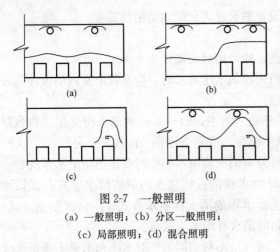

图 2-7 一般照明
(a) 一般照明；(b) 分区一般照明；
(c) 局部照明；(d) 混合照明

（1）一般照明。为照亮整个场地而设置的均匀照明称为一般照明。为保证人员在整个场所中的活动，对于工作位置密度很大而光照方向无特殊要求的场所，均应装一般照明，照明指标应满足有关标准的要求，且最低照度指标一般不宜低于 20lx。

（2）分区一般照明。同一场所的不同区域，设计成不同的照度来照亮该区域的一般照明称为分区一般照明。分区一般照明可有效地节约能源。如安装了作业流水线的生产车间，流水线上的照度要满足精细视觉工作的需要，而旁边区域的照明则只要满足交通和休息的视觉需要。

（3）局部照明。特定视觉工作需要的，并为照亮某个局部而设置的照明称为局部照明。对于局部作业面需要高照度，但作业面密度不大并对照射方向有要求的场所，可装设局部照明。但在一个工作场所内，如果只设有局部照明，而无一般照明，往往形成局部作业面和整个工作场所的亮度对比过于强烈，从而影响视觉作业。

（4）混合照明。由一般照明与局部照明组成的照明称为混合照明。对于工作位置视觉要求较高，且对照射方向有特殊要求的场所，往往采用混合照明方式。

2. 应急照明

应急照明包括备用照明、疏散照明和安全照明三种。

（1）备用照明。在正常照明电源发生故障时，为确保正常活动继续进行而设的应急照明部分。备用照明的转换时间应不大于 15s。

（2）疏散照明。在正常电源发生故障时，为使人员能容易而准确无误地找到建筑物出口而设的应急照明部分。疏散照明的转换时间应不大于 15s。疏散照明持续工作时间不宜小于 30min。

（3）安全照明。在正常电源发生故障时，为确保处于潜在危险中人员的安全而设的应急照明部分。应急照明既要满足作为照明的一般要求，又要满足应急作用的特殊要求；既要在紧急状态下照明，同时又要保证常年安装在建筑物内安全、可靠地处于良好的应急状态。除了选择合适的光源外，选择安全、可靠、经久、耐用的应急照明电源也是至关重要的。安全照明的转换时间应不大于 0.5s。

3. 室外照明

室外照明分为安全照明、功能照明、景观照明三种类型。其中，安全照明、功能照明属于基本功能照明，而景观照明则兼顾感官信息和精神文化审美需求两种层面，是视觉美的创造并带来精神上的愉悦。

（1）安全照明。安全照明是指保护人们在室外环境中不受到意外伤害的照明系统，使人们可以明确自己所处的位置，了解周围的环境。安全照明属于基本和普遍的环境照明，不针对特定的空间和活动，具体包含了小区内车行道、步行街、停车场等照明，以确保小区道路的安全畅通。

居住区道路一般可以分为三级或四级。

1) 居住区级道路是居住区的主要道路，用以解决居住区内外交通的联系，道路宽度见表 2-3。

表 2-3 居住区级道路

道 路 名 称	宽 度/m
道路红线	20～30
车行道	≥9
公共交通车行道	10～14
人行道	2～4

2) 居住小区级道路是居住区的次要道路，用以解决居住区内部的交通联系，道路宽度见表 2-4。

表 2-4 居住小区级道路

道路名称	宽 度/m
道路红线	10～14
车行道	6～8（建筑控制线之内的宽度，采暖区不宜小于 14m，非采暖区不宜小于 10m）
人行道	1.5～2

3) 住宅组团级道路是居住区内的支路，用以解决住宅组群的内外交通联系，道路宽度见表 2-5。

表 2-5 居住组团级道路

道路名称	宽 度/m
道路红线	10～14
车行道	4～6（建筑控制线之内的宽度，采暖区不宜小于 10m，非采暖区不宜小于 8m）
人行道	1.5～2

4) 宅间小路通向各户或各单元门前的小路，一般宽度不小于 2.5m。

5) 园路（甬路）不宜小于 1.2m。

6) 消防通道是消防人员实施营救和被困人员疏散的通道，如楼梯口、过道和小区出口处等。消防通道宽度应该达到 3.5m，并保持 24h 畅通。住宅小区从室内到地面的楼梯，小区内到外面公路的道路都属于消防通道。

（2）功能照明。功能照明是指满足人们在室外空间从事各种活动所需要的基本照度要求，与其他照明系统分开，只在需要进行某个特定活动时才开启。具体包括集会广场、休闲园地、户外文化体育娱乐设施的照明。体现了小区的人文关怀，使小区充满活力。

（3）景观照明。景观照明是室外夜间光环境创造中最重要的照明手段。通常采用多种照明方式相结合来达到理想的设计效果。主要针对小区内历史文物、建筑、标志、商业、风景园林的照明，用以彰显小区的文化和风光。

1) 小区绿化主要素材有假山、水系、花架、古亭、走廊、草坪、古树、果树苗木、木地板、栅栏等。屋顶绿化的造园层由温隔热层、过滤层、土壤层、植物层组成。景观素材主要有小型亭、花架等。园林建筑小品点缀以山石；浅根性的小乔木，与灌木、花卉、地被、草坪、藤本植物等搭配。高档小区绿化花园包括休闲凉亭、新中式庭院、北美风格庭院、花架、凉亭、假山、水池等。

2) 住区小品分为装饰小品（雕塑、假山、石、花架、花坛等）、功能性小品（垃圾箱、路灯、亭、廊、标志牌等）和工程设施小品（台阶、坡道、挡土墙、护坡、绿篱、井盖）等。

3）住区的水体有自然水体和人工水体两种形式。自然水体是与当地的气候条件、降雨量有很大关系，一般与植物、草坪和石头等相结合设计，如小溪、湖等，或与蜿蜒曲折的小路相结合设计，或者是与住区公共建筑相结合设计成休闲娱乐中心。人工水体包括喷泉、瀑布、水池等。

四、弱电系统

1. 通信系统

传统的社区网络系统主要包括电话网、数据网以及有线电视网，三个网络是相互独立的。对于通信系统，用电负荷是由以下几个部分用电设备组成的：

（1）住宅小区电话通信系统。一般情况下，住宅小区电话通信系统只是电话语音信号传输网，即将市话网直接引入小区主机房中的配线架，再通过小区综合布线系统分配到各家住户。规模较大的小区，也可利用程控用户交换机（PBX）组成小区专用电话系统。PBX可以在小区中专门配置，也可以利用局用程控交换机的远端模块实现。

（2）住宅小区有线电视系统。住宅小区有线电视系统是一种电视信号双向传输网络，可采用同轴电缆和光缆混合连接的结构形式（HFC），即用同轴电缆连接一定数量家居中的终端（电视机/PC），汇集若干条同轴电缆至光节点，经光节点用光纤连至前端。家居中的PC可利用HFC作为接入网与小区外部互联网连接，这需要电缆调制解调器（Cable Modem）。电缆调制解调器一端连接PC网卡上的RJ45接口（或PCUSB接口），另一端连接75Ω的CATV同轴电缆。采用这种联网方式，可边看电视边上网。

住宅小区计算机局域网的用途，一是作为小区物业管理系统的网络平台，二是可用作小区的接入网。目前及可预见的将来，小区局域网主要选用以太网，根据小区规模，其主干网可选择千兆以太网或百兆以太网，ATM LAN已基本退出智能建筑局域网领域。小区局域网结构的层次，除主干和底层外，在较大的系统中，增设中间层，即三层结构。

在数字化智能社区中，必须将电话网、数据网及有线电视网三网合一，采用宽带接入技术构建一个满足社区应用的统一网络平台，典型的宽带接入技术包括交换网络、HFC网络、无线网络及XDSL网络等四种。

住宅小区通信系统构成如图2-8所示。

2. 安防系统

小区安全防系统主要包括监控防盗报警系统、门禁系统、可视对讲系统、电子巡更系统，以及燃气泄漏报警、感烟报警、紧急求救等系统的综合应用。小区的保安中心负责集中监视管理安防各子系统，如图2-9所示。

3. 广播系统

住宅小区的广播系统分为公共广播、背景音乐和集会广播系统三个部分。

（1）背景音乐系统用于向小区中心广场、各组团花园、主干道等公众活动区播出背景音乐。

（2）公共广播平时用于播出通告、通知等信息，在紧急状态（如发生火灾时）进行紧急广播。公共广播由中心控制选择节目源，并能够分区域进行播出和切换。公共广播的音量可由各个区域自行控制。

（3）住宅小区中心广场的集会广播系统，考虑到中心广场的特殊性，系统需要在中心广场留有若干个传声器接口，当遇到集会等活动时可用来现场讲话，充分发挥系统

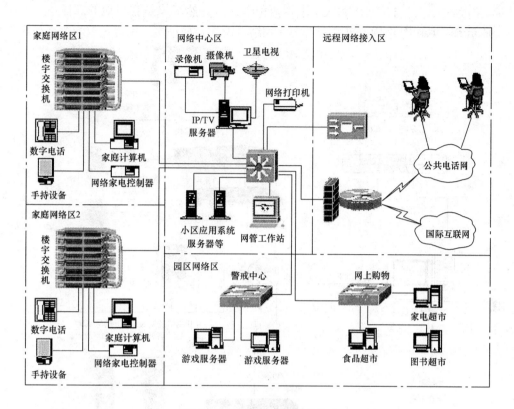

图 2-8 住宅小区通信系统构成

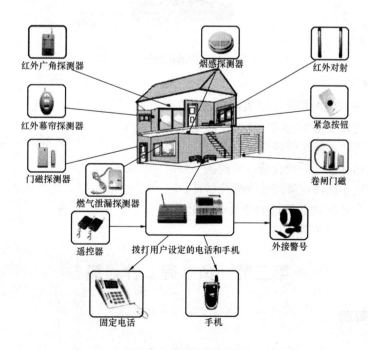

图 2-9 小区安全防系统

的功能。

广播系统组成如图 2-10 所示。

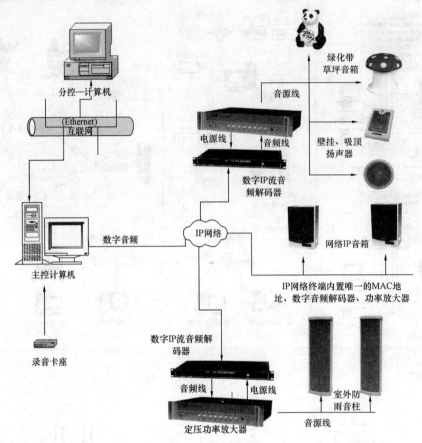

图 2-10　广播系统组成

4. 小区管理

智能小区物业管理的特征主要表现在以下几个方面：

（1）各种智能化设备系统的自动监控和集中远程管理。

（2）保安、消防、停车管理高度自动化。

（3）三表自动计量，各种收费一卡通。

（4）智能住宅小区物业管理的网络化特征。

（5）智能住宅小区物业管理的信息动态化特征。

智能物业管理系统职能如图 2-11 所示。

第二节　负　荷　计　算

一、负荷等级

1. 负荷估算

根据 JGJ 242《住宅建筑电气设计规范》每套住宅的用电负荷和电能表的选用不宜低于

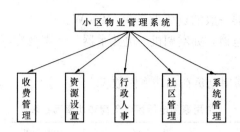

图 2-11 智能物业管理系统职能

表 2-6 的规定。

表 2-6 <center>每套住宅用电负荷和电能表的选择</center>

套 型	建筑面积 S/m^2	用电负荷/kW	电能表（单相）/A
A	$S \leqslant 60$	3	5（20）
B	$60 < S \leqslant 90$	4	10（40）
C	$90 < S \leqslant 150$	6	10（40）

当每套住宅建筑面积大于 $150m^2$ 时，超出的建筑面积可按 $40 \sim 50W/m^2$ 计算用电负荷。

2. 用电负荷等级

住宅建筑中主要用电负荷的分级应符合表 2-7 的规定，其他未列入表 2-7 中的住宅建筑用电负荷的等级宜为三级。

表 2-7 <center>住宅建筑中主要用电负荷等级</center>

建 筑 规 模	主 要 用 电 设 备	负荷等级
建筑高度为100m或35层及以上的住宅建筑	消防用电设备、应急照明、航空障碍照明、走道照明、值班照明、安防系统、电子信息设备机房、客梯、排污泵、生活水泵	一级
建筑高度为50～100m或19～34层的一类高层住宅建筑	消防用电设备、应急照明、航空障碍照明、走道照明、值班照明、安防系统、客梯、排污泵、生活水泵	
10～18层的二类高层住宅建筑	消防用电设备、应急照明、走道照明、值班照明、安防系统、客梯、排污泵、生活水泵	二级

严寒和寒冷地区住宅建筑采用集中供暖系统时，热交换系统的用电负荷等级不宜低于二级。

建筑高度为 100m 或 35 层及以上住宅建筑的消防用电负荷、应急照明、航空障碍照明、生活水泵宜设自备电源供电。

二、用电负荷

1. 家用电器

目前市场上的大功率家用电器，大致分为电阻性和电感性两大类。电阻性负载的家用电器以纯电阻为负载参数，电流通过时会转换成光能、热能，如白炽灯、电水壶、电炒锅、电饭煲、电熨斗等。电感性负载的家用电器电能转变为机械能或其他形式的能量，如以电动机作动力的洗衣机、电冰箱、抽油烟机、电风扇、空调器等。

家用电器按照功率的大小，一般可分为三个档次。

第一档次的为小功率电器，如电视机、电冰箱、洗衣机、电风扇、排风扇、抽油烟机、组合音响、照明灯具等。这类电器的负荷大约为 $300 \sim 700W$。

第二档次的中型功率电器，如电吹风、微波炉、电饭锅、电熨斗、电烤箱、电热毯、吸尘器、电暖器等。这类电器一般的负荷为 700～1200W。

第三档次的为大功率电器，如空调机、电热水器、烧烤微波炉、暖风机、浴霸等，其负荷为 1500～2500W。

表 2-8 为常用家用电器用电负荷和功率因数表。

表 2-8   常用家用电器用电负荷和功率因数表

类别	设备名称	规　　格	功率/kW	相　数	功率因数
基本电器	收录机	—	0.01～0.06	1	0.7
	电唱机	—	0.02	1	0.7
	洗衣机	—	0.12～0.4	1	0.6
	电视机	黑白	0.03～0.05	1	0.7
		彩色	0.07～0.2	1	0.7
	家用电冰箱	50～200L	0.04～0.15	1	0.6
电扇设备	台　扇	$\phi\,200～\phi\,400mm$	0.03～0.07	1	0.6
	落地扇	$\phi\,400mm$	0.07	1	0.6
	箱式电扇	$\phi\,300mm$	0.06	1	0.6
	吊　扇	$\phi\,900～\phi\,1200mm$	0.08	1	0.6
	排气扇	$\phi\,140mm$	0.01	1	0.5
	冷风器	—	0.07	1	0.6
	电空调器		0.75～2	1	0.7～0.8
电热设备	电熨斗	—	0.3～1.5	1	1
	电烙铁	—	0.04～0.1	1	1
	电热梳	—	0.02～0.12	1	1
	电吹风	—	0.25～1.2	1	1
	电热烫发钳	—	0.02～0.03	1	1
	电卷发器	—	0.02	1	1
	电热毯	—	0.04～0.08	1	1
	热得快	—	0.3	1	1
	电水杯	—	0.4	1	1
	电茶壶（瓷）	—	0.5	1	1
	电茶壶（铝）	2.5～5L	0.7～1.5	1	1
	电热锅	1.5L	0.5～0.75	1	1
	电炒勺	—	0.8～0.9	1	1
	电饭锅	—	0.3～1.5	1	1
	电　炉	$\phi\,100～\phi\,170mm$	0.3～1	1	1
	暖式电炉	立　式	0.3～1	1	1
	电吸尘器		0.25	1	0.6
	多用机（绞肉、切菜）	—	0.5	1	0.6
	台式计算机	含显示器	0.3～0.5	1	0.8
	电饮水器	冷、热水	0.5	1	1
	烘手器	—	2	1	1
	热风器	$9m^3/min$	3	1	1
			3	3	1

续表

类别	设备名称	规 格	功率/kW	相 数	功率因数
电热设备	电暖气	—	1	1	1
			2	1	1
			3	1	1
	电热水器	20kg	2	1	1
		30kg	6	3	1
		40kg	8	3	1
		110kg	9	3	1
	暖水冲洗器	3kg/min	2（夏）	1	1
			4（冬）	1	1
	储存式水加热器	300L	5	1	1
		46L	3	1	1
		46L	6	1	1
	电 灶	煮锅 20L×3	18.1	3	1
		炒锅 10L×1			
		烘 炉			
	电炒锅	14L	4	1	1
			4	3	1
	电炸锅	—	6.5	3	1
	三明治炉		0.3	1	1
			0.5	1	1
			0.75	1	1
	远红外面包炉	50kg/h	10	3	1
	远红外食品烘箱	50kg/h	7.2	3	1
			11.2	3	1
	食品烤箱	—	14	3	1
	远红外立式烘烤炉	50kg/h	3.8	3	1
		50kg/h	13	3	1
空调、除湿设备	风机盘管	—	0.04～0.08	1	0.6
	窗式空调器	冷量 8400J/h	1.3	1	0.8
		冷量 10 500J/h	1.6	1	0.8
		冷量 12 500J/h	1.7	1	0.8
		冷量 25 000J/h	3	3	0.8
	窗式空调器（冷暖两用）	冷量 8400J/h	1.3＋2.6	1	0.8
		冷量 10 500J/h	1.7＋3.3	3	0.8
	分体式空调器	冷量 16 700J/h	1.75(室外 1.3)	1	0.8
	分体式空调器（冷暖两用）	冷量 30 000J/h	2.6＋3 (室外 2.4)	1	0.8
		冷量 47 0000J/h	4.4＋5 (室外 4)	3	0.8

续表

类别	设备名称	规　　格	功率/kW	相　数	功率因数
空调、 除湿设备	立柜式冷风机	冷量 25 000J/h	2.4	3	0.8
		冷量 38 000J/h	4.4	3	0.8
		冷量 71 000J/h	6	3	0.8
		冷量 107 000J/h	9	3	0.85
		冷量 117 000J/h	13	3	0.85
		冷量 146 000J/h	15.2	3	0.85
		冷量 234 000J/h	26	3	0.85
	立柜式恒温恒湿机	冷量 25 000J/h	5.4＋7	3	0.8
		冷量 36 000J/h	6.7＋8.4	3	0.8
		冷量 63 000J/h	9＋12	3	0.85
		冷量 94 000J/h	15＋21	3	0.85
		冷量 125 000J/h	19＋25	3	0.85
		冷量 314 000J/h	33.5＋48	3	0.85
	除湿机	除湿量 3kg/h	2.2	3	0.8
		除湿量 5kg/h	4.4	3	0.8
		除湿量 6kg/h	5.3	3	0.8
		除湿量 10kg/h	8.6	3	0.85
		除湿量 20kg/h	15.2	3	0.85
冷藏、 冷冻及 冷饮水类 设备	卧式冷藏柜	0.2m³	0.5	3	0.8
		0.6m³	1.1	3	0.85
		15m³	3	3	0.85
	卧式风冷冷藏柜	0.7m³	1.1	3	0.85
		2m³	3	3	0.85
	食品冷箱	1.3m³	0.6	3	0.8
	立式风冷生熟分开冷藏柜	0.7m³	1.1	3	0.85
	厨房冰箱	0.6m³	1.1	3	0.85
		1m³	1.1	3	0.85
		1.35m³	1.1	3	0.85
		1.5m³	1.1	3	0.85
		3m³	3	3	0.85
	低温冰箱	16 800kJ/h	2.2	3	0.85
		0.2m³	4	3	0.85
	立式冷藏柜	0.7m³	1.1	3	0.85
		1.5m³	1.5	3	0.85
		3m³	3	3	0.85
	制冰机	120kg/d	1.1	3	0.85
		500kg/d	3	3	0.85

续表

类别	设备名称	规 格	功率/kW	相 数	功率因数
冷藏、冷冻及冷饮水类设备	冰棍机	2000支/d	1.1	3	0.85
		8000支/d	3	3	0.85
		8～9kg/h	1.7	3	0.85
	冰淇淋机	20～25kg/h	4.5	3	0.85
	冷饮水箱	300～450kg/h	3	3	0.85
	紫外线饮水消毒器	1000L/h	0.03	1	0.5
		4000L/h	0.09	1	0.5
		8000L/h	0.12	1	0.5
		60000L/h	3	1	0.5
家用炊事电器	绞肉机	500kg/h	1.7	3	0.8
		500kg/h	2.4	3	0.8
	切肉机	100kg/h	0.55	3	0.7
		180kg/h	0.55	3	0.7
		200kg/h	0.75	3	0.7
	立式多切机	4000～600kg/h	1.5	3	0.8
	液压切肉机	—	4	3	0.85
	熟肉切片机	—	0.09	1	0.7
	绞肉机	250kg/h	1.2	1	0.8
	卧式绞肉机	120kg/h	0.6	3	0.7
	合式绞肉机	150kg/h	0.75	3	0.7
	立式绞肉机	500kg/h	1.5	3	0.8
	打蛋器	—	0.15	1	0.7
	搅拌机	20kg/10min	1.5	3	0.8
	削面机	100kg/h	2.2	3	0.8
	面条打粉机	50kg/18min	1.8	3	0.8
	削面机	100kg/10min	1.5	3	0.8
	拌粉机	—	2	3	0.8
	立式和面机	35kg/10min	2.2	3	0.8
	卧式和面机	10～25kg/8min	2.2	3	0.8
	立式和面机	75kg/10min	4	3	0.85
	卧式和面机	125kg/10min	6.6	3	0.85
	立式轧面机	50～60kg/h	2.2	3	0.8
		135kg/h	2.8	3	0.8
	立式挂面机	200kg/h	3	3	0.8
	馒头机	33个/min	1.1	3	0.8
		60个/min	3	3	0.8
		70个/min	4	3	0.85

续表

类别	设备名称	规 格	功率/kW	相 数	功率因数
家用炊事电器	包绞机	7200 个/h	3	3	0.8
	馄饨机	4000 个/h	1.5	3	0.8
	台式馅类切割机	150kg/h	0.25	1	0.7
	台式切菜脱水机	300～350kg/h	0.55	1	0.7
	台式切菜机	150kg/h	0.37	3	0.7
	切菜机	150kg/h	0.37	3	0.7
		150kg/h	0.5	3	0.7
		300kg/h	1.1	3	0.8
		150kg/h	0.8	1	0.7
	豆浆机	30kg/h	0.6	3	0.7
		40kg/h	0.75	3	0.7

2. 消防负荷

消防是防火和灭火的总称,消防负荷是用于防火和灭火的用电设备。

GB 50045《高层建筑设计防火规范》中指出:消防控制室、消防水泵、消防电梯、防烟排烟设施、火灾自动报警系统、自动灭火系统、火灾应急照明、疏散指示标志和电动防火门、窗、卷帘、阀门等用电设备为消防负荷。

我国的 GB 50016《建筑设计防火规范》和 GB 50045《高层建筑设计防火规范》对消防负荷的电源提出了要求,确定了电力负荷级别,见表 2-9。

表 2-9   消防用电负荷根据建筑类别对应的电力负荷表

建 筑 分 类			消防用电设备	电力负荷级别
高层一类	居住建筑	高层住宅 19 层以上的普通住宅	消防控制室 消防电梯 消防水泵 喷幕泵 防排烟设施 火灾自动报警 自动灭火系统 火灾备用照明 火灾疏散照明 防火门 防火卷帘 防火阀	一级
		高度大于 50m 或每层面积大于 100m² 商住楼		
高层二类	居住建筑	10～18 层的普通住宅	消防控制室 消防电梯 消防水泵 喷洒泵 水幕泵 防排烟设施 火灾自动报警 自动灭火系统 火灾备用照明 火灾疏散照明 防火门 防火卷帘 防火阀	二级
		第一类建筑以外的 商住楼		

3. 高层建筑用电负荷

现代高层建筑和超高层建筑的主要用电负荷如下所述：

（1）给排水动力负荷。给排水动力负荷主要用于生活水泵，由贮水池向高位水池输水，以供生活和局部高层室内消防喷淋用水。这些水泵都有备用机组，紧急用水时可以联动运行。

专用消防水泵，按一级负荷供电。

（2）冷冻机组动力负荷。需要夏季制冷、冬季制热的现代高层建筑物，冷热水机组每年运转时间长，耗电量多。但在某些地理位置上，如夏季只制冷、冬季不制热，或者夏季不制冷、冬季只制热等情况，空调机组运转时间少，耗电量少。一般空调机组用电，可视为三级负荷。

（3）电梯负荷。在高层建筑中，一般都配备电梯，消防电梯必须能正常工作，按一级负荷供电。消防电梯速度较普通电梯的速度要高一些，一般在 4m/s 以上，且应配备内部通话设备。

（4）照明负荷。高层建筑物内部的疏散诱导照明灯、工作场所的事故照明灯、楼梯内的事故照明灯、消火栓内的按钮控制消防水泵起动的控制电源都应全部视为一级负荷来设计供配电系统。

一般工作场所的工作照明用电，可按二或三级负荷来设计供配电系统。

（5）通风机负荷。在高层建筑中，常有地下层，这部分建筑空间可以修建贮水池，生活污水处理池。冷冻机及通风机组设备和供配电设备也设置在地下层内，以便对冷、热水机组、辅助电动机组及送风排风机组等就近供电，减少电能损耗。

吸入室外新鲜空气进入建筑物内，称为新风风机，简称新风机或送风机，将室内空气抽出到室外，称为抽风机或排风机。

在高层建筑中，火灾烟雾会使人窒息死亡。因此，必须设置专用的防烟、排烟风机，如火灾发生后，人行楼梯井内，用正压力送风，防止烟气进入楼梯井内，便于人员安全疏散等。

属于消防系统使用的风机用电，属一级负荷，须与防灾中心实行联动控制。

（6）弱电设备负荷。高层建筑物中，弱电设备种类多，建筑物的使用功能不同，对弱电设备的选择设置也就各不相同。处理高层或超高层建筑物弱电系统的工程设计时，原则上都将弱电系统的电源按一级负荷供电。

表 2-10 是动力设备的负荷种类及其概略容量值。

表 2-10　　　　　　　　　　　　动力设备的负荷种类及其概略容量值

动力设备	设备名称	功率/kW
空调设备	冷冻机	高压 100～500
	冷水泵、温水泵	5.5～37
	冷却水循环泵	2.2～7.5
	冷却水塔风扇	1.5～15
	箱型冷却压缩机	3.2～5.5

续表

动力设备	设备名称	功率/kW
空调设备	箱型冷气风扇	1.5~5.5
	锅炉燃烧器风扇	0.4~1.5
	加热器	2~5
	真空泵	0.75~2.2
	温水循环泵	0.4~2.2
	油用齿轮式泵	0.4~2.2
换气设备	送风机	0.4~11
	排风机	0.4~11
给排水设备	污水泵	0.4~2.2
	扬水泵	0.4~3.7
	杂排水泵	0.4~3.7
	热水泵	0.4~2.2
	净化槽用风机	0.2~2.2
	污水处理设备	2.2~7.5
灭火、排风	消火栓泵	2.2~11
	洒水泵	7.5~15
	排烟设备电风扇	0.4~11
厨房设备	冷藏设备，合成调理机电烤箱、煎锅	0.2~10
搬运机械设备及其他	电梯停车场机械设备、吊车	5.5~37
	门开闭器	0.2~2.2

三、用电负荷计算

对于住宅建筑的负荷计算，方案设计阶段可采用单位指标法和单位面积负荷密度法，初步设计及施工图设计阶段，宜采用单位指标法与需要系数法相结合的算法。

住宅小区用电负荷的计算一般要考虑以下几个内容：住户用电、住宅公共用电（门厅、楼梯间、架空层照明、住宅楼电梯、生活水泵、地下车库用电以及住宅区配套居委会、老人活动室、物业管理等）、商业用电（包括店铺、商场、娱乐及学校、诊所等公共建筑）、总体用电（包括道路照明、景观及广告照明，以及动力设备用电）、消防用电等。

1. 住户用电需要系数

住宅建筑用电负荷采用需要系数法计算时，需要系数应根据当地气候条件、采暖方式、电炊具使用等因素进行确定。用户三相计算负荷公式如下：

$$P_1 = \sum_{i=1}^{n} k_{xi} n_i p_i$$

$$Q_1 = P_1 \tan\varphi$$

$$I_1 = \frac{P_1}{\sqrt{3} U_N \cos\varphi} = \frac{P_1}{\sqrt{3} \times 0.38 \times \cos\varphi}$$

或

$$I_1 = \frac{P_1}{3 U_{N\varphi} \cos\varphi} = \frac{P_1}{3 \times 0.22 \times \cos\varphi}$$

式中　P_1、Q_1——住户三相总计算负荷（kW，kvar）；

　　　　I_1——住户计算电流（A）；

　　　　$\tan\varphi$——住户平均功率因数对应的正切值，$\cos\varphi$ 可取 $0.75\sim0.85$；

　　　　p_i——每套住宅用电负荷（kW/户），按照住户用电负荷标准可参照标准 JGJ 242《住宅建筑电气设计规范》选取；

　　　　n_i——不同建筑面积户型的标准住户数；

　　　　k_{xi}——不同建筑面积户型的需要系数，《全国民用建筑技术措施·电气·2003》提出需要系数见表 2-11。

表 2-11　　　　　　　　　　　　　　　　住宅负荷需要系数

户数 n		k_x	
按单相配电计算时所连接的基本户数	按三相配电计算时所连接的基本户数	通用值	推荐值
3	9	1	1
4	12	0.95	0.95
6	18	0.75	0.8
8	24	0.66	0.7
10	30	0.58	0.65
12	36	0.5	0.6
14	42	0.48	0.55
16	48	0.47	0.55
18	54	0.45	0.50
21	63	0.43	0.50
24	72	0.41	0.45
25～100	75～300	0.40	0.45
125～200	375～600	0.33	0.35
260～300	780～900	0.26	0.30

2. 住宅公共用电

住宅公共用电负荷应包括门厅、楼梯间、架空层等公共部分照明，供住宅楼使用的电梯、生活水泵以及供住宅楼使用的地下车库用电。公共用电负荷计算公式如下：

$$P_2 = P_{2-1} + P_{2-2} + P_{2-3} + P_{2-4} + P_{2-5}$$

$$Q_2 = Q_{2-1} + Q_{2-2} + Q_{2-3} + Q_{2-4} + Q_{2-5}$$

$$I_2 = \frac{P_2}{\sqrt{3}U_N\cos\varphi} = \frac{P_2}{\sqrt{3}\times0.38\times\cos\varphi}$$

或

$$I_2 = \frac{P_2}{3U_{N\varphi}\cos\varphi} = \frac{P_2}{3\times0.22\times\cos\varphi}$$

式中　P_2、Q_2——住宅公共用电负荷（kW，kvar）；

　　P_{2-1}、Q_{2-1}——公共部分照明用电负荷（kW，kvar）；

　　P_{2-2}、Q_{2-2}——电梯用电负荷（kW，kvar）；

　　P_{2-3}、Q_{2-3}——水泵最大运行方式下（开泵最多的方式）的实际最大负荷（kW，kvar）；

P_{2-4}、Q_{2-4}——地下车库用电负荷（kW，kvar）；

P_{2-5}、Q_{2-5}——配套用房用电负荷（kW，kvar）；

I_2——住宅公共用电负荷的计算电流（A）。

（1）公共部分照明。公共部分照明可根据照度要求采用单位面积负荷密度法进行设计：

$$P_{2-1} = k_x \sum_{i=1}^{n} A_i p_i$$

$$Q_{2-1} = P_{2-1} \tan\varphi$$

式中　P_{2-1}、Q_{2-1}——公共部分照明用电负荷（kW，kvar）；

$\tan\varphi$——公共部分照明平均功率因数对应正切值，$\cos\varphi$ 可以取 $0.75\sim0.85$；

p_i——不同场所单位面积负荷密度（kW/m²），一般情况下可按照度 $30\sim 75$lx，即按 $4\sim10$W/m²（荧光灯）计算；

A_i——不同公共部分照明面积（m²）；

k_x——公共部分照明的需要系数，见表 2-12。

表 2-12　　　　　　　　　　不同公共部分照明的需要系数

照明面积/m²	≤500	500~3000	≥3000
k_x	1.0~0.9	0.9~0.7	0.7~0.5

（2）电梯。供住宅楼使用的电梯有交流电梯和直流电梯两种，其单台电梯的设备容量应为电动机额定功率加上其他附属电器之和（如轿厢照明、排气扇等），要特别提出的是，直流电梯设备容量应按拖动直流发电机的交流电动机额定功率计算。

当向多台电梯供电时，其计算总容量应计入需要系数。

$$P_{2-2} = k_x \sum_{i=1}^{n} p_i$$

$$Q_{2-2} = k_x \sum_{i=1}^{n} q_i = k_x \sum_{i=1}^{n} p_i \tan\varphi_i$$

式中　P_{2-2}、Q_{2-2}——电梯用电负荷（kW，kvar）；

p_i——单部电梯负荷，一般单台电梯功率为 $10\sim14$kW/台，在实际负荷测算中按设计负荷或实际设备容量计算（kW/台）；

q_i——单部电梯无功负荷（kvar）；

$\tan\varphi_i$——单部电梯功率因数对应正切值，$\cos\varphi_i$ 电梯设备功率因数；

n——电梯数量（台）；

k_x——多部电梯运行时的需要系数，按照 GB 50055《通用用电设备配电设计规范》中推荐的参数计算，见表 2-13。

表 2-13　　　　　　　　　　住宅电梯的需要系数

电梯台数	1	2	3	4	5	6	7	8	9	10	11	12
k_x	1	0.91	0.85	0.8	0.76	0.72	0.68	0.64	0.6	0.56	0.52	0.48

(3) 生活水泵。供住宅使用的生活水泵均应计入住宅楼负荷计算。当供水系统采用的是集中给水泵时，其计算容量应为所有给水泵（包括变频泵）额定功率之和（备用泵不计）；当供水系统采用分散式（一幢或几幢分别设置）时，其计算总容量是应计入需要系数 k_x，计算公式如下：

$$P_{2-3} = k_x \sum_{i=1}^{n} p_i$$

$$Q_{2-3} = k_x \sum_{i=1}^{n} q_i = k_x \sum_{i=1}^{n} p_i \tan\varphi_i$$

式中　P_{2-3}、Q_{2-3}——水泵最大运行方式下（开泵最多的方式）的实际最大负荷（kW，kvar）；

p_i——各类水泵的单台最大负荷（kW/台）；

q_i——各类水泵的单台最大无功负荷（kvar）；

$\tan\varphi_i$——水泵的单台功率因数对应正切值，$\cos\varphi_i$ 水泵的单台功率因数；

n——最大运行方式下各类水泵的台数（台）；

k_x——多部水泵运行时的需要系数，见表 2-14。

表 2-14　　　　　　　　　　　住宅给水泵的需要系数

水泵台数	1~5	≥5
k_x	1~0.8	0.6~0.8

(4) 地下车库。当住宅楼设有地下车库时，地下室的照明、风机、排水泵等应计入住宅用电负荷，其计算容量宜按实际安装设备容量计算，并计入需要系数，计算公式如下：

$$P_{2-4} = k_x \sum_{i=1}^{n} A_i p_i$$

$$Q_{2-4} = P_{2-4} \tan\varphi$$

式中　P_{2-4}、Q_{2-4}——地下车库用电负荷（kW，kvar）；

$\tan\varphi$——地下车库平均功率因数对应正切值，$\cos\varphi$ 可以取 0.75~0.85；

p_i——地下车库单位面积安装功率（W/m²）；一般情况下地下层用电容量大约在 20~30W/m² 左右（含照明、风机、排水泵等）；

A_i——地下车库面积（m²）；

k_x——地下车库的需要系数，在 0.7~0.85 之间。

(5) 配套用房。住宅小区通常都设置有物业管理中心、老人活动中心及居委会等配套用房，其用电应计入住宅楼负荷

$$P_{2-5} = \sum_{i=1}^{n} A_i p_i$$

$$Q_{2-5} = P_{2-5} \tan\varphi$$

式中　P_{2-5}、Q_{2-5}——配套用房用电负荷（kW，kvar）；

$\tan\varphi$——配套用房平均功率因数对应正切值，$\cos\varphi$ 可以取 0.75~0.85；

p_i——配套用房单位面积安装功率（W/m²）；一般情况下地下层用电容量

为 $30\sim70\text{W/m}^2$；

　　A_i ——配套用房面积（m^2）；

3. 商业用电

住宅小区通常设置有商业（店铺、商场）、娱乐（会所、俱乐部）及学校、诊所等公共建筑，其用电容量应按实际安装设备容量计算并计入需要系数。在方案或扩初阶段可采用单位指标法计算，计算公式如下：

$$P_3 = k_x \sum_{i=1}^{n} A_i p_i$$
$$Q_3 = P_3 \tan\varphi$$

式中　P_3、Q_3 ——商业用电负荷（kW，kvar）；

　　　　$\tan\varphi$ ——商业用电负荷功率因数对应正切值，$\cos\varphi$ 可以取 $0.75\sim0.85$；

　　　　A_i ——商业用房面积（m^2）；

　　　　k_x ——商业用电负荷的需要系数；

　　　　p_i ——商业用房单位面积安装功率（W/m^2），见表 2-15。

表 2-15　　　　　　　　　　　商业用房单位面积安装功率

名　　称	店铺	商场	娱乐场所	学校	诊所
安装功率/（W/m^2）	$60\sim80$	$80\sim120$	$80\sim100$	$40\sim60$	$60\sim80$

以上指标均为含照明、动力、空调综合用电指标。

4. 总体用电

住宅小区总体用电包括道路照明、景观照明、广告照明及动力设备用电，其用电容量与小区的规模、景观照明及动力的设置要求有关。

施工图设计应按实际设备容量计算并考虑适当的需要系数，在一般情况下（不包括别墅型小区）可按建筑面积规模估算，功率因数 $\cos\varphi$ 取 $0.75\sim0.85$，见表 2-16。

表 2-16　　　　　　　　　　　住宅小区总体用电负荷

建筑面积/万 m^2	2	$2\sim6$	$6\sim10$
用电负荷/kW	$20\sim30$	$30\sim60$	$60\sim100$

5. 消防用电

住宅小区根据其建筑规模、高度以及建筑物内的功能均设置有一定的消防用电设备，其用电容量应按有关专业提供的设备容量进行计算。

特别提出的是，高层住宅楼的电梯一般兼作消防电梯。因此，其用电量除计入住宅用电负荷外，还应计入消防用电负荷。

6. 单相负荷

当单相负荷的总计算容量小于计算范围内三相对称负荷总计算容量的 15％ 时，应全部按三相对称负荷计算，当单相负荷的总计算容量不小于计算范围内三相对称负荷总计算容量的 15％ 时，应将单相负荷换算为等效三相负荷，再与三相负荷相加。

（1）相负荷。单相设备接于相电压时，其等效三相负荷为

$$P_e = 3P_{em\varphi}$$

式中　P_e——等效三相负荷（kW）；

　　$P_{em\varphi}$——最大负荷相所接的单相设备容量（kW）。

（2）线负荷。单相设备接于同一线电压时，其等效三相负荷为

$$P_e = \sqrt{3}P_{e\varphi}$$

式中　P_e——等效三相负荷（kW）；

　　$P_{e\varphi}$——单相设备的容量（kW）。

接于不同线电压时的三相设备容量，将线电压的单相设备容量换算为相电压的设备容量。设接于三个线电压的设备容量分别是 P_1、P_2、P_3，且 $\cos\varphi_1 \neq \cos\varphi_2 \neq \cos\varphi_3$，$P_1 > P_2 > P_3$，则等效三相设备容量为

$$P_e = 3P_1 + \sqrt{3}P_2$$

$$Q_e = 3P_1\tan\varphi_1 + \sqrt{3}P_2\tan\varphi_2$$

有的单相设备接于线电压，有的单相设备接于相电压时，应将接于线电压的单相设备容量换算为接于相电压的设备容量，然后分别计算各相的设备容量。

将线电压的单相设备容量换算为相电压的设备容量，其换算公式为

$$\begin{cases} P_{eA} = p_{AB-A}P_{AB} + p_{CA-A}P_{CA} \\ Q_{eA} = q_{AB-A}P_{AB} + q_{CA-A}P_{CA} \end{cases}$$

$$\begin{cases} P_{eB} = p_{BC-B}P_{BC} + p_{AB-B}P_{AB} \\ Q_{eB} = q_{BC-B}P_{BC} + q_{AB-B}P_{AB} \end{cases}$$

$$\begin{cases} P_{eC} = p_{CA-C}P_{CA} + p_{BC-C}P_{BC} \\ Q_{eC} = q_{CA-C}P_{CA} + q_{BC-C}P_{BC} \end{cases}$$

式中　P_{AB}、P_{BC}、P_{CA}——接于 AB、BC、CA 相间的有功设备容量（kW）；

　　P_{eA}、P_{eB}、P_{eC}——换算为 A、B、C 相的有功设备容量（kW）；

　　Q_{eA}、Q_{eB}、Q_{eC}——换算为 A、B、C 相的无功设备容量（kvar）；

　　p_{AB-A}，q_{AB-A}——有功和无功换算系数，其值见表 2-17。

表 2-17　　　　　　　　　单相负荷计算换算系数表

功率换算系数	负荷功率因数								
	0.35	0.4	0.5	0.6	0.65	0.7	0.8	0.9	1.0
p_{AB-A}, p_{BC-B}, p_{CA-C}	1.27	1.17	1.0	0.89	0.84	0.8	0.72	0.64	0.5
p_{AB-B}, p_{BC-C}, p_{CA-A}	−0.27	−0.17	0	0.11	0.16	0.2	0.28	0.36	0.5
q_{AB-A}, q_{BC-B}, q_{CA-C}	1.05	0.86	0.58	0.38	0.3	0.22	0.09	0.05	0.29
q_{AB-B}, q_{BC-C}, q_{CA-A}	1.63	1.44	1.16	0.96	0.88	0.8	0.67	0.53	0.29

把等效三相设备容量计算出来后，可计算出等效三相计算负荷。前两种情况可直接用需要系数法计算出等效三相计算负荷，第三种情况的等效三相计算负荷取其最大有功负荷相的计算负荷的三倍。

7. 冲击负荷

（1）临时性负荷。临时性负荷［如事故处理设备等投入运行的时间相对较短（一般在

0.5～2.0h）]，不应计入正常的负荷计算，但应校验这类设备投入运行时，变压器、开关及供电线路等不超过其短时过负荷允许值（包括变压器的短时过载能力）。

（2）校验冲击负荷。依据冲击负荷，可用以校验电压波动和选择保护电器。

在配电系统中，冲击负荷出现最多的是电动机瞬时起动的时刻，电动机起动电流一般是其额定电流的4～7倍，一旦起动完成，电动机立即恢复到正常的额定电流。由于此负荷存在的时间较短，一般不计入正常的负荷计算，但应校验此冲击负荷是否能使变压器、线路、开关的保护设备准确动作。

（3）冲击电流的计算。计算冲击电流的目的是选择熔断器，整定低压断路器和继电保护装置，计算电压波动及检验电动机自起动条件等。

给单台用电设备供电的支线冲击电流计算，冲击电流就是用电设备的起动电流，即

$$I_{PK} = I_{ST} = K_{ST} I_N$$

式中 I_{PK}——给单台用电设备供电的支线冲击电流（A）；

I_{ST}——用电设备的起动电流（A）；

I_N——用电设备的额定电流（A）；

K_{ST}——用电设备的起动电流倍数（可查样本或铭牌，对笼型电动机一般为5～7倍，对绕线型电动机一般为2～3倍，对直流电动机一般为1.7倍，对电焊变压器一般为3倍或稍大）。

给多台用电设备供电的干线冲击电流计算为

$$I_{PK} = K_{\Sigma} \sum_{i=1}^{n-1} I_{Ni} + I_{stmax}$$

或

$$I_{PK} = I_c + (I_{st} - I_N)_{max}$$

式中 I_{PK}——给多台用电设备供电的干线冲击电流（A）；

I_{stmax}——用电设备组中起动电流最大一台设备的起动电流（A）；

$(I_{st} - I_N)_{max}$——用电设备组中起动电流最大一台设备的起动电流与额定电流之差（A）；

$\sum_{i=1}^{n} I_{Ni}$——除了起动电流最大一台设备外，其他（$n-1$）台设备的额定电流之和（A）；

K_{Σ}——上述多台设备的同时系数，其值按台数多少选取，一般为0.7～1；

I_c——全部设备投入运行时线路的计算电流（A）。

第三节 能 量 损 耗 计 算

一、线路损耗

1. 有功功率损耗

有功功率损耗是电流流过线路电阻所引起的，故其计算公式为

$$\Delta P_{WL} = 3 I_c^2 R_{WL} \times 10^{-3}$$

式中 ΔP_{WL}——线路有功功率损耗（kW）；

I_c——线路的计算电流（A）；

R_{WL}——线路每相的电阻（Ω），

$$R_{WL} = r_0 L$$

r_0 ——线路单位长度的电阻（Ω/km）；

L ——线路的计算长度（km）。

2. 无功功率损耗

无功功率损耗是电流流过线路电抗所引起的，故其计算公式为

$$\Delta Q_{\mathrm{WL}} = 3I_c^2 X_{\mathrm{WL}} \times 10^{-3}$$

式中　ΔQ_{WL} ——线路无功功率损耗（kvar）；

I_c ——线路的计算电流（A）；

X_{WL} ——线路每相的电抗（Ω），

$$X_{\mathrm{WL}} = x_0 L$$

x_0 ——线路单位长度的电抗（Ω/km），架空线路为 0.4Ω/km 左右，电缆线路为 0.08Ω/km 左右；

L ——线路的计算长度（km）。

二、变压器功率损耗

变压器功率损耗包括有功功率损耗和无功功率损耗两部分。

1. 有功功率损耗

变压器的有功功率损耗由铁损和铜损两部分组成。

（1）铁损 ΔP_{Fe}。铁损，又称为空载损耗，ΔP_0 是变压器主磁通在铁心中产生的有功损耗，近似认为 ΔP_0 等于 ΔP_{Fe}。

（2）铜损 ΔP_{Cu}。铜损是变压器负荷电流在一、二次绕组的电阻中产生的有功损耗，其值与负荷电流（或功率）的平方成正比。变压器的短路损耗 ΔP_k 可认为是额定电流下的铜损 ΔP_{Cu}。

（3）变压器的有功损耗

$$\Delta P_{\mathrm{T}} = \Delta P_{\mathrm{Fe}} + \Delta P_{\mathrm{Cu}} = \Delta P_{\mathrm{Fe}} + \Delta P_{\mathrm{Cu.N}}\left(\frac{S_c}{S_N}\right)^2 \approx \Delta P_0 + \Delta P_k \left(\frac{S_c}{S_N}\right)^2$$

或　　　　　　　　　　　　　$$\Delta P_{\mathrm{T}} \approx \Delta P_0 + \Delta P_k \beta^2$$

式中　ΔP_{T} ——变压器的有功损耗（kW）；

ΔP_0 ——变压器空载损耗（kW）；

ΔP_k ——变压器短路损耗，铜损（kW）；

S_N ——变压器的额定容量（kVA）；

S_c ——变压器的计算负荷（kVA）；

β ——变压器的负荷率，$\beta = \dfrac{S_c}{S_N}$。

2. 无功功率损耗

变压器的无功功率损耗由空载时无功损耗和带负载时无功损耗两部分组成。

（1）空载时无功损耗。ΔQ_0 是变压器空载时，由产生主磁通的励磁电流所造成的。

$$\Delta Q_0 \approx \frac{I_0\%}{100} S_N$$

式中　ΔQ_0 ——变压器空载时无功损耗（kvar）；

S_N ——变压器的额定容量（kVA）；

$I_0\%$ ——变压器空载电流占额定电流的百分值。

（2）负载时无功损耗。ΔQ_N 是变压器负荷电流在一、二次绕组电抗上所产生的无功功率损耗，其值与电流的二次方成正比。

$$\Delta Q_N \approx \frac{U_k\%}{100}S_N$$

式中　ΔQ_N——变压器带负载时的无功损耗（kvar）；

　　　S_N——变压器的额定容量（kVA）；

　　　$U_k\%$——变压器的短路电压百分值。

变压器的无功损耗为

$$\Delta Q_T = \Delta Q_0 + \Delta Q = \Delta Q_0 + \Delta Q_N\left(\frac{S_c}{S_N}\right)^2 \approx S_N\left[\frac{I_0\%}{100} + \frac{U_k\%}{100}\left(\frac{S_c}{S_N}\right)^2\right]$$

或

$$\Delta Q_T \approx S_N\left(\frac{I_0\%}{100} + \frac{U_k\%}{100}\beta^2\right)$$

以上各式中，S_N、ΔP_0、ΔP_k、$I_0\%$ 和 $U_k\%$ 均可由变压器产品目录中查得。

第四节　无　功　补　偿

一、功率因数

100kVA 及以上高压供电的电力客户，在高峰负荷时的功率因数不宜低于 0.95，其他电力客户功率因数不宜低于 0.90。

1. 瞬时功率因数

瞬时功率因数可由功率因数表（相位表）直接测量，也可以用在同一时间测得的有功功率表、电流表和电压表的读数计算得到，可按下式计算为

$$\cos\varphi = \frac{P}{\sqrt{3}UI}$$

式中　$\cos\varphi$——瞬时功率因数；

　　　P——功率表测出的三相功率读数（kW）；

　　　U——电压表测出的线电压的读数（kV）；

　　　I——电流表测出的线电流读数（A）。

2. 平均功率因数

平均功率因数是指在某一时间内的平均功率因数，称为加权平均功率因数。由消耗的电能计算如下

$$\cos\varphi_{av} = \frac{W_P}{\sqrt{W_P^2 + W_Q^2}} = \frac{1}{\sqrt{1 + \left(\frac{W_Q}{W_P}\right)^2}}$$

式中　$\cos\varphi_{av}$——平均功率因数；

　　　W_P——某一时间内消耗的有功电能（kW·h），由有功电能表读数求出；

　　　W_Q——某一时间内消耗的无功电能（kvar·h），由无功电能表读数求出。

若用户在电费计量点装设感性和容性的无功电能表来分别计量感性无功电能（W_{rl}）和容性无功电能（W_{rc}），按以下公式计算

$$\cos\varphi_{av} = \frac{W_P}{\sqrt{W_P^2 + (W_{rc} - W_{rl})^2}}$$

式中 W_{rl} ——感性无功电能（kvar·h）；

W_{rc} ——容性无功电能（kvar·h）；

W_P ——有功电能（kW·h）。

由计算负荷计算如下

$$\cos\varphi_{av} = \frac{P_{av}}{S_{av}} = \frac{\alpha P_c}{\sqrt{(\alpha P_c)^2 + (\beta Q_c)^2}} = \frac{1}{\sqrt{1 + \left(\frac{\beta Q_c}{\alpha P_c}\right)^2}}$$

式中 $\cos\varphi_{av}$ ——平均功率因数；

P_{av} ——平均的有功计算负荷（kW）；

S_{av} ——平均的计算容量（kVA）；

P_c ——有功计算负荷（kW）；

Q_c ——无功计算负荷（kvar）；

α ——有功负荷系数，一般为 $0.7\sim0.75$；

β ——无功负荷系数，一般为 $0.76\sim0.82$。

供电部门根据月平均功率因数调整用户的电费电价。

3. 最大负荷时的功率因数

最大负荷时的功率因数是指在年最大负荷（计算负荷）时的功率因数，计算公式为

$$\cos\varphi_{max} = \frac{P_{cmax}}{S_{cmax}} = \frac{P_{cmax}}{\sqrt{P_{cmax}^2 + Q_{cmax}^2}}$$

式中 $\cos\varphi_{max}$ ——最大负荷时的功率因数；

P_{cmax} ——最大负荷时有功计算负荷（kW）；

Q_{cmax} ——最大负荷时无功计算负荷（kvar）；

S_{cmax} ——最大负荷时计算容量（kVA）。

二、无功补偿容量

1. 固定补偿

固定补偿容量如下

$$Q_{cc} = P_{av}(\tan\varphi_1 - \tan\varphi_2) = \alpha P_c q_c$$

$$q_c = \tan\varphi_1 - \tan\varphi_2$$

式中 Q_{cc} ——计算的无功补偿容量（kvar）；

P_{av} ——平均的有功计算负荷（kW）；

P_c ——有功计算负荷（kW）；

$\tan\varphi_1$ ——补偿前计算负荷的功率因数角 $\cos\varphi_1$ 的正切值；

$\tan\varphi_2$ ——补偿后功率因数角 $\cos\varphi_2$ 的正切值；

α ——有功负荷系数，一般为 $0.7\sim0.75$；

q_c ——无功功率补偿率系数，见表 2-18。

表 2-18　　　　　　　　　　　　　无功补偿容量计算系数表

改善前功率因素 $\cos\varphi_1$	拟改善功率因素 $\cos\varphi_2$												
	0.80	0.85	0.90	0.91	0.92	0.93	0.94	0.95	0.96	0.97	0.98	0.99	Unity
0.50	0.982	1.112	1.248	1.276	1.306	1.337	1.369	1.403	1.440	1.481	1.529	1.590	1.732
0.51	0.937	1.067	1.202	1.231	1.261	1.291	1.324	1.358	1.395	1.436	1.484	1.544	1.687
0.52	0.893	1.023	1.158	1.187	1.217	1.247	1.280	1.314	1.351	1.392	1.440	1.500	1.643
0.53	0.850	0.980	1.116	1.144	1.174	1.205	1.237	1.271	1.308	1.349	1.397	1.458	1.600
0.54	0.809	0.939	1.074	1.103	1.133	1.163	1.196	1.230	1.267	1.308	1.356	1.416	1.559
0.55	0.768	0.899	1.034	1.063	1.092	1.123	1.156	1.190	1.227	1.268	1.315	1.376	1.518
0.56	0.729	0.860	0.995	1.024	1.053	1.084	1.116	1.151	1.188	1.229	1.276	1.337	1.479
0.57	0.691	0.822	0.957	0.986	1.015	1.046	1.079	1.113	1.150	1.191	1.238	1.299	1.441
0.58	0.655	0.785	0.920	0.949	0.979	1.009	1.042	1.076	1.113	1.154	1.201	1.262	1.405
0.59	0.618	0.749	0.884	0.913	0.942	0.973	1.006	1.040	1.077	1.118	1.165	1.226	1.368
0.60	0.583	0.714	0.849	0.878	0.907	0.938	0.970	1.005	1.042	1.083	1.130	1.191	1.333
0.61	0.549	0.679	0.815	0.843	0.873	0.904	0.936	0.970	1.007	1.048	1.096	1.157	1.299
0.62	0.515	0.646	0.781	0.810	0.839	0.870	0.903	0.937	0.974	1.015	1.062	1.123	1.265
0.63	0.483	0.613	0.748	0.777	0.807	0.837	0.870	0.904	0.941	0.982	1.030	1.090	1.233
0.64	0.451	0.581	0.716	0.745	0.775	0.805	0.838	0.872	0.909	0.950	0.998	1.058	1.201
0.65	0.419	0.549	0.685	0.714	0.743	0.774	0.806	0.840	0.877	0.919	0.966	1.027	1.169
0.66	0.388	0.519	0.654	0.683	0.712	0.743	0.775	0.810	0.847	0.888	0.935	0.996	1.138
0.67	0.358	0.488	0.624	0.652	0.682	0.713	0.745	0.779	0.816	0.857	0.905	0.966	1.108
0.68	0.328	0.459	0.594	0.623	0.652	0.683	0.715	0.750	0.787	0.828	0.875	0.936	1.078
0.69	0.299	0.429	0.565	0.593	0.623	0.654	0.686	0.720	0.757	0.798	0.846	0.907	1.049
0.70	0.270	0.400	0.536	0.565	0.594	0.625	0.657	1.247	0.729	0.770	0.817	0.878	1.020
0.71	0.242	0.372	0.508	0.536	0.566	0.597	0.629	0.663	0.700	0.741	0.789	0.849	0.992
0.72	0.214	0.344	0.480	0.508	0.538	0.569	0.601	0.635	0.672	0.713	0.761	0.821	0.964
0.73	0.186	0.316	0.452	0.481	0.510	0.541	0.573	0.608	0.645	0.686	0.733	0.794	0.936
0.74	0.159	0.289	0.425	0.453	0.483	0.514	0.546	0.580	0.617	0.658	0.706	0.766	0.909
0.75	0.132	0.262	0.398	0.426	0.456	0.487	0.519	0.553	0.590	0.631	0.679	0.739	0.882

续表

改善前功率因素 $\cos\varphi_1$	拟改善功率因素 $\cos\varphi_2$												
	0.80	0.85	0.90	0.91	0.92	0.93	0.94	0.95	0.96	0.97	0.98	0.99	Unity
0.76	0.105	0.235	0.371	0.400	0.429	0.460	0.492	0.526	0.563	0.605	0.652	0.713	0.855
0.77	0.079	0.209	0.344	0.373	0.403	0.433	0.466	0.500	0.537	0.578	0.626	0.686	0.829
0.78	0.052	0.183	0.318	0.347	0.376	0.407	0.439	0.474	0.511	0.552	0.599	0.660	0.802
0.79	0.026	0.156	0.292	0.320	0.350	0.381	0.413	0.447	0.484	0.525	0.573	0.634	0.776
0.80	—	0.130	0.266	0.294	0.324	0.355	0.387	0.421	0.458	0.499	0.547	0.608	0.750
0.81	—	0.104	0.240	0.268	0.298	0.329	0.361	0.395	0.432	0.473	0.521	0.581	0.724
0.82	—	0.078	0.214	0.242	0.272	0.303	0.335	0.369	0.406	0.447	0.495	0.556	0.698
0.83	—	0.052	0.188	0.216	0.246	0.277	0.309	0.343	0.380	0.421	0.469	0.530	0.672
0.84	—	0.026	0.162	0.190	0.220	0.251	0.283	0.317	0.354	0.395	0.443	0.503	0.646
0.85	—	—	0.135	0.164	0.194	0.225	0.257	0.291	0.328	0.369	0.417	0.477	0.620
0.86	—	—	0.109	0.138	0.167	0.198	0.230	0.265	0.302	0.343	0.390	0.451	0.593
0.87	—	—	0.082	0.111	0.141	0.172	0.204	0.238	0.275	0.316	0.364	0.424	0.567
0.88	—	—	0.055	0.084	0.114	0.145	0.177	0.211	0.248	0.289	0.337	0.397	0.540
0.89	—	—	0.028	0.057	0.086	0.117	0.149	0.184	0.221	0.262	0.309	0.370	0.512
0.90	—	—	—	0.029	0.058	0.089	0.121	0.156	0.193	0.234	0.281	0.342	0.484
0.91	—	—	—	—	0.030	0.060	0.093	0.127	0.164	0.205	0.253	0.313	0.456
0.92	—	—	—	—	—	0.031	0.063	0.097	0.134	0.175	0.223	0.284	0.426
0.93	—	—	—	—	—	—	0.032	0.067	0.104	0.145	0.192	0.253	0.395
0.94	—	—	—	—	—	—	—	0.034	0.071	0.112	0.160	0.220	0.363
0.95	—	—	—	—	—	—	—	—	0.037	0.078	0.126	0.186	0.329
0.96	—	—	—	—	—	—	—	—	—	0.041	0.089	0.149	0.292
0.97	—	—	—	—	—	—	—	—	—	—	0.048	0.108	0.251
0.98	—	—	—	—	—	—	—	—	—	—	—	0.061	0.203
0.99	—	—	—	—	—	—	—	—	—	—	—	—	0.142

2. 自动补偿

自动补偿容量如下

$$Q_{cc} = P_c(\tan\varphi_1 - \tan\varphi_2) = P_c q_c$$

三、电容器数量

1. 静电电容器

并联电容器的型号由文字和数字两部分组成，型号各部分所表示的意义如下：

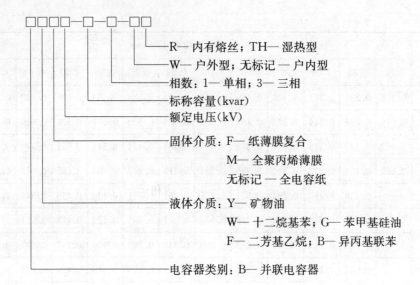

R— 内有熔丝；TH— 湿热型

W— 户外型；无标记— 户内型

相数：1— 单相；3— 三相

标称容量(kvar)

额定电压(kV)

固体介质：F— 纸薄膜复合

M— 全聚丙烯薄膜

无标记— 全电容纸

液体介质：Y— 矿物油

W— 十二烷基苯；G— 苯甲基硅油

F— 二芳基乙烷；B— 异丙基联苯

电容器类别：B— 并联电容器

例如，BW0.4-12-1 型为单相户内型十二烷基苯浸渍的并联电容器，额定电压为 0.4kV，额定容量为 12kvar。

2. 电容器数量

$$n \geqslant \frac{Q_{cc}}{Q_{cN}}$$

式中　n——电容器的计算数量；

　Q_{cN}——电容器额定铭牌容量（kvar）。

3. 补偿容量

电容器的数量 N 应该是 3 的倍数，采用三角形联结。

$$Q_{cc} = NQ_{cN}$$

式中　Q_{cc}——无功补偿容量（kvar）；

　N——电容器的数量；

　Q_{cN}——电容器额定铭牌容量（kvar）。

四、补偿方式

1. 低压集中补偿

低压集中补偿是将低压电容器集中装设在小区变电所或建筑物变电所的低压母线上，该补偿方式只能补偿小区变电所或建筑物变电所低压母线前变压器和高压配电线路的无功功率，对变电所低压母线后的设备不起补偿作用，但其补偿范围比高压集中补偿要大，而且该补偿方式能使变压器的视在功率减小，从而使变压器的容量选得较小，比较经济。

现有小区供电设计中，通常采用低压无功补偿柜进行集中补偿，即位于低压配电线路首端，相对于集中补偿，如图 2-12 所示。

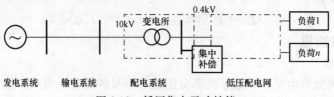

图 2-12　低压集中无功补偿

如图 2-13 所示为低压集中补偿的电容器组的接线，电容器采用三角形联结。

2. 终端无功补偿

终端无功补偿位于低压配电线路末端的负载处，直接提供负载所需要的无功功率，进而减小低压配网的无功流量，降低线路损耗和线路电压降。

与集中补偿相比，低压终端无功补偿有其自己的优点，如线路电流可减少 10%～15%，线路损耗率可减少 20%；减小电压损失，改善售电电压质量，进而改善用电设备启动和运行条件；释放系统容量，提高线路供电能力。在相同供电能力下，可节约线路投资。另外，还有助于减轻上级开关和接触器负荷，甚至降低其容量规格。

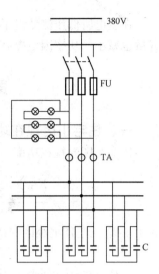

图 2-13　低压集中补偿
电容器组的接线

五、补偿后负荷容量计算

补偿后无功计算负荷和计算容量会发生变化，在确定补偿装置装设地点以前的总计算负荷，应扣除无功补偿的容量。

1. 补偿后计算负荷

若补偿装置装设地点在变压器二次侧，则还要考虑变压器的损耗，即

$$P_j = P_c + \Delta P_T$$
$$Q_j = Q_c + \Delta Q_T - Q_{cc}$$
$$S_j = \sqrt{P_j^2 + Q_j^2}$$

式中　　P_j——补偿容量 Q_{cc} 后的有功功率（kW）；

　　　　Q_j——补偿容量 Q_{cc} 后的无功功率（kvar）；

　　　　S_j——补偿后总的视在功率（kVA）；

　　　　P_c——补偿前有功计算负荷（kW）；

　　　　Q_c——补偿前无功计算负荷（kvar）；

　　　ΔP_T——变压器有功功率损耗（kW）；

　　　ΔQ_T——变压器有无功功率损耗（kvar）；

　　　Q_{cc}——无功补偿容量（kvar）。

2. 补偿后的功率因数

固定补偿一般计算其平均功率因数，补偿后平均功率因数为

$$\cos\varphi_{av} = \frac{P_{jav}}{S_{jav}} = \frac{P_{jav}}{\sqrt{P_{jav}^2 + Q_{jav}^2}}$$

式中　$\cos\varphi_{av}$——补偿后的平均功率因数；

　　　　P_{jav}——补偿后平均的有功计算负荷（kW）；

　　　　Q_{jav}——补偿后平均的无功计算负荷（kvar）；

　　　　S_{jav}——补偿后平均的计算容量（kVA）。

自动补偿一般计算其最大负荷时的功率因数，补偿后功率因数为

$$\cos\varphi_{max} = \frac{P_{jmax}}{S_{jmax}} = \frac{P_{jmax}}{\sqrt{P_{jmax}^2 + Q_{jmax}^2}}$$

在变电所低压侧装设了无功补偿装置后，低压侧总的视在功率减小，变电所主变压器的容量也减小，功率因数提高。

第五节 变压器容量计算

一、住宅小区视在功率

住宅小区的视在功率

$$S_j = \frac{K_{\Sigma P} \sum_{i=1}^{n} P_i + \Delta P_T}{\cos\varphi} = \frac{K_{\Sigma P}(P_1 + P_2 + P_3 + P_4 + P_5) + \Delta P_T}{\cos\varphi}$$

式中　S_j——住宅小区的视在功率（kVA）；

　　$K_{\Sigma P}$——为小区有功功率的同时系数，一般为 $0.8\sim0.9$；

　　P_1——住宅小区内住户用电（kW）；

　　P_2——住宅小区内住宅公共用电（kW）；

　　P_3——住宅小区内商业用电（kW）；

　　P_4——住宅小区内总体用电（kW）；

　　P_5——住宅小区内其他用电（kW）；

　　ΔP_T——变压器有功功率损耗（kW）；

　　$\cos\varphi$——住宅小区内补偿后的功率因数，一般取 0.9。

二、住宅小区变压器总容量

住宅小区变压器总容量

$$S = \frac{S_j}{\beta}$$

式中　S——住宅小区变压器总容量（kVA）；

　　S_j——住宅小区的视在功率（kVA）；

　　β——变压器的负荷率。

三、变压器负荷率

变压器的最佳负荷率，可用损耗的功率比表示，即

$$\beta = \sqrt{\frac{P_0}{P_k}}$$

式中　P_0——变压器的空载损耗，即铁损（kW）；

　　P_k——变压器额定电流时的短路损耗，即铜损（kW）。

由上式可知，β 与变压器类型有关。当变压器效率最高时，不同类型变压器的负荷率在 $41\%\sim63\%$ 之间。在实际运行中，负荷曲线随着时间而变化，一般在深夜至次日清晨处于轻载状态，17：$00\sim22$：00 处于用电高峰。因此，从节能及提高经济效益的角度讲，应力求在一段时间内变压器的平均效率接近最佳效率才有实际意义。故 β 值的选取应略高于变压器的最佳负荷率。

住宅建筑应选用节能型变压器。变压器的结线宜采用 D yn11，变压器的负载率不宜大于 85%。

四、变压器容量

当变压器低压侧电压为 0.4kV 时，配变电所中单台变压器容量不宜大于 1600kVA。预装式变电站单台变压器容量不宜大于 800kVA。

五、变压器数量

根据变压器需求容量和额定容量来确定变压器的数量。

第六节 备用电源容量的计算

一、柴油发电机组

1. 用电负荷

发电机容量根据不同时期选择方法有所不同，在方案或初步设计阶段，自备发电机的容量按供电变压器总容量的 10%～20% 计算。施工图阶段按计算负荷选择发电机容量已知，建筑物的用电负荷可分为三类。

第一类为保安型负荷，即保证大楼内人身及设备安全和可靠运行的负荷，如消防水泵、消防电梯、防排烟设备、应急照明、通信设备、重要的计算机及相关设备等。

第二类为保障型负荷，即保障大楼运行的基本设备负荷，主要是工作区照明、部分电梯、通道照明。

第三类为一般负荷，即除了上述负荷以外的其他负荷，如空调、水泵及其他一般照明、动力设备。

2. 计算负荷

当应急发电机仅为消防用电设备供电时，应以消防用电设备的计算容量作为选用应急发电机容量的依据。当应急发电机为消防用电设备及其他重要负荷供电时，应将消防用电设备及其他重要负荷分组，取其中较大的一组的计算负荷作为选用应急发电机容量的依据。

（1）计算容量。设备容量统计出来后，根据实际情况选择需要系数 k_x（一般取 0.85～0.95），计算出计算容量

$$P_c = k_x P_{\Sigma}$$

自备发电机组的功率按下式计算

$$P = \frac{K P_c}{\eta}$$

式中　P ——自备发电机组的功率（kW）；

　　　P_c ——负荷设备的计算容量（kW）；

　　　P_{Σ} ——各种用电负荷功率之和（kW）；

　　　k_x ——需要系数；

　　　η ——发电机并联运行不均匀系数一般取 0.9，单台取 1；

　　　K ——可靠系数，一般取 1.1。

（2）按最大的单台电动机或成组电动机起动的需要，计算发电机容量

$$P = \frac{P_{\Sigma} - P_m}{\eta_{\Sigma}} + P_m K C \cos \varphi_m$$

式中　P_m ——起动容量最大的电动机或成组电动机的容量（kW）；

η_Σ ——总负荷的计算效率，一般取 0.85；

$\cos \varphi_m$ ——电动机的起动功率因数，一般取 0.4；

K ——电动机的起动倍数；

C ——全压起动 $C = 1.0$，$Y/\triangle$ 起动 $C = 0.67$，自耦变压器起动 50% 抽头 $C = 0.25$，65% 抽头 $C = 0.42$，80% 抽头 $C = 0.64$。

(3) 按起动电动机时母线允许电压降计算发电机容量

$$P = P_n K X''_d \left(\frac{1}{\Delta E} - 1\right)$$

式中　P_n ——造成母线压降最大的电动机或成组起动电动机组的容量（kW）；

K ——电动机的起动电流倍数；

X''_d ——发电机的暂态电抗，一般取 0.25；

ΔE ——母线允许的瞬时电压降，有电梯时取 0.20，无电梯时取 0.25，在实际工作中，也可用系数法估算柴油发电机组的起动能力。

近年来，变频起动装置在民用建筑中应用越来越广泛，变频起动与其他起动方式相比，起动电流小而起动力矩大，对电网无冲击电流，引起的母线电压降也很小，因此当电动机采用变频调速起动时，可以只考虑用计算负荷来计算发电机的容量，而不用考虑电动机起动的因素。

二、蓄电池

1. 蓄电池的标称容量

蓄电池的标称容量（C）是在环境温度 25℃ 时，把电池以 20h 的速率进行恒流放电（信息产业部规定的是 10h 放电率），直到电池组的输出电压为 10.5V 时，所测量得到的安培小时数。因此蓄电池的容量单位是 Ah。

蓄电池的实际放电容量与环境温度和放电电流的大小有关。温度为 20℃ 时，不同的放电率可放出额定容量的百分比不同。20h 放电时可放出额定容量的 100%，10h 放电时可放出额定容量的 90%，4h 放电时可放出额定容量的 75%，10min 大电流放电时仅能放出不到 30% 的额定容量。如果放电电流和环境温度不是规定值，则蓄电池放出的容量为

$$C_s = \frac{It}{1 + K(T - 25)}$$

式中　C_s ——非标准条件下电池放电容量（Ah）；

I ——放电电流（A）；

t ——电流实际放电时间（h）；

T ——放电时环境温度（℃）；

K ——温度容量系数。依据标准 YD/T 799《通信用阀控式密封铅酸蓄电池》，10h 率容量电流时，$K = 0.006/℃$；3h 率容量电流，$K = 0.008/℃$；1h 率容量电流时，$K = 0.01/℃$。如果放电电流不等于以上三值，则进行估算计算。

2. 蓄电池的充、放电

为了对蓄电池进行保养，增加其使用寿命，需对电池进行必要的充电。一般充电方式有以下三种：

(1) 均衡充电。当电池长期使用后，尤其是长时间浮充而不放电，或不定期放电以及其

他原因，会造成各电池之间或每个单元电池之间出现电压不一致（即不均衡），可用高于 2.3V 电压时强行充电，使其极板活化，达到各单元电池电压一致的目的。

（2）周期充电。只要电池放电超过一定时间，充电器就自动进行周期充电。

（3）浮充充电。为了补充蓄电池由于自身放电而失去的那部分能量，充电器以很小的电流进行补充，以免由于自身损失太多而影响容量。

三、UPS

选择 UPS（不间断电源装置）时，用户应根据自己的要求和负荷的性质来确定选择的标准。一般来说，应考虑以下几方面因素。

（1）首先要考虑负荷的性质，了解负荷对供电的要求，以此来决定采用何种工作方式的 UPS。工作方式不同的 UPS，其使用性能有很大的差别。用户应根据负荷的重要性作出选择。

（2）确定了 UPS 的工作方式后，再根据负荷的容量大小确定其输出容量。为了可靠起见，将负荷的总容量数乘以 1.2～1.5 的系数，以适应非线性负荷和负荷大小波动的要求。也避免 UPS 因瞬间过负荷切向旁路开关，而影响负荷的供电质量。

UPS 电源主机容量选择应同时满足

$$N \cdot S_n \geqslant S_j$$
$$N \cdot P_n \geqslant P_j$$

式中　　N——主用台数；

S_n——UPS 主机额定输出视在功率（kVA）；

P_n——UPS 主机额定输出有功功率（kW）；

S_j——计算负荷视在功率（kVA）；

P_j——计算负荷有功功率（kW）。

三相负荷不平衡时，应按最大相负荷×3 选择 UPS 电源主机容量。

（3）注意 UPS 的各种性能指标参数，如输出容量、输出电压波形及其失真系数、输出电压稳定度、输出频率稳定度、输入电压、输出电压的瞬时响应特性、频率、效率及峰值系数。此外，还应注意 UPS 的过负荷能力、瞬间过负荷承受能力及中断恢复时间等。

（4）根据负荷对蓄电池延时长短的要求选配蓄电池的容量和数量。

（5）要注意了解 UPS 产品的可维护性。设备的使用维护是长期的工作，需要在购买时就注意是否有完善的自动保护系统和性能优良的充电回路。完善的保护系统是 UPS 电源安全运行的基础，性能优良的充电回路是提高 UPS 电源蓄电池使用寿命及保证蓄电池实际可供使用容量接近产品额定值的重要保证。

（6）要考虑产品生产商家的信誉度和产品的质量。大容量 UPS 电源系统相对价格较昂贵，投资时应慎重考虑。

（7）选择 UPS 时，要综合考虑电源系统所有设备的配套性和实用性，以免造成不必要的浪费。

四、EPS

1. 分类

根据 EPS（应急电源装置）所带负载的种类大致可以归纳为以下三种：

（1）照明型。主要用于应急照明和事故照明的单相 EPS。照明型 EPS 所带照明灯具一般有消防标志灯和应急照明灯（主要有白炽灯、节能灯、荧光灯、金属卤素灯、钠灯等）。

（2）混合型。照明/动力混合型用于应急照明、事故照明之外，还应用于空调、电梯、卷帘门、排气风机、水泵等电感性负荷或兼而有之的混合供电的三相系列 EPS；混合型 EPS 能用于一切单相或三相需要持续供电的负载设备，可单相或三相单独使用也可单相、三相混合使用。

（3）动力变频型。直接给电动机供电的变频系列 EPS。在消防行业中的应用有消防电梯、消防水泵、逃生闸门等；在工业中的应用有各种三相动力型需要持续供电的电动机、机械等。

2. 容量计算

（1）照明型或混合型 EPS 用于应急照明时容量计算。

当负荷为电子镇流器荧光灯

$$EPS 标称额定容量(kW)=电子镇流器荧光灯功率总和×1.1$$

当负荷为电感镇流器荧光灯

$$EPS 标称额定容量(kW)=电感镇流器荧光灯功率总和×1.5$$

当负荷为金属卤素灯或金属钠灯

$$EPS 标称额定容量(kW)=金属卤素灯或金属钠灯功率总和×1.7$$

三相应急电源中每一相的输出功率仅为 EPS 标称容量的 1/3，不可偏相太多。

（2）混合型 EPS 带负荷时容量的计算方式。当 EPS 带多台电动机同时起动时

$$EPS 标称额定容量(kW)=带变频起动电动机功率之和＋带软起动电动机功率之和×2.5＋$$
$$带星-三角起动电动机之和×3＋直接起动电动机之和×5$$

当 EPS 带多台电动机且都同时分别单台起动时

$$EPS 标称额定容量(kW)=各个电动机功率之和$$

但必须满足以下条件：

1）直接起动的最大的单台电动机功率是 EPS 容量的 1/7。

2）星-三角起动的最大的单台电动机功率是 EPS 容量的 1/4。

3）软起动的最大的单台电动机功率是 EPS 容量的 1/3。

4）变频起动的最大的单台电动机率不大于 EPS 容量。

5）如果不满足上述条件，则应按上述条件中的最大数调整 EPS 的容量，电动机起动时的顺序应直接起动的在先，其次是星-三角的起动，有软起动的再起动，最后是变频起动的再起动。

混合型 EPS 带混合负荷时

$$EPS 标称额定容量(kW)=所有负荷总功率之和$$

但必须满足以下 6 个条件，若不满足，则按其中最大的容量来确定 EPS 容量。

1）负荷中直接同时起动的电动机功率之和是 EPS 容量的 1/7。

2）负荷中星-三角同时起动的电动机功率之和是 EPS 容量的 1/4。

3）负荷中有软起动同时起动的电动机功率之和是 EPS 容量的 1/3。

4）负荷中有变频器起动同时起动的电动机功率之和不大于 EPS 容量。

5）同时起动的电动机当量功率之和不大于 EPS 容量。

电动机功率当量=直接且同时起动电动机总功率之和×5 倍＋星-三角且同时起动电动机总

功率之和×3倍＋办公起动且同时起动电动机功率之和×2.5倍＋变频且
同时起动电动机功率之和

若电动机前后起动时间相差大于 1min 均不视为同时起动。

6）同时起动的所有负荷（含非电动机负荷）的当量功率之和不大于 EPS 容量。同时起动的所有负荷的功率之和＝同时起动的非电动机负荷总功率×功率因数＋电动机当量功率。

（3）动力型 EPS 带负荷时容量的计算方式。用动力型 EPS 带负荷时

$$EPS 标称额定容量(kW)＝所带电动机功率容量$$

第三章 供配电系统设计

第一节 变电所主接线系统设计

一、电气主接线设计程序

电气主接线的设计伴随着变电所的整体设计，历经可行性研究阶段、初步设计阶段、技术设计阶段和施工设计阶段等四个阶段。在各阶段中，随着要求、任务的不同，其深度、广度也有所差异。具体设计步骤和内容如下。

(1) 对原始资料分析：

1) 工程情况。例如，变电所类型、设计规划容量、变压器容量及台数、运行方式等。

2) 电力系统情况。例如，电力系统近期及远景发展规划（5～10 年），变电所在电力系统中的位置（地理位置和容量位置）和作用，本期工程和远景与电力系统连接方式以及各级电压中性点接地方式等。

3) 负荷情况。例如，负荷的性质及地理位置、电压等级、出线回路数及输送容量等，负荷的发展和增长速度受政治、经济、工业水平和自然条件等方面影响。

4) 环境条件。当地的气温、湿度、覆冰、污秽、风向、水文、地质、海拔、地震等因素对主接线中电器的选择和配电装置的实施均有影响，特别是我国土地辽阔，各地气象、地理条件相差很大，应予以重视。对重型设备的运输条件也应充分考虑。

5) 设备制造情况。为使所设计的主接线具有可行性，必须对各主要电器的性能、制造能力和供货情况、价格等资料汇集并分析比较，保证设计的先进性，经济性和可行性。

(2) 拟定主接线方案。根据设计任务书的要求，在原始资料分析的基础上，可拟定若干个主接线方案。由于对电源和出线回路数、电压等级、变压器台数、容量以及母线结构等考虑的不同，会出现多种接线方案（近期和远期）。应依据对主接线的基本要求，从技术上论证各方案的优、缺点，淘汰一些明显不合理的方案，最终保留 2～3 个技术上相当、又都能满足任务书要求的方案，再进行可靠性定量分析、计算、比较，最后获得最优的技术合理、经济可行的主接线方案。

(3) 主接线经济比较。

(4) 短路电流计算。对拟定的电气主接线，为了选择合理的电器，需进行短路电流计算。

(5) 电气设备的选择。

(6) 绘制电气主接线图及其他必要的图样。

(7) 工程概算。主要设备器材费，安装工程费，其他费用。

二、电气图样报审内容

1. 一次图样

(1) 工程图样设计说明书。

(2) 主要电气设备一览表。

(3) 电气主接线图。

(4) 电气平面布置图。

(5) 配电室剖面图。

(6) 高压配电装置布置接线图。

(7) 低压配电装置布置接线图。

(8) 电气设备基础埋件图。

(9) 接地装置施工图。

2. 二次图样(根据一次接线形式)

(1) 工程图样设计说明书。

(2) 主要电气设备一览表。

(3) 进线控制保护电流、电压二次回路图。

(4) 分段控制保护电流、电压二次回路图(根据一次接线形式)。

(5) 变压器控制保护电流、电压二次回路图。

(6) 馈线控制保护电流、电压二次回路图(根据一次接线形式)。

(7) 直流系统图。

(8) 中央信号系统图。

(9) 进线隔离及电压互感器二次回路图。

(10) 保护配置示意图。

3. 其他资料

(1) 用电负荷分布图。

(2) 负荷组成、性质及保安负荷。

(3) 配电室位置图。

(4) 主要设备耗电以及允许中断供电允许时间。

(5) 影响电能质量的用电设备清单。

(6) 隐蔽工程设计资料。

(7) 用电功率因数计算及无功补偿方式。

(8) 自备电源及接线方式(根据实际需要)。

(9) 谐波评估报告、具有相关资质单位拟定的谐波治理方案(经谐波评估超标的客户)。

(10) 设计单位资质证明。

第二节 10/0.4kV 变电所主接线系统

一、电源

1. 供电电压等级

根据国家主管部门的有关规定,用户用电设备安装容量在 250kW 或需用变压器容量在

160kVA 以上者，应考虑以高压方式供电。在城市中向各类民用建筑工程的电气设备供电的变电所，多数以 10kV 中压变配电所为主。

小负荷容量的住宅可以采用市电 0.4kV 低压直接供电。

2. 对供电系统的要求

高层住宅二级负荷要求最好有两个独立电源供电。其中，消防用电负荷为一级负荷中特别重要的负荷，要求双电源、双回路供电，末级配电箱自动切换。

消防设备的供电应从建筑物配电间开始设专用的供电回路供电，如图 3-1 所示。

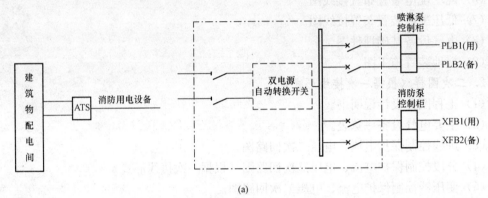

(a)

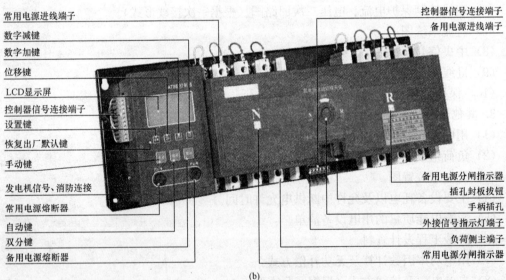

(b)

图 3-1 双电源、双回路供电，末级配电箱自动切换

(a) 接线图；(b) ATS 装置

3. 自备电源

(1) 柴油发电机组。建筑高度为 100m 或 35 层及以上的住宅建筑宜设柴油发电机组。设置柴油发电机组时，应满足噪声、排放标准等环保要求。机房设计时应采取机组消音及机房隔音综合治理措施，治理后环境噪声不宜超过表 3-1 所列数值。

(2) 应急电源装置（EPS）。应急电源装置（EPS）可作为住宅建筑应急照明系统的备用电源，应急照明连续供电时间应满足国家现行有关防火标准的要求。

表 3-1	城市区域环境噪声标准	（dBA）
适用区域	昼 间	夜 间
特殊住宅区	45	35
居民、文教区	50	40
一般商业与居民混合区	55	45
交通干线道路两侧	70	55

EPS 电源属于应急消防设备，主要用于节能供电、应急照明、消防电梯等系统，其整机工作原理如图 3-2 所示。

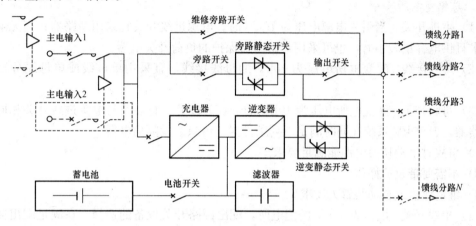

图 3-2　EPS 电源工作原理

EPS 电源的末端切换方式是引自应急母线和主电源低压母线的两条各自独立的馈线，在各自末端的事故电源切换箱内实现切换。由于各馈线是独立的，从而提高了供电的可靠性，但其馈线比首端切换增加了一倍。火灾时，当主电源切断，柴油发电机组起动供电后，如果应急馈线出现故障，同样有使消防用电设备失电的可能。

对于不间断电源装置（UPS），由于已经两级切换，两条馈线无论哪一回路出现故障，对消防负荷都是可靠的。

EPS 按配带负荷类型一般可以分为照明型、动力型和混合型。

1）单相系列 EPS（0.5～20kW）有单路、双路供电输入两类，其输入电压 AC 220V 或 AC 380V、输出电压 AC 220V，适应于应急照明和事故照明的照明负荷。

2）三相系列 EPS（2.2～800kW）有单路、双路供电输入两类，其输入电压 AC 380V、输出电压 AC 380V，除可用于应急照明、事故照明，也适应于消防电梯、卷帘门、风机、水泵、淋浴泵和供水泵等电感性负荷或混合供电。

3）三相变频系列 EPS（2.2～400kW）有单逆变单台负荷、单逆变单台负荷一用一备用、双逆变单台负荷一用一备用三类，输入电压 AC 380V、输出电压 AC 380V，仅为只有一路电源的消防设施或一级负荷中的电动机提供一种可变频的三相应急电源系统，在电源和电动机之间无需任何起动装置就可以解决电动机的应急供电及其起动过程中对供电设备的冲击。适应于高层建筑的电梯、中央空调、消防水泵等电动机负荷。

EPS 与 UPS 两者均具有市电旁路及逆变电路，其功能区别是 EPS 仅具有持续供电功能，一般对逆变切换时间要求不高（特殊场合的应用具有一定要求），可有多路输出且对各路输出及单个蓄电池具有监控检测功能，日常着重旁路供电，市电停电时才转为逆变供电，电能利用率高。

UPS（在线式）仅有一路总输出，一般强调其稳压稳频、对切换时间要求极高的不间断供电、净化市电三大功能。日常着重整流/逆变的双变换电路供电，逆变器故障或超负荷时才转为旁路供电，电能利用率不高（一般为80%～90%）。在欧美电网及供电比较完善的国家，为了节能，部分UPS的使用场所已被逆变切换时间极短（小于10ms）的EPS取代。

二、10kV系统主接线

1. 总配变电所

（1）主进开关。当引入电源电压为10kV时，电源进线开关宜采用断路器；当无继电保护要求且供电容量较小时，也可采用带熔断器保护的负荷开关电器。

（2）母线接线。配变电所电压为10kV的母线接线，宜采用单母线或单母线分段接线形式。

（3）母联开关。配变电所电压为10kV的母线分段处，宜装设与电源进线开关相同型号的断路器，但10kV系统在同时满足下列条件时，可只装设隔离电器。

1）事故时手动切换电源能满足要求。

2）不需要带负荷操作。

3）继电保护或自动装置无要求。

（4）出线开关。电压为10kV的配电所，配出回路开关设备的选择，在满足配出回路的负荷要求下，其开关设备型号宜为同一型号。

（5）配电装置。采用电压为10kV固定式配电装置时，应装设线路隔离电器。

（6）联络线路。电压为10kV的两个配电所（或两电源）之间的电气联络线路，当联络容量较大时，应在供电的一侧配电所装设断路器，另一侧配电所装设隔离电器；若两侧供电可能性相同时，则应在两侧均装设断路器。

当联络容量较小，且手动联络能满足要求时，亦可将上述的断路器改为带保护的负荷开关电器。

（7）隔离电器。在配变电所内，接在电压为10kV母线上的避雷器和电压互感器，可合用一组隔离电器。

（8）计量。由地区电网提供的电压为10kV电源的进线处，应根据当地电业部门的规定，装设（或不装设）或预留专供计量用的相应电压、电流互感器。

（9）接地开关。电压为10kV的配出回路下侧，应装设与该回路开关电器机械联锁的接地开关电器和电源指示灯（或电压监视器）。

（10）电涌保护。电压为10kV的开关设备当选用真空断路器时，应装设电涌保护器，并设置在小车上。

2. 分配变电所

电压为10kV的总配变电所（或配电所）以放射式向本小区的分配变电所（或变压器）供电，该分配变电所（或变压器）电源进线开关的选择应满足以下要求：

（1）当进线电源电压为10kV时，该分配电所的电源进线开关宜采用能带负荷操作的开关设备，当有继电保护要求时，应采用断路器；当供电负荷容量较小或变压器单台容量在500kVA及以下，且无继电保护要求时，此类进线开关可采用负荷开关电器。

（2）当总配变电所（或配电所）和本小区分配变电所（或变压器）同处建筑物内的同一平面层且相邻或虽不相邻但两所或所与变压器之间具有无阻隔相通，在分配变电所或变压器无继电保护要求时，则其相应进线可不设置开关电器。

三、0.4kV 系统主接线

（1）进线开关。当引入电源电压为 0.4kV 时，电源进线开关宜采用低压断路器，当供电容量较小，供电负荷等级为三级，主要为照明负荷时，也可采用带熔断器保护的开关电器。

（2）主接线。配变电所电压为 0.4kV 的母线接线，宜采用单母线或单母线分段接线形式。

（3）出线开关。电压为 0.4kV 的配电所，配出回路开关设备的选择，在满足配出回路的负荷要求下，其开关设备型号宜同一型号。

（4）联络线路。电压为 0.4kV 的两个配电所（或两电源）之间的电气联络线路，当联络容量较大时，应在供电的一侧配电所装设断路器，另一侧配电所装设隔离电器；若两侧供电可能性相同时，则应在两侧均装设断路器。

当联络容量较小，且手动联络能满足要求时，亦可将上述的断路器改为带保护的负荷开关电器。

（5）开关设备。电压为 0.4kV（低压系统）系统，开关设备的选择应满足以下要求：

1）变压器低压侧总电源开关应采用低压断路器。

2）低压母线联络开关，当采用自动投切方式时，应采用低压断路器，且应符合下列要求：

① 应满足"自投自复""自投手复""自投停用"三种状态的要求。

② 应满足自投有一定的延时且当电源断路器因过载或短路故障而分闸时，不允许母联断路器自动合闸。

③ 应保证电源断路器与母线联络断路器之间具有电气联锁功能。

3）低压系统采用固定式配电装置时，其中的断路器等开关设备，应装设母线隔离电器，当母线为双电源（含单电源的联络线）时，其电源（或变压器的低压出线）断路器和母线联络断路器的两侧均应装设隔离电器。

四、自备电源

自备电源（如自备 10kV 或 0.4kV 发电装置等），接入配变电所相同电压等级的配电系统时，应符合下列要求：

（1）与供电电源网络之间应有机械联锁，防止并网运行（当与供电电源网络有协议，允许并网运行时例外）。

（2）应避免与供电电源网络的计费混淆。

（3）在接线上应有一定的灵活性（特别是自备 0.4kV 系统），以满足在特殊情况下，能供给部分相对重要负荷用电的可能。

五、10kV 供电系统接线

1. 接线方案

表 3-2 为 10kV 供电系统接线方案。

2. 主接线方案

10kV 高压主接线方案如图 3-3 所示。

表 3-2   10kV 供电系统接线方案

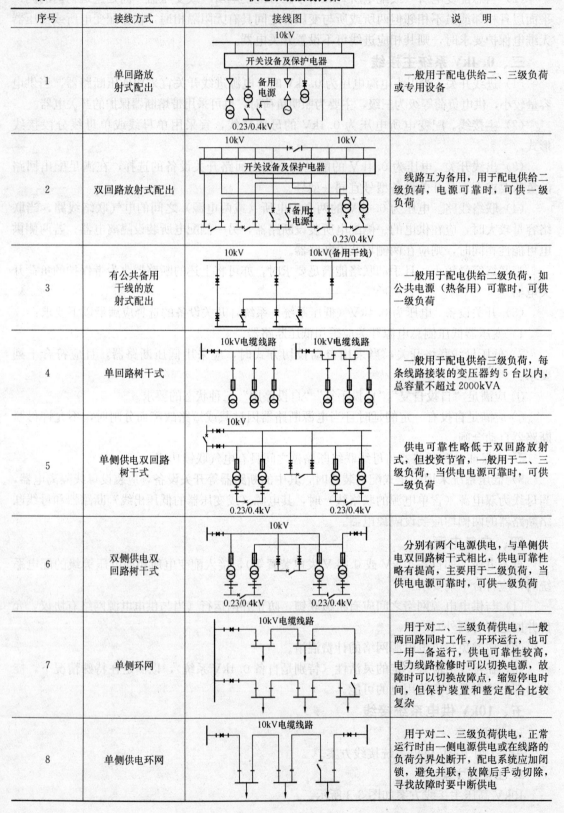

序号	接线方式	接线图	说　明
1	单回路放射式配出		一般用于配电供给二、三级负荷或专用设备
2	双回路放射式配出		线路互为备用,用于配电供给二级负荷,电源可靠时,可供一级负荷
3	有公共备用干线的放射式配出		一般用于配电供给二级负荷,如公共电源(热备用)可靠时,可供一级负荷
4	单回路树干式		一般用于配电供给三级负荷,每条线路接装的变压器约 5 台以内,总容量不超过 2000kVA
5	单侧供电双回路树干式		供电可靠性略低于双回路放射式,但投资节省,一般用于二、三级负荷,当供电电源可靠时,可供一级负荷
6	双侧供电双回路树干式		分别有两个电源供电,与单侧供电双回路树干式相比,供电可靠性略有提高,主要用于二级负荷,当供电电源可靠时,可供一级负荷
7	单侧环网		用于对二、三级负荷供电,一般两回路同时工作,开环运行,也可一用一备运行,供电可靠性较高,电力线路检修时可以切换电源,故障时可以切换故障点,缩短停电时间,但保护装置和整定配合比较复杂
8	单侧供电环网		用于对二、三级负荷供电,正常运行时由一侧电源供电或在线路的负荷分界处断开,配电系统应加闭锁,避免并联,故障后手动切除,寻找故障时要中断供电

项目	AH1	AH2	AH3	AH4	AH5	AH6	AH7	AH8	AH9	AH10
一次接线图	10kV		10kV			10kV			10kV	
高压开关柜编号	AH1	AH2	AH3	AH4	AH5	AH6	AH7	AH8	AH9	AH10
高压开关柜型号	—	—	—	—	—	—	—	—	—	—
高压开关柜二次原理图号	—	—	—	—	—	—	—	—	—	—
高压开关柜调度号	—	—	—	—	—	—	—	—	—	—
回路编号及用途	WH1 1号进线隔离	进线	计量	WH3 T1变压器	母联	母联	WH4 T2变压器	计量	进线	WH2 2号进线隔离
柜内主要元件　真空断路器	—	1	—	1	1	—	1	—	1	—
高压熔断器	3	—	3	—	—	—	—	3	—	3
电压互感器	2	—	2	—	—	—	—	2	—	2
电流互感器	—	3	2	3	3	—	3	2	3	—
电流表	—	3	2	3	3	—	3	2	3	—
接地开关	1	1	—	1	1	—	1	—	1	1
带电显示器	1	1	1	1	1	—	1	1	1	1
电动操动机构	—	—	—	—	—	—	—	—	—	—
避雷器	—	—	—	3	—	—	3	—	—	—
零序电流互感器	1	—	—	—	—	—	—	—	—	1
计量表计	—	—	多功能表	—	—	—	—	多功能表	—	—
指示灯	红绿各一	红绿各一	红绿各一	红绿各一	红绿各一	红绿各一	红绿各一	红绿各一	红绿各一	红绿各一
变压器容量/kVA	—	—	—	—	—	—	—	—	—	—
计算电流/A	—	—	—	—	—	—	—	—	—	—
电缆规格	—	—	—	—	—	—	—	—	—	—
柜宽×柜深×柜高/mm×mm×mm	—	—	—	—	—	—	—	—	—	—

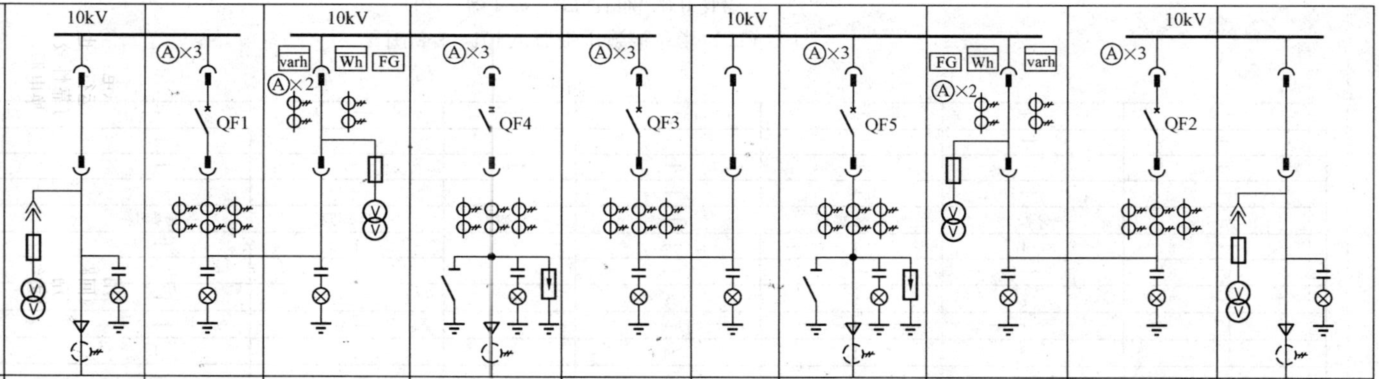

(a)

图 3-3　10kV高压主接线方案（一）

(a) 两路电源、同时工作、互为备用、单母线分段、高压计量、母线联络、断路器进出线

一次接线图	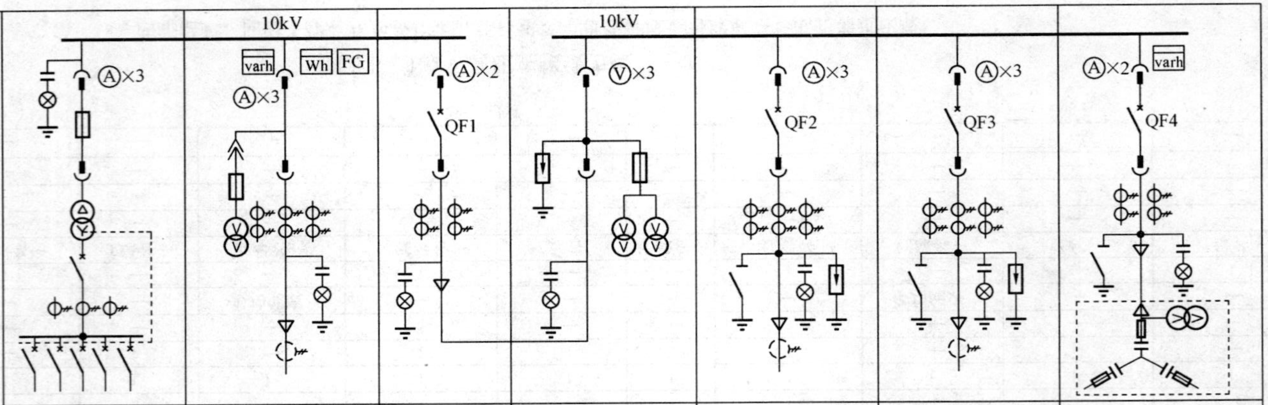 AH7	AH6	AH5	AH4	AH3	AH2	AH1
高压开关柜编号	AH7	AH6	AH5	AH4	AH3	AH2	AH1
高压开关柜型号	—	—	—	—	—	—	—
高压开关柜二次原理图图号	—	—	—	—	—	—	—
高压开关柜调度号	—	—	—	—	—	—	—
回路编号及用途	WH7 电容器	WH6 高压冷冻机	WH5 T1变压器	WH4 电压互感器	WH3 计量	WH2 进线隔离	WH1 所用变
真空断路器	1	1	1	—	1	—	—
高压熔断器	—	—	—	3	—	3	3
电压互感器	2	3	3	4	2	2	3
电流互感器	2	3	3	—	2	3	3
接地开关	1	1	1	1	1	1	1
带电显示器	—	1	—	1	—	—	—
电动操动机构	1	1	3	—	—	—	—
避雷器	—	—	—	3	—	1	—
零序电流互感器	—	3	3	—	—	—	—
计量表计	1	1	1	—	—	—	—
指示灯	—	红绿各	红绿各	—	红绿各	红绿各	红绿各
变压器容量/kVA	—	—	—	—	—	—	—
计算电流/A	—	—	—	—	—	—	—
电缆规格	—	—	—	—	—	—	—
柜宽×柜深×柜高/mm×mm×mm	—	—	—	—	—	—	—

(b)

图 3-3　10kV高压主接线方案（二）

(b) 一路电源，高压计量，高压补偿

一次接线图 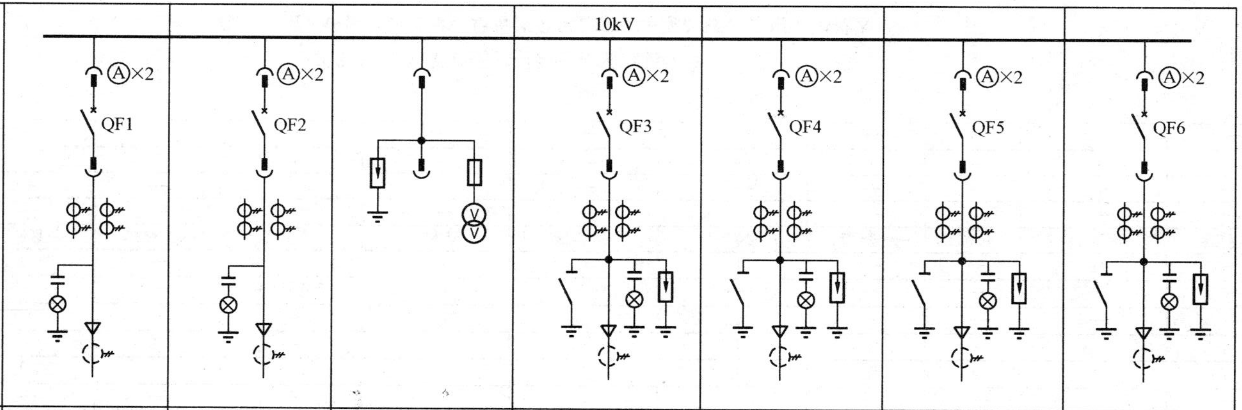							
高压开关柜编号	AH1	AH2	AH3	AH4	AH5	AH6	AH7
高压开关柜型号	—	—	—	—	—	—	—
高压开关柜一次原理图号	—	—	—	—	—	—	—
高压开关柜调度号	—	—	—	—	—	—	—
回路编号及用途	WH1 电源1	WH2 电源2	电压互感器	WH3 T1变压器	WH4 T2变压器	WH5 T3变压器	WH6 T4变压器
柜内主要元件 真空断路器	1	1	—	1	1	1	1
高压熔断器	—	—	3	—	—	—	—
电压互感器	—	—	2	—	—	—	—
电流互感器	2	2	—	2	2	2	2
电流表	2	2	—	2	2	2	2
接地开关	1	1	—	1	1	1	1
带电显示器	—	1	—	1	1	1	1
电动操动机构	1	1	—	1	1	1	1
避雷器	—	—	3	3	3	3	3
计量表计	—	—	—	—	—	—	—
零序电流互感器	1	1	1	1	1	1	1
指示灯	红绿各一	红绿各一	—	红绿各一	红绿各一	红绿各一	红绿各一
变压器容量/kVA	—	—	—	—	—	—	—
计算电流/A	—	—	—	—	—	—	—
电缆规格	—	—	—	—	—	—	—
柜宽×柜深×柜高/mm×mm×mm							

10kV

(c)

图 3-3　10kV 高压主接线方案（三）

(c) 两路电源、一用一备、单母线不分段、断路器进出线，两路电源开关连锁只能合一路

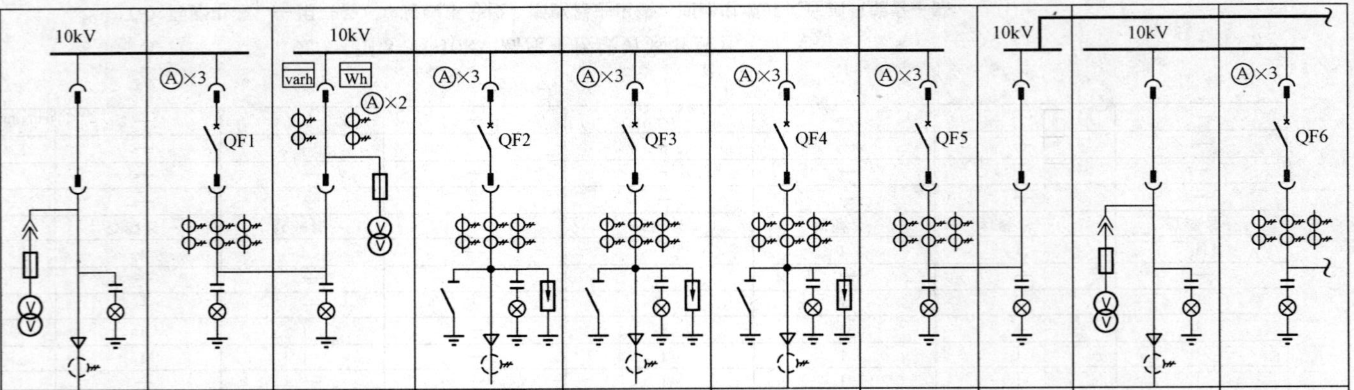

一次接线图										
高压开关柜编号	AH1	AH2	AH3	AH4	AH5	AH6	AH7	AH8	AH9	AH10
高压开关柜型号	—	—	—	—	—	—	—	—	—	—
高压开关柜二次原理图号	—	—	—	—	—	—	—	—	—	—
高压开关柜调度号	—	—	—	—	—	—	—	—	—	—
回路编号及用途	WH1 1号进线隔离	WH2 进线	计量	WH4 T1变压器	WH5 T3变压器	WH6 T5变压器	母联	母联	WH3 3号进线隔离	进线
真空断路器	—	1	—	1	1	1	1	—	—	1
高压熔断器	3	—	3	—	—	—	—	—	3	—
电压互感器	2	—	2	—	—	—	—	—	2	—
电流互感器	—	3	2	3	3	3	3	—	—	3
电流表	—	3	2	3	3	3	3	—	—	3
接地开关	1	1	—	1	1	1	1	—	1	1
带电显示器	1	1	—	1	1	1	1	—	1	1
电动操动机构	—	—	—	—	—	—	—	—	—	—
避雷器	—	—	—	3	3	3	—	—	—	—
计量表计	—	—	多功能表	1	1	1	—	—	1	—
零序电流互感器	1	—	—	—	—	—	—	—	—	—
指示灯	红绿各一	红绿各一	红绿各一	红绿各一	红绿各一	红绿各一	红绿各一	红绿各一	红绿各一	红绿各一
变压器容量/kVA	—	—	—	—	—	—	—	—	—	—
计算电流/A	—	—	—	—	—	—	—	—	—	—
电缆规格	—	—	—	—	—	—	—	—	—	—
柜宽×柜深×柜高/mm×mm×mm										

（柜内主要元件）

(d)

图 3-3　10kV高压主接线方案（四）

(d) 三路电源、两用一备、高压计量、单母线分段、工作电源故障、备用电源投入

一次接线图 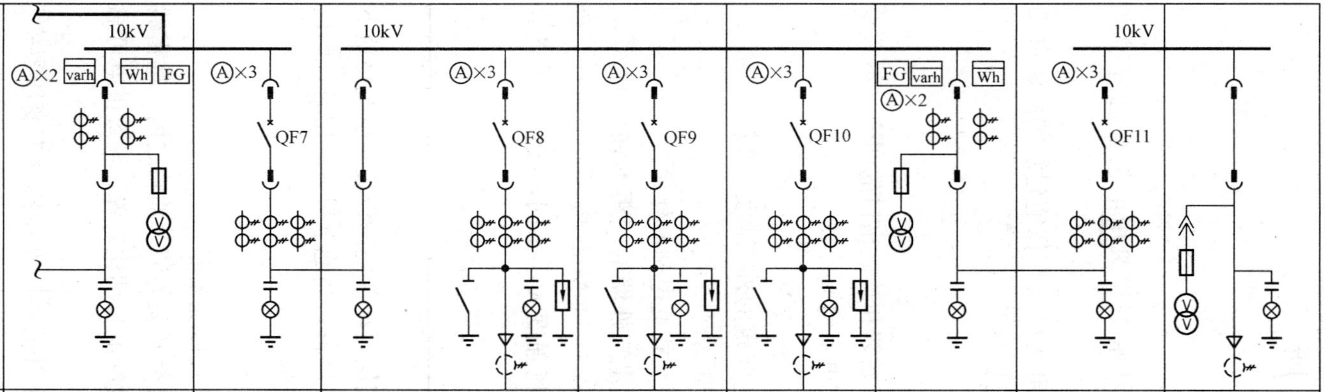								
高压开关柜编号	AH11	AH12	AH13	AH14	AH15	AH16	AH17	AH18	AH19
高压开关柜型号	—	—	—	—	—	—	—	—	—
高压开关柜二次原理图号	—	—	—	WH9	WH8	WH7	—	—	WH2
高压开关柜调度号	—	—	—	—	—	—	—	—	—
回路编号及用途	计量	母联	母联	T6变压器	T4变压器	T2变压器	计量	进线	2号进线隔离
真空断路器	—	1	—	1	1	1	—	1	—
高压熔断器	3	—	—	—	—	—	3	—	3
电压互感器	2	—	—	—	—	—	2	—	2
电流互感器	2	3	—	3	3	3	2	3	—
电流表	2	3	—	3	3	3	2	3	—
接地开关	1	1	—	1	1	1	1	1	1
带电显示器	—	—	—	1	1	1	—	1	—
电动操动机构	—	1	—	1	1	1	—	1	—
避雷器	—	—	—	3	3	3	—	—	—
零序电流互感器	—	—	—	—	—	—	—	—	—
指示灯	多功能表	红绿各	红绿各	红绿各	红绿各	红绿各	多功能表	红绿各	红绿各
计量表计	红绿各一	红绿各	红绿各	红绿各	红绿各	红绿各	红绿各一	红绿各	红绿各
变压器容量/kVA	—	—	—	—	—	—	—	—	—
计算电流/A	—	—	—	—	—	—	—	—	—
电缆规格	—	—	—	—	—	—	—	—	—
柜(宽×柜深×柜高)/mm×mm×mm	—	—	—	—	—	—	—	—	—

(e)

图 3-3　10kV高压主接线方案（五）

(e) 三路电源、两用一备、高压计量、单母线分段、工作电源故障、备用电源投入

第三节 配 变 电 所

一、所址选择

1. 设置原则

住宅小区里的低层住宅、多层住宅、中高层住宅、别墅等建筑用电设备总容量在 250kW 以下时，集中设置配变电所经济合理。

用电设备总容量在 250kW 以上的单栋住宅建筑，配变电所可设在住宅建筑的附属群楼里；如果住宅建筑内配变电所位置难确定，可设置成室外配变电所。

室外配变电所包括独立式配变电所和预装式变电站。

2. 位置

住宅建筑内变配电室不应设在住宅的正上方、正下方、贴邻和疏散出口的两旁，不宜设在住宅建筑地下的最底层。当只有地下一层时，应抬高变配电室地面标高。

3. 间距

当配变电所设在住宅建筑外时，配变电所的外侧与住宅建筑的外墙间距，应满足防火、防噪声、防电磁辐射的要求，配变电所宜避开住户主要窗户的水平视线。

室外配变电所的外侧指的是独立式配变电所的外墙或预装式变电站的外壳。

考虑到住宅建筑的特殊性，室外变电站的外侧与住宅建筑外墙的间距不宜小于 20m。10/0.4kV 变压器外侧（水平方向）20m 处的电磁场强度（0.1～30MHz 频谱范围内）一般小于 10V/m，处于安全范围内。由于不同区域的现场电磁场强度大小不同，故任一地点放置变压器后的实际电磁场强度需现场测试确定。

二、配变电所类型

1. 地下配变电所

配变电所可设置在建筑物的地下层，但不宜设置在最底层。配变电所设置在建筑物地下层时，应根据环境要求加设机械通风、去湿设备或空气调节设备。当地下只有一层时，尚应采取预防洪水、消防水或积水从其他渠道淹溃配变电所的措施。

2. 箱式配变电所

箱式变电站可按照结构分为美式箱变、欧式箱变和国产式传统箱变。

（1）美式箱变。美式箱变主要为变压器，将熔断器和负荷开关等装于油箱之内，避雷器也采用油浸式氧化锌避雷器。由于没有电动机构，无法增设配电自动化装置，导致供电可靠性较低；因没有电容器装置，对降低线路的损耗也不利。

（2）欧式箱变。欧式箱变的结构相对灵活，它将高低压开关柜、变压器分为变压器室、低压室、高压室组合于同一个外壳当中，在一个箱变之内可以放置多台变压器。可根据需要自由地选择低高压元件、变压器型号、柜型。一旦设备出现了故障，可方便调换。欧式箱变的变压器是放在金属的箱体内，起到屏蔽的作用，辐射也较美式箱变低。欧式箱变具备变（配）电站所需的功能，但和我国的供用电法规要求相比，缺少无功补偿和计量功能。

（3）国产式箱变。国产箱变是在欧式箱变基础上根据我国电力部门供用电法规完善化的产品，符合我国国情，计量、无功补偿一应俱全。

每台箱变站可以由以下几种形式组成：

1）按照高压开关入网的不同形式分为双电源型、终端型和环网型。

2）按照内装变压器的不同种类分为干式变压器型和全密封油浸变压器。

3）按照箱体外壳的不同材质分为非金属外壳型和金属外壳型。

4）按照高压开关的不同选型分为压气式负荷开关型、产气式负荷开关型、SF₆负荷开关型和真空式负荷开关型。

5）按照配置智能系统与否分为紧凑型或智能型等。

（4）布置。通常变压器室、低压室、高压室按照"品"字布置，其结构较为紧凑，利于选址安装、巡检和操作，变压器室内如需排布多台变压器则更为有利；按照"目"字布置，其接线方便，应用较多。

三、设备选择

1. 变压器

设置在住宅建筑内的变压器应选用干式、气体绝缘或非可燃油液体绝缘的变压器。

10kV配变电所中单台变压器容量不宜大于1600kVA，预装式变电站中单台变压器容量不宜大于800kVA。供电半径一般为200～250m。

住宅建筑的变压器考虑其供电可靠性、季节性负荷率变化大、维修方便等因素，宜推荐采用两台变压器同时工作的方案。比如一个别墅区，如果计算出需要选用一台1250kVA的变压器，可改成选用两台630kVA的变压器。

（1）干式变压器。分为普通及非包封绕组干式变压器和环氧树脂浇注干式变压器，干式变压器如图3-4所示。

(a) (b)

图3-4　干式变压器

(a) SGB10系列非包封绕组干式变压器；(b) SCB10系列环氧树脂浇注干式变压器

普通及非包封绕组干式变压器价格较高，耐潮性及耐湿性较弱，损耗及噪声较大；环氧树脂浇注干式变压器价格较低，耐潮性及耐湿性较好，损耗及噪声较小。

目前，在中、小型的变、配电工程中，选用环氧树脂浇注干式变压器较多，主要原因是造价比较有优势及损耗较小，在工程设计中，应根据环境条件、使用情况及投资情况综合考虑干式变压器的选型。

干式变压器在布置上有较大的优势，它可以布置在低压配电间内，与低压配电屏并列安装，既减少建筑面积，节省投资，又便于监控管理。另外，干式变压器没有冷却油，不存在漏油的问题，变压器基础可以不设油坑及排油设施。对土建的防火要求，选择干式变压器比油浸变压器有优势。

选择干式变压器时，有带防护罩和不带防护罩两种防护方式。带防护罩时，可采用封闭式外结构，防护等级标准较高，在使用安全方面，可以满足现场使用条件。不带防护罩时，干式变压器布置在单独的变压器间内，除专业人员外不允许进入变压器间，检修时，应停电，经确认，再进入变压器间。

与油浸式电力变压器相比，干式电力变压器在运行中，温度是主要指标，在选择干式变压器时，要注意运行温度要求、防护等级、冷却方式等问题。一般较大容量的干式变压器设有机械风冷装置，在干式变压器内部设置冷却风机，对铁心热量进行机械散热，冷却风机根据器身温度自动控制起动、停止，温度达到报警温度时（一般为155℃），可发出报警信号通知运行人员。温度超过上限有两种原因，一个是干式变压器内部铁心故障，一个是过负荷运行，运行人员可根据情况进行必要的电气操作及采取减载措施，在可能的范围内调整负荷容量，保证干式变压器在一定的允许温度下运行。

在工程选型时，可根据环境特性、功能特性及防护要求选择干式变压器，向设备制造厂家提出干式变压器的防护外罩形式的要求。一般室内安装的干式变压器防护外罩选用IP20防护等级，可防止直径大于12mm的固体异物及鼠、蛇、猫等小动物进入。室外安装的干式变压器防护外罩选用IP23防护等级，并应考虑防雨、防潮措施。选用IP23防护等级外罩时，对于变压器散热有较大的影响，故在选用时，应注意减低变压器运行容量。

采用干式变压器时，应配装绕组热保护装置，其主要功能应包括温度传感器断线报警、启停风机、超温报警/跳闸、三相绕组温度巡回检测、最大值显示等。

图 3-5　气体绝缘变压器

（2）气体绝缘变压器：

1）SF6气体绝缘变压器在我国应用越来越多，主要是由于它有许多优点，如图3-5所示。

SF6气体属惰性气体，不易燃，因此，变压器有很好的不易燃性。这种不易燃性大大简化了灭火设施的配置；此外，还减少了以往油浸变压器之间的隔断墙的使用，增加了变电所的地面使用率。如果内部发生电弧现象时，内部升高的压力会被SF6气体的变化而抵消。气体绝缘变压器不需要任何附加的压力释放设备。特别适宜用在高层建筑、地下商业中心、人口稠密地区。在同样的环境中，SF6气体比油浸式变压器的绝缘油消耗要慢得多。SF6不会像绝缘油那样造成污染问题，也无需使用有载调压开关的带电滤油器。与油浸式变压器不同，气体绝缘变压器无需使用储油器和压力释放设备。降低了变压器的高度，地下变电所的棚顶高度也可相应降低，大大缩减了变电所的建设成本。

由于SF6气体的密度仅为绝缘油密度的1/60，黏性较低，因此，在冷却管中的压力降就小得多。使冷却器可以水平安装，也可以脱离变压器垂直安装。

由于SF6气体的密度比绝缘油小，声音通过气体传送得比较慢，中心发出的噪声很少能够传播到罐体。因此，气体绝缘变压器比油浸变压器的噪声要小。然而，强制气冷型的变压器中由于鼓风机会产生很大的噪声，就会使整个系统的噪声增大。对于减噪要求高的进气类型的变压器，可以使用低转数、低噪声气体鼓风机。

SF_6 变压器的总损耗通常只是变压器容量的 $1\%\sim1.5\%$。

2）气体绝缘变压器的缺点。因变压器中的 SF_6 气体的状态与压力、环境温度有很大关系，所以选用时应综合考虑环境温度影响。SF_6 是一种温室效应气体，用于高性能的气体处理设备中时应小心处理，最大限度地减小 SF_6 气体向空气中的释放量。另外，经过电弧可以将 SF_6 气体分解成有害气体，泄漏后对维护人员造成伤害。目前，应用的气体绝缘变压器的价格约为普通油浸变压器的 $5\sim10$ 倍。由于气体变压器安装在室内，必须装设散热通风装置，相应的造价及使用电量较高。按照对运行巡视人员及环境的保护要求，必须在变压器室及低于变压器室的设备场所均需要安装 SF_6 气体泄漏报警仪；另外，需要配备专用防护服装等设施。

（3）非可燃油液体绝缘变压器。采用非燃性油变压器，可设置在独立房间内或靠近低压侧配电装置，但应有防止人身接触的措施。非燃油变压器应具有不低于 IP2X 防护外壳等级。变压器高压侧（含引上电缆）间隔两侧宜安装可拆卸式护栏。

2. 开关设备

高压开关是指用于电力系统发电、输电、配电、电能转换和消耗中起通断、控制或保护等作用，电压等级在 $3.6\sim550kV$ 的电器产品，主要包括高压断路器、高压隔离开关与接地开关、高压负荷开关、高压自动重合与分段器、高压操动机构、高压防爆配电装置和高压开关柜等几大类。

（1）高压真空断路器。真空断路器是指触头在真空中关合、开断的断路器，如图 3-6 所示。

结构特点是灭弧室材料及工艺要求高；体积小、重量轻；触头不易氧化；灭弧室的机械强度比较差，不能承受较大的冲击振动。

技术特点是可连续多次操作，开断性能好；灭弧迅速，开断时间短；开断电流及断口电压不易做得很高；无火灾危险；开距小，约为同等电压油断路器触头开距的 1/10 左右；所需操作能量小；开断时产生的电弧能量小；灭弧室的机械寿命和电气寿命都很高。

运行维护简单，灭弧室不需要检修；噪声低；运行费用低；无火灾和爆炸危险。

（2）高压负荷开关。隔离负荷开关在断开位置，能满足对隔离开关所规定的隔离要求的一种负荷开关，如图 3-7 所示。

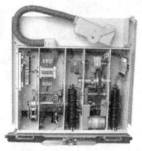

图 3-6　高压真空断路器　　　　　　　　　图 3-7　负荷开关

通用负荷开关能够在配电系统中对正常出现的直到其额定开断电流进行关合和开断操作，并能承载和关合短路电流的负荷开关。

专用负荷开关具有额定电流、额定短时耐受电流以及通用负荷开关的一种或几种开合能力的负荷开关。

特殊用途负荷开关具有额定电流、额定短时耐受电流、额定短路关合电流以及能够在特殊使用场合下能够特殊运行的负荷开关，如开合电容器组、开合电动机及开合并联电力变压器。

（3）高压隔离开关。隔离开关是一种高压开关电器。因为没有专门的灭弧装置，故不能用来切断负荷电流和短路电流，如图3-8所示。

使用时应与断路器配合，只有在断路器断开时才能进行操作。

隔离开关在分闸时，动、静触头间形成明显可见的断口，绝缘可靠。

（4）接地开关。接地开关是作为检修时保证人身安全，用于接地的一种机械接地装置，如图3-9所示。

图 3-8　高压隔离开关　　　　图 3-9　接地开关

在对电气设备进行检修时，为了防止检修人员在停电设备（或停电工作点）工作时突然来电，确保检修人员人身安全，对于可能送电至停电设备的各个方向或停电设备可能产生感应电压的都要合上接地开关（或挂上接地线），这是可靠安全措施，同时所断开的电器设备上的剩余电荷也可由接地开关合上接地而释放殆尽。

（5）操动机构。操动机构是带动高压断路器传动机构进行合闸和分闸的机构，如图3-10所示。

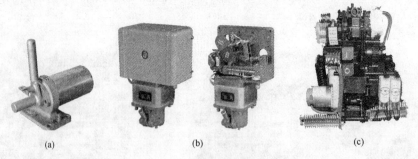

(a)　　　　　　　(b)　　　　　　　(c)

图 3-10　操动机构
（a）CS手动机构；（b）CD电磁机构；（c）CT弹簧机构

手动机构（CS型）指用人力进行合闸的操动机构，电磁机构（CD型）指用电磁铁合闸的操动机构，弹簧机构（CT型）指事先用人力或电动机使弹簧储能实现合闸的弹簧合闸操动机构。

3. 互感器

（1）电流互感器。电流互感器是将一次侧的大电流，按比例变为适合通过仪表或继电器使用的、额定电流为 5A 的变换设备，如图 3-11 所示。

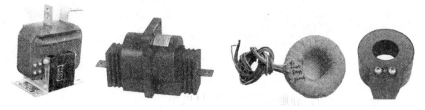

图 3-11 电流互感器

干式电流互感器用绝缘胶浸渍，适用于低压户内的电流互感器；浇注式利用环氧树脂作绝缘，多用于 35kV 及以下的电流互感器。按一次绕组匝数可分为单匝和多匝式。电流互感器根据测量时误差的大小而划分为不同的准确级。准确级是指在规定的二次负荷范围内，一次电流为额定值时的最大误差。我国电流互感器准确级和误差限值见表 3-3。

我国 GB 1208《电流互感器》规定测量用的电流互感器的测量精度有 0.1、0.2、0.5、1、3、5 六个准确度等级，保护用有 5、10、15、20、30 五个准确度等级。

保护用电流互感器按用途可分为稳态保护用（P）和暂态保护用（TP）两类，稳态保护用电流互感器的准确级用 P 来表示，常用的有 5P 和 10P。如 10P20 表示准确级为 10P，准确限值系数为 20。这一准确级电流互感器在 20 倍额定电流下，电流互感器负荷误差不大于 ±10%。保护用电流互感器准确级除 P 之外，还有 TPS、TPX、TPY、TPZ、TB 等。

0.1、0.2 级主要用于实验室精密测量和供电容量超过一定值的线路或用户；0.5 级的可用于收费用的电能表；0.5～1 级的用于发电厂、变电所的盘式仪表和技术上用的电能表。3级、5 级的电流互感器用于一般的测量和某些继电保护上。5P 和 10P 级的用于继电保护。

表 3-3　　　　　　　　　　电流互感器准确级和误差限值

准确度级次	一次电流为额定电流的百分数（%）	电流误差±（%）	相位差±（′）	二次负荷变化范围
0.2	10	0.5	20	
	20	0.35	15	
	100～120	0.2	10	
0.5	10	1	60	(0.25～1) S_{N2}
	20	0.75	45	
	100～120	0.5	30	
1	10	2	120	
	20	1.5	90	
	100～120	1	60	
3	50～120	3.0	不规定	(0.5～1) S_{N2}
10	50～120	10		
5P	100	1	60	—
10P	100	3	不规定	

（2）电压互感器。电压互感器是将一次侧的高电压，按比例变为适合通过仪表或继电器使用的，额定电压为 100V 的变换设备，如图 3-12 所示。

图 3-12　电压互感器

按安装地点分户内和户外；按相数分单相和三相式，只有 20kV 以下才有三相式；按绕组数分双绕组和三绕组；浇注式绝缘用于 3～35kV。

电压互感器应按一次回路电压、二次电压、安装地点和使用条件、二次负荷及准确级等要求进行选择。电压互感器的准确级，是指在规定的一次电压和二次负荷变化范围内，负荷功率因数为额定值时，电压误差的最大值。我国电压互感器准确级和误差限值标准见表 3-4。

表 3-4　　　　　　　　　我国电压互感器准确级和误差限值

准确级次	误差限值		一次电压变化范围	二次负荷变化范围
	电流误差±（%）	相位差±（′）		
0.5	0.5	20	$(0.85\sim1.15)\,U_{N1}$	$(0.25\sim1)\,S_{N2}$ $\cos\varphi_2=0.8$
1	1.0	40		
3	3.0	不规定		

由于电压互感器误差与负荷有关，所以同一台电压互感器对应于不同的准确级便有不同的容量。通常额定容量是指对应于最高准确级的容量。电压互感器按照在最高工作电压下长期工作允许的发热条件规定了最大容量。

电压互感器的负载要求就是负载容量之和不能超过互感器的额定二次容量值。

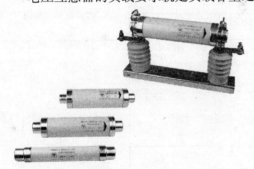

图 3-13　熔断器

4. 保护电器

（1）熔断器。熔断器串联在电路中使用，安装在被保护设备或线路的电源侧。当电路中发生过负荷或短路时，熔体被过负荷或短路电流加热，并在被保护设备的温度未达到破坏其绝缘之前熔断，使电路断开，设备得到了保护，如图 3-13 所示。

熔体熔化时间的长短，取决于熔体熔点的高低和所通过的电流的大小。熔体材料的熔点越高，熔体熔化就越慢，熔断时间就越长。熔体熔断电流和熔断时间之间呈现反时限特性，即电流越大，熔断时间就越短，其关系曲线称为熔断器的保护特性，也称安秒特性。

（2）避雷器。能释放雷电或兼能释放电力系统操作过电压能量，保护电气设备免受瞬时过电压危害，又能截断续流，不致引起系统接地短路的电器装置，如图 3-14 所示。

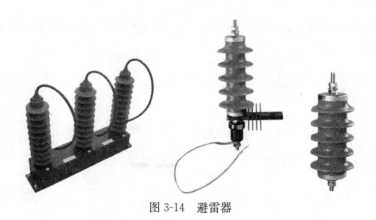

图 3-14 避雷器

避雷器通常接于带电导线与地之间，与被保护设备并联。当过电压值达到规定的动作电压时，避雷器立即动作，流过电荷，限制过电压幅值，保护设备绝缘；电压值正常后，避雷器又迅速恢复原状，以保证系统正常供电。

5. 配电装置

成套配电装置是由制造厂按一定的接线方案要求将开关电器、母线（汇流排）、测量仪表、保护继电器及辅助装置等组装在封闭的金属柜中，形成成套式配电装置。这种装置结构紧凑，便于操作，有利于控制和保护变压器、高压线路及高压用电设备。

成套配电装置可分为高压成套配电装置、低压成套配电装置。

（1）高压成套配电装置

开关柜应满足 GB 3906《3.6～40.5kV 交流金属封闭开关设备和控制设备》的有关要求，由柜体和断路器两大部分组成，开关柜具有架空进出线、电缆进出线、母线联络等功能。柜体由壳体、电器元件（包括绝缘件）、各种机构、二次端子及连线等组成。

1）我国目前生产的 3～35kV 高压开关柜可分为固定和手车式两种。按断路器安装方式分位移开式（手车式）和固定式，如图 3-15 所示。

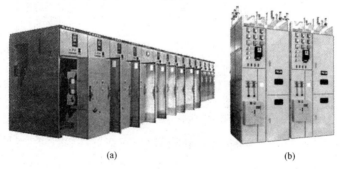

(a)　　　　　　　　　(b)

图 3-15　固定和手车式高压开关柜
(a) 手车式；(b) 固定式

移开式或手车式（用 Y 表示）表示柜内的主要电器元件是安装在可抽出的手车上的，由于手车柜有很好的互换性，因此可以大大提高供电的可靠性。常用的手车类型有隔离手车、计量手车、断路器手车、PT 手车、电容器手车和所用变手车等，如 KYN28A-12。

固定式（用 G 表示）表示柜内所有的电器元件均为固定式安装的，固定式开关柜较为简单经济，如 XGN2-10 等。

2）按柜内隔室的构成分铠装式、间隔式、半封闭式和箱式，如图 3-16 所示。

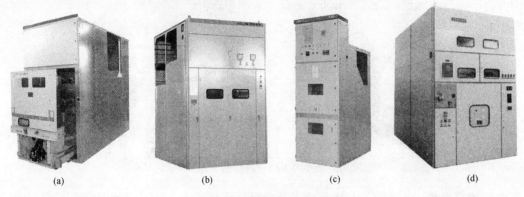

图 3-16 金属封闭开关柜

（a）铠装式；（b）间隔式；（c）半封闭式；（d）箱式

铠装式金属封闭开关设备指的是某些组成部件分别装在接地的用金属隔板隔开的隔室中的金属封闭开关设备，如 KYN28A-12 型高压开关柜。

间隔式金属封闭开关设备（具有非金属隔板的）与铠装式金属封闭开关设备一样，其某些元件分设于单独的隔室内，但具有一个或多个非金属隔板的防护等级，应符合箱式金属封闭开关设备，如 JYN2-12 型高压开关柜。

高压开关柜有三种分类方式，每一类又有若干个基本类型，各有自身的特点，见表 3-5。

表 3-5 开关柜的特点

分类方式	基本类型	结 构 特 点	优 缺 点
按断路器 安装方式	固定式	1. 断路器固定安装 2. 柜内装有隔离开关	1. 柜内空间较宽敞，检修容易 2. 易于制造，成本较低 3. 安全性差
	移开式	断路器可随移开部件（手车）移出柜外	1. 断路器移出柜外，更换、维修方便 2. 省却隔离开关 3. 结构紧凑 4. 加工精度较高，价格贵
按柜内隔 室的构成	半封闭式	柜体正面、侧面封闭，柜体背面和母线不封闭	1. 结构简单，造价低 2. 安全性差
	箱式	隔室数目较少，或隔板防护等级低于 IP1X	1. 母线被封闭，安全性好些 2. 结构复杂一些，价格稍高
	间隔式	1. 断路器及其两端相连的元件均有隔室 2. 隔板由非金属板制成	1. 安全性更好些 2. 结构复杂，价格贵
	铠装式	结构与间隔式相同，但隔板由接地金属板制成	1. 安全性最好 2. 结构更复杂，价格更高
按柜内绝 缘介质	空气绝缘	相间和相对地的绝缘靠空气间隙保证	1. 绝缘性能稳定 2. 造价低 3. 柜体体积大
	复合绝缘	相间和相对地绝缘靠较小的空气间隙加固体绝缘材料来保证	1. 柜体体积小，但防凝性能不够可靠 2. 造价高一
	SF_6 气 体绝缘	全部回路元件置于密闭的容器中，充入 SF_6 气体	1. 技术复杂 2. 加工精度要求高 3. 价格高

（2）低压成套配电装置。配电柜的作用是将电能分配到各个负荷部位及在电路短路、过载和漏电时进行断电保护。配电柜的常见种类有固定面板式配电柜、防护式配电柜、抽屉式配电柜和动力照明配电柜等，如图 3-17 所示。

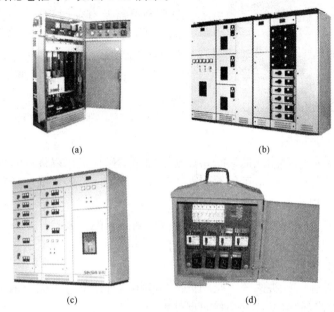

图 3-17　低压成套配电装置
（a）固定面板式配电柜；（b）防护式配电柜；（c）抽屉式配电柜；（d）动力照明配电柜

1）固定面板式配电柜正面为柜体面板，可以用于遮挡和开闭，背面和侧面为开放式，可以接触到带电的器件。固定面板式配电柜的防护等级低，只能用于一些对安全性要求不高且连续供电的场合，用于变电室集中供电。

2）防护式配电柜与固定面板式配电柜相比，有着真正意义上的柜体，除了安装面外，所有侧面都有挡板密封。防护式配电柜的柜体采用绝缘材料制造，内部的电器元件与外部隔离，元件之间也可以采用护板隔离，因此防护式配电柜的安全等级较高，可以应用于工艺现场配电装置。

3）抽屉式配电柜是安全性最高的配电设备之一，它采用钢板制成柜体，柜体内安装有抽屉，各个电器元件都被安装在抽屉内，构成独立的功能单元。抽屉式配电柜的可靠性、互换性和安全性都高于以上两种配电柜，可适用于对供电可靠性要求较高的集中控制配电中心。

4）动力照明配电柜采用封闭式安装，安全等级根据使用场合的要求不同而有所差别。动力照明配电柜多作为低级配电设备使用，例如用于现场的配电控制。

6. 低压电器

（1）万能式低压断路器。又称框架式低压断路器，这种低压断路器一般有一个带绝缘衬垫的钢架框架，所有部件均安装在这个框架底座内。主要部件都是裸露的，导电部分先进行绝缘，再安装在底座上，而且部件大多可以拆卸，便于装配和调整。

万能式低压断路器有普通式、多功能式、高性能式和智能式等几种结构形式，如图3-18所示。

万能式低压断路器具有多段式保护特性，主要用于配电网络的总开关和保护。

图 3-18　万能式低压断路器外形结构

开关容量较大，可设较多的脱扣器，辅助触点的数量也较多。不同的脱扣器组合可产生不同的保护特性，有选择型和非选择型配电用低压断路器及有反时限动作特性的电动机保护用自动开关。容量较小（600A 以下）的万能式低压断路器多用电磁传动，容量较大（1000A 以上）的万能式低压断路器则多用电动机机构传动。

无论采用哪种传动机构，都装有手柄，以备检修或传动机构故障时用。

极限通断能力较高的万能式低压断路器还采用储能操动机构以提高通断速度。具有结构紧凑、体积小、操作简便、安全可靠等优点。但通断能力比万能式低压断路器低，保护和操动方式较少，有些可以维修，有些则不能维修。

（2）塑料外壳式低压断路器。塑料外壳式低压断路器的主要特征是有一个采用聚酯绝缘材料模压而成的外壳，所有部件都装在这个封闭型外壳中，没有裸露的带电部分，使用比较安全，接线方式分为板前接线和板后接线。

主要是由绝缘外壳、触头系统、操动机构和脱扣器等四部分组成。采用聚酯绝缘材料模压而成的外壳，所有部件多装在这个封闭型外壳中。

小容量塑料外壳式低压断路器（50A 以下）一般采用非储能闭合、手动操作；大容量低压断路器的操动机构多采用储能式闭合，可以手动操作，也可以由电动机操作，而且还可进行远距离遥控。可以装设多种附件以适应各种不同控制和保护的需要，具有较高的短路分断能力、动稳定性和比较完备的选择性保护功能。

塑料外壳式低压断路器多为非选择性，根据自动开关在电路中的不同用途，分为配电用自动开关、电动机保护用断路器和其他负载（如照明）用自动开关等。常用于低压配电开关柜中，作配电线路、电动机、照明电路及电热器等设备的电源控制开关及保护。在正常情况下，自动开关可分别作为线路的不频繁切换及电动机的不频繁起动之用。

图 3-19 是塑料外壳式低压断路器外形图。

（3）微型断路器（MCB）。微型断路器是建筑电气终端配电装置中使用最广泛的一种终端保护电器（图 3-20）。用于 125A 以下的单相、三相的短路、过载、过电压等保护，包括单极（1P）、二极（2P）、三极（3P）、四极（4P）等四种。

（4）漏电保护器。漏电保护器是用以防止因触电、漏电引起的人身伤亡事故、设备损坏以及火灾的一种安全保护器。漏电保护器安装在中性点直接接地的三相五线制低压电网中，其主要功能是提供间接接触保护。当其额定动作电流在 30mA 及以下时，也可以作为直接接触保护的补充保护。

高灵敏度漏电保护器额定漏电动作电流为 30mA 及以下，既可用作间接接触触电保护，也可用作直接接触触电的补充保护。中灵敏度漏电保护器额定漏电

图 3-19　塑料外壳式低压
断路器外形图

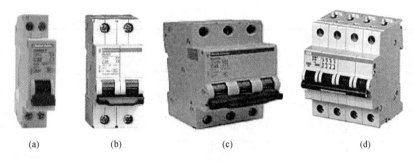

图 3-20　微型断路器
(a) 单极 (1P)；(b) 二极 (2P)；(c) 三极 (3P)；(d) 四极 (4P)

动作电流为 30mA 以上至 1000mA，只能用作间接接触保护，或用作防止电气火灾事故和接地短路故障的保护。低灵敏度漏电保护器额定漏电动作电流为 1000mA 以上。只能用作间接接触保护，或用作防止电气火灾事故和接地短路故障的保护。

瞬时型（又称快速型）漏电保护器动作时间为快速，一般动作时间不超过 0.2s。延时型漏电保护器在漏电保护器的控制电路中增加了延时电路，使其动作时间达到一定的延时，一般规定一个延时级差为 0.2s。反时限漏电保护器的动作时间随着动作电流的增大而在一定范围内缩短，一般电子式漏电保护器都具有一定的反时限特性。

按主开关的极数和电流回路分单极二线漏电保护器、二极漏电保护器、二极三线漏电保护器、三极漏电保护器、三极四线漏电保护器、四极漏电保护器，如图 3-21 所示。

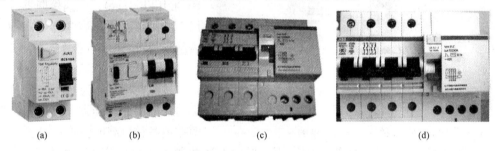

图 3-21　漏电保护器
(a) 一极；(b) 二极；(c) 三极；(d) 四极

其中，单极二线、二极三线和三极四线三种形式的漏电保护器均有一根直接穿过漏电电流检测互感器而不能断开的中性线。漏电保护器的极和线类型示意图见表 3-6。

表 3-6　　　　　　　　　　　　　漏电保护器的极和线类型示意图

极数＼线数	二线	三线	四线
单极	L—N—TA	—	—
二极	L—N—TA	L₁—L₂—N—TA	—

续表

极数 \ 线数	二线	三线	四线
三极	—	L₁ L₂ N TA	L₁ L₂ L₃ N TA
四极			L₁ L₂ L₃ N TA

（5）熔断器。熔断器按保护形式分可分为过电流保护与过热保护。用于过电流保护的熔断器就是平常说的熔断器（也叫限流熔断器）。用于过热保护的熔断器一般被称为"温度熔断器"。

按熔断速度分可分为特慢速熔断器（一般用 TT 表示）、慢速熔断器（一般用 T 表示）、中速熔断器（一般用 M 表示）、快速熔断器（一般用 F 表示）、特快速熔断器（一般用 FF 表示）。

按照使用可分为 G 类和 M 类。G 类为一般用途熔断器，可用于包括电缆在内各种负载的保护；M 类熔断器

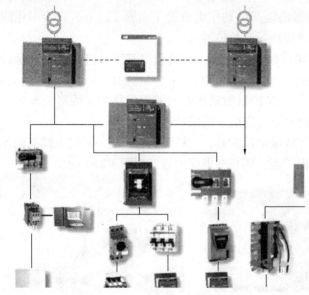

图 3-22　多种低压电器设备的应用

用于电动机回路。对于熔断器的具体应用，根据上述两种类型可以有不同的组合，如 gG 类、aM 类等。其中，gG 系列的熔断器主要用于电路的过载和短路保护，而 aM 系列熔断器主要用于电动机的短路保护。

按形状分可分为平头管状熔断器（又可分为内焊熔断器与外焊熔断器）、尖头管状熔断器、铡刀式熔断器、螺旋式熔断器、插片式熔断器、平板式熔断器、裹敷式熔断器、贴片式熔断器。

多种低压电器设备的应用示意图如图 3-22 所示。

第四节　配电系统设计

一、配电线路设计要求

1. 接线方案的选择原则

配电接线方案选择原则和方法有下列几种：

（1）采用分区供电的原则。分区供电是将计划供电范围，根据能源分配原则，即损耗最小和线路距离最短的原则，以及其他技术上的要求，分成若干区域，先在每个分区中选择接

线方案，最后再整体分析。这是一种割裂的研究方法，是保证系统安全经济运行，减少初步方案的罗列，提高接线方案质量和速度的重要方法。

（2）采用筛选法。先将列出的每一个接线方案，从供电的可靠性，运行、检修的灵活性，以及象征变电所投资大小的高压断路器数，象征线路投资大小的线路长度等，列表进行分析比较，筛去明显不合理的方案，暂留一批比较合理的方案。

再计算每一暂留方案的电压损耗、电能损耗、线路及变电所的综合投资、主要原材料消耗量、暂留方案的年运行费、年费用，以及无功补偿设备的综合投资等，随之进行第二次分析比较，筛去不合理的方案。如此筛选，最后选择出一个最理想的接线方案。

在筛选时，如果每次参与比较方案较多，难以判断，则应该采用量化的方法。

（3）采用先技术后经济的比较原则。在进行电力网接线方案选择时，必须先进行技术比较，然后再进行经济比较。在技术上不能满足要求的接线方案，追求经济目标是没有意义的。如果电力网某些接线方案技术上合理又能满足供电要求，则应追求最经济的目标。

2. 电力网接线方案的技术条件

（1）供电的可靠性。

（2）电能质量。

（3）运行、检修的灵活性。

（4）继电及自动化操作的复杂程度。

（5）发热温度、电晕损耗及机械强度的要求。

（6）发展的可能性等。

3. 电力网接线方案的经济条件

（1）电能损耗。

（2）主要原材料消耗量。

（3）工程总投资、年运行费及年费用等。

在电力网接线方案选择时，地区能源结构、发展方针、设计年代、施工技术条件、经济指标与效益等，必须符合国家的现行政策。

二、接线方式

1. 放射式接线方式

放射式接线方式供电可靠性较高，发生故障后的影响范围较小、切换操作方便，保护简单。但其所需的配电线路较多，相应的配电装置数量也较多，因而造价较高。

2. 树干式接线方式

树干式接线配电线路和配电装置的数量较少，投资少。但发生故障后的影响范围较大，供电可靠性较差。

3. 混合式接线方式

混合式接线方式一般是指将放射式和树干式两种方式混合在一起的配电方式，即在同一个配电系统中，既有放射式配电，也有树干式配电；对较重要的用电设备采用放射式配电，对一般用电设备采用树干式配电，如图 3-23 所示。

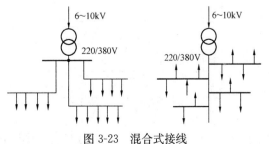

图 3-23 混合式接线

4. 环网式接线方式

（1）普通环式接线方式。普通环式接线方式是在同一个变电站的供电范围内，把不同的两回配电线路的末端或中部连接起来构成环式网络，如图 3-24 所示。

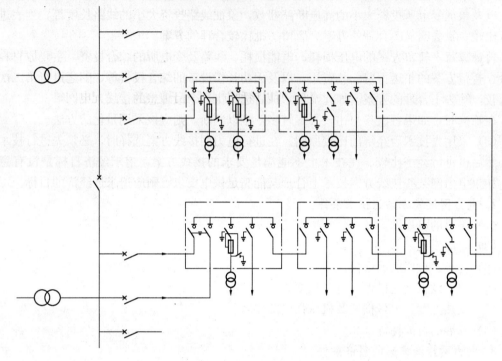

图 3-24　普通环式接线

当变电站 10kV 侧采用单母线分段时，两回线路最好分别来自不同的母线段，这样只有变电站配电全中断时，才会影响用户用电；当变电站只有一母线段停电检修时，不会影响用户供电。

该配电网结构，投资比放射式接线方式要大些，但配电线路的停电检修可以分段进行，停电范围要小得多，用户年平均停电小时数可以比放射式接线方式要小些。

（2）手拉手环网接线方式。分为主干线路和分支线路，主干线路通常采用开闭所/环网柜互联，从而形成环线接线方式，在末端通过联络开关开环运行，在电源侧可以是单电源也可是双电源，主干线路容量必须保证 50% 的备供能力，如图 3-25 所示。

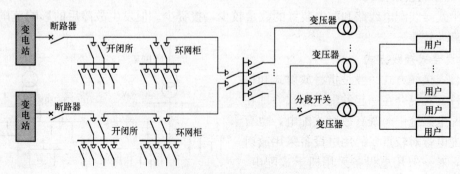

图 3-25　手拉手环网接线方式

　　该种模式接线简单、环供可靠等优点，适合供电可靠性要求高、负荷密度低、用电增长较快的城市配电网，已经成为配电线路建设主要模式之一。

　　由于手拉手环网接线方式存在电缆、变压器及低压设备故障的风险，因此，出现手拉手双环网双 T 接线模式，进一步提高用户供电的可靠性，如图 3-26 所示。

　　手拉手双环双 T 模式将单环模式进行组合，利用二回线路和负载分担的双变压器，分别接到不同电源系统供电，每个变压器各带 50％的负载，运行灵活性更高，供电可靠性更高，可以最大限度连续向用户供电，满足重要客户的供电需求，同时正常和故障检修时也可保证持续供电，但该种模式投资是单环的一倍，所以该种方式适用于重点用户的配电网络。

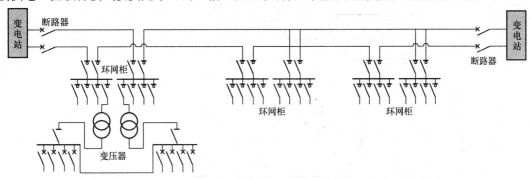

图 3-26　手拉手双环双 T 接线方式

　　手拉手环式的结构与放射式的不同点在于每个变电站的一回主干线都和另一变电站的一回主干线接通，形成一个两端都有电源、环式设计、开式运行的主干线，任何一端都可以供给全线负荷。

　　主干线上由若干分段点（一般是安装六氟化硫、真空、固体产气等各种形式的开关）形成的各个分段中的任何一个分段停电时，都可以不影响其他分段的供电。因此，配电线路停电检修时，可以分段进行，缩小停电范围，缩短停电时间；中压变电站全停电时，配电线路可以全部改由另一端电源供电，不影响用户用电。

　　手拉手环式接线有两种运行方式，一种是各回主干线都在中间断开，由两端分别供电，这样线损较小，配电线路故障停电范围也小，但在配电网线路开关操作实现远动和自动化前，中压变电站故障或检修时需要留有线路开关的倒闸操作时间；另一种是主干线的断开点设在主干线一端，即中压变电站线路出口断路器断开，这样，中压变电站故障或检修时可以迅速地转移线路负荷，供电可靠性较高，但线损增加，很不经济。

5. 常用配电类型比较

　　表 3-7 是低压常用配电类型比较。

三、环网柜

1. 构成

　　环网柜一般由进线、出线和变压器三个基本单元组成，如图 3-27 所示。

　　进出线柜作为环网单元，当任一线路出现故障时，能及时隔离，并由另一单元保证用户变压器支路连续。用户回路环网柜对变压器起着保护隔离作用，便于维护检修。

　　环网柜的作用是联系环网线路，提高线路的供电可靠性，如环网线路合环运行或环网线路负荷割接等。环网柜在环网中的使用部位不同，在分类上也略有不同，主要有进线环网柜、出线环网柜和联络环网柜等。

　　环网柜可任意延展，并可根据用户要求由基本单元构成多种组合方案，可设计任何变（配）电所的任意组合方案。

　　10kV 高压环网柜主接线方案如图 3-28 所示。

表 3-7　　　　　　　　　　　　低压常用配电类型比较

序号	方式	接线图	应用
1	放射式	AP　AL　ALE　　AL　AP AT 电源一　　电源二	当建筑内用电设备容量大，负荷性质重要或在潮湿、腐蚀性环境，冲击负荷和容量较大的设备时，宜采用放射式配电 当建筑内照明用电负荷较大，负荷性质重要时，宜采用放射式配电
2	树干式	A　　B　C ALE　D　E AL　AC AP　AL　　AL AP AC AL AC AP　AT　AL　AC AL AL AC AP　AL　AC AL 电源一　　电源二 A：接线端子　　B：母线树干式 C：双电源电缆树干　D：电缆树干 E：预分支电缆	当建筑内用电设备容量为中小容量，且无特殊要求时，宜采用树干式配电 对于重要的且容量较小又集中的负可采用在某一处双电源互投后再配电给用电装置 当建筑内照明用电负荷小，且无特殊要求是，宜采用树干式配电 对于火灾应急照明以及其他重要照明负荷，应采用双电源互投方式供电
3	链式	电源一　　电源二	当一些用电设备距供电点较远，而彼此相距很近，容量很小的次要用电负荷，可采用链式配电，但每一回路链接设备不宜超过 5 台，总容量不超过 10kW。当小容量用电设备采用插座时，数量可以增加

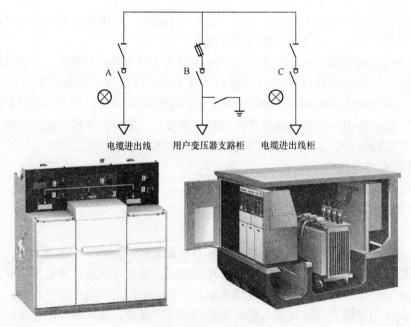

电缆进出线　　　用户变压器支路柜　　电缆进出线柜

图 3-27　环网柜的构成

（a）

一次接线图

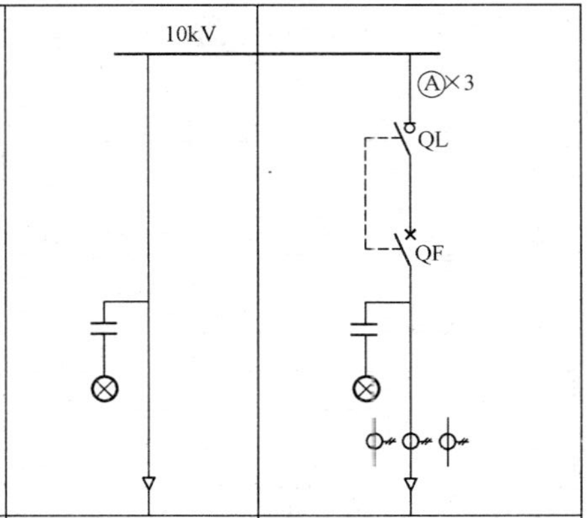

项目	AH1	AH2
开关柜编号	AH1	AH2
开关柜型号		
回路编号	WH1	WH2
设备容量/kVA	—	—
计算电流/A	—	—
柜内主要设备　负荷开关额定电流/A	—	—
接地开关	—	1
高压断路器	—	1
操动机构	—	1
电流互感器	—	3
电压互感器	—	—
电流表	—	3
带电显示器	—	1
分励脱扣装置	—	1
避雷器	—	—
用途	进线	出线（变压器）
电缆或导线型号及规格/mm²		
外形尺寸（宽×深×高）/mm×mm×mm		

注：单台变压器终端配电站，断路器进出线，进线根据需要可加避雷器。

（b）

一次接线图

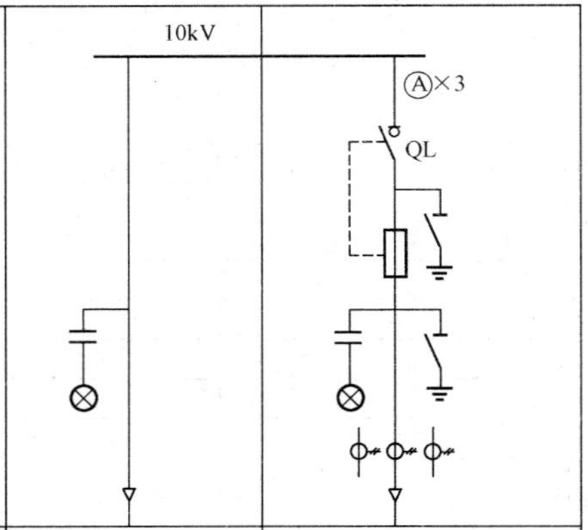

项目	AH1	AH2
开关柜编号	AH1	AH2
开关柜型号		
回路编号	WH1	WH2
设备容量/kVA	—	—
计算电流/A	—	—
柜内主要设备　负荷开关额定电流/A	—	2
接地开关	—	3
高压熔断器	—	1
操动机构	—	3
电流互感器	—	—
电压互感器	—	—
电流表	—	—
带电显示器	1	3
分励脱扣装置	—	1
避雷器	—	—
用途	进线	出线（变压器）
电缆或导线型号及规格/mm²		
外形尺寸（宽×深×高）/mm×mm×mm		

注：单台变压器终端配电站，负荷开关进出线，进线根据需要可加避雷器。

图 3-28　10kV 高压环网柜主接线方案（一）

开关柜编号	AH1	AH2	AH3
一次接线图	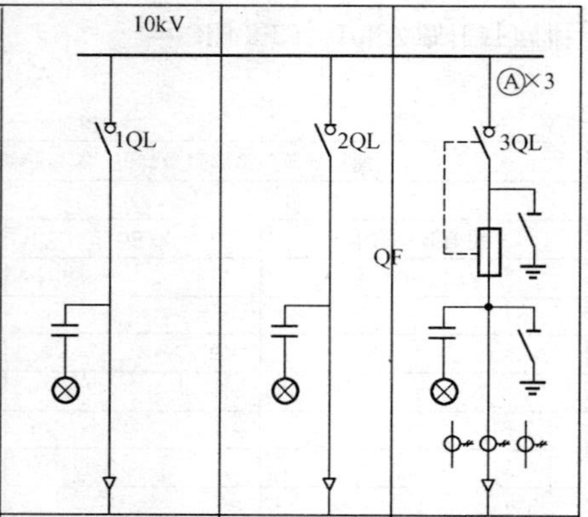 10kV 1QL	2QL	QF ⊗A×3 3QL
开关柜型号	—	—	—
回路编号	WH1	WH2	WH3
设备容量/kVA	—	—	—
计算电流/A	—	—	—
柜内主要设备 负荷开关额定电流/A	—	—	2
接地开关	—	—	3
高压熔断器	1	1	1
操动机构	—	—	3
电流互感器	—	—	—
电压互感器	1	1	3
电流表	—	—	—
带电显示器	—	—	1
分励脱扣装置	—	—	—
避雷器	—	—	—
电缆或导线型号及规格/mm²			
用途	进线（环进）	出线（环出）	出线（变压器）
外形尺寸（宽×深×高）/mm×mm×mm			
注	通过式配电站，负荷开关进出线，进线根据需要可加避雷器。		

(c)

开关柜编号	AH1	AH2	AH3
一次接线图 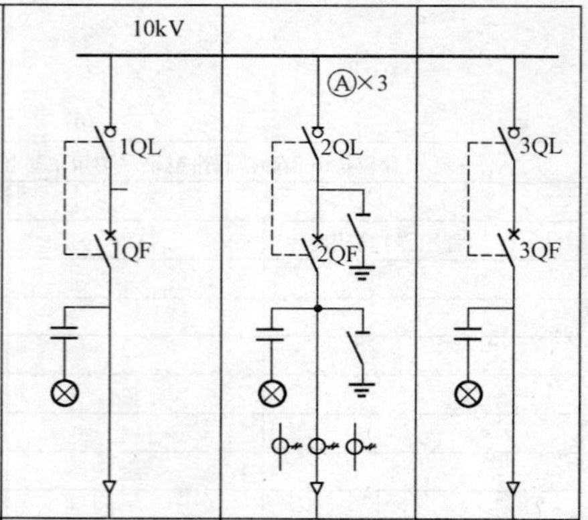	10kV 1QL 1QF	2QL ⊗A×3 2QF	3QL 3QF
开关柜型号	—	—	—
回路编号	WH1	WH2	WH3
设备容量/kVA	—	—	—
计算电流/A	—	—	—
柜内主要设备 负荷开关额定电流/A	—	2	—
接地开关	1	1	1
断路器	1	1	1
操动机构	—	3	—
电流互感器	—	3	—
电压互感器	1	3	1
电流表	1	1	1
带电显示器			
分励脱扣装置			
避雷器			
电缆或导线型号及规格/mm²			
用途	进线（环进）	出线（变压器）	出线（环出）
外形尺寸（宽×深×高）/mm×mm×mm			
注	通过式配电站，断路器进出线，进线根据需要可加避雷器。		

(d)

图 3-28 10kV 高压环网柜主接线方案（二）

一次接线图							
开关柜编号	AH1	AH2	AH3		AH4	AH5	
开关柜型号	WH1	WH2	—		WH3	WH4	
回路编号	—	—	—		—	—	
设备容量/kVA	—	—	—		—	—	
计算电流/A	—	—	—		—	—	
柜内主要设备	负荷开关额定电流/A	1	1	2		2	2
	接地开关	—	—	—		3	3
	高压熔断器	1	1	2		1	1
	操动机构	—	—	—		3	3
	电流互感器	—	—	2		—	—
	电压互感器	—	—	2		—	—
	带电显示器	1	1	1		1	1
	计量表计	—	—	多功能表		—	—
	避雷器	—	—	—		—	—
电缆或导线型号及规格/mm²							
用途	进线(环进)	出线(环出)	计量		出线(变压器)	出线(变压器)	
外形尺寸(宽×深×高)/mm×mm×mm							

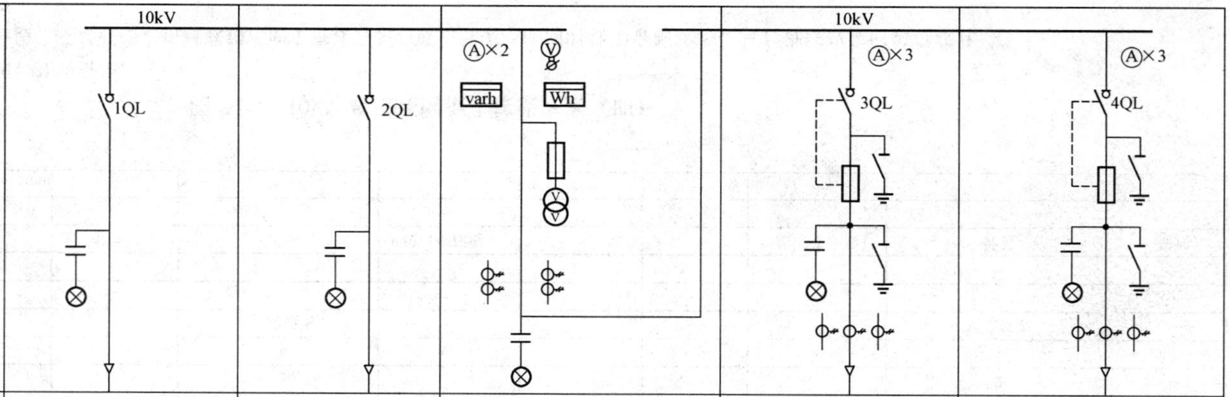

注：带计量通过式配电站，负荷开关进出线，进线可根据需要加避雷器。

(e)

图 3-28 10kV 高压环网柜主接线方案（三）

一次接线图	AH1	AH2	AH3	AH4	AH5	AH6	AH7	AH8
开关柜编号	AH1	AH2	AH3	AH4	AH5	AH6	AH7	AH8
开关柜型号	WH1	—	WH2	—	—	WH3	—	WH4
回路编号	—	—	—	—	—	—	—	进线
设备容量/kVA	—	—	—	—	—	—	—	—
计算电流/A	—	—	—	—	—	—	—	—
负荷开关额定电流/A	—	—	—	—	—	—	—	—
柜内主要设备 接地开关	—	—	2	—	—	2	—	—
柜内主要设备 高压熔断器	—	—	3	—	—	3	—	—
柜内主要设备 操动机构	1	—	1	1	—	1	—	1
柜内主要设备 电流互感器	—	2	3	—	—	3	2	—
柜内主要设备 电压互感器	—	2	—	—	—	—	2	—
柜内主要设备 带电显示器	1	—	1	1	—	1	—	1
柜内主要设备 计量表计	—	多功能表	—	—	—	—	多功能表	—
柜内主要设备 避雷器	—	—	—	—	—	—	—	—
电缆或导线型号及规格/mm²	—	—	—	—	—	—	—	—
用途	进线	计量	出线(变压器)	—	—	出线(变压器)	计量	进线
备注	—	—	—	—	—	—	—	—
外形尺寸(宽×深×高)/mm×mm×mm								

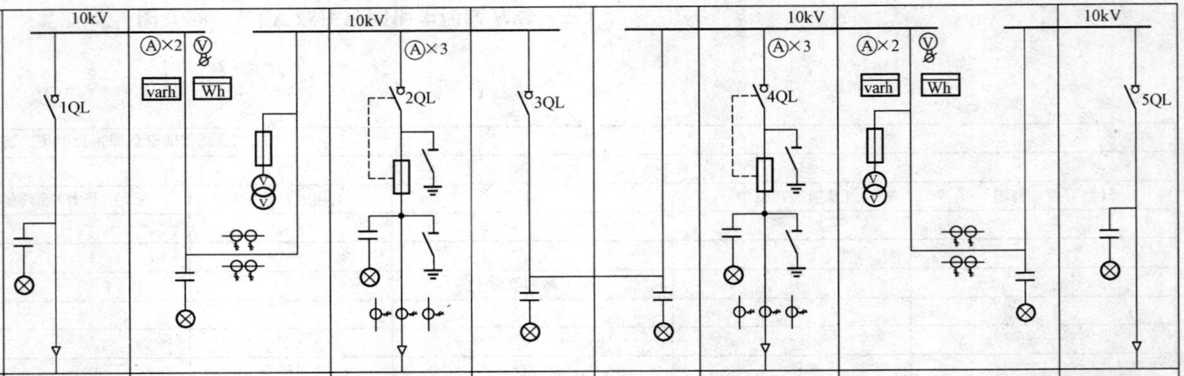

(f)

图 3-28 10kV 高压环网柜主接线方案（四）

注：1. 两路电源，互为备用。

2. 单母线分段，手动联络、机械联锁，两个进线开关与联络开关不能同时处于合闸状态，一台进线故障时，母联开关手动投入。

3. 高压计量，负荷开关进出线，进线可根据需要加避雷器。

2. 分类

环网柜的主要电器元件是负荷开关和熔断器，根据负荷开关的不同，环网柜可以分为真空负荷开关式和六氟化硫负荷开关式等。目前，使用 SF_6 负荷开关的环网柜更为普遍一些，SF_6 负荷开关容易实现三工作位，也就是接通、断开和接地。

环网柜根据应用的环境可以分为户内环网柜和户外环网柜。户内环网柜是用于高压侧的配电，必要时户内环网柜也可以安装断路器，以保证电网的顺利安全通断。户内环网柜主要由进线柜、计量柜、电压互感器柜、变压器出线柜等组成。

环网柜根据绝缘结构可分为空气绝缘、SF_6 气体绝缘，一般由三个间隔组成。即2个环缆进出间隔和一个变压器回路间隔。对于用电要求较高的用户，进线必须采用双电源切换柜，如图3-26所示。

户外环网柜则是用于城市电网的环网柜，多采用 SF_6 绝缘和负荷开关。户外环网柜的防腐等级高，并有一定的防水、耐潮性能，可以承受户外比较复杂的工作环境。环网供电的方案一般采用一路环进，一路环出，两到三回做出线回路，即形成手拉手的环网供电模式。

四、配电系统应用

1. 动力设备配电

住宅楼内的动力设备配电通常采用放射式接线，必要时配以双电源互投，如图3-29所示。

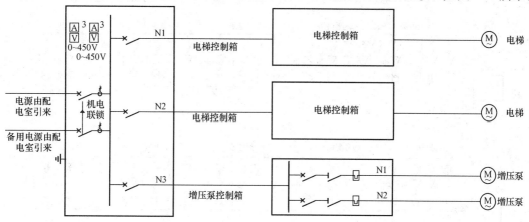

图 3-29 动力设备配电

2. 楼层照明配电

如图3-30所示，楼层照明配电箱干线采用放射式与树干式结合的供电方式，干线回路1对1~3层配电，回路2对4~6层配电，回路3对7~10层配电。

3. 住户配电

住户内的照明配电一般采用单相放射式接线，如图3-31所示。

4. 小区环网配电

如果小区10kV接线方式采用环网接线方式，两条10kV专线电源分别来自上级变电站的不同母线。正常运行方式下开环点设置在5#配电站，如图3-32所示。

如图3-32所示的接线方式，将相邻配电站手拉手接线，在中间配电站设置开环点，在其中一个10kV供电电源发生故障后，因负荷开关无保护功能，会导致上级变电站出线开关跳闸，导致所带负荷全部停电，造成1~5号（或6~10号）配电站失去市电，需在各配电站

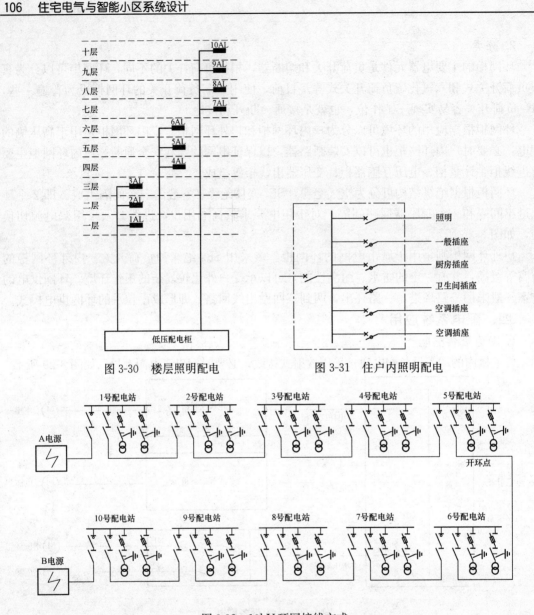

图 3-30 楼层照明配电

图 3-31 住户内照明配电

图 3-32 10kV 环网接线方式

内配置发电机作为应急电源。造成如上后果的主要原因就是相邻配电站使用同一个 10kV 电源。

为保证一、二级负荷用电，在低压配电系统设计中，配电站可以设置一定功率的备用发电机，同时在低压配电系统内设置专门的一、二级负荷母线，一、二级负荷母线供电电源采用 0.4kV 市电和自发电，两电源互为闭锁，发电机装置有自投功能，低压配电系统典型接线方式如图 3-33 所示。

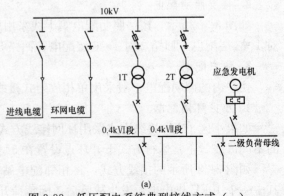

图 3-33 低压配电系统典型接线方式（一）

（a）接线方式

一次接线图

T1
SCB9-1000kVA-10/0.4kV-D/Yn11
额定短时工频耐受电压35kV
阻抗电压6%
高压分接范围±2×2.5%
IP20罩壳 强迫空气冷却

T2
SCB9-1000kVA-10/0.4kV-D/Yn11
额定短时工频耐受电压35kV
阻抗电压6%
高压分接范围±2×2.5%
IP20罩壳 强迫空气冷却

WH3　WH4　2(VV-1×150)　0.4kV　PE-TMY-63×10

低压开关柜编号	避雷器温控箱	AA1	AA2	AA3(AA4-7)						AA8	AA9(AA10-14)						AA15	AA16	避雷器温控箱
低压开关柜型号	T1	-11	91	-47						-13	-47						-91	-11	T2
母线				WB1 TMY-3(125×10)+(125×10)							WB2 TMY-3(125×10)+(125×10)								
回路编号		进线	电容补偿	WLM1	WLM2	WLM3	WLM4	WLM5	WLM6-WLM20	联络	WPM1	WPM2	WPM3	WPM4	WPM5	WPM6-WPM27	电容补偿	进线	
用途		进线	电容补偿	出线	出线	出线	出线	出线	出线	联络	出线	出线	出线	出线	出线	出线	电容补偿	进线	
刀熔开关		—	—							所用电、应高压柜 C65H/3P 40A C65H/1P 20A							—	—	
低压断路器		2000A	—	250A	250A	100A	100A	160A	250A	2000A	100A	250A	400A	160A	100A	160A	—	2000A	
断路器整定值/A		Id=2000A Id=8000A 0.4s	—	180	180	40	40	100	150	Id=2000A Id=20000A	40	225	320	100	40	50	—	Id=2000A Id=8000A 0.4s	
电涌保护器/A	20	—	—														—	—	20
电流互感器变比5	80	2000	—	200	180	100	50	150	160	2000	50	300	400	100	50	50	—	2000	80
电压表		1	—														—	1	
电容器		—	3(0-630A)							3(0-2000A)							3(0-630A)	3(0-2000A)	
低压熔断器/A		3(0-2000A)		0-200A	0-200A	0-50A	0-50A	0-100A	0-150A		0-50A	0-300A	0-400A	0-100A	0-50A	0-50A			
接触器/A			10														10		
热继电器/A			10														10		
避雷器	4		10														10		4
			3														3		
操动机构		电动合闸								电动合闸								电动分合闸	
设备容量/kW		1000	240kvar	142.6	80	14	8.2	60			6	100	143.1	41	8.2	30	300kvar	1000	
计算电流/A		1519		142.6	142.6	24.94	15.5	65.3	107		17.8	178	271	77.7	15.5	53.5		1519	
导线型号规格 ZRYJV-1kV	5×4	封闭母线 2500A		4×95 +1×50	4×95 +1×50	5×10	5×10	3×95 +2×25	3×95 +1×50	封闭母线 2000A	5×10 +1×70	4×120 +1×70	4×240	3×50 +2×25	5×10 +1×25	+1×25	5×10	封闭母线 2500A	5×4
用途	T1		需装时增加	照明	照明	应急照明	生活水泵 排烟风机	生活水泵	备用		应急照明	电梯 客梯	冷水机组	空调	生活泵	备用	*需装时增加	T2	

图 3-33　低压配电系统典型接线方式（二）

(b) 主接线

5. 小区手拉手接线

如图 3-34 所示，将两个相邻近的配电站使用不同的 10kV 电源，即将 1 号、3 号、5 号、7 号、9 号配电站手拉手接线，2 号、4 号、6 号、8 号、10 号手拉手接线，在 10 号配电站设置开环点。两 10kV 供电电源各带一半左右负荷，两条 10kV 供电电源均为由上级变电站不同母线供来的全电缆专用线路，这样避免了大片相邻配电站供电区域同时停电情况的发生。

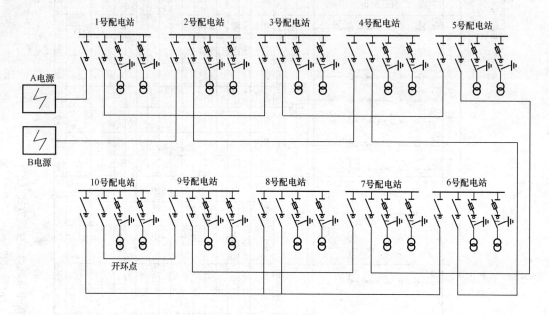

图 3-34   手拉手接线

第五节 低 压 配 电 装 置

一、分类

1. 定义

低压配电箱（柜）是按电气接线要求将开关设备、测量仪表、保护电器和辅助设备组装在封闭或半封闭金属柜中，构成低压配电装置。

2. 功能

正常运行时可借助手动或自动开关接通或分断电路。

故障或不正常运行时借助保护电器切断电路或报警。

依据测量仪表可显示运行中的各种参数，还可对某些电气参数进行调整，对偏离正常工作状态进行提示或发出信号。

3. 分类

低压配电箱是接受和分配电能的装置，用来直接控制对用电设备的配电。配电箱的种类很多，可按不同的方法归类，具体如下：

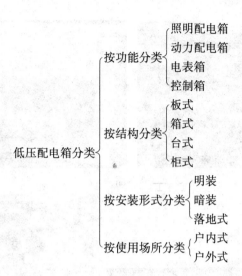

```
                                          ┌ 照明配电箱
                              按功能分类 ┤ 动力配电箱
                                          │ 电表箱
                                          └ 控制箱
                                          ┌ 板式
                              按结构分类 ┤ 箱式
                                          │ 台式
低压配电箱分类 ┤                            └ 柜式
                                          ┌ 明装
                            按安装形式分类 ┤ 暗装
                                          └ 落地式
                                          ┌ 户内式
                            按使用场所分类 ┤
                                          └ 户外式
```

4. 符号

常用配电箱柜的符号见表 3-8。

表 3-8   **常用配电箱柜的符号**

电气箱柜名称	编号	电气箱柜名称	编号	电气箱柜名称	编号
高压开关柜	AH	低压动力配电箱柜	AP	计量箱柜	AW
高压计量柜	AM	低压照明配电箱柜	AL	励磁箱柜	AE
高压配电柜	AA	应急电力配电箱柜	APE	多种电源配电箱柜	AM
高压电容柜	AJ	应急照明配电箱柜	ALE	刀开关箱柜	AK
—	—	低压负荷开关箱柜	AF	电源插座箱	AX
—	—	低压电容补偿柜	ACC 或 ACP	建筑自动化控制器箱	ABC
—	—	低压漏电断路器箱柜	ARC	火灾报警控制器箱	AFC
—	—	双电源自动切换箱柜	AT	设备监控器箱	ABC
—	—	直流配电箱柜	AD	住户配线箱	ADD
—	—	操作信号箱柜	AS	信号放大器箱	ATF
—	—	控制屏台箱柜	AC	分配器箱	AVP
—	—	继电保护箱柜	AR	接线端子箱	AXT

5. 外形

各种配电箱（柜）的外形图如图 3-35 所示。

二、结构

分配电能的箱体叫做配电箱，主要用作对用电设备的控制、配电，对线路的过载、短路、漏电起保护作用，如照明配电箱、动力配电箱等。配电箱安装在各种场所，如学校、机关、医院、工厂、车间、家庭等。

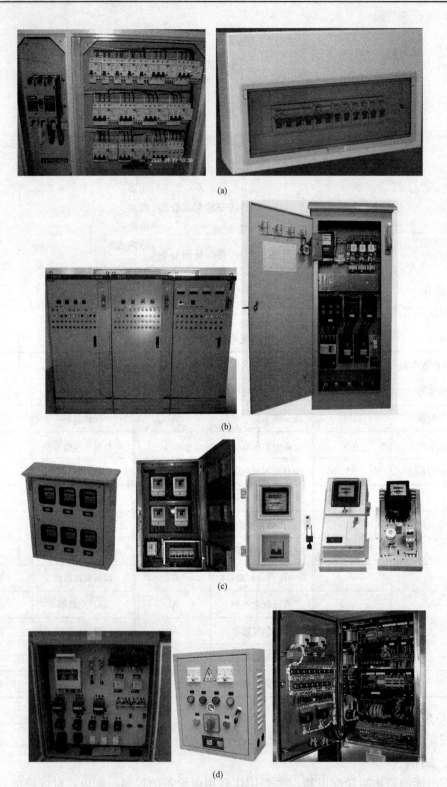

图 3-35　各种配电箱（柜）外形图

（a）照明配电箱柜；（b）动力配电箱柜；（c）电表箱柜；（d）动力控制箱柜

1. 开关柜

开关柜是一种成套开关设备和控制设备，作为动力中心和主配电装置，主要用作对电力线路、主要用电设备的控制、监视、测量与保护，常设置在变电站、配电室等处。

动力配电柜，进线 380V 电压，交流三相进线，主要作为电动机等动力设备的配电，动力配电断路器选择配电型、动力型（短时过负荷倍数分为中、大型）。

照明配电柜，进线 220V 电压，交流单相进线，或 380V 电压，交流三相进线，照明配电断路器选择一般是配电型、照明型（短时过负荷倍数分为中、小型）。

2. 智能配电柜

智能配电柜一般具有以下特点：

（1）远程控制。在配电箱内采用微机处理程序，根据无线电遥控、电话遥控以及用户要求（面板）进行控制，实现远程控制。

（2）功能齐全。除拥有原配电箱的功能（隔离断开、过载、短路、漏电保护功能）外，还实现了人性化操作控制。具备了定时、程序控制、监控、报警以及声音控制、指纹识别等功能。

（3）硬件配合。相应的断路器与漏电保护器均按照设计要求设计到配电箱内；电路控制板采用继电器、晶闸管作为输出，对电器进行控制；输入采用模块化接口，有模拟量、开关量两种方式；面板控制采用触摸方式，遥控器采用无线电或者红外线方式进行控制。

（4）布线方式，由于采用集中控制增加控制信号，因此配管必须增大型号。

3. 配电箱

配电箱和开关柜除了功能、安装环境、内部构造、受控对象等不同外，显著的特点是外形尺寸不同，配电箱体积小，可暗设在墙内，可矗立在地面；而开关柜体积大，只有装置在变电站、配电室内。

（1）箱（柜）体部分。配电箱、柜的板材的各种指标必须符合国家的有关要求。所有配电箱、柜要求采用符合国家标准的冷轧钢板。落地柜用 2.0mm 厚冷轧板制作，照明配电箱及控制箱大于或等于 600mm 的用 2.0mm 厚冷轧钢板、小于 600mm 的用 1.5mm 厚冷轧钢板制作。二层底板需用 2mm 厚冷轧板。

配电箱、柜的金属部分（包括电器的安装板、支架和电器金属外壳等）均良好接地，配电箱、柜的门、敷板等处装设电器，开启时，裸铜软线穿透明塑料管与接地金属构架可靠连接。

（2）元件部分。所有塑壳断路器、双电源断路器产品，厂家提供与之配套的电缆接线端子。如果进、出线缆大，而塑壳断路器、端子小，应设母排将端子外引。

配电箱、柜内的电器、仪表等需进行检测及电气耐压、耐流实验，如设计图样中设计的电能表由供电部门安装，配电箱柜应留有装表计量的位置。

配电箱、柜内的低压断路器、指示灯、按钮、旋转开头等操作及控制和指示元器件下方必须有固定牢固的标签框和机打标签。

住宅用配电箱的内部结构如图 3-36 所示。

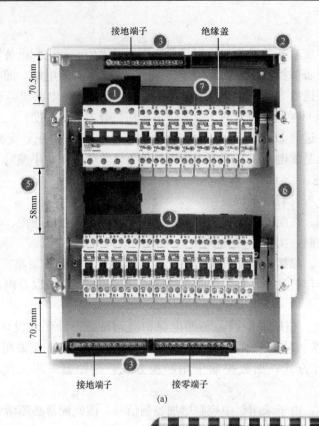

接地端子　　　　　绝缘盖

70.5mm

58mm

70.5mm

接地端子　　　　接零端子

(a)

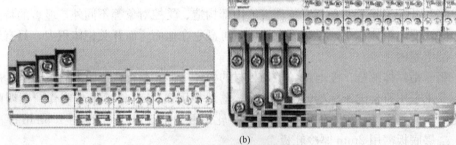

(b)

(c)

图 3-36　常用配电箱的内部结构

(a) 总体结构图；(b) 1 节点铜排构造；(c) 4 节点分支回路铜排

1—接线盒；2—明装式接地/零端子排支架；3—接地端子；4—分支回

路铜排；5—间隔空间；6—上下连体的中低轨道；7—绝缘盖

三、动力配电箱（柜）

1. 符号

动力配电箱通常把一、二次电路的开关设备、操动机构、保护设备、监测仪表及仪用变压器和母线等按照一定的线路方案组装在一个配电箱中，适用于发电及工矿企业交流电压500V 及以下的三相三线、三相四线、三相五线制系统，作动力照明配电之用。

动力配电箱可分为双电源箱、配电用动力箱、控制电机用动力箱、插座箱、π接箱、补偿柜、高层住宅专用配电柜等。标准动力配电箱有多种型号，其型号含义如下：

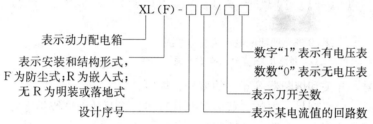

2. 常用产品

我国动力箱编号是 XL 系列，有 10、12 型、XL-（F）14、15 型、XL-20、21 型、XLW-1 户外形等。动力配电箱适用于发电厂、建筑、企业 500V 以下三相动力配电之用。正常使用温度为 40℃，而 24h 内的平均温度不高于 35℃，环境温度不低于 15℃。在＋40℃时，相对湿度不超过 50%，在低温时允许有较大的湿度。如在＋20℃以下时，相对湿度为 90%。

XL 型低压动力配电箱由密封式，外壳用钢板弯制而成，刀开关操作手柄装于箱前右柱上部，可以作为切换电源之用。配电箱前面装有一只电压表，指示汇流母线间的电压，配电箱前面有门，门打开后，配电箱内全部设备敞露，便于检修维护。

配电箱除了装有空气断路器和熔断器作为断路保护外，还装有接触器和热继电器，箱门可装操作按钮和指示灯。

3. 接线图

（1）接线示意图。动力配电柜的常见接线示意图如图 3-37 所示。照明配电柜的常见接线示意图如图 3-38 所示。

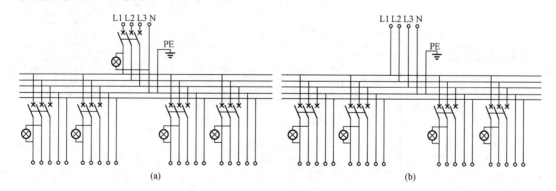

图 3-37　动力配电柜接线示意图

(a) 带总开关；(b) 不带总开关

（2）系统图。动力系统图的主要内容如下：

1）电源进户线、配电箱和供电回路，表示其相互连接形式。

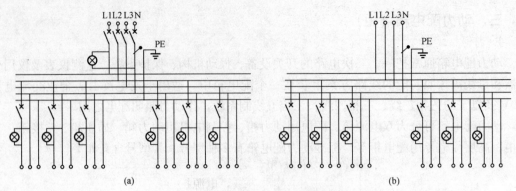

图 3-38 照明配电柜接线示意图

(a) 带总开关；(b) 不带总开关

2）配电箱型号或编号，开关和熔断器等器件的型号、规格。

3）各供电回路的编号，导线型号、根数、截面和线管直径，以及敷设导线长度等。

4）用电设备或供电回路的型号、名称、计算容量和计算电流等。

图 3-39 所示为住宅楼动力配电系统图。

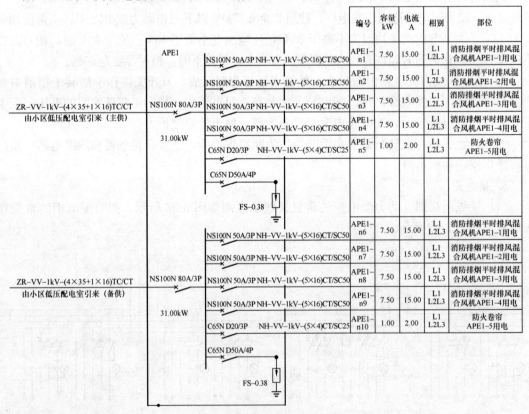

编号	容量 kW	电流 A	相别	部位
APE1-n1	7.50	15.00	L1 L2L3	消防排烟平时排风混合风机APE1-1用电
APE1-n2	7.50	15.00	L1 L2L3	消防排烟平时排风混合风机APE1-2用电
APE1-n3	7.50	15.00	L1 L2L3	消防排烟平时排风混合风机APE1-3用电
APE1-n4	7.50	15.00	L1 L2L3	消防排烟平时排风混合风机APE1-4用电
APE1-n5	1.00	2.00	L1 L2L3	防火卷帘 APE1-5用电
APE1-n6	7.50	15.00	L1 L2L3	消防排烟平时排风混合风机APE1-1用电
APE1-n7	7.50	15.00	L1 L2L3	消防排烟平时排风混合风机APE1-2用电
APE1-n8	7.50	15.00	L1 L2L3	消防排烟平时排风混合风机APE1-3用电
APE1-n9	7.50	15.00	L1 L2L3	消防排烟平时排风混合风机APE1-4用电
APE1-n10	1.00	2.00	L1 L2L3	防火卷帘 APE1-5用电

图 3-39 住宅楼动力配电系统图

四、配电等级

变压器低压 380V（400V）出线进入低压配电柜，经过配电柜对电能进行了一次分配（分出多路），即是一级配电；一级配电出线到各楼层配电箱（或柜），再次分出多路，此配电箱就是对电能进行了第二次分配，属二级配电；二次分配后的电能可能还要经过区域配电箱的第三次电能分配，区域配电箱就是三级配电。

一般配电级数不宜过多，过多使系统可靠性降低，但也不宜太少，否则故障影响面太大，民用建筑常见的是采取三级配电，规模特别大的也有四级。

配电箱的保护是指漏电脱扣保护功能，一般是设置在配电系统的第二级或第三级出线端，分别用来保护第三级或终端用电器。

对于大、中等规模的小区，一般采用三个配电等级的低压供电系统给所有负荷供电。配电系统应设置总配电箱（配电柜）、分配电箱、终端配电箱实行三级配电。

（1）由低压总开关柜直接配电，此类配电等级，电源接自公用中压电网的一台或多台中压/低压变压器供电至不同的住宅楼单元；由低压总开关柜直接配电动力负荷等。

（2）分配电柜用于配电给每个单元内的用电负荷。

（3）终端配电箱用于供电给各住户用电负荷。

1. 住宅楼总配电箱（柜）

总配电箱的电器应具备电源隔离，正常接通与分断电路，以及短路、过负荷、漏电保护功能。总配电箱及分配电箱可装设总隔离开关和分路隔离开关、总熔断器和分路熔断器或总

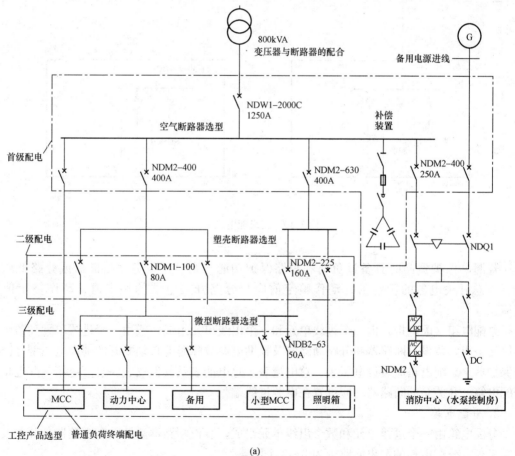

(a)

图 3-40 三级配电（一）

（a）常用三级配电

低压断路器和分路低压断路器以及漏电保护器，如图 3-40 所示。

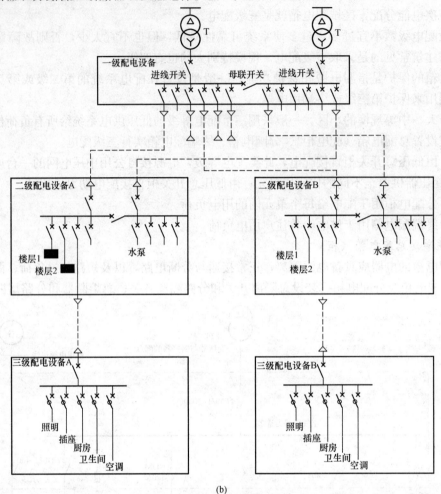

图 3-40 三级配电（二）

(b) 住宅三级配电

若漏电保护器同时具备过负荷和短路保护功能，则可不设分路熔断器或分路低压断路器。总开关电器的额定值、动作整定值应与分路开关电器的额定值、动作整定值相适应。

总配电箱（配电柜）由一个进线单元和一个出线单元组成，或由一个进线单元和数个出线单元组成，装设总断路器和分路断路器及辅助电源故障时能自动断开的辅助电源型分路漏电保护器。总配电箱应装设电压表、总电流表、总电能表及其他仪表。总配电箱（配电柜）、分配电箱、开关箱的断路器均应设置在电源进线端。

2. 分配电箱

分配电箱由一个进线单元和数个出线单元组成，装设断路器总开关和断路器分开关及接线端子板。分配电箱的配出回路数为 2～7 个回路。

3. 开关箱

（1）开关箱由一个进线单元和一个出线单元组成，装设断路器和漏电保护器及接线端子板。

（2）开关箱内的开关电器必须能在任何情况下都可以使用电设备实行电源隔离。

（3）漏电保护器应装设在配电箱电源隔离开关的负荷侧和开关箱电源隔离开关的负荷侧。

（4）开关箱中漏电保护器的额定漏电动作电流不应大于 30mA，额定漏电动作时间应不大于 0.1s。

（5）配电箱、开关箱的电源进线端严禁采用插头和插座做活动连接。

（6）配电箱、开关箱应有名称、用途、分路标记及系统接线图。

五、接线

1. 导线

配电箱、开关箱内的连接，必须采用铜芯绝缘导线，如图 3-41 所示。

2. 导线颜色

配电箱、柜内的配线需按设计图纸相序分色。配电箱、柜内的电源母线，应有颜色分相标志，见表 3-9。

表 3-9　　　颜 色 分 相 标 志

相序	标色
L1	黄
L2	绿
L3	红
N	淡蓝
PE	黄/绿

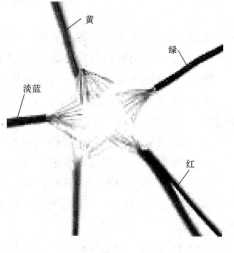

图 3-41　配电箱、开关箱内的导线

3. N 线与 PE 线

导线排列应整齐，导线分支接头不得采用螺栓压接，应采用焊接并做绝缘包扎，不得有外露带电部分。

配电箱、开关箱内必须设 N 线端子（排）和 PE 线端子（排），N 线端子（排）必须与金属电器安装板绝缘，PE 线端子（排）必须与金属电器安装板做电气连接，如图 3-42 所示。

总配电箱（柜）N 线端子排和 PE 线端子排的接线点数应为 $n+1$（n 为配电箱的回路数）；分配电箱 N 线端子排和 PE 端子排接线点数至少两个以上。开关箱应设 N 线端子和 PE 线端子。

配电箱、开关箱的金属体、金属电器安装板以及电器正常不带电的金属底座、外壳等必须通过 PE 线端子板与 PE 线做电气连接，金属箱门与金属箱体均必须采用软铜线做电气连接。

4. 组装配线

（1）配电箱、柜上的电器、仪表应符合电器、仪表排列间距要求。

（2）全部紧固件均采用镀锌件。

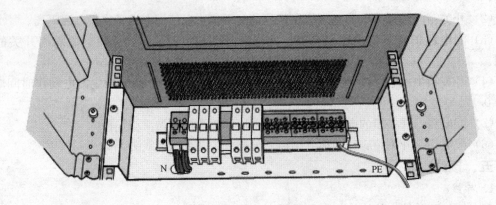

图 3-42   N 线与 PE 线

（3）二次配线均采用加套管编序，线径按厂家标准。

（4）分层配电箱接线应考虑干线进出。

（5）开关接线端子应与导线截面匹配。

（6）配电箱、柜装有计量仪表的导线，如多心铜线需采用套管或线鼻压接，并做好搪锡。

（7）电器安装后的配线需排列整齐，用尼龙带绑扎成束或敷于专用线槽内，并卡固在板后或柜内安装架处，配线应留适当长度。

（8）配电箱、柜所装的各种开关、继电器，当处于断开状态时，可动部分不宜带电；垂直安装时，上端接电源，下端接负荷；水平安装时，左端接电源，右端接负荷（指面对配电装置）。

（9）配电箱、柜电源指示等，应接在总电源开关前侧。

（10）所有铜母线连接处做搪锡处理，裸露部分均喷黑漆，贴色标。

（11）配线整齐、清晰，导线绝缘良好。导线穿过铁制安装孔、面板时要加装橡皮或塑料护套。

（12）配电箱、柜内的 N 线、PE 线必须设汇流排，汇流排的大小必须符合有关规范要求，导线不得盘成弹簧状。

（13）凡是两根以上电缆（包括有 π 接的电缆）进一个开关的配电箱总开关上端需要设过度处理装置，过度处理装置的规格必须与系统图中电缆规格相匹配。

（14）配电箱、柜内的 PE 线不得串接，与活动部件连接的 PE 线必须采用铜质搪锡软编织线穿透明塑料管，同一接地端子最多只能压一根 PE 线，PE 线截面应符合施工规范要求。

（15）消防设备的配电箱、柜及配电回路，必须有红色明显标识。

（16）配电柜为靠墙安装，前开门，暗装箱为前配线，明装箱为后配线。

配电箱内的接线如图 3-43 所示。

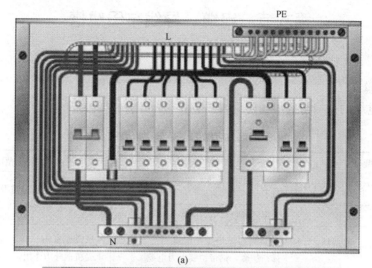

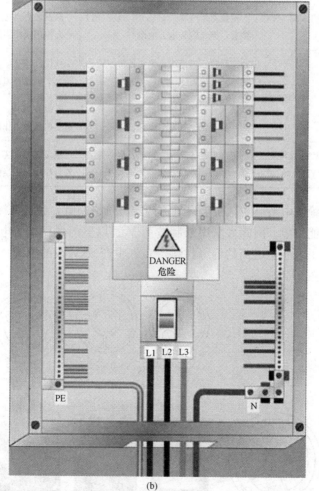

图 3-43　配电箱内接线

（a）单相配电箱；（b）三相配电箱

第六节　电缆、导线与母线槽

一、电缆

1. 电力电缆

常用电力电缆的型号与应用场所见表 3-10。

表 3-10　　　　　　　　　　　　常用电力电缆的型号与应用场所

规格型号	名　称	使用范围
VV VLV	聚氯乙烯绝缘，聚氯乙烯（聚乙烯）护套电力电缆	敷设在室内、隧道及管道中，电缆不能承受机械外力作用
VY VLY	聚乙烯护套电力电缆	
VV22 VLV22 VV23 VLV23	聚氯乙烯绝缘，聚乙烯（聚乙烯）护套，钢带铠装电力电缆	敷设在室内、隧道内可直埋，电缆能承受机械外力作用
VV32 VLV32 VV33 VLV33 VV42 VLV42 VV43 VLV43	聚氯乙烯绝缘，聚乙烯（氯乙烯）护套，钢丝铠装电力电缆	敷设在高落差地区，电缆能承受机械外力作用及相当的拉力
YJV YJLV	交联聚乙烯绝缘，聚氯乙烯（聚乙烯）护套电力电缆	敷设在室内、隧道及管道中，电缆不能承受机械外力作用
YJV22 YJLV22 YJV23 YJLV23	交联聚乙烯绝缘，聚氯乙烯（聚乙烯）护套，钢带铠装电力电缆	敷设在室内、隧道内可直埋，电缆能承受机械外力作用
YJV32 YJLV32 YJV33 YJLV33 YJV42 YJLV42 YJV43 YJLV43	交联聚乙烯绝缘，聚氯乙烯（聚乙烯）护套，钢丝铠装电力电缆	敷设在高落差地区，电缆能承受机械外力作用及相当的拉力

（1）聚氯乙烯绝缘电力电缆。由于聚氯乙烯塑料价格便宜，物理机械性能较好，挤出工艺简单，但绝缘性能一般。因此大量用来制造 1kV 及以下的低压电力电缆，供低压配电系统使用。如采用加了电压稳定剂的绝缘材料，允许生产 6kV 级的电缆。聚氯乙烯绝缘电力电缆的基本结构如图 3-44 所示。

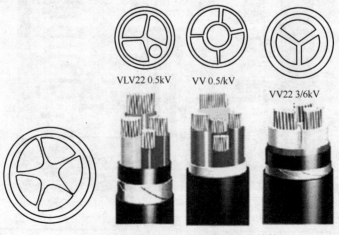

图 3-44　聚氯乙烯绝缘电力电缆的基本结构

（2）交联聚乙烯绝缘电力电缆。由于聚乙烯是电绝缘性能最好的塑料，加上经过高分子交联后成为热固性材料，因此其电性能、力学性能和耐热性好。近20年来，已成为我国中、高压电力电缆的主导品种，可适用于6～330kV的各个电压等级中。交联聚乙烯绝缘电力电缆结构如图3-45所示。

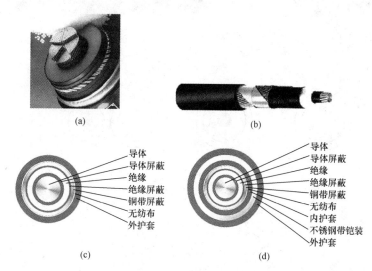

图 3-45　交联聚乙烯绝缘电力电缆结构

（a）交联电缆外形；（b）单芯交联聚乙烯绝缘，钢丝铠装电力电缆；
（c）单芯交联聚乙烯绝缘电力电缆；（d）单芯交联聚乙烯绝缘，钢带铠装电力电缆

（3）橡皮绝缘电力电缆。橡皮绝缘电力电缆是一种柔软的、使用中可以移动的电力电缆，主要用于企业经常需要变动敷设位置的场合。采用天然橡胶绝缘，电压等级主要是1kV，也可以生产6kV级。橡皮绝缘电力电缆结构如图3-46所示。

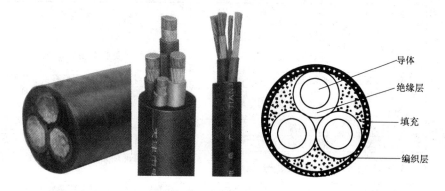

图 3-46　橡皮绝缘电力电缆

（4）架空绝缘电缆。实质上是一种带有绝缘的架空导线，由于仍架设在电杆上，其绝缘设计裕度可小于电力电缆。绝缘可采用聚氯乙烯或交联聚乙烯。一般制成单芯，但也可将3～4相绝缘芯绞合成一束，不加护套，称为集束型架空电缆，如图3-47所示。

2. 特种电缆

特种电缆的型号与应用场所见表3-11。

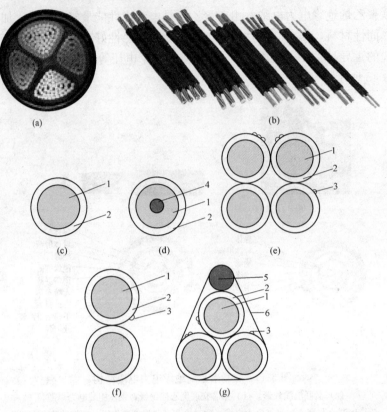

图 3-47　架空绝缘电缆

(a) 钢芯铝纹架空绝缘电缆；(b) 平行集束架空绝缘电缆；(c) 单芯结构；
(d) 钢芯铝绞线单芯结构；(e) 四芯结构；(f) 二芯结构；(g) 三芯＋承载芯结构
1—导体；2—绝缘；3—识别标志；4—钢芯铝绞线芯中钢芯；5—承载芯；6—绕扎带

表 3-11　　　　　　　　　　特种电缆型号与应用场所

分类	规格型号	名称	使用范围
阻燃型	ZR-X	阻燃电缆	敷设在对阻燃有要求的场所
	GZR-X GZR	隔氧层阻燃电缆	敷设在阻燃要求特别高的场所
	WDZR-X	低烟无卤阻燃电缆	敷设在对低烟无卤和阻燃有要求的场所
	GWDZR GWDZR-X	隔氧层低烟无卤阻燃电缆	电缆敷设在要求低烟无卤阻燃性能特别高的场所
耐火型	NH-X	耐火电缆	敷设在对耐火有要求的室内、隧道及管道中
	GNH-X	隔氧层耐火电缆	除耐火外要求高阻燃的场所
	WDNH-X	低烟无卤耐火电缆	敷设在有低烟无卤耐火要求的室内、隧道及管道中
	GWDNH GWDNH-X	隔氧层低烟无卤耐火电缆	电缆除低烟无卤耐火特性要求外，对阻燃性能有更高要求的场所
防水	FS-X	防水电缆	敷设在地下水位常年较高，对防水有较高要求的地区
耐寒	H-X	耐寒电缆	敷设在环境温度常年较低，对抗低温有较高要求的地区
环保	FYS-X	环保型防白蚁、防鼠电缆	用于白蚁和鼠害严重地区以及有阻燃要求地区的电力电缆、控制电缆

注：X 代表电缆型号。

（1）阻燃电缆。阻燃电缆指在规定试验条件下，试样被燃烧，在撤去试验火源后，火焰的蔓延仅在限定范围内，残焰或残灼在限定时间内能自行熄灭的电缆。其特性是在火灾情况下有可能被烧坏而不能运行，但可阻止火势的蔓延，如图 3-48 所示。

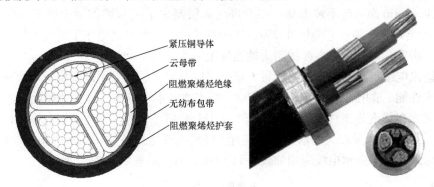

图 3-48　阻燃电缆

根据电缆阻燃材料的不同，阻燃电缆分为含卤阻燃电缆及无卤低烟阻燃电缆两大类。

含卤阻燃电缆的绝缘层、护套、外护层以及辅助材料（包带及填充）全部或部分采用含卤的聚乙烯（PVC）阻燃材料，具有良好的阻燃特性。但是在电缆燃烧时会释放大量的浓烟和卤酸气体，卤酸气体对周围的电气设备有腐蚀性危害，救援人员需要带上防毒面具才能接近现场进行灭火。电缆燃烧时给周围电气设备以及救援人员造成危害，不利于灭火救援工作，从而导致严重的"二次危害"。

无卤低烟阻燃电缆的绝缘层、护套、外护层以及辅助材料（包带及填充）全部或部分采用的是不含卤的交联聚乙烯阻燃材料，不仅具有更好的阻燃特性，而且在电缆燃烧时没有卤酸气体放出，电缆的发烟量小，发烟量接近于公认的"低烟"水平。

（2）耐火电缆。耐火电缆指在规定试验条件下，试样在火焰中被燃烧，在一定时间内仍能保持正常运行的性能。其特性是电缆在燃烧条件下仍然能维持该线路一段时间的正常工作，如图 3-49 所示。

耐火电缆与阻燃电缆的主要区别是：耐火电缆在火灾发生时能维持一段时间的正常供

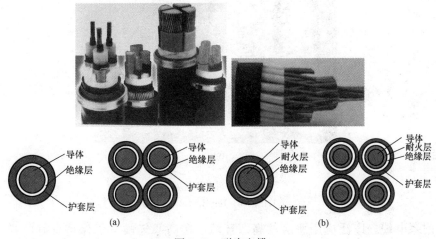

图 3-49　耐火电缆

（a）普通电缆；（b）耐火电缆

电，而阻燃电缆不具备这个特性。耐火电缆主要使用在应急电源至用户消防设备、火灾报警设备、通风排烟设备、疏散指示灯、紧急电源插座、紧急用电梯等供电回路。

普通耐火电缆分为 A 类和 B 类：B 类电缆能够在 750~800℃的火焰中和额定电压下耐受燃烧至少 90min 而电缆不被击穿。在改进耐火层制造工艺和增加耐火层等方法的基础上又研制了 A 类耐火电缆，它能够在 950~1000℃的火焰中和额定电压下耐受燃烧至少 90min 而电缆不被击穿。A 类耐火电缆的耐火性能优于 B 类。

(3) 防水电缆。防水电缆的绝缘层、填充层以及护套层均采用高密度防水橡皮，故具有很强的防水性能。适用于潜水泵、水下作业、喷水池、水中景光灯等水处理设备。

JHS 防水电缆允许工作温度不超过 65℃，JHSB 扁平型防水电缆长期允许工作温度不超过 85℃。在长期浸水及较大的水压下，具有良好的电气绝缘性能，防水电缆弯曲性能良好，能承受经常地移动。防水电缆应用如表 3-12 所示，结构示意如图 3-50 所示。

表 3-12　　　　　　　　　　　　　　电缆型号、规格

型号	名称	截面/mm²	芯数	主要用途
JHS	300/500V 及以下潜水电机用防水橡套电缆	4、6、10、16、25、35、50、70、95	1、3、4	连接交流电压 300/500V 及以下潜水电机用，防水橡套电缆一端在水中，长期允许工作温度不超过 65℃
JHSB	潜水电机用扁防水橡套电缆	16、25、35、50	3	适用于排水潜水电机输送电力用，长期允许工作温度不超过 85℃

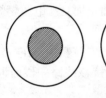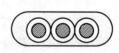

(a)　　　　　　　　　　　　　　　　(b)

(c)

图 3-50　防水电缆

(a) JHS；(b) JHSB；(c) 外形图

(4) 耐寒电缆。广泛应用恶劣的高寒环境，在高寒气候下仍保持良好的弹性和弯曲性能。

导体采用多股细绞和精绞成束，一级无氧铜丝作导体，符合 DIN VDE 0295 等级。绝缘材料采用优质 TPU 耐寒料。

1）交流额定电压：0.6/1kV。

2）最高工作温度：105℃。

3）最低环境温度：固定敷设－40℃。

4）电缆安装敷设温度应不低于－25℃。

5）电缆允许弯曲半径：电缆最小为电缆外径的 12 倍。

6）20℃时绝缘电阻不小于 50MΩ/km。

成品电缆经受交流 50Hz、3.5kV/5min 电压试验不击穿，外形结构如图 3-51 所示。

（5）环保电缆。

1）无卤素。采用绿色环保绝缘层、护套及特制的隔氧层材料，不仅具有良好的电、物理机械性能，并且保证了产品不含卤素，解决了其燃烧时形成的"二次污染"，避免了传统 PVC 电线燃烧时产生可致癌的物质。

2）高透光率。电缆燃烧时产生的烟雾极为稀薄，有利于人员的疏

图 3-51 耐寒电缆

散和灭火工作的进行。产品透光率大于 60%，远远高于传统阻燃类别电缆透光率不到 20% 的标准。

3）高阻燃性。环保电缆完全保证其对消防要求高的建筑要求，火灾时电缆不易燃烧，并能阻止燃烧后火焰的蔓延和灾害的扩大。

4）不产生腐蚀气体。采用对环境无污染的新型特种被覆材料，生产、使用过程和燃烧时不会产生 HCl 等有毒气体，排放的酸气极少，对人员和设备、仪器损害小，更显环保特色。

5）防水、防紫外线。采用特殊分子结构的绿色环保材料，保证超低吸水率。特殊的紫外线吸收剂，使产品具有良好的防紫外线功能。保证了该类产品使用的安全性、延长了使用寿命。

6）不含重金属。绝缘与护套材料中不含铅、汞、镉等对人体有害的重金属，在电缆使用过程中及废弃处理时不会对土壤、水源、空气产生污染。且经过苛刻的毒性实验，白鼠在规定的实验条件下安然无恙。

7）可以回收再生利用。采用的材料应可以回收再生利用，高聚物材料应可以降解或者采用掩埋、焚烧等方式对废弃电缆处理时不会对土壤、水源、空气及人体造成危害。

环保电缆外形结构如图 3-52 所示。

图 3-52 环保电缆外形结构

3. 预分支电缆

预分支电缆是工厂在生产主干电缆时按用户设计图纸预制分支线的电缆，分支线预先制造在主干电缆上，分支线截面大小和分支线长度等是根据设计要求决定。预分支电缆是高层建筑中母线槽供电的替代产品，具有供电可靠、安装方便、占建筑面积小、故障率低、价格便宜、免维修维护等优点，广泛应用于高中层建筑、住宅楼、商厦、宾馆、医院的电气竖井内垂直供电，也适用于隧道、机场、桥梁、公路等额定电压为 0.6/1kV 配电线路中。

其外形结构如图 3-53 所示。

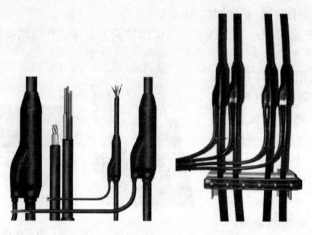

图 3-53　预分支电缆外形

预分支电缆按应用类型分普通型、阻燃型和耐火型三种类型。

4. 穿刺分支电缆

穿刺预分支电缆采用 IPC 绝缘穿刺线夹由主干电缆分接，不需剥去电缆的绝缘层即可做电缆分支，接头完全绝缘，且接头耐用，耐扭曲，防震、防水、防腐蚀老化，安装简便可靠，可以在现场带电安装，不需使用终端箱、分线箱，而且主干电缆从 10～120mm²，分支电缆从 10～95mm² 任意组合选用。

穿刺预分支电缆结构如图 3-54 所示。

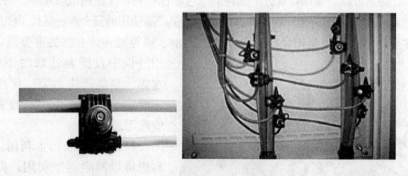

图 3-54　穿刺预分支电缆结构

二、绝缘导线

常用绝缘导线型号与应用场所见表 3-13。

敷设方式	导线型号	额定电压/kV	产品名称	最小截面/mm²	附　注
吊灯用软线	RVS	0.25	铜芯聚氯乙烯绝缘绞型软线	0.5	
	FRS		铜芯丁腈聚氯乙烯复合物绝缘软线		
穿管线槽 塑料线夹	BV	0.45/0.75	铜芯聚氯乙烯绝缘电线	1.5	
	BLV		铝芯聚氯乙烯绝缘电线	2.5	
	BX		铜芯橡皮绝缘电线	1.5	
	BLX		铝芯橡皮绝缘电线	2.5	
	BXF		铜芯氯丁橡皮绝缘电线	1.5	
	BLXF		铝芯氯丁橡皮绝缘电线	2.5	
架空进户线	BV	0.45/0.75	铜芯聚氯乙烯绝缘电线	10	距离应 不超过 25m
	BLV		铝芯聚氯乙烯绝缘电线		
	BXF		铜芯聚氯乙烯绝缘电线		
	BLXF		铝芯氯丁橡皮绝缘电线		
架空线	JKLY	0.6/1	交联聚乙烯绝缘架空电缆	16（25）	居民小区 不小于 35mm²
	JKLYJ	10	交联聚乙烯绝缘架空电缆		
	LJ		铝芯绞线	25（35）	
	LGJ		钢芯铝绞线		

表 3-13　　常用绝缘导线型号与应用场所

一般常用绝缘导线有以下几种：

（1）橡皮绝缘导线的型号：BLX—铝芯橡皮绝缘线、BX—铜芯橡皮绝缘线。

（2）聚氯乙烯绝缘导线（塑料线）的型号：BLV—铝芯塑料线、BV—铜芯塑料线。

绝缘导线有铜芯、铝芯，用于屋内布线，工作电压一般不超过 500V。

三、母线槽

1. 母线槽

随着现代化工程设施和装备的涌现，各行各业的用电量迅增，尤其是众多的高层建筑和大型厂房车间的出现，作为输电导线的传统电缆在大电流输送系统中已不能满足要求，多路电缆的并联使用给现场安装施工连接带来了诸多不便。

插接式母线槽作为一种新型配电导线应运而生，如图 3-55 所示。

母线槽是将电气装置中各截流分支回路连接在一起的导体，是汇集和分配电力的载体，又称汇流母线槽。习惯上把各个配电单元中载流分支回路的导体均泛称为母线槽。

2. 特点

母线槽的特点是具有系列配套、商品性生产、体积小、容量大、设计施工周期短、装拆方便、不会燃烧、安全可靠、使用寿命长。母线槽产品适用于交流 50Hz，额定电压 380V，额定电流 250～4000A 的三相四线、三相五线制供配电系统工程中。

3. 结构

封闭式母线槽（简称母线槽）是由金属板（钢板或铝板）为保护外壳、导电排、绝缘材料及有关附件组成的母线

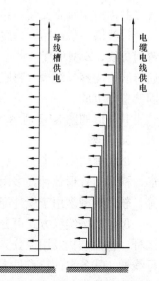

图 3-55　母线槽与电缆供电对比

系统。可制成每隔一段距离设有插接分线盒的插接型封闭母线，也可制成中间不带分线盒的馈电型封闭式母线，如图 3-56 所示。

绝缘支撑——母线槽设备的组成部分，用来支撑母线槽设备中的导体。

安装板——用于支撑各种元件并且适合于成套设备中安装的板。

安装框架——用于支撑各种元件并且适合于在成套设备中安装的一种框架。

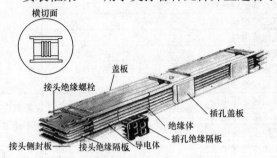

图 3-56　母线槽构成

外壳——外壳是保护设备免受某些外部因素影响，并使设备在各个方向不被直接触及的一种部件，其防护等级至少为 IP30。

门——一种带铰链的或可滑动的覆板。

盖板——外壳的上下壳面，通常是指母线槽设备上的一种部件，用来遮盖外壳上的开口。用螺钉或类似方法将其固定，设备投入运行后一般不再拆卸。

侧板——外壳的左右壳面，通常是指母线槽设备上的一种部件，用来遮盖外壳上的开口。用螺钉或类似方法将其固定，设备投入运行后一般不再拆卸。

绝缘隔板——用以对来自入口处各个方向的直接接触和来自开关器件以及类似器件的电弧进行防护的一种部件。

带电部件——在正常使用中用以通电的导体或导电部件，包括中性导体，但不包括中性保护导体。

裸露导电部件——电气设备的一种可触及的导电部件，通常不带电，但在故障情况下可能带电。

保护导体——为防止发生电击危险而与下列部件进行电气连接的一种导体。

4. 单元组成

在高层建筑的供电系统中，动力和照明线路往往分开设置，母线槽作为供电主干线在电气竖井内沿墙垂直安装一路或多路。

母线槽一般由始端母线槽、直通母线槽（分带插孔和不带插孔两种）、L 型垂直（水平）弯通母线、Z 型垂直（水平）偏置母线、T 型垂直（水平）三通母线、X 型垂直（水平）四通母线、变容母线槽、膨胀母线槽、终端封头、终端接线箱、插接箱、母线槽有关附件及紧固装置等组成。

其外形如图 3-57 所示。

5. 分类

母线槽的常用类型，有硬母线槽、软母线槽两种。硬母线槽用铜或铝做成，形状有矩形、槽形和管形数种，多用于屋内配电装置。常用的软母线槽有铝绞线、铜绞线或钢芯铜线等，软母线槽多用于屋外配电装置。

母线槽按绝缘方式可分为空气式插接母线槽、密集绝缘插接母线槽和高强度插接母线槽三种。按其结构及用途分为密集绝缘、空气绝缘、空气附加绝缘、耐火、树脂绝缘和滑触式母线槽。其各自的特点见表 3-14。

按其外壳材料分为钢外壳、铝合金外壳和钢铝混合外壳母线槽，如图 3-58 所示。

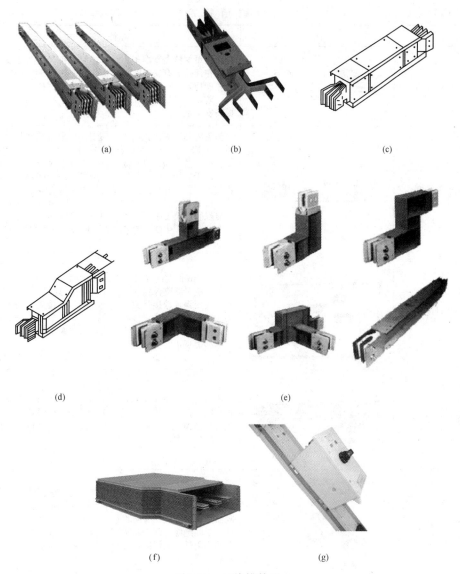

图 3-57　母线槽外形

（a）直线型；（b）始端母线单元；（c）膨胀母线单元；（d）变径母线单元；（e）各种母线弯曲单元

（f）母线终端盒；（g）插接箱

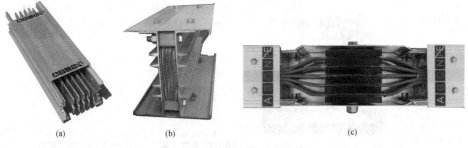

图 3-58　铝合金外壳母线槽

（a）外形；（b）横断面；（c）连接

表 3-14 母 线 槽 特 点

名　称	图	特　点
空气型母线槽		采用单螺栓夹紧端子为单元连接元件，可防止安装时误操作。在插孔处有安全防护挡板，只有当防护挡板拉开时插接箱才能插入。平时不用插孔时，可将防护板拉闭并加铅封锁死，防止插口处灰尘和异物进入槽内，提高防护性能，极大提高安全性
密集型母线槽		为紧凑的三明治式结构，采用优质电解铜作导体，外壳整体兼作 PE 线，电抗低、保护电路连续性好。动热稳定性好、体积小、散热好、温升低、节约空间、压降小、降低能量损耗，适于大功率电流的传输。密集绝缘插接母线槽防潮、散热效果较差。散热主要靠外壳，由于线与线之间紧凑排列安装，L2、L3 相热能散发缓慢，形成母线槽温升偏高。受外壳板材限制，长度不大于 3m。由于母线相间气隙小，母线通过大电流时，产生强大的电动力，使磁振荡频率形成叠加状态，造成过大的噪声
插接母线		可在 1m 长度内安排二个插口，如二面插口即达四个插口而不影响母线支撑强度。空气式插接母线槽（BMC）母线之间接头用铜片软接过渡，在天气潮湿，接头之间容易产生氧化，形成接头与母线接触不良，使触头容易发热，故在南方极少使用。接头之间体积过大，水平母线段尺寸不一致，外形不够美观，北方使用较广
始端母线		连接尺寸可与任何型号开关柜、变压器进行配接。属树干式系统，具有体积小、结构紧凑、运行可靠、传输电流大、便于分接馈电、维护方便、能耗小、动热稳定性好等优点，在高层建筑中得到广泛应用
耐火型母线槽		材料为高温云母带，耐高温 950℃。双层金属外壳涂有防火涂料，外壳开有通风孔。发生火灾时，防火涂料能迅速膨胀，隔断热源，插接口有防水边，防护等级可达到 IP54。在母线排与层间绝缘之间设耐火层，母线与母线连接处配以专用耐火插接附件。能保证在母线槽供电系统遭受火灾时电力的正常供应
铝壳纯母线槽		外壳采用铝合金挤压成型，采用电泳氧化处理，特殊的中空结构，增大了散热面积和刚度；铝合金外壳隔磁，可减少涡流损耗；外形美观，耐化学介质腐蚀，性能优良
照明母线槽		外壳挤压成形，体积小、强度大、安装方便。适用于各种场所的荧光灯、汞灯等其他照明器材的供配电使用

续表

名　　称	图	特　　点
高强封闭母线槽		外壳采用冷轧钢板一次性滚压成型，外表美观，具有足够的刚性，可满足 6m 跨距安装，具有较好的散热性能，提高了母线的载荷能力及承受较大的电动力。工艺制造不受板材限制，外壳成瓦沟形式，增加母线机械强度，坑沟位置将母线分隔固定，母线间有 18mm 的间距，线间通风良好，使母线槽的防潮和散热功能有明显的提高，比较适应南方气候；线间的空隙，使导线的温升下降，提高过载能力，减少了磁振荡噪声。但产生的杂散电流及感抗要比密集型母线槽大得多，因此，在同规格比较时，导电排截面必须比密集绝缘插接母线槽大。母线水平段长可至 13m

第七节　室外电缆线路设计

一、概述

室外电缆敷设计包括 10kV 及以下电力电缆线路敷设、电缆设施与电气设施相关的建（构）筑物、排水、火灾报警系统、消防等。

按照城市道路规划要求，具有符合相关规程要求的电缆敷设通道。

电缆敷设设计分直埋、排管、电缆隧道敷设方式和电缆工作井。

二、电气部分

1. 设计条件

（1）路径。确定电缆线路路径通常应符合统一规划、安全运行、经济合理三个原则。电路路径宜避开化学腐蚀较严重的地段。

（2）环境条件。环境条件应包括如下：

1）海拔（m）。

2）最高环境温度（℃）。

3）最低环境温度（℃）。

4）日照强度（W/cm^2）。

5）年平均相对湿度（%）。

6）雷电日（日/年）。

7）最大风速（持续 2～3min）（m/s）。

8）抗震设防烈度（度）。

（3）电压等级。电缆敷设设计适用电压等级为 0.4kV、10kV。

2. 电缆选型

（1）型号。根据使用环境来选择。

（2）导体。10kV 及以下电缆应选用铜芯电缆。

（3）绝缘。10kV 电缆应选用交联聚乙烯绝缘电缆。0.4kV 电缆可以采用交联聚乙烯绝缘电缆，两芯接户线电缆可采用聚氯乙烯绝缘电缆。

（4）护层。常用电缆金属护套、铠装、外护层宜按表 3-15 选择。

（5）截面。

1）电缆导体截面的选择应结合当地敷设环境。10kV 及以下常用电缆可根据制造厂提供的载流量结合当地敷设环境选用校正系数计算。

表 3-15　　　　　　　　电缆金属护套、铠装、外护层选择

敷设方式	直埋	排管、电缆隧道、电缆工作井	排管、电缆工作井
电压等级	10kV 及以下	10kV	0.4kV
金属屏蔽层	铜带	铜带	铜带
加强层或铠装	钢带（3 芯） 非磁性金属带（单芯）	钢带或钢丝（3 芯）	钢带
内护层	聚乙烯	聚乙烯	聚乙烯
外护层	聚氯乙烯	聚氯乙烯	聚氯乙烯

注：1. 在电缆夹层、电缆沟、电缆隧道、电缆工作井等防火要求高的场所宜采用阻燃外护层。
　　2. 有白蚁危害的场所应在非金属外护套外采用防白蚁护层。
　　3. 有鼠害的场所宜在外护套外添加防鼠金属铠装，或采用硬质护层。

2) 电缆导体最小截面的选择，应同时满足规划载流量和通过系统最大短路电流时热稳定的要求。

3) 导体最高允许温度和敷设环境温度实际情况确定。

电缆芯线截面的选择，除按输送容量、经济电流密度、热稳定、敷设方式等一般条件校核外，10kV 及以下的主干线电缆截面应力求与城市电网一致，每个电压等级可选用 2～3 种，应预留容量。

3. 电缆附件

(1) 额定电压。电缆附件的额定电压以 U_0/U、U_m 表示，不得低于电缆的额定电压。

(2) 绝缘特性。

1) 电缆附件是将各种组件、部件和材料，按照一定设计工艺，在现场安装到电缆端部构成的，在绝缘结构上，与电缆本体结合成不可分割的整体。

2) 电缆附件设计时采用每一导体与屏蔽或金属护套之间的雷电冲击耐受电压之峰值，即基准绝缘水平 BIL。

3) 户外电缆终端的外绝缘必须满足所设置环境条件（如污秽等级、海拔高度等）的要求，并有一个合适的泄漏比距。在一般环境条件下，外绝缘的泄漏比距应不小于25mm/kV，并不低于架空线绝缘子的泄漏比距。

(3) 机械保护。直埋于土壤中的接头宜加设保护盒。保护盒应做耐腐、防水、防潮处理，并能承受路面荷载的压力。

(4) 电缆终端和接头装置选择。外露于空气中的电缆终端装置类型应按下列条件选择：

1) 不受阳光直接照射和雨淋的室内环境应选用户内终端，受阳光直接照射和雨淋的室外环境应选用户外终端。

2) 电缆与其他电气设备通过一段连接线相连时，应选用敞开式终端。

4. 防雷、接地和护层保护

(1) 过电压保护。为防止电缆和电缆附件的主绝缘遭受过电压损坏，应采取以下保护措施：

1) 露天变电站内的电缆终端，必须在站内的接闪杆或接闪线保护范围以内。

2) 电缆线路与架空线相连的一端应装设避雷器。

3) 电缆线路在下列情况下，应在两端分别装设避雷器：

① 电缆一端与架空线相连，而线路长度小于其冲击特性长度。

② 电缆两端均与架空线相连。

4）电缆金属护套、铠装和电缆终端支架必须可靠接地。

（2）避雷器的特性参数。保护电缆线路的避雷器的主要特性参数应符合下列规定：

1）冲击放电电压应低于被保护的电缆线路的绝缘水平，并留有一定裕度。

2）冲击电流通过避雷器时，两端子间的残压值应小于电缆线路的绝缘水平。

3）当雷电过电压侵袭电缆时，电缆上承受的电压为冲击放电电压和残压，两者之间数值较大者称为保护水平 U_p。

电缆线路的基准绝缘水平

$$BIL = (120 \sim 130)\%U_p$$

4）避雷器的额定电压，对于 10kV 及以下中性点不接地和经消弧线圈接地的系统，应分别取最大工作线电压的 110% 和 100%。

（3）接地。电缆线路直埋时，接地应根据现场所敷设的现场环境确定，若敷设于变电站内或距电气设备的接地网较近处，电缆线路两端应与变电站内和电气设备的接地网可靠连接；若电缆线路全线敷设，且敷设长度较长、周围无接地网，电缆线路两端应分别设独立的接地装置，且接地电阻满足相关规范要求。

电缆的金属屏蔽层和铠装、电缆支架和电缆附件的支架必须可靠接地。

（4）护层的过电压保护。三芯电缆的金属护层一般采用两端直接接地，如图 3-59 所示。实行单端接地的单芯电缆线路，为防止护层绝缘遭受过电压损坏，应按规定安装金属护套或屏蔽层电压限制器，并满足规范要求，如图 3-60 所示。

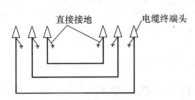

图 3-59　两端直接接地

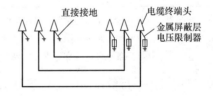

图 3-60　一端直接接地

三、土建部分

1. 直埋敷设

（1）当沿同一路径敷设的室外电缆小于或等于 8 根且场地有条件时，宜采用电缆直接埋地敷设。在人行道下或道路边，也可采用电缆直埋敷设。

（2）埋地敷设的电缆宜采用有外护层的铠装电缆。在无机械损伤可能的场所，也可采用无铠装塑料护套电缆。在流沙层、回填土地带等可能发生位移的土壤中，应采用钢丝铠装电缆。

（3）在有化学腐蚀或杂散电流腐蚀的土壤中，不得采用直接埋地敷设电缆。

（4）电缆在室外直接埋地敷设时，电缆外皮至地面的深度应不小于 0.7m，并应在电缆上下分别均匀铺设 100mm 厚的细砂或软土，并覆盖混凝土保护板或类似的保护层。

在寒冷地区，电缆宜埋设于冻土层以下。当无法深埋时，应采取措施，防止电缆受到损伤。

（5）电缆通过有振动和承受压力的下列各地段应穿导管保护，保护管的内径应不小于电缆外径的 1.5 倍。

1）电缆引入和引出建筑物和构筑物的基础、楼板和穿过墙体等处。

2）电缆通过道路和可能受到机械损伤等地段。

3）电缆引出地面 2m 至地下 0.2m 处的一段和人容易接触使电缆可能受到机械损伤的地方。

（6）埋地敷设的电缆严禁平行敷设于地下管道的正上方或下方。电缆与电缆及各种设施平行或交叉的净距离，应不小于表 3-16 的规定。

表 3-16　　　　　　　　　电缆与电缆或其他设施相互间允许最小距离　　　　　　　　（m）

项　目	敷 设 条 件	
	平　行	交　叉
建筑物、构筑物基础	0.5	—
电杆	0.6	—
乔木	1.0	—
灌木丛	0.5	—
10kV 及以下电力电缆之间，以及与控制电缆之间	0.1	0.5（0.25）
不同部门使用的电缆	0.5（0.1）	0.5（0.25）
热力管沟	2.0（1.0）	0.5（0.25）
上、下水管道	0.5	0.5（0.25）
油管及可燃气体管道	1.0	0.5（0.25）
公路	1.5（与路边）	（1.0）（与路面）
排水明沟	1.0（与沟边）	（0.5）（与沟底）

注：1. 表中所列净距，应自各种设施（包括防护外层）的外缘算起；

　　2. 路灯电缆与道路灌木丛平行距离不限；

　　3. 表中括号内数字是指局部地段电缆穿导管、加隔板保护或加隔热层保护后允许的最小净距。

（7）电缆与建筑物平行敷设时，电缆应埋设在建筑物的散水坡外。电缆进出建筑物时，所穿保护管应超出建筑物散水坡 200mm，且应对管口实施阻水堵塞。

2. 排管敷设

（1）电缆排管内敷设方式宜用于电缆根数不超过 12 根，不宜采用直埋或电缆沟敷设的地段。

（2）电缆排管可采用混凝土管、混凝土管块、玻璃钢电缆保护管及聚氯乙烯管等。

（3）敷设在排管内的电缆宜采用塑料护套电缆。

（4）电缆排管管孔数量应根据实际需要确定，并应根据发展预留备用管孔。备用管孔不宜小于实际需要管孔数的 10%。

（5）当地面上均匀荷载超过 $100kN/m^2$ 时，必须采取加固措施，防止排管受到机械损伤。

（6）排管孔的内径应不小于电缆外径的 1.5 倍，且电力电缆的管孔内径应不小于 90mm，控制电缆的管孔内径应不小于 75mm。

（7）电缆排管敷设时应符合下列要求：

1）排管安装时，应有倾向人（手）孔井侧不小于 0.5% 的排水坡度，必要时可采用人字坡，并在人（手）孔井内设集水坑。

2）排管顶部距地面不宜小于 0.7m，位于人行道下面的排管距地面应不小于 0.5m。

3）排管沟底部应垫平夯实，并应铺设不少于 80mm 厚的混凝土垫层。

（8）当在线路转角、分支或变更敷设方式时，应设电缆人（手）孔井，在直线段上应设置一定数量的电缆人（手）孔井，人（手）孔井间的距离不宜大于 100m。

（9）电缆人孔井的净空高度应不小于 1.8m，其上部人孔的直径应不小于 0.7m。

3. 电缆沟和电缆隧道敷设

（1）在电缆与地下管网交叉不多、地下水位较低或道路开挖不便且电缆需分期敷设的地段，当同一路径的电缆根数小于或等于 18 根时，宜采用电缆沟布线。当电缆多于 18 根时，宜采用电缆隧道布线。

（2）电缆在电缆沟和电缆隧道内敷设时，其支架层间垂直距离和通道净宽应不小于表 3-17 和表 3-18 的规定。

表 3-17　　　　　　　　　　**电缆支架层间垂直距离的最小值**　　　　　　　　　（mm）

电缆电压级和类型，敷设特征		普通支架、吊架	桥架
控制电缆明敷		120	200
电力电缆明敷	10kV 及以下，但 6～10kV 交联聚乙烯电缆除外	150～200	250
	6～10kV 交联聚乙烯电缆	200～250	300
电缆敷设在槽盒中		$h+80$	$h+100$

注：h 表示槽盒外壳高度。

表 3-18　　　　　　　　　　**电缆沟、隧道中通道净宽允许最小值**　　　　　　　　　（mm）

电缆支架配置及其通道特征	电缆沟沟深			电缆隧道
	<600	600～1000	>1000	—
两侧支架间净通道	300	500	700	1000
单列支架与壁间通道	300	450	600	900

（3）电缆水平敷设时，最上层支架距电缆沟顶板或梁底的净距，应满足电缆引接至上侧柜盘时的允许弯曲半径要求。

（4）电缆在电缆沟或电缆隧道内敷设时，支架间或固定点间的距离应不大于表 3-19 的规定。

表 3-19　　　　　　　　　　**电缆支架间或固定间的最大距离**　　　　　　　　　（mm）

电缆特征	敷设方式	
	水平	垂直
未含金属套、铠装的全塑小截面电缆	400[①]	1000
除上述情况外的 10kV 及以下电缆	800	1500
控制电缆	800	1000

注：能维持电缆平直时，该值可增加 1 倍。

（5）电缆支架的长度，在电缆沟内不宜大于 0.35m；在隧道内不宜大于 0.50m。在盐雾地区或化学气体腐蚀地区，电缆支架应涂防腐漆、热镀锌或采用耐腐蚀刚性材料制作。

（6）电缆沟和电缆隧道应采取防水措施，其底部应做不小于 0.5% 的坡度坡向集水坑

（井）。积水可经逆止阀直接接入排水管道或经集水坑（井）用泵排出。

（7）在多层支架上敷设电力电缆时，电力电缆宜放在控制电缆的上层。1kV 及以下的电力电缆和控制电缆可并列敷设。

当两侧均有支架时，1kV 及以下的电力电缆和控制电缆宜与 1kV 以上的电力电缆分别敷设在不同侧支架上。

（8）电缆沟在进入建筑物处应设防火墙。电缆隧道进入建筑物及配变电所处，应设带门的防火墙，此门应为甲级防火门并应装锁。

（9）隧道内采用电缆桥架、托盘敷设时，应符合电缆桥架布线的有关规定。

（10）电缆沟盖板应满足可能承受荷载和适合环境且经久耐用的要求，可采用钢筋混凝土盖板或钢盖板，可开启的地沟盖板的单块重量不宜超过 50kg。

（11）电缆隧道的净高不宜低于 1.9m，局部或与管道交叉处净高不宜小于 1.4m。隧道内应有通风设施，宜采取自然通风。

（12）电缆隧道应每隔不大于 75m 的距离设安全孔（人孔）；安全孔距隧道的首、末端不宜超过 5m。安全孔的直径不得小于 0.7m。

（13）电缆隧道内应设照明，其电压不宜超过 36V，当照明电压超过 36V 时，应采取安全措施。

（14）与电缆隧道无关的其他管线不宜穿过电缆隧道。

4. 各种敷设方式的比较

各种室外电缆敷设的比较见表 3-20。

表 3-20   各种室外电缆敷设的比较

敷设方式	应　用	优　点	缺　点	问　题
直埋式	用于电缆数量少、敷设距离短、地面荷载比较小的地方。路径应选择地下管网比较简单、不易经常开挖和没有腐蚀土壤的地段	电缆敷设后本体与空气不接触，防火性能好，有利于电缆散热。此敷设方式容易实施，投资少。便于施工，不影响整个小区的环境美观、投资少、工期短	此敷设方式抗外力破坏能力差，电缆敷设后如果更换电缆，则难度较大。电缆运行中出现故障检修维护困难，运行维护不利	—
穿管式	适用于电缆与公路，铁路交叉处，通过广场区域，城市道路狭窄且交通繁忙，多种电压等级，电缆条数较多、敷设距离长，且电力负荷比较集中，道路少弯曲地段	受外力破坏的影响少，占地小，能承受大的荷重，电缆敷设无相互影响。电缆排管土建部分施工完毕后，电缆施放简单。容易于施工，遇到交叉管道时，灵活性较高，不影响小区内景观和整体布置，所需费用较低	管道建设费用较大，不宜用于弯曲，电缆热伸缩会引起金属护套的疲劳，电缆散热条件差，更换电缆困难。需要在电缆敷设拐弯处增设检修井，存在不安全因素	1. 大截面电缆穿管困难及弯曲半径不易保证 2. 管内电缆一旦有损坏，必须整根更换 3. 须增加多根备用穿管

敷设方式	应　用	优　点	缺　点	问　题
沟槽式（暗沟式）		无积水问题，电缆走径有明显标示，沟槽方向具有随意性，不影响小区内景观	不适合用于道路和硬化地面处	—
缆沟式（明沟式）	适用于不能直接埋入地下且无机动车负载的通道，如人行道、变（配）电所内等处所	电缆运行维护和检修方便	缆沟建设的投资较大，影响小区内整体布置，而且需要有可靠的排水系统和设备，维护费用较高	1. 必须有专用的排水系统，且常年处于良好状态，如多数小区采用明沟方式，排水设备运行维护费用将很高 2. 缆沟密封不严，易遭受小动物损坏 3. 因住宅区内车辆、人员集中缆沟盖板易损坏 4. 如该缆沟属电力部门专用缆沟因盖板的丢失、损坏而导致人身伤害事故，易产生法律纠纷
隧道式	适用于敷设高压输电电缆、电缆线路密集的城镇道路。同路径中压电缆敷设 10 根以上的情况	维护，检修及更换电缆方便，能可靠地防止外力破坏，敷设时受外界条件影响小，能容纳大规模，多电压等级的电缆，寻找故障点，修复，恢复送电快	建设隧道工作量大，工程难度大，工期长，附属设施多。需要大量资金、材料来建设坚固的地下隧道和足够的管道布置空间，建设投资费用较高	不适合居民生活小区内采用

采用沟槽式（暗沟）与穿管式相结合的电缆敷设方式较适合用于居民住宅生活小区，房地产开发商也易接受。这种电缆敷设方式关键在于如何完善电缆走径的可靠、牢固、明显的标示和选择适当截面的电缆，以防止电缆的外力破坏和过负荷损坏。

根据地区的实际情况，采用沟槽式与穿管式相结合的方式，既减少投资，又方便维护和检修，但是在小区用电设施移交电力部门管理验收时应注意以下问题：

（1）直埋式电缆敷设方式。

（2）电缆走径的标志必须正确、清晰、牢固。

（3）电缆规格、截面应符合规定要求。

（4）过路受压力部分电缆必须穿保护管保护，并按规定埋设电缆标示桩。

（5）电缆暗沟敷设方式应砌砖墙并装设电缆支架，顶上盖板并高于硬化路面，盖板须承受 5t 以上的压力。

（6）小区内敷设的电缆线路，无论高电压还是低电压，应当沿绿地敷设。其线路走径上均不得进行硬化处理，以便于事故发生时进行开挖抢修。

图 3-61 是电缆室外敷设工程图。

图 3-61　电缆室外敷设工程图
（a）电缆直埋；（b）电缆穿保护管；（c）电缆沟；（d）电缆夹层；（e）电缆沟槽；（f）电缆隧道

四、电缆工作井

1. 种类

（1）电力电缆井分为直通型、三通型、四通型、转角型四种形式，其外形如图 3-62 所示。

图 3-62 电力电缆井

（2）电力电缆井规格分为小号、中号、大（一）、大（二）、大（三）五种规格。

2. 设计原则

（1）工作井长度根据敷设在同一工作井内最长的电缆接头以及能吸收来自排管内电缆的热伸缩量所需的伸缩弧尺寸决定，且伸缩弧的尺寸应满足电缆在寿命周期内电缆金属护套不出现疲劳现象。

（2）工作井间距按计算牵引力不超过电缆容许牵引力来确定。

（3）工作井需设置集水坑，集水坑泄水坡度不小于 0.3%。

（4）每座工作井设人孔 1 个，用于采光、通风以及工作人员出入。人孔基座的具体预留尺寸及方式各地可根据实际运行情况适当调整。

（5）人孔的井盖材料可采用铸铁或复合高强度材料等，井盖应能承受实际荷载要求。

（6）在 10% 以上的斜坡排管中，在标高较高一端的工作井内设置防止电缆因热伸缩而滑落的构件。

距住宅建筑外墙 3～5m 处设电缆井是为了解决室内外高差，有时 3～5m 让不开住宅建筑的散水和设备管线，电缆井的位置可根据实际情况进行调整。

3. 附属设施

（1）工作井内所有的金属构件均应作防腐处理并可靠接地。

（2）常用的电缆吊架制作后，可在现场进行组装，根据电缆工作井内所敷设电缆的规模选择吊架长度，一般选 1.0m、1.6m、2.0m。

五、防火设计

1. 电缆选型

敷设在电缆防火重要部位的电力电缆，应选用阻燃电缆。敷设在变、配电站电缆通道或电缆夹层内，自终端起到站外第一支接头的一段电缆，宜选用阻燃电缆。一般条件下，建议均采用阻燃型电缆。

2. 电缆通道

（1）总体布置。变电站二路及以上的进线电缆，应分别布置在相互独立或有防火分隔的通道内。变电站的出线电缆宜分流。电缆的通道数宜与变电站终期规模主变压器台数、容量相适应。电缆通道方向应综合负荷分布及周边道路、市政情况确定。在电缆夹层中的电缆应理顺并逐根固定在电缆支架上，所有电缆走向按出线仓位顺序排列，电缆相互之间应保持一定间距，不得重叠，尽可能少交叉，如需交叉，则应在交叉处用防火隔板隔开。在电缆通道和电缆夹层内的电力电缆应有线路名称标识。

（2）防火封堵。为了有效防止电缆因短路或外界火源造成电缆引燃或沿电缆延燃，应对电缆及其构筑物采取防火封堵分隔措施。

电缆穿越楼板、墙壁或盘柜孔洞以及管道两端时，应用防火堵料封堵。防火封堵材料应密实无气孔，封堵材料厚度应不小于 100mm。

（3）电缆接头的表面阻燃处理。电缆接头应采用加装防火槽盒，进行阻燃处理。

3. 电缆隧道

对电缆可能着火导致严重事故的回路、易受外部影响波及火灾的电缆密集场所，应有适当的阻火分隔，并按工程的重要性、火灾概率及其特点和经济合理等因素，确定采取下列安全措施。

（1）阻火分隔封堵。阻火分隔包括设置防火门、防火墙、耐火隔板与封闭式耐火槽盒。防火门、防火墙用于电缆沟、电缆桥架以及上述通道分支处及出入口。

（2）火灾监控报警和固定灭火装置。在电缆进出线集中的隧道、电缆夹层和竖井中，如未全部采用阻燃电缆，为了把火灾事故限制在最小范围，尽量减小事故损失，可加设监控报警、测温和固定自动灭火装置。在电缆进出线特别集中的电缆夹层和电缆通道中，可加设湿式自动喷水灭火、水喷雾灭火或气体灭火等固定灭火装置。图 3-63 是电缆防火封堵的工程图。

图 3-63　电缆防火封堵
（a）电缆沟阻火墙；（b）电缆穿墙；（c）盘柜孔洞

六、防水措施

根据场地地下水及地表水下渗状况，选用适当的防水措施和防水材料。

七、通风设施

（1）电缆隧道一般采用自然通风，当有地上设施时，其建筑设计应与周围环境相适应。

（2）电缆隧道内的温度应不超过当地最热月的日最高温度平均值加 5℃，如缺乏准确计算资料，则当功率损失达 150W/m 时，应考虑采用机械通风。

八、《住宅建筑电气设计规范》关于室外低压电缆的要求

（1）当沿同一路径敷设的室外电缆小于或等于 6 根时，宜采用铠装电缆直接埋地敷设。在寒冷地区，电缆宜埋设于冻土层以下。

（2）当沿同一路径敷设的室外电缆为 7～12 根时，宜采用电缆排管敷设方式。

（3）当沿同一路径敷设的室外电缆数量为 13～18 根时，宜采用电缆沟敷设方式。

（4）电缆与住宅建筑平行敷设时，电缆应埋设在住宅建筑的散水坡外，电缆进出住宅建筑物时，应避开人行出入口处，所穿保护管应在住宅建筑的散水坡外，且距离应不小于 200mm，管口应实施阻水堵塞，并宜在距住宅建筑外墙 3～5m 处设电缆井。

各类地下管线之间的最小水平和交叉净距，应分别符合表 3-21 和表 3-22 的规定。

表 3-21　　　　　　　　　各类地下管线之间最小水平净距　　　　　　　　　　（m）

管线名称	给水管			排水管	燃气管		热力管	电力电缆	弱电管道
	D_1	D_2	D_3		p_1	p_2			
电力电缆	0.5			0.5	1.0	1.5	2.0	0.25	0.5
弱电管道	0.5	1.0	1.5	1.0	1.0	2.0	1.0	0.5	0.5

注：1. D 为给水管直径，$D_1 \leqslant 300mm$，$300mm < D_2 \leqslant 500mm$，$D_3 > 500mm$。
　　2. p 为燃气压力，$p_1 \leqslant 300kPa$，$300kPa < p_2 \leqslant 800kPa$。

表 3-22　　　　　　　　　各类地下管线之间最小交叉净距　　　　　　　　　　（m）

管线名称	给水管	排水管	燃气管	热力管	电力电缆	弱电管道
电力电缆	0.5	0.5	0.5	0.5	0.5	0.5
弱电管道	0.15	0.15	0.3	0.25	0.5	0.25

九、小区电缆外线设计

图 3-64 为某小区电缆外线简化施工图。

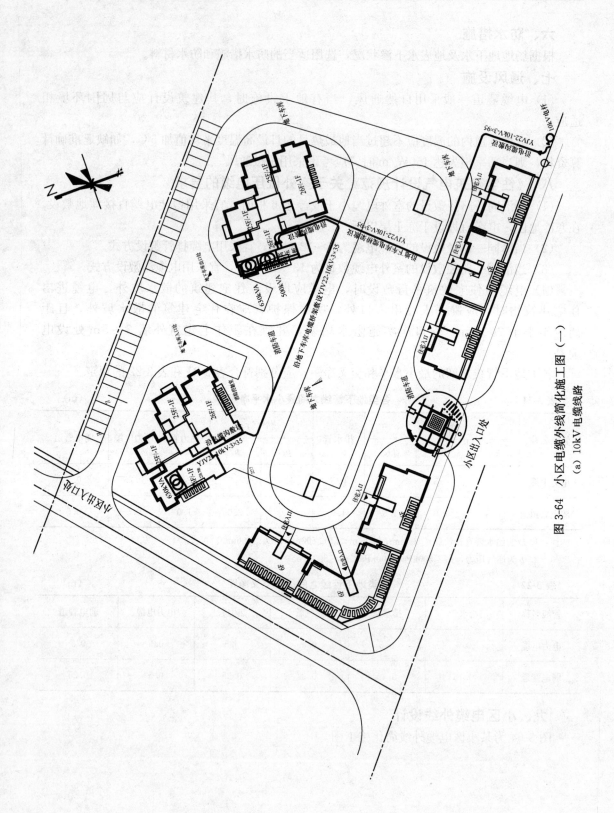

图 3-64 小区电缆外线简化施工图（一）

(a) 10kV 电缆线路

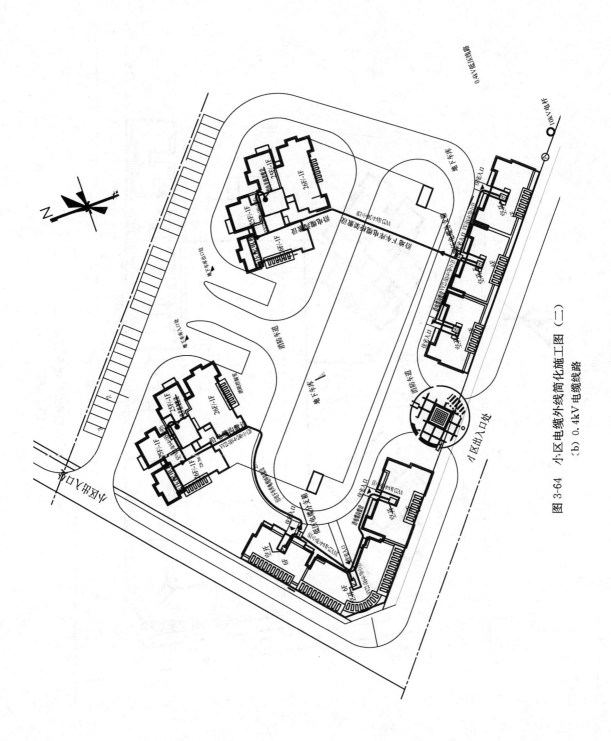

图 3-64　小区电缆外线简化施工图（二）

(b) 0.4kV 电缆线路

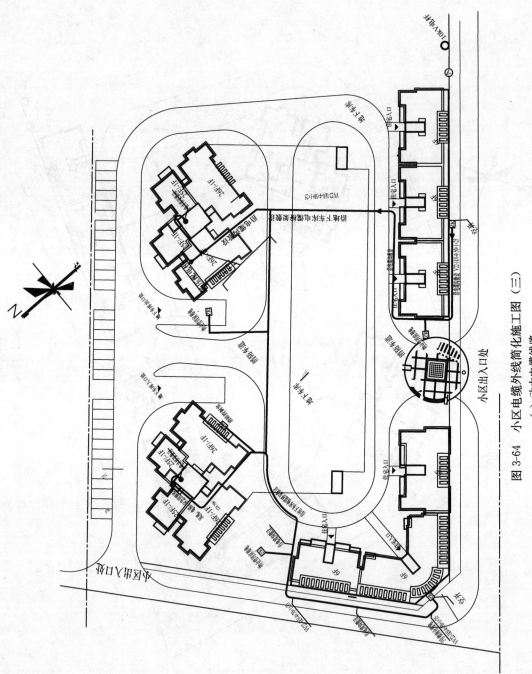

图 3-64 小区电缆外线简化施工图（三）

(c) 动力电缆线路

第八节　室内配电线路设计

一、配电干线

1. 电力电缆

（1）室内电缆敷设包括电缆在室内沿墙及建筑构件明敷设、电缆穿金属导管埋地暗敷设。

（2）无铠装的电缆在室内明敷时，水平敷设至地面的距离不宜小于 2.5m；垂直敷设至地面的距离不宜小于 1.8m。除明敷在电气专用房间外，当不能满足上述要求时，应有防止机械损伤的措施。

（3）相同电压的电缆并列明敷时，电缆的净距应不小于 35mm，且不应小于电缆外径。

1kV 及以下电力电缆及控制电缆与 1kV 以上电力电缆宜分开敷设。当并列明敷设时，其净距应不小于 150mm。

（4）电缆明敷设时，电缆支架间或固定点间的距离应符合电力电缆布线的规定。

（5）电缆明敷设时，电缆与热力管道的净距不宜小于 1m。当不能满足上述要求时，应采取隔热措施。电缆与非热力管道的净距不宜小于 0.5m，当其净距小于 0.5m 时，应在与管道接近的电缆段上以及由接近段两端向外延伸不小于 0.5m 以内的电缆段上，采取防止电缆受机械损伤的措施。

（6）在有腐蚀性介质的房屋内明敷的电缆，宜采用塑料护套电缆。

（7）电缆水平悬挂在钢索上时固定点的间距，电力电缆应不大于 0.75m，控制电缆应不大于 0.6m。

（8）电缆在室内埋地穿导管敷设或电缆通过墙、楼板穿导管时，穿导管的管内径应不小于电缆外径的 1.5 倍。

2. 预制分支电缆

（1）预制分支电缆布线宜用于高层、多层及大型公共建筑物室内低压树干式配电系统。

（2）预制分支电缆应根据使用场所的环境特征及功能要求，选用具有聚氯乙烯绝缘聚氯乙烯护套、交联聚乙烯绝缘聚氯乙烯护套或聚烯烃护套的普通、阻燃或耐火型的单芯或多芯预制分支电缆。在敷设环境和安装条件允许时，宜选用单芯预制分支电缆。

（3）预制分支电缆布线，宜在室内及电气竖井内沿建筑物表面以支架或电缆桥架（梯架）等构件明敷设。预制分支电缆垂直敷设时，应根据主干电缆最大直径预留穿越楼板的洞口，同时，尚应在主干电缆最顶端的楼板上预留吊钩。

（4）预制分支电缆布线，除符合规定外，则应根据预制分支电缆布线所采取的不同敷设方法，分别符合电力电缆布线中相应敷设方法的相关规定。

（5）当预制分支电缆的主电缆采用单芯电缆用在交流电路时，电缆的固定用夹具应选用专用附件。严禁使用封闭导磁金属夹具。

（6）预制分支电缆布线，应防止在电缆敷设和使用过程中，因电缆自重和敷设过程中的附加外力等机械应力作用而带来的损害。预分支电缆的安装如图 3-65 所示。

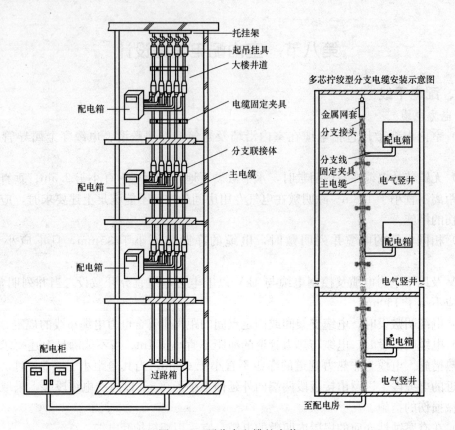

图 3-65 预分支电缆的安装

3. 封闭母线

（1）封闭式母线布线适用于干燥和无腐蚀气体的室内场所。

（2）封闭式母线水平敷设时，底边至地面的距离应不小于 2.2m。除敷设在电气专用房间内外，垂直敷设时，距地面 1.8m 以下部分应采取防止机械损伤措施。

（3）封闭式母线不宜敷设在腐蚀气体管道和热力管道的上方及腐蚀性液体管道下方。当不能满足上述要求时，应采取防腐、隔热措施。

（4）封闭式母线布线与各种管道平行或交叉时，其最小净距应符合表 3-27 的规定。

（5）封闭式母线水平敷设的支持点间距不宜大于 2m。垂直敷设时，应在通过楼板处采用专用附件支承并以支架沿墙支持，支持点间距不大于 2m。

当进线盒及末端悬空时，垂直敷设的封闭式母线应采用支架固定。

（6）封闭式母线终端无引出线时，端头应封闭。

（7）当封闭式母线直线敷设长度超过 80m 时，每 50～60m 宜设置膨胀节。

（8）封闭式母线的插接分支点，应设在安全及安装维护方便的地方。

（9）封闭式母线的连接不应在穿过楼板或墙壁处进行。

（10）多根封闭式母线并列水平或垂直敷设时，各相邻封闭母线间应考虑维护、检修距离。

（11）封闭式母线外壳及支架应可靠接地，全长应不少于 2 处与接地干线（PE）相连。

（12）封闭式母线随线路长度的增加和负荷的减少而需要变截面时，应采用变容量接头。

母线槽安装示意图 3-66 所示。

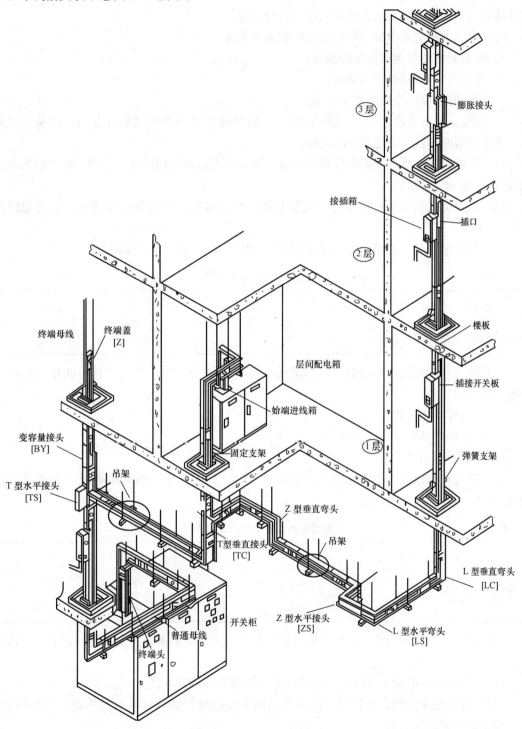

图 3-66 母线槽安装示意图

4. 矿物绝缘（MI）电缆

（1）矿物绝缘（MI）电缆布线宜用于民用建筑中高温或有耐火要求的场所。

（2）矿物绝缘电缆应根据使用要求和敷设条件，选择电缆沿电缆桥架敷设、电缆在电缆沟或隧道内敷设、电缆沿支架敷设或电缆穿导管敷设等方式。

（3）下列情况应采用带塑料护套的矿物绝缘电缆：

1）电缆明敷在有美观要求的场所。

2）穿金属导管敷设的多芯电缆。

3）对铜有强腐蚀作用的化学环境。

4）电缆最高温度超过 70℃ 但低于 90℃，同其他塑料护套电缆敷设在同一桥架、电缆沟、电缆隧道时，或人可能触及的场所。

（4）矿物绝缘电缆应根据电缆敷设环境，确定电缆最高使用温度，合理选择相应的电缆载流量，确定电缆规格。

（5）应根据线路实际长度及电缆交货长度，合理确定矿物绝缘电缆规格，宜避免中间接头。

（6）电缆敷设时，电缆的最小允许弯曲半径应不小于表 3-23 的规定。

表 3-23　　电缆最小允许弯曲半径

电缆外径 d /mm	$d<7$	$7\leqslant d<12$	$12\leqslant d<15$	$d\geqslant15$
电缆内侧最小允许弯曲半径 R	$2d$	$3d$	$4d$	$6d$

（7）电缆在下列场所敷设时，应将电缆敷设成"S"或"Ω"形弯，其弯曲半径应不小于电缆外径的 6 倍：

1）在温度变化大的场所。

2）有振动源场所的布线。

3）建筑物变形缝。

（8）除支架敷设在支架处固定外，电缆敷设时，其固定点之间的距离应不大于表 3-24 的规定。

表 3-24　　电缆固定点或支架间的最大距离

电缆外径 d /mm		$d<9$	$9\leqslant d<15$	$15\leqslant d<20$	$d\geqslant20$
固定点间的最大距离/mm	水平	600	900	1500	2000
	垂直	800	1200	2000	2500

（9）单芯矿物绝缘电缆在进出配柜（箱）处及支承电缆的桥架、支架及固定卡具，均应采取分隔磁路的措施。

（10）多根单芯电缆敷设时，应选择减少涡流影响的排列方式。

（11）电缆在穿过墙、楼板时，应防止电缆遭受机械损伤，单芯电缆的钢质保护导管、槽，应采取分隔磁路措施。

（12）电缆敷设时，其终端、中间联结器（接头）、敷设配件应选用配套产品。

（13）矿物绝缘电缆的铜外套及金属配件应可靠接地。

矿物绝缘电缆如图 3-67 所示。

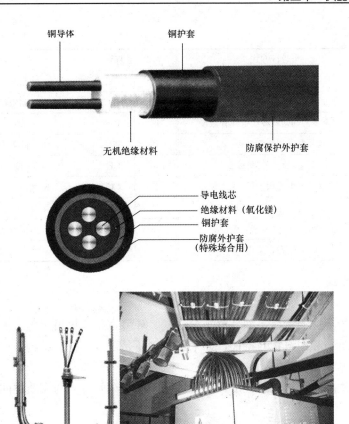

图 3-67　矿物绝缘电缆

二、线路标注

1. 配电线路分类标注

住宅电气配电线路分类标注见表 3-25。

表 3-25　　　　　　　　　　　住宅电气配电线路分类标注

序号	标　注	类　别	序号	标　注	类　别
1	G 或 WPH	高压线路	5	WLE	应急照明线路
2	D 或 WPL	低压线路	6	WC	控制线路
3	WP	动力线路	7	WB	封闭母线槽
4	WL	照明线路	8	L1，L2，L3	线路相别

2. 敷设方式标注

室内配电线路的敷设方式见表 3-26。

表 3-26　　　　　　　　　　　室内配电线路的敷设方式

序号	标注	敷设方式	序号	标注	敷设方式
1	SC	穿焊接钢管敷设	4	FPC	穿阻燃半硬聚氯乙烯管敷设
2	MT	穿电线管敷设	5	CT	电缆桥架敷设
3	PC	穿硬塑料管敷设	6	MR	金属线槽敷设

续表

序号	标注	敷设方式	序号	标注	敷设方式
7	PR	塑料线槽敷设	16	AC	沿或跨柱敷设
8	M	用钢索敷设	17	CLC	暗敷设在柱内
9	KPC	穿聚氯乙烯塑料波纹电线管敷设	18	WS	沿墙面敷设
10	CP	穿金属软管敷设	19	WC	暗敷设在墙内
11	DB	直接埋设	20	CE	沿天棚或顶板面敷设
12	TC	电缆沟敷设	21	CC	暗敷设在屋面或顶板内
13	CE	混凝土排管敷设	22	SCE	吊顶内敷设
14	AB	沿或跨梁（屋架）敷设	23	F	地板或地面下敷设
15	BC	暗敷在梁内	—	—	—

三、敷设方式

1. 敷设要求

（1）符合场所环境的特征，如环境潮湿程度、环境宽敞通风情况等。

（2）符合建筑物和构筑物的特征，如采用预制还是现浇、框架结构、滑升模板施工等情况不同则管线的设计部位不同。

（3）人与布线之间可接近的程度，如机房、仓库、车间等人与布线之间可接近的程度显然不同。

（4）由于短路可能出现的机电应力，如总配电室和负荷末端用户显然不同。

（5）在安装期间或运行中布线可能遭受的其他应力和导线的自重。

2. 敷设环境

配电线路的敷设，应避免下列外部环境的影响。

（1）应避免由外部热源产生热效应的影响。

（2）应防止在使用过程中因水的侵入或因进入固体物而带来的影响。

（3）应防止外部机械性损伤而带来的影响。

（4）在有大量灰尘的场所，应避免由于灰尘聚集在布线上所带来的影响。

（5）应避免由于强烈日光辐射而带来的损害。

3. 直敷布线

（1）直敷布线可用于正常环境室内场所和挑檐下的室外场所。

（2）建筑物顶棚内、墙体及顶棚的抹灰层、保温层及装饰面板内，严禁采用直敷布线。

（3）直敷布线应采用护套绝缘电线，其截面不宜大于 $6mm^2$。

（4）直敷布线的护套绝缘电线，应采用线卡沿墙体、顶棚或建筑物构件表面直接敷设。

（5）直敷布线在室内敷设时，电线水平敷设至地面的距离应不小于 2.5m，垂直敷设至地面低于 1.8m 部分应穿导管保护。

（6）护套绝缘电线与接地导体及不发热的管道紧贴交叉时，宜加绝缘导管保护，敷设在易受机械损伤的场所应用钢导管保护。

4. 金属导管布线

（1）金属导管布线宜用于室内、外场所，不宜用于对金属导管有严重腐蚀的场所。

（2）明敷于潮湿场所或埋地敷设的金属导管，应采用管壁厚度不小于 2.0mm 的钢导管。明敷或暗敷于干燥场所的金属导管宜采用管壁厚度不小于 1.5mm 的电线管。

（3）穿导管的绝缘电线（两根除外），其总截面积（包括外护层）不应超过导管内截面积的 40%。

（4）穿金属导管的交流线路，应将同一回路的所有相导体和中性导体穿于同一根导管内。

（5）除下列情况外，不同回路的线路不宜穿于同一根金属导管内：

1）标称电压为 50V 及以下的回路。

2）同一设备或同一联动系统设备的主回路和无电磁兼容要求的控制回路。

3）同一照明灯具的几个回路。

（6）当电线管与热水管、蒸汽管同侧敷设时，宜敷设在热水管、蒸汽管的下面；当有困难时，也可敷设在其上面。相互间的净距宜符合下列规定：

1）当电线管路平行敷设在热水管下面时，净距不宜小于 200mm；当电线管路平行敷设在热水管上面时，净距不宜小于 300mm；交叉敷设时，净距不宜小于 100mm。

2）当电线管路敷设在蒸汽管下面时，净距不宜小于 500mm；当电线管路敷设在蒸汽管上面时，净距不宜小于 1000mm；交叉敷设时，净距不宜小于 300mm。

当不能符合上述要求时，应采取隔热措施。当蒸汽管有保温措施时，电线管与蒸汽管间的净距可减至 200mm。

电线管与其他管道（不包括可燃气体及易燃、可燃液体管道）的平行净距应不小于 100mm。交叉净距应不小于 50mm。

（7）当金属导管布线的管路较长或转弯较多时，宜加装拉线盒（箱），也可加大管径。

（8）暗敷于地下的管路不宜穿过设备基础，当穿过建筑物基础时，应加保护管保护；当穿过建筑物变形缝时，应设补偿装置。

（9）绝缘电线不宜穿金属导管在室外直接埋地敷设。必要时，对于次要负荷且线路长度小于 15m 的，可采用穿金属导管敷设，但应采用壁厚不小于 2mm 的钢导管并采取可靠的防水、耐腐蚀措施。

金属导管布线如图 3-68 所示。

图 3-68 金属导管布线

5. 可挠金属电线保护套管布线

（1）可挠金属电线保护套管布线宜用于室内、外场所，也可用于建筑物顶棚内。

（2）明敷或暗敷于建筑物顶棚内正常环境的室内场所时，可采用双层金属层的基本型可挠金属电线保护套管。明敷于潮湿场所或暗敷于墙体、混凝土地面、楼板垫层或现浇钢筋混凝土楼板内或直埋地下时，应采用双层金属层外覆聚氯乙烯护套的防水型可挠金属电线保护套管。

（3）对于可挠金属电线保护套管布线，其管内配线应符合金属管布线。

（4）对于可挠金属电线保护套管布线，其管路与热水管、蒸汽管或其他管路的敷设要求与平行、交叉距离，应符合金属管布线的规定。

（5）当可挠金属电线保护套管布线的线路较长或转弯较多时，应符合金属管布线的规定。

（6）对于暗敷于建筑物、构筑物内的可挠金属电线保护套管，其与建筑物、构筑物表面的外护层厚度应不小于15mm。

（7）对可挠金属电线保护套管有可能承受重物压力或明显机械冲击的部位，应采取保护措施。

（8）可挠金属电线保护套管布线，其套管的金属外壳应可靠接地。

（9）暗敷于地下的可挠金属电线保护套管的管路不应穿过设备基础。当穿过建筑物基础时，应加保护管保护；当穿过建筑物变形缝时，应设补偿装置。

（10）可挠金属电线保护套管之间及其与盒、箱或钢导管连接时，应采用专用附件。

可挠金属电线保护套管如图3-69所示。

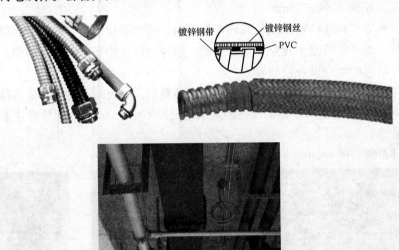

图 3-69   可挠金属电线保护套管

6. 金属线槽布线

（1）金属线槽布线宜用于正常环境的室内场所明敷，有严重腐蚀的场所不宜采用金属线槽。

（2）具有槽盖的封闭式金属线槽，可在建筑顶棚内敷设。

（3）同一配电回路的所有相导体和中性导体，应敷设在同一金属线槽内。

（4）同一路径无电磁兼容要求的配电线路，可敷设于同一金属线槽内。线槽内电线或电缆的总截面（包括外护层）应不超过线槽内截面的 20%，载流导体不宜超过 30 根。

控制和信号线路的电线或电缆的总截面不应超过线槽内截面的 50%，电线或电缆根数不限。

有电磁兼容要求的线路与其他线路敷设于同一金属线槽内时，应用金属隔板隔离或采用屏蔽电线、电缆。

注：1）控制、信号等线路可视为非载流导体。

　　2）三根以上载流电线或电缆在线槽内敷设，当乘以载流量校正系数时，可不限电线或电缆根数，其在线槽内的总截面不应超过线槽内截面的 20%。

（5）电线或电缆在金属线槽内不应有接头。当在线槽内有分支时，其分支接头应设在便于安装、检查的部位。电线、电缆和分支接头的总截面（包括外护层）应不超过该点线槽内截面的 75%。

（6）金属线槽布线的线路连接、转角、分支及终端处应采用专用的附件。

（7）金属线槽不宜敷设在腐蚀性气体管道和热力管道的上方及腐蚀性液体管道的下方，当有困难时，应采取防腐、隔热措施。

（8）金属线槽布线与各种管道平行或交叉时，其最小净距应符合表 3-27 的规定。

表 3-27　　　　金属线槽和电缆桥架与各种管道的最小净距　　　　（m）

管道类别		平行净距	交叉净距
一般工艺管道		0.4	0.3
具有腐蚀性气体管道		0.5	0.5
热力管道	有保温层	0.5	0.3
	无保温层	1.0	0.5

（9）金属线槽垂直或大于 45° 倾斜敷设时，应采取措施防止电线或电缆在线槽内滑动。

（10）金属线槽敷设时，宜在下列部位设置吊架或支架：

1）直线段不大于 2m 及线槽接头处。

2）线槽首端、终端及进出接线盒 0.5m 处。

3）线槽转角处。

（11）金属线槽不得在穿过楼板或墙体等处进行连接。

（12）金属线槽及其支架应可靠接地，且全长应不少于 2 处与接地干线（PE）相连。

（13）金属线槽布线的直线段长度超过 30m 时，宜设置伸缩节；跨越建筑物变形缝处宜设置补偿装置。

金属线槽布线如图 3-70 所示。

7. 刚性塑料导管（槽）布线

（1）刚性塑料导管（槽）布线宜用于室内场所和有酸碱腐蚀性介质的场所，在高温和易

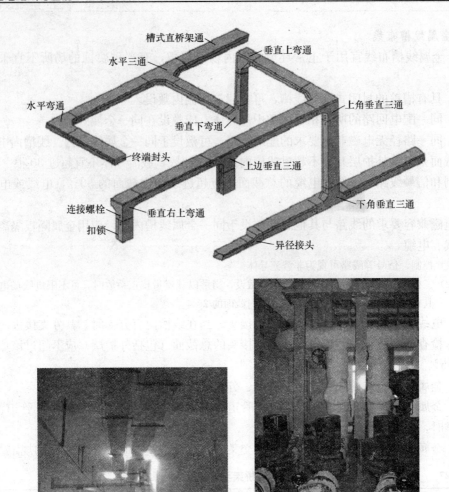

图 3-70　金属线槽布线

受机械损伤的场所不宜采用明敷设。

（2）暗敷于墙内或混凝土内的刚性塑料导管，应选用中型及以上管材。

（3）当采用刚性塑料导管布线时，绝缘电线总截面积与导管内截面积的比值，应符合金属管布线的规定。

（4）同一路径的无电磁兼容要求的配电线路，可敷设于同一线槽内。线槽内电线或电缆的总截面积及根数应符合金属线槽的规定。

（5）不同回路的线路不宜穿于同一根刚性塑料导管内，当符合金属管布线的规定时，可除外。

（6）电线、电缆在塑料线槽内不得有接头，分支接头应在接线盒内进行。

（7）刚性塑料导管暗敷或埋地敷设时，引出地（楼）面的管路应采取防止机械损伤的措施。

（8）当刚性塑料导管布线的管路较长或转弯较多时，宜加装拉线盒（箱）或加大管径。

（9）沿建筑的表面或在支架上敷设的刚性塑料导管（槽），宜在线路直线段部分每隔30m加装伸缩接头或其他温度补偿装置。

（10）刚性塑料导管（槽）在穿过建筑物变形缝时，应装设补偿装置。

（11）刚性塑料导管（槽）布线在线路连接、转角、分支及终端处应采用专用附件。刚性塑料导管（槽）布线如图 3-71 所示。

图 3-71　刚性塑料导管（槽）布线

8. 电缆桥架布线

（1）电缆桥架布线适用于电缆数量较多或较集中的场所。

（2）在有腐蚀或特别潮湿的场所采用电缆桥架布线时，应根据腐蚀介质的不同采取相应的防护措施，并宜选用塑料护套电缆。

（3）电缆桥架水平敷设时的距地高度不宜低于 2.5m，垂直敷设时距地高度不宜低于 1.8m。除敷设在电气专用房间内外，当不能满足要求时，应加金属盖板保护。

（4）电缆桥架水平敷设时，宜按荷载曲线选取最佳跨距进行支撑，跨距宜为 1.5～3m。垂直敷设时，其固定点间距不宜大 2m。

（5）电缆桥架多层敷设时，其层间距离应符合下列规定：

1）电力电缆桥架间应不小于 0.3m。

2）电信电缆与电力电缆桥架间不宜小于 0.5m，当有屏蔽板时可减少到 0.3m。

3）控制电缆桥架间应不小于 0.2m。

4）桥架上部距顶棚、楼板或梁等障碍物不宜小于 0.3m。

（6）当两组或两组以上电缆桥架在同一高度平行或上下平行敷设时，各相邻电缆桥架间应预留维护、检修距离。

（7）在电缆托盘上可无间距敷设电缆。电缆总截面积与托盘内横断面积的比值，电力电缆不应大于 40%；控制电缆应不大于 50%。

（8）下列不同电压、不同用途的电缆，不宜敷设在同一层桥架上：

1）1kV 以上和 1kV 以下的电缆。

2）向同一负荷供电的两回路电源电缆。

3）应急照明和其他照明的电缆。

4）电力和电信电缆。

当受条件限制需安装在同一层桥架上时，应用隔板隔开。

（9）电缆桥架不宜敷设在腐蚀性气体管道和热力管道的上方及腐蚀性液体管道的下方。当不能满足上述要求时，应采取防腐、隔热措施。

（10）电缆桥架与各种管道平行或交叉时，其最小净距应符合金属线槽布线的规定。

（11）电缆桥架转弯处的弯曲半径，应不小于桥架内电缆最小允许弯曲半径的最大值。各种电缆最小允许弯曲半径应不小于电力电缆布线的规定。

（12）电缆桥架不得在穿过楼板或墙壁处进行连接。

（13）钢制电缆桥架直线段长度超过 30m、铝合金或玻璃钢制电缆桥架长度超过 15m 时，宜设置伸缩节。电缆桥架跨越建筑物变形缝处，应设置补偿装置。

（14）金属电缆桥架及其支架和引入或引出电缆的金属导管应可靠接地，全长应不少于 2 处与接地保护导体（PE）相连。

电缆桥架布线如图 3-72 所示。

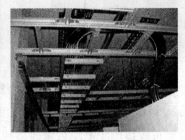

图 3-72　电缆桥架布线

四、电气竖井内布线

（1）电气竖井内布线适用于多层和高层建筑内强电及弱电垂直干线的敷设。可采用金属导管、金属线槽、电缆、电缆桥架及封闭式母线等布线方式。

（2）竖井的位置和数量应根据建筑物规模、用电负荷性质、各支线供电半径及建筑物的变形缝位置和防火分区等因素确定，并应符合下列要求：

1）宜靠近用电负荷中心。

2）不应和电梯井、管道井共用同一竖井。

3）邻近不应有烟道、热力管道及其他散热量大或潮湿的设施。

4）在条件允许时宜避免与电梯井及楼梯间相邻。

（3）电缆在竖井内敷设时，应不采用易延燃的外护层。

（4）竖井的井壁应是耐火极限不低于 1h 的非燃烧体。竖井在每层楼应设维护检修门并应开向公共走廊，其耐火等级应不低于丙级。楼层间钢筋混凝土楼板或钢结构楼板应做防火密封隔离，线缆穿过楼板应进行防火封堵。

（5）竖井大小除应满足布线间隔及端子箱、配电箱布置所必需尺寸外，宜在箱体前留有不小于 0.8m 的操作、维护距离，当建筑平面受限制时，可利用公共走道满足操作、维护距离的要求。

（6）竖井内垂直布线时，应考虑下列因素：

1）顶部最大变位和层间变位对干线的影响。

2）电线、电缆及金属保护导管、罩等自重所带来的荷重影响及其固定方式。

3）垂直干线与分支干线的连接方法。

（7）竖井内高压、低压和应急电源的电气线路之间应保持不小于 0.3m 的距离或采取隔离措施，并且高压线路应设有明显标志。

（8）电力和电信线路，宜分别设置竖井。当受条件限制必须合用时，电力与电信线路应分别布置在竖井两侧或采取隔离措施。

（9）竖井内应设电气照明及单相三孔电源插座。

（10）竖井内应敷有接地干线和接地端子。

（11）竖井内不应有与其无关的管道等通过。

竖井内布线如图 3-73 所示。

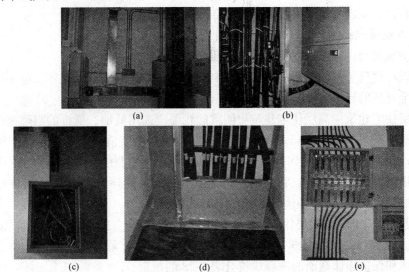

图 3-73　竖井内布线

(a) 线槽、金属管与配电箱；(b) 电缆穿刺线夹与配电线；(c) 线槽与配电箱；

(d) 电缆与封堵绝缘；(e) 线槽、金属管与接线端子

五、《住宅建筑电气设计规范》关于低压配电的要求

1. 一般规定

（1）住宅建筑低压配电系统的设计应根据住宅建筑的类别、规模、供电负荷等级、电价计量分类、物业管及可发展性等因素综合确定。

（2）住宅建筑低压配电设计应符合 GB 50054《低压配电设计规范》、JGJ 16《民用建筑电气设计规范》的有关规定。

2. 低压配电

（1）住宅建筑单相用电设备由三相电源供配电时，应考虑三相负荷平衡。

（2）住宅建筑每个单元或楼层宜设一个带隔离功能的开关电器，且该开关电器可以独立设置，也可设置在电能表箱内。

（3）采用三相电源供电的住宅，套内每层或每间房的单相用电设备、电源插座宜采用同相电源供电。

（4）每栋住宅的照明、电力、消防及其他防灾用电负荷应分别配电。

（5）住宅建筑电源进线电缆宜地下敷设，进线处宜设置电源进线箱，箱内应设置总保护开关电器。电源进线箱宜设置在室内，当电源进线箱设置在室外时，箱体防护等级不宜低于 IP54。

（6）六层及以下的住宅单元宜采用三相电源供配电，当住宅的单元数为 3 或 3 的整数倍

时，住宅单元可采用单相配电。

（7）七层及以上的住宅单元应采用三相电源供配电，当同层户数小于 9 时，同层住户可采用单相配电。

3. 低压配电线路的保护

（1）当住宅建筑设有防电气火灾剩余电流动作报警装置时，报警声光信号除应在配电柜上设置外，还宜将报警声光信号送至有人值守的值班室。

（2）每套住宅应设置自恢复式过、欠电压保护电器。

4. 导体及线缆选择

（1）住宅建筑套内的电源线应选用铜材质导体。

（2）敷设在电气竖井内的封闭母线、预制分支电缆、电缆及电源线等供电干线，可选用铜、铝或合金材质的导体。

（3）高层住宅建筑中高层住宅建筑中明敷的线缆应选用低烟、低毒的阻燃类线缆。

（4）建筑高度为 100m 或 35 层及以上的住宅建筑，用于消防设施的供电干线应采用矿物绝缘电缆；建筑高度为 50～100m 且 19～34 层的一类高层住宅建筑，用于消防设施的供电干线应采用阻燃耐火型线缆，宜采用矿物绝缘电缆；10～18 层的二类高层住宅建筑，用于消防设施的供电干线应采用阻燃耐火型线缆。

（5）19 层及以上的一类高层住宅建筑，公共疏散通道的应急照明应采用低烟无卤阻燃的线缆。10～18 层的二类高层住宅建筑，公共疏散通道的应急照明宜采用低烟无卤阻燃的线缆。

中性导体和保护导体截面的选择应符合表 3-28 的规定。

表 3-28	中性导体和保护导体截面的选择	（mm²）
相导体的截面 S	相应中性导体的截面 S_N（N）	相应保护导体的最小截面 S_{PE}（PE）
$S \leqslant 16$	$S_N = S$	$S_{PE} = S$
$16 < S \leqslant 35$	$S_N = S$	$S_{PE} = 16$
$S > 35$	$S_N = S$	$S_{PE} = S/2$

5. 导管布线

（1）管壁厚度。

1）住宅建筑套内配电线路布线可采用金属导管或塑料导管，暗敷的金属导管管壁厚度应不小于 1.5mm，暗敷的塑料导管管壁厚度应不小于 2.0mm。

2）潮湿地区的住宅建筑及住宅建筑内的潮湿场所，配电线路布线宜采用管壁厚度不小于 2.0mm 的塑料导管或金属导管。明敷的金属导管应做防腐、防潮处理。

3）塑料导管管壁厚度应不小于 2.0mm 是因为聚氯乙烯硬质电线管 PC20 及以上的管材壁厚大于或等于 2.1mm，聚氯乙烯半硬质电线管 FPC 壁厚均大于或等于 2.0mm。

（2）外护层厚度。

1）敷设在钢筋混凝土现浇楼板内的线缆保护导管最大外径应不大于楼板厚度的 1/3，敷设在垫层的线缆保护导管最大外径应不大于垫层厚度的 1/2。线缆保护导管暗敷时，外护层厚度应不小于 15mm；消防设备保护管暗敷时，外护层厚度应不小于 30mm。

2）外护层厚度为线缆保护导管外侧与建筑物、构筑物表面的距离。

（3）敷设在热水管的下面。

1) 当电源线缆导管与采暖热水管同层敷时，电源线缆导管宜敷设在采暖热水管的下面，并不应与采暖热水管平行敷设。电源线缆与采暖热水管相交处不应有接头。

2) 当采暖系统是地面辐射供暖或低温热水地板辐射供暖时，考虑其散热效果及对电源线的影响，电源线导管最好敷设于采暖水管层下混凝土现浇板内。

（4）卫生间。与卫生间无关的线缆导管不得进入和穿过卫生间，卫生间的线缆导管不应敷设在 0、1 区内，并不宜敷设在 2 区内。

（5）地下室。为了保障人身安全，净高小于 2.5m 且经常有人停留的地下室，应采用导管或线槽布线。

6. 电缆布线

无铠装的电缆在住宅建筑内明敷时，水平敷设至地面的距离不宜小于 2.5m；垂直敷设至地面的距离不宜小于 1.8m。除明敷在电气专用房间外当不能满足要求时，应采用防止机械损伤的措施。

220/380V 电力电缆及控制电缆与 1kV 以上的电力电缆在住宅建筑内平行明敷设时，其净距应不小于 150mm。

7. 电气竖井布线

（1）电缆明敷。电气竖井宜用于住宅建筑供电电源垂直干线等的敷设，并可采取电缆直敷、导管、线槽、电缆桥架及封闭式母线等明敷设布线方式，当穿管管径不大于电气竖井壁厚的 1/3 时，线缆可穿管暗敷于电气竖井壁内。

（2）电能表。当电能表箱设于电气竖井时，电气竖井内电源线缆宜采用导管、金属线槽等封闭式布线方式。电能表箱如果安装在电气竖井内，非电气专业人员有可能打开竖井查看电能表，为保障人身安全，竖井内 AC 50V 以上的电源线缆宜采用保护槽管封闭式布线。

（3）竖井门。

1) 电气竖井的井壁应为耐火极限不低于 1h 的不燃烧体，电气竖井应在每层设维护检修门，并宜加门锁或门控装置。维护检修门的耐火等级应不低于丙级，并应向公共通道开启。

2) 电气竖井加门锁或门控装置是为了保证住宅建筑的用电安全及电气设备的维护，防窃电和防非电气专业人员进入。门控装置包括门磁、电力锁等出入口控制系统。

3) 住宅建筑电气竖井检修门除应满足竖井内设备检修要求外，检修门的高×宽尺寸不宜小于 1.8m×0.6m。

（4）面积。电气竖井的面积应根据设备的数量、进出线的数量、设备安装、检修等因素确定。高层住宅建筑利用通道作为检修面积时，电气竖井的净宽度不宜小于 0.8m。

（5）防火封堵。电气竖井内竖向穿越楼板和水平穿过井壁的洞口应根据主干线缆所需的最大路由进行预留。楼板处的洞口应采用不低于楼板耐火极限的不燃烧体或防火材料作封堵，井壁的洞口应采用防火材料封堵。

（6）隔离。

1) 电气竖井内应急电源和非应急电源的电气线路之间应保持不小于 0.3m 的距离或采取隔离措施。

2) 强电和弱电线缆宜分别设置竖井。当受条件限制需合用时，强电和弱电线缆应分别布置在竖井两侧或采取隔离措施。

3) 强电与弱电的隔离措施可以用金属隔板分开或采用两者线缆均穿金属管、金属线槽。

采用隔离措施后，最小间距可为 10～300mm。

（7）电源。

1）电气竖井内的电源插座宜采用独立回路供电，电气竖井内照明宜采用应急照明。电气竖井内的照明开关宜设在电气竖井外，设在电气竖井内时照明开关面板宜带光显示。

2）电气竖井内应设电气照明及至少一个单相三孔电源插座，电源插座距地宜为 0.5～1.0m。

（8）接地。

1）电气竖井内应敷设接地干线和接地端子。

2）接地干线宜由变电所 PE 母线引来，接地端子应与接地干线连接，并做等电位联结。

第九节　常用电气设备装置

一、电梯

1. 设计内容

电梯电气控制设备由制造厂成套供应，电气控制设备的电源进线及控制和配电出线由安装单位配套。

电气设计只需为下列用电设备提供电源、选配断路器和配电线路：

（1）电梯主电源。

（2）轿厢、机房和滑轮间的照明和通风。

（3）轿顶和底坑的电源插座。

（4）机房和滑轮间的电源插座。

（5）电梯井道的照明。

（6）报警装置。

其中，对电梯控制柜、轿厢照明、轿顶插座和轿厢报警装置等用电设备，只选配开关和到开关输入端的供电线路。

2. 电梯设置

电梯包括住宅建筑的消防电梯和客梯。

（1）GB 50096《住宅设计规范》规定。

1）7 层及以上的住宅或住户入口层楼面距室外设计地面的高度超过 16m 的住宅必须设置电梯；底层作为商店或其他用房的多层住宅，其住户入口层楼面距该建筑物的室外设计地面高度超过 16m 时必须设置电梯；底层做架空层或储存空间的多层住宅，其住户入口层楼面距该建筑物的室外地面高度超过 16m 时必须设置电梯；顶层为两层一套的跃层住宅时，跃层部分不计层数。其顶层住户入口层楼面距该建筑物室外设计地面的高度不超过 16m 时，可不设电梯；住宅中间层有直通室外地面的出入口并具有消防通道时，其层数可由中间层起计算。

2）12 层及以上的高层住宅，每栋楼设置电梯应不少于两台，其中宜配置一台可容纳担架的电梯。

3）12 层及 12 层以上的住宅每单元只设一部电梯时，从第 12 层起应设置与相邻住宅单元联通的联系廊。联系廊可隔层设置，上下联系廊之间的间隔不应超过 5 层。联系廊的净宽应不小于 1.1m，局部净高应不低于 2m。

4）12 层及 12 层以上的住宅由两个及两个以上的住宅单元组成，且其中有一个或一个以上住宅单元未设置可容纳担架的电梯时，应从第 12 层起应设置与可容纳担架的电梯联通的联系廊。联系廊可隔层设置，上下联系廊之间的间隔应不超过 5 层。联系廊的净宽应不小于 1.1m，局部净高应不低于 2m。

5）7 层及以上的住宅电梯应设在没有户门或公共走廊的每层设站。住宅电梯宜成组集中布置。

6）候梯厅深度应不小于多台电梯中最大轿厢的深度，且应不小于 1.5m。

7）电梯不应紧邻卧室布置。

(2) GB 50045《高层民用建筑设计防火规范》规定。消防电梯的载重应不小于 800kg，消防电梯的行驶速度，应按从首层到顶层的运行时间不超过 60s 计算确定。

(3)《全国民用建筑工程设计技术措施/规划　建筑　景观》(2009 年版)。

1）电梯的设置应综合考虑急救功能、消防功能和无障碍通行功能，同时对建筑入口、入口平台、电梯及候梯厅、公共走道、无障碍住房等部位进行无障碍设计。住宅电梯应按以下要求进行设置：

7 层及以上住宅或住户入户口层楼面距室外设计地面的高度超过 16m 以上的住宅必须设置电梯。额定载重量 630kg 及以上的电梯，轿厢允许运送童车和轮椅；额定载重量为 1000kg 及以上的电梯，还能运送家具和手把可拆卸的担架。

2）7～11 层住宅每单元可设一台电梯；12 层及以上的高层住宅，每单元设置电梯应不少于 2 台，12～14 层单元式高层住宅每单元只设 1 台电梯时，应采用联系廊或屋顶联通。

3）上两条规定设置的电梯，在不超过一个楼梯层可抵达的情况下，应至少有 1 台电梯保证手把可拆卸的担架平放进出（最小轿厢尺寸为 1100mm×2100mm）。

其他未尽事项按照有关规范标准规定执行。

在初步设计和施工图设计阶段，电梯数量应经计算确定。电梯的服务质量应满足以下要求：乘客平均等候时间不宜超过 120s，发梯间隔时间不宜超过 60s。

(4) 常用设备。常用的电梯数量、容量和速度的选择如表 3-29 所示。

表 3-29　　　　　　　　　　电梯数量、容量和速度表

标　准	数量/台				额定容量 P/人	速度 v/(m/s)
	经济级	常用级	舒适级	豪华级		
住宅/(户/台)	80～100	60～80	40～60	<40	8、10、15	1～2.5

3. 负荷等级

电梯的负荷分级和供电要求，应与建筑的重要性和对电梯可靠性的要求相一致，并符合 GB 50052《供配电系统设计规范》的规定。

(1) 一类高层建筑的客梯为一级负荷，二类高层建筑的客梯为二级负荷。

(2) 一般载货电梯、医用电梯为三级，重要的为二级。

(3) 多层住宅和普通公建的电梯为三级。

(4) 高层建筑中的消防电梯，应符合 GB 50045《高层民用建筑设计防火规范》的规定。

4. 电源

(1) 电梯电源应专用，并应由建筑物配电间直接送至机房。

（2）电梯电源的电压波动范围应不超过±7%。

（3）机房照明电源应与电梯电源分开，并应在机房内靠近入口处设置照明开关。

（4）住宅建筑的消防电梯由专用回路供电，住宅建筑的客梯如果受条件限制，可与其他动力共用电源。

（5）消防电梯和客梯机房可合用检修电源，检修电源至少预留一个三相保护开关电器。

（6）客梯机房照明配电箱宜由客梯机房配电箱供电，如果客梯机房没有专用照明配电箱，电梯井道照明宜由客梯机房配电箱供电。

（7）就近引接的电源回路应装设剩余电流动作保护器。

5. 配电

高层住宅建筑的消防电梯应由专用回路供电，客梯宜由专用回路供电。电梯的供电宜从变压器低压出口（或低压配电屏）处分开自成供电系统。

（1）一级负荷电梯的供电电源应有两个电源，供电采用两个电源送至最末一级配电装置处，并自动切换，为一级负荷供电的回路应专用，不应接入其他级别的负荷。

（2）二级负荷电梯的供电电源宜有两个电源（或两个回路），供电可采用两个回路送至最末一级配电装置处，并自动切换。当变电系统低压侧为单母线分段且母联断路器采用自动投入方式时，可采用线路可靠独立出线的单回路供电。也可由应急母线或区域双电源自动互投配电装置出线的、可靠的单回路供电。

（3）消防电梯的供电，应采用两个电源（或两个回路）送至最末一级配电装置处，并自动切换。

（4）三级负荷电梯的供电，宜采用专用回路供电。

电梯机房的配电系统如图 3-74 所示。

6. 线路

（1）线路选择。选择电梯供电导线时，应按电动机铭牌电流及其相应的工作制确定，导

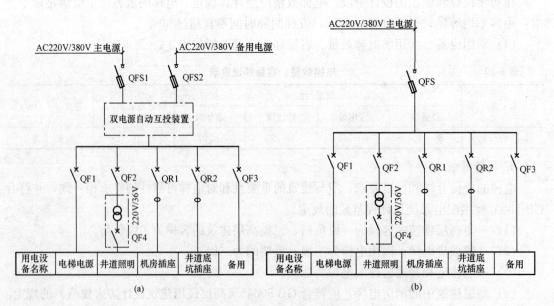

图 3-74 电梯机房的配电系统

（a）电梯机房 2 路电源；（b）电梯机房 1 路电源

线的连续工作载流量应不小于计算电流，线路较长时，还应校验其电压损失（直流电梯电源电压波动范围应不大于±3％，交流电梯±5％）。

直流客梯保护设备及导线选择见表 3-30。

表 3-30　　　　　　　　　　直流客梯保护设备及导线选择

序号	规格		总耗电功率/kW	cos φ	计算电流/A	断路器脱扣器额定电流/A	BV 铜导线截面/mm²（环境温度 30°）
	重量/kg	速度/(m/s)					
1	750	1.5	22	0.8	41.7	100/50	10
2	750	1.75	22	0.8	41.7	100/50	10
3	1000	1.5	22	0.8	41.7	100/50	10
4	1000	1.75	30	0.8	56.9	100/80	25
5	1000	2.25	30	0.8	56.9	100/80	25
6	1500	1.5	30	0.8	56.9	100/80	25
7	1500	1.75	40	0.8	75.8	100/100	32
8	1500	1.5	40	0.8	75.8	100/100	32

交流客梯保护设备及导线选择见表 3-31。

表 3-31　　　　　　　　　　交流客梯保护设备及导线选择

序号	规格		总耗电功率/kW	cos φ	计算电流/A	断路器或隔离开关额定电流/A	具有隔离功能的断路器脱扣器额定电流/A	铜导线截面/mm²（环境温度 30°）
	重量/kg	速度/(m/s)						
1	100	0.5	2.5	0.5	7.6	32/10	40/10	2.5
2	200	0.5	2.5	0.5	7.6	32/10	40/10	2.5
3	350	0.5	2.5	0.5	7.6	32/10	40/10	2.5
4	500	0.5	9	0.5	27.3	63/32	100/32	6
5	500	1.0	9	0.5	27.3	63/32	100/32	6
6	500	1.5	12	0.55	33.1	63/40	100/40	10
7	500	1.75	12	0.55	33.1	63/40	100/40	10
8	750	0.5	9	0.5	27.3	63/32	100/32	6
9	750	1.0	9	0.5	27.3	63/32	100/32	6
10	1000	0.5	9	0.5	27.3	63/32	100/32	6
11	1000	1.0	12	0.55	33.1	63/40	100/40	10
12	1000	1.5	17	0.55	46.9	63/50	100/50	16
13	1000	1.75	24	0.6	60.6	100/100	100/80	25
14	1500	0.5	17	0.55	46.9	63/50	100/50	16
15	1500	0.75	17	0.55	46.9	63/50	100/50	16
16	1500	1.0	21	0.6	51.3	63/63	100/63	16
17	1500	1.5	24	0.6	60.6	100/100	100/80	25
18	2000	0.25	12	0.55	33.1	63/40	100/40	10
19	2000	0.75	17	0.55	46.9	63/50	100/50	16
20	2000	1.5	24	0.6	60.6	100/100	100/80	25
21	3000	0.5	12	0.55	33.1	63/50	100/40	10
22	3000	0.5	21	0.6	51.3	63/63	100/63	16
23	3000	0.75	24	0.6	60.6	100/100	100/80	25
24	5000	0.25	21	0.6	51.3	63/63	100/63	16

（2）线路类型。根据不同用途，配线可选用导线、硬电缆和软电缆，应有不同的保护方式和敷设方式：

1）导线如被敷设于金属或塑料制成的导管（或线槽）内或以一种等效的方式保护，则其可用于除电梯驱动主机动力电路以外的全部线路。

2）硬电缆只能明敷于井道（或机房墙壁上），或装在导管、线槽或类似装置内使用。

3）普通软电缆只有在导管、线槽或能确保起到等效保护作用的保护装置中方可使用。

（3）线路敷设。

1）向电梯供电的电源线路，不应敷设在电梯井内。

2）除电梯的专用线路外，其他线路不得沿电梯井道敷设。

3）机房内配线应使用电线管或电线槽保护，应是阻燃型的。

4）井道内敷设的电缆和导线若采用明敷设，应是阻燃和耐潮湿的，若采用非阻燃的电缆和导线，应采用阻燃材料的电线管或线槽保护。

5）消防电梯动力与控制电缆、导线应采取防水措施（如在电梯门口设高 4～5cm 的漫坡）。

7. 开关

（1）设置。

1）每台电梯应装设单独的隔离电器和短路保护。

2）主电源开关宜采用低压断路器，并应能够切断正常使用情况下最大电流。

3）低压断路器的过负荷保护特性曲线应与电梯设备的负荷特性曲线相配合。

4）选择电梯供电导线时，应由其铭牌电流及其相应的工作制确定，导线的连续工作载流量应不小于计算电流，并应对导线电压损失进行校验。

5）对有机房电梯其主电源开关应能从机房入口处方便接近。

6）对无机房电梯其主电源开关应设置在井道外工作人员方便接近的地方，并应具有必要的安全防护。

（2）主开关不应切断下列供电电路：

1）轿厢照明、通风和报警。

2）机房、隔层和井道照明。

3）机房、轿顶和底坑电源插座。

（3）主开关的位置应能从机房入口处方便，迅速地接近。

（4）在同一机房安装多台电梯时，各台电梯开关的操动机构应装设识别标志。

（5）轿厢照明和通风电路的电源可由相应的主开关进线侧获得，并在相应的主开关近旁设置电源开关进行控制。

8. 照明

（1）轿顶应装设照明装置，或设置以安全电压供电的电源插座。

（2）轿顶检修用 220V 电源插座（2P＋PE 型）应装设明显标志。

（3）井道照明应符合下列规定：

1）电源宜由机房照明回路获得，且应在机房内设置具有短路保护功能的开关进行控制。

2）照明灯具应固定在不影响电梯运行的井道壁上，其间距应不大于 7m。

3）在井道的最高和最低点 0.5m 以内各装设一盏照明灯。

（4）电梯机房内应有足够的照明，其地面照度应不低于200lx（勒克斯）。电梯井道照明宜由电梯机房照明配电箱供电。

高层建筑物内的乘客电梯轿厢内应有应急照明，连续供电不小于20min。轿厢内的工作照明灯数应不少于两个，轿厢地面的照度不应低于5lx。

9. 插座

（1）电梯机房内应至少设置一组单相两孔、三孔电源插座，并宜设置检修电源。

（2）当电梯机房的自然通风不能满足电梯正常工作时，应采取机械通风或空调的方式。

（3）电梯井道照明供电电压宜为36V。当采用AC 220V时，应装设剩余电流动作保护器，光源应加防护罩。

（4）电梯底坑应设置一个防护等级不低于IP54的单相三孔电源插座，电源插座的电源可就近引接，电源插座的底边距底坑宜为1.5m。

上述照明、通风装置和插座的电源，可以从电梯的主电源开关前取得，由机房内电源配电箱（柜）供电或单设照明配电箱，或另引照明供电回路并单设照明配电箱。

10. 电梯机房及井道电气设备布置

有机房电梯井道灯具安装位置如图3-75所示。无机房电梯井道灯具安装位置如图3-76所示。

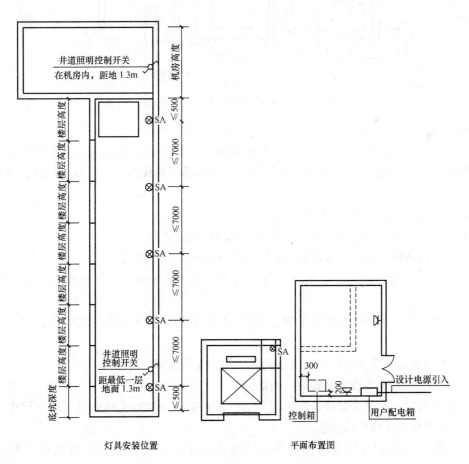

图 3-75　有机房电梯井道灯具安装位置

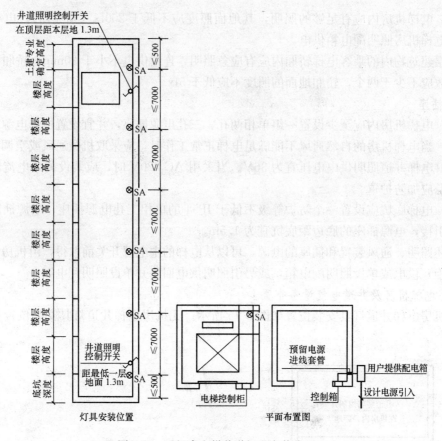

图 3-76　无机房电梯井道灯具安装位置

11. 接地

（1）二类防雷建筑物超过 45m 和三类防雷建筑物超过 60m 的建筑，应采取防雷等电位连接措施，电梯导轨的底端和顶端分别与防雷装置连接（接闪器、引下线、接地装置和其他连接导体等）。

（2）电气设备接地应符合下列规定：

1）所有电气设备的外露可导电部分均应可靠接地或接零。

2）电气设备保护线的连接应符合供电系统接地型式的设计要求。

3）在采用三相四线制供电的接零保护（即 TN）系统中，严禁电梯电气设备单独接地。

4）电梯轿厢可利用随行电缆的钢芯或芯线作保护线，当采用电缆芯线作保护线时不得少于 2 根。

（3）电梯机房、井道和轿厢中电器装置的间接接触保护。

1）低压配电系统零线和接地线应始终分开。

2）整个电梯装置的金属件，应采取等电位联结措施。接地支线应分别接至接地干线接线柱上，不得互相连接后再接地。

3）在各个底坑和各机房均设置等电位连接端子盒，并与防雷装置连接。端子盒分别单独用接地线接至等电位联结端子板，以便于检查和维护。采用铜芯导体，芯线截

面不得小于 $6mm^2$，当兼用作防雷等电位联结时，采用铜芯导体，芯线截面不得小于 $16mm^2$。

4）轿厢接地线，如利用电缆芯线时，不得少于两根，采用铜芯导体，每根芯线截面不得小于 $2.5mm^2$。

5）电位连接、保护接地及电梯控制计算机工作接地与建筑内其他功能的接地共用接地装置。

12. 防灾及报警装置

（1）高层建筑内的乘客电梯，应符合防灾设置标准，采用下列相应的应急操作措施。

1）正常电源和防灾系统电源转换时，消防电梯能及时投入。

2）发现灾情后电梯能迅速依次停落在指定层，轿厢内乘客能迅速疏散。

3）当消防电梯平时兼作普通客梯使用时，应具有火灾时工作程序的转换装置。

4）对于大型公共建筑，在防灾中心宜设置显示各部电梯运行状态的模拟盘及电梯自身故障或出现异常状态时的操纵盘，其内容如下：

①异常的指示器。

②轿厢位置的指示器。

③轿厢起动和停止的指示器和远距离操纵装置。

④停电时运行的指示器和操纵装置。

⑤地震时运行的指示器和操纵装置。

⑥火灾时运行的指示器和操纵装置。

（2）消防电梯和平时兼作普通电梯的消防电梯，在撤离层靠近层门的候梯处增设消防专用开关及优先呼梯开关，供火灾时消防队员使用。

（3）为使乘客在需要时能有效地向轿厢外求援，应在轿厢内装设乘客易于识别和触及的报警装置。该装置应采用警铃、对讲系统、外部电话或类似形式的装置。

（4）超高层建筑和级别高的公建，在防灾控制中心宜设置电梯运行状态指示盘。

（5）假如电梯行程大于 $30m$，在轿厢和电梯机房之间应设置紧急电源供电的对讲系统或类似装置。

（6）消防电梯轿厢内应设消防专用固定电话，根据需要可以设闭路监视摄像机。

二、电动门

1. 分类

电动门按"电动"分为普通型、机电一体化型和智能一体化型。

（1）普通型需配功率控制箱，功率部分在控制箱里。

（2）机电一体化型功率部分及逻辑电路在电装本体上，此类电装性价比高，可靠性好。

（3）智能一体化型只是在机电一体化上加了液晶显示、电子行程、电子力矩、遥控调试等功能。

电动门主要指伸缩门、旋转门、卷帘门、平移门、平开门等，如图 3-77 所示。

2. 安装

（1）伸缩门。伸缩门及大型平移门（铁制或不锈钢）应用于小区出入大门口，伸缩门的安装示意如图 3-78 所示。

（2）旋转门。旋转门及轻型平移门（感应门）一般应用于商住、公寓等高档大楼的出入

图 3-77 电动门

（a）伸缩门；（b）旋转门；（c）卷帘门；（d）平移门；（e）平开门

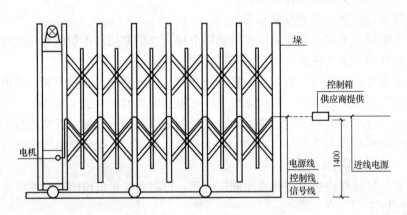

图 3-78 伸缩门的安装示意

口，旋转门的安装示意如图 3-79 所示。

（3）平开门。平开门的应用范围很广，一般小于 5m 的门口都可以应用平开门。平开门的安装示意如图 3-80 所示。

（4）卷帘门。公共场所或住宅，尤其是在门洞较大，不便安装地面门体的地方，可安装卷帘门，如车库门、防火卷帘门、库门等。卷帘门的安装如图 3-81 所示。

3. 配电

疏散通道上的电动门包括住宅建筑的出入口处、住宅小区的出入口处等。

电动门应由就近配电箱（柜）引专用回路供电，供电回路应装设短路、过负荷和剩余电流动作保护器，剩余电流动作保护器不大于 30mA 动作，用于漏电时的人身保护。

应在电动门就地装设隔离电器和手动控制开关或按钮。

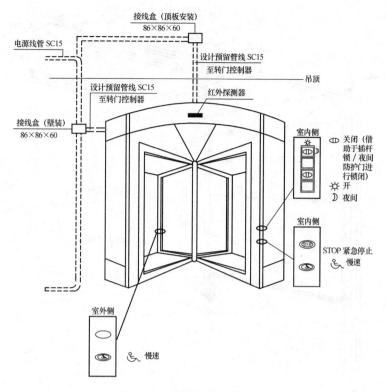

图 3-79　旋转门的安装示意

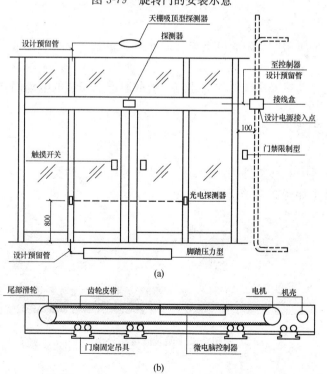

(a)

(b)

图 3-80　平开门的安装示意

(a) 自动感应平开门安装示意；(b) 控制器俯视图

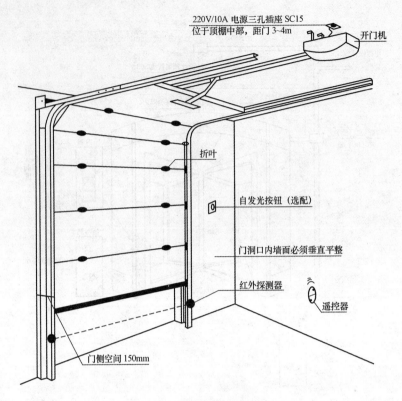

图 3-81 卷帘门的安装示意

4. 接地

电动门的所有金属构件及附属电气设备的外露可导电部分，均应可靠接地。

5. 报警

对于设有火灾自动报警系统的住宅建筑，疏散通道上安装的电动门，应能在发生火灾时自动开启。

三、家居配电箱

1. 分类

配电箱分金属外壳和塑料外壳两种，有明装式和暗装式两类。

暗装配电箱外形如图 3-82 所示。

图 3-82 暗装配电箱外形

2. 接线

箱体内接线汇流排应分别设立零线（N—蓝）、保护接地线（PE—黄绿相间）、相线（L1—黄，L2—绿，L3—红），且要完好无损，具良好绝缘，如图 3-83 所示。

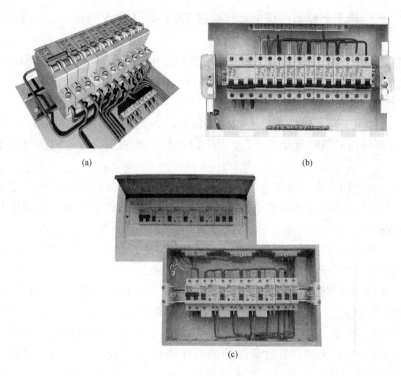

图 3-83　配电箱接线

（a）接线；（b）三相进线；（c）单相进线

3. 开关

家居配电箱应装设同时断开相线和中性线的电源进线开关电器，供电回路应装设短路和过负荷保护电器。

（1）微型断路器。配电（线路）、电动机和家用等的过电流保护断路器，因保护对象（如变压器、电线电缆、电动机和家用电器等）的承受过载电流的能力（包括电动机的起动电流和起动时间等）有差异，因此选用的断路器的保护特性也是不同的。

表 3-32 为家用和类似场所用断路器的过载脱扣特性。

表 3-32　　　　　　　　　家用和类似场所用断路器的过载脱扣特性

脱扣器形式	断路器的脱扣器额定电流 I_n/A	通过电流/A	规定时间（脱扣或不脱扣极限时间）	预期结果
B、C、D	≤63	1.13 I_n	≥1h	不脱扣
	>63		≥2h	
B、C、D	≤63	1.45 I_n	<1h	脱扣
	>63		<2h	
B、C、D	≤32	2.55 I_n	1~60s	脱扣
	>32		1~120s	
B	所有值	3 I_n	≥0.1s	不脱扣
C		5 I_n		
D		10 I_n		
B	所有值	5 I_n	<0.1s	脱扣
C		10 I_n		
D		50 I_n		

（2）保护特性。微型断路器的保护特性根据 IEC898 分为 A、B、C、D 四种特性供用户选用。

1）A 特性一般用于需要快速、无延时脱扣的使用场合，亦即用于较低的峰值电流值（通常是额定电流 I_n 的 2～3 倍），以限制允许通过短路电流值和总的分断时间，利用该特性可使微型断路器替代熔断器作为电子元器件的过电流保护及互感测量回路的保护。

2）B 特性一般用于需要较快速度脱扣且峰值电流不是很大的使用场合；与 A 特性相比较，B 特性允许通过的峰值电流小于 $3 I_n$，用于白炽灯、电加热器等电阻性负载及住宅线路的保护。

3）C 特性一般适用于大部分的电气回路，允许负载通过较高的短时峰值电流而微型断路器不动作，C 特性允许通过的峰值电流小于 $5 I_n$，用于荧光灯、高压气体放电灯、动力配电系统的线路保护。

4）D 特性一般适用于很高的峰值电流小于 $10 I_n$ 的开关设备，用于交流额定电压与频率下的控制变压器和局部照明变压器的一次线路和电磁阀的保护。

IEC898 标准内明确规定，微型断路器不能用于对电动机的保护，只可作为替代熔断器对配电线路（如电线电缆）进行保护。电动机在起动瞬间有一个（5～7）I_n 持续时间为 10s 的起动电流，即使 C 特性在电磁脱扣电流设定为（5～10）I_n，可以保证在电动机起动时避过浪涌电流；但对热保护来讲，其过载保护的动作值整定于 $1.45 I_n$，也就是说，电动机要承受 45% 以上的过载电流时微型断路器才能脱扣，这对于只能承受小于 20% 过载的电动机定子绕组来讲，是极容易使绕组间的绝缘损坏的，而对于电线电缆来讲是可承受的。

用户可根据保护对象的需要，任选其中的一种。

（3）应用。"1P＋N"微型断路器的额定电压是交流 230V，只能分断单相电路，而且相线与零线不能接错；"2P"微型断路器的额定电压是交流 400V，可分断两相、单相电路。如图 3-84 所示。

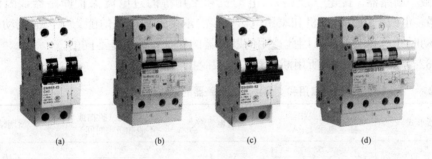

图 3-84 "1P＋N"与"2P＋N"微型断路器

(a) "1P＋N"；(b) "1P＋N"电子式漏电断路器；(c) "2P"；(d) "2P＋N"电子式漏电断路器

1 位的"1P＋N"微型断路器体积小，分断能力只有 4.5kA，而不能带附件；2 位的"1P＋N"微型断路器体积大，分断能力达 4.5kA，可带各种附件。

4. 漏电保护

连接手持式及移动式家用电器的电源插座回路应装设剩余电流动作保护器，柜式空调的电源插座回路应装设剩余电流动作保护器，分体式空调的电源插座回路宜装设剩余电流动作保护器。漏电保护器的保护对象主要是为了防止人身直接接触或间接接触触电。

（1）直接接触触电保护是防止人身直接触及电气设备的带电体而造成触电伤亡事故。直接接触触电电流就是触电保护电器的漏电动作电流，因此，从安全角度考虑，应选用额定漏电动作电流为 30mA 以下的高灵敏度、快速动作型的漏电保护器。

如对于手持电动工具、移动式电气设备、家用电器等，其额定漏电动作电流一般应不超过 30mA。

（2）间接接触触电保护是为了防止电气设备在发生绝缘损坏时，在金属外壳等外露导电部件上出现持续带有危险电压而产生触电的危险。漏电保护器用于间接接触触电保护时，主要是采用自动切断电源的保护方式。如对于固定式的电气设备一般应选用额定漏电动作电流为 30mA 及以上，快速动作型或延时动作型（对于分级保护中的上级保护）的漏电保护器。

（3）分断时间。间接接触保护用漏电保护器的最大分断时间见表 3-33。

表 3-33　　　　　　　间接接触保护用漏电保护器的最大分断时间

$I_{\Delta n}$ /A	I_n /A	最大分断时间/s		
		$I_{\Delta n}$	$2 I_{\Delta n}$	$5 I_{\Delta n}$
≥0.03	任何值	0.2	0.1	0.04
	≥40	0.2	—	0.15

直接接触补充保护用漏电保护器的最大分断时间见表 3-34。

表 3-34　　　　　　　直接接触补充保护用漏电保护器的最大分断时间

$I_{\Delta n}$ /A	I_n /A	最大分断时间/s		
		$I_{\Delta n}$	$2 I_{\Delta n}$	0.25A
≤0.03	任何值	0.2	0.1	0.04

注：1. 延时型漏电保护器延时时间的优选值为 0.2、0.4、0.8、1、1.5、2s。

2. 延时型漏电保护器只适用于间接接触保护，$I_{\Delta n}$≥0.03A。

3. $I_{\Delta n}$ 为额定漏电动作电流（A），I_n 为额定电流（A）。

（4）电器漏电流。一个住宅单元或一栋住宅建筑，家用电器的正常泄漏电流是个动态值，设计人员很难计算，按面积估算相对比较容易。下面列出面积估算值和常用电器正常泄漏电流参考值。

1）当住宅部分建筑面积小于 1500m²（单相配电）或 4500m²（三相配电）时，防止电气火灾的剩余电流动作保护器的额定值为 300mA。

2）当住宅部分建筑面积在 1500～2000m²（单相配电）或 4500～6000m²（三相配电）时，防止电气火灾的剩余电流动作保护器的额定值为 500mA。

3）常用电器正常泄漏电流参考值见表 3-35。

表 3-35　　　　　　　常用电器正常泄漏电流参考值

序号	电器名称	泄漏电流/mA	序号	电器名称	泄漏电流/mA
1	空调器	0.8	8	排油烟机	0.22
2	电热水器	0.42	9	白炽灯	0.03
3	洗衣机	0.32	10	荧光灯	0.11
4	电冰箱	0.19	11	电视机	0.31
5	计算机	1.5	12	电熨斗	0.25
6	饮水机	0.21	13	排风机	0.06
7	微波炉	0.46	14	电饭煲	0.31

（5）漏电保护动作。

1）剩余电流动作保护器产品标准规定：不动作泄漏电流值为 1/2 额定值。

2）一个额定值为 30mA 的剩余电流动作保护器，当正常泄漏电流值为 15mA 时，保护器是不会动作的，超过 15mA 保护器动作是产品标准允许的。

3）表 3-35 中数据可视为一户住宅常用电器正常泄漏电流值，约为 5mA。一个额定值同样是 300mA 的剩余电流动作保护器，如果动作电流值为 180mA，可以带 30 多户；如果动作电流值为 230mA，可以多带 10 户。

4）每户常用电器正常泄漏电流不是一个固定值，其他非住户用电负荷（如公共照明等）的正常泄漏电流也没有计算在内。

5）剩余电流保护断路器的额定电流值各生产厂家是一样的，但动作电流值各生产厂家不一样。

第十节　弱电机房供配电系统设计

一、机房供配电系统设计原则

1. 分级

现行标准、规范中一般都会对信息系统进行分级或分类，提出不同的可靠性要求，并制订相应的建设或配置标准。

GB 50174《电子信息系统机房设计规范》中分为 A、B、C 三级，见表 3-36。

表 3-36　　　　　　　　　　　电子信息系统机房分级

内容	A 级	B 级	C 级
等级划分	符合下列情况之一的电子信息系统机房应为 A 级。 （1）电子信息系统运行中断将造成重大的经济损失 （2）电子信息系统运行中断将造成公共场所秩序严重混乱	符合下列情况之一的电子信息系统机房应为 B 级。 （1）电子信息系统运行中断将造成较大的经济损失 （2）电子信息系统运行中断将造成公共场所秩序混乱	不属于 A 级或 B 级的电子信息系统机房为 C 级
性能要求	A 级电子信息系统机房内的场地设施应按容错系统配置，在电子信息系统运行期间，场地设施不应因操作失误、设备故障、外电源中断、维护和检修而导致电子信息系统运行中断	B 级电子信息系统机房内的场地设施应按冗余要求配置，在系统运行期间，场地设施在冗余能力范围内，不应因设备故障而导致电子信息系统运行中断	C 级电子信息系统机房内的场地设施应按基本需求配置，在场地设施正常运行情况下，应保证电子信息系统运行不中断
系统配置	具有两套或两套以上的相同配置的系统，在同一时刻至少有两套系统在工作	系统满足基本需求外，增加了 X 个单元、X 个模块或 X 个路径。任何 X 个单元、模块或路径的故障或维护不会导致系统运行中断	系统满足基本需求，没有冗余
场所	国家气象台，国家级信息中心、计算中心，重要的军事指挥部门，大中城市的机场、广播电台、电视台、应急指挥中心，银行总行，国家和区域电力调度中心等电子信息机房和重要的控制室等	科研院所，高等学校，三级医院，大中城市的气象台、信息中心，疾病预防与控制中心。电力调度中心、交通（铁路、公路、水运）指挥调度中心，国际会议中心，大型博物馆、档案馆、会展中心、国际体育比赛场馆，省部级以上政府办公楼；大型工矿企业等的电子信息系统机房和重要的控制室等	

在异地建立的备份机房，设计时应与原有机房等级相同。同一个机房内的不同部分可以根据实际需求，按照不同的标准进行设计。一般情况下，住宅小区内的机房属于 C 级。

2. 位置

电子信息系统机房位置选择应符合下列要求：

（1）电力供给应稳定可靠，交通通信应便捷，自然环境应清洁。

（2）应远离产生粉尘、油烟、有害气体以及生产或储存具有腐蚀性、易燃、易爆物品的场所。

（3）远离水灾、火灾隐患区域。

（4）远离强振源和强噪声源。

（5）避开强电磁场干扰。

对于多层或高层建筑物内的电子信息系统机房，在确定主机房的位置时，应对设备运输、管线敷设、雷电感应和结构荷载等问题进行综合考虑和经济比较；采用机房专用空调的主机房，应具备安装室外机的建筑条件。

3. 组成

电子信息系统机房的组成应根据系统运行特点及设备具体要求确定，一般宜由主机房、辅助区、支持区和行政管理区等功能区组成，如图 3-85 所示。

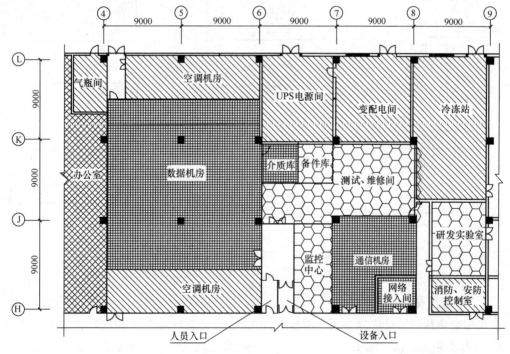

图 3-85 机房组成示意图

日常有人区域包括测试、维修间、监控中心、研发实验室、消防、安防控制室、办公室。日常无人区域包括空调机房、数据机房、气瓶间、UPS 电源间、变配电间、冷冻站、介质库、通信机房、网络接入间等。

4. 供电设计

（1）机房供配电系统设计应执行或参照执行国家和行业相关标准、规范，并可参考国外相关标准、规范，结合考虑机房用电负荷密度高、供电可靠性要求高等特性采取适当的技术措施。同时，应满足项目建设单位的企业标准、规范的要求。

（2）机房供配电系统设计应遵循分区、分级的原则，同一功能区域内的各类设备的供电可靠性，应能保证所有设备能够按照该区域标准的要求运行，并将供配电系统局部故障的影响面控制在尽可能小的范围。

（3）机房用电负荷密度高、总量大，其供配电系统设计中应充分运用成熟有效的节能措施，降低供配电系统的损耗。

C 级机房的供电按二级负荷供电，图 3-86 是 C 级机房供电系统图。

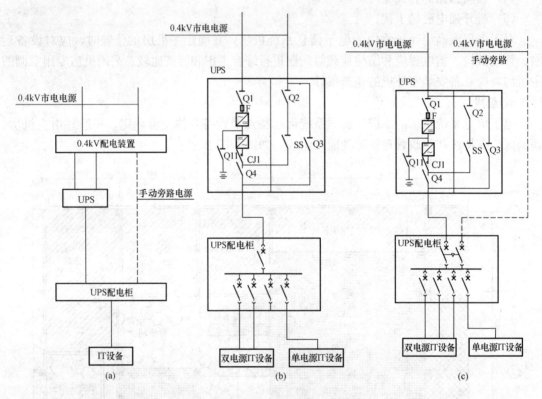

图 3-86　C 级机房供电系统

（a）框图；（b）单台 UPS 供电；（c）单台 UPS 加手动旁路供电

二、用电负荷

机房用电负荷的统计应分为两个层次，即 UPS 电源系统负荷（输出）和变配电系统负荷。UPS 电源系统负荷（输出）是 UPS 电源系统设计的依据，变配电系统负荷是变配电系统和自备应急电源系统设计的依据。

1. UPS 电源系统负荷（输出）

具体负荷设备明确时，按设备数据统计；具体负荷设备不明确时，按设备机柜平均负荷统计；设备机柜数量也不明确时，可按机房面积平均负荷估计。

需了解负荷设备的功率因数 $\cos\varphi$，分别统计有功功率 $P_j(\mathrm{kW})$ 和视在功率 $S_j(\mathrm{kVA})$。需注意三相负荷平衡的情况，有大容量单相负荷设备时应按相分别统计。

2. 变配电系统负荷

变配电系统负荷主要包括 UPS 电源系统（输入）、机房空调系统、机房照明及建筑电气设备等。

$$UPS 电源系统负荷（输入）＝供电负荷＋充电负荷$$

$$机房空调系统负荷＝N 台主用空调机组额定负荷容量×负荷率$$

机房照明及其他负荷按建筑电气常规方法统计。日常运行负荷、充电负荷、消防负荷等还宜分别统计。

三、供电电源

1. 市电电源

市电电源选择一般采用 10kV 供电电压，机房宜采用 10/0.4kV 降电压方式。

2. 引入要求

（1）机房的市电电源引入方式及其供电容量，应满足不同用途或等级机房对供电可靠性的要求。

（2）极高可靠性要求机房应从两个独立的电网变电所的专用输出回路上分别引入一路市电电源，以专线方式沿不同的敷设路由引接至机房。每一路市电电源的供电容量应能满足全部负荷或全部一、二级负荷的需求，包括 UPS 电源系统、机房空调、机房照明、蓄电池充电及建筑设备等。两路市电电源的供电容量应为全冗余，正常时应同时供电运行。

（3）高可靠性要求机房宜从两个独立的电网变电所，也可从一个电网变电所的两段独立的供电母线上分别引入一路市电电源，以专线方式引接至机房。每一路市电电源的供电容量应能满足全部一、二级负荷的需求，包括 UPS 电源系统、机房空调、机房照明、蓄电池充电及建筑设备中的一、二级负荷。两路市电电源的供电容量应为全冗余，正常时应同时供电运行。

（4）一般可靠性要求机房宜引入两路市电电源，条件受限制时也可引入一路市电电源。引入两路市电电源时，宜为冗余关系，也可作为供电容量扩展关系。

3. 电能质量

（1）质量要求。

1）计算机设备对电源要求质量较高，不仅要求采用不间断供电系统，而且要求电源电压波动在±10%以内才能正常工作。

2）一些网络数据传输设备甚至要求电源电压波动在±5%以内。

（2）保障措施。

1）直接供电（AC380V、50Hz），将低压市电直接接到配电柜，然后再分送给计算机设备，而该系统仅适用于电网质量的技术指标能满足计算机的要求且附近没有较大负荷的起动和制动，以及电磁干扰很小的地方使用。

2）隔离变压器、稳压器和滤波器组合系统。该组合系统是计算机房多采用的一种配电系统，该系统可消除电网中的瞬变干扰、电磁干扰、较大负荷起/停引起的电压波动。

3）不间断供电电源系统。具有稳压、稳频、抗干扰、防止浪涌等功能，而且当发生突然停电时，可以继续对用电设备供电一段时间，使操作人员仍能及时处理计算机中的内存信息。

4. 不间断供电电源 UPS

（1）不间断供电电源（UPS）选择原则：

1）应使其输出功率大于用电设备额定功率之和的 1.3～1.5 倍，额定放电时间应为 10～30min。

2）应满足抗电压波动指标，否则应在 UPS 电源前设置电源稳压器。

3）用电设备中整流器负荷较大时，在 UPS 电源前配电回路上设置谐波吸收器来吸收高次谐波，使输出电压总波形的失真度不超过 5%（单相输出允许 10%）。

4）电网质量较差的地区应在 UPS 电源装置前设置频率偏差保护器。

（2）根据用电设备对供电可靠性和连续性的要求，UPS 电源按其工作方式可分为后备式 UPS 和在线式 UPS 两大类，而按其输出波形又可分为方波输出 UPS 和正弦波输出 UPS 两种。

5. 机房布置

（1）变配电所、UPS 电源机房应靠近设备机房（负荷中心）布置，均应留有足够的面积，可与设备机房同步发展。

（2）应注意留有足够的、合理的供电线路通道。

（3）对于非专门设计用于机房的建筑，应注意其是否满足设备安装和线路敷设的要求，包括楼面荷载、净高、抗震等级、耐火等级等方面。

6. UPS 电源机房布置

（1）UPS 电源机房应与设备机房相邻布置，包括同层相邻或相邻楼层。

（2）UPS 电源主机、配电柜与蓄电池组是否需要分隔，按照机房等级的要求决定。对于极高可靠性要求机房，互为冗余的 UPS 电源系统宜安装在不同的防火分区内。

四、配电系统

1. 高压配电系统

（1）两路市电电源的高压配电系统应采用单母线分段方式。当两路市电电源冗余时，两段母线间可不设置联络（一般供电部门也不允许联络）。

（2）配电线路应采用放射式配电。

（3）两路市电电源的配电线路应分开敷设，不能分开时应采取防火隔离措施。配电线路应采用无卤低烟阻燃型、耐火型电缆或母线槽。

2. 低压配电系统

（1）两路市电电源的低压配电系统应采用单母线分段方式，两段母线间设置联络。

（2）极高可靠性要求机房的两路市电电源应分别与两路自备应急电源中的一路自动切换。

（3）高可靠性要求机房的两路市电电源应分别与自备应急电源自动切换。

3. 电源切换

（1）对于 UPS 电源系统、机房空调、机房照明及其他建筑设备中的一级、二级负荷，应采用放射式双回路配电，两路电源在负荷设备输入端自动切换。

（2）两路电源切换应采用 PC 级自动转换开关。低压配电系统输入端市电电源与自备应急电源切换宜采用具有旁路隔离功能的 PC 级自动转换开关。

（3）双回路配电的两回线路应分开敷设，不能分开时应采取防火隔离措施。配电线路应采用无卤低烟阻燃型、耐火型电缆或母线槽。

（4）低压配电系统的同一段输出母线上宜同时连接为同一设备机房或区域服务的 UPS 电源系统和机房空调设备。

4. 机房空调配电

（1）机房空调设备应设置专用的配电柜，机房空调配电柜应引接两路电源、自动切换。

（2）一个设备机房或区域应设置两台及以上的空调配电柜，每台空调配电柜的输入电源应分别引自不同的低压配电柜或配电回路。

（3）一个设备机房或区域内的多台空调设备应间隔连接于不同的配电柜上，且正常运行时宜连接于不同的电源上。

图 3-87 是机房变配电系统的一种形式，可应用于高可靠性要求的机房。

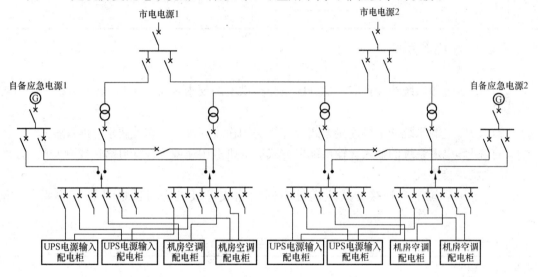

图 3-87　机房变配电系统示意

5. EPS 电源供电方案

应急电源装置（EPS）不宜作为消防水泵、消防电梯、消防风机等电动机类负载的应急电源，表 3-37 是 EPS 电源供电方案。

表 3-37　　　　　　　　　　　　　　　　　EPS 电源供电方案

方案	低压配电系统接线图	系统说明
1	主机柜　EPS应急电池柜　TSE　市电	EPS 集中设置在统一的机房内，由 EPS 应急母线配出回路给各现场。 现场一般为照明负荷
2	TSE　EPS	EPS 相对集中设在末端配电箱中，平时由双电源供电，双电源故障后由 EPS 供电。 现场一般为照明负荷

续表

方案	低压配电系统接线图	系统说明
3		EPS相对集中设在末端配电箱中,平时由双电源供电,双电源故障后由EPS供电给部分负荷。 现场一般为照明负荷
4		EPS相对集中设在末端配电箱中,平时由单电源供电,单电源故障后由EPS供电给部分负荷。 现场一般为照明负荷

五、UPS 电源系统

1. 设计原则

(1) UPS 电源系统的设置应考虑分区或分类供电的要求,每个 UPS 电源系统的供电容量不宜过大。

(2) UPS 电源系统的主机连接方式应与机房用途或等级(可靠性要求)匹配。

(3) UPS 电源系统的输入、输出配电方式应与机房用途或等级(可靠性要求)匹配。

2. 主机连接方式

UPS 电源系统主机连接方式应满足不同用途或等级机房对供电可靠性的要求,见表3-38。

表 3-38 常用 UPS 电源主机连接方式

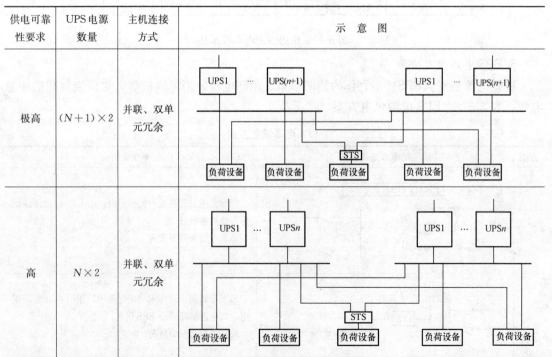

供电可靠性要求	UPS 电源数量	主机连接方式	示 意 图
极高	$(N+1) \times 2$	并联、双单元冗余	
高	$N \times 2$	并联、双单元冗余	

续表

供电可靠性要求	UPS电源数量	主机连接方式	示　意　图
一般	$N+1$	并联冗余	

对于双单元冗余方式，宜选择双机并联、双单元冗余。一方面可以兼顾部分单电源输入设备；另一方面，当单机故障或检修时，尚不影响系统运行方式。

对于并联冗余方式，N 不宜大于 2。

3. 容量

UPS 电源主机容量的选择应结合主机连接方式以及分区、分类供电要求，统筹考虑，一般单台主机容量不宜大于 400kVA。

4. 蓄电池组

（1）配置原则。

1）UPS 电源系统蓄电池组配置应满足不同用途或等级机房对供电可靠性和后备时间的要求。

2）系统负荷明确时，可按负荷计算蓄电池组容量。系统负荷不明确时，按系统额定值或按系统额定值×负荷率计算蓄电池组容量。

3）一般不考虑输入电源中断时，UPS 电源主机同时发生故障。需要考虑安全系数和环境温度系数。

4）蓄电池组并联组数不宜过多。容量较大时宜采用 2V 单体蓄电池，但不宜少于 2 组。

5）按 UPS 电源容量计算蓄电池组容量时，需注意按单机计算或按系统计算的差别。

（2）容量计算。UPS 电源系统蓄电池组容量的计算方法有以下两种：

1）按负荷电流计算，结果是蓄电池组的总容量，然后再选择单组蓄电池的容量和组数。

2）按负荷功率计算，结果是选定容量规格的蓄电池组数。

两种计算方法的结果可互相校验。

5. 输入配电

（1）UPS 电源系统应设置专用的输入配电柜。UPS 电源系统输入配电柜应引接两路电源、自动切换。每套 UPS 电源系统应一般设置两台及以上的输入配电柜，各台输入配电柜的电源应分别引自不同的低压配电柜或配电回路。

（2）UPS 电源主机的主电源和旁路电源应分别引入，并宜由不同的输入配电柜引接。

（3）并联冗余 UPS 电源系统的各台主机的输入电源应分别由不同的输入配电柜引接，但应确保各台主机的旁路电源连接在同一电源上。系统正常运行时，各台主机的主电源宜连接在不同的电源上。

（4）双单元冗余 UPS 电源系统的两个单元各台主机的输入电源应分别由不同的配电柜引接。两个单元各台主机的旁路电源应连接在同一电源上。系统正常运行时，两个单元各台主机的主电源应分别连接在不同的电源上。

6. 输出配电

UPS 电源系统输出一般采用系统输出配电柜、机房配电柜、机柜配电单元三级配电方式。

UPS 电源系统输出应采用放射式、双回路配电方式，应尽量采用三相配电，末端分相，以利三相平衡。

对于单电源输入设备，即使已采用双单元冗余 UPS 电源系统，也宜将其连接在其中一个单元上；对于双单元冗余 UPS 电源系统，可将其每个单元中的部分容量视为并联冗余性质。对于需要双回路供电的单电源输入设备，宜在其输入端设置静态转换开关 STS。静态转换开关 STS 的性能应能满足其要求，一般转换时间小于 5～10ms。

（1）UPS 电源系统输出配电须重视保护的选择性，在发生故障时应能限制故障的影响范围。

（2）UPS 电源系统各台主机输出应分别连接到输出配电柜母线上，并应能与其断开。

（3）UPS 电源系统输出配电柜应设置应急旁路，正常运行时应急旁路应分断并锁止。

（4）UPS 电源系统输出配电柜输出回路容量（即机房配电柜容量）不宜过大，一般宜负责一列或两列设备机柜为宜。其最大容量取决于 UPS 电源系统容量和特性。

（5）采用双回路配电方式时，两个回路的机房配电柜宜分设柜体、成对设置。

（6）系统输出配电柜和机房配电柜宜采用插入式或抽出式开关电器。

（7）设备机柜配电单元宜采用微型断路器直接连接到用电设备，微型断路器的安装方式应便于带电更换。

（8）当负荷设备对零—地电压要求较高时，可在机房配电柜设置隔离变压器。

（9）根据运营管理需要，设备机柜配电单元或机房配电柜可设置电流测量或电能计量表具。

（10）双回路配电的两回线路应分开敷设，不能分开时应采取防火隔离措施。

（11）电线路应采用无卤低烟阻燃型或耐火型电缆。

7. 电源管理间

（1）弱电机房应设单独电源管理间，用防火墙与弱电设备隔离，避免电源管理间噪声、蓄电池酸碱液渗漏和电气火灾等事故传播到弱电设备机房内。

（2）弱电设备机房与电源管理间设单扇朝电源管理间方向开启的连通门，可考虑在弱电设备机房与电源管理间之间设置玻璃观察视窗。

（3）电源管理间应做水泥地面，为防潮、防湿可砌 0.3～0.5m 高水泥平台，搁置 UPS 电源。

8. UPS 电源供电方案

表 3-39 是 UPS 电源供电方案。

表 3-39   UPS 电源供电方案

供电方案	低压配电系统接线图	系 统 说 明
1	TSE／重要负载／接旁路静态开关／旁路／一般负载／UPS	后备式 UPS，具有三级稳压功能，精度高，适合个人 PC 及其他对供电质量要求不太高的 PC 应用场合
2	TSE／UPS1／UPS2／重要负载	在线式，具有冗余并机功能。 两台 UPS 并联运行供电给同一重要负荷。两台 UPS 各均分 50% 的负荷。如果其中一台 UPS 出现故障，则另一台 UPS 承担全部负荷继续运行，确保重要负荷供电的更高可靠性，较适合应用于重点场所的中心机房或信息数据中心（如中、大型服务器等）
3	市电／UPS从机／主机的UPS旁路／重要负载	在 UPS 主机的旁路上串联接入 UPS 备份机（也叫从机）。 主机与备份机均开机工作。正常情况下负载全由主机主电路承担，而备份机虽然也是开启，但是空载运行。如果主机主电路逆变器故障或超载，则会跳到旁路，由备份机承担负荷，此种串联备份方式可提高 UPS 供电的可靠性。机器安装简单、方便
4	市电／UPS1／市电／UPS2／市电／UPS3／重要负载	1. UPS 多机冗余并机方式是多台同型号同容量的 UPS 以并联的连接方式对重要负载供电。 2. UPS1、UPS2、UPS3 并联接入市电。 3. 并联输出供给同一重要电力负载。 4. 负荷由三台 UPS 各平均分担 33.3%。如果其中一台出现故障，由另两台各分担 50% 的负荷。这样可大大提高可靠性，UPS 并机设计多数已把平衡协调电路融入 UPS 机器内部而省掉了外接的并机柜。使机器安装得以简化，也提高了并机系统的可靠度

六、防雷与接地

1. 防雷保护

（1）弱电机房电源管理间电源进线注意采取防雷击措施，不宜使用铠装电缆，否则将电缆的金属外皮与接地装置连接。

（2）从大厦外引入的铠装信号电缆和屏蔽信号线进入弱电机房前应注意采取防雷击措施，避免沿建筑外墙或靠近防雷引下线敷设，以免遭受雷击。

（3）避免在雷击建筑物时，受到防雷装置引来的高频电磁干扰。

2. 浪涌保护器

线缆进入弱电机房后，应设金属接线箱（盒），在其内将线缆金属（屏蔽）外皮接连避雷器或浪涌电压抑止器；与弱电机房辅助等电位接地母排用截面积不小于 $6mm^2$ 铜芯绝缘线连通，穿钢管保护敷设。

抑制线缆在传输路途上接收到的其他邻近干扰源产生的高频电磁干扰信号，从而有效可靠地保证信号传输的质量。

3. 接地

（1）机房应采用联合接地方式，将围绕建筑物的环形接地体、建筑物基础地网及变压器地网相互连通，共同组成联合地网。

（2）建筑物底层应设置环形接地总干线，应设置两根及以上的垂直接地主干线。各楼层应设置水平接地干线，并宜与两根及以上的垂直接地主干线联结。

（3）设备接地可采用网状、星形或网状-星形混合方式。

七、布线

（1）从 UPS 电源配电箱引出的配电线路穿薄钢管或阻燃 PVC 管从弱电机房活动地板下敷设至各排设备桌。

（2）机柜和配线架的背面从带穿线孔的活动地板（可选购或定制这类活动地板，穿线孔一般为$\phi 20 \sim \phi 32mm$）引上穿管保护接进金属导轨式插座线槽、机柜或配线架。

（3）金属导轨式插座线槽用螺栓固定安装在设备桌背面，距活动地板 $0.1 \sim 0.3m$ 为宜。

（4）一般电源插接件设备自带电源线为 $1 \sim 2m$，而设备桌高度一般在 $1m$ 以下，完全可满足电源插接距离要求。设备桌上设备一般为单相负荷，若有三相设备应为落地摆放。

（5）设专线回路用地面插座盒（接线盒）配电。

第四章 照明系统设计

第一节 照明设计基础

一、照度标准

GB 50034《建筑照明设计标准》照度标准值应按 0.5、1、3、5、10、15、20、30、50、75、100、150、200、300、500、750、1000、1500、2000、3000、5000lx 分级。

1. 居住建筑

居住建筑照明标准值宜符合表 4-1 的规定。

表 4-1 居住建筑照明标准值

房间或场所		参考平面及其高度	照度标准值/lx	显色指数 Ra
起居室	一般活动	0.75m 水平面	100	80
	书写、阅读		300①	
卧室	一般活动	0.75m 水平面	75	80
	床头、阅读		150①	
餐厅		0.75m 餐桌面	150	80
厨房	一般活动	0.75m 水平面	100	80
	操作台	台面	150①	
卫生间		0.75m 水平面	100	80
电梯前厅		地面	75	60
走道、楼梯间		地面	30	60
公共车库	停车位	地面	20	60
	行车道	地面	30	60

① 宜用混合照明。

2. 配套建筑

配套建筑一般照明标准值应符合表 4-2 的规定，其照明均匀度均要求达到 0.6。

表 4-2 配套建筑一般照明标准值

房间或场所		参考平面及其高度	照度标准值/lx	眩光指数 UGR	显色指数 Ra	备注
变配电站	配电装置室	0.75m 水平面	200	—	60	—
	变压器室	地面	100	—	20	—
电源设备室，发电机室		地面	200	25	60	—
控制室	一般控制室	0.75m 水平面	300	22	80	—
	主控制室	0.75m 水平面	500	19	80	—
电话站、网络中心		0.75m 水平面	500	19	80	—
计算机站		0.75m 水平面	500	19	80	防光幕反射

续表

房 间 或 场 所		参考平面及其高度	照度标准值/lx	眩光指数 UGR	显色指数 Ra	备 注
动力站	风机房、空调机房	地面	100	—	60	—
	泵房	地面	100	—	60	—
	冷冻站	地面	150	—	60	—
	压缩空气站	地面	150	—	60	—
	锅炉房、煤气站的操作层	地面	100	—	60	锅炉水位表照度不小于50lx

3. 公用场所

公用场所照明标准值应符合表 4-3 的规定。

表 4-3 公用场所照明标准值

房 间 或 场 所		参考平面及其高度	照度标准值/lx	眩光指数 UGR	照明均匀度 U_0	显色指数 Ra
门厅	普通	地面	100	—	0.4	60
	高档	地面	200	—	0.6	80
走廊、流动区域	普通	地面	50	—	0.4	60
	高档	地面	100	—	0.6	80
楼梯、平台	普通	地面	30	—	0.4	60
	高档	地面	75	—	0.6	80
自动扶梯		地面	150	—	0.6	60
厕所、盥洗室、浴室	普通	地面	75	—	0.4	60
	高档	地面	150	—	0.6	80
电梯前厅	普通	地面	75	—	0.4	60
	高档	地面	150	—	0.6	80
休息室		地面	100	22	0.4	80
储藏室、仓库		地面	100	—	0.4	60
车 库	地面	地面	75	29	0.4	60
	地面	地面	200	25	0.6	60

注：居住、公共建筑的动力站、变电站的照度标准值按表 4-2 选取。

4. 应急照明

应急照明的照度标准值宜符合下列规定：

(1) 备用照明的照度值除另有规定外，不低于该场所一般照明照度值的 10%。

(2) 安全照明的照度值不低于该场所一般照明照度值的 5%。

(3) 疏散通道的疏散照明的照度值不低于 0.5lx。

5. 作业面照度

(1) 照度值均为作业面或参考平面上的维持平均照度值。

（2）符合下列条件之一及以上时，作业面或参考平面的照度，可按照度标准值分级提高一级。

1）视觉要求高的精细作业场所，眼睛至识别对象的距离大于 500mm 时。

2）连续长时间紧张的视觉作业，对视觉器官有不良影响时。

3）识别移动对象，要求识别时间短促而辨认困难时。

4）视觉作业对操作安全有重要影响时。

5）识别对象亮度对比小于 0.3 时。

6）作业精度要求较高，且产生差错会造成很大损失时。

7）视觉能力低于正常能力时。

8）建筑等级和功能要求高时。

（3）符合下列条件之一及以上时，作业面或参考平面的照度，可按照度标准值分级降低一级。

1）进行很短时间的作业时。

2）作业精度或速度无关紧要时。

3）建筑等级和功能要求较低时。

（4）作业面邻近周围的照度可低于作业面照度，但不宜低于表 4-4 的数值。

表 4-4　　作业面邻近周围照度　　(lx)

作业面照度	作业面邻近周围照度值
≥750	500
500	300
300	200
≤200	与作业面照度相同

注：邻近周围是指作业面外 0.5m 范围之内。

6. 维护系数

在照明设计时，应根据环境污染特征和灯具擦拭次数从表 4-5 中选定相应的维护系数。

表 4-5　　维　护　系　数

环境污染特征		房间或场所举例	灯具最少擦拭次数 /（次/年）	维护系数值
室内	清洁	卧室、餐厅、书房、客房等	2	0.80
	一般	起居室等	2	0.70
	污染严重	厨房等	3	0.60
室外		雨篷	2	0.65

在一般情况下，设计照度值与照度标准值相比较，可有 $-10\%\sim+10\%$ 的偏差。

二、灯具选择

灯具的选择应根据具体房间的功能而定，并宜采用直接照明和开启式灯具。

1. 直接照明

直接照明和间接照明见表 4-6。

表 4-6   直接照明和间接照明

照明方式	配光		示意图	特点
直接照明	上方	0~10%	0~10% / 100%~90%	不透明反射伞 例：射灯
	下方	100%~90%		
半直接照明	上方	10%~40%	10%~40% / 90%~60%	半透明伞 例：吊灯
	下方	90%~60%		
漫射照明	上方	40%~60%	40%~60% / 60%~40%	全方位 例：球型灯
	下方	60%~40%		
半间接照明	上方	60%~90%	60%~90% / 40%~10%	半透明反射伞 例：门灯
	下方	40%~10%		
间接照明	上方	90%~100%	90%~100% / 10%~0	不透明反射伞 例：壁灯
	下方	10%~0		

2. 开启式灯具

灯具按照结构分类为：

(1) 开启式灯具，无透明罩，光源与外界直接接触。

(2) 保护式灯具，具有透光罩（乳白玻璃球灯）。

(3) 密闭式灯具，透光罩将灯具闭合（如防水灯具）。

(4) 防爆式灯具，灯具爆炸不会发生危险（煤矿工灯）。

3. 灯具接地

GB 50034《建筑照明设计标准》规定"当采用 I 类灯具时，灯具的外露可导电部分应可靠接地"。

GB 7000.1《灯具第 1 部分：一般安全要求与试验》，灯具按防触电保护分类，分为以下几类：

Ⅰ类灯具：灯具的防触电保护不仅依靠基本绝缘。而且还包括附加的安全措施，即易触及的导电部件连接到设施固定布线中的保护接地导体上，使易触及的导电部件在万一基本绝缘失效时不致带电。

Ⅱ类灯具：灯具的防触电保护不仅依靠基本绝缘，而且具有附加安全措施，例如双重绝缘或加强绝缘，没有保护接地或依赖安装条件的措施。

Ⅲ类灯具：防触电保护依靠电源电压为安全特低电压（SELV），并且不会产生高于SELV 电压的灯具。

0 类灯具仅有基本绝缘，不连接 PE 线，已被淘汰。

绝大多数照明配电系统采用接地故障保护，因此，不论灯具距地面高度多少，应采用Ⅰ类灯具、连接 PE 线，以实现间接接触防护。

当采用Ⅰ类灯具时，灯具的外露可导电部分应可靠接地（或连接 PE 线），即三根线配电。

三、光源选择

1. 电光源分类

电光源分类如下：

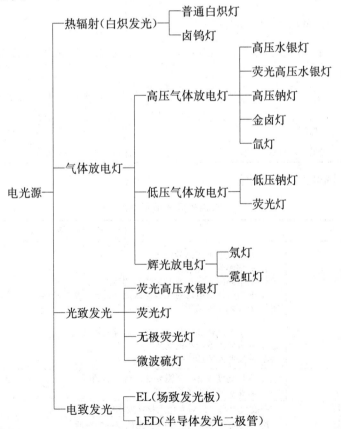

2. 光源技术特性

常用光源的主要技术特性见表 4-7。

表 4-7   常用光源的主要技术特性

特性参数	白炽灯	卤钨灯	荧光灯	高压水银灯	高压钠灯	金属卤化物灯
发光效率 /(lm/W)	7～19	15～21	32～70	33～56	2000	4500～7000
平均使用寿命 /h	1000	800～2000	2000～5000	4000～9000	6000～10 000	1000～20 000
色温/K	2800	2850	3000～6500	6000	2000	4500～7000
显色指数 Ra	95～99	95～99	50～93	40～50	20，40，60	60～95
表面亮度	较大	大	小	较大	较大	较大
启动和再启动时间	瞬时	瞬时	较短	长	长	长
电压变化对光通的影响	大	大	较大	较大	较大	较大
环境温度对光通的影响	小	小	大	较小	较小	较小
频闪效应	无	无	有	有	有	有
发热量 (4.18kJ/h, 1000lm)	57(100W)	41(500W)	13(400W)	17(400W)	8(400W)	12(400W)
抗震性能	较差	差	较好	好	较好	较好
所需附件	无	无	电容器、镇流器、启辉器	镇流器	镇流器	镇流器
初始价格	最低	中	中	高	高	高
运行价格	最低	低	低	中	中	中

表 4-8 是常用光源的适用场所。

表 4-8   常用光源的适用场所

光源名称	适 用 场 所
白炽灯	1. 要求照度不很高的场所 2. 局部照明、应急照明 3. 要求频闪效应小或开关频繁的地方 4. 避免气体放电灯对无线电或测试设备干扰的场所 5. 需要调光的场所
卤钨灯	1. 照度要求较高，显色性要好，且无振动的场所 2. 要求频闪效应小的场所 3. 需要调光的场所
荧光灯	1. 悬挂高度较低，又需要照度较高的场所 2. 需要正确识别色彩的场所
荧光高压汞灯	照度要求高，但对光色无特殊要求的场所
金属卤化物灯	房子高大，要求照度较高、光色较好的场所
高压钠灯	1. 要求照度高，但对光色无要求场所 2. 多烟尘场所

常用光源的功率因数见表 4-9。

表 4-9 常用光源的功率因数

光 源 种 类	用于负荷计算的功率因数	
	带有无功功率补偿装置时	不带无功功率补偿装置时
直管荧光灯	0.95	0.5
紧凑型荧光灯	0.9	—
金属卤化物灯	0.9	0.5
白炽灯	1.0	
卤钨灯	1.0	

3. 光源选择的原则

电光源的选择以绿色照明工程为原则。

（1）限制白炽灯的应用。

（2）利用卤钨灯取代普通的白炽灯。

（3）推荐采用紧凑型荧光灯取代白炽灯。

（4）推荐 T8、T5 细管荧光灯。

（5）推荐采用钠灯和金属卤化物灯。

（6）淘汰碘钨灯。

（7）利用高效节能的灯具和灯具附件。

（8）采用各种照明节能的控制设备和器件。

第二节 套内照明设计

一、灯位布置

1. 房间

起居室、餐厅等公共活动场所，当使用面积小于 20m² 时，屋顶应预留一个照明电源出线口，灯位宜居中。当使用面积大于 20m² 时，根据公共活动场所的布局，屋顶应预留一个以上照明电源出线口。

卧室、书房照明宜在屋顶至少预留一个电源出线口，灯位宜居中。

电源出线口的位置如图 4-1 所示。

2. 厨房

厨房照明宜在屋顶至少预留一个电源出线口，灯位宜居中。厨房采用防水、防尘灯。

3. 卫生间

卫生间照明宜在屋顶至少预留一个电源出线口。卫生间采用防水、防尘灯。

卫生间等潮湿场所，宜采用防潮、易清

图 4-1 住宅房间的电源出线口的位置

洁的灯具，卫生间的灯具位置不应安装在 0、1 区内及上方。

浴室的区域划分可根据尺寸分为三个区域，如图 4-2 所示，图中所定尺寸已计入盆壁和固定隔墙的厚度。

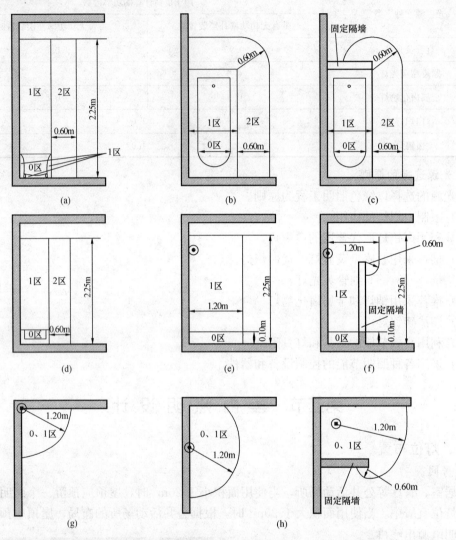

图 4-2　浴室的区域划分

(a) 浴盆（剖面）；(b) 浴盆（平面）；(c) 有固定隔墙的浴盆（平面）；

(d) 淋浴盆（剖面）；(e) 无盆淋浴（剖面）；(f) 有固定隔墙的无盆淋浴（剖面）；

(g) 不同位置、固定喷头无盆淋浴（平面）；(h) 有固定隔墙、固定喷头无盆淋浴（平面）

注：所定尺寸已计入墙壁及固定隔墙的厚度。

0 区是指浴盆、淋浴盆的内部或无盆淋浴 1 区限界内距地面 0.10m 的区域。

1 区的限界是围绕浴盆或淋浴盆的垂直平面；或对于无盆淋浴，距离淋浴喷头 1.20m 的垂直平面和地面以上 0.10～2.25m 的水平面。

2 区的限界是 1 区外界的垂直平面和与其相距 0.60m 的垂直平面，地面和地面以上 2.25m 的水平面。

4. 套内布灯

套内布灯如图 4-3 所示。

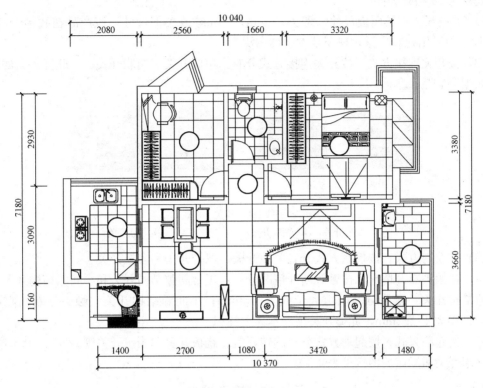

图 4-3　套内布灯

二、开关布置

1. 开关分类

（1）按照面板尺寸。按照面板尺寸类型有 86 型开关、120 型开关、118 型开关、146 型开关、75 型开关。

1）86 型开关：该面板尺寸为 86mm×86mm 或类似尺寸，安装孔中心距为 60.3mm，中国及国际上大多数国家采用该规格形式。底盒为国家标准，螺钉口可微调，这是最普遍性用的开关面板。

2）120 型开关：120 型开关为竖型安装面板，一种是 120 小单联，长 70mm×高 120mm；另一种是 120 大双联，长 120mm×高 120mm 的方形。功能件模块分 1 位、1/3 位、2/3 位三种，多余的空位可由填空件（空白件）来填补。安装孔距为 83.5mm。120 单联底盒尺寸是 65mm×99mm，底盒螺钉孔的距离是 84mm；120 双联底盒尺寸是 100mm×100mm，底盒螺钉孔的距离是 85mm×45mm。

3）118 型开关：118 型开关为横装型开关，其面板长分为 118mm、153mm、198mm，高为 86mm，底盒分为单联、中型、长型。该形式与 120 型可视为同一形式产品，主要是日本、韩国等国家采用，我国也有部分区域流行采用该形式产品。118 单联底盒尺寸是 99mm×65mm，底盒螺钉孔的距离是 84mm；118 中型底盒尺寸是 136mm×65mm，底盒螺钉孔的距离是 121mm；118 长型底盒尺寸是 177mm×65mm，底盒螺钉孔的距离是 162mm。

4）146 型开关：其面板尺寸一般为 86mm×146mm 或类似尺寸，安装孔中心距为120.6mm，中国及其他国际上大多数国家采用该形式，该形式实际为 86 型系列的延伸产品，或划为 86 型开关插座。

5）75 型开关：其面板尺寸一般为 75mm×75mm 或类似尺寸，该产品在我国 20 世纪80 年代以前采用比较广泛，现今基本已被淘汰。

（2）按开关连接方式。按开关连接方式分有：单联开关、两联开关、三联开关、四联开关。如图 4-4 所示。

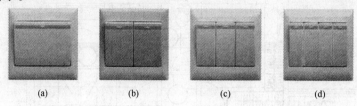

　　（a）　　　　　　（b）　　　　　　（c）　　　　　　（d）

图 4-4　开关

（a）单联开关；（b）两联开关；（c）三联开关；（d）四联开关

（3）按控制方式。按控制方式分有单控开关、双控开关和多控开关。

（4）按触头断开情况。按触头断开情况分有：正常间隙结构开关和小间隙结构开关。正常间隙结构开关：触头分断间隙大于或等于 3mm；小间隙结构开关：触头分断间隙小于3mm，但须大于 1.2mm，此类开关须在本体上标识"m"。

（5）按起动方式。按起动方式分有旋转开关、跷板开关和按钮开关等。

常用开关和插座的图例见表 4-10。

表 4-10　　　　　　　　　　　　常用开关和插座的图例

符　号	名　称	符　号	名　称
▬	照明配电箱（画于墙外为明装，画于墙内为暗装）	⟨⟩	明装带接地插孔的三相插座
⊗	排气扇	⟨⟩	暗装带接地插孔的三相插座
⋈	吊扇	⟋↑	拉线开关
⌒	明装单相插座	⟋	明装单联开关
⟙	明装单相带接地插孔的插座	⟋	暗装单联开关
⬗	暗装单相插座	⟋	明装双控开关（单联三线）
⬗	暗装单相带接地插孔的插座	⟋	暗装双控开关（单联三线）
⟙	带接地插孔的防水（密闭）插座	⟋	明装双联开关

续表

符 号	名 称	符 号	名 称
	暗装双联开关	⊗	花灯
	具有指示灯的开关		电铃
	防水（密闭）开关		壁灯
	暗装调光开关	⊢—⊣	单管荧光灯
⊗	一般照明灯具		电话接线盒

2. 开关布置

开关安装高度一般距离地面高度不低于 1.3m，距门框为 0.15～0.2m。开关的接线应接在被控制的灯具或电器的相线上，如图 4-5 所示。

门旁边的开关一般安装在门右边，不能在门背后；几个开关并排安装或多位开关，应将控制电器位置与各开关功能件位置相对应；厨房、卫生间开关尽量放在门外，否则应采用防水防溅型开关。

露台开关安装应尽可能不靠近用水区域。如靠近，应加配开关防溅盒。

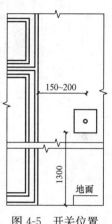

150～200

1300

地面

图 4-5 开关位置

3. 套内开关布置

套内开关布置如图 4-6 所示。

三、照明控制

1. 单联开关

单联开关与灯之间的控制连线如图 4-7 所示。

2. 双联开关

双联开关与灯之间的控制连线如图 4-8 所示。

3. 三联开关

三联开关与灯之间的控制连线如图 4-9 所示。

4. 单联双控开关

单联双控开关与灯之间的控制连线如图 4-10 所示。

当 S1 扳到 1 位，S2 扳到 3 位时电路导通，灯亮；随后再扳动任何一个开关，电路断开，灯灭。

5. 三地控制开关

三地控制开关与灯之间的控制连线如图 4-11 所示。

在开关 S1 和 S2 之间任意点接入双刀双掷开关 S3，便可以实现三地控制。

S1、S2 和 S3 处于图 4-11（a）时，电路断开，此时无论扳动哪一个开关，便能使电路接通。

S1、S2 和 S3 处于图 4-11（b）时，电路接通，此时无论扳动哪一个开关，便能使电路断开。

6. 多地控制开关

多地控制开关与灯之间的控制连线如图 4-12 所示。

7. 套内开关连线

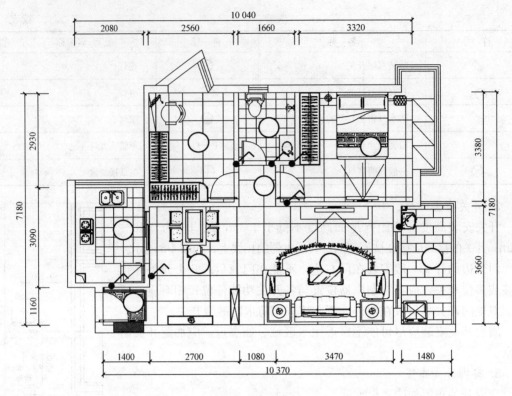

图 4-6　套内布灯

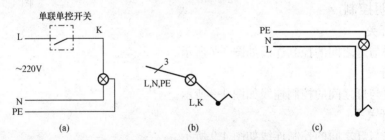

图 4-7　单联开关与灯之间的控制连线

（a）电路图；（b）平面图；（c）连线图

注：L 表示相线，N 表示零线，PE 表示保护接地线，K 表示开关的控制线。

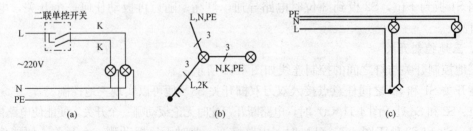

图 4-8　双联开关与灯之间的控制连线

（a）电路图；（b）平面图；（c）连线图

注：1. L 表示相线，N 表示零线，PE 表示保护接地线，K 表示开关的控制线。

2. 灯到开关之间的 3 根导线为 1 根相线，2 根控制线。

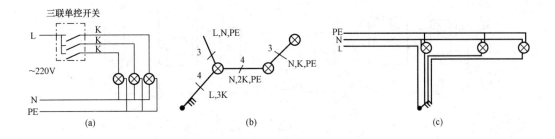

图 4-9　三联开关与灯之间的控制连线

（a）电路图；（b）平面图；（c）连线图

注：1. L 表示相线，N 表示零线，PE 表示保护接地线，K 表示开关的控制线。

　　2. 灯到开关之间的 4 根导线为 1 根相线，3 根控制线。

　　3. 两灯之间 4 根导线为 1 根零线，2 根控制线，1 根 PE 线。

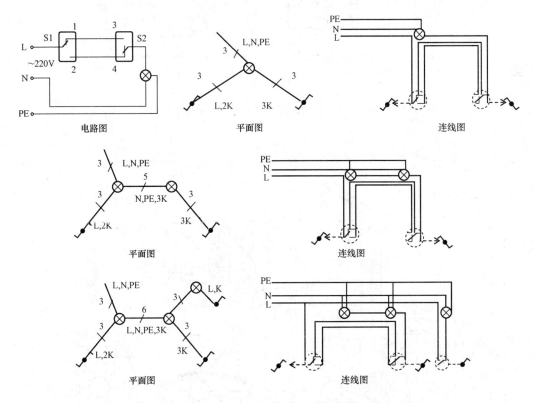

图 4-10　单联双控开关与灯之间的控制连线

注：L 表示相线，N 表示零线，PE 线表示保护接地地线，K 表示开关的控制线。

套内开关连线如图 4-13 所示。

四、楼梯照明

在建筑照明系统中，楼梯灯控制方法一直是讨论的热点，到目前为止，楼梯灯控制方式主要有以下几种：

1. 单控方式

用一个开关控制一盏灯。其优点是安装方便，成本低。缺点主要是使用不方便。

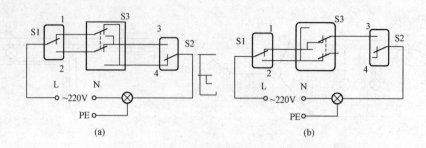

图 4-11　三地控制开关与灯之间的控制

(a) 电路断开；(b) 电路接通

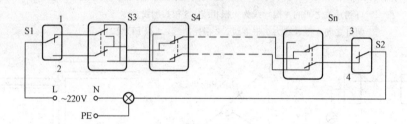

图 4-12　多地控制开关与灯之间的控制

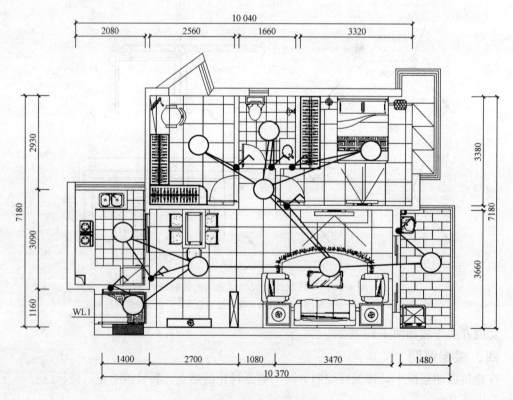

图 4-13　套内开关连线

（图中照明主回路均为 L、N、PE 三根线）

2. 异地双控

现制双跑楼梯异地双控模式暗管配线线路示意如图 4-14 所示。

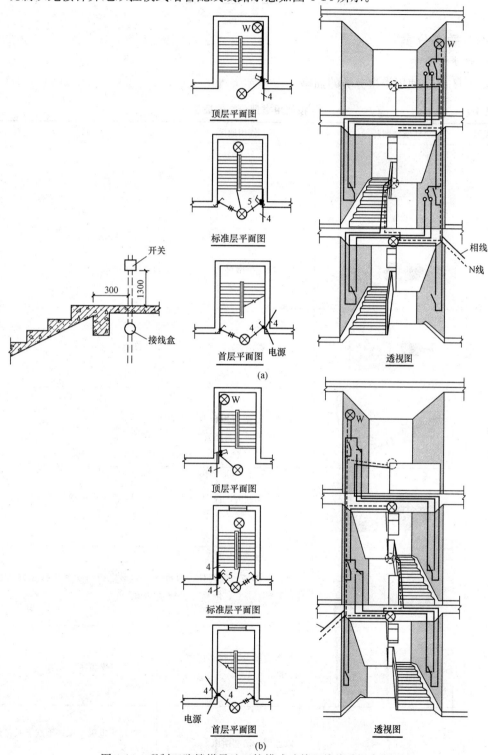

图 4-14　现制双跑楼梯异地双控模式暗管配线线路示意图

（该图中不含 PE 线，实际绘图时应加 PE 线）

第三节　插座设计

一、插座分类

1. 按类型分类

表 4-11 是按使用类型分类的插座。

表 4-11　　　　　　　　　　　按使用类型分类的插座

类型代号	实物图片	使用地区	备　注
A		日本	扁平电极
B		北美洲、东南亚	扁平电极＋保护地线
C		欧洲、东南亚	圆电极
D		印度、巴基斯坦、部分非洲国家、以色列、新加坡	圆电极＋保护地线
E		法国、比利时、波兰、捷克、丹麦	圆电极＋保护地线（插座为针、插头为孔）
F		德国、挪威、葡萄牙、西班牙、瑞典、芬兰、俄罗斯	圆形电极，以滑动触片方式接保护地
G		英国、部分英联邦国家、中国香港	块形电极＋保护地线
H		以色列、巴基斯坦	斜扁平电极＋保护地线已被圆形电极代替

2. 按防护等级分类

（1）普通防护等级 IPX0 或 IPX1 的开关插座。

（2）防尘型防护等级 IP5X 开关插座。

（3）防溅型防护等级 IPX4 开关插座。

（4）防喷型防护等级 IPX5 开关插座。

（5）防尘防水型 IP54 开关插座。

插座外形如图 4-15 所示。

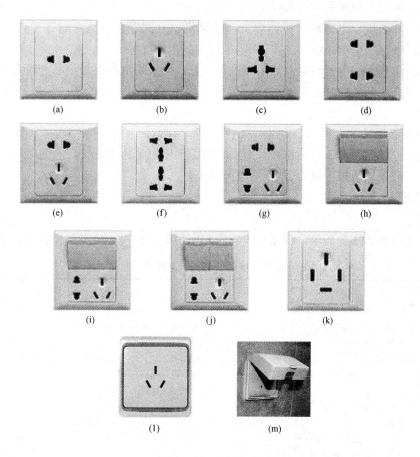

图 4-15　插座外形

（a）单相两孔；（b）单相三孔；（c）单相三孔；（d）单相四孔；（e）单相五孔；
（f）单相六孔；（g）单相七孔；（h）单相三孔带单联开关；（i）单相五孔带单联开关；
（j）单相五孔带双联开关；（k）三相四孔；（l）单相16A三孔；（m）防水防溅

二、插座选择

1. 一般要求

（1）对各种不同电压等级的插座，其插孔形状应有所区别。

（2）所有插座均应为带专用地线的单相三孔插座。

（3）在有爆炸危险的场所，应采用防爆型插座。

（4）住宅建筑所有电源插座底边距1.8m及以下时，应选用带安全门的产品。

2. 容量要求

（1）起居室（厅）、兼起居的卧室、卧室、书房、厨房和卫生间的单相两孔、三孔电源插座宜选用 10A 的电源插座。

单台单相家用电器额定功率为 2～3kW 时，电源插座宜选用单相三孔 16A 的电源插座；单台单相家用电器额定功率小于 2kW 时，电源插座宜选用单相三孔 10A 的电源插座。家用电器因其负载性质不同，功率因数不同，所以计算电流也不同。同样是 2kW，电热水器的计算电流约为 9A，空调器的计算电流约为 11A。设计时应根据家用电器的额定功率和特性选择 10A、16A 或其他规格的电源插座。

（2）对于洗衣机、电冰箱、排油烟机、排风机、空调器、电热水器等单台单相家用电器，应根据其额定功率选用单相三孔 10A 或 16A 的电源插座。

上述单台单相家用电器的电源插座用途单一，这类家用电器不是用电量较大，就是电源插座安装位置在 1.8m 及以上，不适合与其他家用电器合用一个面板，所以插座面板只留三孔。

3. 防护等级要求

洗衣机、分体式空调、电热水器及厨房的电源插座宜选用带开关控制的电源插座，未封阳台及洗衣机应选用防护等级为 IP54 型电源插座。

三、插座设置

1. 数量

每套住宅电源插座的数量应根据套内面积和家用电器设置，且应符合表 4-12 的规定。

表 4-12　　　　　　　　　　电源插座的设置要求及数量

序号	房　　间	设　置　要　求	数　　量
1	起居室（厅）、兼起居的卧室	单相两孔、三孔电源插座	≥3
2	卧室、书房	单相两孔、三孔电源插座	≥2
3	厨房	IP54 型单相两孔、三孔电源插座	≥2
4	卫生间	IP54 型单相两孔、三孔电源插座	≥1
5	洗衣机、冰箱、排油烟机、排风机、空调器、电热水器	单相三孔电源插座	≥1

注：表中序号 1～4 设置的电源插座数量不包括序号 5 专用设备所需设置的电源插座数量。

除有要求外，起居室空调器的电源插座只预留一种方式；厨房插座的预留量不包括电炊具的使用。

2. 安装高度

新建住宅建筑的套内电源插座应暗装，起居室（厅）、卧室、书房的电源插座宜分别设置在不同的墙面上。

（1）分体式空调、排油烟机、排风机、电热水器源插座底边距地不宜低于 1.8m。

（2）厨房电炊具、洗衣机电源插座底边距地宜为 1.0～1.3m；考虑到厨房吊柜及操作柜的安装，厨房的电炊插座安装在 1.1m 比较方便，考虑到厨房、卫生间瓷砖、腰线等安装高度，将厨房电炊插座、洗衣机插座、剃须插座底边距地定义为 1.0～1.3m。

（3）柜式空调、冰箱及一般电源插座底边距地宜为 0.3～0.5m。

对于装有淋浴或浴盆的卫生间，电热水器电源插座底边距地不宜低于 2.3m，排风机及其他电源插座宜安装在 3 区。

四、接线

（1）单相二孔插座的接线：面对插座的右孔（上孔）接相线，左孔（下孔）接零线。

（2）单相三孔插座的接线：插座上孔接地线，下面两孔左孔接零线，右孔接相线。

（3）三相四孔插座接线：插座上孔接地（零）线，两侧孔和下孔分别接相线。

插座的接线如图 4-16 所示。

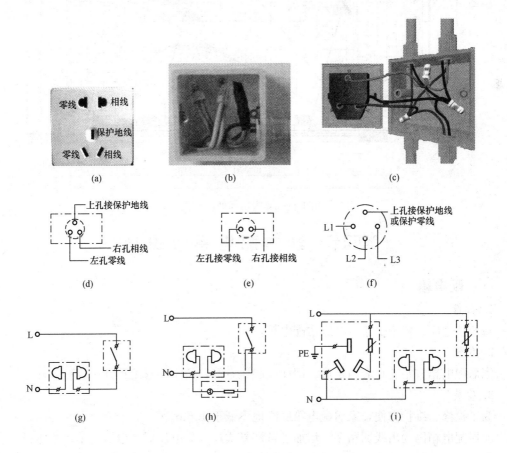

图 4-16　插座接线

（a）面板示意图；（b）接线盒示意图；（c）内部接线示意图；（d）三孔插座接线电路图；
（e）两孔插座接线电路图；（f）四孔插座接线电路图；（g）带开关插座接线电路图；
（h）带指示灯带开关插座接线电路图；（i）带熔丝管二孔三孔插座接线电路图

五、套内插座布置

套内房间插座布置如图 4-17 所示。

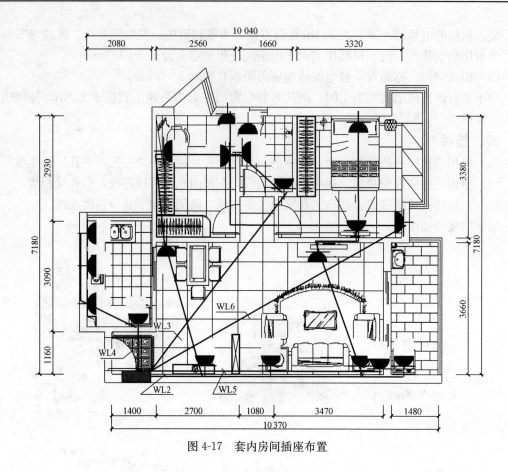

图 4-17　套内房间插座布置

第四节　套内配电系统设计

一、配电箱

1. 数量

每套住宅应设置不少于一个家居配电箱。

2. 位置

家居配电箱宜暗装在套内走廊、门厅或起居室等，便于维修维护处。

3. 安装

为了检修、维护方便，家居配电箱底距地不低于 1.6m。

家居配电箱因为出线回路多，增加了自恢复式过、欠电压保护电器，单排箱体可能满足不了使用要求。如果改成双排，家居配电箱底距地 1.8m，位置偏高不好操作。建议单排家居配电箱暗装时箱底距地宜为 1.8m，双排家居配电箱暗装箱底距地宜为 1.6m，家居配电箱明装时箱底距地应为 1.8m。

二、回路

1. 设置

家居配电箱的供电回路应按下列规定配置。

（1）每套住宅应设置不少于一个照明回路。

（2）装有空调的住宅应设置不少于 1 个空调插座回路。

（3）厨房应设置不少于一个电源插座回路。

（4）装有电热水器等设备的卫生间，应设置不少于一个电源插座回路。

（5）除厨房、卫生间外，其他功能房间应设置至少一个电源插座回路，每一回路插座数量不宜超过 10 个（组）。

2. 具体应用

家居配电箱按照实际应用，规定了最基本的配置，家居配电箱的设计与选型应不低于此配置。空调插座的设置应按工程需求预留；如果住宅建筑采用集中空调系统，空调的插座回路应改为风机盘管的回路。

家居配电箱具体供电回路数量可参照下列要求设计。

（1）三居室及以下的住宅宜设置一个照明回路，三居室以上的住宅且光源安装容量超过 2kW 时，宜设置两个照明回路。

（2）起居室等房间，使用面积大于或等于 $30m^2$ 时，宜预留柜式空调插座回路。

（3）起居室等房间，使用面积小于 $30m^2$ 时，宜预留分体空调插座。使用面积小于 $20m^2$ 时，每一回路分体空调插座数量不超过 2 个；使用面积大于 $20m^2$ 时，每一回路分体空调插座数量不超过 1 个。

（4）如双卫生间均装设热水器等大功率用电设备，每个卫生间应设置不少于一个电源插座回路，卫生间的照明宜与卫生间的电源插座同回路。

如果住宅套内厨房、卫生间均无大功率用电设备，厨房和卫生间的电源插座及卫生间的照明可用一个带剩余电流动作保护器的电源回路供电。

三、保护电器

1. 总断路器

每套住宅应设置电源总断路器，总断路器应采用可同时断开相线和中性线的开关电器。供电回路应装设短路和过负荷保护电器。

每套住宅可在电能表箱或家居配电箱处设电源进线短路和过负荷保护，一般情况下，一处设过电流、过负荷保护，一处设隔离器，但家居配电箱里的电源进线开关电器必须能同时断开相线和中性线，单相电源进户时应选用双极开关电器，三相电源进户时应选用四极开关电器。

2. 设自恢复式过、欠电压保护电器

每套住宅应设置自恢复式过、欠电压保护电器。

低压配电系统 TN-C-S、TN-S 和 TT 接地形式，由于中性线发生故障，导致低压配电系统电位偏移，电位偏移过大，不仅会烧毁单相用电设备引起火灾，甚至会危及人身安全。过、欠电压的发生是不可预知的，如果采用手动复位，对于户内无人或有老幼病残的住户既不方便也不安全，所以规定了每套住宅应设置自恢复式过、欠电压保护电器。

3. 出线开关

连接手持式及移动式家用电器的电源插座回路应装设剩余电流动作保护器。

柜式空调的电源插座回路应装设剩余电流动作保护器，分体式空调的电源插座回路宜装设剩余电流动作保护器。

家居配电箱内应配置有过流、过载保护的照明供电回路，电源插座回路、空调插座回路、电炊具及电热水器等专用电源插座回路。除壁挂分体式空调器的电源插座回路外，其他电源插座回路均应设置剩余电流动作保护器，剩余动作电流应不大于 30mA。

　　装有淋浴或浴盆卫生间的照明回路装设剩余电流动作保护器是为了保障人身安全。为卫生间照明回路单独装设剩余电流动作保护器安全可靠，但不够经济合理。卫生间的照明可与卫生间的电源插座同回路，这样设计既安全又经济，缺点是发生故障时，照明没电，给居民行动带来不便。

　　装有淋浴或浴盆卫生间的浴霸可与卫生间照明同回路，宜装设剩余电流动作保护器。

四、导线

　　建筑面积小于或等于 60m² 且为一居室的住户，进户线应不小于 6mm²，照明回路支线应不小于 1.5mm²，插座回路支线应不小于 2.5mm²。

　　建筑面积大于 60m²，进户线应不小于 10mm²，照明和插座回路支线应不小于 2.5mm²。

五、套内配电系统

1. 单相配电

　　JGJ 242《住宅建筑电气设计规范》规定，每套住宅用电负荷不超过 12kW 时，应采用单相电源进户。

　　对于建筑面积 75m² 的住宅，用电负荷应为 4kW，应采用单相进线。

　　套内配电系统如图 4-18 所示。

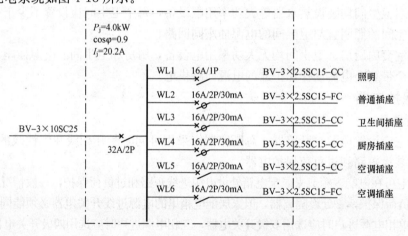

图 4-18　套内配电系统

2. 三相配电

　　JGJ 242《住宅建筑电气设计规范》规定，每套住宅用电负荷超过 12kW 时，宜采用三相电源进户。

　　对于别墅，可能有三相用电设备（如集中空调），必须采用三相供电。每层配电箱仍选用单相供电，接线方式可参照单相方式。三相用电设备直接从总箱放射式供出，仅总箱总开关选用 4P，总进线 PE 应做好重复接地。

　　采用三相电源供电的住户一般建筑面积比较大，可能占有二、三层空间。为保障用电安全，在居民可同时触摸到的用电设备范围内，应采用同相电源供电。每层采用同相供电，容易理解，也好操作。但三相电源供电的住宅不一定占有二、三层空间，也可能只有一层空间。在不能分层供电的情况下，就要考虑分房间供电，每间房单相用电设备、电源插座采用同相电源供电，意为一个房间内 2.4m 及以上的照明电源不受相序限制，但一个房间内的电源插座不允许出现两个相序。

三相供电的别墅住户总配电箱接线如图 4-19 所示。

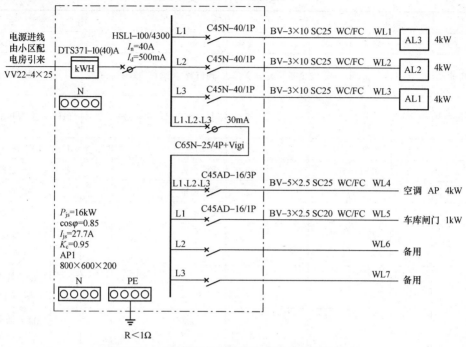

图 4-19　三相供电的别墅住户总配电箱接线方式

第五节　电　能　计　量

一、电能表

1. 分类

（1）用途：工业与民用表、电子标准表、最大需量表、复费率表。

（2）结构和工作原理：感应式（机械式）、静止式（电子式）、机电一体式（混合式）。

（3）接入电源性质：交流表、直流表。

（4）准确度等级：普通表：0.2S、0.5S、0.2、0.5、1.0、2.0 等；标准表：0.01、0.05、0.2、0.5 等。

（5）安装接线方式：直接接入式、间接接入式。

（6）用电设备：单相、三相三线、三相四线电能表。

2. 型号

电能表的型号一般表示为

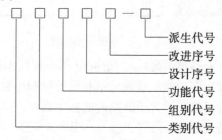

各种代号含义见表 4-13。

表 4-13   电能表的代号含义

类别		组别		结构		功能		设计	改进	派　生	
代号	含义	代号	含义	代号	含义	代号	含义			代号	含义
D	电能表	S	三相三线	S	全电子式	Y	预付费	阿拉伯数字	字母	T	湿热和干热两用
		T	三相四线			F	复费率	（厂家代号）		TH	湿热带用
		B	标准			D	多功能			G	高原用
		D	单相			I	载波抄表			H	一般场所用
						Z	最大需量			F	化工耐腐用
						X	无功电能			K	开关板式
										J	带接收器的脉冲电能表
										①	电能表的准确度为1%，或称1级表
										②	电能表的准确度为2%，或称2级表

3. 电能计量单位

有功电能表——kW·h；

无功电能表——kvar·h。

4. 铭牌

电能表的铭牌如图 4-20 所示。

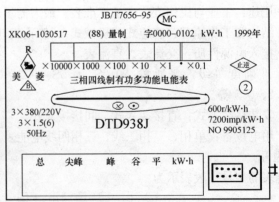

图 4-20　电能表的铭牌

（1）字轮计度器窗口（液晶显示窗口）。整数位和小数位不同颜色，中间小数点；各字轮有倍乘系数（无小数点时）多功能表液晶显示有整数位和小数位两位。

（2）准确度等级为相对误差，用置于圆圈内的数字表示。

（3）标定电流和额定最大电流：

1）标定电流（额定电流）：标明于表上，作为计算负载的基数电流值 I_n。

2）额定最大电流：电能表能长期正常工作，误差和温升完全满足要求的最大电流值 I_{max}。

（4）额定电压：

1）单相电能表：220V。

2）三相表：直接接入式三相三线——3×380V。

直接接入式三相四线——3×380/220V。

（5）电能表常数。电能表记录的电能与转盘转数或脉冲数之间关系的比例数：r/kWh；imp/kWh。

（6）额定频率为 50Hz。

二、电能表接线

1. 单相电能表

单相电能表接入如图 4-21 所示。

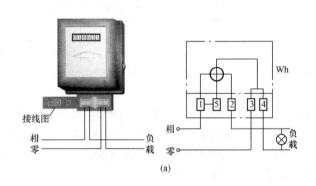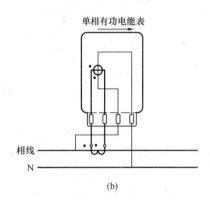

图 4-21 单相电能表接入
(a) 直接接入；(b) 经电流互感器接入

2. 三相电能表

三相电能表经电流互感器接入如图 4-22 所示。

三、单相电能计量设置

1. 设置原则

（1）每户住宅设置一个计量点。

（2）设置在供电设施与受电设施的产权分界处。

（3）设置接近客户负荷中心。

（4）设置应保证电气安全、计量准确可靠和封闭性。

（5）设置还应考虑不扰民和方便客户使用，以及供电企业对计量装置抄表、换表等日常维护工作因素。

2. 设置位置

（1）分散的单户住宅用电，计量点应设置在客户门外和院墙门外左右侧。

（2）相对集中的单户住宅用电，其电能表宜采用集中安装方式，计量点应设置在墙面或其他合适的位置。

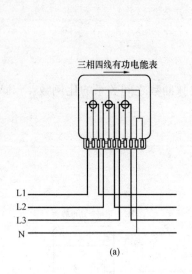
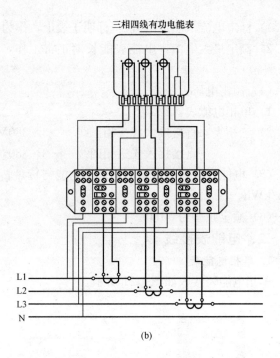

图 4-22　三相电能表接入

(a) 直接接入；(b) 经电流互感器接入

（3）对多层和中高层住宅，视不同情况，计量点可采用单元集中、同楼层集中或分楼层集中方式设置，宜集中设置在负一层至一层半之间的墙面上、配电间（井）、表计间或其他合适的位置。对九层及以下住宅，计量点宜按楼道单元集中设置在楼道间负一层至一层半之间的墙面上；对十层及以上住宅视不同情况，按下列原则办理：

1）每层户数在 4 户及以上时，宜按每层或分层集中方式设置计量点。

2）每层户数在 4 户以下时，宜按分层集中方式设置计量点。

（4）非居民客户原则上按居民客户要求设置计量点。

3. 主要设备配置原则及技术要求

（1）电能表。电能表的基本电流为 5A、10A、15A、20A，最大电流为基本电流的 4 倍及以上（整体组合计量箱电能表基本电流不宜超过 15A）。对于最大电流超过 60A 的预付费电能表，建议采用外置开关整体式预付费计量装置。

（2）电能计量箱。应符合 GB 7251.3《低压成套开关设备和控制设备　第 3 部分：对非专业人员可进入场地的低压成套开关设备和控制设备　配电板的特殊要求》的要求。电能计量箱应通过国家强制性产品认证。

1）安装于户内：按户内环境设计，使用寿命不低于 20 年，防护等级不低于 IP30。

2）安装于户外：按户外环境设计，具备防雨、防尘、防阳光照射等基本功能，使用寿命不低于 20 年，防护等级不低于 IP54。

（3）隔离开关。采用两极模数化隔离开关，根据安装处的负载电流选择。

（4）断路器。根据安装处的负载电流和可能出现的最大短路电流选择相适应的断路器，单相采用两极断路器；断路器采用三相断路器，为便于维护也可采用板前接线的插拔式断路器。

进线断路器按照电能计量箱内实际表计位数和每户用电容量计算、选配。负荷同时系数应不小于表 4-14 的规定。

表 4-14 负荷同时系数表

按单相配电计算时所连接的户数 n	按三相配电计算时所连接的户数 n	负荷同时系数 k
1	3	1.0
2	6	0.95
3	9	0.90
4	12	0.80
5	15	0.75
6	—	0.70
8	—	0.65
10	—	0.58
12	—	0.5

注：当每户用电容量大于 8kW 时，负荷同时系数 k 可酌情向下一级选取。功率因数 $\cos\varphi = 0.9$。

（5）箱内导线。分户导线载流量应根据容量进行选择。农村采用绝缘铜线的，电能表进、出线不低于 4mm²；采用绝缘铝线的，电能表进、出线不低于 6mm²；城市应采用绝缘铜线，电能表进、出线不低于 10mm²。通信线应采用双绞线。

（6）电能信息采集与监控终端。低压电能信息采集与监控终端外形结构满足计量箱安装要求；在正常工作条件下，平均寿命不少于 10 年；其他相关技术要求满足国家标准。

四、电能计量系统设计

1. 电能表选择

每套住宅的用电负荷和电能表的选择不宜低于表 4-15 的规定。

表 4-15 每套住宅用电负荷和电能表的选择

套 型	建筑面积 S /m²	用电负荷/kW	电能表（单相）/A
A	$S \leqslant 60$	3	5（20）
B	$60 < S \leqslant 90$	4	10（40）
C	$90 < S \leqslant 150$	6	10（40）

当每套住宅建筑面积大于 150m² 时，超出的建筑面积可按 40～50W/m² 计算用电负荷。

2. 计量方式

（1）每套住宅用电负荷不超过 12kW 时，应采用单相电源进户，每套住宅应至少配置一块单相电能表。

单相电源为 AC 220V 电源。大多数情况下，一套住宅配置一块单相电能表，但下列情况每套住宅配置一块电能表可能满足不了使用要求：

1）当住宅户内有三相用电设备（如集中空调机等）时，三相用电设备可另加一块三相电能表。

2）当采用电采暖等另行收费的地区，电采暖等用电设备可另加一块电能表。

3）别墅、跃层式住宅根据工程状况可按楼层配置电能表。

（2）每套住宅用电负荷超过 12kW 时，宜采用三相电源进户，电能表应能按相序计量。

三相电源为 AC380V 电源。对用电量超过 12kW 且没有三相用电设备的住户，建议采用三相电源供电，对电能表的选用只做出了按相计量的规定，设计时可根据当地实际情况可选用一块按相序计量的三相电能表，也可选用三块单相电能表。

（3）当住宅套内有三相用电设备时，三相用电设备应配置三相电能表计量；套内单相用电设备应按不超过 12kW 时单相计量，超过 12kW 时三相计量。

当住户有三相用电设备和单相用电设备时，可根据当地实际情况，选用一块按相序计量的三相电能表，也可选用一块三相电能表和一块单相电能表。

3. 安装要求

电能表的安装位置除应符合下列规定外，还应符合当地供电部门的规定：

（1）电能表宜安装在住宅套外。

（2）对于低层住宅和多层住宅，电能表宜按住宅单元集中安装。

（3）对于中高层住宅和高层住宅，电能表宜按楼层集中安装。

6 层及以下的住宅建筑，电能表宜集中安装在单元首层或地下一层；7 层及以上的住宅建筑，电能表宜集中安装在每层电气竖井内；每层少于 4 户的住宅建筑，电能表可 2～4 层集中安装。

如果采用预付费磁卡表，居民不宜进入电气竖井内，电能表可就近安装在住宅套外，采用数据自动远传的电能表，安装位置应便于管理与维护。

（4）电能表箱安装在公共场所时，暗装箱底距地宜为 1.5m；明装箱底距地宜为 1.8m；安装在电气竖井内的电能表箱宜明装，箱的上沿距地不宜高于 2.0m。

电能表箱安装在人行通道等公共场所时，暗装距地 1.5m 是为了避免儿童触摸，明装箱距地 1.8m 是为了减少行人磕碰。电气竖井内明装箱上沿距地 2.0m 是为了管理维修方便。

五、电能表箱

1. 结构

电能表箱是用于电量计量的专用箱，如图 4-23 所示。

图 4-23　电能表箱的结构

2. 系统

（1）单相进线电能表系统。图 4-24 是 2 户单相电源进线电能表系统。

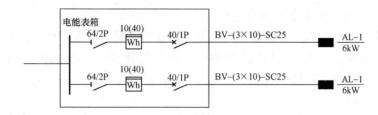

图 4-24　2 户单相电源进线电能表系统

（2）三相进线电能表系统。图 4-25 是 12 户三相电源进线电能表系统。

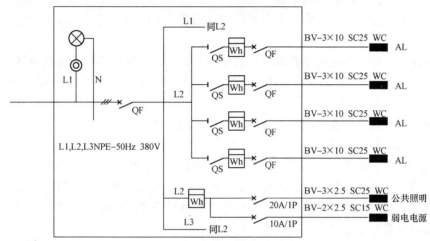

图 4-25　12 户三相电源进线电能表系统

第六节　应 急 照 明 设 计

一、照度标准

1. 普通照明

GB 50034《建筑照明设计标准》对走廊和楼梯间照明的照度规定见表 4-3。

2. 应急照明

GB 50016《建筑设计防火规范》以强制性条文的形式规定了疏散走道（走廊）和楼梯间的应急照明的照度值：

（1）疏散走道的地面最低水平照度应不低于 0.5lx。

（2）楼梯间内的地面最低水平照度应不低于 5.0lx。

3. 应急照明的转换时间和持续工作时间

（1）正常电源中断，转换到应急电源供电的转换时间要求。疏散照明应不大于 5s；备用照明应不大于 5s，金融商业交易场所应不大于 1.5s。

（2）由应急电源供电时，应急照明持续时间要求。疏散照明不宜小于 30min。主要应考虑发生火灾或其他灾害时，人员疏散、在建筑物内搜寻人员、救援等需要的时间。备用照明避难层应不小于 60min，消防工作区域应不小于 180min。

二、电源

作为应急照明的电源主要有以下几类。

1. 来自电力网与正常电源分开的线路

该形式应用普遍。其特点是转换快，可靠，持续时间长。在大中城市比较容易取得这种电源。一般公共建筑具有电网备用应急电源时，首先利用它作为应急照明电源。反之，专门为应急照明而设置，则不经济合理。

2. 应急发电机组

因建筑高度为100m或35层及以上的住宅建筑，火灾时定义为特级保护对象。要保障居民安全疏散，必须有可靠的供电电源和供配电系统等。当市电由于自然灾害等不可抗拒的原因不能供电时，如果没有自备电源，火灾时会发生危险，平时会给居民带来极大的不便。考虑到各种综合因素，宜设置柴油发电机组。选用柴油发电机组还有一好处是应急时可作为市电的备用电源。

电源中断后，应急发电机组投入运行需要较长时间。经常处于后备状态的机组，停电时自起动时间约需15s，因此只能作为疏散照明和备用照明的应急电源，而不能单独用于安全照明。

专为应急照明设置的发电机组，通常是不经济的，也不合理。

3. 蓄电池组

蓄电池组包括集中设置、分区设置、应急灯内自带的蓄电池组三种形式。

灯内自带蓄电池优点是供电方式可靠，转换迅速，增减方便；当线路出现故障时，对其余照明无影响，出现故障后影响面小；当应急照明数量不多、规模较小时，可以采用。

集中或分区集中设置的蓄电池电源，这种电源的优点是供电可靠性高、转换迅速，缺点是投资大、持续时间受容量大小的限制，运行管理及维护要求高，而且需要集中的房间设置电源，电池出现故障后影响面积大，当供电距离较长时，导线截面大，将增加铜耗量，容易出现线路火灾等问题。

4. 组合电源

同时具备以上三类电源中的两种以及三种的组合。

同时设置有两种以及三种应急电源，当然可靠性更高，但投资更大，一般只在重要的公共建筑、高层建筑中采用。一般来说，设置几种电源是根据建筑和消防电力设施要求确定的，专为应急照明设置并不太多。

三、控制方式

1. 规范要求

GB 50034《建筑照明设计标准》、JGJ 16《民用建筑电气设计规范》和GB 50096《住宅设计规范》中的相关规定，国家对住宅建筑的照明设计有着两点要求，第一是严格要求采取节能措施，第二是应急照明在采用节能自熄开关时，必须可以自动点亮。

2. 控制方式

应急照明控制方式常有持续式控制方式、非持续式控制方式、可控式方式等。

（1）持续式控制方式。在正常照明的情况下交流输出，当转入应急状态下时，常采用直流输出。这种情况，接线简单，但浪费能源，光源使用寿命短，适用于小功率的灯光疏散指示标志和无自然采光且经常有人停留或经过的现场。

（2）非持续式控制方式。正常状态下不分交、直流输出，不点燃灯具，强切状态下交流输出，应急状态下直流输出。

（3）可控制方式。正常状态下交流输出，灯具由开关控制。当发生火灾时，交流输出，开关失控，此时通过火灾自动报警及联动控制系统，利用接在控制总线上的控制模块，强行接通；应急状态下，直流输出，开关失控。

3. 灯具选择

疏散照明灯具的选择存在两类做法。一类是普通照明与疏散照明灯具合并，另一类是设置专用的疏散照明灯具，不与普通照明合用。

具体差异见表4-16。

表 **4-16** 疏散照明灯具选择

类　　型	灯　具	控制方式	应　　用	
普通照明与疏散照明灯具合并	灯具仅安装一个光源	灯具采用带强启端子的延时开关或双控开关控制	适用于有消防报警系统的各类建筑	全部灯具需要满足消防灯具的要求
	灯具内安装两个光源，接入不同的线路	平时光源受普通开关控制，应急光源不接入现场延时开关	适用于各类建筑，特别是设置有消防报警的建筑	
普通照明与疏散照明灯具分开	设专用的疏散照明灯具	疏散照明没有控制线路，停电自动点亮	适用于各类建筑，特别是住宅和不设消防的小型建筑	仅疏散灯具需要满足消防灯具的要求，对普通灯具没有要求
		疏散照明接入一根控制线，停电可以自动点亮，当控制线通电时也可以点亮	适用于各类建筑，特别是设置有消防报警的建筑	

4. 控制方式

公共场所的照明宜采用集中控制方式。

（1）单联开关带消防强启电源线的控制如图4-26所示。

强启线直接接到灯具上的相线接线柱上，在配电箱内这根强启线上设置一个可以接受消防信号的接触器，平时该线无电，灯接受开关控制，到消防时，消防信号将接触器起动，自动点亮。

（2）单联双控开关带消防强启电源线的控制如图4-27所示。

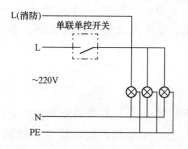

图 4-26 单联开关带消防强启的控制

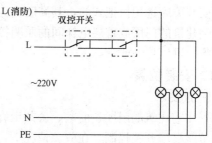

图 4-27 单联双控开关带消防强启的控制

（3）有穿越相线的两地开关带消防强启电源线的控制如图4-28所示。

（4）三地控制开关带消防强启电源线的控制如图 4-29 所示。

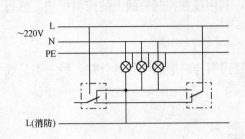
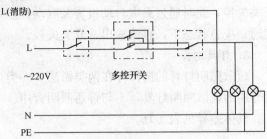

图 4-28　有穿越相线的两地
开关带消防强启电源线的控制

图 4-29　三地控制开关带
消防强启电源线的控制

（5）定时开关带消防强启电源线的控制如图 4-30 所示。定时开关可以选择电子触摸式、振动式、声控、红外感应式等。在消防状态下应保证开启全部楼道灯。

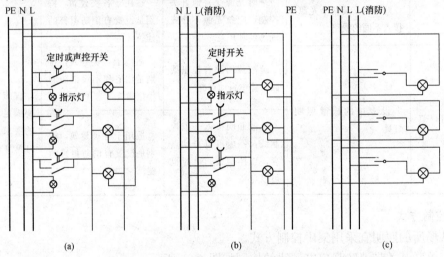

图 4-30　定时开关带消防强启电源线的控制
（a）每层可控，无消防控制梯；（b）每层可控，消防自动点亮；（c）每层仅能控制本层楼

5. 无障碍设计

住宅建筑的门厅应设置便于残疾人使用的照明开关，开关处宜有标识。

照明开关应选用扳把式的，其高度应为 0.90～1.10m，如图 4-31 所示。

住宅建筑的门厅或首层电梯间的照明控制方式，要考虑残疾人操作方便，至少有一处照明灯残疾人可以控制或常亮。

四、安装位置

1. 一般要求

（1）住宅建筑的门厅、前室、公共走廊、楼梯间等应设人工照明及节能控制。当应急照明采用节能自熄开关控制，在应急情况下，设有火灾自动报警系统的应急照明应自动点亮；无火灾自动报警系统的应急照明可集中点亮。

（2）应急照明回路上不应装设电源插座。

2. 疏散标志

（1）高层住宅建筑的楼梯间、电梯间及其前室和长度超过 20m 的内走道，应设置应急照明。

（2）中高层住宅建筑的楼梯间、电梯间及其前室和长度超过 20m 的内走道，宜设置应急照明。应急照明应由消防专用回路供电。

疏散标志灯设置示例如图 4-32 所示。

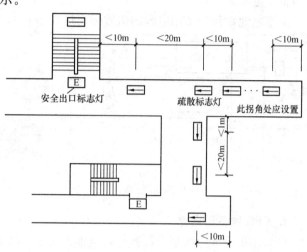

图 4-31 照明开关标示

图 4-32 疏散标志灯设置示例

3. 安全出口

（1）19 层及以上的住宅建筑，应沿疏散走道设置灯光疏散指示标志，并应在安全出口和疏散门的正上方设置灯光"安全出口"标志。

（2）10～18 层的二类高层住宅建筑，宜沿疏散走道设置灯光疏散指示标志，并应在安全出口和疏散门的正上方设置灯光"安全出口"标志。

紧急疏散指示标志如图 4-33 所示。

五、系统设计

1. 蓄电池作备用电源

灯内自带蓄电池如图 4-34 所示。

自带电源型应急灯优点是供电可靠性高、转换迅速、增减方便、线路故障无影响、电池损坏影响面小，缺点是投资大、持续照明时间受容量大小的限制、运行管理及维护要求高。这种方式适用于应急照

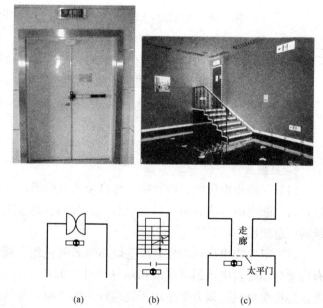

图 4-33 常用的紧急疏散指示标志

(a) 房间出入口；(b) 楼梯出入口；(c) 通道的太平门

明灯数不多，装设较分散，规模不大的建筑物。

（1）建筑高度为 100m 或 35 层及以上住宅建筑的疏散标志灯应由蓄电池组作为备用电源。

（2）建筑高度 50～100m 且 19～34 层的一类高层住宅建筑的疏散标志灯宜由蓄电池组作为备用电源。

由蓄电池组作为备用电源的疏散标志灯如图 4-35 所示。

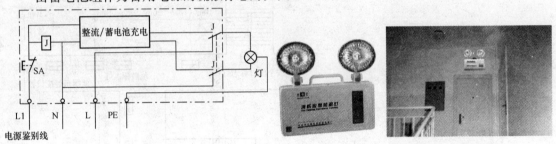

图 4-34 灯内自带蓄电池   图 4-35 带蓄电池组的疏散标志灯

2. EPS 作备用电源

当采用集中或分区集中设置的蓄电池组供电方式如图 4-36 所示。

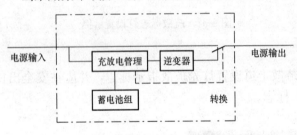

图 4-36 蓄电池组 EPS 供电

其优点是供电可靠性高、转换迅速，与灯内自带蓄电池方式相比，投资较少、管理及维护较方便。缺点是需要专门的房间、电池故障影响面大，且线路要考虑防火问题。这种方式适用于应急照明种类较多、灯具较集中、规模较大的建筑物。

高层住宅建筑楼梯间应急照明可采用不回路跨楼层竖向供电，每个回路的光源数不宜超过 20 个。

不同类型住宅由 EPS 供电的应急照明系统如图 4-37 所示。

楼梯间、电梯厅、走廊 EPS 应急照明系统如图 4-38 所示。

3. 双电源互投

双电源互投系统如图 4-39 所示。

4. 典型应用

（1）一路市电供电，所有应急灯自带蓄电池组。一路市电供电，所有应急灯自带蓄电池组，市电断电时，应急照明自动点亮，其接线原理图如图 4-40 所示。该方案多用于三类建筑的应急照明。

（2）双路市电供电，所有应急灯不带蓄电池组（疏散指示灯除外）。双路市电供电，所有应急灯不带蓄电池组（疏散指示灯除外）如图 4-41 所示。火灾时消防系统联动，自动点亮应急照明灯具。该方案多用于规模较小的二类建筑的应急照明。

（3）双路市电供电，所有应急灯自带蓄电池组。双路市电供电，所有应急灯自带蓄电池组，火灾时消防系统联动，自动点亮应急照明灯具，其接线原理图如图 4-42 所示。该方案

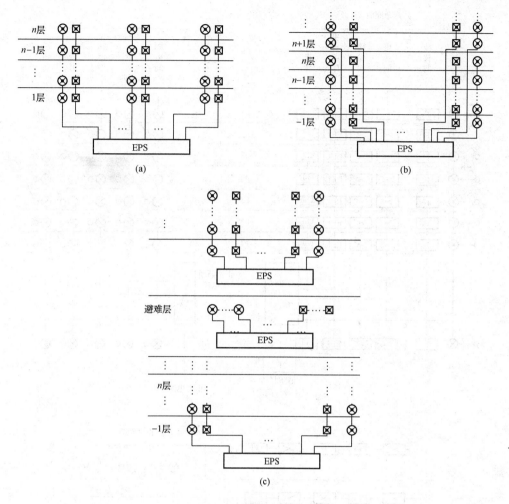

图 4-37　EPS 供电的应急照明系统

（a）多层住宅；（b）高层住宅；（c）超高层住宅

多用于规模较大的二类建筑或规模较小的一类建筑的应急照明。

（4）双路市电供电，所有应急灯不带蓄电池组，由区域集中式蓄电池组（EPS）作后备电源。双路市电供电，所有应急灯不带蓄电池组，由区域集中式蓄电池组（EPS）作后备电源，火灾时消防系统联动，自动点亮应急照明灯具，其接线原理图如图 4-43 所示，多用于一类建筑的应急照明。

5. 应急照明配电箱

住宅建筑一般按楼层划分防火分区，扣除居住面积，住宅建筑每层公共交通面积不是很大，如果按每层每个防火分区来设置应急照明配电箱，显然不是很合理的。

考虑到住宅建筑的特殊性及火灾应急时疏散的重要性，建议住宅建筑每 4～6 层设置一个应急照明配电箱，每层或每个防火分区的应急照明应采用一个从应急照明配电箱引来的专用回路供电，应急照明配电箱应由消防专用回路供电。

高层住宅建筑的楼梯间均设防火门，楼梯间是一个相对独立的区域，楼梯间采用不同回路供电是确保火灾时居民安全疏散。如果每层楼梯间只有一个应急照明灯，宜 1、3、5、…层一

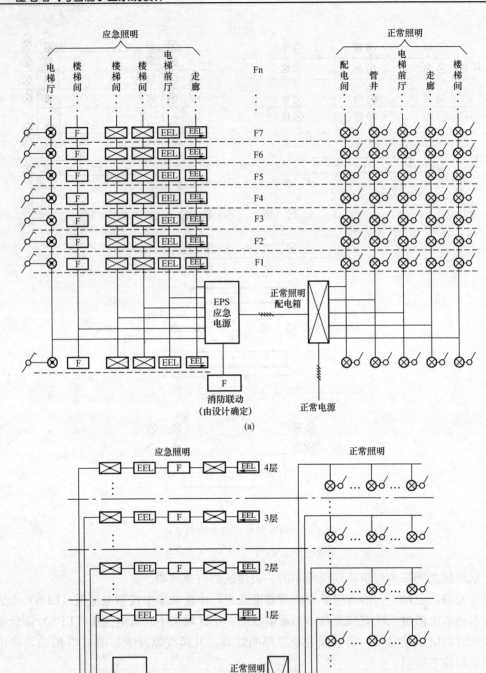

图 4-38　楼梯间、电梯厅、走廊 EPS 应急照明系统
（a）竖向供电；（b）水平供电

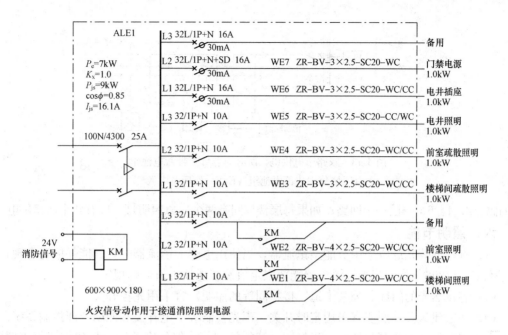

图 4-39 双电源互投系统

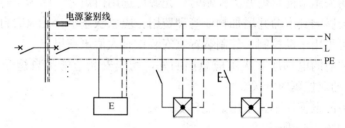

图 4-40 一路市电供电，所有应急灯自带蓄电池组

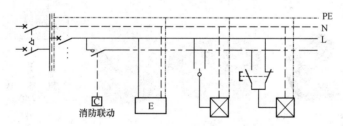

图 4-41 双路市电供电，所有应急灯不带蓄电池组（疏散指示灯除外）

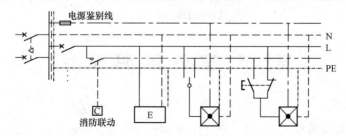

图 4-42 双路市电供电，所有应急灯自带蓄电池组

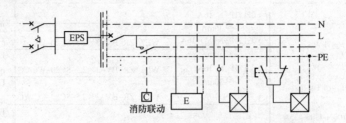

图 4-43　双路市电供电，所有应急灯不带蓄电池组，
由区域集中式蓄电池组（EPS）作后备电源

个回路，2、4、6、…层一个回路；如果每层楼梯间有两个应急照明灯，应有两个回路供电。

六、照明节能

（1）直管形荧光灯应采用节能型镇流器，当使用电感式镇流器时，其能耗应符合现行国家标准 GB 17896《管形荧光灯镇流器能效限定值及节能评价值》的规定。

（2）有自然光的门厅、公共走道、楼梯间等的照明，宜采用光控开关。

（3）住宅建筑公共照明宜采用定时开关、声光控制等节电开关和照明智能控制系统。

人工照明的节能控制包括声、光控制、智能控制等，但住宅首层电梯间应留值班照明。住宅建筑公共照明采用节能自熄开关控制时，光源可选用白炽灯。因为关灯频繁的场所选用紧凑型荧光灯，会影响其寿命并增加物业管理费用。应急状态下，无火灾自动报警系统的应急照明集中点亮可采用于动控制，控制装置宜安装在有人值班室里。

（4）除高层住宅的电梯厅和火灾应急照明外，均应安装节能型自熄开关或设带指示灯（或自发光装置）的双控延时开关。

（5）高层住宅的电梯厅不宜采用节能自熄开关。

声光控开关如图 4-44 所示。

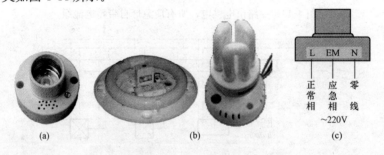

(a)　　　　　　　　　　(b)　　　　　　　　　　(c)

图 4-44　声光控开关
(a) 带传感器的灯座；(b) 灯；(c) 接线

第七节　室外照明设计

一、道路照明

1. 居住区的道路规划

我国城市居住区的道路规划，一般分为三级或四级，即居住区级道路、居住小区级道路、住宅组团级道路和宅间小路，如图 4-45 所示。

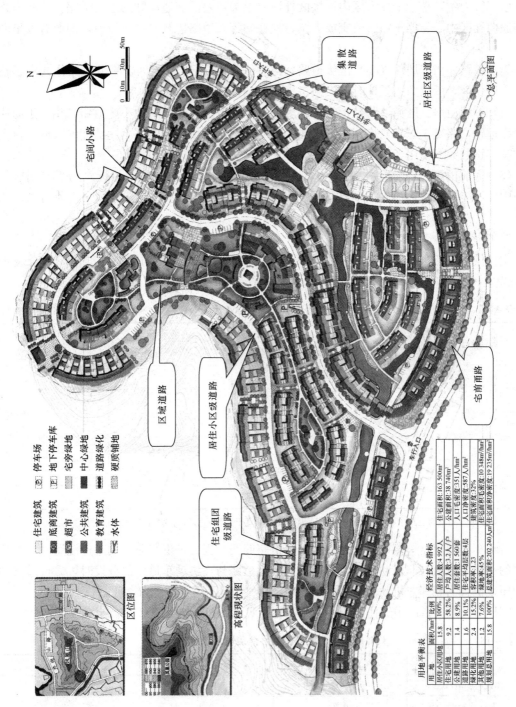

图 4-45　居住区道路

CIE 标准将居住区道路分为三级：集散道路、区域道路、宅前甬路。

（1）集散道路。集散道路指居住区内主要交通道路，将区域道路连接至城市支路或干路上，以车行为主，是一个住宅区内连接区外道路至关重要的交通动脉的主要道路。这些道路可能通向社区中心、停车场、公交或火车、地铁站等。道路边侧设有人行道，因此有大量的车和行人。

集散道路相当于居住（小）区级道路，路宽一般在 5～25m 之间，集散道路往往穿越整个综合居住区，所以照明设计时还必须考虑居民的视觉要求。

（2）区域道路。区域道路是指等级和规模低于集散道路的辅助性小区道路，相当于居住组团级道路，路宽 3～8m，连接小型居住小区或者大型居住小区内部不同功能的区域，行人是这类道路的频繁使用者。

（3）宅前甬路。宅前甬路一般路宽 1～4m 不等，这些小路离住宅最近，属于专用居住区当中的功能性区域，与专用居住区的其他区域联系紧密，有时还兼有部分活动与景观的功能。

2. 照度标准

主要供行人和非机动车混合使用的商业区、居住区人行道路的照明标准值应符合表 4-17 的规定。

表 4-17 人行道路的照明标准值

夜间行人流量	区域	路面平均照度 E_{av} /lx，维持值	路面最小照度 E_{min} /lx，维持值	最小垂直照度 E_{vmin} /lx，维持值
流量大的道路	商业区	20	7.5	4
	居住区	10	3	2
流量中的道路	商业区	15	5	3
	居住区	7.5	1.5	1.5
流量小的道路	商业区	10	3	2
	居住区	5	1	1

注：最小垂直照度为道路中心线上距路面 1.5m 高度处，垂直于路轴的平面的两个方向上的最小照度。

机动车交通道路一侧或两侧设置的人行道路照明，当人行道与非机动车道混用时，人行道路的平均照度值与非机动车道路相同。当人行道路与飞机动车道路的分设时，人行道路的平均照度值宜为相邻非机动车道路的照度值的 1/2，但不得小于 5 lx。

CIE 城区照明指南中居住区道路的照明标准见表 4-18。

表 4-18 CIE 居住区三级道路推荐照度值及照度均匀度

道路类型	集散道路	区域道路	宅前甬路
建议照度值/lx	10～15	5～8	3～5
照度均匀度	0.3	0.3	0.3

3. 光源选择

（1）居住区机动车和行人混合交通道路宜采用高压钠灯或小功率金属卤化物灯，如图

4-46所示。

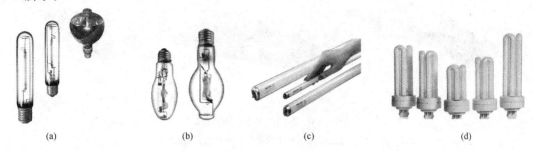

图 4-46　照明光源
(a) 高压钠灯；(b) 金属卤化物灯；(c) 细管荧光灯；(d) 紧凑型荧光灯

　　高压钠灯光效高、寿命长，具有显色性，符合一般道路照明要求的特点，所以将高压钠灯作为机动车交通道路照明的首选光源，可在各类道路上使用。

　　(2) 居住区人行道路、机动车交通道路两侧人行道可采用小功率金属卤化物灯、细管径荧光灯或紧凑型荧光灯。

　　商业区和居住区的人行道路照明光源，可考虑选择金属卤化物灯、细管径荧光灯或紧凑型荧光灯，这些光源的显色性好，并且在居住区环境要尊重人的感受，强调以人为本的理念，同时这些光源的发光效率也比较高。

　　对颜色识别要求较高区域的机动车交通道路，出于显色性方面的考虑，推荐使用金属卤化物灯。

　　(3) 道路照明不应采用自镇流高压汞灯和白炽灯。

　　由于自镇流高压汞灯和白炽灯的光效过低，使用这些光源会造成能源的浪费，而且路面的照明水平也很难达到标准的要求，因此规定不应采用这两类光源。

　　4. 灯具选择

　　(1) 灯具分类。

　　1) 杆灯：按照高度分为高杆（20m 以上）、中杆（15～20m）、常规（15m 以下），如图 4-47 所示。

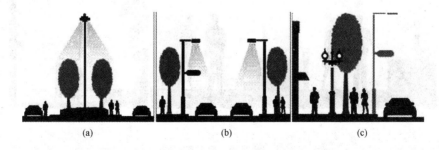

图 4-47　灯杆高度
(a) 高杆（20m 以上）；(b) 中杆（15～20m）；(c) 常规（15m 以下）

　　2) 配光：按照配光分为截光型、半截光型，非截光型，如图 4-48 所示。

　　截光型灯具的最大光强方向与灯具向下垂直轴夹角在 0°～65°之间，90°和 80°方向上的光强最大允许值分别为 10cd/1000lm 和 30cd/1000lm 的灯具。且不管光源光通量的大小，其

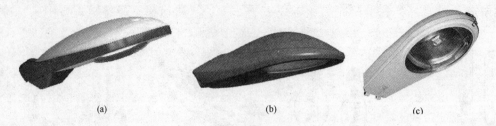

图 4-48　不同配光类型的灯具

(a) 截光型；(b) 半截光型；(c) 非截光型

在 90°方向上的光强最大值不得超过 1000cd。

半截光型灯具的最大光强方向与灯具向下垂直轴夹角在 0°～75°之间，90°和 80°方向上的光强最大允许值分别为 50cd/1000lm 和 100cd/1000lm 的灯具。且不管光源光通量的大小，其在 90°方向上的光强最大值不得超过 1000cd。

非截光型灯具的最大光强方向不受限制，90°方向上的光强最大值不得超过 1000cd 的灯具。

3）发光：按照发光方向分为下照式、横方向扩散式、全方向扩散式，如图 4-49 所示。

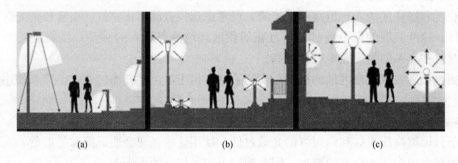

图 4-49　发光方向

(a) 下照式；(b) 横方向扩散式；(c) 全方向扩散式

4）庭院灯：按照安装位置不同分为草坪灯、地埋灯、壁灯，如图 4-50 所示。

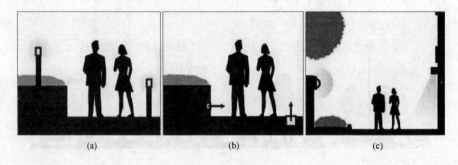

图 4-50　庭院灯

(a) 草坪灯；(b) 地埋灯；(c) 壁灯

（2）灯具选择。小区照明对眩光不做限制，可以采用非截光灯具，同时由于非截光灯具的光不但射到地面，还射到其他工作面（如墙面、树林、建筑物等），还能起到一定的环境照明效果。

人行道路以及有必要单独设灯的非机动车道，宜采用功能性和装饰性相结合的灯具。当采用装饰性灯具时，其上射光通比不应大于 25%，且机械强度应符合现行国家标准 GB 7000.1《灯具　第 1 部分：一般要求与试验》的规定。

对于路宽超过 8m 的道路，应考虑采用截光或半截光型的功能性路灯灯具。

5. 照明方式

（1）常规照明方式。常规照明灯具的布置可分为单侧布置、双侧交错布置、双侧对称布置、中心对称布置和横向悬索布置五种基本方式，如图 4-51 所示。

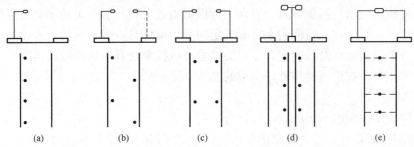

图 4-51　常规照明方式

(a) 单侧布置；(b) 双侧交错布置；(c) 双侧对称布置；(d) 中心对称布置；(e) 横向悬索布置

由于住宅小区主干道上的人流与车流量大，为保证道路的照度均匀度，可选择双叉或者多叉灯，进行双侧交叉或对称布灯，如图 4-52 所示。

（2）高度与间距。采用常规照明方式时，应根据道路横断面形式、宽度及照明要求进行选择，并应符合下列要求：

1）灯具的悬挑长度不宜超过安装高度的 1/4，灯具的仰角不宜超过 15°。

如果灯具的悬挑长度过长，会降低装灯一侧路缘石和人行道的亮度（照度）；悬臂的机械强度要求高，而且可能会造成灯具和光源发生振动，影响用寿命，造价也会增加，故悬挑长度不宜过长。

图 4-52　小区道路照明

增大灯具的仰角，虽然会增加到达灯具对面一侧路面光线的数量，可路面亮度并不会显著增加；特别是在弯道上，如果灯具仰角过大，产生眩光的可能性就会增加，光污染也会增加。因此灯具的仰角也应予以限制。

2）灯具的布置方式、安装高度和间距可按表 4-19 经计算后确定。

表 4-19　　　　　灯具的配光类型、布置方式与灯具的安装高度、间距的关系　　　　　（m）

配光类型	截光型		半截光型		非截光型	
布置方式	安装高度 H	间距 S	安装高度 H	间距 S	安装高度 H	间距 S
单侧布置	$H \geqslant W_{eff}$	$S \leqslant 3H$	$H \geqslant 1.2W_{eff}$	$S \leqslant 3.5H$	$H \geqslant 1.4W_{eff}$	$S \leqslant 4H$
双侧交错布置	$H \geqslant 0.7W_{eff}$	$S \leqslant 3H$	$H \geqslant 0.8W_{eff}$	$S \leqslant 3.5H$	$H \geqslant 0.9W_{eff}$	$S \leqslant 4H$
双侧对称布置	$H \geqslant 0.5W_{eff}$	$S \leqslant 3H$	$H \geqslant 0.6W_{eff}$	$S \leqslant 3.5H$	$H \geqslant 0.7W_{eff}$	$S \leqslant 4H$

注：W_{eff} 为路面有效宽度（m）。

灯具安装高度不宜低于 3m，不应把裸灯设置在视平线上。

居住区及其附近的照明，应合理选择灯杆位置、光源、灯具及照明方式；在居室窗户上产生的垂直照度不得超过相关标准的规定。

6. 人行横道照明

人行横道照明应符合下列要求：

（1）平均水平照度不得低于人行横道所在道路的 1.5 倍。

（2）人行横道应增设附加灯具。可在人行横道附近设置与所在机动车交通道路相同的常规道路照明灯具，也可在人行横到上方安装定向窄光束灯具，但不应给行人和机动车驾驶员造成眩光。可根据需要在灯具内配置专用的挡光板或控制灯具安装的倾斜角度。

（3）可采用与所在道路照明不同类型的光源。

7. 照明供电

（1）道路照明供配电系统的设计应符合下列要求：

1）供电网络是设计应符合规划的要求。配电变压器的负荷率不宜大于 70%。宜采用地下电缆线路供电，当采用架空线路时，宜采用架空绝缘配电线路。

2）变压器应选用结线组别为 D yn11 的三相配电变压器，并应正确选择变压比和电压分接头。

3）应采取补偿无功功率措施。

4）宜使三相负荷平衡。

（2）配电系统中性线的截面应不小于相线的导线截面，且应满足不平衡电流及谐波电流的要求。

为了尽可能减少电路故障对照明的影响，在进行路灯的供配电设计时，一般采用单相保护元件，当发生过载或短路故障时，可能会造成单相运行。由于道路照明的光源主要为气体放电灯，其电路中存在着一定的谐波电流，为了保证运行安全，特别是电缆线路原则上不允许过负荷，所以应该按照最不利的情况来考虑。此外，中性线截面与相线截面相等有利于满足电压降要求并能减低线损。

（3）道路照明配电回路应设保护装置，每个灯具应设有单独保护装置。

为了避免单灯故障造成大面积灭灯，尽可能减小故障影响范围。根据相关电气标准的要求，除非是上一级线路的保护电器已能保护截面减小的那一段线路或分支线，或回路电流在 20A 以下，才可以不必单独设置保护。

（4）高杆灯或其他安装在高耸构筑物上的照明装置应配置接闪装置，并应符合现行国家标准 GB 50057《建筑物防雷设计规范》的规定。

根据相关规范的定义，高度超过 15m 的孤立的建（构）筑物、建筑群中高于其他建筑或处于边缘地带的高度为 20m 及以上的民用和一般工业建筑物均属于三类防雷建筑，此类建筑物的防直击雷的一般要求是在建筑物易受雷击部位装设接闪带或接闪杆。

（5）道路照明供电线路的人孔井盖及手孔井盖、照明灯杆的检修门及路灯户外配电箱，均应设置需使用专用工具开启的闭锁防盗装置。

（6）道路照明配电系统的接地形式宜采用 TN-S 系统或 TT 系统，金属灯杆及构件、灯具外壳、配电及控制箱屏等的外露可导电部分，应进行保护接地，并应符合国家现行相关标准的要求。

TN-S 接地形式是把工作零线 N 和专用保护线 PE 严格分开。优点：当系统正常运行时，专用保护线上没有电流，只是工作零线上有不平衡电流；PE 线对地没有电压，所以电气设备金属外壳接零保护是接在专用的保护线 PE 上，安全可靠。缺点：如果 PE 线断开，无法起到保护作用，可能导致电击事故。

TT 接地形式是将电气设备的金属外壳直接接地，因而可以减少触电的危险性。优点是更安全，缺点是其故障电流小，不能用熔断器或断路器的瞬时过电流脱扣器兼做接地故障保护，而应使用剩余电流保护器作接地故障保护。此时，其保护灵敏度更高；但由于户外潮湿等因素，如果线路过长，其泄漏电流较大，如果整定电流不当（整定值过小），将会导致误动作，所以要求正确合理整定其动作电流。另外，金属电杆需要进行接地，当每根电杆已作接地时，配电线路不需要再配保护线（PE）。

设计时应根据系统的以上特点，结合路灯供电系统的具体情况，选择采用 TN-S 系统或 TT 系统。

8. 照明控制

（1）道路照明应根据所在地区的地理位置和季节变化合理确定开关灯时间，并应根据天空亮度变化进行必要修正。宜采用光控和时控相结合的控制方式。

道路照明控制宜以时控为基础，并辅以光控功能。首先应根据所在地区的地理位置（经纬度）和季节变化，参照国家天文台提供的民用晨昏蒙影时刻或道路照明管理单位总结的一年内每天早晚时段与照度的对应关系的资料，合理确定路灯的开关灯时间。除此之外，还要考虑由于天气变化所造成的偏离平均值的情况，比如：有时在白天可能会遇到浓云蔽日、突降暴雨的情况，这时就需要开启路灯提供照明，在这种情况下就需要有辅助的光控功能自动开启路灯，而当天气恢复正常后又能适时地将路灯关闭。对于那些暂时还不能实施时控加光控以应对临时开灯需要的城市，应适当启用人工干预手动控制的功能以便使道路照明的开、关准确合理。

（2）道路照明采用集中遥控系统时，运动终端宜具有在通信中断的情况下自动开关路灯的控制功能和手动控制功能。如图 4-53 所示。

（3）道路照明开灯时的天然光照度水平宜为 30 lx，次干路和支路宜为 20 lx。

9. 缆线

（1）电缆。

1）电缆直埋或在保护管中不得有接头。

2）电缆在灯杆两侧预留量应不小于 0.5m。

3）三相四线制应采用四芯等截面电力电缆，不应采用三芯电缆，另用电缆金属护套作中性线。三相五线制应采用五芯电力电缆。PE 线芯截面可小一等级，但应不小于 16mm²。

4）电缆在直线段，每隔 50~100m、转弯处、进入建筑物等处应设置固定明显的标志。

5）电缆埋设深度应符合下列规定：①绿地车行道下应不小于 0.7m；②人行道下应不小于 0.5m；③在不能满足上述要求的地段应按设计要求敷设。

（2）灯头线。灯头线应使用额定电压不低于 500V 的铜心绝缘线。功率小于 400W 的最小允许线芯截面应为 1.5mm²，功率在 400~1000W 的最小允许线芯截面应为 2.5mm²。

10. 安装

单挑灯、双挑灯的安装高度宜为 6~12m。

杆上安装路灯，悬挑 1m 及以下的小灯臂安装高度宜为 4～5m，悬挑 1m 以上的灯架，安装高度应大于 6m，设路灯专杆的安装高度应根据设计要求确定。

安装墙灯其高度宜为 3～4m，路灯安装示意如图 4-54 所示。

11. 安全保护

(1) 接零和接地保护。

1) 在中性点直接接地的路灯低压网中，金属灯杆、配电箱等电气设备的外壳宜采用低压接零保护。

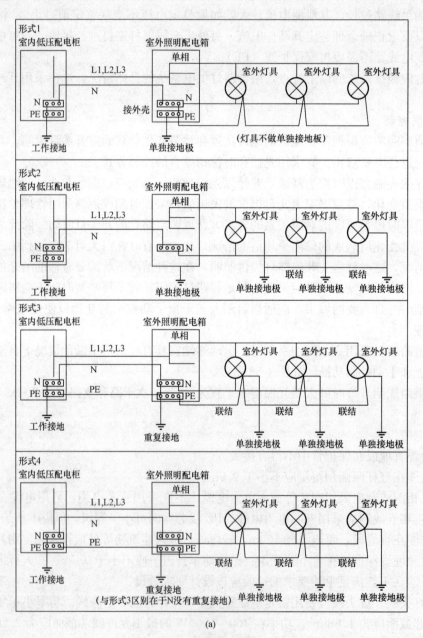

(a)

图 4-53　道路照明系统（一）

（a）接线示意

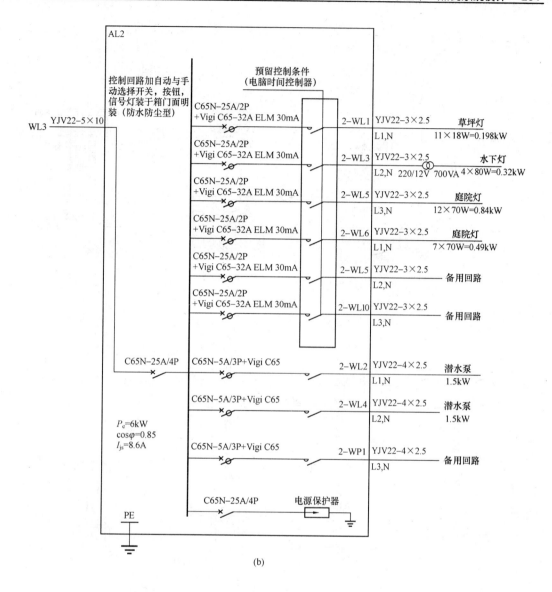

图 4-53 道路照明系统（二）

（b）系统图

2）在保护接零系统中，用熔断器作保护装置时，单相短路电流不应小于熔断片额定熔断电流的 4 倍，用低压断路器作保护装置时，单相短路电流应不小于低压断路器瞬时或延时动作电流的 1.5 倍。

3）采用接零保护时，单相开关应装在相线上，保护零线上严禁装设开关或熔断器。

4）保护零线和相线的材质应相同，当相线的截面在 35mm² 及以下时，保护零线的最小截面应为 16mm²。当相线的截面在 35mm² 以上时，保护零线的最小截面不得小于相线截面的 50%。

5）保护接零时，在线路分支、首端及末端应安装重复接地装置，接地装置的接地电阻应不大于 10Ω。

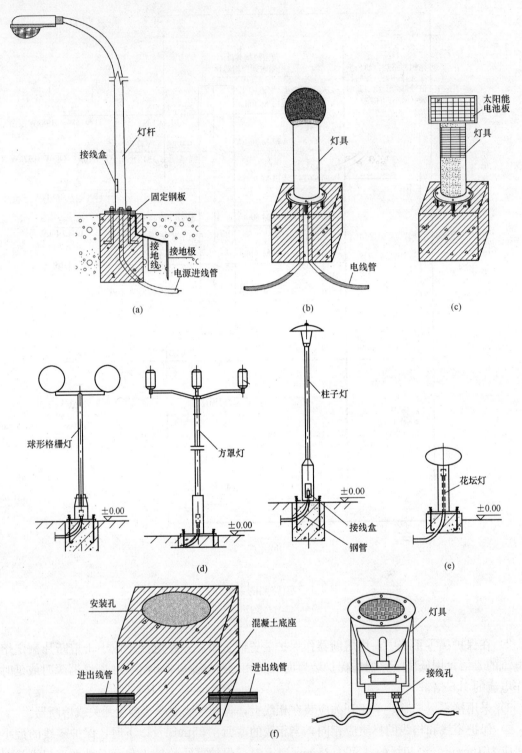

图 4-54　路灯安装（一）
（当采用金属卤化物灯、钠灯应采用双层玻璃或网状防护罩作隔热）
(a) 路灯；(b) 普通草坪灯；(c) 太阳能草坪灯；(d) 庭院灯；
(e) 花坛灯；(f) 道路埋地灯

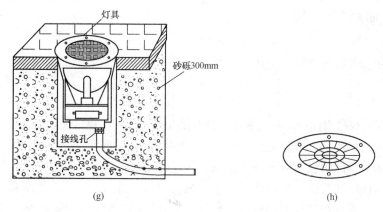

图 4-54 路灯安装（二）
（当采用金属卤化物灯、钠灯应采用双层玻璃或网状防护罩作隔热）
（g）非道路埋地灯；（h）防护罩

6）在用电设备较少、分散、采用接零保护确有困难，以及土壤电阻率较低时，可采用低压接地保护。

7）灯杆、配电箱等金属电力设备采用接地保护时，其接地电阻应不大于 4Ω。

（2）接地装置。

1）接地装置可利用下列接地体接地。

①建筑物的金属结构（梁、柱）及设计规定的混凝土结构内部的钢筋。

②配电装置的金属外壳。

③保护配电线路的金属管。

2）接地体埋深应符合设计规定；当设计无规定时，埋深不宜小于 0.6m。

3）垂直接地体的间距不宜小于其长度的 2 倍，水平接地体的间距在设计无规定时不宜小于 5m。

4）明敷接地线安装应符合下列规定：

①敷设位置不应妨碍设备的拆卸和检修。

②接地线宜水平或垂直敷设，结构平行敷设直线段上不应起伏或弯曲。

③支架的距离：水平直线部分宜为 0.5~1.5m；垂直部分宜为 1.5~3.0m；转弯部分宜为 0.3~0.5m。

④沿建筑物墙壁水平敷设时，距地面宜为 0.25~0.3m；与墙壁间的距离宜为 0.1~0.15m；跨越建筑物伸缩缝、沉降缝时，应将接地线弯成弧状。

5）接地装置的导体截面应符合热稳定和机械强度要求，当使用圆钢时，直径不得小于 10mm，扁钢不得小于 4mm×25mm，角钢厚度不得小于 4mm。

6）接地体的连接应采用焊接，焊接应牢固并进行耐腐处理，接至电气设备上的接地线应采用镀锌螺栓连接，对有色金属接地线不能采用焊接时，可用螺栓连接。

7）接地体的焊接应采用搭接焊，其搭接长度应符合下列规定：

①扁钢为其宽度的 2 倍。

②圆钢为其直径的 6 倍。

③圆钢与扁钢连接时，其长度为圆钢直径的 6 倍。

扁钢与角钢连接时，应在其接触部位两侧进行焊接。

二、景观照明

1. 元素

住宅区景观元素包括建筑住宅楼、道路、山石、水景、雕塑小品、树木、灌木、绿化、花卉等。

2. 设计原则

(1) 住宅区景观照明设计应首先从照明规划的角度出发，根据区域功能特点，在满足功能性照明的前提下，突出重点表现的景观元素，兼顾其他场景的照明，体现点、线、面的特点。

(2) 住宅区景观照明设计应充分理解景观设计的主题、景观元素的塑造及景观设计的构成。根据景观的性质和特征，对景观的硬质景观（山石、道路、建筑、流水及水面等）和软质景观（绿地、树木及花丛等植被）的照明进行统一规划、精心设计，形成和谐、协调并富有特色的照明。

3. 设计内容

景观照明工程设计程序分为方案设计、初步设计和施工图设计三个阶段。

(1) 方案设计。

1) 应按其设计内容完成方案设计的文字材料。方案中宜确定照明主题、艺术构思、照明重点、照明方式等。

2) 对于重点照明部位的照明效果应绘制照明效果图和编写必要的说明。

3) 应编制工程造价估算。

(2) 初步设计。

1) 编制设计说明书：综合各项原始资料经过比较，确定电源、照度、布灯方案、配电方式等作为编制施工图设计的依据。

2) 编制平面布置图：写出灯位、亮度分布、配电箱等布置原则。

3) 编制计算书：进行照度或亮度的计算、负荷计算及导线截面与管径计算（可作为内部存档）。

(3) 施工图设计。

1) 绘制施工图。根据施工图编制预算、安排设备材料和非标准设备的订货加工、进行施工和安装。

2) 施工图包括。照明平面图、照明系统图、照明控制图、设备材料表。

3) 图样的内容和深度等还应根据各工程的特点和实际情况有所增减。

(4) 应设计防雷、安全接地措施。

4. 照明方式

景观照明常用照明方式的特点见表 4-20。

表 4-20　　　　　　　　　　　景观照明常用照明方式的特点

照明方式	特 点
泛光照明	通常用投光灯使场景或物体的亮度明显高于周围环境亮度的照明方式
轮廓照明	利用灯光直接勾画出建筑物和构筑物等被照对象的轮廓的照明方式
重点照明	利用窄光束灯具照射局部的照明，使之与周围环境形成强烈的亮度对比，并通过有韵律的明暗变化，形成独特的视觉效果照明方式
建筑物夜景照明	将夜景照明光源或灯与建筑物立面的墙、檐、柱、窗、墙角或屋顶部分的建筑结构连为一体，并和主体建筑同步设计和施工的照明方式
内透光照明	利用室内光线向外透射的照明方式

常用的照明方式灯光应用的示意图如图 4-55 所示。

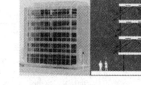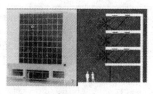

A投光　　　　　　　　B自发光　　　　　　　　C内透

图 4-55　常用的照明方式灯光应用示意图

5. 光源与灯具

景观照明常用的光源见表 4-21。

表 4-21　　　　　　　　　　　景观照明常用的光源

光　源	应用照明方式	应用场所
三基色荧光灯	内透光照明	路桥、广告灯箱、广场等
紧凑型荧光灯	建筑轮廓照明	彩灯、广场、园林等
金属卤化物灯	泛光照明	路桥、园林、广告、广场、彩灯等
高压钠灯	泛光照明	路桥、园林、广告、广场等
冷阴极荧光灯	内透光照明、装饰照明	路桥、园林、广告、彩灯等
发光二极管（LED）	内透光照明、装饰照明	路桥、园林、广告、广场、彩灯等
无极荧光灯（电磁感应灯）	泛光照明	路桥、园林、广告、广场等

景观照明常用的光源见图 4-56。

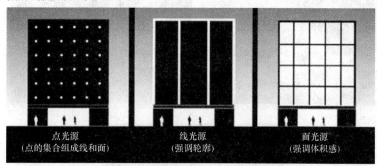

点光源（点的集合组成线和面）　　　线光源（强调轮廓）　　　面光源（强调体积感）

图 4-56　景观照明中光源的应用

景观照明常用的灯具见表 4-22。

表 4-22　　　　　　　　　　　景观照明常用的灯具

灯　具	应用照明方式	应用场所
荧光灯	内透光照明、装饰照明	路桥、园林、广告、广场等
投光灯	泛光照明	路桥、树木、广告、广场、水景、山石等

续表

灯 具	应用照明方式	应 用 场 所
埋地灯	泛光照明	步道、树木、广场、山石等
LED灯	内透光照明、装饰照明	路桥、广告、广场等
光纤灯	装饰照明	园林、水景、广场等
草坪灯	—	小路、园林、广场等
庭院灯	—	路桥、园林、广场、庭院等
太阳能灯	—	彩灯、路桥、园林、广场、庭院等

6. 植物照明

（1）上射照明。上射照明是植物景观照明中最常用的一种方式，是指灯具将光线向上投射而照亮物体，可以用来表现树木的雕塑质感，如图 4-57（a）所示。

灯具可固定在地面上或安装在地面下。一些埋在地面中使用的灯具，如埋地灯，由于调整不便，通常用来对大树进行照明，而安装在地面上的插入式定向照明灯具，则可用来对小

图 4-57　植物照明
（a）上射照明；（b）下射照明；（c）轮廓照明；（d）背光照明；（e）月光效果照明

树照明，比较容易根据植物的生长和季节变化进行移动和调节。

（2）下射照明。与上射照明相反，下射照明主要突出植物的表面或某一特征，同时与采用上射照明的其他特征形成对比，如图 4-57（b）所示。

下射照明适合于盛开的花朵，因为绝大多数的花朵是向上开放的。安装在花架、墙面和乔木上的下射灯均可满足这一要求。

（3）轮廓照明。轮廓照明即通过光源本身将照明对象的轮廓线突显出来。在园林植物景观照明中主要利用串灯，装饰作用是挂在除了树冠浓密的针叶树之外的乔木上突出树体轮廓，如图 4-57（c）所示。

轮廓照明比较适用于落叶树的照明，尤其是冬天效果会更好。

（4）背光照明。背光照明又称剪影照明，是使树木处于黑暗之中，而树后的墙体被均匀、柔和的光线照亮，从而形成一种光影的对比，如图 4-57（d）所示。

背光照明比较适合于姿态优美的小树和几何形植物。如竹子是非常适合采用背光照明的植物，墙前背光衬托下摇曳的翠竹枝叶就犹如一幅中国传统的水墨画。

（5）月光效果照明。月光效果照明是将灯具安装在树上合适位置，部分向下照明以产生斑驳图案，另一部分向上照明，将树叶照亮，这样产生一种月影斑驳的效果，好像皓月照明一样，如图 4-57（e）所示。

7. 雕塑照明

园林中的雕塑小品、标志，一类是观赏性的，另一类是纪念性的，如图 4-58 所示。

雕塑及景观小品的照明应合理确定被照物亮度，并应与其背景亮度保持合适的对比度；应根据雕塑的主题、体量、表面材料的反光特性等来确定照明方案和选择照明方式。

景观雕塑的照明设计最好采用前侧光。前侧光的方位一般应大于 50°，小于 60° 最为适宜。景观雕塑照明设计应避免几种情况：

图 4-58 雕塑小品

（1）避免强俯仰光，包括正上光与正下光，特别是等强照度的正上、正下的强光，不仅破坏形象，而且还可能造成恐怖感。

（2）避免顺光，这是一种正光，会使雕塑损失立体感。

（3）避免正侧光，导致"阴阳脸"的不良视觉效果。

应选择窄光束灯具配以适当的光源，要避开游人视线的方向，防止眩光干扰。

雕塑和景观小品大多体积较小，且与环境关系密切，因此其照明亮度与环境形成一定的比例关系，才能使景观既有合适的效果又与环境和谐。

8. 水景照明

小型的水面、水池可采用光纤或发光二极管灯（LED）带勾勒周边作景观照明，同时还提醒游人注意安全。流动的水面（喷泉、水幕、瀑布等）的照明，可采用在喷泉底部或水柱的升落处安装小型投光灯的方式，使水成为流动的载光体。

水景照明设计应符合下列要求：

1）应根据水景的形态及水面的反射作用，选择合适的照明方式。

2）喷泉照明的照度应考虑环境亮度与喷水的形状和高度。

3）水景照明灯具应结合景观要求隐蔽，应兼顾无水时和冬季结冰时采取防护措施的外观效果。

4）光源、灯具及其电器附件必须符合水中使用的防护与安全要求，并应便于维护管理。

5）水景周边应设置功能照明，防止观景人意外落水。

（1）景观照明。作为视觉中心的水体与景观的亮度比，应注意与景观中的其他景观要素保持连续与统一，多个视觉焦点的亮度比应保持在 3：1～5：1。为了达到景观的一致性，视觉焦点的亮度比不要超过 10：1，各景观表现要素的亮度平衡十分重要，如图 4-59（a）所示。

（2）水上照明。水上照明大多使用下照光，灯具安装在附近的建筑物或树上。有时安装在水体附近的地面上，向下或水平射向水体。水上照明要注意控制灯具的投光角度，一般不要超过垂直线以外 35°，以避免眩光所造成的人眼不适和减弱水体照明的效果。使用有效的挡光板和格栅有助于降低出光口处的亮度。灯具不需要在水中，所有室外灯具都可以用来进行水体照明，大大降低了初始投资和维护费用，如图 4-59（b）所示。

(a)

(b)　　　　　　　　　(c)

图 4-59　水景照明
(a) 景观照明；(b) 水上照明；(c) 水下照明

（3）水下照明。对于水下照明方式，应特别考虑水中的动物和植物，如鱼和水草。水面的亮度和水下灯出光口的亮度对鱼群的游动会产生影响。设计中应该有选择地进行水体照明以及亮度设计。所有的水下灯具必须保证具有耐腐性能，而且要完全防水，满足安全要求，如图 4-59（c）所示。

9. 建（构）筑物照明

建筑物景观照明主要有投光、自发光和内透照明方式，如图 4-55 所示。

（1）内透光照明。室内内透光照明，适用于玻璃幕墙办公楼等。柔和的光线有规律地从内往外透射，极具灯光效果，具有特征突出的特点。这种景观照明方式主要优点是能够利用室内的照明器，维修简便。

（2）轮廓照明。建筑轮廓照明有轮廓照明和负轮廓照明两种。轮廓照明是用灯连成线条，刻画出建筑物的轮脚、门和窗的框架、屋脊和屋顶的线条。常用于较大型的建筑物，强调整个建筑物形状，忽略某些局部细节。

负轮廓照明是将光线投射在物体的背面，或者通过亮的背景来创造负轮廓的照明称为负轮廓照明。负轮廓照明可将主体结构和其细节区分开来，比较适用于非主题的建筑构成，如柱廊、建筑物上的圆齿状突出、装饰构件等。对这些部位的负轮廓照明处理再配合主建筑的投光照明等方式，能产生美妙的光效果，如图4-60所示。

图 4-60　负轮廓照明

建筑物单体照明一般采用勾边、投光灯照亮建筑的单体的表面，使其体现出建筑物单体的柔美、刚毅，以衬托住宅小区的情趣、文化内涵，同时起到画龙点睛的作用。但要考虑灯具安装时应注意隔热、防火、防潮和防水等安全措施。

10. 广告照明

（1）投光灯。投光灯照明是泛光照明的一种应用，它是利用投光灯照射广告牌，使其照度比周围环境照度明显高，起到突出广告内容的作用。投光照明包含稳态投光照明和动感投光照明两种。广告牌的投光照明一般是稳态投光照明，如图4-61（a）所示。

（2）霓虹灯。霓虹灯是一种冷阴极辉光放电管，其辐射光谱具有极强的穿透大气的能力，色彩鲜艳绚丽、多姿，发光效率明显优于普通的白炽。线条结构表现力丰富，可以加工成任何几何形状，满足设计要求，通过电子程序控制，可变幻色彩的图案和文字，如图4-61（b）所示。

（3）灯箱。灯箱广告照明通常是指柔性灯箱、磨砂玻璃灯箱、漫透射有机玻璃灯箱、胶片灯箱和铁皮灯箱中的一种。其中柔性灯箱目前使用较为广泛。与其他灯箱广告相比，具有布料漫透光性能好、布料柔软强度高、运输安全方便、方便维护、寿命长等突出优点，如图4-61（c）所示。

（4）大屏幕显示屏。一种完全不同于霓虹灯广告的大屏幕显示屏广告，利用单个发光器件作单元组合而成的大面积矩阵视频显示系统。这种系统用于广告显示，不仅画面

图 4-61　广告照明

（a）投光灯；（b）霓虹灯；（c）灯箱；（d）大屏幕显示屏

亮度高、对比度大，色彩鲜艳，而且和电视一样可显示其动态画面和文字。显示屏随使用发光器件的不同种类很多，主要有发光二极管（LED）显示屏、阴极射线管、荧光放电管、白炽灯泡显示屏和液晶显示屏，如图4-61（d）所示。

（5）混合照明。几种照明方式的组合，发挥各种照明方式的优点，取长补短。如采用霓虹灯和投光灯的组合便用，能够极大地弥补霓虹灯广告牌日间效果差，投光灯照明广告缺乏生气的弊病。

11. 绿地花坛照明

（1）绿地、花坛。园林中绿地草坪的照明方式可采用小型投光灯水平投射，在草坪表面形成强弱分明的照明效果。也可在草坪中随意放置仿石灯（发光石）、低位草坪灯等，以表现自然情趣。

但应考虑灯具安装方式以及防火和灯具支架对树干的破坏及灯具发热对树木生长的影响等因素；同时泛光灯、射树灯等灯具应尽量远离业主的卧室，且投光的方向避让卧室，避免干扰居民的休息。

绿地、花坛照明设计应符合下列要求：

1）草坪的照明应考虑对公园内人员活动的影响，光线宜自上向下照射，应避免溢散光对环境和人造成的光污染。

2）灯具应作为景观元素考虑，并应避免由于灯具的设置影响景观。

3）花坛宜采用自上向下的照明方式，以表现花卉本身。

4）应避免溢散光对观赏及周围环境的影响。

5）公园内观赏性绿地照明的最低照度不宜低于2lx。

（2）步道、台阶。园路以满足人们游赏、休憩、散步等功能为基本目的，并不需要十分连续、明亮的照明，仅对小区中关键的景观节点、元素或构筑物、休憩场所和有危险的地方（如坡道、台阶、桥梁、转弯处）进行照明即可。

步道的坡道、台阶、高差处应设置照明设施。入口、公共设施、指示标牌应设置功能照明和标识照明，如图4-62所示。

12. 供配电

应根据照明负荷中断供电可能造成的影响及损失，合理地确定负荷等级，并应正确地选择供电方案。

（1）夜景照明设备供电电压宜为0.23/0.4kV，供电半径不宜超过0.5km。照明灯具端电压不宜高于其额定电压值的105%，并不宜低于其额定电压值的90%。

（2）夜景照明负荷宜采用独立的配电线路供电，照明负荷计算需用系数应取1，负荷计算时应包括电器附件的损耗。

（3）当电压偏差或波动不能保证照明质量或光源寿命时，在技术经济合理的条件下，可采用有载自动调压电力变压器、调压器或专用变压器供电。当采用专用变压器供电时，变压器的接线组别宜采用Dyn11方式。

（4）照明分支线路每一单相回路电流不宜超过30A。

（5）三相照明线路各相负荷的分配宜保持平衡，最大相负荷电流不宜超过三相负荷平均值的115%，最小相负荷电流不宜小于三相负荷平均值的85%。

（6）当采用三相四线配电时，中性线截面应不小于相线截面；室外照明线路应采用双重绝缘的铜芯导线，照明支路铜芯导线截面应不小于2.5mm^2。

（7）对仅在水中才能安全工作的灯具，其配电回路应加设低水位断电措施。

（8）对单光源功率在250W及以上者，宜在每个灯具处单独设置短路保护。

图 4-62 绿地、花坛、步道、台阶照明

(a) 绿地；(b) 花坛；(c) 步道；(d) 台阶

(9) 夜景照明系统应安装独立电能计量表。

(10) 有集会或其他公共活动的场所应预留备用电源和接口。

13. 照明控制

(1) 同一照明系统内的照明设施应分区或分组集中控制，应避免全部灯具同时启动。宜采用光控、时控、程控和智能控制方式，并应具备手动控制功能。

(2) 应根据使用情况设置平日、节假日、重大节日等不同的开灯控制模式。

(3) 系统中宜预留联网监控的接口，为遥控或联网监控创造条件。

(4) 总控制箱宜设在值班室内便于操作处，设在室外的控制箱应采取相应的防护措施。

14. 安全防护与接地

(1) 安装在人员可触及的防护栏上的照明装置应采用特低安全电压供电，否则应采取防意外触电的保障措施。

(2) 安装于建筑本体的夜景照明系统应与该建筑配电系统的接地型式相一致。安装于室外的景观照明中距建筑外墙 20m 以内的设施应与室内系统的接地型式相一致；距建筑物外墙 20m 以外的部分宜采用 TT 接地系统，将全部外露可导电部分连接后直接接地。

(3) 配电线路的保护应符合现行国家标准 GB 50054《低压配电设计规范》的要求，当采用 TN-S 接地系统时，宜采用剩余电流保护器作接地故障保护；当采用 TT 接地系统时，应采用剩余电流保护器作接地故障保护。动作电流不宜小于正常运行时最大泄露电流的 2.0～2.5 倍。

（4）夜景照明装置的防雷应符合现行国家标准 GB 50057《建筑物防雷设计规范》的要求。

（5）照明设备所有带电部分应采用绝缘、遮拦或外护物保护，距地面 2.8m 以下的照明设备应使用工具才能打开外壳进行光源维护。室外安装照明配电箱与控制箱等应采用防水、防尘型、防护等级不应低于 IP54，北方地区室外配电箱内元器件还应考虑室外环境温度的影响，距地面 2.5m 以下的电气设备应借助于钥匙或工具才能开启。

（6）嬉水区。嬉水池区域划分如图 4-63 所示，地上嬉水池区域划分如图 4-64 所示。

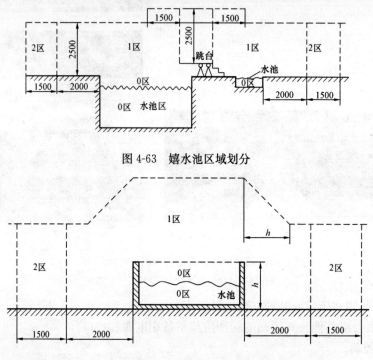

图 4-63　嬉水池区域划分

图 4-64　地上嬉水池区域划分

0 区——水池内部；

1 区——离水池边缘 2m 的垂直面内，其高度止于距地面或人能达到的水平面的 2.5m 处；对于跳台或滑槽，该区的范围包括离其边缘 1.5m 的垂直面内，其高度止于人能达到的最高水平面的 2.5m 处；

2 区——1 区至离 1 区 1.5m 的平行垂直面内，其高度止于离地面或人能达到的水平面的 2.5m 处。

嬉水池防电击措施应符合下列规定：

1）在 0 区内采用 12V 及以下的隔离特低电压供电，其隔离变压器应在 0、1、2 区以外。

2）电气线路应采用双重绝缘，在 0 区及 1 区内不得安装接线盒。

3）电气设备的防水等级，0 区内不应低于 IPX8，1 区内应不低于 IPX5，2 区内不应低于 IPX4。

4）在 0 区、1 区及 2 区内应作局部等电位联结。

（7）喷水池。喷水池的划分区域如图 4-65 所示。

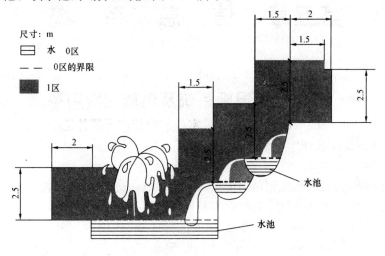

图 4-65　喷水池的划分区域

0 区——水池内部；

1 区——离水池边缘 2m 的垂直面内，其高度止于距地面或人体能到达的水平面的 2.5m 处。

喷水池防电击措施应符合下列规定：

1）当采用 50V 及以下的特低电压（ELV）供电时，其隔离变压器应设置在 0、1 区以外；当采用 220V 供电时，应采用隔离变压器或装设额定动作电流 $I_{\Delta n}$ 不大于 30mA 的剩余电流保护器。

2）水下电缆应远离水池边缘，在 1 区内应穿绝缘管保护。

3）喷水池应做局部等电位联结。

（8）霓虹灯的安装设计应符合现行国家标准 GB 19653《霓虹灯安装规范》的规定。

第五章 信 息 系 统

第一节 信息设施系统及信息化应用系统

一、信息设施系统

1. 组成

住宅小区内的信息设施系统包括通信接入系统、电话交换系统、信息网络系统、综合布线系统、室内移动通信覆盖系统、有线电视及卫星电视接收系统、广播系统、信息导引及发布系统和其他相关的信息通信系统，如图 5-1 所示。

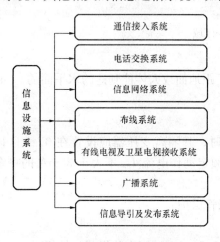

图 5-1　信息设施系统

2. 功能

（1）为住宅的使用者及管理者创造良好的信息应用环境。

（2）根据需要对住宅内外的各类信息，予以接收、交换、传输、存储、检索和显示等综合处理，并提供符合信息化应用功能所需和各种类信息设备系统组合的设施条件。

二、系统要求

1. 通信接入系统

（1）应根据用户信息通信业务的需求，将住宅外部的公用通信网或专用通信网的接入系统引入住宅小区内。

（2）公用通信网的有线、无线接入系统应支持住宅内用户所需的各类信息通信业务。

2. 电话交换系统

（1）宜采用本地电信业务经营者所提供的虚拟交换方式、配置远端模块或设置独立的综合业务数字程控用户交换机系统等方式，提供住宅内电话等通信使用。

（2）综合业务数字程控用户交换机系统设备的出入中继线数量，应根据实际话务量等因素确定，并预留余量。

（3）住宅内所需的电话端口应按实际需求配置，并预留余量。

（4）住宅公共部位宜配置公用的直线电话和专用的公用直线电话和内线电话。

3. 信息网络系统

（1）应以满足各类网络业务信息传输与交换的高速、稳定、实用和安全为规划与设计的原则。

（2）宜采用以太网等交换技术和相应的网络结构方式，按业务需求规划二层或三层的网络结构。

（3）用户接入宜根据需要选择配置 10/100/1000Mbit/s 信息端口。

（4）小区内流动人员较多的公共区域或布线配置信息点不方便的大空间等区域，宜根据需要配置无线局域网络系统。

（5）应根据网络运行的业务信息流量、服务质量要求和网络结构等配置网络交换设备。

（6）应根据工作业务的需求配置服务器和信息端口。

（7）应根据系统的通信接入方式和网络划分等配置路由器。

（8）应配置相应的信息安全保障设备。

（9）应配置相应的网络管理系统。

4. 布线系统

（1）应成为住宅信息通信网络的基础传输通道，能支持语音、数据、图像和多媒体等各种业务信息的传输。

（2）应根据住宅小区的业务性质、使用功能、环境安全条件和其他使用的需求，进行合理的系统布局和管线设计。

（3）应根据缆线敷设方式和其所传输信息符合相关涉密信息保密管理规定的要求，选择相应类型的缆线。

（4）应根据缆线敷设方式和其所传输信息满足对防火的要求，选择相应防护方式的缆线。

（5）应具有灵活性、可扩展性、实用性和可管理性。

（6）应符合 GB/T 50311《建筑与建筑群综合布线系统工程设计规范》的有关规定。

5. 室内移动通信覆盖系统

（1）应克服建筑物的屏蔽效应。

（2）应确保用户对移动通信使用需求，为适应未来移动通信的综合性发展预留扩展空间。

（3）对室内需屏蔽移动通信信号的局部区域，宜配置室内屏蔽系统。

（4）应符合 GB 9715《国家环境电磁卫生标准》等有关的规定。

6. 有线电视及卫星电视接收系统

（1）宜向用户提供多种电视节目源。

（2）应采用电缆电视传输和分配的方式，对需提供上网和点播功能的在线电视系统宜采用双向传输系统。传输系统的规划应符合当地有线电视网络和要求。

（3）根据住宅的功能需要，应按照国家相关部门的管理规定。配置卫星广播电视接收和传输系统。

（4）应根据住宅内部的功能需要配置电视终端。

（5）应符合 GB 50200《有线电视系统工程技术规范》有关的规定。

7. 广播系统

（1）根据使用和需要宜分为公共广播、背景音乐和应急广播等。

（2）应根据多音源播放设备，以根据需要对不同分区播放不同音源信号。

（3）宜根据需要配置传声器和呼叫站，具有分区呼叫控制功能。

（4）系统播放设备宜具有连续、循环播放和预置定时播放和功能。

（5）宜根据需要配置各类钟声信号。

（6）应急广播系统的扬声器宜采用与公共广播系统的扬声器兼用的方式。应急广播系统优先于公共广播系统。

（7）应合理选择最大声压级、传输频率性、传声增益、声场不均匀度、噪声级和混响时间等声学指标，以符合使用的要求。

8. 信息导引及发布系统

（1）应能向小区内的公众或来访者提供告知、信息发布和演示以及查询等功能。

（2）系统宜由信息采集、信息编辑、信息播控、信息显示和信息导览系统组成，宜根据实际需要进行系统配置及组合。

（3）信息显示屏应根据所需提供观看的范围、距离及具体安装的空间位置及方式等条件合理选用显示屏的类型及尺寸。各类显示屏应具有多种输入接口方式。

（4）宜设专用的服务器和控制器，宜配置信号采集和制作设备及选用相关的软件，能支持多通道显示、多画面显示、多列表播放和支持所有格式的图像、视频、文件显示及支持同时控制多台显示屏显示相同或不同的内容。

（5）系统的信号传输宜纳入小区内的信息网络系统并配置专用的网络适配器或专用局域网或无线局域网的传输系统。

（6）系统播放内容应顺畅清晰，不应出现画面中断或跳播现象，显示屏的视角、高度、分辨率、响应时间和画面切换显示时间隔等应满足播放质量的要求。

（7）信息导览系统宜用触摸屏查询、视屏点播和手持多媒体导览器的方式浏览信息。

第二节 基 础 设 置

建设住宅小区时，应提供固定通信、移动通信和有线广播电视等信息基础设施。

移动通信宏蜂窝基站机房应单独在靠近移动通信天线的区域设置，室内覆盖系统基站机房应单独在中心区域独立设置。

一、基础设施

1. 固定通信基础设施

（1）固定通信机房和建筑物内固定通信设备间。

（2）建筑综合接地网至固定通信机房和建筑物内固定通信设备间的引入地线及固定通信设备间内总地线排。

（3）建筑交流配电室至固定通信机房、建筑物内固定通信设备间的交流电源线及固定通信机房内交流配电箱。

（4）建筑物内的电信暗管、暗线、插座、楼道综合配线箱和户内综合配线箱、电缆竖井和建设规划用地红线内的电信管道及外线引入人（手）孔。

2. 移动通信基础设施

宏蜂窝基站或室外一体化基站基础设施和室内覆盖系统基础设施。对于不具备天线安装条件的建筑物，宏蜂窝基站采用室外一体化基站的建设方式（室外一体化基站用地应作为通信基础设施纳入建设规划）。建筑物内不再设置宏蜂窝基站机房。

（1）移动通信宏蜂窝基站基础设施。

1）宏蜂窝基站机房。

2）建筑综合接地网至移动通信机房的引入地线及移动通信机房内总地线排。

3）建筑交流配电室至移动通信机房的交流电源线及移动通信机房内交流配电箱。

4）固定通信机房至移动通信机房的传输路由通道、桥架。

5）楼顶天线安装位置及移动通信机房至楼顶天线安装位置的路由通道、桥架。

6）楼顶铁塔或框架（用于安装移动通信天线的增高设施）的基础。

（2）室外一体化基站基础设施。

1）室外一体化基站机房及独立杆塔的建设用地。

2）室外一体化基站与信息管道的连接。

3）交流配电室至室外一体化基站机房的交流电源线。

（3）移动通信室内覆盖系统基础设施。

1）室内覆盖系统移动通信机房。

2）建筑综合接地网至移动通信机房的引入地线及移动通信机房内总地线排。

3）建筑交流配电室至移动通信机房的交流电源线及移动通信机房内交流配电箱。

4）固定通信机房至移动通信机房的传输路由通道、桥架。

5）移动通信机房至弱电竖井及弱电竖井至天线安装位置的路由通道、桥架及线槽。

3. 有线广播电视基础设施

民用建筑内有线广播电视所用的线缆暗管、放大箱、分配箱、过路箱、终端盒以及建设用地红线以内有线广播电视网络所用的机房、光电转换间、落地箱、地下管道、人（手）孔等，及相应的供配电和接地设施。

二、天、馈线配套设施

1. 基础

移动通信宏蜂窝基站机房所在建筑高度低于 20m 时，楼顶应预留铁塔或框架基础。

预留铁塔或框架基础应满足以下条件：

（1）正四角形框架。框架基础预留尺寸为 6m×6m，框架基础承载重量不低于 1200kg，框架基础周边 3～5m 之间应至少预留 3 处斜支撑基础位置。

（2）楼顶四角自立铁塔。铁塔基础预留尺寸为 5m×5m，铁塔基础承载重量不低于5500kg。

2. 桥架及线槽

（1）移动通信宏蜂窝基站机房到天线安装位置之间应预留馈线路由桥架，馈线布放路由应尽量短，并具备安装走线架的条件。

（2）移动通信室内覆盖系统机房到弱电竖井以及弱电竖井之间都应预留馈线路由桥架及线槽。

（3）建筑物内应敷设馈线槽，路由应遍及楼内主要人员活动区域，并与弱电竖井保持连通。

3. 天线

室内公共区域顶部应预留天线安装位置，室内公共通道区域每 10m 预留 1 个天线安装位置（2 副天线），室内开阔区域每 400m² 预留 1 个天线安装位置（2 副天线）。室内覆盖系统天线安装高度距地应不小于 2300mm。

4. 线槽

弱电竖井内应预留弱电线槽，弱电竖井内墙壁上应预留室内分布系统设备、器件的安装位置。

第三节 机 房 工 程

一、机房工程概述

1. 机房

机房是指住宅建筑内为各弱电系统主机设备、计算机、通信设备、控制设备综合布线系统设备及其相关的配套设施提供安装设备、系统正常运行的建筑空间。

2. 机房工程

住宅建筑的机房工程宜包括机房、控制室、弱电间、电信间等，并按现行国家标准 GB 50174《电子信息系统机房设计规范》中的 C 级进行设计。

住宅建筑电子信息系统机房的设计应符合国家现行标准 GB 50174《电子信息系统机房设计规范》、JGJ 16《民用建筑电气设计规范》的有关规定。

二、机房设置

1. 固定通信及有线广播电视机房

固定通信机房是用于安装通信设备、网络设施及配套设备的专用房间，有线广播电视机房是用于安装有线广播电视信号传输、交互设备、网络设施及配套设备的专用房间。固定通信及有线广播电视机房的设置应符合下列规定：

（1）结合通信业务及有线广播电视需求，应在住宅楼外的适当部位设置机房。

（2）机房属于配套公共建筑，房屋面积应满足各电信业务经营者及有线广播电视经营者的使用需求，并应符合机房的工艺要求。

2. 固定通信设备间

固定通信设备间是用于安装通信配线设备、设施的专用房间。固定通信设备间的设置应符合下列规定：

（1）结合通信业务接入点的位置，宜在配套高层住宅、公共建筑内设置固定通信设备间。

（2）固定通信设备间属于配套公共建筑，房屋面积应满足通信业务的使用需求，并应符合通信用房的工艺要求。

3. 移动通信基站机房

移动通信基站机房是用于安装移动通信基站设备、室内覆盖系统设备、室外一体化基站设备的专用房间，移动通信宏蜂窝基站用于建筑物外移动通信信号覆盖的收发信设备及天、馈线，移动通信室内覆盖系统用于建筑物内移动通信信号覆盖的收发信设备及天、馈线，移动通信室外一体化基站用于室外环境下安装移动通信设备的独立机房及用于安装天线的自立桅杆塔。

移动通信基站机房的设置应符合下列规定：

（1）民用建筑占地面积每 0.2km² 应设置 1 个宏蜂窝基站机房或室外一体化基站位置，宏蜂窝基站的数量在规划阶段确定。

（2）楼内宏蜂窝基站机房应选择靠近楼顶的房间。

（3）民用建筑内应预留室内覆盖系统专用机房。对于面积较大的建筑，应每 5 万 m² 设置 1 个室内覆盖系统机房。

（4）室内覆盖系统机房应选择靠近建筑物中心区域弱电竖井的房间。

标准宏蜂窝系统基站机房平面示意如图 5-2 所示。

图 5-2 标准宏蜂窝系统基站机房平面示意

标准室内覆盖系统基站机房平面图如图 5-3 所示。

4. 有线广播电视光电转换间设置

有线广播电视光电转换间是用于安装有线广播电视光端机及其配套设备、设施的专用房间，有线广播电视光电转换间的设置应符合下列规定：

（1）结合有线广播电视接入点的位置，宜在配套高层住宅、公共建筑内设置有线广播电视光电转换间。

（2）光电转换间位置宜设在本机站覆盖的有线电视综合信息点分布区域中心位置，并宜建在竖井附近。

（3）有线广播电视光电转换间属于配套公共建筑，房屋面积应满足有线广播电视经营者的使用需求，并应符合有线广播电视用房的工艺要求。

有线广播电视机房和光电转换间示意如图 5-4 所示。

5. 抗震

机房、设备间和光电转换间、移动通信基站机房的抗震设防烈度，必须满足国家相关的标准规范要求。

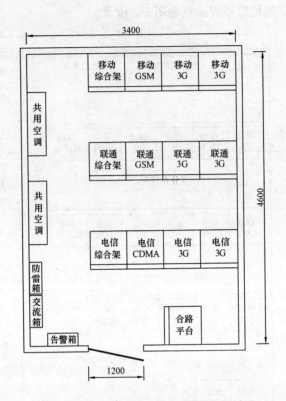

图 5-3 标准室内覆盖系统基站机房平面图

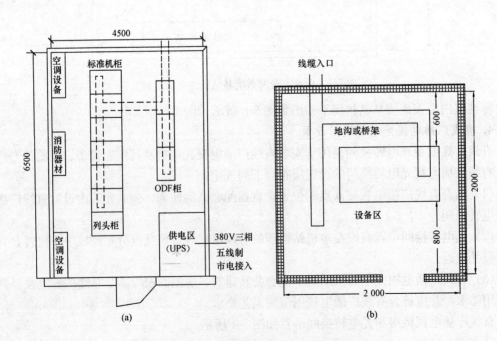

图 5-4 有线广播电视机房和光电转换间示意

(a) 有线广播电视机房；(b) 光电转换间

三、机房面积

1. 固定通信机房

2000～10 000信息点的民用建筑应设置固定通信机房，固定通信机房使用面积应符合表5-1的规定。

表5-1　　　　　　　　　　　固定通信机房使用面积要求

民用建筑用户规模/（信息点）	机房使用面积要求/m²	宽度要求/m
2000～5000	≥50	≥4
5000～10 000	≥70	≥6
＞10 000	应根据建筑群分布情况设置多个固定通信机房，使用面积要求同上	—

2. 移动通信机房

移动通信机房使用面积应符合表5-2的规定。

表5-2　　　　　　　　　　移动通信机房使用面积要求

机房名称	机房使用面积要求/m²	宽度要求/m
宏蜂窝基站机房	≥30	≥4
室内覆盖系统机房	≥15	≥3
室外一体化基站建设用地	≥70	≥4

注：室内覆盖系统与室外宏蜂窝基站共用机房时，机房面积不小于45m²。

3. 有线广播电视机房

有线广播电视机房使用面积应符合表5-3的规定。

表5 3　　　　　　　　　有线广播电视机房使用面积要求

民用建筑用户规模/（综合信息点）	机房使用面积要求/m²	宽度要求/m
2000～5000	≥30	≥4.5
5000～10 000	≥50	≥6
＞10 000	应根据建筑群分布情况设置多个小区机房，使用面积要求同上	—

若民用建筑有线电视综合信息点数小于2000个，则应按照规定设置光电转换间。

4. 固定通信设备间

200～2000信息点的民用建筑应设置固定通信设备间，固定通信设备间使用面积应符合表5-4的规定。

表5-4　　　　　　　　　固定通信设备间使用面积要求

民用建筑用户规模/（信息点）		设备间使用面积要求/m²	宽度要求/m
多层民用建筑	高层民用建筑		
200～400	200以下	≥10	≥2
400～600	200～600	≥15	≥3
600～2000		应按照600信息点进行分区，每个区域应设置固定通信设备间，其使用面积大于或等于15m²	—

5. 有线广播电视光电转换间

每个单体建筑至少设置一个有线广播电视光电转换间，使用面积应不小于 4m² (2m×2m)，见表 5-5。

表 5-5　　　　　　　　　　　　有线广播电视光电转换间

民用建筑用户规模（信息点）		光电转换间使用面积要求/m²	宽度要求/m
多层民用建筑	高层民用建筑		
200～400	200 以下	≥4	≥2×2
400～600	200～600	≥6	≥2×3
600～2000		应按照 600 信息点进行分区，每个区域应设置光电转换间，其使用面积大于或等于 6m²	—

四、机房工艺

1. 固定通信及有线广播电视机房

固定通信机房工艺要求如图 5-5 所示。

（1）机房室内梁下净高不小于 2.8m，净宽不小于 4.5m，门高不低于 2.1m，宽不小于 1.2m；地面荷载不低于 600 kg/m²。

（2）机房的位置应尽量安置在民用建筑的中心地域，应选择在公共建筑一层不易受淹处，应方便搬运设备的车辆进出，便于机房进出线缆和管道的接入。

（3）机房室内应做好防水、防潮处理，严禁其他可形成安全隐患的管道（如水管、排水管、燃气管等）存在或穿越。机房的上层不应设卫生间，且不宜与厨房、卫生间等易潮湿的地方毗邻。

（4）机房设置须避开电磁干扰区，应符合 GB 50174《电子信息系统机房设计规范》的要求。

（5）机房应留出空调室外机的位置及相应的孔洞。

（6）固定通信机房不宜设窗。

（7）有线广播电视机房若有窗，应设严密防尘窗。

2. 固定通信设备间

固定通信设备间的门高不低于 2.1m，宽不小于 1.2m；承重能力应不低于 450kg/m²。

3. 移动通信机房

（1）宏蜂窝基站机房。

1）机房梁下净高度应不低于 2.8m；地面荷载应不小于 600kg/m²。

2）机房门高不小于 2.1m，宏蜂窝基站机房门宽不小于 1.2m，门应向外开启。

3）机房应不设窗户或安装密闭双层玻璃窗。

4）机房内应预留馈线孔洞，孔洞尺寸应不小于 600mm×400mm。

5）机房内不设置上下水、喷淋、中央空调和水暖设施。

6）机房应具备安装独立空调的条件，机房外应留有空调室外机安装位置，并配有空调排水口。

7）机房上方不应有卫生间、厨房等有给排水设施的房间。

（2）移动通信室内覆盖系统机房。

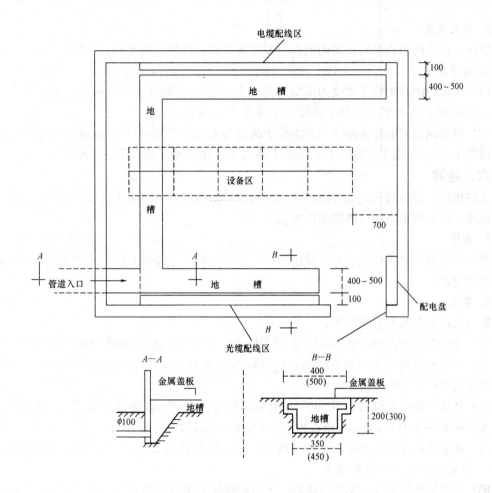

图 5-5　固定通信机房工艺要求

注：1. 机房不设窗户，门具有防火、防撬性能。

2. 房屋净高不小于 2800mm，墙应为实体可固定设备的墙体；四壁及屋顶涂无挥发白色乳胶漆，地面做水磨石。

3. 层内为普通照明，并设市电插座 3 个。

4. 图中单位：mm。

1）机房梁下净高度应不低于 2.8m，门高不小于 2.1m，门宽不小于 1.2m，门应向外开启。

2）机房应不设窗户或安装密闭双层玻璃窗。

3）机房应预留馈线孔洞，孔洞尺寸应不小于 300mm×200mm。

4）机房内不设置上下水、喷淋、中央空调和水暖设施；应具备安装独立空调的条件，机房外应留有空调室外机安装位置，并配有空调排水口。

5）机房上方不应有卫生间、厨房等有给排水设施的房间。

五、机房环境

1. 温度

（1）机房内的温度为 B 级：18～28℃。

（2）设备间和光电转换间内的温度为 C 级：10～35℃。

2. 相对湿度

机房、设备间和光电转换间内的相对湿度为 B 级：20%～80%（≤温度 30℃）。

3. 洁净度

（1）机房内的灰尘粒子浓度为 B 级：直径大于 $0.5\mu m$ 的灰尘粒子浓度小于或等于 3500 粒/L；直径大于 $5\mu m$ 的灰尘粒子浓度小于或等于 30 粒/L。

（2）设备间和光电转换间内的灰尘粒子浓度为 C 级：直径大于 $0.5\mu m$ 的灰尘粒子浓度小于或等于 18 000 粒/L。直径大于 $5\mu m$ 的灰尘粒子浓度小于或等于 300 粒/L。

六、电源

各种机房、设备间和光电转换间应引入至少一路稳定可靠的交流电源，并安装壁挂式交流配电箱，供电容量应满足终期的供电需求。

1. 敷设

当交流电源从建筑物外引入各种机房时，应采用铠装电缆埋地的引入方式，电缆金属外壳应就近接地。

2. 要求

引入交流电源基本要求如下：

（1）交流电的允许频率变动范围为额定值 50Hz 的 ±4%，电压波形正弦畸变率应小于或等于 5%。

（2）固定通信机房为三相五线制，电压标称值为 380V，允许变动范围为 342～418V，引入容量按 20～60kW 考虑。

（3）有线广播电视机房采用 380V 交流双路供电，交流电源接地应采用 TN-S 系统。交流引入容量应不小于 20kW，交流配电箱/屏进线开关容量不小于 50A。

（4）固定通信设备间电源为单相三线制，电压标称值为 220V，允许变动范围为 198～242V，引入容量按 5～15kW 考虑。

（5）光电转换间电源为单相三线制。光电转换间采用引自独立空开的 220V 供电，电压允许变动范围为 198～242V，引入容量按 2～5kW 考虑。

（6）宏蜂窝基站机房和室外一体化基站机房电源为三相五线制，电压标称值为 380V，交流引入容量应不低于如下标准：农村基站为 20kW，郊区及县城基站为 25kW，市区基站为 30kW。

（7）室内覆盖系统设备间引入一路 220V 交流电源，并安装壁挂式交流配电箱。交流引入容量应不小于 15kW。

（8）当市电电压的波动范围超过 ±10% 时，应加装稳压器。

3. 竖井电源

（1）弱电竖井内每 10 层应提供至少一处容量不小于 1kW 的 220V 交流电源，不足 10 层按 10 层计算。

（2）通信用各种机房照明要求参考平面及其高度 0.75m 水平面时照度标准值 300lx。

（3）有线广播电视机房、光电转换间、通信设备间应设置普通照明，并提供不少于三个带保护接地的单相三孔电源插座（220V/10A）。

（4）接入交流电源不宜采用卡式计量。

七、防雷及接地

1. 防雷

（1）各种机房的电源系统的雷电过电压保护应采用分级保护，各级保护的防护水平应符合 GB 50343《建筑物电子信息系统防雷技术规范》的规定。

（2）进出各种机房、设备间和光电转换间的各类线缆均应设防雷、过电压、电涌保护。

2. 接地系统

（1）各种机房、设备间和光电转换间内的相关设备和设施必须进行等电位连接与接地保护，机房宜采用联合接地。

（2）接地装置的接地电阻应符合下列要求：

1）机房采用联合接地方式时，接地电阻值应不大于 1Ω。

2）机房采用专用接地方式时，接地电阻值应不大于 3Ω。

3）设备间、光电转换间的接地电阻值应不大于 10Ω。

（3）各种机房、设备间和光电转换间应设专用接地排和专用接地干线，从建筑物接地装置接地体的不同两点分别直接引入至各种机房、设备间和光电转换间的专用接地排。

（4）暗埋箱体应做接地保护，并设置接地端子。

防雷和接地设计，应满足人身安全及系统设备正常运行的要求。

八、消防保障

1. 火灾自动报警系统

机房应配备火灾自动报警系统，机房内不应设置自动喷水灭火系统。机房内均应按 GB 50140《建筑灭火器配置设计规范》和防火工作的需要，设置移动灭火器和其他消防器材。

2. 耐火等级

各种机房耐火等级为二级，机房、设备间和光电转换间内应严格执行消防安全规定，所有门窗、顶棚、壁板等材料应采用防火材料，耐火极限应不低于 0.6h。

3. 防火封堵

交流电缆井、管道井应每层在楼板处用耐火极限不低于 1.5h 的非燃烧体作防火分隔。通过楼板的孔洞，电缆与楼板间的孔隙应采用非燃烧材料密封。通向其他房间的地槽、墙上的孔洞，遇有电缆时，其与墙体的孔隙亦应采用非燃烧材料封隔。凡近期不使用的孔洞均采用非燃烧材料封闭。

九、控制室

1. 控制室

控制室应包括住宅建筑内的消防控制室、安全防范信息中心、建筑设备管理控制室等，住宅建筑的控制室不包括行业专用的电话站、广播站和计算机站。

2. 建筑方式

为了便于管理和减少运营费用住宅建筑的控制室宜采用合建方式。

3. 供电

控制室的供电应满足各系统正常运行最高负荷等级的需求。

十、弱电间及弱电竖井

1. 弱电间

弱电间是指敷设安装楼层弱电系统管线（槽）、接地线、设备等占用的建筑空间。

2. 弱电竖井

如果弱电间与电信间合用，25层以上的的住宅建筑弱电设备安装位置宜在一层或地下一层设置一间设备间，在顶层或中间层再设置一间电信间。

多层住宅建筑弱电竖井示意图、7层及以上住宅建筑弱电竖井示意图如图5-6所示。

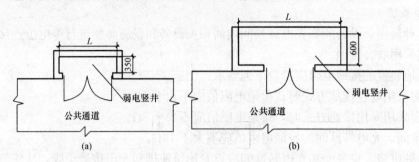

图5-6　建筑弱电竖井示意图
(a) 多层住宅建筑弱电竖井示意；(b) 7层及以上住宅建筑弱电竖井示意
注：L尺寸由工程设计确定。

3. 面积

（1）弱电间应根据弱电设备的数量、系统出线的数量、设备安装与维修等因素，确定其所需的使用面积。

（2）多层住宅建筑弱电系统设备宜集中设置在一层或地下一层弱电间（电信间）内，弱电竖井在利用通道作为检修面积时，弱电竖井的净宽度不宜小于0.35m。

（3）7层及以上的住宅建筑弱电系统设备的安装位置应由设计人员确定。弱电竖井在利用通道作为检修面积时，弱电竖井的净宽度不宜小于0.6m。

4. 门

（1）弱电间及弱电竖井应根据弱电系统进出缆线所需的最大通道，预留竖向穿越楼板、水平穿过墙壁的洞口。

（2）弱电间/弱电竖井检修门的高×宽尺寸不宜小于1.8m×0.6m。

5. 防火

弱电间及弱电竖井墙壁耐火极限及预留洞口封堵等要求按相关要求设计。

十一、电信间

（1）住宅建筑电信间的使用面积不宜小于5m²。

（2）住宅建筑的弱电间、电信间宜合用，使用面积应不小于电信间的面积要求。

第四节　接 入 网

一、接入网

1. 接入网

所谓接入网是指骨干网络到用户终端之间的所有设备，其长度一般为几百米到几公里。接入网的接入方式包括铜线（普通电话线）接入、光纤接入、光纤同轴电缆（有线电视电缆）混合接入、无线接入和以太网接入等几种方式。

2. 接口

接入网处于整个电信网的网络边缘，是交换局和用户之间的实施系统，具有复用、交叉连接和传输功能。接入网通过三个接口与外界交互信息：位于业务侧的业务节点接口（Service Node Interface，SNI）、位于用户侧的用户网络接口（User Network Interface，UNI）和位于管理侧的 Q3 标准接口，如图 5-7 所示。

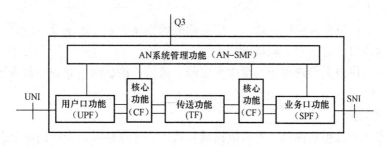

图 5-7 接入网

经 Q3 接口与电信管理网（Telecommunication Management Network，TMN）相连。业务节点是提供业务的实体，可提供规定业务的业务节点有本地交换机、租用线业务节点或特定配置的点播电视和广播电视业务节点等。

SNI 是接入网和业务节点之间的接口，主要有 V1-V5 接口，对应的接入网功能为业务端口功能（Shortest Process First，SPF）。

UNI 是用户和接入网之间的接口，主要有 Z 接口和 U 接口等，对应的接入网功能为用户端口功能（UPF）。

3. 分类

接入网分类如下：

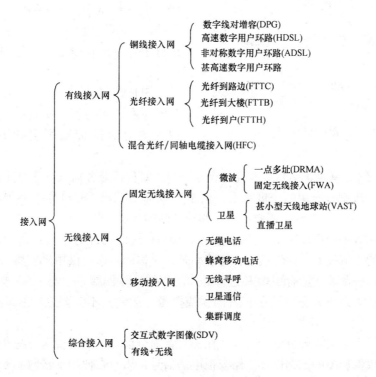

4. 要求

（1）小区地下信息管道及信息设施的建设，应该根据通信业务接入点、有线广播电视用户接入点的设置位置确定工程建设内容。在接入点部位的通信基础设施应满足各家业务经营者平等接入的需求。

（2）住宅建筑应根据入住用户通信、信息业务的整体规划、需求及当地资源，设置公用通信网、因特网或自用通信网、局域网。

（3）住宅建筑应根据管理模式，至少预留两个通信、信息网络业务经营商通信、网络设施所需的安装空间。

二、接入网络

接入网的接入方式包括铜线（普通电话线）接入、光纤接入、光纤同轴电缆（有线电视电缆）混合接入、无线接入和以太网接入等几种方式。

1. 铜线接入技术（xDSL）

铜线接入技术是指在非加感的用户线上，采用先进的数字处理技术来提高双绞线的传输容量，向用户提供各种业务的技术，主要有数字线对增益（Digital Pair Gain，DPG）、高速数字用户环路（High-Bitrate Digital Subscriber Line，HDSL）、非对称数字用户环路（Asymmetric-Digital Subscriber Line，ADSL）、甚高速数字用户环路（Very-high-data-rate Digital Subscriber Line，VDSL）等技术。

xDSL 依托于现有的电话网络，无须重新布线，只需在用户端和局端添加相应的设备即可运行，对用户来是一种最为经济可行、简单有效的接入手段，如图 5-8 所示。

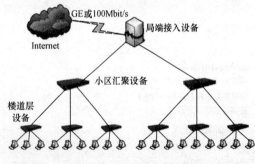

图 5-8　xDSL 接入技术

（1）高速数字用户环路（HDSL/SHD-SL）技术。HDSL 是一种对称的数字用户线，上下行通道通过传统的铜线可以实现 2Mbit/s 的数字信号传输。使用 1 或 2 对双绞线在 0.4mm 线径上传送距离可达 3～5km。

SHDSL 传输距离比 HDSL 产品要提高 10% 左右，相比 1 对线应用，2 对线应用可以提供更远的传输距离和更稳定的信号质量。

HDSL/SHDSL 满足了运营商和高端企业用户的对称性业务需求，适合于电信运营商和企业宽带接入。从业务应用的角度来看，由于 HDSL/SHDSL 的对称速率传输的特性，更适合企业 PBX 的接入、专线、视频会议、移动基站的互联。

（2）非对称数字用户环路（ADSL）技术。ADSL 目前已经为电信运营商所采用，成为宽带用户接入的主流技术。由于其上下行速率是非对称的，即提供用户较高的下行速率，较低的上行速率，因此非常适合用做家庭和个人用户的互联网接入。与 LAN 接入方式相比，这种宽带接入技术由于充分利用了现有的铜线资源，运营商不需要进行线缆铺设，被广泛采用。

在调制方式上采用了频分复用方式，在一对普通电话线上同时传送一路高速下行单向数据、一路双向较低速率的数据以及一路模拟电话信号，用户在使用互联网业务的同时不影响电话通话。

（3）甚高速数字用户环路（VDSL）技术。VDSL 也是一种非对称的数字用户环路，能够实现更高速率的接入。下行速率可达 55.2Mbit/s，但传输距离较短，一般为 0.3～1.5km。由于 VDSL 的传输距离比较短，因此特别适合于光纤接入网中与用户相连接的最后"一公里"，并且要求光网络单元（Optical Network Unit，ONU）尽量与用户接近，其系统配置图与 ADSL 类似，存在于用户与本地 ONU 之间。

VDSL 可同时传送多种宽带业务，如高清晰度电视（HDTV）、清晰度图像通信以及可视化计算等，其国际标准还正在制定中。

（4）其他 xDSL 技术。

1）HDSL2。HDSL2 是 ANSI 发布的一项 DSL 标准，属于第一代标准化的业务，类似于 HDSL，但解决了 HDSL 的问题。为了增加传输距离并允许话音传输，HDSL2 可使用 CAP 编码方式。它采用 OPTIS 调制技术，线路码是 PAM 2B1Q，串话干扰性能低于 5dB，适宜在更坏的环境中使用。

2）MSDSL。MSDSL 源于 SDSL（对称 DSL），使用一对线缆，以亚 T1 速度运行，为全双工对称技术。早期 SDSL 速度为 768kbit/s，现在短距离可达 2Mbit/s，长距离速度略低。多重速率的 SDSL 不同于 HDSL（或 HDSL2），它可提供多种速率。MSDSL 使用 CAP 编码，一般都有和数字 PBX 的接口。SDSL 服务只能在低于 T1 的速度下工作。MSDSL 与 HDSL 是否可以并存尚不明朗。

3）TDD-EDSL。基于时分双工的以太数字用户线系统（Ethernet Digital Subscriber Line，TDD-EDSL）是 DSL 与 Ethernet 技术相结合的 IT 宽带接入网的技术，可变长度帧传送模式。其特点就是在接入网范畴内实现了 IP 的直接传送。与传统 DSL 技术比较，它克服了 DSL 技术的许多局限，如对线路的挑选、串扰等，并且增大了传输距离（8km 以上），提高了传输效率，可应用于数字化城市和数字化社区建设的设施，能够提供适合城市数字化、可持续发展的高性能的小区接入方式和终端解决方案。

2. HFC 混合光纤/同轴网

混合光纤/同轴网是一种基于频分复用技术的宽带接入技术，主干网使用光纤，频分复用方式传输多种信息，分配网则采用树状拓扑和同轴电缆系统，用于传输和分配用户信息。

图 5-9 所示为 HFC 宽带网示意图。

主干线分别采用两根光纤（共缆分纤方式）到路边的综合光网络单元和光节点。一根光纤用来传输交互式数字业务（如数字电视、话音和数据信号）传送到光网络单元；另一根光纤用来传输单向模拟电视信号送到光节点，由光接收机将光信号变为电信号，通过同轴电缆与供电电源，经分配器分配给各综合光网络单元。

综合光网络单元不仅可以将 FTTC 的光信号转换为电信号，还可复合来自单向 HFC 中的模拟电视信号，然后分解出模拟电视信号、话音、数据和交互式数字视频信号，分别送入同轴电缆、双绞线和机顶盒。

模拟电视信号直接送往用户的模拟电视机即可收看；而交互式数字视频信号需要经过机顶盒（或解码器）处理，变为模拟电视信号后，才可为模拟电视机所接收。

HFC 综合网可以提供电视广播（模拟及数字电视）、影视点播、数据通信、电信服务

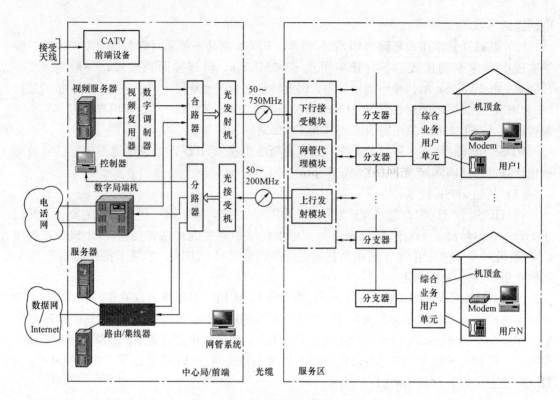

图 5-9   HFC 宽带网示意图

（电话、传真等）、电子商贸、远程教学与医疗以及增值服务（电子邮件、电子图书馆）等极为丰富的服务内容，见表 5-6。

表 5-6 **HFC 交 互 业 务**

序号	频率范围/MHz	技 术	业 务
1	5~50	QPSK 和 TDMA	上行非广播数据通信
2	50~550	残留边带调制（VSB）	普通广播电视
3	550~750	QAM 和 TDMA	下行数据通信业务
4	750 以上	—	暂时保留

3. Cable Modem 接入

Cable Modem（电缆调制解调器，又名线缆调制解调器）是利用普通家用闭路电视铜轴电缆进行宽带接入的技术，如图 5-10 所示。

Cable Modem 允许用户通过有线电视网（CATV）进行高速数据接入（如接入因特网），它最大的优势在于速度快、占用资源少：通常下行速率最高可达 36Mbit/s，上行速率也可高达 10Mbit/s；在实际运用中，Cable Modem 只占用有线电视系统可用频谱中的一小部分，因而上网时不影响收看电视和使用电话。计算机可以每天 24h 停留在网上，不发送或接收数据时，不占用任何网络和系统资源。

Cable Modem 本身不单纯是调制解调器，集 Modem、调谐器、加/解密设备、桥接器、网络接口卡、SNMP 代理和以太网集线器的功能于一身，无须拨号上网，不占用电话线，只需对某个传输频带进行调制解调，这一点与普通的拨号上网是不同的（普通的 Modem 的传输介质在用户与交换机之间是独立的，即用户独享通信介质）。

4. 光纤 FTTx 接入网

FTTx 技术主要用于接入网络光纤化，范围从区域电信机房的局端设备到用户终端设备，局端设备为光线路终端（Optical Line Terminal，OLT）、用户端设备为光网络单元（Optical Network Unit，ONU）或光网络终端（Optical Network Terminal，ONT）。

根据光纤到用户的距离来分类可分成光纤到交换箱（Fiber To The Cabinet，FTTCab）、光纤到路边（Fiber To The Curb，FTTC）、光纤到大楼（Fiber To The Building，FTTB）及光纤到户（Fiber To The Home，FTTH）等四种服务形态，如图 5-11 所示。

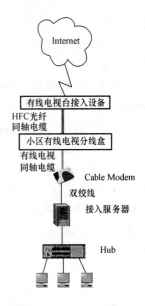

图 5-10　Cable Modem

（1）FTTC。FTTC 为目前最主要的服务形式，主要是为住宅区的用户服务，将 ONU 设备放置于路边机箱，利用 ONU 出来的同轴电缆传送 CATV 信号或双绞线传送电话及上网服务。

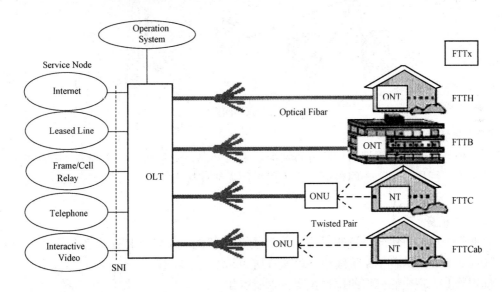

图 5-11　光纤到用户 FTTx 分类

（2）FTTB。FTTB 依服务对象有两种，一种是公寓大厦的用户服务，另一种是商业大楼的公司行号服务，均是将 ONU 设置在大楼的地下室配线箱处，只是公寓大厦的 ONU 是 FTTC 的延伸，而商业大楼是为了中大型企业单位，必须提高传输的速率，以提供高速的数据、电子商务、视频会议等宽带服务。

（3）FTTH。FTTH 从光纤端头的光电转换器（或称为媒体转换器 MC）到用户桌面不超过 100m 的情况才是 FTTH。FTTH 将光纤的距离延伸到终端用户家里，使得家庭内能提供各种不同的宽带服务，若搭配 WLAN 技术，将使得宽带与移动结合，则可以达到未来宽带数字家庭的远景。

5. 以太网接入

千兆位以太网是一种新型高速局域网，可提供 1Gbit/s 的通信带宽，采用和传统 10M、100M 以太网同样的 CSMA/CD 协议、帧格式和帧长，因此，可以实现在原有低速以太网基础上平滑、连续性的网络升级，从而能最大限度地保护用户以前的投资。

小区内部的布线，可以选择光纤到楼或者是光纤到楼道的方式。在光纤到楼的情况下，每个楼宇有一个交换机与社区网络中心的主干交换机连接，向下通过电缆与用户交换机相连，由用户交换机向住户提供以太网端口；在光纤到楼道的情况下，则是每个楼道（单元、楼梯）有一个交换机，通过光纤连接到社区网络中心的主干交换机，并直接为住户提供以太网接口（1 个楼层的用户通常在 20 个以下）。典型的以太网宽带接入拓扑结构如图 5-12 所示。

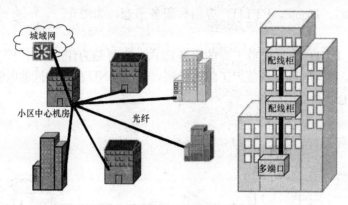

图 5-12　以太网接入

6. 无线宽带接入

小区楼外覆盖要考虑到用户的分布情况，采用分中心的布局，每个无线 HUB 可以采用双绞线或者光纤连接到主干网络上，也可以采用无线连接方式。如图 5-13 所示。

三、接入点

1. 中心机房

物业管理中心机房的位置很重要，小区内各个智能子系统的控制设备均设置在该机房内，通向各个建筑的各子系统线缆均以该机房为起点向外辐射。

确定物业管理中心机房的位置主要技术要点如下：

（1）物业管理中心机房应尽量在整个园区中心或相对中心的位置，地上及地下交通条件好，位于小区主干道上，地面道路较宽，地下敷设管道的条件好，弱电管道便于沿园区干道通向小区各栋建筑。

（2）由物业管理中心机房向外敷设弱电管道的方向数应是两个以上，从而避免出线方向少，使弱电管道过于集中。

（3）物业管理中心机房应与管理中心办事机构建在一处，便于相互联络及对机房的管理。

（4）物业管理中心应选在整个小区的一期工程范围内，通向本小区的市政弱电线缆（即

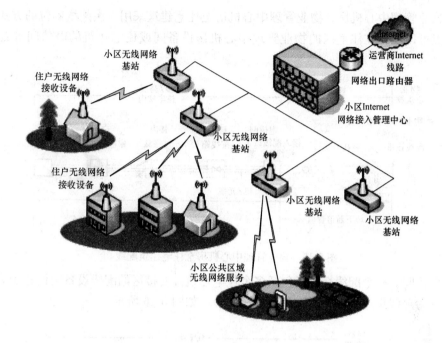

图 5-13 无线宽带接入

电话、有线电视及宽带网光缆）引入物业管理中心机房的敷设路径应在同一期工程范围之中，实现市政线缆引入工程与一期工程同步。

2. 接入点

（1）住宅区通信业务接入点的设置直接关系到工程界面的划分，接入点可以根据通信网络的规划，设于住宅区物业管理中心机房、楼内电信间（或单元门口、楼层、楼道等处）。

（2）交接区设备如果设置在室内，室外地下通信管道和楼内管槽、楼内光缆与电缆、配线机柜、配线机架、配线箱、家居配线箱、信息插座等通信设施由房地产开发企业投资建设，并提供设备间和电信间。

（3）室外通信线缆、室内交接区配线设备及通信业务接入点处的通信设备与配线设备由电信业务经营者投资建设。

如住宅区自建有计算机局域网，所需要的室外地下线缆也由房地产开发企业投资建设。

3. 设置方式

（1）电信业务经营者。在接入点处的配线设备与通信设备应由电信业务经营者提供，并与住宅建筑内的配线柜、配线架、配线箱等互通，如图 5-14 所示。

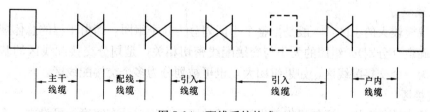

图 5-14 配线系统构成

（2）物业管理中心机房。物业管理中心机房至住宅建筑采用一次配线到位的方式。通信业务接入点可以设置在住宅区的物业管理中心机房设备间或住宅建筑的电信间等处，如图5-15所示。

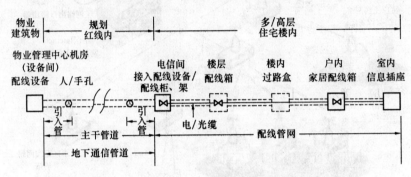

图5-15　物业管理中心机房至住宅建筑配线

（3）电信间。一个配线交接区包括多个住宅建筑，交接区的配线设备则设置于某一个住宅建筑内（为配线柜/箱）或室外（为室外交箱），如图5-16所示。

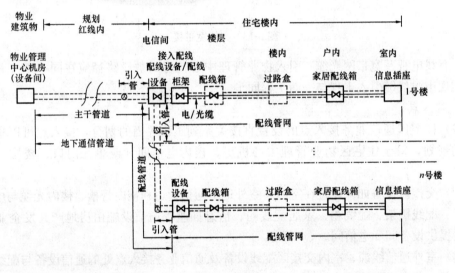

图5-16　电信间

4. 引入

为了满足用户对电话线出户、计算机上网、宽带通信业务以及家居智能化系统对信息传输距离和带宽的要求，可将光纤直接引至住宅楼、楼层、单元（门洞）或住户内。

四、交接配线区

1. 区域划分

对于规模较大的小区，一般是把整个小区划分为几个组团，即由工程的总体规划及园区主干道所确定（分割），组团的大小与交接配线密切相关，是划分交接配线区的基础，一般一个组团为一个交接配线区，如果组团大，也可被划分为多个交接配线区。

2. 交接区

根据住宅区的范围、通信机房至设计区域的距离、用户分布密度，可设立一个或多个交接区。住宅区应根据交接区的划分设置交接设备，交接区划分应符合下列规定：

（1）1个交接区容纳的住户数量不宜超过 1000 户，当用户小于 10 户时，可与附近建筑物合并考虑设置交接区。

（2）交接区的边界宜选用道路、绿地、小区等。

（3）交接区的划分及容纳的用户，应与最终接入交接箱的线缆标称容量及交接箱容量系列协调，并应便于今后调整扩充。

3. 交接设备容量

交接设备容量应按接入的主干线缆和配线线缆的容量及交接设备的标称容量系列确定，并应符合下列规定：

（1）电缆交接设备容量应结合交接区的范围、进入交接设备的远期电缆总容量、备用量及电缆对数的使用率（主干电缆 85%～90%，配线电缆 50%～70%）确定。

（2）电缆交接设备接入的电缆，配线部分容量宜为主干部分容量的 1.2～1.5 倍。

（3）光缆与电缆交接设备配线模块宜按配线线缆一次到位、主干线缆分期建设的原则确定安装容量。

进入交接箱的远期光缆与电缆总容量，指配线光缆与电缆、主干光缆与电缆以及有可能安排的箱间联络线缆等的总和。

一般情况下，主干线缆的容量小于或等于配线线缆的容量。考虑到配线线缆应按远期容量一次敷设到位，主干线缆则可以按用户需求情况分期敷设的原则，箱体能够满足的配线容量可以与接续元件的容量不一致。

电缆交接容量系列可为 300 对、600 对、1200 对、2400 对等，光交接容量系列可为 144 芯、216 芯、288 芯等。

4. 配线区

配线区的划分应符合下列规定：

（1）高层住宅宜以独立建筑物为一个配线区，其他住宅建筑宜以 50 对、100 对电缆或 24 芯、48 芯光缆为基本单元划分配线区。

（2）用户电话交换机、接入网设备所辖范围内的用户宜单独设置配线区。

第五节　小区内信息干线系统设计

一、网络拓扑

最常用的网络拓扑结构有总线形结构、星形结构、环形结构、树形结构、网状结构和混合型结构。

1. 星形结构

星形结构适合信息交换树枝形式，是传统的网络形式，适合于用户端的网络结构，如图 5-17 所示。

所谓星形结构就是将用户分为一个一个小区，每个小区均用光纤直接与网络中心相连。由一个功能较强的转接中心以及一些各自连接到中心的节点组成。网络的各个节点间不能直接通信，只能通过转接中心。

星形结构的优点是建网容易，控制相对简单；缺点是网路属于集中控制，对中心节点的

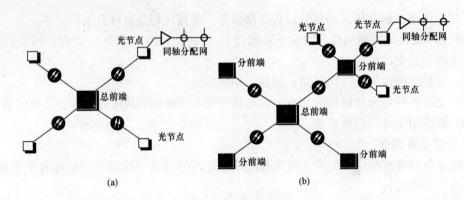

图 5-17 星形结构

(a) 星形；(b) 多级星形

依赖性大。

星形结构有单星结构和双星结构两种。所谓的单星形结构是指网络中只有一个光分配中心，而双星形结构是指网络中有两个光分配中心，它们之间通过光纤连接起来，这样距离前端较近的小区可以与前端直接相连，而较远的小区可以与放置在远端的光分配中心相连。

2. 总线形结构

总线形结构是光纤接入网的一种应用非常普遍的拓扑结构，以光纤作为公共总线（母线），一端直接连接服务提供商的中继网络，另一端连接各个用户，如图 5-18 所示。

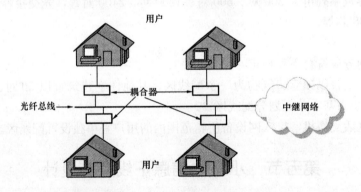

图 5-18 总线形结构

各用户终端通过某种耦合器与光纤总线直接连接所构成的网络结构，用户计算机与总线的连接可以是同轴电缆、双绞线，也可以仍是光纤。其中，中继网络可以是 PSTN、X.25、FR、ATM 等任意一种。Cable Modem 接入方式就是采用这样一种接入方式。

总线形结构优点是共享主干光纤，节省线路投资，增删节点容易，彼此干扰较小。缺点是共享传输介质，连接性能受用户数多少影响较大。

3. 环形结构

环形结构与局域网中通常所讲的环形拓扑结构相同，是指所有节点共用一条光纤环链路，光纤链路首尾相接自成封闭回路的网络结构。当然，光纤的一端同样需要连接到服务提供商的中继网络，基本网络结构如图 5-19 所示。

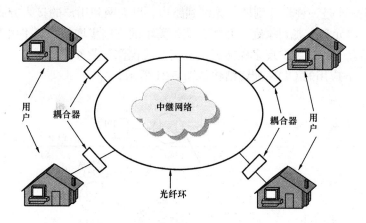

图 5-19　环形结构

用户与光纤环的连接也是通过各种耦合器进行的，所采用的介质可以是同轴电缆、双绞线、光纤。数据在环上单向流动，每个节点按位转发所经过的信息，可用令牌控制来协调各节点的发送，任意两节点都可进行通信。环型结构适合于较大规模的网络。

4. 树形结构

树形结构是分级的集中控制式网络，与星形结构相比，它的通信线路总长度短，成本较低，节点易于扩充，寻找路径比较方便，但除了节点及其相连的线路外，任一节点或其相连的线路故障都会使系统受到影响。

信息系统中常用树形网络结构。对下行信号的处理与一般信号处理基本一样，而对上行信号的处理比较复杂，如图 5-20 所示。

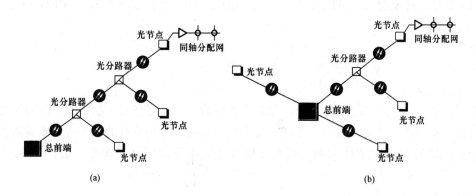

图 5-20　树形结构

（a）树形；（b）星树形

星树形结构是目前应用最广泛的一种。它在干线上采用星形结构，而在用户分配网上采用树形结构，这样就形成了通常所说的 HFC（Hybrid Fiber Coaxial-Cable）网络。该结构的网络带宽可以扩充到 1GHz，便于双向传输和新业务的开展，是将来主要的网络拓扑结构，已被世界各国广泛应用。

二、光缆干线

1. FTTH 光缆干线

FTTH＋ETrH 是一种光纤到楼、光纤到路边、以太网到用户的接入方式，实现千兆到小区、百兆到楼单元和十兆到家庭，并随着宽带需求的进一步增长，可平滑升级，实现百兆到家庭而不用重新布线，可实现多媒体通信和交互式视像等业务。

FTTB/C/Cab 应用时 ODN 配线结构如图 5-21 所示。

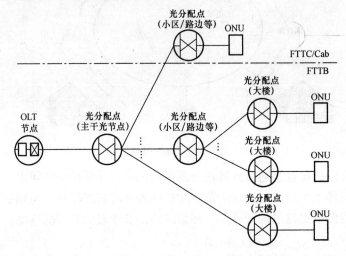

图 5-21　FTTB/C/Cab 应用时 ODN 配线结构

2. 别墅区

对于别墅区，用户相对较分散，应分区域设置光用户接入点（一般采用光分歧接头盒），通过入户光缆延伸至用户家里。光用户接入点一般直接连接至小区光分配点，形成 2 级配线；如该别墅区规模较大，可以增加 1 级光分配点，进一步在该别墅区分片设置光分配点，形成 3 级配线。

每个用户接入点接入的用户应根据用户分布、接头盒性能进行规划，一般可按 4～6 个来考虑。别墅区 ODN 网络配线结构如图 5-22 所示。

3. 中层住宅楼

中层住宅楼，考虑到配线设施成本和入户光缆的布放，可在每 3 层楼的中间楼层设置用户接入点，覆盖此 3 层楼的用户；并将大楼垂直方向处于中间位置的用户接入点设置为大楼光分配点。以 15 层高住宅楼为例，可在 8 层设置大楼光分配点，并在 2 层、5 层、11 层、14 层各设置用户接入点。低、中层住宅楼 ODN 网络配线结构如图 5-23 所示。

4. 高层住宅楼

高层住宅楼如集中设置光分配点，则楼内需要增加大量的配线光缆，可以按楼层进一步划分区域，在各分区域内按照低、中层住宅楼 ODN 配线结构设置光分配点、用户接入点。

以 18 层住宅楼为例，可将 1～9 层和 10～18 层划分为两个区域，分别在 5 层、14 层设置光分配点，在 2 层和 8 层（与 5 层光分配点相连）、11 层和 17 层（与 14 层光分配点相连）设置用户接入点。

楼内各光分配点的上联可以采用两种方案。即各分配点以星形方式上联至上级光分配

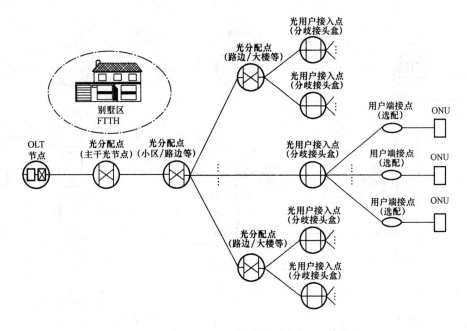

图 5-22 别墅区等 FTTH 应用时 ODN 配线结构

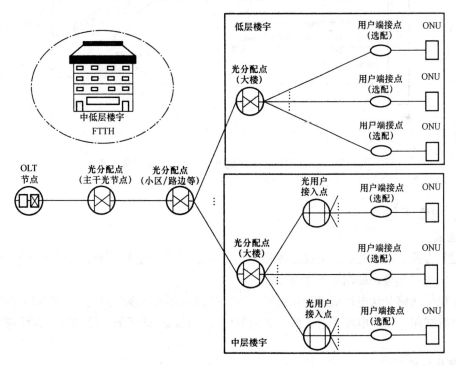

图 5-23 低、中层住宅楼 FTTH 应用时 ODN 配线结构

点,即楼内只有 1 级配线,适用于光分路器采用静态设置方式。如将楼内垂直方向处于中间位置的光分配点同时作为大楼内其余光分配点的上级光分配点,即在楼内形成 2 级配线,更适用于光分路器采用动态设置方式。两种方式的说明如图 5-24 所示。

高层住宅楼 ODN 网络配线结构如图 5-25 所示。

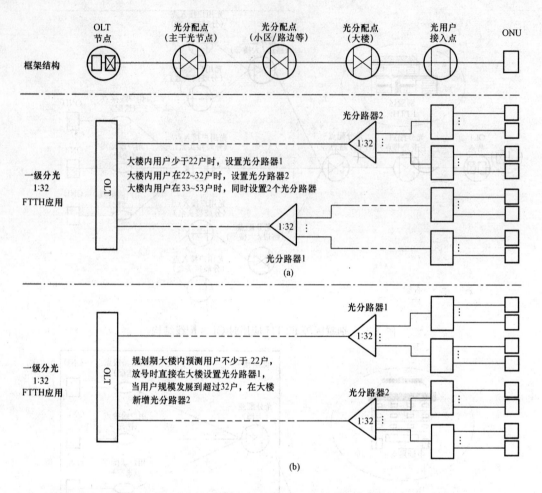

图 5-24 不同 FTTH 用户规模光分路器位置设置方法

（a）光分路器动态设置方法；（b）光分路器静态设置方法

三、电缆干线

1. 组成

依建筑方式、电缆对数、交接设备和分线设备等，用户线路一般分为主干电缆、配线电缆、用户电缆三部分，如图 5-26 所示。

主干电缆线路是从电话端局到交接箱的一段线路，配线电缆线路是从交接箱到分线设备的一段电缆线路，用户电缆（引入线）是从分线设备到用户话机的一段线路（皮线或小对数电缆）。

2. 配线方式

市内通信线路的配线有直接配线、复接配线、自由配线和交接配线等几种方法。根据用户分布、用户密度、自然环境、用户到电话局的距离等具体情况，市内通信线路采用分区配线方式。交接配线接出的配线电缆习惯上以 100 对芯线为一个配线区，但也有以 50 对、30 对或更少的芯线为一个配线区，集合几个配线区为一个交接区，如图 5-27 所示。

（1）直接配线。直接配线是把电缆芯线直接分配到分线设备上，分线设备之间不复接，

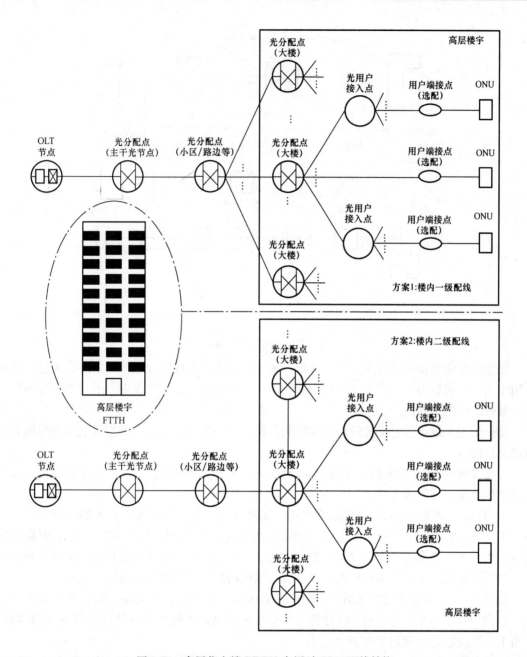

图 5-25 高层住宅楼 FTTH 应用时 ODN 配线结构

彼此之间没有通融性。

（2）复接配线。电缆的复接方式分为全部复接和部分复接。

全部复接是主干电缆全部复接，是指两条配线电缆的对数和起讫线序完全相同，而两条电缆的分线箱或分线盒的数目和线序分配可以不必相同。

部分复接是电缆以部分线对相复接的配线。

复接是为了适应用户变化，即同一对线接入两三个分线箱（盒）内。这样，增加了设备的通融性，同时提高了芯线的使用率。

复接可以按需要在少数分线箱（盒）间进行，也可在整条电缆上进行。

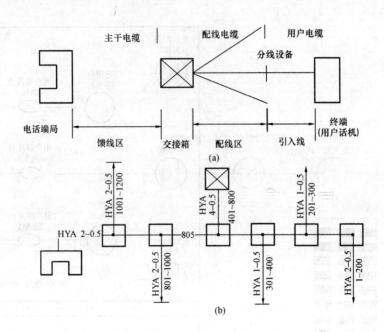

图 5-26　用户电缆线路的组成结构

复接配线应根据用户密度、发展速度、末期用户数、配线区分割等因素综合考虑。既要适用于用户发展较为平均且密度大致均匀的地区，又要适用于用户发展不平均和密度不均匀并需要较高通融率的地区。

（3）交接配线。经过交接设备内跳线的跳接，灵活连接主干电缆和配线电缆的配线方式叫做交接配线。

在交接箱内，能分隔线对，因此对障碍线对的调度、测试等维护工作都比较方便。通常广泛采用的是交接配线方式。

1）容量。交接区的容量应按最终进入交接箱（间）的主干电缆所服务的范围确定，一般主干电缆对数分为 200 对、400 对、600 对、800 对、1000 对、1200 对等几档。根据近期预测，引入主干电缆在 100 对以上的单位、院落、楼层内可单独设立交接区。交接区容量的确定要因地制宜，不能拼凑用户数，以维持交接区的稳定，避免用户线路的变动。

2）应用。交接配线法一般适用于用户密集区域，其范围是由交接箱配出若干条配线电缆，以每 100 对电缆所覆盖的地区作为一个交接配线区，将线序直接分配至各分线箱（盒）设备上，配线区芯线利用率在 70% 左右。

3）配线电缆。从交接箱引出的配线电缆，应根据电缆的条数，顺序编成交 01、交 02 号。电缆、交接箱之间如果设有联络电缆，则编号为联交 1 号、联交 2 号等。

为了保证交接设备的正常维护使用，应做到 MDF、交接箱（盒）等设备与图样、用户卡片、交接配线表等与原始记录准确相符。

4）配线表。电缆配线表的内容包括电缆编号、线序、配线架列号、交接箱编号、所在街道名称、简明配线图、用户电话号码及所占线序、分线设备编号、容量、线序、芯线障碍情况等。

100 对全色谱电缆线序规定：芯层为 1 号，所以在近局端应配大线序号。

面对配线表，从左下方划第一个分线设备，陆续向右上方划最后一个分线设备。

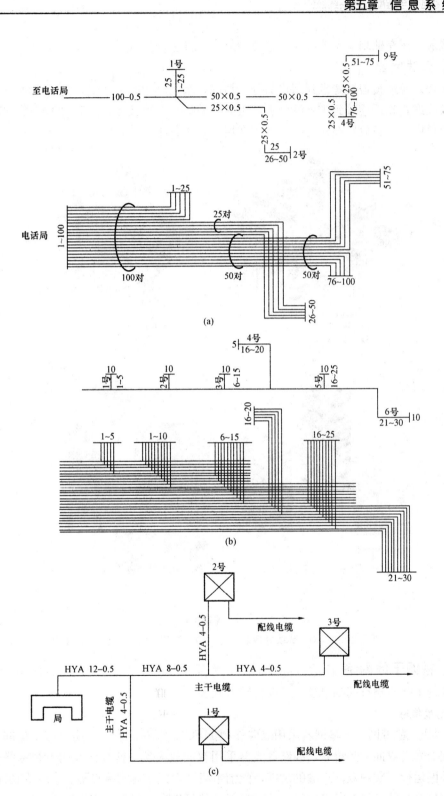

图 5-27 配线方式

(a) 直接配线；(b) 复接配线；(c) 交接配线

配线表可在左侧划一条蓝红线，蓝色为局方，红色为配线即用户一侧。

四、无线网络

小区楼外通信覆盖要考虑到用户的分布情况，采用分中心的布局，每个无线 HUB 可以采用双绞线或者光纤连接到主干网络上，也可以采用无线连接方式。楼内无线覆盖需要将有线布到楼道内，设备放置在楼道内，不用在用户端进行布线，如图 5-28 所示。

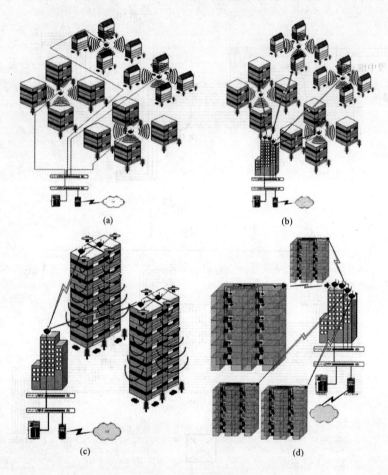

图 5-28   无线网络

（a）光纤主干线；（b）无线主干线；（c）中继链路主干线；（d）楼内无线覆盖

五、视频干线网络

视频的干线传输有同轴电缆、光缆传输方式。

1. 光缆传输

（1）HFC 宽带网。传输网若采用双向邻频 HFC 宽带网，系统采用双向传输同轴电缆，分支分配器采用双向宽频设备，线路放大器采用双向放大器，待今后双向电视网络普及时，可直接并网运行，实现双向传输的功能，配前端机顶盒能实现视频点播、上网等功能。

光缆传输在前端设有光发射机，前端的射频信号送光发射机，直接对激光管的发光强度进行调制，调制后的光信号由光缆干线传输，在干线另一端的光接收机接收后转换为电信号，再送入用户分配网络。

光缆干线网在结构上可采用星形结构和树枝形结构两种。

（2）传输模式。光纤干线传输有5种模式。其应用见表5-7。

表5-7   光纤干线传输模式应用

模式	方案名称	干线模式	应用范围	备 注
A	光缆一段无中继	从网络前端至光接收机为无中继传输	用于30km以内有线电视信号的传输工程	单向传输
B	光缆一段中继（光收发设备）	光缆传输至一段中继后，光信号得以接受和分配	1310nm光信号接续和光分路工程	1310nm、1550nm信号均可
C	光缆一段中继（光收发设备）	光缆传输至一段中继后，在接续盒分路	单向两段光缆传输系统 1550nm光信号接续盒分路工程	只用于1550nm信号
D	光缆双向传输	一条光缆中，两条光纤各做上、下行传输（空分复用）	用于双向网传输工程 下行1310nm、1550nm信号均可，上行宜选1310nm	1310nm、1550nm信号均可
E	光缆双向数字传输	一条光缆中，两条光纤各做上、下行数字信号传输	应用于长距离超干线传输工程 下行1310nm、1550nm信号均可，上行宜选1310nm	数字化信号传输，指标基本无劣化

一段光缆干线（无中继）表示用光纤把一台光发射机和一台光接收机连接在一起的光纤干线。光缆一缆多芯，插入分光器后构成光缆干线网。应用星形拓扑结构。一段光缆干线适用于500户的住宅小区，简称光缆到支干线。

二段光缆（有中继）传输系统表示在无中继的光缆干线中，星形连接需要大芯数光缆。采用一段中继方案，装在前端的光发射机至中继站的光缆称第一段，只需2芯或4芯，承担长距离传输任务，中继站至光接收机称第二段，大芯数光缆完成短距离传输任务。2000户以上的住宅小区均应采用二段光缆传输系统。可细分为光缆到路边，光缆到楼和光缆到最后一台放大器。工程设计时，基础设施设计应采用光缆到最后一台放大器模式。

单向和双向光缆网中上行和下行通道是两条光纤，备份两条光纤，实现双向传输的光缆最小芯数为4，上行光载波波长为1310nm。

1550nm光放大器中继方式是光纤在1550nm上的损耗小，传输距离在30km以上时采用一段光缆干线模式，加一级中继可传输60km以上，加二级中继可传输100km以上，三级中继以上不宜采用，难以保证传输指标。

5种模式的接线示意如图5-29所示。

（3）传输网络。住宅小区HFC单向传输网络如图5-30所示。住宅小区光缆一级中继传输网络如图5-31所示。

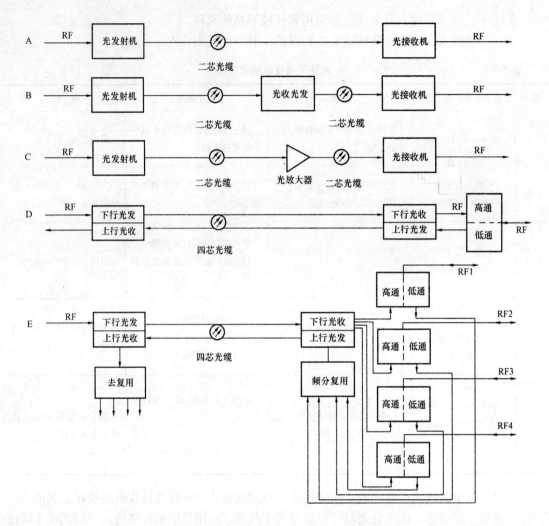

图 5-29　光纤干线传输 5 种模式接线示意图

2. 同轴电缆

同轴电缆是最早发展起来的，用粗线径的同轴电缆做干线来传输信号。由于系统越来越大，传输距离越来越长，结果造成视频和音频信号衰减严重，因此每隔几公里必须要插入一级宽频带的干线放大器，使衰减的信号得以放大，提高其电平。

同轴电缆的干线传输网，一般采用树枝形结构，其性能价格比较好，但网络较难扩展，因此一般用于传输几公里距离或稍大范围的有线电视系统。

为了增加距离，在传输干线部分必须选用衰减量小、频率特性好的同轴电缆。通常选用物理高发泡同轴电缆。

在信号频率为 200MHz 时，每 100m 的衰减量分别为 10.8dB、5.7dB、4.5dB。有时甚至选用更粗的同轴电缆作为传输干线使用，但随之而来的是价格变得极为昂贵。

3. 分干线

光接收机后电缆支线网设计可分为星形网和树形网。星形网是以光接收机为中心至用户星形分布传输，适用于双向网设计。树形网以光接收机为起点至用户，通过延长放大器做树

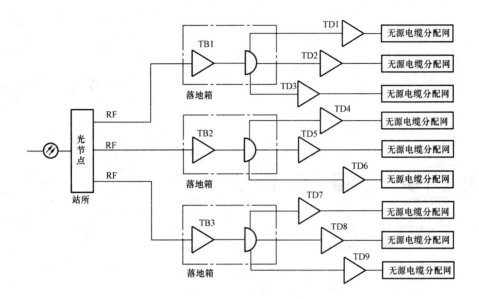

图 5-30 小区 HFC 单向传输网络

注：TB 为延长放大器，TD 为分配放大器。

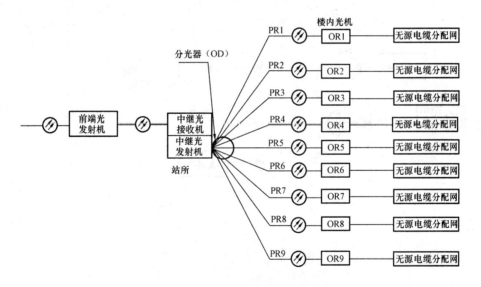

图 5-31 小区光缆一级中继传输网络

枝形分布，不适合于双向传输网。

在同轴电缆一条支线上，延长放大器的级连台数应不大于 3，支线电缆需用-75-9L 或-75-12L，相邻两台延长放大器之间的插入损耗应与延放的工作增益相等。一般情况下，-75-9L 小于 250m，-75-12L 小于 320m。延放的增益应小于或等于 26dB。

同轴电缆的分支干线设计方案如图 5-32 所示。

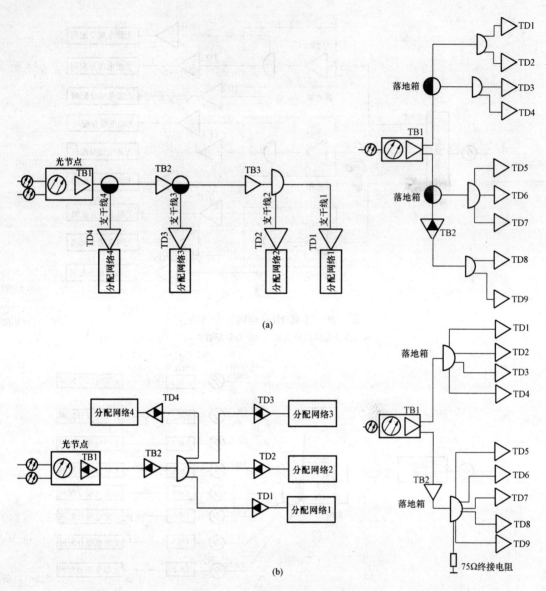

图 5-32 同轴电缆的分支干线
（a）树形分支电缆；（b）星形分支电缆

第六节 室外信息管道系统

本节的信息管道为通信、有线广播电视专用。

一、位置与路由

1. 要求

小区信息管道的规划应纳入建设项目总体规划，其中室外管线部分应纳入综合线规划。

建筑红线内应预埋信息管道，并与城市主干信息管道相连接，满足用户选择通信业务提供商和有线广播电视的需要。

室外信息管道建设应与其他地下管线的建设相适应，与其他市政设施同步建设。

2. 位置

用地范围内信息管道必须与城市信息管道和各建筑物的同类引入管道或引上管相衔接，形成完整通路，其位置宜选在建筑物和用户引入线较多的一侧。

3. 路由

信息管道路由选择应满足下列要求：

（1）信息管道路由应选择地下、地上障碍物较少、易于维护管道的路由。

（2）信息管道位置不宜选在埋设较深的其他管线附近。

（3）信息管道应远离电蚀和化学腐蚀地带。

4. 预留

建筑群红线内信息管道与建筑用地红线外城市主干信息管道互通，应提供双物理路由接入。

通信设施工程的地下通信管道的管孔数、电信间、设备间预留的房屋面积、通信业务接入点处设置的配线模块、配线箱、机柜等容量，应满足至少两家电信业务经营者通信业务接入的需要。

二、地下信息管道

1. 管道

地下信息管道应符合下列规定：

（1）地下信息管道在穿越道路、小桥等地段时，应采用预埋敷设方式。

（2）地下信息管道应与电信主干管道、交接箱引上管相衔接。

（3）地下信息管道的路由宜以通信业务接入点为中心向外辐射，应选择在人行道、人行道旁绿化带及车行道下。

（4）地下信息管道应与高压电力管、热力管、燃气管保持安全的距离，并宜靠近通信业务量较大的道路一侧。

（5）通信信息不应选在易受到强烈振动的地段。

2. 管孔

建筑红线至各机房的主干管道的容量必须考虑该建筑群的用户规模、机房可同时容纳接入运营商数量等综合因素。

（1）一般主干管道管孔容量参见表5-8，内径应不小于90mm。

表5-8　　　　　　　　　　　信息管道容量表

用户规模/信息点	主干管道/孔		配线管道/孔		建筑物接入管道/孔		机房接入管道/孔	
	集中	分散	集中	分散	集中	分散	集中	分散
200～1000	3	4	2	3	5	4	—	—
1000～2000	4	6	2	3	5	4	—	—
2000～5000	6	12	3	6	5	4	12	18
5000～10 000	12	24	6	12	5	4	18	36
10 000 以上	应根据建筑物分布情况，适当增加管道容量							

注：1. 建筑物集中分布是指建筑用户规模在100信息点以上的独栋或多栋高层建筑，建筑物分散分布是指建筑用户规模在100信息点以下的独栋或多栋多层建筑及独栋或联排别墅。

　　2. 表中配线管道容量是指机房出来四个方向，每一方向的容量。

　　3. 表中主干管道容量指两个方向，每一方向的容量。

配线管道管孔容量和建筑物的接入管道管孔容量见表 5-8。

机房在建筑群的配套建筑内的接入管道管孔容量见表 5-8。机房在建筑群配套建筑外的管孔容量宜根据终期业务需求确定。

有线广播电视落地交接箱的接入管道管孔容量应不少于 4 孔。

（2）表 5-9 所示的管道管孔的需求量是根据住宅区每一个住宅楼住户情况和每一个交接区的住户数量（最多 1000 户）所需要的光缆与电缆容量进行估算，并考虑备份后确定的。

表 5-9 管道管孔容量估算

住宅类型	住宅规模		管道容量				
	用户数 /户	主干管道 /孔	配线管道 /孔	引入管/孔			
				多层住宅 （50 户）	高层住宅 （300 户）	别墅住宅	
住宅组团 （300~700 户）	300	4	2~4	2	2~3	1~2	
	700	3~5	2~4	2	2~3	1~2	
住宅区 （2000~4000 户）	2000	3~5	2~4	2	2~3	1~2	
	4000	4~6	2~4	2	2~3	1~2	

注：住宅组团为住宅建筑的基本单元，可以由单栋或多栋建筑组成；住宅区是指一个房地产开发商开发建设的，由多个基本单元所组成的住宅建筑群。

（3）电缆管孔数满足两家电信业务经营者需要，光缆管孔（多孔）满足至少两家电信经营者的需要，并应包括住宅区的内部计算机网络及弱电系统需求的管孔，并应符合下列规定：

1）通信管道可按不同直径的光缆与电缆敷设要求，采用不同管径的管材进行组合。

2）通信管道采用多孔管时，管孔数不宜少于 5 孔。

3）通信管道采用单孔管时，不同管段的孔径及数量应符合下列规定：

① 多层住宅（3 单元或 4 单元，每单元为 6 层，每层 2 户）单元及别墅（独栋）的引入段不宜少于 2 孔，内径不宜小于 50mm。

② 多层及高层住宅建筑（地下 1 层，地上 27 层，每层 7~9 户）的引入段不宜少于 2 孔，内径不宜小于 90mm。

③ 室外光缆与电缆交接箱的引入段不宜少于 4 孔，内径不宜小于 90mm。

④ 主干管道的管孔不宜少于 6 孔，内径不宜小于 90mm。

⑤ 配线管道的管孔不宜少于 2 孔，内径不宜小于 90mm。

⑥ 通信管道的管孔内径应不小于线缆外径的 1.25 倍。

⑦ 标准孔指内径不小于 90mm 的水泥管、波纹管、单孔实壁管及钢管等管材。每标准孔可布放 3 孔子管。

⑧ 采用栅格管时，栅格管根数管孔按标准孔数量的 2/3 取定。栅格管种类繁多，目前一般采用内径 50mm 的 4 孔栅格管和内径 33.5mm 的 9 孔栅格管。

3. 管材

地下通信管道宜采用单孔、多孔塑料管及钢管。也可根据信息管道敷设的地理环境与方式选用水泥管及钢管。

（1）塑料管的管材一般采用硬聚氯乙烯（PVC-U）和高密度聚乙烯（HDPE），塑料管的剖面形式如图 5-33 所示。

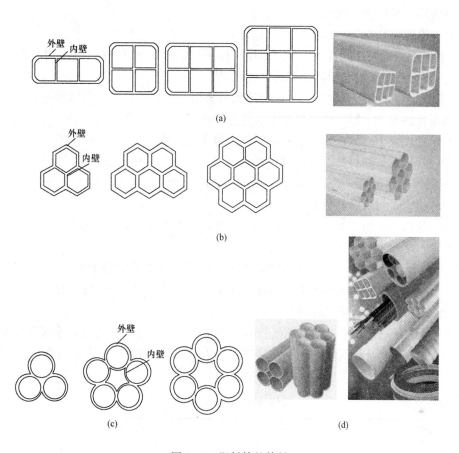

图 5-33 塑料管的管材

（a）格栅式塑料管横断面；（b）蜂窝式塑料管横断面；（c）梅花式塑料管横断面；（d）总图

（2）在下列情况下宜采用塑料管：

1）住宅区主干管道与配线管道。

2）管道的埋深位于地下水位以下，或避开被水浸泡的地段。

3）地下综合管线较多及腐蚀情况比较严重的地段。

4）地下障碍物复杂的地段。

5）施工期限急迫或尽快要求回填土的地段。

（3）管孔容量大于 12 孔时宜采用水泥管。

（4）在下列情况下宜采用钢管：

1）管道附挂在桥梁上或跨越沟渠，或需要悬空布线的地段。

2）需采用机械顶管施工方法穿越道路的地段。

3）管群跨越主要道路，不具备包封条件的地段。

4）埋深过浅或路面荷载过大的地段。

5）地基特别松软。

6）有强电危险或干扰影响，需要防护。

7）有可能遭受强烈震动的地段。

8）建筑物的通信引入管道。

4. 管道横断面组合

（1）管道组群是以相同管径、相同材质，按照一定的规则组合在一起，并保持一定组合断面形式。可分为矩形结构组群、梯形结构组群。

（2）管道组群是由不同管径、不同材质的管道组合的，管道组合时宜遵循以下原则：

1）水泥管块置于下层，其他单孔组群管道置于上层。

2）水泥管块置于一侧，其他单孔组群管道置于另一侧。

3）相同管径、不同材质，金属材料置于下层，非金属管材置于上层。

4）不同管径、相同材质，大孔径置于下层，小孔径管道置于上层。

5）均等组合，每层管孔数量相同。

6）不均等组合，每层管孔数量不相同，宜使用梯形结构，向上每层依次递减。

5. 敷设

（1）塑料管管群宜以 6～9 根管组合，多孔管应设置于管群的最上层。

（2）地下通信管道在路经市政道路时，埋深与间距要求应符合现行国家标准 GB 50373《通信管道与通道工程设计规范》的有关规定。

用地范围内信息管道应避免与燃气管道、高压电力电缆在同侧建设，不可避免时，信息管道与其他地下管线及建筑物间的最小净距应符合表 5-10 的规定。若由于条件限制，最小净距达不到规定要求，应采取必要的防护措施。

表 5-10　　　　　　　　　　　信息管道与建筑物净距　　　　　　　　　　　（m）

其他管线及建筑物名称	规　格	平行净距	交叉净距
已有建筑物	—	2.0	—
房屋建筑红线（或基础）	—	1.5	—
给水管	$d \leqslant 300mm$ 以下	0.5	0.15
	$300 < d \leqslant 500mm$	1.0	
	$d > 500mm$ 以上	1.5	
污水排水管	—	1.00①	0.15②
热力管	—	1.0	0.25
燃气管	压力≤300kPa	1.0	0.30③
	300kPa<压力≤800kPa	2.0	
电力电缆	<35kV	0.5	0.50④
	≥35kV	2.0	
高压铁塔基础边	≥35kV	2.5	
通信电缆或管道	—	0.5	0.25
绿　化	乔木	1.5	—
	灌木	1.0	—
地上杆柱	—	0.50～1.00	
马路边石边缘	—	1.0	

续表

其他管线及建筑物名称	规 格	平行净距	交叉净距
沟渠（基础底）	—	0.5	—

① 主干排水管后敷设时，其施工沟边与管道间的水平净距不宜小于 1.5m。

② 当管道在排水管下部穿越时，净距不宜小于 0.4m，信息管道应作包封，包封长度自排水管两端各加长 2m。

③ 在交越处 2m 范围内，煤气管不应作接合装置和附属设备；如上述情况不能避免时，电信管道应作包封 2m。

④ 如电力电缆加保护管时，净距可减至 0.15m。

在住宅区内，应根据场地条件、管材强度、外部荷载、土壤状况、与其他管道交叉、地下水位高低、冰冻层厚度等因素，来确定地下通信管道的最小埋深。管道最小埋深应不低于表 5-11 的规定。

表 5-11 管 道 最 小 埋 深 （m）

管材规格 \ 管道位置	绿化带	人行道	车行道
塑料管	0.5	0.7	0.8
钢管	0.3	0.5	0.6

注：1. 塑料管的最小埋深达不到表中要求时，应采用混凝土包封或钢管等保护措施。

2. 管道最小埋深是指管道的顶面至路面的距离。

（3）地下通信管道应敷设在良好的地基上，塑料管道应有基础，敷设塑料管道应根据所选择的塑料管的管材与管型，采取相应的固定组群措施。

（4）塑料管道弯管道的曲率半径应不小于 10m。

（5）管道敷设应有坡度，坡度宜为 0.3%～0.4%，不得小于 0.25%。

（6）住宅建筑预埋的引入管出口端应伸出外墙 2m，并应向人（手）孔方向倾斜。坡度应不小于 0.4%。

（7）地下通信管道进入建筑物处应采取防渗措施。

三、人（手）孔井

1. 设置

（1）人（手）孔应能充分满足通信和有线广播电视施工和安全管理的需要。

（2）通信井进入人（手）孔处的管道基础顶部距人孔基础顶部应不小于 0.4m，管道顶部距人（手）孔上覆底部的净距应不小于 0.3m。

（3）多层建筑楼及别墅应以单元为单位建手孔。高层建筑的引入段在楼宇前应设手孔，当管孔数超过 6 孔时应建人孔。

（4）有线广播电视与信息管道同路由敷设，人（手）孔宜独立设置。

（5）有线广播电视设备禁止放置在人（手）孔内。

2. 位置

人（手）孔位置的选择应符合下列规定：

（1）在管道拐弯及分歧点、建筑物引入等处；在交叉路口、设有室外交接箱的地方、道路坡度较大的转折处、采用特殊方式过路的两端（如顶管）等场合时宜设置人（手）孔。

（2）人（手）孔位置应与燃气管、热力管、电力电缆等地下管线的检查井相互错开，其他地下管线不得在人（手）孔内穿过。

（3）交叉路口的人（手）孔位置宜选择在人行道上或偏于道路的一侧。

（4）人（手）孔位置不应设置在建筑物的主要出入口、货物堆积、低洼积水等处。

（5）在周围环境复杂的地点，应根据地形要求因地制宜地设计异型人（手）孔。

3. 规格型号

人（手）孔的类型和规格，按管道的远期容量和在管线上所处的位置选用。

远期管群容量不大于 6 孔的管道、暗式渠道、距离较长或拐弯较多的引上管道以及放置落地式交接箱的地方，宜采用手孔；大于 6 孔时。宜采用人孔。

人（手）孔的型号宜按下列规定选择：

（1）终期单一方向标准孔（孔径 90mm）不多于 6 孔、孔径 28mm 或 32mm 的多孔管不多于 18 孔管孔容量时，宜选用手孔。

（2）终期单一方向标准孔（孔径 90mm）不多于 12 孔、孔径 28mm 或 32mm 的多孔管不多于 36 孔管孔容量时，宜选用小号人孔。

（3）终期单一方向标准孔（孔径 90mm）为 24～36 孔、孔径 28mm 或 32mm 的多孔管在 72～108 孔管孔容量时，宜选用中号人孔。

（4）固定通信交接设备间接入管道的终端人孔应在以上基础加大一号。

4. 手孔程式

通信管道手孔程式应根据所在管段的用途及容量合理选择，可按表 5-12 选用。

表 5-12　　　　　　　　通 信 管 道 手 孔 程 式

管道段落	管道容量		手孔程式选用规格/mm			用　　途
			长	宽	高	
主干管道	6 孔以下		1120	700	1000	用于 1200 对以下电缆分支与接续
			1750	740	1500	用于 1200 对以上电缆分支与接续
			700	500	800	用于主干线缆过线
配线管道	2 孔以上 6 孔以下		1120	700	1000	用于 1200 对以下电缆分支与接续
	2 孔以下		1120	700	1000	用于线缆分支与接续
			700	500	800	用于主干线缆过线
引入管道	至设备间	6 孔以下	1120	700	注	用于线缆接续及管道分支
		12 孔以下	1750	740	注	
	至交接箱	4 孔以下	700	500	800	用于线缆过线和引入
	至高层住宅电信间		1120	700	注	用于线缆过线和引入
	至多层住宅电信间		500	400	600	用于线缆过线和引入

注：根据引入管的埋深调节手孔的净深和高度，管道符合表 5-11 最小埋深要求时，人孔的高度不宜小于 1500mm。

5. 制作

人（手）孔的制作设计应符合下列规定：

（1）人（手）孔应防止渗水，人（手）孔设置在地下水位以下时，应采取防渗措施，当设置在地下冰冻层以内，应采用钢筋混凝土人（手）孔，并应采取防渗措施。

（2）人（手）孔应有混凝土基础，当遇到土壤松软或地下水位较高时，还应增设渣石基础或采用钢筋混凝土基础。

（3）人（手）孔的盖板可采用钢筋混凝土或钢纤维材料预制，厚度不宜小于100mm。手孔盖板数量应根据手孔长度确定，宜设置1~3板块。

6. 防水

地下管道进入建筑物处应采取防水措施。

第七节 室外信息设备与线缆

一、配线设备

1. 配线设备

（1）通信配线设备。室外配线设备应包括室外机柜、落地式交接箱、墙挂式线缆配线箱、线缆接头盒等，应具备承受包括雨、雪、冰雹、风、冰、烟雾、沙尘暴、雷电及不同等级的太阳辐射等各种不良环境的能力。

室外线缆配线箱主要用于大容量的线缆进行分支，实现主干室外线缆与配线线缆连接，可以设置于交接区的线缆汇聚点或住宅楼外适当部位。

（2）有线电视配线设备。有线广播电视所用的线缆暗管、放大箱、分配箱、过路箱、终端盒以及建设用地红线以内有线广播电视网络所用的机房、光电转换间、落地箱、地下管道、人（手）孔等，及相应的供配电和接地设施。

2. 安装位置

安装位置确定应符合下列规定：

（1）应在配线线缆的交汇处。

（2）应在人行道边的绿化带内、院落的围墙角、背风处。

（3）应在不易受外界损伤、比较安全隐蔽和不影响环境美观的地方。

（4）应靠近人（手）孔便于线缆出入，且利于施工和维护的地方。

（5）应避开高温、高压、电磁干扰严重、腐蚀严重、易燃易爆、低洼等严重影响设备安全的地方。

（6）应避开设有空调室外机及通风机房等有振动的场所。

二、交接设备

1. 交接箱

交接箱是用于主干线缆与配线线缆的接口设备，具有线缆直通、盘留、连接与熔接、配线功能。

通过电缆跳线与光纤活动连接器及光纤跳接线、光纤尾纤实现线路的灵活配接。对于光纤交接箱也可考虑将光纤分路器模块放置在交接箱内。

交接箱大多采用室外落地安装方式，容量较小的交接箱也可采用挂墙、挂杆等安装方式。

2. 通信电缆交接箱

电缆交接箱的如图5-34所示。

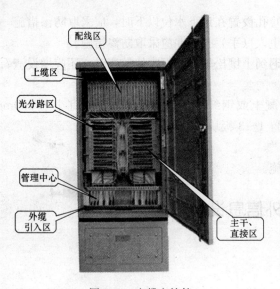

图 5-34 电缆交接箱

选用应符合下列规定：

（1）接续元件宜为卡接式或旋转卡接式等定型产品。

（2）箱内列号自左至右，线序自上而下，应有明显标记。

（3）箱体内应有接地端子和备用接线端子及其标记，箱体的电缆进出口等处应有良好的密封防潮措施和接地装置。

（4）在箱体内成端上列应有固定电缆装置和便于上线的支架或托板。

（5）箱门板内侧应有存放测试夹、记录卡片和卡接专用工具等的装置。

（6）箱体应防雨，良好通风。

（7）电缆交接箱应符合 YD/T 611《通信电缆交接箱》的有关规定。

3. 光缆交接箱

光缆交接箱如图 5-35 所示。选用应符合下列规定：

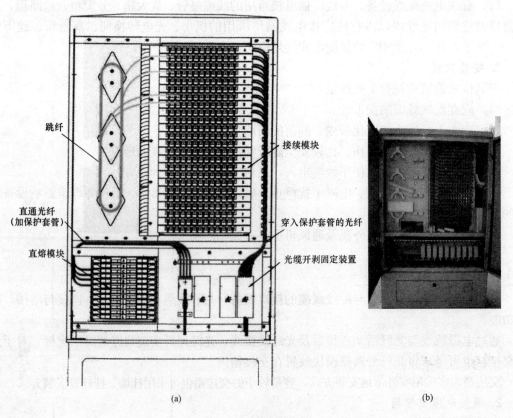

(a)   （b）

图 5-35 光缆交接箱

（1）应满足进出光缆（主干、配线）管孔数的需要。

（2）箱体内宜配置熔接配线一体化模块，可采用 SC 型或 LC 型等适配器。

（3）可以安装光纤分路器和端接、容纳保护进出分光器的跳线的位置。

（4）箱门板内侧应有存放资料记录卡片的装置。

（5）设置固定光缆的保护装置和接地装置。

（6）箱体应防雨、良好通风，光缆进、出口处应有良好的密封防潮措施。

（7）箱体应具有良好的抗腐蚀、耐老化及防破坏功能和抗冲击损坏性能，门锁应为防盗结构。

（8）光缆交接箱应符合现行行业标准 YD/T 988《通信光缆交接箱》的有关规定。

4. 有线电视落地交接箱

有线电视落地交接箱如图 5-36 所示。

（1）交接箱使用的占地面积应不小于 $2m^2$（$1m \times 2m$）。

（2）交接箱位置宜选择在建设用地红线内，紧邻小区主干管道人（手）孔。交接箱的接入管道管孔容量应不少于 4 孔。

图 5-36　有线电视落地交接箱

（3）2000 个综合信息点以下的民用建筑应设置交接箱。

5. 光缆接头盒

光缆接头盒为光缆之间熔接接续，链路延伸或分支的设备，如图 5-37 所示。

(a) (b)

图 5-37　光缆接头盒

接头盒的作用不是成端、管理和调度，而仅仅是完成连接，因此适用于无需维护的相对固定的光缆分支和汇聚点，光纤分路器也可以放在其内部。

光缆接头盒可以采用架空、管道人孔或者直埋的安装方式，且具备密封、防水的功能。

三、通信电缆

通信电缆是指传输电话、电报、传真文件、电视和广播节目、数据和其他电信号的电缆。由一对以上相互绝缘的导线绞合而成。通信电缆具有通信容量大、传输稳定性高、保密性好、少受自然条件和外部干扰影响等优点。

1. 型号

通信电缆常用部分型号组成中各代号的具体含义见表 5-13。

表 5-13　　　　　　　　　　　　　　通 信 电 缆 的 型 号

类别、用途	导体	绝缘层	内护层	特征	外护层	派生
H—市内话缆	G—钢线芯	F—复合物	B—棉纱编织	C—自承式	0—相应的裸外	1—第一种
HB—通信线	L—铝线芯	SB—纤维	F—复合物	D—带形	护层	2—第二种
HD—铁道电气	T—铜（省	V—聚氯乙烯塑	H—橡套	E—话务员	1——级防腐	18—18 芯
化电缆	略）	料	HF—非燃性橡	耳机用	1—麻被护层	252—252kHz
HE—长途通信		X—橡皮	套	G—工业用	2—二级防腐	
电缆		Y—聚乙烯	L—铅包	J—交换机用	2—钢带铠装麻	
HJ—局用电缆		YF—泡沫聚乙	LW—皱纹铝管	P—屏蔽	被	
HO—同轴电缆		烯	Q—铅包	R—柔软	3—单层细钢丝	
HR—电话软线			V—塑料	S—水下	铠装麻被	
HP—配线电缆			VV—双层塑料	T—弹簧型	4—双层细钢丝	
			Z—纸（省略）	Z—综合型	铠装麻被	
					5—单层粗钢丝	
					铠装麻被	
					6—双层粗钢丝	
					铠装麻被	

2. 结构

通信电缆常用型号的结构如图 5-38 所示。

（1）导线。退火裸铜线，铜线直径为 0.32mm、0.40mm、0.50mm、0.60mm、0.70mm、0.80mm、0.90mm。

（2）绝缘材料。高密度聚乙烯、中密度聚乙烯或聚丙烯，绝缘线的颜色符合全色谱标准。

（3）绝缘线对。两根不同颜色的绝缘线按照不同的节距扭绞成对，采用规定的色谱组合。

（4）缆芯结构。以 25 对为基本单位，超过 25 对的电缆按单位组合，每个单位都用规定色谱的扎带绕扎，以便识别。100 对及以上的电缆加有 1％的预备线对，但最多不超过 6 对。

（5）缆芯包带。缆芯用聚酯薄膜带绕包。

（6）屏蔽。用 0.2mm 厚的双面涂塑铝带轧纹（或不轧纹）纵包于缆芯包带外，搭接处黏合。

（7）护套。黑色低密度聚乙烯。可提供双护套电缆。

（8）识别和长度标记。电缆外表有永久性识别标记，标记间隔不大于 1m，标记内容有导线直径、线对数量、电缆型号、制造厂厂名代号及制造年份，长度标记以间隔不大于 1m 标记在外表面上。

3. 选用

不同通信电缆的选用见表 5-14。

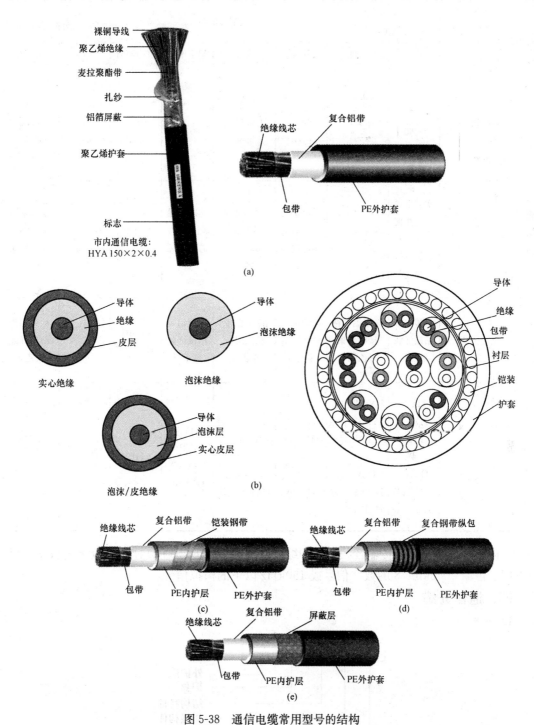

图 5-38　通信电缆常用型号的结构

(a) HYA、HYFA、HYPA、HYAT、HYFAT、HYPAT 型；(b) 绝缘线芯结构截面图；

(c) HYA23 型；(d) HYA53 型；(e) 高屏蔽性能通信电缆（HYAP）

表 5-14　　　　　　　　　　　　　　　通 信 电 缆 的 选 用

电缆类别 / 敷设方式 电缆结构 电缆型号	主干电缆 中继电缆		配线电缆				成端电缆	
	管道	直埋	管道	直埋	架空沿墙	室内暗管	MDF	交接箱
铜芯线径/mm	0.32 0.40 0.50 0.60 0.70 0.80	0.32 0.40 0.50 0.60 0.70 0.80	0.40 0.50 0.60	0.40 0.50 0.60	0.4 0.5		0.40 0.50 0.60	0.40 0.50 0.60
芯线绝缘	实芯聚烯烃泡沫聚烯烃泡沫/实芯皮聚烯烃	实芯聚烯烃泡沫聚烯烃泡沫/实芯皮聚烯烃	实芯聚烯烃泡沫/实芯皮聚烯烃	实芯聚烯烃泡沫/实芯皮聚烯烃	实芯聚烯烃泡沫/实芯皮聚烯烃	宜聚氯乙烯	宜聚氯乙烯	实芯聚烯烃泡沫/实芯皮聚烯烃
电缆护套	涂塑铝带粘接屏蔽聚乙烯	涂塑铝带粘接屏蔽聚乙烯	涂塑铝带粘接屏蔽聚乙烯	涂塑铝带粘接屏蔽聚乙烯	涂塑铝带粘接屏蔽聚乙烯	宜铝箔层聚氯乙烯	—	涂塑铝带粘接屏蔽聚乙烯
电缆型号	HYA HYFA HYPA 或 HYAT HYFAT HYPAT	HYAT铠装 HYFAT铠装 HYPAT铠装 或 HYA铠装 HYFA铠装 HYPA铠装	HYAT HYPAT 或 HYA HYPA	HYAT铠装 HYPAT铠装 或 HYA铠装 HYPA铠装	HYA HYPA HYAC HYPAC	宜HPVV	HPVV	HYA HYPA HPVV

电缆结构（左侧竖排）

市内通信电缆可用于传输音频信号和综合业务数字网的 2B+D 速率及以下的数字信号，也可用于传输 2048kbit/8 的数字信号或 150kHz 以下的模拟信号。

四、通信光缆

1. 型号

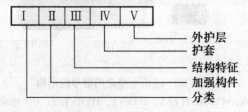

光缆形式是由 5 个部分构成的，各部分均用代号表示。

加强构件是指护套以内或嵌入护套中用于增强光缆抗拉力的构件。

光缆结构特征应表示出缆芯的主要类型和光缆的派生结构。当光缆形式有几个结构特征需要注明时，可用组合代号表示，其组合代号按下列相应的各代号自上而下的顺序排列。

当有外护层时，可包括垫层、铠装层和外被层的某些部分和全部，其代号用两组数字表示（垫层不需表示）。第一组表示铠装层，可以是一位或两位数字；第二组表示外被层或外套，应是一位数字。

通信光缆常用部分型号组成中各代号的具体含义见表 5-15。

表 5-15　　　　　　　　通信光缆的型号

分　类	加强构件	结构特征	护　套	外护层	
				铠装层	外被层或外套
CY—通信用室（野）外光缆	（无）—金属加强构件	D—光纤带结构	Y—聚乙烯护套	0—无铠装层	1—纤维外套
CM—通信用移动式光缆		（无）—光纤松套被覆结构	V—聚氯乙烯护套	2—绕包双钢带	2—聚氯乙烯套
GJ—通信用室（局）内光缆	F—非金属加强构件	J—光纤紧套被覆结构	U—聚氨酯护套	3—单细圆钢丝	3—聚乙烯套
GS—通信用设备内光缆		（无）—层绞结构	A—铝—聚乙烯粘结护套（简称A护套）	33—双细圆钢丝	4—聚乙烯套加覆尼龙套
GH—通信用海底光缆		G—骨架槽结构	S—钢—聚乙烯粘结护套（简称S护套）	4—单粗圆钢丝	5—聚乙烯保护管
GT—通信用特殊光缆		X—通信缆中心管（被覆）结构	W—夹带平行钢丝的钢—聚乙烯粘结护套（简称W护套）	44—双粗圆钢丝	
		T—油膏填充式结构		5—皱纹钢带	
		（无）—干式阻水结构			
		R—充气式结构	L—铝护套		
		C—自承式结构	G—钢护套		
		B—扁平形状	Q—铅护套		
		E—椭圆形状			
		Z—阻燃			

2. 规格

光纤的规格与导电芯线的规格之间用"＋"号隔开。

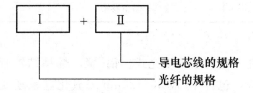

光纤的规格由光纤数和光纤类别组成。

如果同一根光缆中含有两种或两种以上规格（光纤数和类别）的光纤时，中间应用"＋"号连接。

光纤数的代号用光缆中同类别光纤的实际有效数字表示。

光纤类别应采用光纤产品的分类代号表示，即用大写 A 表示多模光纤（表 5-16），大写 B 表示单模光纤（表 5-17），再以数字和小写字母表示不同种类型光纤。

表 5-16　　　　　　　　　　　　多　模　光　纤

分类代号	特　性	纤芯直径/m	包层直径/m	材　料
A1a	渐变折射率	50	125	二氧化硅
A1b	渐变折射率	62.5	125	二氧化硅
A1c	渐变折射率	85	125	二氧化硅
A1d	渐变折射率	100	140	二氧化硅
A2a	突变折射率	100	140	二氧化硅
A2b	突变折射率	200	240	二氧化硅
A2c	突变折射率	200	280	二氧化硅
A3a	突变折射率	200	300	二氧化硅芯塑料包层
A3b	突变折射率	200	380	二氧化硅芯塑料包层
A3c	突变折射率	200	230	二氧化硅芯塑料包层
A4a	突变折射率	980~990	1000	塑料
A4b	突变折射率	730~740	750	塑料
A4c	突变折射率	480~490	500	塑料

注："A1a"可简化为"A1"。

表 5-17　　　　　　　　　　　　单　模　光　纤

分类代号	名　称	材　料
B1.1	非色散位移型	
B1.2	截止波长位移型	
B2	色散位移型	二氧化硅
B3	色散平坦型	
B4	非零色散位移型	

注："B1.1"可简化为"B1"。

　　例如，金属加强构件、松套层绞填充式、铝-聚乙烯粘结护套、皱纹钢带铠装、聚乙烯护层的通信用室外光缆，包含 12 根 50/125μm 二氧化硅系渐变型多模光纤和 5 根用于远供电及监测的铜线径为 0.9mm 的 4 线组，光缆的型号应表示为 GYTA53 12A1＋5×4×0.9。

　　金属加强构件、骨架填充式、铝-聚乙烯粘护套通信用室外光缆，包含 24 根"非色散位移型"类单模光纤，光缆的型号应表示为 GYGTA 2481。

　　3. 分类

　　按缆芯结构，有层绞式、骨架式、带式和束管式。

按敷设方法，有管道、直埋、架空、水底（或海底）方式。

按维护方式，有填充（充油）、非填充（充气）式。

按应用方式，有中继光缆、综合光缆、用户光缆、局内光缆、架空地线复合光缆（OPGW）、野战光缆等。

此外，还有一种泄漏波导综合光缆，缆芯中有光纤，缆的外侧开有泄漏槽，可传输450MHz微波，既可用于铁路区间通信，又可用于实时移动通信。

4. 结构

光缆结构截面如图 5-39 所示。

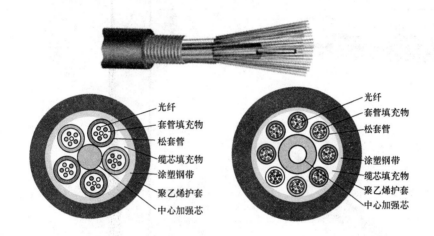

图 5-39　光缆结构截面

光缆结构分为缆芯、加强元件和护层三大部分。

（1）缆芯。缆芯是光缆结构的主体，其作用主要是妥善安置光纤，使光纤在各种外力影响下仍能保持优良的传输性能。

1）层绞式主线一般采用中心加强件来承受张力，光纤环绕在中心加强件周围，并以一定节距绞合成缆。该结构中光纤可采用紧套或松套两种套塑方式，如图 5-40（a）和（b）所示。

紧套光纤性能稳定，外径较小，但对侧压力比较敏感。松套光纤外径较大，但温度性能、抗压性能较好，应用较广。松套光纤的套塑层内可放入一根或多根一次涂敷的光纤。当光纤数较多时，可先用这种结构制成光纤单元，再把这些单元绞合成缆，制成高密度的多芯光缆。

2）骨架式光缆是在中心加强件外面制一个带螺旋槽的聚乙烯骨架，一次涂敷的光纤置于骨架的槽内，使光纤受到很好的保护，如图 5-40（c）所示。

3）带式光缆是先将一定数目的光纤排列成行制成光纤带，然后把若干条光纤带按一定的方式排列扭绞成缆，是一种高密度结构的光缆，如图 5-40（d）所示。

4）束管式光缆是一种新型的光缆结构，其特点是中心无加强元件，缆芯都为一充油管，一次涂敷的光纤浮在油管中，加强件在管的外面，既能做加强用，又可作为机械保护层，如图 5-40（e）所示。

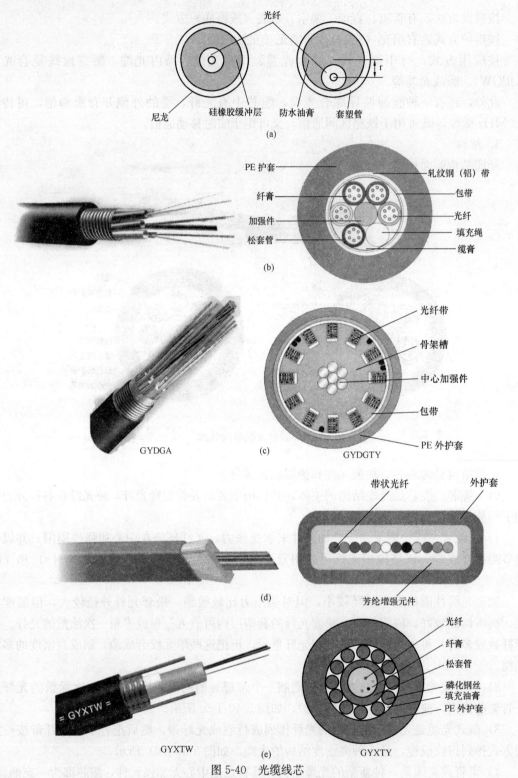

图 5-40　光缆线芯

（a）紧套光纤和松套光纤的典型结构；（b）GYSTA、GYSTS 层绞式光缆；（c）骨架式光缆；

（d）带式光缆；（e）束管式光缆

由于束管式光缆中心无任何导带，所以可以解决与金属护层之间的耐压问题和电磁脉冲的影响问题。因为这种结构的光缆无中心加强件，所以缆芯可以做得很细，减小了光缆的外径，减轻了重量，降低了成本，而且抗弯曲性能和纵向密封性能较好，制造工艺也较简单。

（2）加强元件。光缆必须设置加强元件以承受机械拉伸负荷，这是光缆结构与电缆结构的主要不同点。加强元件有两种设置方式，一种是放在缆芯中心的中心加强方式，常用于层绞式和骨架式，另一种是放在护层中的外层加强方式，常用于带式和束管式。

加强元件一般采用圆形钢丝、扇形钢丝、钢绞线或钢管等。在强电磁干扰环境和雷区中，可使用高强度的非金属材料玻璃丝和芳纶纤维等。

（3）护层。护层位于缆芯外围，由护套等构成的多层组合体。一般来说，护层分为填充层、内护层、防水层、缓冲层、铠装层和外护层等。

1）填充层是由聚氯乙烯（PVC）等组成的填充物，起固定各单元位置的作用。

2）内护层是置于缆芯外的一层聚酯薄膜，一方面将缆芯扎成一整体，另一方面也可起隔热和缓冲的作用。

3）防水层在一般的光缆中由双面涂塑的铝带（PAP）或钢带（PSP）在缆芯外纵包粘结构成，在海底光缆中由全密封的铝管（含氩弧焊铝管）或铅管构成。

4）缓冲层用于保护缆芯受径向压刀，一般采用尼龙带沿轴向螺旋式绕包方塑钢带、不锈钢带、皱纹钢带、单层钢丝、双层钢丝等不同种类，也有采用尼龙铠装的。

5）外护层是利用挤塑的方法将聚氯乙烯或聚乙烯等塑料挤在光缆外面。

（4）填充。光缆还必须有防止潮气浸入光缆内部的措施——填充。一种是在缆芯内填充油膏，称为充油光缆；另一种是采用主动充气方式，称为充气光缆。

充油光缆具有防潮性能好、投资省、维护工作量小的优点。

充气光缆具有早期漏气告警，能在传输特性恶化之前及时排除故障等优点，但充气设备费用较高，光缆直径细、气阻大、不易成气流通路，故世界上较多采用充油光缆。

5. 选用

（1）户外用光缆直埋时，宜选用铠装光缆。架空时，可选用带两根和多根加强筋的黑色塑料外护套的光缆。

（2）建筑物内用的光缆在选用时应该注意其阻燃、毒和烟的特性。一般，在管道中和强制通风处可选用阻燃但有烟的类型，暴露的环境中应选用阻燃、无烟和无毒的类型。

（3）楼内垂直布线时，可选用层绞式光缆；水平布线式，可选用可分支光缆。

（4）传输距离在 2km 以内的，可选用多模光线，超过 2km 可用中继或选用单模光缆。

单模光纤（SM）只传输主模，也就是说光线只沿光纤的内芯进行传输。由于完全避免了模式射散，使得单模光纤的传输频带很宽，因而适用于大容量、长距离的光纤通信。单模光纤使用的光波长为 1310nm 或 1550nm。

在一定的工作波长下（850nm/1310nm），有多个模式在光纤中传输，这种光纤称为多模光纤。由于色散或像差，因此，这种光纤的传输性能较差频带比较窄，传输容量也比较小，距离比较短。

室内外光缆技术要求如表 5-18 所示。

表 5-18　　　　　　　　　　　　　　室内外光缆技术要求表

受力类型	拉伸力/N	压扁力/ (N/100mm)	使用场合
短期力	≤12 芯：660 ＞12 芯：1320	1000	垂直布线
	≤12 芯：440 ＞12 芯：660	1000	水平布线
	单芯/双芯：440	1000	管道入户
	单芯/双芯：660	1000	跨距不大于 50m 的自承式架空入户
长期力	≤12 芯：200 ＞12 芯：400	300	垂直布线
	4～12 芯：130 ＞12 芯：200	200	水平布线
	单芯/双芯：130	200	管道入户
	单芯/双芯：200	300	跨距不大于 50m 的自承式架空入户

五、双绞线

1. 双绞线

双绞线（Twisted Pair）是由两条相互绝缘的导线按照一定的规格互相缠绕（一般以逆时针缠绕）在一起而制成的一种通用配线，属于信息通信网络传输介质。双绞线过去主要是用来传输模拟信号的，但现在同样适用于数字信号的传输。

双绞线外形如图 5-41 所示。

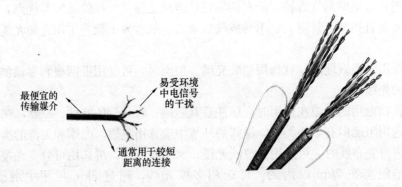

图 5-41　双绞线外形

双绞线采用一对互相绝缘的金属导线互相绞合的方式来抵御一部分外界电磁波干扰，更主要的是降低自身信号的对外干扰。把两根绝缘的铜导线按一定密度互相绞在一起，可以降低信号干扰的程度，每一根导线在传输中辐射的电波会被另一根线上发出的电波抵消。

2. 分类

双绞线常用的分类如下：

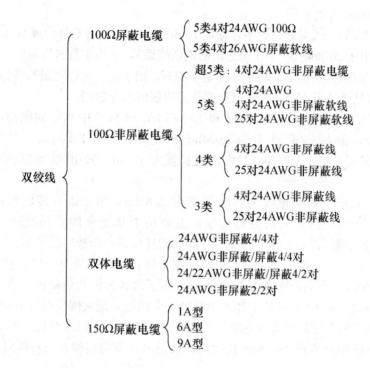

```
                        ┌ 100Ω屏蔽电缆 ┌ 5类4对24AWG 100Ω
                        │             └ 5类4对26AWG屏蔽软线
                        │
                        │              ┌ 超5类：4对24AWG非屏蔽电缆
                        │              │
                        │              │       ┌ 4对24AWG
                        │              │   5类 ├ 4对24AWG非屏蔽软线
                        │              │       └ 25对24AWG非屏蔽软线
                        │ 100Ω非屏蔽电缆 ┤
                        │              │   4类 ┌ 4对24AWG非屏蔽线
                        │              │       └ 25对24AWG非屏蔽线
  双绞线 ┤              │              │
                        │              │   3类 ┌ 4对24AWG非屏蔽线
                        │              └       └ 25对24AWG非屏蔽线
                        │
                        │              ┌ 24AWG非屏蔽4/4对
                        │ 双体电缆      ├ 24AWG非屏蔽/屏蔽4/4对
                        │              ├ 24/22AWG非屏蔽/屏蔽4/2对
                        │              └ 24AWG非屏蔽2/2对
                        │
                        │              ┌ 1A型
                        └ 150Ω屏蔽电缆  ├ 6A型
                                       └ 9A型
```

AWG 表示美国线缆规格。

（1）按有无屏蔽层分类。双绞线分为屏蔽双绞线（Shielded Twisted Pair，STP）与非屏蔽双绞线（Unshielded Twisted Pair，UTP），如图 5-42 所示。

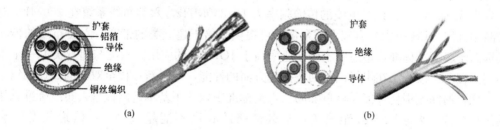

图 5-42　屏蔽与非屏蔽双绞线

（a）屏蔽双绞线；（b）非屏蔽双绞线

屏蔽双绞线在双绞线与外层绝缘封套之间有一个金属屏蔽层。屏蔽双绞线分为 STP 和 FTP。STP 指每条线都有各自的屏蔽层，而 FTP 指在整个电缆均有屏蔽装置，并且两端都正确接地时才起作用。所以要求整个系统是屏蔽器件，包括电缆、信息点、水晶头和配线架等，同时建筑物需要有良好的接地系统。屏蔽层可减少辐射，防止信息被窃听，也可阻止外部电磁干扰的进入，使屏蔽双绞线比同类的非屏蔽双绞线具有更高的传输速率。

非屏蔽双绞线是一种数据传输线，由四对不同颜色的传输线所组成，广泛用于以太网路和电话线中。

屏蔽双绞线电缆的外层由铝箔包裹，以减小辐射，但并不能完全消除辐射，屏蔽双绞线价格相对较高，安装时要比非屏蔽双绞线电缆困难。

（2）按线径粗细分类：

一类线（CAT1）：线缆最高频率带宽是 750kHz，用于报警系统，或只适用于语音传输（一类标准主要用于 20 世纪 80 年代初之前的电话线缆），不用于数据传输。

二类线（CAT2）：线缆最高频率带宽是 1MHz，用于语音传输和最高传输速率 4Mbit/s 的数据传输，常见于使用 4Mbit/s 规范令牌传递协议的旧令牌网。

三类线（CAT3）：指目前在 ANSI 和 EIA/TIA568 标准中指定的电缆，该电缆的传输频率 16MHz，最高传输速率为 10Mbit/s，主要应用于语音、10Mbit/s 以太网（10BASE-T）和 4Mbit/s 令牌环，最大网段长度为 100m，采用 RJ 形式的连接器，目前已淡出市场。

四类线（CAT4）：该类电缆的传输频率为 20MHz，用于语音传输和最高传输速率 16Mbit/s（16Mbit/s 令牌环）的数据传输，主要用于基于令牌的局域网和 10BASE-T/100BASE-T。最大网段长为 100m，采用 RJ 形式的连接器，未被广泛采用。

五类线（CAT5）：该类电缆增加了绕线密度，外套一种高质量的绝缘材料，线缆最高频率带宽为 100MHz，最高传输率为 100Mbit/s，用于语音传输和最高传输速率为 100Mbit/s 的数据传输，主要用于 100BASE-T 和 1000BASE-T 网络，最大网段长为 100m，采用 RJ 形式的连接器。这是最常用的以太网电缆。在双绞线电缆内，不同线对具有不同的绞距长度。通常 4 对双绞线绞距周期在 38.1mm 长度内，按逆时针方向扭绞，一对线对的扭绞长度在 12.7mm 以内。

超五类线（CAT5e）：超 5 类衰减小，串扰少，并且具有更高的衰减与串扰的比值（ACR）和信噪比（Structural Return Loss）、更小的时延误差，性能得到很大提高。超 5 类线主要用于千兆位以太网（1000Mbit/s）。

六类线（CAT6）：该类电缆的传输频率为 1～250MHz，六类布线系统在 200MHz 时综合衰减串扰比（PS-ACR）有较大的余量，可提供 2 倍于超五类的带宽。六类布线的传输性能远远高于超五类标准，最适用于传输速率高于 1Gbit/s 的应用。六类与超五类的一个重要的不同点在于：改善了在串扰以及回波损耗方面的性能，对于新一代全双工的高速网络应用而言，优良的回波损耗性能是极重要的。六类标准中取消了基本链路模型，布线标准采用星形的拓扑结构，要求的布线距离为：永久链路的长度不能超过 90m，信道长度不能超过 100m。

超六类或 6A（CAT6A）：此类产品传输带宽介于六类和七类之间，500MHz，目前和七类产品一样，国家还没有出台正式的检测标准，只是行业中有此类产品，各厂家宣布一个测试值。

七类线（CAT7）：带宽为 600MHz，可能用于今后的 10Gbit 以太网。

通常计算机网络所使用的是 3 类线和 5 类线，其中，10BASE-T 使用 3 类线，100BASE-T 使用 5 类线。

六、同轴电缆

1. 型号

国产同轴电缆型号统一标准的格式为电缆型号标准－特性阻抗－芯线绝缘外经－结构序号。

国产同轴电缆的型号和含义见表 5-19。

表 5-19 同轴电缆的型号和含义

分类代号		绝缘材料		护套材料		派生特征	
符号	含 义	符号	含 义	符号	含 义	符号	含义
S	同轴射频电缆	Y	聚乙烯	V	聚氯乙烯	P	屏蔽
SE	对称射频电缆	W	稳定聚乙烯	Y	聚乙烯	Z	综合
SJ	强力射频电缆	F	氟塑料	F	氟塑料	—	—
SG	高压射频电缆	X	橡皮	B	玻璃丝编制浸硅有机漆	—	—
ST	特性射频电缆	I	聚乙烯空气绝缘	H	橡皮	—	—
SS	电视电缆	D	稳定聚乙烯空气绝缘	M	棉纱编织	—	—

例如，SYV-75-3-1 型电缆表示同轴射频电缆，聚乙烯绝缘，聚氯乙烯护套，特性阻抗为 75Ω，芯线绝缘外经为 3mm，结构序号为 1。

2. 分类

（1）基带同轴电缆和宽带同轴电缆。

1）基带同轴电缆。同轴电缆以硬铜线为芯，外包一层绝缘材料。绝缘材料用密织的网状导体环绕，网外覆盖一层保护性材料。有两种广泛使用的同轴电缆。一种是 50Ω 电缆，用于数字传输，由于多用于基带传输，也叫基带同轴电缆；另一种是 75Ω 电缆，用于模拟传输。

同轴电缆的带宽取决于电缆长度。1km 的电缆可以达到 1～2Gbit/s 的数据传输速率。还可以使用更长的电缆，但是传输率要降低或使用中间放大器。目前，同轴电缆大量被光纤取代，但仍广泛应用于有线电视和某些局域网。

2）宽带同轴电缆。使用有线电视电缆进行模拟信号传输的同轴电缆系统被称为宽带同轴电缆。在计算机网络中，宽带电缆是指任何使用模拟信号进行传输的电缆网。

宽带网使用标准的有线电视技术，可使用频带 300MHz（常常到 450MHz）；由于使用模拟信号，需要在接口处安放一个电子设备，用以把进入网络的比特流转换为模拟信号，并把网络输出的信号再转换成比特流。

宽带系统又分为多个信道，电视广播通常占用 6MHz 信道。每个信道可用于模拟电视、CD 质量声音（1.4Mbit/s）或 3Mbit/s 的数字比特流。电视和数据可在一条电缆上混合传输。

宽带同轴电缆是 CATV 系统中使用的标准电缆，既可使用频分多路复用的模拟信号发送，也可传输数字信号。可用于设备的支架连线、闭路电视、共用天线系统以及彩色或单色射频监视器的转送。

（2）50Ω 基带电缆和 75Ω 宽带电缆。75Ω 同轴电缆常用于 CATV 网，故称为 CATV 电缆，传输带宽可达 1GHz，目前常用 CATV 电缆的传输带宽为 750MHz。

50Ω 同轴电缆主要用于基带信号传输，传输带宽为 1～20MHz，总线型以太网就是使用 50Ω 同轴电缆，在以太网中，50Ω 细同轴电缆的最大传输距离为 185m，粗同轴电缆可达 1000m。

　　(3) 细同轴电缆和粗同轴电缆。按线缆的粗细，基带同轴电缆分为细缆和粗缆。细缆的直径为 0.26cm，最大传输距离为 185m，使用时与 50Ω 终端电阻匹配。粗缆（RG-11）的直径为 1.27cm，最大传输距离达到 500m，阻抗是 75Ω。主要用于网络主干线路，连接数个由细缆所结成的网络。

　　无论是粗缆还是细缆，均为总线拓扑结构，即一根缆上接多部机器，这种拓扑适用于机器密集的环境，但是当一触点发生故障时，故障会串联影响到整根缆上的所有机器。故障的诊断和修复都很麻烦，因此将逐步被非屏蔽双绞线或光缆取代。

　　最常用的同轴电缆有下列几种：

　　1）RG-8 或 RG-11：50Ω

　　2）RG-58：50Ω

　　3）RG-59：75Ω

　　4）RG-62：93Ω

　　计算机网络一般选用 RG-8 以太网粗缆和 RG-58 以太网细缆，RG-59 用于电视系统，RG-62 用于 RCnet 网络和 IBM3270 网络。

　　3. 结构

　　国内生产的同轴电缆可分为实芯和藕芯两种。芯线一般用铜线，外导体有铝管和铜网加铝箔。绝缘外套分为单护套和双护套两种，如图 5-43 所示。

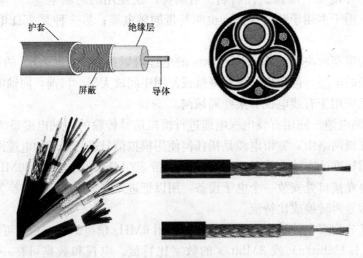

护套　　　绝缘层

屏蔽　　　导体

图 5-43　同轴电缆

　　4. 技术指标

　　同轴电缆的主要技术指标是特性阻抗、衰减特性、温度特性和回波损耗。

　　(1) 特性阻抗。特性阻抗是同轴电缆系统的重要参数。凡是电缆连接的地方均要求各个部分达到阻抗匹配。同轴电缆的特性阻抗与同轴电缆的内导体直径、金属屏蔽层的内直径和绝缘材料的介电常数有关。

　　(2) 衰减特性。衰减特性反映了电缆传输信号的损耗大小，通常以每 100m 衰减的 dB 数来表示，衰减越小，电缆的中继距离就越长。

（3）温度特性。温度特性反映了电缆的衰减量随温度变化的情况，电缆质量越好，受温度影响就越小。

（4）回波损耗。回波特性是由于电缆特性阻抗不均匀，导致反射波和衰减量的增加，这对图像清晰度影响较大。

5. 选用

（1）主干网。主干线路在直径和衰减方面与其他线路不同，前者通常由有防护层的电缆构成。

（2）次主干网。次主干电缆的直径比主干电缆小。当在不同建筑物的层次上使用次主干电缆时，要采用高增益的分布式放大器，并要考虑电缆与用户出口的接口。

（3）线缆。同轴电缆不可铰接，各部分是通过低损耗的连接器连接的。连接器在物理性能上与电缆相匹配，中间接头和耦合器用线管包住。

第八节　室内信息管道与设备

一、光纤接入系统

1. 接入点

通信业务接入点处设置的配线模块应能满足与电信业务经营者设置的通信业务接入配线模块通过跳线互通的要求。

各家电信业务经营者的通信业务接入配线箱或配线柜宜分别设置。当配线模块容量较小时，也可分区域安装在建筑物内设置的同一配线柜或配线箱体内。

多家电信业务经营者设置的配线模块与住宅建筑内所设置的配线模块采用跳线相连接，如果跳线过长、过多，在敷设时易造成杂乱，则可将电信业务经营者的模块安装于住宅建筑内所设置的同一配线箱体内。但是为了保障各家电信业务经营者通信设施的安全与运营维护的方便，在各区域范围内，可考虑采取相应的保护措施。

2. 入户光缆

入户指从楼道综合配线箱和有线广播电视分配箱至户内综合配线箱之间，户内指综合配线箱至各房间内的信息插座和有线广播电视终端盒。

住宅建筑入户设置一条4芯或以上光缆，其中，有线广播电视占用2芯，通信占用2芯或以上。

住宅用户的入户光缆应从通信、有线广播电视合用的楼道综合配线箱预敷设至用户室内的综合配线箱。

从楼道综合配线箱到户内综合配线箱布放4芯入户光缆，由通信和有线广播电视运营商共同使用。

3. 光纤插座

光纤插座固定在光纤信息面板上，采用活动连接方式，光纤信息面板应安装楼道综合配线箱及户内综合配线箱内，并明确标示有线广播电视专用接入光纤位置，供有线广播电视运营机构专用。

光纤插座应能够直接和入户光缆相连，采用统一标准的插头。插座的端接组装应在现场完成，无需注胶、加热、研磨等工艺。

光纤信息面板采用标准的 86 型面板，采用嵌壁方式固定在墙面上，并应带有光纤盘留、防尘、保护装置，面板或底盒内应预留至少 300mm 长的光缆。

4．户内综合配线箱

户内综合配线箱尺寸不宜小于 400mm×650mm×160mm（长×宽×深）。

安装在墙面上的插座底盒及综合配线箱体的底边距地面的高度宜为 300mm。

RJ45 铜缆信息模块可与光纤插座同时安装在面板上。

户内综合配线箱内应安装 220V 五孔电源插座。

5．引入光缆

引入光缆应具有阻燃及低烟、低毒等性能。

6．楼内光缆敷设

楼内光缆敷设要求：

（1）入户光缆进入用户桌面或家庭做终结有两种方式：采用 A-86 型接线盒或综合配线箱。根据用户的需求选择合适的终结方式，应预埋在墙体内。

（2）入户光缆敷设的最小弯曲半径应符合下列要求：

敷设过程中，入户光缆弯曲半径应不小于 20D（D 为光缆直径）。

固定后，入户光缆弯曲半径应不小于 10D。

（3）在敷设入户光缆时，牵引力应不超过光缆最大允许张力的 80％。瞬间最大牵引力不得超过光缆最大允许张力 100N。光缆敷设完毕后应释放张力保持自然弯曲状态。

（4）布放入户光缆两端预留长度应满足下列要求：楼道综合配线箱一端预留 1m，户内综合配线箱一端预留 0.3m。

二、竖井

1．设置

（1）电缆竖井宜单独设置，其位置应选择穿越在各个楼层的固定通信设备间和有线广播电视光电转换间内，且上、下一致。

（2）竖井位置宜尽量靠近用户分布密集一侧。

（3）竖井位置应避免过于邻近排烟道、热力管道及其他散热量较大或过于潮湿的设施。

（4）竖井宜避免与电梯井和楼梯间相邻。

2．面积

竖井断面积大小应满足上升管路和布线间隔及配线设备所需尺寸，并宜在配线设备前留有不小于 0.6m 的操作和维修距离；竖井的宽度不宜小于 0.6m。

3．设备

（1）在每个楼层孔洞附近的墙上，应装设线缆槽道。

（2）竖井的后背墙上应设电缆固定爬梯，其上、下固定间隔宜为 100～500mm，如图 5-44 所示。

4．防火

（1）竖井的外壁在每层楼层都应装设向外开的操作门，操作门应由具有阻燃防火性能的材料制成，其高度不得低于 1850mm，宽度应与竖井宽度一致，色彩与周围环境协调。

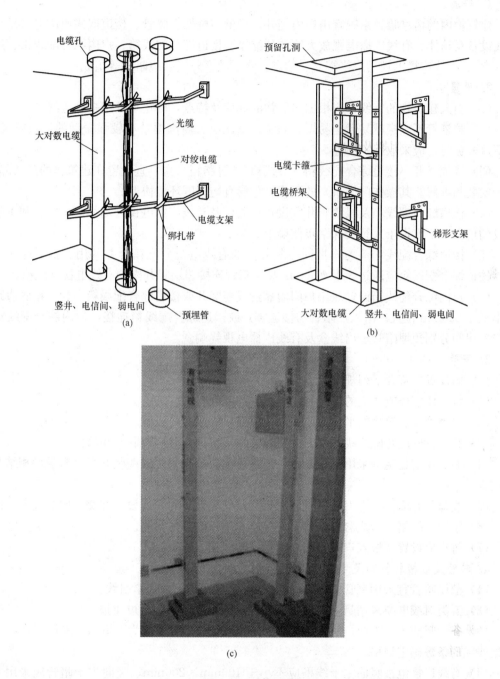

图 5-44　通信竖井

（a）预埋管垂直布线；（b）预留孔洞垂直布线；（c）竖井内封堵

（2）每层楼板洞口应按防火规范规定采取密封措施。线缆穿越竖井楼板预留的孔洞及穿越防火分区处，在其空余与缝隙部位应采用相当于楼板及墙体耐火极限的不燃烧材料作防火封堵。

三、暗配管系统设计

1. 组成

建筑物内的信息暗管系统宜由楼内竖井、线槽与桥架、暗管、楼道嵌式通信电（光）缆配线设备及箱体、有线广播电视放大箱和分配箱、楼道综合配线箱、户内综合配线箱、过路箱（盒）、有线广播电视用户终端盒、信息出线盒及室外引入线暗管等组成。

2. 设置

(1) 引入建筑物的管线，应根据建筑物的规模及特点，确定一处或多处进线。

(2) 暗配管不应穿越易燃、易爆、高温、高压电、高潮湿及有较强振动的地段或场合，如不可避免时，应采取保护措施。

(3) 线缆竖井、楼道综合配线箱（分线箱）、过路箱（盒）宜设置在建筑物的公共部位，便于安装和维修。其操作门（口）的形式、色彩宜与周围环境协调。

(4) 楼道综合配线箱及线缆竖井宜设置在通信及有线广播电视终端相对集中、利于暗管敷设的地方，不宜设于人行楼梯踏步侧墙上。

(5) 楼道综合配线箱应与本层同一竖井内的有线电视分配箱合并共用。若不在同一楼层，楼道综合配线箱应通过 3 根 ϕ 50mm 竖向暗管连接邻层竖井内的有线电视分配箱。

(6) 户内综合配线箱设置在用户门内靠近线缆竖井或楼道综合配线箱一侧，箱底边距地面不低于 300mm 位置；由入户暗管与楼道竖井或楼道综合配线箱连接，户内综合配线箱至用户各房间分别预埋暗管至出线盒及有线广播电视终端盒。

3. 配管

配管的设置应符合下列规定：

(1) 每一住宅楼或住宅的单元宜设置独立的配线管网。

(2) 引入管按建筑物的平面、结构和规模在一处或多处设置。

(3) 配线管网应与配线线缆引入及建筑物布局协调，并应有利于布管。

(4) 多层住宅建筑宜采用暗管敷设，高层住宅建筑宜采用线缆竖井与暗管敷设相结合的方式。

(5) 线缆竖井应上、下贯通，并应靠近交接间、设备间，或设置在交接间、设备间内。

(6) 家居配线箱至出线盒的暗管不应穿越非本户的其他房间。

(7) 每户应设置 2 根入户暗管至户内家居配线箱。

4. 暗管及线槽材料和尺寸的选择

(1) 敷设暗管宜采用钢管或阻燃硬质 PVC 管，暗管中预留牵引线。

(2) 五类对绞电缆采用暗管穿放至信息插座时，电缆不宜超过 4 根。

(3) 通信竖向主干管内径宜为 50～100mm，入户管内径宜为 20mm。采用线槽时，应根据线缆的条数确定规格。

(4) 有线广播电视竖向主干线槽应不小于 100mm×200mm，竖向主干暗管应采用 2 根内径不小于 ϕ 50mm 的钢管。

(5) 建筑单元间水平连接沟通的有线广播电视主干线槽应不小于 100mm×50mm、主干暗管应采用 2 根内径不小于 ϕ 50mm 的钢管。

(6) 每户设置 3 根内径 ϕ 20mm 的入户暗管。通信电缆和有线广播电视同轴电缆各单独占用 1 根暗管，通信和有线广播电视的共用光缆占用 1 根暗管。

5. 管、槽利用率

管、槽利用率应符合下列规定：

管内穿放大对数电缆和 4 芯以上光缆时，直线管的管径利用率应为 50％～60％，弯曲管的管径利用率应为 40％～50％；穿放绞合电话线的管子截面利用率应为 20％～25％；穿放多对电话线或 4 对对绞电缆或 4 芯及 4 芯以下光缆的管子截面利用率应为 25％～30％；线槽内的截面利用率应为 30％～50％。

（1）穿放电缆时，规定管径利用率，其定义为

$$管径利用率=\frac{电缆的外径}{管子的内径}$$

（2）穿放用户电话引入线或多对用户电话线时，规定截面利用率，其定义为

$$截面利用率=\frac{管内导线的总截面积}{管子的内截面积}$$

（3）穿放综合布线线缆时，规定管径利用率与截面利用率。

穿放线缆的暗管管径利用率的计算公式为

$$管径利用率=\frac{线缆的外径}{管道的内径}$$

穿放线缆的暗管截面利用率的计算公式为

$$截面利用率=\frac{穿在管子内线缆的总截面积（包括导线的绝缘层的截面）}{管子的内截面积}$$

在暗管中布放的电缆为屏蔽电缆（具有总屏蔽和线对屏蔽层）、主干电缆为 25 对及以上、主干光缆为 12 芯及以上时，宜采用管径利用率进行计算，选用合适规格的暗管。

在暗管中布放的对绞电缆采用非屏蔽或总屏蔽 4 对对绞电缆及 4 芯以下光缆时，宜采用截面利用率公式进行计算，选用合适规格的暗管。

至信息插座的 4 对对绞电缆采用暗管穿放时，电缆不宜超过 4 根。

6. 敷设

（1）竖向管外径宜为 50～100mm，线槽宽×高宜为 50mm×50mm～400mm×200mm；入户管外径宜为 15～25mm。

（2）暗管宜采用钢管和硬质塑料管，埋设在墙体内的管外径应不大于 50mm，埋设在楼板垫层内的管外径应不大于 25mm，并应符合下列规定：

1）暗管直线敷设每 30m 处，应加装过路箱（盒）。

2）暗管弯曲敷设时，其路由长度应小于 15m，且该段内不得有 S 弯。连续弯曲超过 2 次时，应加装过路箱（盒）。

3）暗管的弯曲部位应安排在管路的端部，管路夹角不得小于 90°。

4）线缆暗管弯曲半径不得小于该管外径的 10 倍，引入线暗管弯曲半径不得小于该管外径的 6 倍。

（3）配管与其他管线的最小净距应符合现行国家标准 GB 50311《综合布线系统工程设计规范》的相关规定。

7. 净距

暗管与其他管线的最小净距，应符合表 5-20 的规定。

表 5-20				暗管与其他管线的最小净距表		（mm）
相互关系	电力线路	压缩空气管	给水管	热力管（不包封）	热力管（包封）	煤气管
平行净距	150	150	150	500	300	300
交叉净距	50	20	20	500	300	20

注：采用钢管时，与电力线路允许交叉接近，钢管应接地。

8. 沉降缝或伸缩缝

暗管穿越沉降缝或伸缩缝时，应做沉降或伸缩处理。

四、布线接入系统

民用建筑综合布线系统设计参照 GB 50311《综合布线系统工程设计规范》执行。

1. 弯曲半径

缆线的弯曲半径应符合下列规定：

（1）非屏蔽五类对绞线电缆的弯曲半径应至少为电缆外径的 4 倍。

（2）屏蔽五类对绞线电缆的弯曲半径应至少为电缆外径的 6~10 倍。

（3）同轴电缆的弯曲半径应至少为电缆外径 10 倍。

2. 户内综合配线箱

（1）入户同轴电缆，应从有线广播电视分配箱预敷设至户内综合配线箱。

（2）每户各房间内信息点及有线广播电视终端面板的布线应接入户内综合配线箱。

（3）每户各房间内有线广播电视同轴电缆的敷设规定：每户各房间内有线广播电视同轴电缆敷设采用暗装方式，暗装盒内的预设电缆与用户终端盒的连接应采用 F 接头连接。

3. 用户终端

住宅建筑内每套住宅应最少设计两个有线广播电视网络的用户终端，高标准住宅和公共建筑可按房屋结构和实际需要确定用户终端数，终端盒的位置和数量根据住房结构和需求进行设计安排。

五、光缆配线设备

室内配线设备应包括室内配线机柜、机架式配线箱、墙挂式或壁嵌式配线箱、终端盒（箱）、过路箱（盒）、信息插座底盒及面板等设施。

住宅建筑内交接间配线设备至楼层配线箱、楼层配线箱至住户家居配线箱、别墅的户外（户内）配线箱至住户家居配线箱的线缆容量应满足语音和数据业务等需要，一次布放到位。

1. 配线机柜

（1）种类。机柜按用途一般分为服务器机柜、网络机柜、控制台机柜等。机柜按结构一般分为标准机柜和非标机柜，如为安装服务器、显示器、UPS 等 19in（1in ＝ 0.025 4m)标准设备及非 19in 标准的设备专用机柜，在机柜的深度、高度、承重等方面均有要求。

（2）机柜、机架。尽量选用标准 19in 宽的机架或机柜，机柜的结构如图 5-45 所示。

（3）规格。配线柜或配线箱的具体功能与尺寸应符合表 5-21 的规定。

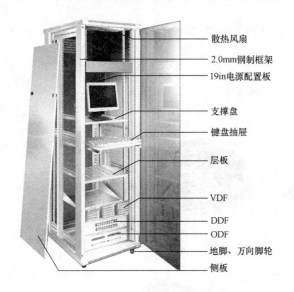

散热风扇

2.0mm钢制框架

19in电源配置板

支撑盘

键盘抽屉

层板

VDF

DDF

ODF

地脚、万向脚轮

侧板

图 5-45 机架机柜示意图

表 5-21 配线设备（箱、柜）功能与尺寸

建筑类型	设置地点	箱、柜功能与尺寸						备注
		19in 机箱③		19in 机柜③		19in 分线箱		
		配线、网络交换、接入网设备		配线、网络交换、接入网设备		配 线		
		宽 mm×高 mm×厚 mm	安装个数	宽 mm×高 mm×厚 mm	安装个数	宽 mm×高 mm×厚 mm	安装个数	
高层住宅	每幢楼1层电信间	600×450×1000(18U)	1①	600×600×2000(42U)	3②	—	—	满足15层住户的需求
	每幢楼楼顶层电信间	600×450×1000(18U)	1①	600×600×2000(42U)	3②	—	—	
	每2层	600×450×350(6U)	1①	—	—	—	—	
	每层	—	—	—	—	600×450×100	—	—
多层住宅	每幢楼电信间	600×450×500(9U)	1①	600×600×1400(27U)	3②	—	—	
	每单元交接场地	600×450×350(6U) 600×450×650(12U)	1① 3②			600×450×100	1③	
别墅	每幢楼	600×450×350(6U) 600×450×500(9U)	1① 3②					

注：当电信业务接入点设于每幢楼电信间时，为解决线缆的敷设，可在每单元处设置分线箱。

① 住宅建筑内入户线缆与电信业务经营者配线设备互通的配线箱、柜。

② 通信业务接入点安装的配电箱、柜，容量满足电信业务经营者需求。

③ 19in 机箱、机柜，1U 高度为 44.45mm，1in＝2.54cm。

2. 配线箱

配线箱如图 5-46 所示。

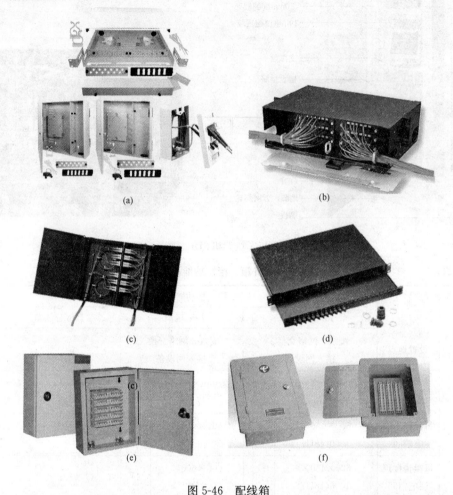

图 5-46 配线箱
(a) 光纤配线箱；(b) 19in 机架；(c) 墙挂式光纤配线机箱；(d) 抽屉式配线机箱；
(e) 墙挂式配线机箱；(f) 壁嵌式配线机箱

(1) 机架式。机架式配线箱用于主交叉连接和中间交叉连接，采用 19in 机架为基本单元，可在信息通信中心机房或楼宇总控室内安装，每个基本单元可以满足 24～48 根 4 对对绞电缆或 100 对电缆或 12～24 芯的室内光纤端接和配线应用。

(2) 墙挂式。墙挂式线缆配线箱用于中间交叉连接、线缆分支和室内/室外接入线缆的互联。通常可以满足 25～200 对电缆或 6～48 芯的室内线缆端接和配线应用。具有线缆进/出保护、电缆终端、光纤熔接及成端、跳线盘留和线缆管理等功能。

机架式配线单元具有线缆进/出保护、电缆终端、光纤熔接及成端、跳线盘留和线缆管理等功能。

(3) 规格。线缆配线箱（分线箱）的规格应以安装方式、线缆条数、器件容量和有无接头等确定，其箱体尺寸还应根据墙体的材料、厚度等因素选择。光纤与电缆配线箱体尺寸宜符合表5-22～表 5-26 的规定。

表 5-22   室内壁嵌式电缆分线箱规格

嵌装尺寸（宽/mm×高/mm×厚/mm）	接线对数/对	嵌装尺寸（宽/mm×高/mm×厚/mm）	接线对数/对
200×280×120	10～20	400×650×120	50～100
400×650×120	30～50	400×900×120	100～200

注：分线箱为电话电缆连接配线箱，主要用于连接住宅建筑外部市话电缆的引入部位。

表 5-23   室内明装电缆配线箱（分线箱）规格

外形尺寸（宽/mm×高/mm×厚/mm）	接线对数/对	外形尺寸（宽/mm×高/mm×厚/mm）	接线对数/对
400×450×200	200	400×850×200	500
400×650×200	300	400×1050×200	700

注：1. 用于连接 3 类大对数电缆（可为 25 对、50 对、100 对）。

2. 卡线模块采用大对数卡接模块（模块以 100 对卡线端子为基本单位）。

表 5-24   室内光纤配线箱规格

外形尺寸（宽/mm×高/mm×厚/mm）	光纤分配芯数/芯	外形尺寸（宽/mm×高/mm×厚/mm）	光纤分配芯数/芯
400×250×80	12～16	400×460×80	36～48
400×300×80	24～32	—	—

注：用于安装光分路器。

表 5-25   室内机架式光纤配线箱（分线箱）规格

外形尺寸（宽/mm×高/mm×厚/mm）	光纤接续芯数/芯
450×50×350	12～24

注：1. 用于安装光分路器、光纤尾纤及光纤接续。

2. 为一个 19in 单元尺寸，可以叠加安装。

表 5-26   室内光纤配线柜规格

外形尺寸（宽/mm×高/mm×厚/mm）	光纤配线芯数/芯	外形尺寸（宽/mm×高/mm×厚/mm）	光纤配线芯数/芯
800×2600×300	648	800×2000×300	432
800×2200×300	504	—	—

注：用于安装光分路器、光纤连接器/适配器。

电缆分线箱宜设置过电压、过电流保护装置，过路箱的箱体尺寸应按邻近的分线箱规格选取。出线盒宜采用嵌入式安装，出线盒面板尺寸长×宽×深宜采用 86mm×86mm×（60、50、40）mm。

（4）安装高度。配线设备的安装高度宜符合下列规定：

1）室内壁嵌式配线箱（分线箱）的安装高度，箱底边离地面不宜小于 500mm，明装挂壁式配线箱（分线箱）箱底边离地宜为 1500mm 以上。

2）出线盒的安装高度，盒底边离地面宜为 300～500mm，并应与电源插座安装高度保持一致。

3. 终端设备

终端盒完成 4 对对绞电缆与光缆的端接，提供足够空间保证线缆的最小弯曲半径、固定和保护光缆与电缆连接器件。86 型信息面板可以固定在墙面底盒上，也可以选择其他安装方式，如图 5-47 所示。

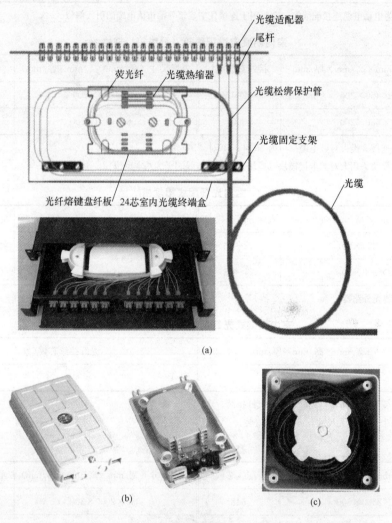

图 5-47　终端盒

(a) 24 芯室内光缆终端盒连接示意图；(b) 终端盒；(c) 过路盒

4. 配线模块

通信业务接入点（设备间、电信间等部位）设置的配线模块类型与容量，应按照接入家居配线箱光缆与电缆的光纤芯数和电缆线对数配置。

配线模块可从以下类型的产品中选用：

(1) 大对数卡接模块（为 110 型）：每个模块可以为 100 对、200 对、400 对、600 对等容量。

(2) 回线型卡接模块：每个模块为 8 回线与 10 回线两种容量，卡接端子的结构分为断开型、连通型和可插入型，当回线型卡接模块要加装线路电涌保护器时。选择断开型的模块。

（3）RJ45卡接模块：每个配线架可安装24个或48个RJ45卡接模块。

（4）SFF超小型光纤模块：每个配线架可安装24个双工LC光纤连接器与适配器。

六、电缆配线设备

1. 楼道综合配线箱（分线箱）

楼道综合配线箱用于建筑物内用于线缆分线的箱体，配线箱为线缆分线设备。楼道综合配线箱内应划分通信、有线广播电视各自独立区域和公共区域，各专用区域要求单独配锁，钥匙均能打开公共区域门锁。楼道综合配线箱如图5-48所示。楼层暗管内径为ϕ50mm，入户暗管内径为ϕ25mm。

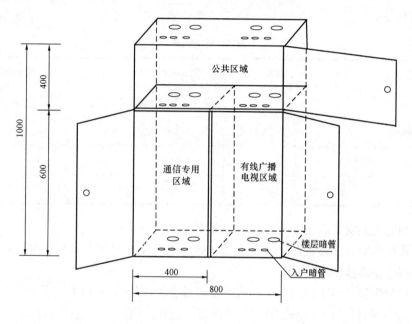

图5-48 楼道综合配线箱

楼道综合配线箱（分线箱）的规格应按线缆条数、容量和有无接头等确定，其箱体尺寸宜符合表5-27的规定。

表5-27 室内壁嵌式通信电缆分线箱规格表

嵌装尺寸（长/mm×宽/mm×深/mm）	接入户数/户
1000×800×155	50～200

注：楼道综合配线箱为通信和有线广播电视共用。

2. 户内综合配线箱

户内综合配线箱用于安装各种配线模块、家庭交换机、计算机网络集线器或以太交换机及家庭智能化系统模块、有线广播电视用家庭网关等户内设备及设施的箱体。

户内综合配线箱规格应按照通信、有线广播电视业务及智能化需求等确定，箱体尺寸不宜小于400mm×650mm×160mm（长×宽×深）。

3. 过路盒和用户终端盒

出线盒为用户线缆的终接部位，出线盒可安装面板和信息模块。

有线广播电视终端盒是指用户电器（如电视机、收音机等）与有线广播电视系统连接的设备盒。

通信、有线广播电视户内过路盒和用户终端盒采用标准 86 型面板，面板尺寸应为 86mm×86mm，内部尺寸（长×宽×深）采用 75mm×75mm×60mm。

4. 有线广播电视放大箱、分配箱

有线广播电视分配箱（简称分配箱）用于安装分支器、分配器的箱体。有线广播电视放大箱（简称放大箱）用于安装信号放大器、分支器、分配器的箱体。

放大箱和分配箱应采用明装于弱电竖井内或嵌装于墙壁的安装方式，各种箱体规格宜符合表 5-28 的规定。

表 5-28　　　　　　　箱 体 规 格 表

箱体名称	安装方式	宽/mm×高/mm×深/mm	安装高度/mm
放大箱	明装	700×400×250	≥1500
分配箱	暗装或明装	300×400×155	≥1500
户内综合配线箱（内部尺寸）	暗装	650×400×160	≥300
终端盒（内部尺寸）	暗装	75×75×60	300

放大箱和分配箱安装高度宜为底边距地面不低于 1500mm。

分线箱及线缆竖井宜设置在通信及有线广播电视终端相对集中、利于暗管敷设的地方，不宜设于人行楼梯踏步侧墙上。

有线电视分配箱应与本层同一竖井内的楼道综合配线箱合并共用。若不在同一楼层，楼道综合配线箱应通过 3 根 ϕ50mm 竖向暗管连接邻层竖井内的有线电视分配箱。

七、设备安装

1. 配线机柜

（1）配线机柜、机架式配线箱宜安装在设备间、交接间或物业管理中心机房内。布置安装按照机房要求。

（2）机柜、机架列的背部间距最小需要间隔 0.6m，推荐间隔 1m。机柜、机架列的前部间隔最小为 1m，如果有较深的设备放置在机架、机柜中时，推荐间隔 1.2m。

2. 综合配线箱

（1）楼道综合配线箱（分线箱）的安装高度宜为箱底边距地面 1200～1500mm。

（2）户内综合配线箱、过路箱及出线盒的安装高度宜为底边距地面 300mm，过线盒安装高度不受限制。如采用地面式通信出线盒时，其盒面应与地面平齐，宜设置在人行通道以外的隐蔽处。

（3）有线广播电视用放大箱、分配箱安装高度宜为底边距地面不低于 1500mm，终端盒安装高度宜为底边距地面 300mm。

第九节 信息设施系统设计

一、套内信息设施系统

1. 家居配线箱

住宅建筑每户应设置家居配线箱，配线箱的具体功能与尺寸宜符合表 5-29 的规定。

表 5-29　家居配线箱功能与尺寸

功能分类	外形尺寸/（高/mm×宽/mm×厚/mm）
配线（电话、网络、电视）	210×280×120
配线（电话、网络、电视、弱电）	240×320×120
配线（电话、网络、电视、弱电）、网络交换设备	290×320×120
配线（电话、网络、电机、弱电）、网络交换设备、电话交换设备	440×320×120

配线机柜、机箱、家居配线箱的尺寸仅供参考，在选用时也可以根据产品或根据实际需要进行选择及调整。

2. 线缆

信号线传输各种电子信号，信号线包括双绞线（网线）、同轴电缆、电话线、音频线、视频线及各种安防和水电煤气自动抄表的信号线、控制线。

（1）光缆。综合布线系统线缆应选用 100Ω 阻抗对绞电缆 $62.5/125\mu m$ 与 $50/125\mu m$ 多模光缆及单模光缆。

光缆还应满足与外部通信网络的互通，并应符合下列规定：

1）语音主干电缆宜选用大对数对绞电缆。

2）数据主干电缆宜选用 5e 类 4 对对绞电缆；当传输距离大于 90m 时，宜采用多模或单模光缆。

3）进入家居配线箱的语音、数据电缆宜选用 5e 类 4 对对绞电缆。

4）光纤入户宜选用多模或单模 8 字皮线光缆。

5）直接连至外部公用通信网络时，应采用单模光缆。

6）家居配线箱至户内信息插座之间宜采用 5e 类 4 对对绞电缆，至语音信息插座之间也可选用 2 对对绞电缆。

（2）电话线。常见的电话线是 4 芯和 2 芯平行电缆，其材质一般为铜材料。

（3）双绞线。

1）超 5 类非屏蔽双绞线又称水平对称线缆，由 8 芯根据一定的绞距，两两双绞的线缆构成。这种结构起到平衡内部线对信号之间的串扰和外部信号的干扰。

2）双绞线 8 芯采用双色条严格设定，对于网络的端接采用 568A 或 568B 的方式均可明显分辨其线对。

（4）同轴电缆线。

1）同轴电缆的弯曲半径应至少为电缆外径 10 倍。

2）入户同轴电缆，应从有线广播电视分配箱预敷设至户内综合配线箱。

3）每户各房间内信息点及有线广播电视终端面板的布线应接入户内综合配线箱。

4）每户各房间内有线广播电视同轴电缆的敷设规定：每户各房间内有线广播电视同轴电缆敷设采用暗装方式，暗装盒内的预设电缆与用户终端盒的连接应采用 F 接头连接。

（5）音视频线。针对 AV 共享，音视频线满足音频的左右声道以及视频型号的传输。各种缆线穿管主要为 PVC 管、钢管等。

3. 布线系统

住宅建筑设置家居布线系统时，应符合下列规定：

（1）家居配线箱的功能可根据需要设置各种信息业务的配线模块、家庭电话交换机、计算机网络集线器或以太交换机及家庭智能化系统模块等设备。

（2）住宅建筑内交接间配线设备至楼层配线箱、楼层配线箱至住户家居配线箱、别墅的户外（户内）配线箱至住户家居配线箱的线缆容量应满足语音和数据业务等需要，一次布放到位。

（3）住户家居配线箱至户内各信息插座的 4 对对绞电缆与光缆应一次布放到位。

（4）住户家居配线箱宜靠近暗管入户一侧嵌入式安装，箱体大小应满足配线模块和其他信息通信设旋安装及发展的需要。

（5）通信业务接入点至户内信息插座之间的线缆长度应不大于 150m，线缆的路由中无有源设备对信息作转接时，线缆长度应不大于 90m。

（6）家居配线箱至户内信息插座之间线缆的长度应不大于 90m。

（7）家居配线箱至终端设备信道的线缆长度应不大于 100m，信道的设备线缆和跳线的总长度应不大于 10m。

（8）外部电缆引入建筑物内终接的配线模块处应加装线路电涌保护器。

（9）在安装家居配线箱 1.5m 范围内应设置电源插座。

4. 电话系统

（1）住宅建筑应设置电话系统，电话系统宜采用当地通信业务经营商提供的运营方式。

（2）住宅建筑的电话系统宜使用综合布线系统，每套住宅的电话系统进户线应不少于 1 根，进户线宜在家居配线箱内做交接。

（3）住宅套内宜采用 RJ45 电话插座。电话插座应暗装，且电话插座底边距地高度宜为 0.3～0.5m，卫生间的电话插座底边距地高度宜为 1.0～1.3m。

（4）电话插座缆线宜采用由家居配线箱放射方式敷设。

（5）每套住宅的电话插座装设数量应不少于 2 个。起居室、主卧室、书房应装设电话插座，次卧室、卫生间宜装设电话插座。

5. 信息网络系统

（1）住宅建筑应设置信息网络系统，信息网络系统宜采用当地通信业务经营商提供的运营方式。

（2）住宅建筑的信息网络系统宜使用综合布线系统，每套住宅的信息网络系统进户线应不少于 1 根，进户线宜在家居配线箱内做交接。

（3）住宅套内宜采用 RJ45 信息插座或光纤信息插座。信息插座应暗装，且信息插座底边距地高度宜为 0.3m～0.5m。

（4）每套住宅的信息网络插座装设数量应不少于 1 个。起居室、主卧室、书房均可装设信息插座。

6. 有线广播电视系统

（1）住宅建筑应设置有线电视系统，有线电视系统宜采用当地有线电视业务经营商提供的运营方式。

（2）每套住宅的有线电视系统进户线应不少于1根，进户线宜在家居配线箱内做分配交接。

（3）住宅套内宜采用双向传输的电视插座。电视插座应暗装，且电视插座底边距地高度宜为0.3～1.0m。

（4）每套住宅的电视插座装设数量应不少于1个。起居室、主卧室应装设电视插座，次卧室应宜装设电视插座。

（5）住宅建筑有视系统的同轴电缆宜穿金属导管敷设。

表5-30是住宅套内通信插座的布置一般规定。

表 5-30				住宅套内信息系统插座的布置					
房 间	电 话			信 息			有线电视		
	数量	高度/m	要求	数量	高度/m	要求	数量	高度/m	要求
起居室	1	0.3～0.5	应	1	0.3～0.5	宜	1	0.3～1.0	应
主卧	1	0.3～0.5	应	1	0.3～0.5	宜	1	0.3～1.0	应
次卧	1	0.3～0.5	宜	—	—	—	1	0.3～1.0	宜
书房	1	0.3～0.5	应	1	0.3～0.5	应	—	—	—
卫生间	1	1.0～1.3	宜	—	—	—	—	—	—

7. 插座

电话、网络、有线电视插座如图5-49所示。

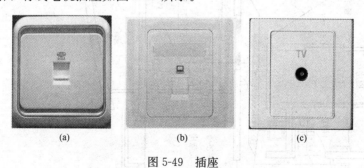

图 5-49 插座

（a）电话插座；（b）网络插座；（c）有线电视插座

8. 套内布线

图5-50是住宅套内弱电系统设计平面图。TP为电话插座，TD为信息插座，TV为电视插座，DD为家庭配线箱。

二、家庭综合布线系统

1. 概述

家庭综合布线系统是指将网络、电视、电话、多媒体影音等设计进行集中控制的电子系

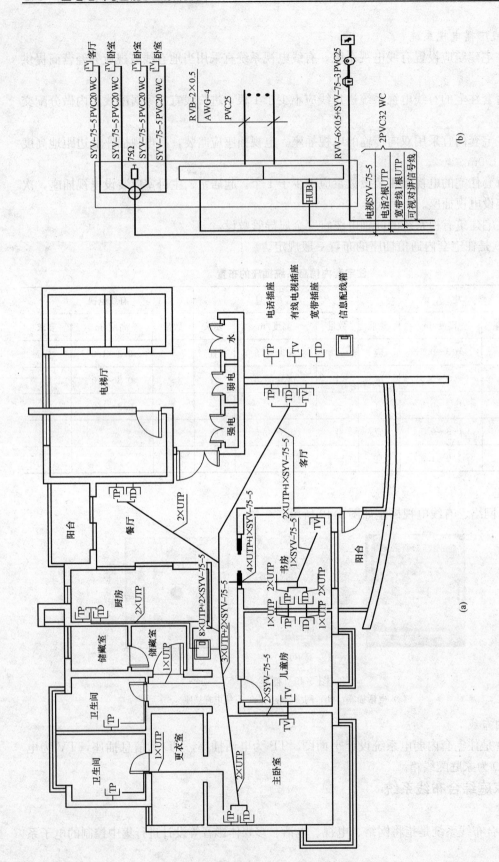

图 5-50 住宅套内弱电系统设计平面图（一）

(a) 电话、网络、电视系统平面图；(b) 家庭综合信息箱

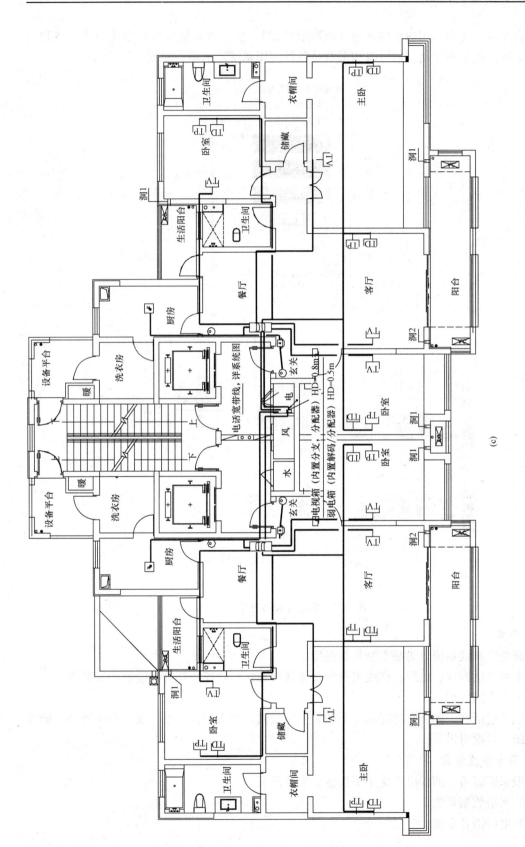

图 5-50 住宅套内弱电系统设计平面图 (二)

(c) 住宅套内弱电系统设计平面图

统。综合布线系统由家用信息接入箱（或称配线箱）、信号线和信号端口模块组成，各种线缆被信息接入箱集中控制，信号线和端口是各种应用系统的末端，如图 5-51 所示。

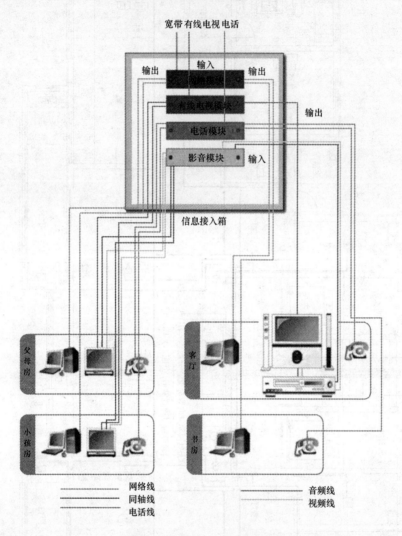

图 5-51 家庭综合布线系统

2. 分类

家庭综合布线系统分为基本型和加强型。

基本型包括网线、电话、有线电视和影音接线和接口，使用综合功能的接线面板，满足目前家庭用户的使用。

加强型包括在上述所有功能基础上加装安防线路，如大门的门磁、煤气泄漏预警、烟雾报警系统、可视对讲等。

3. 弱电系统组成

一般家庭需考虑的弱电系统主要包括如下子系统：

（1）网络数据系统。

（2）电话语音系统。

（3）有线电视（含卫星电视）系统。

（4）音、视频分配系统。该系统主要为录像机、VCD（DVD）等服务。将前述音/视信号源通过分配后，连接到各个需要的地方，实现一台 VCD（DVD）播放，多处房间通过电视机观看的目的。

（5）家庭防盗报警系统。防盗探头一般有红外线探头、磁性探头、微波探头等。目前，应用于家庭的有被动式室内单（双）鉴红外线（微波）探头，安装在客厅、过道和楼梯的墙面或吊顶处，只要有人走动就能探测到。还有主动式单（多）光束红外线探头，警戒距离为15～250m 不等。由收和发两探头为一组，室内应用于门窗等处，室外应用于围墙上、阳台外、窗外等处，如有人非法侵入就会探测到。门磁、窗磁探头，安装于门、窗闭合处，一旦门、窗被打开，就会探测到，并即时报警。另外，作为完善的防盗系统，还可选用高速照相机或摄像机，一旦发生报警，将自动对现场照相或录像。

（6）家庭防灾报警器系统。防灾探头有煤气泄露探头、感温探头、感烟探头等。只要所探范围内温度升高或烟雾弥漫，感温（感烟）探头就会探测到，并即时报警（声光报警或通信报警）。如有消防喷淋系统，则自动进行喷淋。

（7）可视对讲门铃。在门厅（玄关）、书房等处安装可视对讲门铃。可看到门外来客，并可以与之交谈，以决定是否开门。

（8）紧急按钮及报警器系统。家庭报警器都有可直接与小区保安中心保持联系的紧急按钮。可在卧室床头、书房或卫生间内，安装紧急按钮。一旦发生紧急情况，可向保安中心快速求救。

（9）三表（四表）远程抄收系统。将带电子采集器的煤气表、电能表、水表、暖气表等从户内布线通过家庭信息接入箱引到户外的系统采集集成，与小区或煤气公司、电力公司、自来水公司、暖气公司等联网，实现远程抄收。

（10）家庭闭路监控系统。家庭监控主要用于家中有老人、小孩等需要照顾的情况。在老人、小孩房内及客厅等处安装摄像头，可通过网络远程观察到所要照顾人的状况。

（11）网络家用电器控制器系统。今后的家用电器（包括电动窗帘），都会有数据接口，可以通过数据网络实现远程遥控。所以可在可能需要网络远程遥控的家用电器（如微波炉、电饭煲、热水器、空调器、洗衣机等）的电源插座边，安置数据信息插座。

（12）家庭背景音乐系统。在较大型户型（如别墅、错层、跃层）中安装背景音响系统，可营造家庭氛围。一般在家庭公共场所（如走廊、过道、客厅、楼梯、餐厅、厨房、别墅门外、花园地灯柱等）的墙、顶处安放音量控制器及音箱。

（13）灯光集中控制系统。在较大型户型中安装灯光集中控制系统，可营造家庭氛围。在背景灯光和背景音乐下形成不同的场景，一般在家庭公共场所的墙、柱、吊顶处安装各种灯具。

（14）门禁系统。将密码锁（或指纹锁、IC 卡门锁、普通电动门锁等）安装于门上，并用 2 芯或 4 芯线连接到家庭信息接入箱中，再转接到网络锁具设备上，并在方便开关的地方（如门边、客厅）安装手动开关装置，以实现自动和手动控制双功能。

4. 家庭综合信息箱

家庭综合布线系统的分布装置是由模块化的信息接入箱构成的，其主要包括网络模块、电话模块、电视模块、影音模块四大模块，如图 5-52 所示。

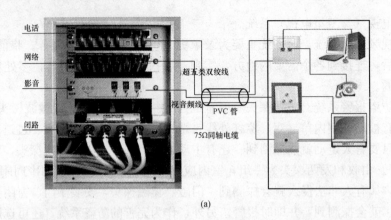

(a)

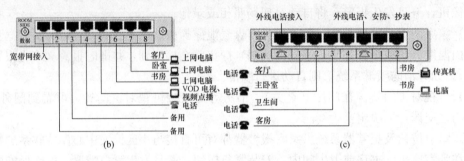

(b)   (c)

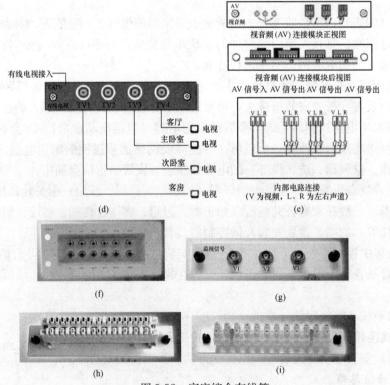

(d)   (e)

(f)   (g)

(h)   (i)

图 5-52　家庭综合布线箱

(a) 布线箱；(b) 网络模块；(c) 电话模块；(d) 电视模块；(e) 影音模块；(f) 背景音乐；
(g) 安防功能模块；(h) 110 信号采集功能模块；(i) VV 信号采集功能模块

　　根据用户的实际需求可以在各个功能模块上接入、分配、转接和维护管理，从而支持电话、上网、有线电视、家庭影院、音乐欣赏、视频点播、安防报警等各种应用。

　　（1）网络模块。网络模块由一组五类 RJ45 插孔组成，主要实现对进入室内的电脑网络线的跳接。来自房间信息插孔的五类网线按线对的色标打在模块的背面对应插座上，前面板的 RJ45 插孔通过 RJ45 跳线与小型网络交换机连接。可以将小型交换机装在信息箱内，最好是铁壳的交换机，有利于通过箱体散热。Adsl Modem 也可以放在箱内。

　　（2）电话模块。电话模块与数据模块一样，采用一组五类 RJ45 插孔将进入室内的电话外线复接输出，为一进多出，输出口连接至房间的电话插座，再由插座接至电话机。此模块采用五类 RJ45 接口标准，如室内布线使用五类双绞线，可用于电脑网络连接。

　　在实际布线工程中经常采用网络线来作为电话的水平布线，安装时将 4 对五类双绞线中的一对蓝白线当作电话使用，使用时只需在两端的 RJ45 插孔插上 RJ11 电话线即可。亦即网络和电话可能通用，互相备份。

　　（3）电视模块。电视模块是一个有线电视分配器，由一个专业级射频分配器构成。

　　（4）影音模块。影音模块可以实现各房间的影音共享。影音模块由四组视音频螺丝接线排组成，为一进多出，由拨位开关分别对应出线的连通控制，实现信号输出口与信号输入口复接或断开。

　　将视音频（视：V、右声道：R、左声道：L）输入信号线接入端口，输出信号线也接入相应输出端口。每个输出端口在面板上有一组三位的可上下拨动的开关，可分别控制输出信号与输入信号的复接、断开。可以多个房间共享一台 VCD/DVD 机影音播放。

　　（5）背景音乐模块。背景音乐的实现主要是将音频线（左右声道）布放至所需的地方，最后连接到家庭信息箱的背景音乐功能模块，调控输出。

　　背景音乐功能实现音频左右声道共享，提供 1 进多出，满足 MP3、VCD、DVD 等播放机的音源输出。

　　（6）安防功能模块。安防功能模块解决各个安防系统的配置需求，例如大门的门磁、窗户的窗磁、煤气泄漏预警、烟雾报警系统、可视对讲、家电远程控制等，这些都可以通过预先布放的安防线缆连接至家庭信息箱相应的功能模块，实现实时监控，提供智能家居系统必备的要求。

　　监视信号功能模块为高质量的双通 BNC 射频同轴连接器（75Ω），提供可视与监视信号适配的快速对接连接。

　　（7）110 信号采集模块。110 信号采集功能模块为数对双绞线转接，110 卡接口，可接 26～22AWG 双绞线，为水、电、气、热抄表系统、安保报警、火警等，设备和系统提供中间接点。

　　（8）RVV 信号采集模块。RVV 信号采集功能模块为多路 RVV 软线转接，黄铜螺栓压接口，可提供门铃、对讲、家庭门禁等 RVV 软线缆的中间接点。

　　（9）电源模块。家居布线系统提供了专用的电源解决方案，避免强弱电相互干扰，设置电源外置模块专为有源模块设计。

　　5. 布线设计

　　家庭综合布线系统组成如图 5-53 所示。

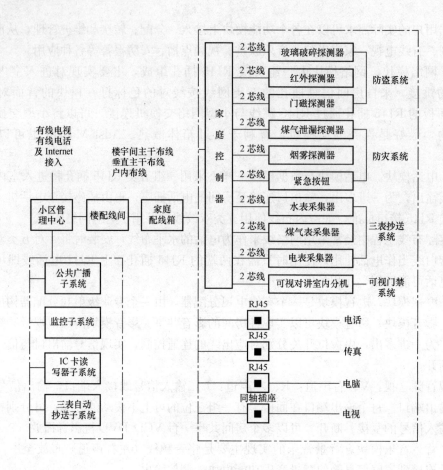

图 5-53 家庭综合布线系统组成

6. 套内布线

住宅内套内布线如图 5-54 所示。

三、信息系统设计案例

1. 多层住宅信息系统

多层住宅信息系统如图 5-55 所示。

2. 高层住宅信息系统

高层住宅信息系统如图 5-56 所示。

四、有线电视系统设计

1. 组成

有线电视系统一般由前端、传输系统、分配网络三个部分组成，如图 5-57 所示。

2. 放大器

根据不同的特性，放大器可以有多种分类，比如按照系统中使用的位置来分，有前端和线路放大器；按照在系统中放大器的频率来分，有单频道、宽频带和多波段放大器；按放大器的结构来分，有分支放大器、分配放大器等等。而在前端系统中使用的放大器一般有天线放大器、频道放大器和宽带放大器。

（1）天线放大器。天线所接收电视信号有强有弱，对于弱场强电视信号，为了提高接收

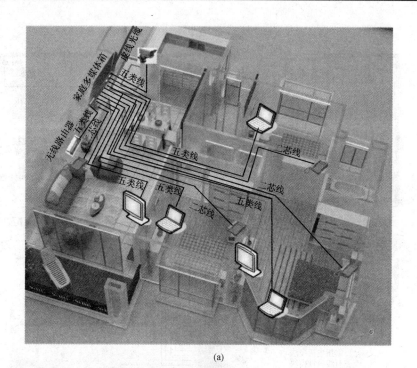

(a)

(b)

图 5-54　住宅套内布线（一）

（a）俯视图；（b）接线图

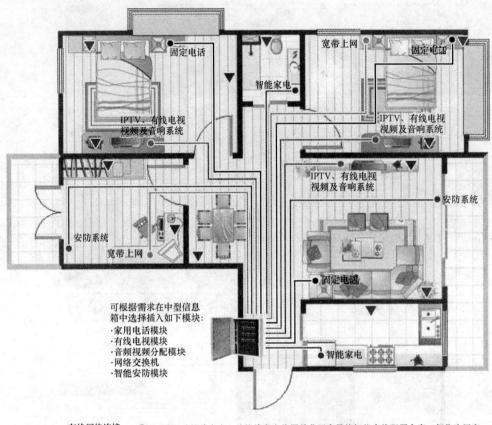

图
　　—— 有线网络连接
　　—— 固定电话连接
例
　　—— 影音多媒体连接
　　—— 智能家电控制

●图形表示建议信息点：建议信息点位置并非居室最终智能布线配置方案，仅作为居室实现智能布线的参考，每个信息点还可以添加所需要的功能.

▲图形表示参考信息点，可根据居室的具体功能需要及家具摆放位置增加信息模块；如电话、宽带上网、有线电视、IPTV、音频、智能家电等，并选择匹配的线缆布放至信息箱.

(c)

图 5-54　住宅套内布线（二）

（c）平面图

质量并且改善信噪比，需在接收天线竖杆上加装天线放大器。

（2）频道放大器。频道放大器只针对单频道电视信号进行选频放大，因此选择性和抗干扰性都较好。为了保证频道放大器输出的信号电平基本不变，设置了自动增益控制电路（AGC 电路）。

（3）干线放大器。干线放大器主要用于干线信号放大，以补偿干线电缆的损耗，增加信号传输的距离。

（4）分支放大器。分支放大器用在干线或支线的末端，该放大器末级是一个定向耦合器，信号由定向耦合器分支向外输出。

（5）分配放大器。分配放大器与分支放大器在 CATV 系统中所处位置和作用都类同，不同的是，分支放大器中一路为主输出，其他为电平不等的分支输出；分配放大器则所有输出均为电平相等的支路输出。

（6）线路延长放大器。该放大器用在干线或支线上，用于补偿线路的损耗和分支器的插入损耗。与干线放大器不同的是，线路延长放大器没有 AGC 和 ASC 功能。

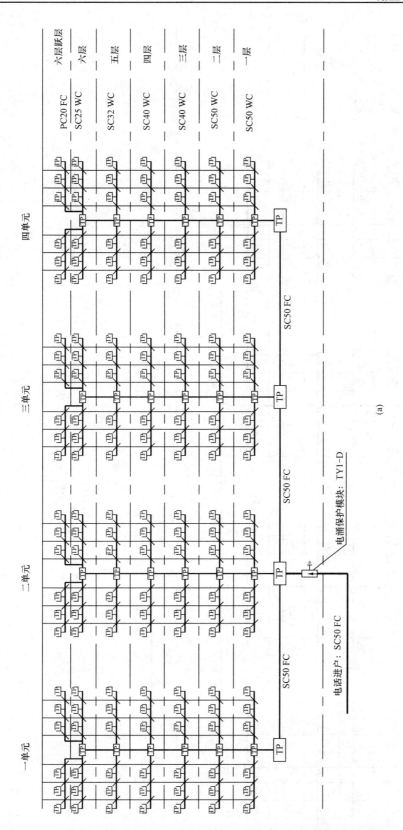

图 5-55 多层住宅信息系统设计（一）

(a) 电话系统

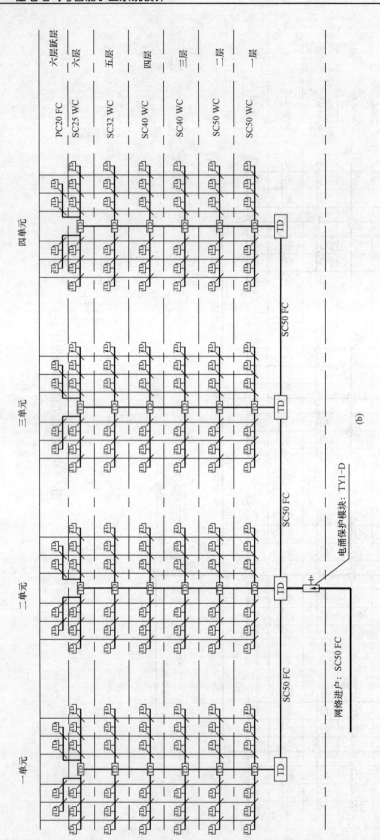

(b)

图 5-55 多层住宅信息系统设计（二）

(b) 网络系统

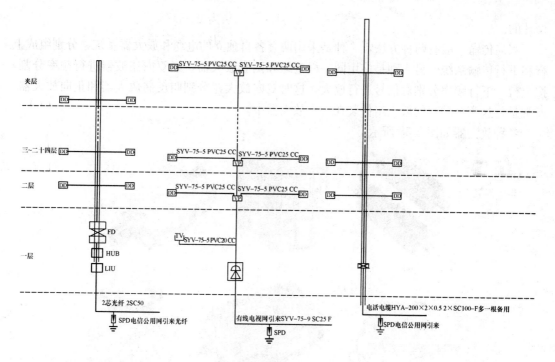

图 5-56 高层住宅信息系统

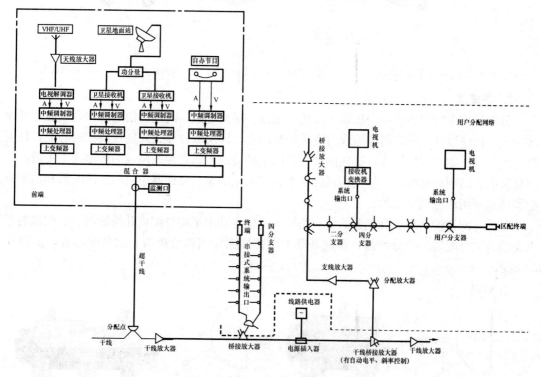

图 5-57 有线电视系统结构

（7）双向放大器。双向传输是指从前端用规定的频段向下传输电视节目和调频广播节目给用户，用户端用另一规定频段向上传输各种信息给前端。双向放大器是为满足双向传输而设计的。

双向传输一般有两种方法,一种是采用两套各自独立的电缆和放大器系统,分别组成上行和下行传输系统。另一种是使用同一根电缆和两套放大器,经双向滤波器进行频率分割,按上行、下行频率分别对信号进行放大,这时双向放大器分别叫反向放大器和正向放大器。通常是将这两个独立的放大组件装在一个放大器中。

各种放大器如图 5-58 所示。

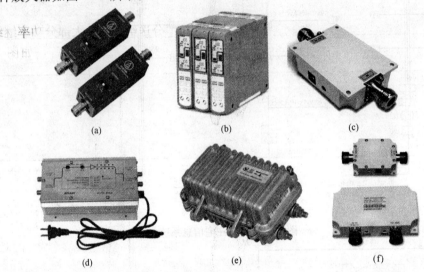

图 5-58 放大器

(a) 天线放大器;(b) 频道放大器;(c) 干线放大器;(d) 分支放大器;(e) 线路延长放大器;(f) 双向放大器

3. 分配器

分配器是由宽带传输线变压器、阻抗匹配器、隔离电阻、高频补偿电容和高频磁芯等元件构成。传输线变压器是将传输线与变压器相结合,即用双股导线并绕在高频磁心上,每两根导线构成一副均匀传输线。高频能量主要以电磁波的形式在导线构成的传输线上传播,从而显著改善高频传输特性,使变压器的工作频段大大展宽。分配器中的阻抗匹配器和功率分配器即是利用该原理实现的。

(1) 分配器的类型。分配器能将一路输入的信号功率平均分配成几路输出。分配器的基本类型为二分配器和三分配器,在此基础上可扩展派生出四分配器、六分配器等,如图 5-59 所示。

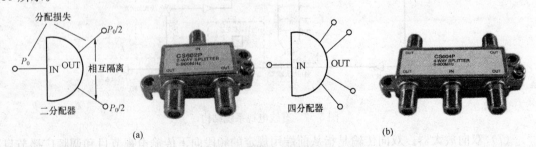

图 5-59 分配器

(a) 二分配器;(b) 四分配器

（2）分配器的主要性能要求。各分配端口之间相互隔离度大于 22dB，邻频传输时应达到 30dB 以上；端口的驻波比在 1.1～1.7 之间。具有双向传输特性的分配器，则要求其正、反向传输电平损耗相同，分配输出端口之间相互隔离度大于 25dB。

分配器的理想分配损失与分配路数有关，二分配器为 3dB，三分配器为 4.8dB，四分配器为 6dB。由于能量泄漏、传输损耗等原因，分配器的实际分配损失总大于理想分配损失。

4. 分支器

同分配器一样，分支器是一种进行信号功率分配的装置。但与分配器不同的是，分配器平均分配功率，而分支器是从干线中取出一小部分信号功率分送给用户，大部分功率继续沿干线向下传输。分支器是串接在线路中的，分支输出有一路、二路、四路等，如图 5-60 所示。

图 5-60　分支器

5. 机顶盒

有线电视数字机顶盒由数字电视广播接收前端、MPEG 解码、视音频和图形处理、电缆调制解调器、CPU、存储器以及各种接口电路等部分组成。

有线电视数字机顶盒可以通过内置的电缆调制解调器方便地实现 Internet 接入功能，并可以提供以太网接口，用来连接 PC。使用电缆调制解调器的速度与电话调制解调器相比大大提高，最高可达到 10Mbit/s。

6. 用户分配网络

用户分配网络通常是由延长分配放大器、分支器、分配器、串接单元分支线、分支线、用户线和用户终端盒构成的，如图 5-61 所示。

7. 电平分配计算

（1）倒推法。采用较为适用的倒推法（即反算法），即由系统最末端的用户所需要的电平值开始，沿着电缆由后向前端方向推进，逐点进行计算，求出所用部件的规格和数量，最后求出进入分配网络的信号的电平值。

首先假定系统分配网络中最远位置处的插座输出电平一般设计值为 $(70\pm5)\text{dB}_\mu\text{V}$，反方向推算系统分配网络输入端平，可按下列基本公式计算。

总衰减＝终端分支器耦合量＋分支插入损耗＋分配损耗＋同轴电缆的传输损耗

控制器的输出电平（分配网络的输入电平）＝终端插孔电平＋总衰减

控制器的增益＝控制器的输出电平－控制器的输入电平

确定控制器的输出电平，由前到后依次计算分配网络中各用户插座的输出电平，按每户电平为 $(70\pm5)\text{dB}_\mu\text{V}$ 的原则合理选用不同耦合量及插入损耗的分配器、分支器或串接单元。

（2）正推法。由前向后设计的思路，即在已知进入分配网络的信号电平值的前提下，沿着电缆的走向从前向后逐步进行计算，算出所用分配器、分支器和放大器的规格、数量。

（3）常用数据。在工程上根据实践经验通常按下列数据来考虑。

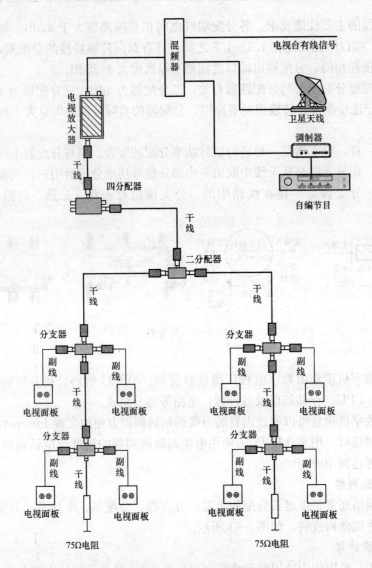

图 5-61 用户分配网络

分配器的分配损失：二分配器 4dB

三分配器 6dB

四分配器 8dB

六分配器 10dB

分支器的接入损失：一、二、四分支器的接入损失均按 2dB 计算（分支损失≤8dB 的一分支器和分支损失≥10dB 的二、四分支器不能按 2dB 计算）。在实际应用时，对于 VHF 波段，在分支电缆上每串接一个分支器，信号电平下降 1dBμV；对 UHF 频段，则下降 3dBμV。

电缆的传输损耗：根据分配网络中选用的电缆型号查表（常用同轴电缆的主要参数表）或按产品说明书提供的数据计算。

8. 用户端电平

有线电视系统的输出电平也就是用户端电视接收机的输入电平。简称用户端电平。用户端电平根据以下几个因素确定。

（1）根据大多数电视机的要求来确定。电视机要求的输入电平与灵敏度有关。灵敏度高的电视机输入电平可以低一些；灵敏度低的电视机输入电平就要高一些，为了使热噪声不显著，大多数电视机希望在 57dB 以上为好。

电视机的输入电平也不能太高。如果太高，会使电视机过载出现有害画面，有些电视机的 AGC 控制范围比较宽，还有一些电视机的天线输入端装有可变衰减器，这些电视机的输入电平可以高些。对于大多数电视机来说，要求输入电平最大不超过 83dB。所以用户端电平定为 57~83dB。

（2）根据干扰电平的大小来确定。干扰信号较弱的地方，用户端电平可取低些。干扰信号较强的地方，除了和合理选择接收天线的位置和方向以外，还应该适当提高用户端信号电平，以降低干扰信号的影响。

9. 分配方式

（1）分配-分配。网络所有的部件均是分配器，每个端口不能空带，如果暂时不用，则应接上 75Ω 的负载电阻，以保持整个分配网络处于匹配状态。

分配-分配网络通常最多采用三级，每一级视具体情况可以分别采用二、三、四分配器。第一级四分配器的四个端口的电平值要比输入端口的电平衰减 8dB，这样到第三级的四分配端口（第二级是三分配器）的输出电平就比分配网络输入电平衰减 22dB。所以，分配-分配形式仅用于用户端数少，以前端为中心向四周扩散的用户群。由于分配器的反向隔离指标不高，大量使用容易造成当个别用户出现故障时，造成对全系统的影响，故在设计中要慎用。

（2）分支-分支。分配网络中使用的都是分支器，信号自前端放大器输出端进入第一分支器，它在网络中作为定向耦合器来用，将信号功率取出一部分供给第一条分支电缆分配用。在第一个分支器后沿着传输方向又接有第二个分支器，由它将信号功率耦合给第二条分支电缆供分配用。

这种分配网络，特别适用用户端数不多、却又分散、且传输距离较远的小型有线电视系统。在使用这种分配网络时，最后一个分支器的输出端必须接上一个 75Ω 的负载电阻，以保证网络的匹配。

（3）分配-分支。分配网络中使用最广泛的一种。来自前端的信号先经过分配器，将信号分配给分支电缆，再通过不同分支损耗值的分支器向用户端提供符合要求的信号。

这种网络形式特别适合在楼房内使用。

（4）分支-分配。用户端的信号是通过分支器和分配器的途径得到的。为了使各用户端得到的电平一致，就要选用不同分支损失值的分支器来满足。

（5）组合。分配-分支-分配实际上是分配-分支和分支-分配两种形式的综合应用。此外，还可组合成分支-分配-分支形式。

（6）不平衡分配。在上述的分配网络中，所用的分配器均是信号能量均等地进行分配，但在有些情况下需要对信号进行不平衡的分配。

利用分配器，由两个二分配器组成三路不平衡分配，信号先经过一个二分配器被均分成两路，其中一路再通过一个二分配器分成两路，这样达到了有三路信号输出，信号相差 4dB。一个二分配器和一个四分配器组成的五路不平衡分配。

　　利用分支器和分配器，信号先经过一个一分支器再送入一个四分配器，这样就有五路输出。若选用的是二分支器，而另一分支端再接一个二分配器，这样就组成了七路不平衡输出。选用不同的分支损失值的分支器就能调节各输出端不平衡的程度。

10. 系统设计

　　有线电视信号由室外引来，采用邻频传输系统。干线敷设在弱电竖井内，水平支线敷设在楼板内，R 表示射频线路。有线电视系统框图如图 5-62 所示。多层住宅电视系统如图5-63所示。

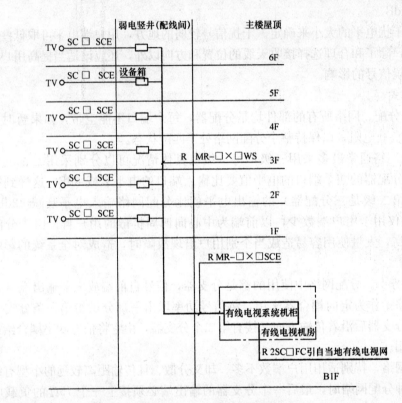

图 5-62　有线电视系统框图

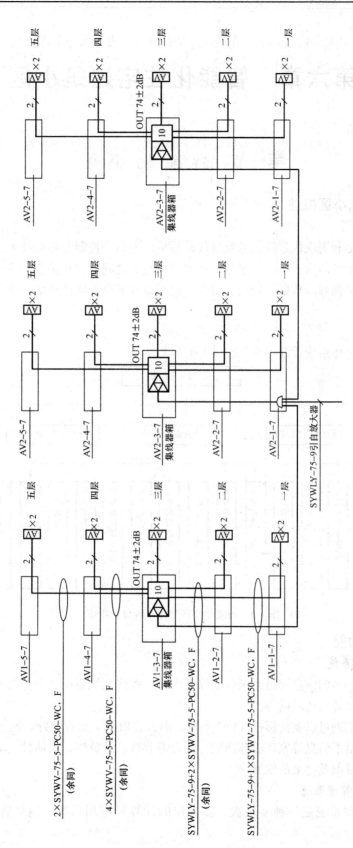

图 5-63　多层住宅电视系统

第六章 智能化住宅建筑小区

第一节 智能化小区

一、智能化小区概述

1. 智能化小区

智能化小区是利用现代建筑技术及现代计算机、通信、控制等高新技术，通过对小区建筑群四个基本要素（结构、系统、服务、管理以及它们之间的内在关联）的优化考虑，提供一个投资合理，又拥有高效率、舒适、温馨、便利以及安全的居住环境，是智能化小区的一贯设计理念。

2. 组成

智能化小区整体系统设计组成如图 6-1 所示。

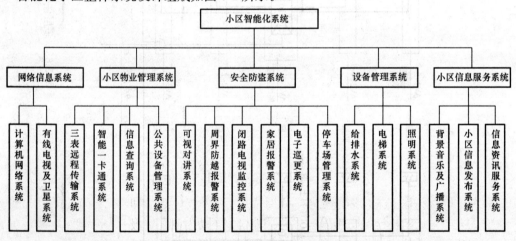

图 6-1 智能化小区整体系统设计组成

二、系统功能

1. 网络信息系统

智能化住宅小区的信息网络系统包括以下内容：有线电视系统（卫星电视）、电话系统、数据传输系统、计算机局域网等。

高速宽带数据网可以支持影视 VOD 点播、语言、数据、远程医疗、网上购物、网上教育、网络游戏、金融信息等家庭服务功能，具有兼容性、开放性、灵活性、高可靠性，易于管理，适应网络目前及将来的发展。

2. 小区物业管理系统

小区物业管理系统是一种多层次、多方位的计算机应用系统，包括管理和服务两大功能。

在充分利用各子系统生成数据的基础上，实现以成本、经营效益为核心的经营管理监控、决策支持系统，同时最大限度地向住户提供内、外信息服务，沟通物业管理公司与住户的联系。

智能"一卡通"管理系统可以实现"一卡通"系统内部各分系统之间的信息交换、共享和统一管理，也就是通过一张感应卡实现一卡多用，正确无误地识别物业管理人员与住户的身份。系统应覆盖整个小区内用户的身份识别、小区大门及单元门的出入口控制与门禁管理、保安巡更、车辆进出管理等。

3. 安全防范系统

(1) 可视/非可视对讲系统。系统以管理主机为核心，以单元对讲为主体，通过有针对性地配置不同功能的对讲主机和分机，实现对讲、可视监看、相互呼叫、遥控开锁等多种功能，系统还可与计算机相连接进行安防信息统一管理，为整个小区实现现代化、科学化的物业管理及安全防范提供全面、高效的服务。

(2) 周界防越报警系统。周界防越报警系统主要是对小区的周界进行安全防范。对于封闭小区而言，为防止人员从围墙或栅栏等处非法进入，在围墙上设立安装周界防越报警系统。该系统是在小区的围墙、栅栏上安装红外线对射探测器（或电子栅栏、感应电缆等）。当有人翻越围墙或栅栏时，感应探测器立即将报警信号触发启动相关的警报装置，并通过相关的联动软件和硬件装置，进行警告、阻止、打开附近的摄像机，同时管理中心显示出非法翻越区域，以便保安人员及时处理警情。

(3) 闭路电视监视系统。闭路电视监视系统是在小区的主要通道、出入口、重要的公共建筑及场所、周界等处安装各种摄像机。摄像机将图像传送到管理控制中心，以便中心对整个小区进行实时监视和记录，充分了解小区的动态。

(4) 家居报警系统。家居报警系统是为了保证住户的人身、财产安全而设置安装的。住户室内的危险一是来自户外不法分子的闯入，二是发生于户内设备的故障和人身病患，系统必须在发生上述危险时，立即向小区管理中心报警，以便及时得到救助。

(5) 电子巡更系统。电子巡更系统一般采用离线式。系统根据小区各区域的观察点及重要部位编制巡逻线路，保安人员携带巡逻采集器按指定的班次、路线和时间沿点巡逻，并进行记录。巡更完毕，记录信息输送至管理中心计算机中自动生成巡更报表。系统实现人防与机防相结合的功能，促使巡逻人员严谨工作，加强对非法侵入者的威慑作用。

4. 设备管理系统

智能化住宅小区的公共设备通常对供电、供水、供热、电梯、公共照明等系统设备运行状态进行监测，一般情况下对设备运行状态的监测多于监控，如供电系统，只显示主回路的电流、电压、功率及运行状态；给排水系统显示水箱水位、水泵运行状态以及水泵的启、停控制；电梯系统只显示运行状态和供电情况。

公共照明的控制则复杂。由于小区照明灯具安装分散，通常根据自然光亮度和使用要求设定照明的开关时间，采用智能化开关进行自动控制，达到合理调节照明要求，延长灯具寿命和节约能源的效果。

5. 小区信息服务系统

(1) 小区信息发布（LED）。小区信息发布是现代智能小区人性化的一个主要体现，主要为小区的户主提供各式各样的信息（如天气预报、小区管理通知等），以方便、丰富用户每日的生活。

（2）紧急广播与背景音乐。由于考虑现代的智能住宅小区范围较大，居住的人员众多，如发生紧急事件时，必须有组织地进行应对，这就要依靠紧急广播指挥疏导。在平时，小区内只需要播放一些文娱节目、科普知识和公共通知，以活跃气氛，丰富人们的业余生活。

（3）信息资讯服务系统。主要提供与用户生活息息相关的信息（如股市行情、用户交费系统等），用户可以通过它及时准确的了解与自己有关的、喜欢的各种信息，以提高其生活质量。

第二节　信息化应用系统

一、信息化应用系统概述

1. 组成

信息化应用系统包括工作业务应用系统、物业运营管理系统、公共服务管理系统、公众信息服务系统、智能卡应用系统和信息网络安全管理系统等其他业务功能所需要的应用系统，如图 6-2 所示。

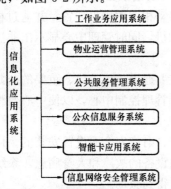

图 6-2　信息化应用系统

2. 功能

（1）应提供快捷、有效的业务信息运行的功能。

（2）应具有完善的业务支持辅助的功能。

3. 系统要求

（1）工作业务应用系统应满足小区业务所承担的具体工作职能及工作性质的基本功能。

（2）物业运营管理系统应对小区内各类设施的资料、数据、运行和维护进行管理。

（3）公共服务管理系统应具有进行各类公共服务的计费管理、电子账务和人员管理等功能。

（4）公众信息服务系统应具有集合各类共用及业务信息的接入、采集、分类和汇总的功能，并建立数据资源库，向小区内公众提供信息检索、查询、发布和导引等功能。

（5）智能卡应用系统宜具有作为识别身份、门钥、重要信息系统密钥，并具有各类其他服务、消费等计费管理、物品寄存和访客管理等管理功能。

（6）信息网络安全管理系统应确保信息网络的运行保障和信息安全。

二、物业运营管理系统

1. 设置

智能化的住宅建筑应设置物业运营管理系统。非智能化的住宅建筑，具备条件时，也应设置物业运营管理系统。

2. 组成

物业运营管理系统宜具有对住宅建筑内入住人员管理、住户房产维修管理、住户各项费用的查询及收取、住宅建筑公共设施管理、住宅建筑工程图样管理等功能。

物业公司内部管理系统的功能应包括物业工作人员人事管理、企业规章制度管理和财务管理等。

物业管理系统的功能应按照国家、行业、地方主管部门有关法规及建设方的要求进行设计。

3. 功能

物业管理系统是小区管理实现规范化、科学化、程序化的重要系统。该系统主要功能如下。

（1）办公管理。提供对小区文件的登记、维护、查询检索等管理功能，具有统一的登记录入界面，按查询用户的级别提供查询服务，登记与查询按照文件的用途与性质有一定的分类。

（2）居民信息管理。建立住户信息库，实现住户档案数据的计算机化管理，使居民的登记与查询简易而快速，对居民的信息查询应有一定的权限检测，按权限进行查询、分级管理，同时应有变更功能。

（3）设备报修、维护管理。以日常设备的维护与报修登记为主，对设备报修及维护管理情况有查询、考核与统计等管理功能，定期产生考核情况明细表。具有网上报修功能，相应的费用通过收费信息系统进行统一结算。

（4）社区管线信息管理。社区内管线分布情况有登记录入、维护、查询等管理功能，可在社区网上进行查询，对信息有分级管理与权限查询功能。

（5）物业收费自动化系统。对纳入社区收费管理的收费项目进行电子收费管理。包括对水、电、气表的自动抄表与电子收费，提供网上应缴费用的查询，定期催缴；对没有上网能力的住户提供电话查询或者到物业管理中心进行查询，具有收费的登记、转账、统计功能，以及收费项目、计费方式的变更登记等功能，同时将其他各子系统相应的收费信息、递交收费信息系统进行统一结算，居民可通过小区电子银行或 IC 卡缴费。

（6）来客访问管理。对出入小区的外来人员进行人员信息及出入信息的登记、汇总、监督管理，并可查询。

（7）设备运行状态信息管理及调控。对小区内各类设备的基本信息及其运行状况进行登记，以便于维护；对修理、更换情况进行汇总。

（8）一卡通系统。每个住户配备 IC 卡，利用 IC 卡可缴费、出入停车场和楼宇大门、购物消费等。

（9）图样资料管理。利用计算机储存小区的建筑规划图、建筑效果图、建筑平面图、楼排的建筑平面图、建筑效果图以及单套住宅的单元平面图等资料。

（10）查询系统。查询系统采用分级密码查询的方式，不同的密码可以查询不同的范围和内容，查询的输出采用网络、触摸屏等多种方式。

三、信息导引及发布系统

智能化的住宅建筑宜设置信息服务系统。

信息服务系统宜包括紧急求助、家政服务、电子商务、远程教育、远程医疗、保健、娱乐等，并应建立数据资源库，向住宅建筑内的居民提供信息检索、查询、发布和引导等服务。

1. 设置

智能化的住宅建筑宜设置信息导引及发布系统。

2. 功能

（1）应能向建筑物内的公众或来访者提供告知、信息发布和演示以及查询等功能。

（2）系统宜由信息采集、信息编辑、信息播控、信息显示和信息导览系统组成，宜根据实际需要进行系统配置及组合。

（3）信息显示屏应根据所需提供观看的范围、距离及具体安装的空间位置及方式等条件，合理选用显示屏的类型及尺寸。各类显示屏应具有多种输入接口方式。

（4）宜设专用的服务器和控制器，宜配置信号采集和制作设备及选用相关的软件，能支持多通道显示、多画面显示、多列表播放和支持所有格式的图像、视频、文件显示，以及支持同时控制多台显示屏显示相同或不同的内容。

（5）系统的信号传输宜纳入建筑物内的信息网络系统，并配置专用的网络适配器或专用局域网或无线局域网的传输系统。

（6）系统播放内容应顺畅清晰，不应出现画面中断或跳播现象，显示屏的视角、高度、分辨率、响应时间和画面切换显示时间隔等应满足播放质量的要求。

（7）信息导览系统宜用触摸屏查询、视屏点播和手持多媒体导览器的方式浏览信息。

3. 组成

信息导引及发布系统应能对住宅建筑内的居民或来访者提供告知、信息发布及查询等功能，如图 6-3 所示。

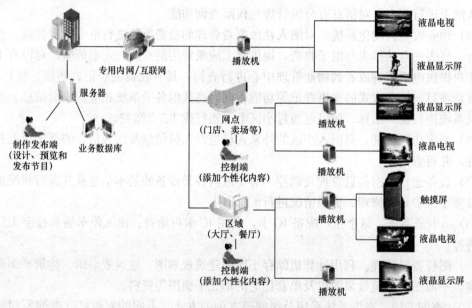

图 6-3　系统组成

4. 特点

（1）集中控制、集中管理。通过广域网网络远程控制，无需人工换卡、插卡，实现不同场所、不同受众、不同时间段能够播放不同的广告信息内容。软件升级亦可远程操作，无需人工到场。

（2）实时发布。即时发布紧急信息、突发事件，插播媒体文件，实现银行外汇、基金利率、政策法规、促销活动、天气预报、时钟等即时信息的同步发布。

（3）分屏显示。同时播放音视频、图片、字母等多种信息组合，实现视频、图片、字幕的任意位置自由调整，解决了仅放广告关注度降低或仅放娱乐节目没有广告价值的矛盾。

（4）信息安全。采用特殊加密技术，能控制一切非经过审核的节目播放，有效保证了户外媒体广告的安全性。

（5）高清播放。支持多种媒体的高清播放。

5. 支持组合播放

支持分屏、分级、分区管理的任意组合，支持各种模版、底版、播出单的任意组合，支持本地硬盘播、网络硬盘播、电视转播、现场直播的任意组合，支持视频、音频、图片、字幕、实时信息的各种方式组合。

6. 智能化管理

通过服务架构体系实现分布式部署、策略化管理，支持各种播出模式和传输模式，完善的容错管理能力和监控能力。

7. 传输系统

信息显示屏可根据观看的范围、安装的空间位置及安装方式等条件，合理选定显示屏的类型及尺寸。各类显示屏应具有多种输入接口方式。信息显示屏宜采用单向传输方式。

供查询用的信息导引及发布系统显示屏，应采用双向传输方式。

四、智能卡应用系统

智能化的住宅建筑宜设置智能卡应用系统。

智能卡应用系统宜具有出入口控制、停车场管理、电梯控制、消费管理等功能，并宜增加与银行信用卡融合的功能。与银行信用卡等融合的智能卡应用系统，卡片宜选用双面卡，正面为感应式，背面为接触式。

对于住宅建筑管理人员，宜增加电子巡查、考勤管理等功能。

智能卡应用系统应配置与使用功能相匹配的系列软件。

1. 组成

一卡通系统是一个依托以太网环境进行数据传输的综合卡证信息系统，是多种系统软件、数据库和多种硬件设备的有机结合，包括门禁管理、访客管理、车辆管理、梯控管理、在线巡更管理、消费管理和一卡通管理中心子系统构成，如图6-4所示。

用户可根据实际的情况选择相应的子系统构建满足自己需要的一卡通系统。通过以太网和综合卡证数据库将各个子系统有机的结合在一起的，真正做到"一卡、一网、一库"的一卡通管理。

2. 门禁管理系统

（1）设置区域。门禁访客管理系统主要考虑设置在如下区域：

1）重要机房（含控制中心、变配电所、冷冻机房、给水机房、弱电机房等）。

2）小区门口。

3）住宅楼出入口。

（2）功能。门禁管理主要是针对上述区域内管理通道上采用门禁方式，门禁管理系统需要具有如下的功能：

1）电子地图：在监控中心门禁管理主机上能够实时图形化反映门禁系统内用户刷卡与进出事件、门状态变化事件、各种系统报警事件和各种紧急事件。

2）开门方式：根据各个门禁点管制级别的差异，可实现刷卡、密码、刷卡加密码、刷卡＋触发、刷卡＋密码＋触发、常开与常闭等开门方式。

3）通行管制：可对系统内用户按时区、周计划，假日、假期计划，管制群组等属性进

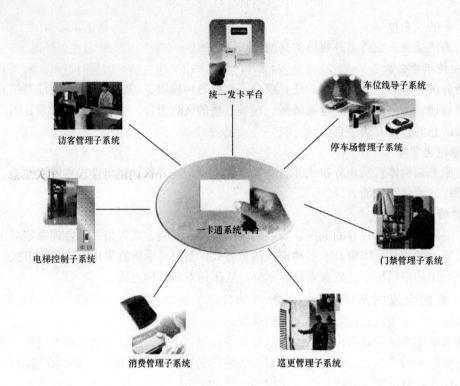

统一发卡平台

车位线导子系统

访客管理子系统

停车场管理子系统

一卡通系统平台

电梯控制子系统

门禁管理子系统

消费管理子系统　　巡更管理子系统

图 6-4　一卡通

行管制参数设置。

4) 通行安全：通过多卡认证、通道管制、反胁迫、反潜回、防撬、强行进入、超时报警、通道互锁等功能提高通道通行的安全系数。

5) 公共短信：在门口等场合，可以设置带有自定义的公共中文短消息功能的读卡器，刷卡时自动显示。

6) 接口提供：自定义输入触发动作、子系统联动、第三方集成。

7) 便捷控制：手动/自动布防与撤防、门区定义、参数导入、操作向导。

(3) 软件和硬件组成。

门禁系统主要由门禁软件和硬件组成。

门禁软件主要分为门禁控制终端软件和门禁管理终端软件。

门禁系统的硬件部分主要包括了门禁控制器、读卡器、电控锁等。系统通过一卡通管理中心对用户进行发卡授权，用户通过在读卡器上刷卡，门禁控制器在接收到读卡器上感应到的用户信息后判断用户权限，然后作出是否打开对应门锁的动作，软件部分可以实时反应所有人员进出信息、门状态信息和相关报警信息等。

3. 访客管理系统

访客管理系统主要是针对住户的访客进行管理。在小区的人行入口处设置人行通道，访客来访通过自助取卡终端与被访者进行确认，取卡获得通行的权限。

(1) 功能。

1) 确认方式：访客通过自助取卡终端与小区内的被访者进行确认，被访者通过访客的语音和图像进行确认并作出是否发卡授权的动作。

2）授权方式：自助终端接受被访者的指令作出是否发放访客卡的动作，同时赋予访客卡对应的通行权限，含门禁、梯控等相关权限（使用次数和有效时间均可自由设置）。

3）安全认证：系统在自助终端发放访客卡时和访客刷卡通过快速通道时进行图像抓拍，并在通行时进行图像对比。

4）卡片回收：访客结束拜访后卡片通过回收装置进行回收，同时对访客进行放行。

5）系统数据：实时反映小区内访客数量及分布等数据，通过报表可以查询系统内的历史相关数据。

6）信息发布：通过访客系统的终端显示屏，系统可以向小区内的业主发布相关信息。

（2）组成。一卡通系统的访客管理系统主要由以下部分组成：

1）自助取卡终端：分布在小区入口处，访客以自助方式与被访者进行确认，得到许可后取得访客卡。

2）访客认证终端：被访者通过该终端获取访客图像与语音信息，确认是否授权访客在自助取卡终端上取卡。

3）人行通道设备：在小区的主出入口设置人行通道设备，访客进入楼需要刷卡同时确认完成取卡图像与刷卡图像的对比，提高楼内的安全管理级别。

4. 车辆管理系统

（1）功能。车辆管理系统主要是在小区内的地下车库对进出车辆进行管理，需要实现如下功能：

1）图文监控：通过视频监控实现抓拍车辆通行照片、电子地图、警报机制、图像对比、事件监控等功能。

2）车牌识别：系统具有车牌识别技术，同时具有触发抓拍、抓拍方式、匹配方式、失败处理等各方面的功能。

3）车辆引导：区域引导、车位引导（按车位编号、车牌号码、车位编号＋车牌号码）。

4）车位检测：电子地图实时同步场内车辆占用情况、违规泊车自动纠错或产生警报、模拟显示。

5）通行安全：系统具有防跟车机制、防倒车机制、双卡认证、触发读卡、整车车图对比、车牌识别比对、防撞防匝及其报警输出。

6）系统安全：系统具有火警接入、防盗警接入、紧急状态接入、脱机运行及其报警输出等功能，提高系统安全性。

7）收费方式：系统可实现按期收费、计时收费、计次收费、按时收费、按次收费、分时收费、一次性收费、不收费等收费方式。

8）通行策略：系统可实现车流管理、通道管制、线路规则、一车多卡、停车规则、单通道信号灯控制等功能。

9）车位管理：系统具有车位分类（普通车位、预留车位、固定车位）、车位计数、车位控制、满位输出等功能。

10）通道控制器 I/O 定义：可设置通道流量、防跟车、通道紧急开关、火警防盗系统联动、票箱卡量不足报警、防倒车报警、区域计数、非法卡报警提示等多种输入/输出预定义功能。

（2）组成。车辆管理系统中系统组成可以分为出入通道处，停车场内、车辆内、车辆引导和路灯照明模块需要予以考虑：

1）通道管理设备：通道控制器、入口票箱、读卡器、自动道闸、车辆检测线圈、摄像机、视频采集卡、电子显示屏、高速票据打印机和语音模块等。

2）车位引导设备：引导控制器、LED车位引导屏、车位指示灯、车位引导信号指示灯等。

3）节能控制设备：地磁检测器、路灯照明控制模块。

5. 梯控管理系统

（1）功能。梯控管理系统主要是通过用户刷卡认证，给予电梯内用户对应楼层的到达权限，其主要功能特点如下：

1）乘梯权限。通过楼层控制器控制刷卡进入电梯、按时区与周计划控制有效乘梯时段、警报接入。

2）用户管理。进入电梯后自动送达或按键选择目标楼层、自定义电梯独立运行时段。

3）访客管理。持临时卡访客按有效期或次数管理乘梯权限、不持卡访客由召唤控制器释放乘梯权限。

4）楼层互访。刷卡由楼层控制器控制召唤按钮、被访人经召唤控制器释放权限。

（2）组成。一卡通的梯控管理系统主要由以下主要设备组成：

1）电梯控制器：梯控系统主控器，完成信息认证、电梯控制等功能。

2）按键控制器：管理轿厢内的楼层按键。

3）楼层控制器：可通过刷卡进行权限认证，管理每个楼层的使用权限。

4）读卡器：安装在电梯轿厢内，与电梯控制器相连。

6. 在线巡更管理系统

（1）功能。巡更管理系统主要是指基于在线网络的实时巡更管理系统，其主要功能特点如下：

1）图文监控：实时监控巡更进程与事件记录、异常巡检报警。

2）班次线路：支持不同巡更人员的不同巡更班次和巡更线路、约束巡更点的巡检时间和巡检策略。

3）事件记录：持事件卡或按事件代码实时上传或记录巡检发现的事件。

4）数据来源：系统数据可以基于在线巡更机、门禁读卡器、考勤机、专用读卡器等读卡设备上巡更人员的刷卡记录。

（2）组成。一卡通的在线巡更管理系统主要是通过大厦内的在线巡更机、门禁读卡器、考勤机、专用读卡器等读卡设备上刷卡，实现巡更人员的管理。

7. 消费管理系统

（1）功能。小区内消费管理系统主要是实现在小区内消费场合的支付、结算工作，其主要功能特点如下：

1）电子钱包。系统通过一卡一密、公共账户、账户分区、银行圈存等方式实现电子钱包的管理。

2）消费控制。系统可以通过密码消费、消费输出、分流控制、限额消费、出勤消费等方式来控制消费权限。

3）消费模式。系统具有金额模式（定额、计算）、计次模式、计时模式、会员模式（折扣、预订）等多种消费模式。

4）福利管理：系统提供福利补贴、福利餐饮、搭伙管理等福利管理方式。

（2）组成。一卡通的消费管理系统主要由消费机（消费终端）、消费管理软件等组成，管理主机上安装管理软件，负责消费系统的管理工作，消费管理主机通过网线与整个一卡通系统联网。

8. 系统一卡通管理中心

小区一卡通管理中心主要是对整个小区的一卡通系统进行集中管理。

管理中心是整个一卡通系统的系统中枢，它有综合性的管理职能，主要是网络的管理和维护，监控各系统和设备的运行情况。对智能卡管理，负责卡片的授权发行、挂失、注销，负责设定卡片的使用范围和权限，清算管理，资料管理，系统管理，报表分析等。

（1）卡片的授权。一卡通系统内使用的卡片必须经过一卡通管理中心的授权，否则均被视为非法卡。对卡片的授权充分体现了系统的集中管理性。卡片一经授权，在所有一卡通相关子系统中即可得到应用。

（2）卡片的挂失和反挂失等操作。对于一卡通系统平时运行过程中经常遇到的问题——挂失和反挂失，一卡通系统将对当前挂失和反挂失的卡片在系统中的权限进行智能实时设置。即当用户将卡片挂失后，一卡通管理中心的软件将实时自动会在一卡通各个子系统中相关的设备上进行黑名单的下载或者原权限的取消。而当卡片反挂失后系统又将自动恢复原卡片的各种权限。

五、信息网络安全管理系统

智能化的住宅建筑宜设置信息网络安全管理系统。信息网络安全管理系统应能保障信息网络正常运行信息安全。

六、家居管理系统

智能化的住宅建筑宜设置家居管理系统。

家居管理系统应根据实际投资状况、管理需求和住宅建筑的规模，对智能化系统进行不同程度的集成和管理。

1. 组成

住宅建筑家居管理系统（HMS）是通过家居控制器、家居布线、住宅建筑布线及各子系统，对各类信息进行汇总、处理、并保存于住宅建筑管理中心数据库，实现信息共享，为居民提供安全、舒适、高效、环保的生活环境。

家居管理系统宜综合火灾自动报警、安全技术防范、家庭信息管理、能耗计量及数据远传、物业收费、停车管理、公共设施管理、信息发布等系统。

家居管理系统应能接收公安部门、消防部门、社区发布的社会公共信息，并应能向公安、消防等主管部门报送报警信息。

住宅建筑家居管理系统（HMS）框图如图 6-5 所示。

2. 功能

小区楼宇住户的访客对讲、强电照明、家用电器、防盗保安等硬件设备及整个小区的三表（或多表）计量、公共信息发布进行智能化的集中管理、分散控制。

3. 家居控制器

（1）智能化的住宅建筑可选配家居控制器。

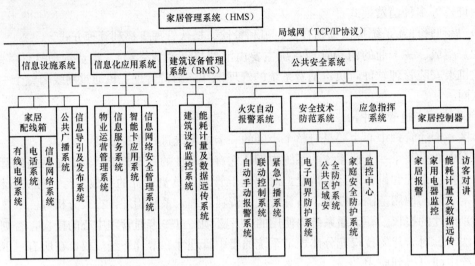

图 6-5 住宅建筑家居管理系统（HMS）框图

（2）家居控制器宜将家居报警、家用电器监控、能耗计量、访客对讲等集中管理。

（3）家居控制器的使用功能宜根据居民需求、投资、管理等因素确定。

（4）固定式家居控制器宜暗装在起居室便于维修维护处，箱底距地高度宜为 1.3～1.5m。

（5）家居报警宜包括火灾自动报警和入侵报警，设计要求可按安防系统要求进行。

（6）当采用家居控制器对家用电器进行监控时，两者之间的通信协议应兼容。

（7）访客对讲的设计要求可按安防系统要求进行。

（8）家用电器的监控包括照明灯、窗帘、遮阳装置、空调、热水器、微波炉等的监视和控制，如图 6-6 所示。

4．集控器

集控器作为智能家居管理系统最前端的智能节点和上层管理者，功能极为强大。将可视对讲系统、三表远传系统、家庭防盗防灾报警系统、电话远程遥控家电系统、公共信息发布/物业管理系统以及 IC 卡收费系统（家中划账，方便快捷）等诸多子系统有机地融合到了一起，从而达到了高度的集成。

此外，住户紧急求助、家政、维修等其他服务请求也可通过系统总线传输网络上传至物业（保安）管理中心。

对居住者来说，面对的只是一台"傻瓜"主机，中文界面友好，使用起来简单方便。

5．设备

智能家居管理系统的设备按其网络拓扑结构可分为四大部分：

（1）管理中心设备。中央管理主机、中央数据库服务器、打印机（可选）等。

（2）楼（入口/楼层）公用设备。区域智能终端、室外机、线路分配放大器等。

（3）户内设备。智能家居集中控制器、户内末端报警探头（可选，如红外线探测器、玻璃破碎探测器、烟雾报警器、煤气泄露报警器、紧急按钮、门/窗磁等）。

（4）电源。正常情况下整个系统由住户室内电源供电。当住户室内电源或市电供电系统不能正常供电时，启用系统自备不间断电源。

6．软件

（1）电话遥控家电软件。住户可通过办公室电话或移动电话可以对集控器进行远程操

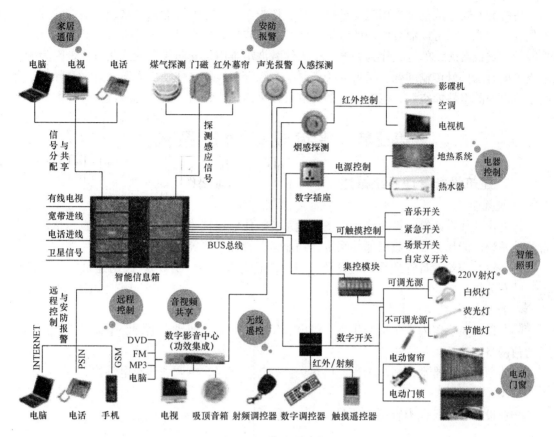

图 6-6　家居智能系统

作，实现对家中电器的遥控或进行布/撤防状态的控制。

（2）公共信息发布软件。采用电子广告牌取代广告栏模式，公共信息发布逐步走向数字化、信息化。此外，在数量不多的高档涉外公寓中，其物业管理的先进性则更进一步，即利用局域网来实现各种信息的传输和发布。

（3）多表数据采集软件。物业中心的多表数据采集软件是一种先进的远程抄表计量软件。远程的计量采集方式取代了落后的入户抄表。抄表员只需在管理中心就能查到所有用户的脉冲总数及统计总额，通过信息发布渠道即可把各户的多表数据及相关费用发到住户家中。

（4）家庭联网报警软件。每个用户的集控器上都提供了探测器/报警器输入口，相应端口可接各种安防设备（红外、门/窗磁、煤气泄露报警、烟感探头、紧急按钮等），在布防状态下相应的触发报警信号可上传至保安管理中心。管理中心会弹出相应的报警界面，显示具体的住户编号及报警设备，同时声光报警也提醒保安人员及时处理警情。

7. 布线

家庭智能布线一般有星形连接、总线连接、电力线载波连接、红外连接（IR）、无线（RF）连接五种方式。

从稳定性角度，星形连接最稳定可靠，其他依次为总线连接、电力线载波连接、红外连接（IR）、无线（RF）连接方式。

传统的安防系统都是采用星形连接方式。作为一个实际的智能家居系统，最佳的方案应该是各种布线方式可以混合使用的方案。例如，安防尽量采用星形连接方式，同时也可以用总线的方式或者无线的方式作为补充。电力线载波很难用于安防探头的连接方式，因为无法解决停电时的信号传输问题。星形连接还是信息综合布线的最佳解决方案。灯光和除了信息类家电以外的电器如空调、电饭煲等的控制可以采用总线、电力线、无线或红外等方式。

第三节 建筑设备管理系统

一、建筑设备管理系统概述

1. 设置

智能化的住宅建筑宜设置建筑设备管理系统。住宅建筑建筑设备管理系统宜包括建筑设备监控系统、能耗计量及数据远传系统、物业运营管理系统等。

住宅建筑建筑设备管理系统的设计应符合现行行业标准 JGJ 16《民用建筑电气设计规范》的有关规定。

2. 组成

物业设备所涵盖内容包括给排水、供电、供暖、消防、通风、电梯、空调、天然气供应及通信网络。

具体划分为给排水、消防工程、供热、供燃气、通风、空调和建筑电气化。

3. 内容

物业设备管理具体内容见表 6-1。

表 6-1 物业设备管理对象

序号	类别	内容
1	给排水	室内给水
2		室内饮水
3		室内热水
4		室内排水
5		水景给排水
6		游泳池给排水
7	消防工程	消火栓消防系统
8		自动喷淋灭火
9		其他防火消防系统
10	供热、供燃气、通风、空调	室内供暖及热源
11		室内燃气供应
12		建筑通风及防排烟系统
13		空气调节及冷源
14	建筑电气化	低压配电系统
15		建筑照明
16		建筑防雷
17		消防控制
18		安防系统
19		网络系统
20		通信与广播及有线电视
21		网络

二、建筑设备监控系统

1. 设置

智能化住宅建筑设置建筑设备监控系统应具备的最低功能要求,有条件的开发商可根据需求监测与控制更多的系统和设备。

2. 功能

(1) 基本功能。智能化住宅建筑的建筑设备监控系统应具备下列功能。

1) 监测与控制住宅小区的给水与排水系统。给排水监控子系统的作用是保证供水/排水系统的正常运行,基本监控内容是对各给水泵、排水泵、污水泵及饮用水泵的运行状态进行监测,对各种水箱及污水池的水位、给水系统的压力进行监测,并根据这些监测信息,控制相应水泵的起停或按某种节能方式运行。

2) 监测与控制住宅小区的公共照明系统。照明监控与节能直接相关。利用自动化手段对照明设备进行有效的控制可以取得明显的节能效果。照明监控子系统主要是对门厅、走廊、庭园和停车场等场所照明的定时控制,对照明回路的分组控制,以及对一些重要场所实现智能化控制。

3) 监测各住宅建筑内的电梯系统。电梯一般都自带完备的控制装置,但需要将这些控制装置与建筑设备监控系统相连并实现它们之间的数据通信,使设备监控管理中心能够随时掌握各个电梯的工作状况,并在火灾、非法入侵等特殊情况下对它们的运行进行直接控制。

4) 监测与控制住宅建筑内设有集中式采暖通风及空气调节系统。暖通空调监控子系统的中心任务是在保证提供舒适环境的基础上,尽可能地降低能耗,例如,根据上下班时间适当提前启动空调进行预冷(热),提前关闭空调,依靠建筑物的冷(热)惯性维持下班前一段时间的室内环境温度;对不使用的厅堂关闭空调,根据负荷确定空调开启的台数和运行模式等。

5) 监测住宅小区供配电系统。供配电设备监控于系统的主要功能是保证建筑物安全可靠的供电,因而主要是对各级开关设备的状态、主要回路的电流和电压及变压器的温度进行监测。在保证安全可靠供电的基础上,系统还包括用电计量、各户用电费用分析计算、用电高峰期对次要回路的限制供电控制等功能。

(2) 其他功能:

1) 背景音乐及紧急广播,要求与安保、消防联动。

2) 喷泉设施控制等。

3. 监控方式

(1) 只监不控。智能化住宅小区的公共设备通常对供电、供水、供热、电梯、公共照明等系统设备运行状态一般采取只监不控的方式进行。

(2) 检测和报警。建筑设备监控系统应对智能化住宅建筑中的蓄水池(含消防蓄水池)、污水池水位进行检测和报警。

(3) 报警。建筑设备监控系统宜对智能化住宅建筑中的饮用水蓄水池过滤设备、消毒设备的故障进行报警。

4. 电源

直接数字控制器(DDC)的电源宜由住宅建筑设备监控中心集中供电。

当住宅小区面积较大,DDC由建筑设备监控中心集中供电电压降过大不能满足要求时,

DDC可就近引接电源，供电等级应一致。

5. 系统构建

住宅小区建筑设备监控系统的设计，应根据小区的规模及功能需求合理设置监控点。

建筑设备监控系统的体系结构是指所有被控参数与中央管理计算机之间的连接方式。

（1）集中式体系结构。早期的建筑设备监控系统只在中央控制室设置一台计算机，以其为核心，辅以必要的外部设备组成集中式监控系统，中央计算机采集位于建筑物各处的建筑设备信号，完成全部设备的监控及调节。由于需要监控的建筑设备安装分散，而且监控量大，要将所有的现场信号都接到中央监控室，不仅实现困难，而且可靠性不高。

（2）集散式体系结构。集散式体系结构是目前广泛采用的一种体系结构，如图6-7所示。

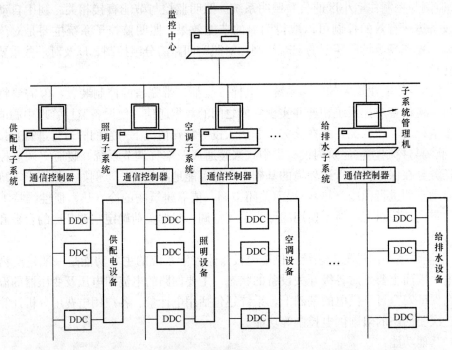

图6-7 集散式体系结构

集散式系统以分布在现场被监控设备附近的多台DDC控制器完成设备的实时监控任务，在中央控制室设置管理计算机，完成集中操作、显示报警、打印输出与优化控制等任务。

与集中式体系相比，集散式系统把监控任务分散到各现场控制装置，不仅方便施工，还降低了危险性，克服了集中式系统危险性高度集中的缺陷，可靠性提高，另一方面，由于采用管理计算机对整个系统进行智能化管理，实现了系统的整体优化，从而突出了管理功能。

（3）分布式网络化体系结构。随着信息技术的发展给自动化领域带来的深刻变化，近年来BAS系统已由典型的集散式系统逐渐发展到以现场总线为技术特征的全分布式网络化结构。所谓现场总线技术是适应智能仪表发展的一种计算机网络，它的每个节点均是智能仪表或设备，网络上传输的是双向的数字信号，具有可靠性高、成本低、组态简单、可实现互操作、分布控制等特点，是一种开放性系统。

物业设备管理系统构建如图6-8所示。

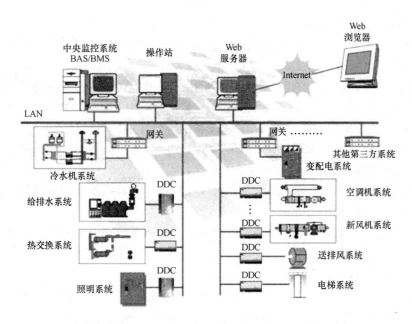

图 6-8　物业设备管理系统

6. 管理功能

除了完成对建筑设备的监控任务外，建筑设备监控系统还要对大量的检测数据进行统计处理，实现设备的运行管理。

系统的管理功能通常体现在利用计算机以图形方式给出各设备、装置甚至传感器在建筑物中的具体位置，为维护管理人员查找故障提供方便，记录有关设备、装置的运行维护情况，在计算机内部建立设备档案库，打印各种报表，进行统计计算，为建筑物管理提供科学依据。

上述设备管理和子系统间的协调主要由 BAS 中央管理计算机承担。为此，中央管理计算机应具备数据库功能、显示功能、设备操作功能、定时控制功能、统计分析功能、设备管理功能及故障诊断功能。

（1）数据库功能。数据库功能主要用来存储现场计算机监测的各种现场参数及控制数据，供以后显示输出和分析计算时用。

（2）显示功能。屏幕显示是 BAS 管理计算机与使用者交流的主要方式。一般采用图形和表格的方式。

（3）设备操作功能。利用 BAS 管理计算机可以对设备进行远程操作，管理人员在监控室即可对设备的启停控制或对某些控制参数进行重新设定。

（4）定时控制功能。BAS 中有相当多的设备需要定时启停，如空调、照明等。这种启停时间表还会经常出现一些变化，需要通过中央管理计算机来设定、修改。

（5）统计分析功能。为配合管理人员的分析判断，BAS 管理计算机还应对数据做进一步的统计分析，以满足不同的管理要求。

1）能量统计。各子系统的耗电量、耗蒸汽量和耗电量的日累计、月累计、平均值、最大值等，以供分析能耗状况时的判断、决策。

2）收费统计。根据预先指定的各用户范围，统计需负担的电费、水费、空调费及用热费等，帮助管理人员进行经济管理。

3）设备运行统计。计算各台设备的连续运行时间、大修后的累计运转时间等，为维护和管理这些设备提供依据。

（6）设备管理功能。在 BAS 的中央计算机中，一般应建立各主要设备的档案，储存各设备性能、规格及厂家信息、设备安装位置与连接关系，以及其他运行状况参数。计算机可根据这些统计参数及预定的规则，自动编排设备的维修计划。

（7）故障诊断功能。BAS 的另一个重要功能就是系统各设备的故障诊断。根据诊断内容及分析的深入程度，故障诊断可分为三个层次：

1）运行数据的上下限报警，即对主要运行参数给出正常工况下的最高值与最低值，当实测值超出范围时报警。

2）故障报警。比如某个传感器或阀门的故障、通风系统部分中断等，这些故障有些是在现场控制器中直接判断，再将结果传送给中央管理计算机；或者是由中央管理计算机根据采集到的运行参数进行判断得到的。

3）设备的故障诊断，中央管理计算机根据实测的运行数据，通过对这些数据处理，按一定的规则对故障进行自动诊断，分析出诸如管道漏水、阀门或过滤器堵塞等故障。常用的故障诊断方法如专家系统、模糊推理、神经元方法等，将基于某种原理的故障诊断方法编制成软件输入中央管理计算机，即可实现故障诊断功能。

7. 照明节能

（1）住宅建筑公共部位照明节能。照明主要包括室内照明、公共区域内的照明和景观照明。住宅建筑公共部位照明节能设计要求：

1）住宅建筑楼梯间、公共走道的照明，应当采用节能自熄开关控制。

2）住宅建筑的电梯厅照明等禁止采用节能自熄开关控制的场所，不应采用白炽灯等不节能照明光源。

3）与各种节能自熄开关配套的光源，不宜采用紧凑型荧光灯。

4）对于景观照明，可以设定不同的节能工作模式，能够实现定时开关。

（2）光源及其节能附属装置。建筑照明应当采用节能光源及其节能附属装置。

室内外照明不应采用白炽灯、卤钨灯和自镇流荧光高压汞灯，不宜采用荧光高压汞灯；在现行 GB 50034《建筑照明设计标准》中明确规定的特殊情况下需设计采用白炽灯时，其额定功率不应超过 100W。

（3）照明控制。

1）公共建筑的走廊、楼梯间、门厅等公共场所的照明，应当结合工程项目使用功能和自然采光等条件，合理采取分区、分组、集中和分散等控制措施。

2）公共建筑内近窗的灯具，应当采用独立控制的照明开关；当办公建筑内设有两列或者多列灯具时，其照明开关宜按照所控灯列与主采光侧窗平行方式进行控制。

3）每个照明开关所控的光源数不应过多。每个房间照明开关的设置，不宜少于 2 个（只设置 1 个灯具时除外）。

三、能耗计量及数据远传系统

1. 能耗计量

建筑物能耗计量系统是指通过安装分类和分项能耗计量装置，采用远程传输等手段实时采集能耗数据，具有建筑能耗在线监测与动态分析功能的软件和硬件系统的统称。

建筑物的分类和分项能耗计量等技术参数，通过能耗计量系统统一纳入民用建筑能耗监管系统。建筑物能耗计量系统的分类能耗应当包括电量、水耗量、燃气量（天然气量或者煤气量）、集中供热耗热量、集中供冷耗冷量和其他能源应用量（如集中热水供应量、煤、油、可再生能源等）。

2. 远传抄表系统

远传抄表系统是利用电子技术和传感技术，对传统电能表、水表、燃气表加以改进，使其成为远传计量表，在户外装一套计量系统，将每一个计量表传感器传出的数据，送到每个表的采集器存储，经过函数变换送到智能电路单元，各单元通过数据总线并联，在数据总线上任何一点皆可以与计算机通信，自动抄收三表数据。

3. 系统组成

能耗计量及数据远传系统宜由能耗计量表具、采集模块、采集终端、传输设备、集中器、管理终端、供电电源组成，如图 6-9 所示。

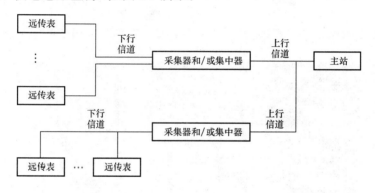

图 6-9　远传抄表系统

远传抄表系统由远传检测表头、数据采集器、上位控制器、抄表服务器及抄表系统软件等五个部分组成，如图 6-10 所示。

（1）远传检测表头。远传检测表头通过对现有电能表、水表、燃气表加装传感器，使其既能就地显示计量数据，又能产生相关计量脉冲信号。

传感器实质上是一种基于磁电转换技术或光电转换技术的脉冲发生电路单元。远传检测表头为机械转盘式，将磁感应探头装在检测表头的某一刻度上，并通过磁屏蔽防止外界磁场的干扰，便能将一台一般表改制成远传检测表头。

转轴的圈数通过探头组件的输出端送到数据采集器，该数据通过一定的倍率计算便成为最终的计量数据。例如，在现有转盘计数的水表中加装霍尔元件和磁铁，即可构成基于磁电转换技术的传感器，霍尔铁安装在计数盘上，当转盘每转一圈，永磁铁经过霍尔元件一次，在信号端即产生一个对应的计量脉冲，其工作电压由采集器提供。同样，可以采用光电转换技术产生计量脉冲，实现远传抄表的目的。

（2）数据采集器。数据采集器是以单片机为核心的数据采集装置，用于采集检测表头数据、总线报警、实时数据存储、与上位控制器通信，一般安装在各住户检测表头附近。其主要功能是采集检测表头数据，累积表头数据，通过系统总线上传至上位控制器。一般具有 4

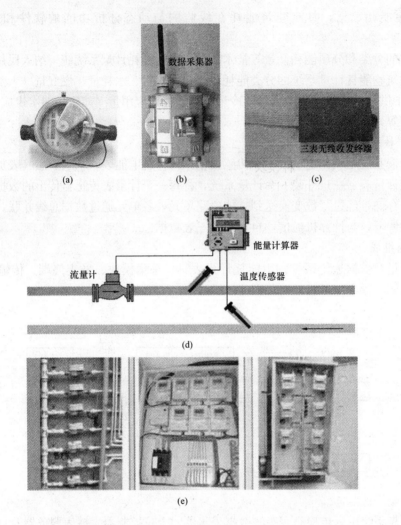

图 6-10　远传计量设备

（a）水表；（b）数据采集器；（c）三表无线收发终端；（d）远传热水表；（e）表箱

个或 8 个通道，每个通道连接 1 个检测表头。为保障系统的安全性及可靠性，数据采集器应具有表底数据及采集数据的存储功能，同时应具有用户总线、系统总线断线、停电报警等功能。数据采集器一般安装于本检测表头的附近，比如可将同一楼层的采集器集中安装于本层弱电竖井中。数据采集器供电由 UPS 集中提供。

（3）上位控制器。上位控制器是独立抄表系统的终端装置，提供 UPS 电源。上位控制器可与数据采集器、检测表头组成完整的小规模抄表系统，标准型上位控制器通过屏蔽双绞线可挂接数据采集器，通过扩展上位控制器接口可挂接无限制个数的数据采集器，只是应保证通信线路总距离不超过 1km。

上位控制器主要功能是对数据采集器硬件设备管理，历史数据存储、累积，采集器数据自动下载，数据显示、打印、校对，系统维护用户口令设置，用户计费管理，数据共享等功能。上位控制器提供丰富的接口，可连接打印机、显示器、键盘、鼠标、网卡、USB 设备等。对于规模较小的小区，可由上位控制器代替抄表服务器完成小区抄表任务。

（4）抄表服务器。抄表服务器是大型社区抄表系统的网络管理服务器，对于规模较大、通信线路总距离超过 1km 的小区，应增设抄表服务器，采用以太网连接上位控制器，抄表服务器除具有网络管理功能外，其余与上位控制器的功能基本相同。

4. 系统软件

抄表系统软件是数据储存、处理、分析的应用软件，具有数据自动采集、数据查询、数据修改、数据通信、数据打印、系统维护、收费管理等功能。

5. 系统特点

（1）远传抄表系统是一种模块化开放型网络，系统连接采用总线方式，各用户并接在总线上，在网上任意一点都可抄读三表数据，便于整个小区及城市水网、煤气网、电网的自动抄收，银行划拨收款，可组成百万户以上的大网。

（2）系统组成灵活，既有适合于规模较小社区、降低小区造价的独立抄表系统，又有适合于规模较大社区、网络管理功能完善的抄表系统。远传抄表系统性能指标主要是检测表头，指水表、电能表和煤气表等计量仪表，抄表系统所用检测表头需加入探测元件，并配有一条信号传输线，其长度为 1.5m 以内。

6. 系统功能

表具数据自动抄收及远传系统应具有下列功能。

（1）表具数据自动抄收及远传、掉电保护和数据存储、超限定值判断、故障自动检查和报警、偷窃电鉴别、分时段计费、实时计量、在线查询、管理等。

（2）系统的通信接口应灵活方便，适用面广，可与普通表具、脉冲表具、直读表具等相连接。

（3）集中器与管理中心可采用公用电话网、局域网、专线、电力载波、无线等通信方式。

（4）系统应在掉电情况下，对停电前的用量绝对值保存期不低于四个月。用于抄录耗能表读数的采集器、采集终端均具有停电时自动转换到自备电源供电的装置，保证在停电时仍可记录水表、燃气表、热能表的读数。

（5）系统应具备对时间、耗能量记录、停送电记录和线损统计等功能。

7. 传输

能耗计量及数据远传系统可采用有线网络或无线网络传输，有线网络包括 RS485 总线、局域网、低压电力线载波等。

（1）专网总线表具数据自动抄收及远传系统。

1）系统设备之间的连线均为专用管线。当总线的传输距离超过一定值（具体参数随产品而定）时，需加装中继器，对信号进行放大和滤波，以确保数据精度。

2）采集终端设于专用采集箱内，此箱可置于弱电间或公共走道部位。

3）采集箱内应设置 AC 220V 电源，该电源平时为采集终端工作电源，并给备用蓄电池充电，备用蓄电池容量应确保采集终端在停电 8h 内连续工作。采集箱外壳需接地，接地电阻小于 4Ω。

4）采集模块设于住户室内普通耗能表附近的接线盒内。

5）采集终端、集中器可连接耗能表的数量由产品性能确定。

6）集中器安装在弱电竖井或公共走道内，集中器与管理中心用专网总线、电话线等联络。

（2）电力线载波表具数据自动抄收及远传系统应符合下列规定。

1）采集终端设置于电能表箱内，也可设置于弱电间、公共走道采集箱内。

2）采集箱内应设置 AC220V 电源，该电源平时为采集终端工作电源，并给备用蓄电池充电，备用蓄电池容量应确保采集终端在停电 8h 内连续工作。采集箱外壳需接地，接地电阻小于 4Ω。

3）采集模块设于住户室内普通耗能表附近的接线盒内。

4）电力线载波通信距离由产品性能确定。如超过允许的通信距离，可设置集中器，当用户数量较少时，可在线路中间增设一台中继器，对信号进行放大和滤波。

5）采集终端、集中器可连接耗能表的数量由产品性能确定。

6）集中器安装于变配电站（或箱变）内，集中器与管理中心可用专网总线、电话线等联络。

8. 交接

有线网络进户线可在家居配线箱内做交接。

9. 安装

表具数据自动抄收及远传系统安装应符合下列规定：

（1）穿管缆线避免中间有接头，并在安装盒内预留长度不小于 100mm 长的导线。

（2）接线盒应预埋在耗能表附近（300～500mm 之间），且表具和接线盒的正前方周围 300mm 处不能有影响安装和维修表具及接线的障碍物。

（3）专网总线系统进户线宜在用户配线箱处做分界点。

10. 电源

能耗计量及数据远传系统有源设备的电源宜就近引接。

第四节 公 共 安 全 系 统

一、公共安全系统概述

1. 组成

公共安全系统宜包括住宅建筑的火灾自动报警系统、安全技术防范系统和应急联动系统，如图 6-11 所示。

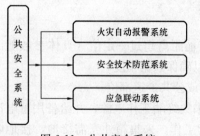

图 6-11 公共安全系统

2. 功能

（1）具有应对火灾、非法侵入、自然灾害、重大安全事故和公共卫生事故等危害人们生命财产安全的各种突发事件，建立起应急及长效的技术防范保障体系。

（2）以人为本、平战结合、应急联运和安全可靠。

3. 设计

住宅建筑公共安全系统的设计应符合 GB/T 50314《智能建筑设计标准》、JGJ 16《民用建筑电气设计规范》等的有关规定。

二、火灾自动报警系统

1. 设计要求

住宅建筑火灾自动报警系统的设计、保护对象的分级及火灾自动报警探测器设置部位等，应符合 GB/T 50116《火灾自动报警系统设计规范》的有关规定。

（1）建筑物内的主要场所宜选择智能型火灾探测器；在单一型火灾探测器不能有效探测火灾的场所，可采用复合型火灾探测器；在一些特殊部位及高大空间场所宜选用具有预警功能的线型光纤感温探测器或空气采样烟雾探测器等。

（2）对于重要的建筑物，火灾自动报警系统的主机宜设有热备份，当系统的主用主机出现故障时，备份主机能及时投入运行，以提高系统的安全性、可靠性。

（3）应配置带有汉化操作的界面，操作软件的配置应简单易操作。

（4）应预留与建筑设备管理系统的数据通信接口，接口界面的各项技术指标均应符合相关要求。

（5）宜与安全技术防范系统实现互联，可实现安全技术防范系统作为火灾自动报警系统有效的辅助手段。

（6）消防监控中心机房宜单独设置，当与建筑设备管理系统和安全技术防范系统等合用控制室时，应符合标准的规定。

（7）应符合现行 GB 50116《火灾自动报警系统设计规范》、GB 50016《建筑设计防火规范》等的有关规定。

2. 保护对象等级

（1）特级：建筑高度超过 100m 的高层住宅建筑。

（2）一级：十九层及以上的居住建筑。

（3）二级：十层至十八层的居住建筑。

（4）三级：十层以下的居住建筑。

3. 系统设计

（1）A类。A类系统应首先符合选定的区域火灾报警系统、集中火灾报警系统或控制中心火灾报警系统要求，并应在每户设置火灾声警报装置和手动火灾报警开关，发生火灾时，消防控制室应能及时通知发生火灾的住户及相邻住户（住户内设置家用火灾探测器时可以设置声光报警器）。

（2）B类。B类家用火灾报警系统中应至少由一台家用火灾报警集中监控器、一台家用火灾报警控制器、家用火灾探测器、家用手动报警开关等设备组成。在集中监控器上应能显示发生火灾的住户。B类家用火灾报警系统的设置如下：

1）设置在个家庭户内的家用火灾报警控制器应连接到控制中心监控设备。

2）具有对讲装置的住宅，在住户发生火灾报警时宜点亮对讲门上对应的住户的指示灯，并宜发出声音提示。

（3）C类。C类家用火灾报警系统应至少由一台家用火灾报警控制器、家用火灾探测器和手动报警开关组成，在发生火灾时，其户外应有相应的声光警报指示。设置C类家用火灾报警系统时应满足下述要求：

1）应在建筑的公共部位设置火灾声和/或光警报器，在住户发生火灾时，该警报器应被启动。

2）具有对讲装置的住宅，在住户发生火灾报警时宜点亮对讲门上对应的住户的指示灯，并宜发出声音提示。

（4）D类。家用火灾报警系统一般由家用火灾探测器组成，发生火灾时应发出火灾报警声信号。设置 D 类家用火灾报警系统时还应满足下述要求：

1）有多个起居室的住户，宜采用互联型独立式火灾探测报警器。

2）宜选择电池供电时间不少于 3 年的独立式火灾探测报警器。

其中，A 类和 B 类家用火灾报警系统宜用于有物业管理的住宅，C 类家用火灾报警系统宜用于没有物业管理的单元住宅，D 类家用火灾报警系统可用于别墅式住宅。

4. 系统设备

家用火灾报警系统适用于住宅、公寓等居住场所。

（1）探测器。

1）在家庭室内设置的火灾探测器宜使用家用火灾探测器，在设置非家用火灾探测器时，应在户内设置火灾声警报器，且宜采用语音提示、声压级宜为逐渐增加方式的火灾声警报器。

2）每间卧室、起居室内应至少设置一只感烟火灾探测器。

3）厨房内应设置可燃气体探测器，并应符合下述要求：

① 使用天然气的用户应选择甲烷探测器，使用液化气的用户应选择丙烷探测器，使用煤制气的用户应选择一氧化碳探测器。

② 宜选择使用红外传感器或电化学传感器的家用可燃气体报警器。

③ 连接燃气灶具的软管及接头在橱柜内部时，探测器宜设置在橱柜内部。

④ 甲烷探测器应设置在厨房顶部，丙烷探测器和一氧化碳探测器可设置在厨房顶部，也可设置在其他部位。

⑤ 可燃气体探测器不宜设置在灶具正上方。

⑥ 探测器联动的关断阀宜为用户可以自己复位的关断阀，且宜有胶管脱落自动保护功能。

4）同时设置有火灾自动报警系统和家用火灾报警系统的建筑，在住户内宜设置家用火灾报警系统，公共场所应设置火灾探测器，家用火灾报警控制器应接入火灾报警控制器或消防控制室图形显示装置集中显示火灾报警信息。

（2）二级以上保护对象中家庭户内火灾报警装置。在二级以上保护对象中的家庭户内设置火灾报警装置时，应满足下述要求：

1）可设置火灾探测器，也可设置家用火灾探测器，探测器可以直接由火灾报警控制器控制，也可由家用火灾报警控制器控制，家用火灾报警控制器应与火灾报警控制器相连接。

2）建筑的公共部位应设置由火灾报警控制器控制的火灾探测器。

（3）报警控制器。

1）家用火灾报警控制器应独立设置在每户内，且应设置在明显的和便于操作部位。当安装在墙上时，其底边距地高度宜为 1.2m。

2）具有可视对讲功能的家用火灾报警控制器宜设置在门口附近。

（4）手动报警开关。

1）每户内至少设置一个手动报警开关或手动报警按钮。

2）手动报警开关应设置在明显的和便于操作部位。

3）手动报警开关在卧室内，宜设置在床头附近。

5. 安全疏散

建筑物的安全疏散设施主要有疏散楼梯间和楼梯，防烟楼梯间前室、合用前室和疏散走道、安全出口以及应急照明和疏散指示标志、火灾广播、救生设施等。

6. 电源

当10层～18层住宅建筑的消防电梯兼做客梯且两类电梯共用前室时，可由一组消防双电源供电。

末端双电源自动切换配电箱应设置在消防电梯，由双电源自动切换配电箱至相应设备时，应采用放射式供电，火灾时应切断客梯电源。

控制中心监控设备应配备可工作8h的备用电源。

7. 消防控制室

建筑高度为100m或35层及以上的住宅建筑，应设消防控制室、应急广播系统及声光警报装置，其他需设火灾自动报警系统的住宅建筑设置应急广播困难时，应在每层消防电梯的前室、疏散通道设置声光警报装置。

建筑高度为100m或35层及以上的住宅建筑要求每栋楼都要设消防控制室，其他住宅建筑及住宅建筑群应按规范要求设消防控制室。

住宅小区宜集中设置消防控制室，消防控制室要求24h专业人员值班。

三、安全技术防范系统

1. 设计要求

GB/T 21741《住宅小区安全防范系统通用技术要求》中将住宅小区安全防范系统根据各地区经济发展状况、社会人文状况、小区建设投资规模和安防系统功能、规模以及安全管理标示等因素，分为基本型、提高型、先进型三类。

（1）应以建筑物被防护对象的防护等级、建设投资及安全防范管理工作的要求为依据，综合运用安全防范技术、电子信息技术和信息网络技术等，构成先进、可靠、经济、适用和配套的安全技术防范体系。

（2）系统宜包括安全防范综合管理系统、入侵报警系统、视频安防监控系统、出入口控制系统、电子巡查管理系统、访客对讲系统；停车库（场）管理系统及各类建筑物业务功能所需的其他相关安全技术防范系统。

（3）系统应以结构化、模块化和集成化的方式实现组合。

（4）应采用先进、成熟的技术和可靠、适用的设备，应适应技术发展的需要。

（5）应符合现行国家标准 GB 50348《安全防范工程技术规范》里的有关规定。

2. 组成

小区安全技术防范系统应由周界报警系统、视频安防监控系统、出入口控制系统、室内报警系统、电子巡查系统、实体防护装置以及小区监控中心组成。

出入口控制系统由楼寓（可视）对讲系统和识读式门禁控制系统组成。

小区安全技术防范系统构成示意如图 6-12 所示。

3. 配置

住宅小区基本型、提高型、先进型安全防范系统的配置、布防及要求应符合表 6-2 要求。

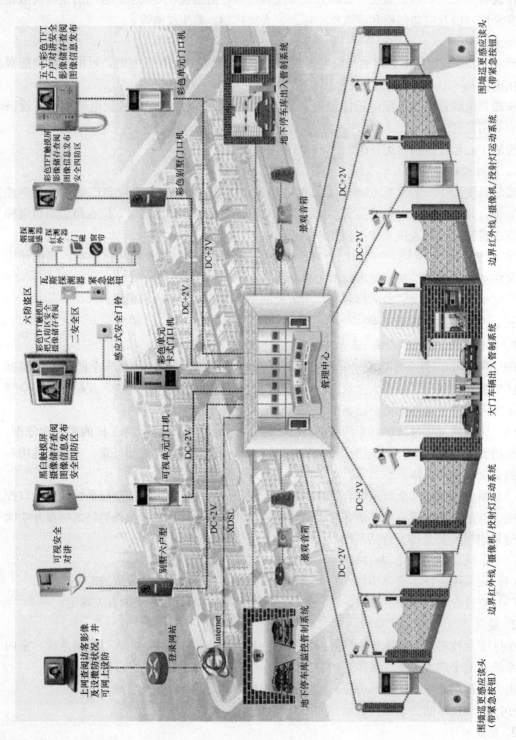

五寸彩色TFT
户户对讲安全
影像储存查阅
图像信息发布

彩色TFT触模屏
影像储存查阅
图像信息发布
安全四防区

六防盗
烟探
温感器
瓦斯
红外
门磁
探测器
窗帘
彩色TFT触模屏
把入防区安全
摄像储存查阅
紧急
按钮
二安全区

感应式安全门铃

黑白触模屏
摄像储存查阅
图像信息发布
安全四防区

可视安全
对讲

上网查阅访客影像
及设撤防状况,并
可网上设防
地下停车车监控管制系统

彩色单元门口机

彩色别墅门口机

景观音箱

可视单元门口机

彩色单元
卡式安全门口机

别墅六户型

景观音箱

DC+2V

DC+2V

DC+2V

XDSL

Internet

登录网站

管理中心

地下停车出入管制系统

DC+2V

DC+2V

DC+2V

DC+2V

DC+2V

围墙巡更感应读头
(带紧急按钮)
边界红外线/摄像机/投射灯运动系统
大门车辆出入管制系统
边界红外线/摄像机/投射灯运动系统
围墙巡更感应读头
(带紧急按钮)

图6-12 小区安全技术防范系统构成示意

表 6-2　　　　　　　　　住宅小区基本型、提高型、先进型安全防范系统配置表

系统组成与相关子系统		防 范 区 域	配置要求		
			基本型	提高型	先进型
周界防护	实体防护	小区周界	●	●	●
	周界入侵报警系统	小区周界围墙、栅栏等	○	●	●
公共区域安全防范	视频安防监控系统	小区出入口、停车库（场）出入口等	●	●	●
		电梯、重要公共场所、自行车集中停放区	○	●	●
		周界、楼栋出入口、停车场区	△	○	●
	电子巡更系统	住宅楼、重要公共建筑、设备房外围、自行车集中停放区、周界等	●	●	●
	停车库（场）安全管理系统	小区出入口道闸	●	●	●
		停车库及其出入口、停车场区	△	○	●
	出入口控制系统	小区主要出入口	△	△	●
		住宅楼层通道门、重要活动场所、电梯出入等	△	△	○
住户安全防范	访客（可视）对讲系统	楼栋出入口、住户厅（含别墅单元）	●		
		监控中心或小区出入口门卫	○		
	实体防护	一层、连通商铺顶住宅、别墅设内置式防护窗/高强度防护玻璃，设分户防盗安全门	●	●	●
	住户报警系统	紧急报警（求助）装置	○	●	●
		一、二层和连通商铺顶住宅或别墅单元的门窗、通道	○	●	●
		其他层	△	○	●
小区监控中心	监控中心	—	●	●	●
	安全管理系统	—	○	●	●

注：●应配置；○宜配置；△可配置。

上海 DB31 294《住宅小区安全技术防范系统要求（2010 版）》规定小区技防设施基本配置应符合表 6-3 的规定。

表 6-3　　　　　　　　　　　住宅小区安全技术防范系统基本配置

序号	项　　目	设　　施	安装区域或覆盖范围	配置要求
1	周界报警系统	入侵探测装置	小区周界（包括围墙、栅栏、与外界相通的河道等）	强制
2			不设门卫岗亭的出入口	强制
3			与住宅相连，且高度在 6m 以下（含 6m），用于商铺、会所等功能的建筑物（包括裙房）顶层平台	强制
4			与外界相通用于商铺、会所等功能的建筑物（包括裙房），其与小区相通的窗户	推荐
5		控制、记录、显示装置	监控中心	强制

续表

序号	项 目	设 施	安装区域或覆盖范围	配置要求
6	视频安防监控系统	彩色摄像机	小区周界	推荐
7			小区出入口［含与外界相通用于商铺、会所等功能的建筑物（包括裙房），其与小区相通的出入口］	强制
8			地下停车库出入口（含与小区地面、住宅楼相通的人行出入口）、地下机动车停车库内主要通道	强制
9			地面机动车集中停放区	强制
10			别墅区域机动车主要道路交叉路口	强制
11			小区主要通道	推荐
12			小区商铺、会所与外界相通的出入口	推荐
13			住宅楼出入口［4户住宅（含）以下除外］	强制
14			电梯轿厢［2户住宅（含）以下或电梯直接进户的除外］	强制
15			公共租赁房各层楼梯出入口、电梯厅或公共楼道	强制
16			监控中心	强制
17		控制、记录、显示装置	监控中心	强制
18	出入口控制系统	楼寓（可视）对讲系统	管理副机	小区出入口	强制
19			对讲分机	每户住宅	强制
20				多层别墅、复合式住宅的每层楼面	强制
21				监控中心	推荐
22			对讲主机	住宅楼栋出入口	强制
23				地下停车库与住宅楼相通的出入口	推荐
24			管理主机	监控中心	强制
25		识读式门禁控制系统	出入口凭证检验和控制装置	小区出入口	推荐
26				地下停车库与住宅楼相通的出入口	强制
27				住宅楼出入口、电梯	推荐
28				监控中心	强制
29			控制、记录装置	监控中心	强制
30	室内报警系统	入侵探测器	装修房的每户住宅（含复合式住宅的每层楼面）	强制
31			毛坯房一、二层住宅，顶层住宅（含复合式住宅每层楼面）	强制
32			别墅住宅每层楼面（含与住宅相通的私家停车库）	强制
33			裙房顶层平台起一、二层住宅	强制
34			水泵房和房屋水箱部位出入口、配电间	强制
35			小区物业办公场所，小区会所、商铺	推荐
36		紧急报警（求助）装置	住户客厅、卧室	强制
37			卫生间	推荐
38			小区物业办公场所，小区会所、商铺	推荐
39			监控中心	推荐
40		控制、记录、显示装置	安装入侵探测器的住宅	强制
41			多层别墅、复合式住宅的每层楼面	强制
42			小区物业办公场所，小区会所、商铺	推荐
43			监控中心	强制

续表

序号	项　目	设　施	安装区域或覆盖范围	配置要求
44	电子巡查系统	电子巡查钮	小区周界，住宅楼周围，地下停车库，地面机动车集中停放区，水箱（池），水泵房、配电间等重要设备机房区域	强制
45		控制、记录、显示装置	监控中心	强制
46	实体防护装置	电控防盗门	住宅楼栋出入口（别墅住宅除外）	强制
47		内置式防护栅栏	与小区外界相通的商铺、会所（包括裙房）等，其与小区或住宅楼栋内相通的一、二层窗户	强制
48			住宅楼栋内一、二层公共区域与小区相通的窗户	强制
49			与小区相通的监控中心窗户	推荐
50			与小区外界相通的监控中心窗户	强制

4. 周界报警系统

周界安全防范系统的设计应符合下列规定：电子周界防护系统应与周界的形状和出入口设置相协调，不应留盲区；电子周界防护系统应预留与住宅建筑安全管理系统的联网接口。

周界报警是利用主动红外探测器将防区的周界控制起来，并连接到管理中心的计算机或报警主机。当外来入侵者翻越围墙、栅栏时，探测器会立即将报警信号发送到管理中心，同时，启动联动装置和设备，对入侵者进行阻吓，并可进行联动摄像和录像。

（1）组成。周界报警系统由前端、传输、中心三部分组成，如图 6-13 所示。

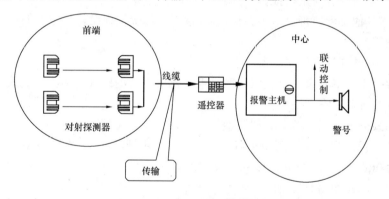

图 6-13　周界报警系统组成

1）前端。前端是由周界报警探测器组成，周界防护采用主动红外对射探测器。

对射探头由一个发射端和一个接收端组成。发射端发射经调制后的红外线，红外线构成了探头的保护区域。如果有人跨越被保护区域，则红外线被遮挡，接收端输出报警信号，触发报警主机报警。

经过调制的红外线光源是为了防止太阳光、灯光等外界光源干扰，也可防止有人恶意使用红外灯干扰探头工作。

2）传输。从前端接收的各种报警信息利用通信线缆传输到控制中心主机的报警主机，整个报警系统采用独立开发的通信编码格式，并为其进行了适当的加密，从而保证整个系统在通信上的安全与可靠，防止恶意的复制与侦测。保证报警信号有效，快速地传输到小区的报警中心。

3）中心。控制中心由控制主机及键盘组成。通过键盘对前端设备进行布/撤防，在布防期间，若发生非法入侵，当报警被触发时，键盘和电子地图一起显示具体报警点，同时键盘和警号开始报警，发出声光告警，提示值班人员注意。主机上可设置模块化的联动输出干节点，可根据工程实际情况配置，用于触发探照灯开启和相应摄像机的开启，并同时进行录像。同时进行报警中心报警状态、报警时间记录。

（2）设计要求。

1）系统的前端应选用不易受气候、环境影响，误报率较低的入侵探测装置。

2）当系统的前端选用无物理阻挡作用的入侵探测装置时，应安装摄像机，通过视频监控与报警的联动，对入侵行为进行图像确认、复核。系统的联动、图像确认、复核、记录等应符合视频安防监控系统的相关规定。

3）系统的防区应无盲区和死角，且应 24h 设防。

4）系统的防区划分，应有利于报警时准确定位。各防区的距离应按产品技术要求设置，且最大距离应小于或等于 70m。

5）与住宅相连的裙房顶层平台，宜在墙或裙房外沿顶端安装入侵探测装置。

6）一般入侵探测装置的系统报警响应时间应小于或等于 2s。张力式电子围栏入侵探测装置的系统报警响应时间应小于或等于 5s。

7）系统报警时，小区监控中心应有声光报警信号。周界报警系统报警主机应符合小区监控中心报警主机的相关要求，并应在模拟显示屏或电子地图上准确标识报警的周界区域。

8）周界报警系统可与室内报警系统共用报警主机。

9）系统的其他要求应符合 GB 50394《入侵报警系统工程设计规范》的规定。

（3）探测器。

1）分类。主动红外入侵探测器分类：

按光束数分类：单光束、双光束、四光束、光束反射型栅式、多光束栅式。

按安装环境分类：室内型、室外型。

按工作方式分类：调制型、非调制型。

主动红外入侵探测器的探测距离各个品牌都有不同型号，一般会有 10m、20m、30m、40m、60m、80m、100m、150m、200m、300m 等。

红外对射探测器如图 6-14 所示。

2）环境要求。室外与室内主动红外探测器对应用环境有较高的要求，根据国家标准 GB 10408.4《入侵探测器：主动红外入侵探测器》，在选用主动红外探测器时，对所适用的环境，其性能上要达到如下要求：

承受高低温性能：室内型 -10℃～55℃、室外型 -25℃～70℃、相对湿度 ≤95%。

抗恒定湿热要求：+40℃±2℃、RH（93±2.3）%。

抗振动要求：10～55Hz 正弦振动、振幅 0.75mm、一倍频程/1min。

抗冲击要求：室内型 15g、11ms；室外型 30g、18ms。

室外型的要求等级要明显高于室内型。

3）距离要求。按探测器技术要求规定，室外型主动红外探测器的最大探测距离一般应是其标称探测距离的 6 倍。室外型探测器需要考虑到室外环境及天气因素，也就是指在室外

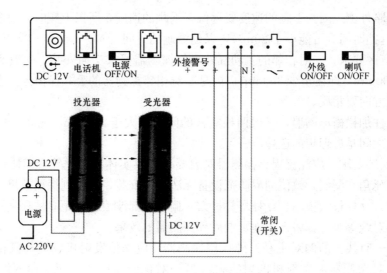

图 6-14　红外对射探测器

遇到风、雪、雨、风沙等情况，也要能正常工作。所以在实际使用时，按照行规和公安技防规范要求还常常再增加余量。

有的产品实际探测使用距离小于或等于厂方标称值的70%。例如：标称值300m的探测器，在理想环境条件下能探测的距离应是1800m（即标称值的六倍），但在实际使用时只能用于保护小于或等于240m的围墙（栏栅）。

4）选择要求。关于单光束、双光束、四光束探测器的选用，常规情况都选用双光束、四光束主动红外入侵探测器。

一般来说，正常人体截面积大致为500mm（身宽）×200mm（身厚），如选用二光束主动红外入侵探测器，可能会发生不能遮挡上部某条红外射线而漏报警。选用四光束主动红外入侵探测器，则误报较少。

从经济角度考虑，一般在周界围墙上选用双光束主动入侵探测器为宜。某些特殊应用场合，还会选用四光束主动红外入侵探测器。

一般，安装双光束主动入侵探测器时，要求探测器下光束离墙顶端在150mm左右，这样能确保入侵者在越墙时会正好遮挡住二根红外光束，引发报警。选用双光束探测器（与单光束比较），不会因为由于小动物、树叶等遮挡一根光束而产生误报，在一定程度上提高了探测器的可靠性和稳定性。

另外，长距探测器一般要求选用标称值小于或等于100m（按探测距离70m使用）的，这样使探测防区总是小于或等于70m，使得有利于报警定位。

5）时间要求。根据 GB 10408.4《入侵探测器：主动红外入侵探测器》。

一般，探测器的光束被遮挡的持续时间大于或等于(40±10%)ms 时，探测器应产生报警信号；光束被遮挡的持续时间小于或等于(20±10%)ms，探测器不应产生报警信号；遮挡时间在(20±10%)ms 与(40±10%)ms 之间时，有一个报警与否的不确定时间域。

遮挡时间是由遮挡物体的运动速度和它的遮挡体积决定的。所以为了避免遮挡时间在(20±10%)ms 与(40±10%)ms 之间（报警与否的不确定时间域），一般要求周界探测器安装在围墙顶部或略外侧，因为上爬的速度要远低于下跳的速度，所以上爬时间要多于下跳时间（人下跳时，遮挡时间有可能小于20ms），以延缓遮挡时间。

6）避免盲区要求。二对相邻的主动红外入侵探测器要求交插安装，一般要求交插间距大于或等于300mm，即在至少300mm以内是二对相邻探测器的公共保护区。当然，二对相邻探测器光束方向要相反。

如果是立柱加栅栅形围墙，一般两根立柱的间距远大于300mm，而在3～5m，此时交插保护在立柱之间是最理想的选择。

7）其他安装要求。应注意周界探测器安装要与周界实体、绿化等合理协调，若不事前协调，容易出死角和漏洞，致使周界防范设备无法合理安装，达不到探测效果。例如，有些小区为了美化，立柱很大很高、立柱灯具过大、栅栏顶部波浪型或距立柱顶端过远、树枝茂密遮挡探测器射线等等，都将极大地影响周界探测器的效果。

安装在同一直线上的两对主动红外入侵探测器，应该使发射机或接收机相背安装。否则，会发生某对探测器的发射机的射线射入另一对探测器的接收机，使探测器不能正常工作。

实际安装时，采用在相同直线上的两对主动红外入侵探测器应发射端或接收端相背；或采用具有频率调制功能的探测器，也可避免发射接收互相干扰。

（4）住宅小区周界防范。探测器选用原则是，根据围墙、栅栏二拐点间的直线长度，选择相应有效探测距离的主动红外探测器，探测器被安装在围墙、栅栏的上端或外侧，并要使被保护的周界没有探测盲区。

住宅小区周界防范示意如图6-15所示。

5. 视频安防监控系统

视频安防监控系统是利用视频探测技术、监视设防区域，实时显示、记录现场图像的电子系统或网络。

（1）组成。视频安防监控系统一般由前端、传输、控制及显示记录四个主要部分组成，如图6-16所示。

前端部分包括一台或多台摄像机以及与之配套的镜头、云台、防护罩、解码驱动器等。

传输部分包括电缆和/或光缆，以及可能的有线/无线信号调制解调设备等。

控制部分主要包括视频切换器、云台镜头控制器、操作键盘、各类控制通信接口、电源和与之配套的控制台、监视器柜等。

显示记录设备主要包括监视器、录像机、多画面分割器等。

（2）前端设备。

1）位置。图像采集部分包括小区各类进出口（如入门大厅和停车场出入口等）、小区内部主要走廊和公用设施（如电梯轿箱、停车场内等）、小区内人群密度较大流动区域和集散（如首层大堂、电梯前室等）区域。这些地方安装监控探头进行现场实时监视录像，以保证小区警力可以有效杜绝隐患，发生突发事件时可以及时处理，如图6-17所示。

2）配置。住宅建筑的主要出入口、主要通道、电梯轿厢、地下停车库、周界及重要部位宜安装摄像机。

小区主、次出入口设置彩色/黑白高速一体化球形摄像机，用于监视车辆及人员进出

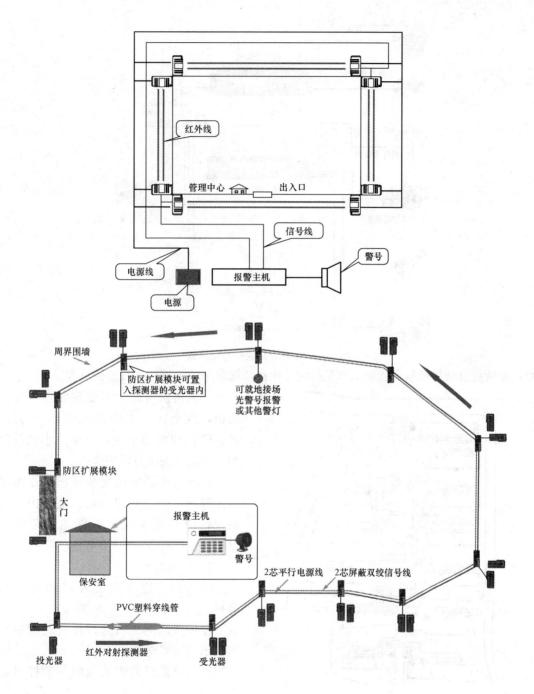

图 6-15　住宅小区周界防范示意

情况。

　　小区地下停车场出入口设置彩色高解摄像机，用于监控车辆出入情况；停车场内部设计低照度彩色摄像机。用于监视地下停车场内状况。

　　小区周界及公共区域采用高质量彩色一体化球型摄像机，并与小区周界报警系统联动控制，一旦有入侵报警信号发生，摄像机将自动旋转至报警区域，自动跟踪监控，同时监控中

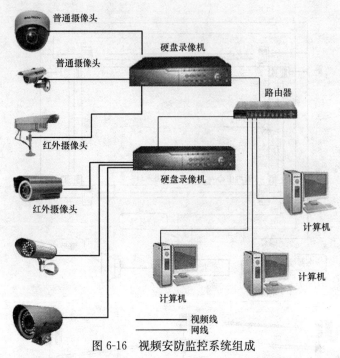

普通摄像头

普通摄像头

红外摄像头

红外摄像头

硬盘录像机

路由器

硬盘录像机

计算机

计算机

计算机

视频线
网线

图 6-16 视频安防监控系统组成

心，系统将自动切换报警现场画面至指定监视器，硬盘录像机进行实时监控录像。

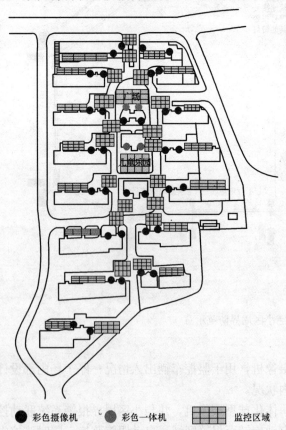

● 彩色摄像机　　● 彩色一体机　　▦ 监控区域

图 6-17 摄像头位置

小区楼房首层大堂安装彩色半球摄像机，这个区是大楼内人群必经通路，进行监视和合理干预，对保证小区秩序和人群流动安全有积极作用。

每部电梯轿厢内安装吸顶式彩色半球摄像机，作于监视和记录电梯内实时情况，以备发生突发事件能及时到警处理。

3) 安装要求。

出入口、通道应安装固定焦距摄像机。

监控区域应无盲区，并避免或减少图像出现逆光现象。

固定摄像机的安装指向与监控目标形成的垂直夹角宜小于或等于30°，与监控目标形成的水平夹角宜小于或等于45°。

摄像机工作时，监控范围内的平均照度应大于或等于50lx，必要时应设置与摄像机指向一致的辅助照明光源。

摄像机应采用稳定、牢固的安装支

架，安装位置应不易受外界干扰、损伤，且应不影响现场设备运行和人员正常活动。

带有云台、变焦镜头控制的摄像机，在停止云台、变焦操作 2min±0.5min 后，应自动恢复至预置设定状态。

室外摄像机应采取有效防雷击保护措施。

4）小区出入口摄像机安装。摄像机应一致向外；人行道、机动车行道应分别安装摄像机；每条机动车行道应至少安装一台摄像机。

5）同一建筑物、建筑物内同一层面所有出入口（含楼梯出入口）、电梯厅内摄像机的安装朝向应一致。

6）设于小区内的地下停车库机动车辆出入口摄像机应一致向内。

7）电梯轿厢的摄像机应安装在电梯轿厢门体上方一侧的顶部或操作面板上方，且应配置楼层显示器。

（3）视频监控图像。

1）小区周界的视频图像应清晰显示人员的行为特征。

2）小区出入口的视频图像应清晰地显示进出人员面部特征和/或机动车牌号，且进出人员的面部有效画面宜大于或等于显示画面的 1/60。

3）小区内的地下停车库车辆出入口的视频图像应清晰地显示进出的机动车牌号和走进（出）人员的体貌特征。

4）地下停车库与小区地面及住宅楼相通的人行出入口、地下非机动车停车库与地面相通的出入口、住宅楼出入口，以及小区商铺、会所与外界相通的出入口等处视频图像，应清晰地显示进出人员面部特征。

5）地面机动车集中停放区、地下机动车停车库主要通道、别墅区域机动车主要道路交叉路口、小区主要通道的视频图像，应清晰显示过往人员的行为特征和机动车的行驶情况。

6）公共租赁房每层楼梯出入口、电梯厅或公共楼道的视频图像，应清晰地显示过往人员的体貌特征。

7）摄像机在标准照度下，视频安防监控系统图像质量主观评价应符合 GB 50198《民用闭路监控电视系统工程技术规范》规定的评分等级 4 级的要求。系统显示水平分辨力宜大于或等于 350TVL。

8）系统所有功能的控制响应时间、图像信号的传输时间不应有明显时延。

9）具备视频监控与报警联动的系统，当报警控制器发出报警信号时，监控中心的图像显示设备应能联动，切换出与报警区域相关的视频图像，并全屏显示。其联动响应时间应小于或等于 2s。

10）视频图像应有日期、时间、监视画面位置等的字符叠加显示功能，字符叠加应不影响对图像的监视和记录回放效果。字符时间与标准时间的误差应在±30s 以内。

11）具有 16 路（含）以上的视频图像，在单屏多画面显示的同时，系统应按大于等于摄像机总数 1/16（含）的比例另配图像显示设备，对其中重点图像（例如出入口）进行固定监视或切换监视。操作员与屏幕之间的距离宜为监视设备屏幕对角线尺寸的 3～6 倍。

12）应配置数字录像设备，对系统所有摄像机摄取的图像进行 24h 记录。数字录像机设备应符合 GB 20815《视频安防监控数字录像设备》标准中Ⅱ、Ⅲ类 A 级机的要求，图像信息保存时间和回放应同时符合以下要求：应以大于或等于 25frame/s 和大于或等于 2frame/s

两种帧速记录方式分别进行图像保存，其中最近的 10d 以大于或等于 25frame/s 的帧速保存图像，其后 20d 的图像宜以大于或等于 2frame/s 的帧速保存图像；也可 30d 全部采用大于或等于 25frame/s 的帧速保存图像；图像记录宜在本机播放，也可通过其他通用设备在本地进行联机播放。

13）系统由多台数字录像设备组成并同时运行时，在确保图像不丢失的前提下，宜配置统一时钟源对所有数字录像设备进行时钟同步。

14）系统宜采用智能化视频分析处理技术，具有虚拟警戒、目标检测、行为分析、视频远程诊断、快速图像检索等功能。

15）系统其他要求应符合 GB 50395《视频安防监控系统工程设计规范》的规定。

（4）传输部分。传输部分就是系统图像信号、声音信号、控制信号等通道。传统监控系统是用同轴线缆传输视频信号，2 芯线传输控制信号及其他信号。现主流传输方式基本上是同轴电缆、光纤、双绞线、电信公用传输网络和微波等。具体选择哪种传输方式，根据需求和现场情况而定，如图像质量、实时性、布线条件、传输距离、工程造价等。

目前，电视监视控系统多半采用视频基带传输方式。摄像机距离控制中心较远情况下，也有采用射频传输方式或光纤传输方式。一般小区要求传输距离都不是很远，可采用基带传输方式，也就是 75Ω 视频同轴电缆。模拟视频信号包括许多不同频率，频带范围达到 6MHz，高频部分基本上是彩色。而同轴视频电缆物理特性是对不同频率分量信号具有不同比例衰减量。频率低则衰减小，频率高则衰减大（即频率失真特性），传输距离越长，彩色质量越差，色彩变淡或是变成黑白都是常见现象。同轴电缆一般传输距离最大为 300~500m，使用视频放大器，可以适当延长传输距离，但它是按相同比例放大所有频率分量，由电缆产生原信号各种频率分量之间比例关系变化并没有到有效恢复。也就无法补偿彩色信号频率失真，不能显著提升传输性能。

500~1200m 之间传输距离可以选用双绞线。这段距离用同轴电缆达不到要求，而用光纤造价又太贵。选择双绞线时要注意两个参数，一个是分布电容要小于 60pF/m，电容越大，对低频信号抑制作用越强烈。另一个是双绞线对环路电阻应小于 18Ω/100m。这两参数直接影响到传输距离以及图像色彩。

1200m 以上一般只能使用光纤了。注意光纤传输设备，一般分为数字光端机和模拟光端机两类。数字光端机多采用时分复用方式或波分复用方式。数字光端机是以光来发送传输信号，其信号衰减与距离无关。模拟光端机主要采用视频和控制信号模拟调频或调幅方式。模拟光端机一般最多传输 64 路视音频信号。长距离多路复用传输系统中一般采用数字光端机。

大型小区，其周边长度可能达到几公里，主干传输介质采用光纤，外围监控路线布线。靠近主干网监控点可以就近同轴电缆连到附近光端机，靠近监控中心监控点，可使用同轴线缆直接联入中心视频矩阵或 DVR。

为保证各个前端摄像机供电正常，在小区门口、主要道路、停车场以及周界的摄像机旁配备一个配电箱，从中控室供 220V 到配电箱，从配电箱再变 12V 或 24V 到各摄像机，另外，在每个单元门安装一个配电箱，给电梯轿厢和单元门口的摄像机供电。

（5）监控中心。监控室调协硬盘录像机、视频矩阵、画面分割器、监视器、显示器、远传设备（如视频网络服务器、光端机）等设备。监控点信号回到控制室以后，将信号进行分配,其中一路信号传输到视频矩阵后通过电视墙进行监看,一路信号接入 16 路硬盘录像机并显示在显示器上,音视频还原处理,然后以不同存储格式进行硬盘录像作为记录。设计整个硬盘录像系统可以连续保存录像资料 1 个月。

6. 出入口控制系统

出入口控制系统是利用自定义符识别或/和模式识别技术,对出入口目标进行识别并控制出入口执行机构启闭的电子系统或网络。

(1)组成。出入口控制系统主要由识读部分、传输部分、管理/控制部分和执行部分以及相应的系统软件组成。

(2)分类。

1)按其硬件构成模式划分,可分为一体型和分体型。

一体型出入口控制系统的各个组成部分通过内部连接、组合或集成在一起,实现出入口控制的所有功能。

分体型出入口控制系统的各个组成部分,在结构上有分开的部分,也有通过不同方式组合的部分。分开部分与组合部分之间通过电子、机电等手段连成为一个系统,实现出入口控制的功能。

2)按其管理/控制方式划分,可分为独立控制型、联网控制型和数据载体传输控制型。

独立控制型出入口控制系统,其管理/控制部分的全部显示/编程/管理/控制等功能均在一个设备(出入口控制器)内完成。

联网控制型出入口控制系统,其管理/控制部分的全部显示/编程/管理/控制功能不在一个设备(出入口控制器)内完成。其中,显示/编程功能由另外的设备完成。设备之间的数据传输通过有线和/或无线数据通道及网络设备实现。

数据载体传输控制型出入口控制系统与联网型出入口控制系统区别仅在于数据传输的方式不同。其管理/控制部分的全部显示/编程/管理/控制等功能不是在一个设备(出入口控制器)内完成。其中,显示/编程工作同另外的设备完成。设备之间的数据传输通过对可移动的、可读写的数据载体的输入/导出操作完成。

(3)布点。管理中心、区口、梯口、梯间、户内多个部分组成,全部采用单一的五类线、标准的 RJ45 网络接口连接,主要设备有计算机、小区管理中心机、交换机、区口机、梯口机、联网控制器、室内分机、电源、电锁及分支保护器等产品。

1)采用总线式联网,通过通信总线,连接小区出入口区口机、梯口机、室内机、管理员主机及管理员副机。

2)在小区出入口设置区口机,管理中心设管理中心主机。

3)在地下室或一层进入单元的通道,设置带门禁梯口机进行通道管理,同时在需要单独管理的单元,可设置管理员副机。

4)在每户室内设置室内机,具备报警功能,外接不同防区报警。

(4)功能要求。

1)采用多通道技术,住户同门口机对讲时,不影响住户呼叫管理中心。

2)小区进行分区管理,同时管理中心提供托管及遇忙转移功能。

3)访客可以留影,用户通过室内机进行查阅。

4)室内机可以拨打同一小区内不同住户房号,实现户与户之间对讲功能。

5）可视对讲功能：能实现小区出入口与住户、楼栋口与住户、管理中心与住户间可视对讲，语音（图像）清晰。

6）信息发布接收功能：管理中心应能向室内机、梯口机发送图片，文字信息。室内机可满屏显示信息内容。

7）防盗报警功能：室内机应带有安保功能，可提供紧急按钮、红外探测器、煤气探测器、门窗磁等多种报警接口方式。

8）可通过手机收警情，手机布撤防。

9）可通过在梯口机上刷卡对户内报警防区进行撤防。

10）家电控制功能：室内机带有家电控制功能，通过室内机可控制各种电器，家电控制功能为室内机扩展功能，必须增配家电接口及相关控制模块。

11）在线式门禁、巡更功能：能通过对讲系统设备就可实现在线式联网门禁、巡更功能。

12）来电显示功能：室内机具有来电显示功能，可以使用户迅速知道是梯口呼叫/中心呼叫/区口呼叫。

13）免打扰功能：能设置不同单元的免打扰时间。

14）自检功能：前端设备产生故障可自动向管理中心报警。

15）电话报警功能：警情发生时，会自动拨打预设的警情电话。

7. 楼寓（可视）对讲系统

（1）设置。在小区的出入口、住宅楼门口处装有访客对讲系统。当来访者来到小区的出入口，由物业保安人员呼叫被访用户，确认有人在家并由住户确认访客者身份后，访客者才能进入小区。进入小区后，访客者在楼栋口按被访者的户室号后，通过与主人对讲认可，主人通过遥控方式开启底层电控防盗门，让来访者进入。

对讲装置还与小区监控中心联网，随时可与其取得联系。

（2）组成。系统由梯道可视主机、用户室内可视分机、可视门前铃（备选）、层间分配器、管理中心、不间断电源等组成，如图6-18所示。

（3）设置。

1）小区出入口的管理副机应能正确选呼小区内各住户分机，并应听到回铃声。

2）楼栋出入口和地下机动车、非机动车车库与住宅楼相通的出入口的对讲主机应能正确选呼该楼栋内任一住户分机，并应听到回铃声。

3）别墅住宅内的室内对讲分机应至少有1个具备可视对讲功能。

4）其他住宅宜选用楼寓可视对讲系统。

5）楼寓（可视）对讲系统的通话语音应清晰，图像应能清晰显示人员的面部特征，开锁功能应正常，提示信息应可靠、及时、准确。

6）楼寓可视对讲系统的对讲分机宜具有访客图像的记录、回放功能，图像记录存储设备的容量宜大于或等于4G。

7）楼寓电控防盗门应以钥匙或识读式感应卡和通过室内对讲分机遥控等方式开启。不应以楼栋口对讲主机数字密码按键方式开启电控防盗门。

8）管理主机应能与小区出入口的管理副机、楼栋口的对讲主机、住户对讲分机之间进行双向选呼和通话。

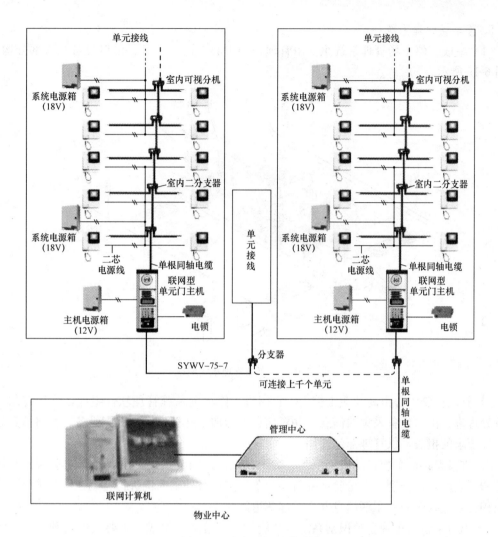

图 6-18 访客可视对讲系统

9）每台管理主机管控的住户数应小于或等于 500，以避免音（视）频信号堵塞。

10）管理主机应有访客信息（访客呼叫、住户应答等）的记录和查询功能，以及异常信息（系统停电、门锁故障时间、楼寓电控防盗门开启状态的持续时间大于或等于 120s 等）的声光显示、记录和查询功能。信息内容应包括各类事件日期、时间、楼栋门牌号等。

11）识读式门禁控制系统应根据小区安全防范管理的需要，按不同的通行对象及其准入级别进行控制与管理，对人员逃生疏散口的识别控制应符合 GB 50396《出入口控制系统工程设计规范》的相关规定。

12）门禁控制器应设置在受控门以内。

（4）安装。

1）主机宜安装在单元入口处防护门上或墙体内，室内分机宜安装在起居室（厅内，主机和室内分机底边距地宜为 1.3～1.5m。

2）访客对讲系统应与监控中心主机联网。

8. 停车场管理系统

（1）组成。停车场管理系统主要由管理控制中心、进口设备、出口设备三大部分构成，如图 6-19 所示。

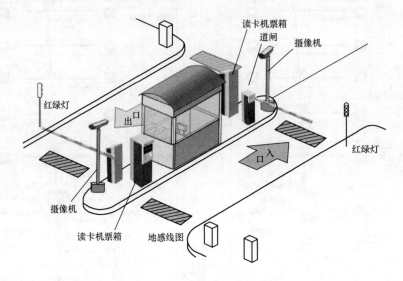

图 6-19　停车场管理系统组成

1）管理控制中心由高性能工控机、打印机、停车场系统管理软件组成，管理控制中心负责处理进、出口设备采集的信息，并对信息进行加工处理，控制外围设备，并将信息处理成合乎要求的报表，供管理部门使用。

2）进口设备由车牌自动识别系统、智能补光、道闸等组成，主要负责对进入停车场的内部车辆进行自动识别、身份验证并自动起落道闸；对外来车辆进行自动识别车牌号码，实时抓拍记录进入时间、车辆信息并自动起落道闸。

3）出口设备由车牌自动识别系统、智能补光、道闸等组成，主要负责对驶出停车场的内部车辆进行自动识别、身份验证并自动起落道闸；对外来车辆进行自动识别车牌号码，匹配驶入时间、车辆信息实行自动计费，收费后自动起落道闸。

（2）功能：

1）自动计费、费用显示和产生收据。

2）多个出入口的收费管理系统的联网功能。

3）收费系统的立即现金查账功能。

4）时租、月租和满空位信息的自动显示。

5）车辆进出的自动计数功能。

6）一车一卡，防反复进出场功能。

7）每班操作、收费报表和统计报表。

8）多种收费标准，能满足各种小区及公共停车场的收费情况。

9）进出车辆的图像和基本信息对比功能。

10）误操作及丢卡等特殊情况的处理和每一次交易的自动记录。

11）丢失卡的禁用功能。

12）收费过程中的自动语音提示功能。

13）能够独立控制道闸，可用遥控器控制道闸和手动开关栏杆。

14）可根据通道进行区域的车位管理。

15）对于临时车的自动吐卡功能。

16）车辆的防轧功能及车辆过杆的自动落闸功能。

17）通过功能扩展板，可进行车位灯光自动引导功能。

18）对于长期车的车位余留功能。

各个功能组成如图 6-20 所示。

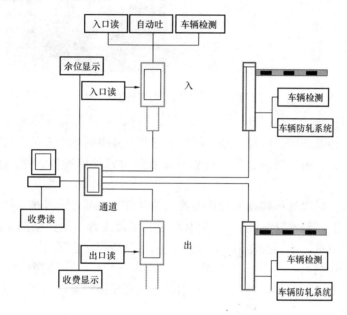

图 6-20　各个功能组成

（3）要求：

1）应重点对住宅建筑出入口、停车库（场）出入口及其车辆通行车道实施控制、监视、停车管理及车辆防盗等综合管理。

2）住宅建筑出入口、停车库（场）出入口控制系统宜与电子周界防护系统、视频安防监控系统联网。

9. 室内报警系统

（1）组成。住户报警系统由入侵探测器、紧急报警（求助）装置、防盗报警控制器、中心报警控制主机和传输网络组成。当住宅内安装的各类入侵探测器探测到警情、紧急报警（求助）装置被启动、出现故障时，中心报警控制主机应准确显示报警或故障发生的地址、防区、日期、时间及类型等信息。

住宅内应安装紧急报警（求助）装置：多层、高层住宅楼的一、二层住宅应安装入侵探测器。其他层面住宅的阳台、窗户以及所有住宅通向公共走道的门、窗等部位宜安装入侵探测器。

（2）探测器。住宅各门窗均设置门窗传感器，厨房设有煤气泄漏探测器，阳台周界设有主动红外线对射探测器，室内空间设有移动探测器、烟感探测器以及玻璃破碎探测器等。

在室内根据布防要求，前端选用各种类型的报警探测器：

1）瓦斯泄漏探测器，厨房内设瓦斯泄漏探测器，如发生瓦斯泄漏，达到一定浓度时，探测器就会被触发，如图 6-21 所示。

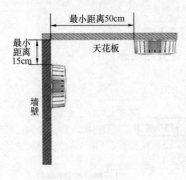

图 6-21　瓦斯泄漏探测器

2）入侵探测器的选用和安装应确保对非法入侵行为及时发出报警响应，探测范围应有效覆盖住宅与外界相通的门、窗等区域，同时应避免或减少因室内人员正常活动而引起误报的情况发生。在阳台、窗、通道、门等位置可设置红外移动探测器，探测非法人员的入侵行为。

根据入侵方式，可以选择移动入侵探测器（被动红外探测器或者被动红外与微波复合探测器）、震动探测器、玻璃破碎探测器、光电对射探测器或者其他类型的探测器。有时，也会在一个区域内同时选用不同类型的探测器，以满足较高的安全等级。

对于移动入侵探测器，绝大部分采用的是壁挂式安装，但在某些特殊场合，比如大厅等，没有办法采用壁挂式安装，可以考虑采用吸顶式安装探测器，当然，也可以采用普通壁挂式探测器配置吸顶式支架来实现。

移动探测器应都标明合适的安装高度，只有固定在相应的高度内，才能保证探测器拥有最佳的探测性能以及最有效地避免盲区。可以从侧视图看被动红外探测器的探测区域，非常类似于一组具有等高度的直角三角形，要使探测器具有良好的信号捕捉能力，可以想象成要确保侵入探测区域的人体不断接触直角斜边，如图 6-22 所示，该探测器的标称高度为 2～2.6m，安装在这个高度范围内，探测器拥有很好的探测性能。

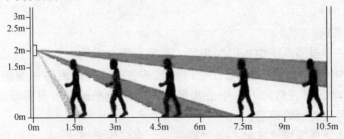

图 6-22　移动探测器安装高度

挂壁式被动红外入侵探测器，安装高度应距地面 2.2m 左右或按产品技术说明书规定安装。视场中心轴入侵的方向成 90°左右，入侵探测器与墙壁的倾角应视防护区域覆盖范围确定。

挂壁式微波—被动红外入侵探测器，安装高度为 2.2m 左右或按产品技术说明书规定安装。视场中心轴入侵的方向成 45°左右，入侵探测器与墙壁的倾角应视防护区域覆盖范围确定。

吸顶式入侵探测器，一般安装在需要防护部位上方且水平安装。

入侵探测器的视窗不应正对强光或阳光直射的方向。

入侵探测器的附近及视场内不应有温度快速变化的热源，如暖气、火炉、电加热器、空调出风口等。

入侵探测器的防护区域内不应有障碍物。

3）门磁探测器，大门或窗户可设有门磁探测器，在布防的状态下，设有门磁探测器的门或窗被打开，探测器就会被触发。磁开关入侵探测器应安装在门、窗开合处（干簧管总安装在门、窗框上。磁铁安装在门、窗扇上，两者间应对准），间距应保证能可靠工作，如图 6-23 所示。

分户门应设置独立防区并设定为延时方式。

（3）报警防区。

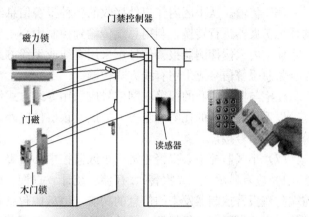

图 6-23　门磁探测器

1）每户的每个卧室、客厅（起居室）、书房等区域应分别独立设置报警防区。

2）与别墅住宅相通的私家车库应独立设置报警防区。

3）住宅内相邻且同一层面的厨房、卫生间等可共用一个报警防区。

4）紧急报警（求助）装置可共用一个报警防区，但串接数小于或等于 4 个。

5）小区的水泵房和房屋水箱部位出入口、配电间、电信机房、燃气设备房等重要机房应分别独立设置报警防区。

6）防盗报警控制器的防区数应满足防区设置的需要。

7）住宅内的防盗报警控制器、操作键盘应设置在防区内。

（4）家庭紧急求助报警装置。

1）每户应至少安装一处紧急求助报警装置。

2）紧急求助信号应能报至监控中心。

3）紧急求助报警装置宜有一种以上的报警方式（如手动、遥控、感应等）。

4）报警信号宜区别求助内容。

5）紧急求助报警装置宜加夜间显示。

（5）防盗报警控制器。紧急报警（求助）装置应安装在客厅和卧室内隐蔽、便于操作的部位；被启动后能立即发出紧急报警（求助）信号。紧急报警（求助）装置应有防误触发措施，触发报警后能自锁，复位需采用人工操作方式。

防盗报警控制器应能接受入侵探测器和紧急报警（求助）装置发出的报警及故障信号，具有按时间、部位任意布防和撤防、外出与进入延迟的编程和设置，以及自检、防破坏、声光报警（报警时住宅内应有警笛或报警声）等功能。

防盗报警控制器与中心报警控制主机应通过专线或其他方式联网。

住宅内防盗报警控制器应能通过操作键盘，按时间、部位任意设防和撤防；紧急报警防区应设置为不可撤防模式；无线入侵探测器应有欠电压报警指示功能。

防盗报警控制器操作键盘宜安装在便于操作的部位。在前端入侵探测器满足基本配置要求的前提下，别墅、复式住宅每户各层应增加防盗报警控制器操作键盘，并统一控制所有防区，或分别控制不同防区。紧急按钮，在卧室床头位置可设置一个紧急按钮，当遇到紧急情况时，可用来向控制中心报警。

（6）传输。从小区内住户处接收的各种报警信息经过楼宇防盗服务器的收集，通过每栋的系统扩展器进行转换，利用总线传输到控制中心主机的报警主机。

住宅内入侵探测器报警信号可采用有线或无线方式传输。

紧急报警信号应采用有线方式传输。

住宅与监控中心的报警联网信号应采用专线方式传输。

以毛坯房交付的住宅，除一、二层及顶层住宅外，其他层面的住宅应预留与监控中心报警联网的信号接口。

（7）小区监控中心报警主机。小区监控中心报警主机应符合以下要求：

1）应有显示（声光报警）、存储、统计、查询、屏蔽（旁路）、巡检和打印输出各相关前端防盗报警控制器发来的信息的功能，信息应包括周界防区、各住户和相关用户的名称、部位、报警类型（入侵报警、求助、故障、欠电压等）、工作状态（布防、撤防、屏蔽、自检等）所发生的日期与时间。

2）应具备支持多路报警接入、处理多处或多种类型报警的功能。

3）应有密码操作保护和用户分级管理功能。

4）应配置满足系统连续工作大于或等于 8h 的备用电源。

5）无线和总线制入侵报警系统报警响应时间应小于或等于 2s，电话线报警响应时间应小于或等于 20s。

6）应留有与属地区域安全防范报警网络的联网接口。

10. 电子巡查系统

（1）分类。电子巡更巡检系统分在线式和离线式两大类。

1）在线式。在线式电子巡更系统是在一定的范围内进行综合布线，把巡更巡检器设置在一定的巡更巡检点上，巡更巡检人员只需携带信息钮或信息卡，按布线的范围进行巡逻，管理者只需在中央监控室就可以看到巡更巡检人员所在巡逻路线及到达的巡更巡检点的时间。

2）离线式。离线式电子巡更巡检系统分为接触式巡更巡检系统与非接触式巡更巡检系统（也称感应式巡更巡检系统）。

接触式巡更巡检系统是指巡更巡检人员手持巡更巡检器到各指定的巡更巡检点接触信息钮，把信息钮上所记录的位置、巡更巡检器接触时间、巡更巡检人员姓名等信息自动记录成一条数据，工作时有声光提示，其耗电量也非常小。

接触巡更巡检器又分为非显示型巡更巡检器与数码显示型巡更巡检器。不同点是数码显示型巡更巡检器，在读取信息时可通过巡更巡检器上的显示窗口让巡更巡检人员准确及时地看到巡逻的时间和次数。

非接触式巡更巡检系统（也称感应式巡更巡检系统）巡更巡检器是利用感应卡技术，不用接触信息点就可以在一定的范围内读取信息。它自带显示屏，可以查看到当前存储的信息，同时又有人员记录、事件记录及棒号自身设置的功能，不足之处是易受强电磁干扰。不适应在恶劣环境下持续工作，如果条件恶劣，又想有屏幕显示读取的信息，可选用数码型巡更巡检器，弥补非显示接触型巡更巡检器与非接触式巡更巡检器的不足之处。

（2）组成。电子巡更系统由电脑采用器、电脑阅读器、个人标识钮、地点标识钮、情况标识钮、计算机及软件和打印机构成，如图 6-24 所示。

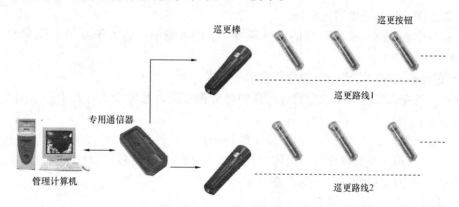

图 6-24　电子巡更系统的组成

当保安人员巡查时，首先用电脑采集器触一下代表其个人的个人标识钮，电脑采集器被声明为此保安人员携带。保安人员巡查各个重要地点时用电脑采集器触一下现场的地点标识钮，电脑采集器精确地记录当时的日期、时间、地点等信息，如果保安人员发现有必要记录一些情况，则用电脑采集器触一下代表各种情况的情况标识钮，最后通过电脑阅读器，把电脑采集器中的日期、时间、地点、人物和事件等信息传递给计算机，通过相应的软件处理成各种报告，供管理者查阅，使管理者对部下及管区工作了如指掌。

（3）要求。电子巡查系统设置应符合以下要求：

1）在小区的重要部位及巡查路线上设置巡查点，巡查钮或读卡器设置应牢固。

2）巡查路线、时间应根据需要进行设定和修改。

3）能通过电脑查阅、打印各巡查人员的到位时间，具有对巡查时间、地点、人员和顺序等数据的显示、归档、查询和打印等功能。

4）具有巡查违规记录提示。

（4）安装。

1）离线式电子巡查系统的信息识读器底边距地宜为 1.3～1.5m，应具备防破坏措施，或选用防破坏型产品。

2）在线式电子巡查系统的管线宜采用暗敷。

3）采集器数量配置数应大于或等于 2。

11. 监控中心

（1）要求。监控中心的设计应符合下列规定：

1）监控中心应具有自身的安全防范设施。

2）周界安全防范系统、公共区域安全防范系统、家庭安全防范系统等主机宜安装在监控中心。

3）监控中心应配置可靠的有线或无线通信工具，并应留有与接警中心联网的接口；监控中心的入侵报警系统、视频安防监控系统、出入口控制系统的终端接口及通信协议应符合国家现行有关标准规定，可与上一级管理系统进行更高一级的集成。

4）监控中心可与住宅建筑管理中心合用，使用面积应根据系统的规模由工程设计人员确定，并应不小于 20m²。监控中心设在门卫值班室内的，应设有防盗安全门与门卫值班室相隔离。

5）监控中心应配备消防设备。

6）监控中心室内应具有良好的通风环境，工作区域照明应大于或等于 200lx，宜设置空调设施。

（2）布置。监控中心设备布置应符合以下要求：

1）各设备在机房内的布置应符合"强弱电分排布放、系统设备各自集中、同类型机架集中"的原则。

2）机柜（架）设备排列与安放应便于维护和操作，各系统的设计装机容量应留有适当的扩展冗余，机柜（架）排列和间距应符合 GB 50348《安全防范工程技术规范》相关规定，且安装的设备具有良好的通风散热措施。

（3）布线。机房布线应符合以下要求：

1）便于各类管线的引入。

2）管线宜敷设在吊顶内、地板下或墙内，并应采用金属管、槽防护。

3）监控中心设置在地下室时，管线引入时应做防水处理。

4）金属护套电缆引入监控中心前，应先作接地处理后引入。

5）监控中心的线缆应系统配线整齐，线端应压接线号标识。

6）机房内宜设置接地汇流环或汇集排，接地汇流环或汇集排应采用铜质线，其截面积应大于或等于 35mm²。

7）监控中心其他要求应符合 GB 50348《安全防范工程技术规范》的规定。

（4）管网和配线设备。系统管网和配线设备要求：

1）系统管槽、线缆敷设和设备安装，应符合 GB 50303《建筑电气工程施工质量验收规范》中的相关规定。

2）由安防中继箱/中继间至各住宅安防控制箱的管线，多层建筑宜采用暗管敷设，高层建筑宜采用竖向缆线明装在弱电井内、水平缆线暗管敷设相结合的方式。

3）中继箱/中继间应便于维修操作并有防撬的实体防护装置。

（5）防雷与接地。

1）安装于建筑物外的技防设施应按 GB 50057《建筑物防雷设计规范》的要求设置防雷保护装置。

2）安装于建筑物内的技防设施，其防雷应采用等电位连接与共用接地系统的原则，并应符合 GB 50343《建筑物电子信息系统防雷技术规范》的要求。

3）安全技术防范系统的电源线、信号线经过不同防雷区的界面处，宜安装电涌保护器，电涌保护器接地端和防雷接地装置应做等电位连接，等电位连接应采用铜质线，其截面积应大于或等于 16mm²。

4）监控中心的接地宜采用联合接地方式，其接地电阻应小于或等于 1Ω；采用单独接地时，其室外接地极应远离本建筑的防雷和电气接地网，其接地电阻应小于或等于4Ω。

12. 实体防护装置

（1）小区周界实体防护：

1）小区设有周界实体防护设施的，应沿小区周界封闭设置。周界高度应大于或等于2000mm，上沿宜平直。其建筑结构设计应为周界入侵探测装置安装达到规定要求提供必要条件。

2）小区周界实体墙应采用钢筋混凝土或砖石构筑；栅栏围墙应采用单根直径大于或等于20mm、壁厚大于或等于2mm的钢管（或单根直径大于或等于16mm的钢棒、单根横截面大于或等于8mm×20mm的钢板）组合制作。竖杆间距应小于或等于150mm，栅栏1000mm以下不应有横撑等可助攀爬的物饰。

（2）楼栋出入口。楼栋出入口电控防盗门应符合GA/T 72《楼寓对讲系统及电控防盗门通用技术条件》及安全管理的相关规定。

（3）防护栅栏。内置式防护栅栏应采用单根直径大于或等于15mm、壁厚大于或等于2mm的钢管（或单根直径大于或等于12mm的钢筋、单根横截面大于或等于6mm×16mm的钢板）组合制作。

单个栅栏空间最大面积应小于或等于600mm×100mm。

13. 小区安防系统设计实例

小区安防系统设计实例如图6-25所示。

四、应急联动系统

应急联动系统就是综合各种应急服务资源，采用统一的号码，用于公众报告紧急事件和紧急求助，统一接警，统一指挥，联合行动，为居民提供相应的紧急救援服务，为公共安全提供强有力保障的系统。加强不同警种与联动单位之间的配合与协调，从而对特殊、突发、应急和重要事件做出有序、快速而高效的反应。

1. 设计要求

建筑高度为100m或35层及以上的住宅建筑、居住人口超过5000人的住宅建筑宜设应急联动系统。应急联系统宜以火灾自动报警系统、安全技术防范系统为基础。

（1）对火灾、非法入侵等事件进行准确探测和本地实时报警。

（2）采取多种通信手段，对自然灾害、重大安全事故、公共卫生事件和社会安全事件实现本地报警和异地报警。

（3）指挥调度。

（4）紧急疏散与逃生导引。

（5）事故现场紧急处置。

应急联动系统建设应纳入地区应急联动体系并符合相关的管理规定。

住宅建筑应急联动系统宜满足现行GB/T 50314《智能建筑设计标准》的相关规定。

2. 功能

应急联动系统宜具有下列功能：

（1）接受上级的各类指令信息。

（2）采集事故现场信息。

（3）收集各子系统上传的各类信息，接收上级指令和应急系统指令下达到各相关子系统。

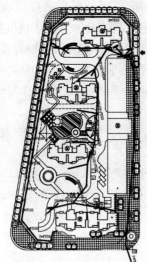

北

☑ 手孔 54个

📷 大门出入口摄像机6台

📷 地下车库出入口摄像机4台

📷 地下车库摄像机10台

📷 小区主干道彩色快球2台

📷 小区周界围墙摄像机22台

📷 电梯摄像机27台

▪◖⦆► 红外对射探测器26对

▬▬ 道闸机7套

⊓ 巡更40套

◁ 室外音响15个

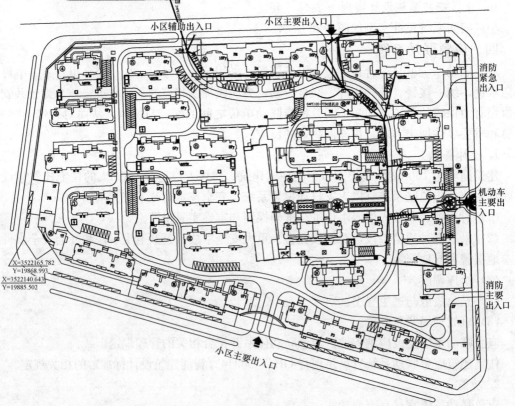

小区辅助出入口   小区主要出入口

消防紧急出入口

机动车主要出入口

消防主要出入口

X=3522165.782
Y=19868.993
X=3522140.643
Y=19885.502

小区主要出入口

图 6-25 小区安防系统设计实例

（4）多媒体信息的大屏幕显示。

（5）建立各类安全事故的应急处理预案。

3. 系统配置

应急联动系统应配置下列系统：

（1）有线/无线通信、指挥、调度系统。

（2）多路报警系统（110、119、122、120、水、电等城市基础设施抢险部门）。

（3）消防-建筑设备联动系统。

（4）消防-安防联动系统。

（5）应急广播-信息发布-疏散导引联动系统。

（6）大屏幕显示系统。

（7）信息发布系统。

应急联动系统宜配置总控室、操作室、维护室和设备间等工作用房。

第五节　公 共 广 播 系 统

一、公共广播系统概述

1. 公共广播

公共广播是由使用单位自行管理的，在本单位范围内为公众服务的声音广播。包括业务广播、背景广播和紧急广播等。公共广播一般应是单声道广播。

（1）业务广播。向其服务区播送的、需要被全部或部分听众收听的日常广播。包括发布通知、新闻、信息、语声文件、寻呼、报时等。

（2）背景广播。向其服务区播送渲染环境气氛的广播。包括背景音乐和各种场合的背景音响（包括环境模拟声）等。

（3）紧急广播。为应对突发公共事件而向其服务区发布的广播。包括警报信号、指导公众疏散的信息和有关部门进行现场指挥的命令等。

2. 公共广播系统

公共广播系统为公共广播覆盖区服务的所有公共广播设备、设施及公共广播覆盖区的声学环境所形成的一个有机整体。

公共广播系统应根据用途和等级要求进行设计。一个公共广播系统可以同时具有多种广播用途，各种广播用途的等级设置可以互相不同。

建立在易燃易爆或其他危险区域内的公共广播系统，必须符合 GB 3836.1《爆炸性气体环境用电气设备第一部分：通用要求》和 GB 3836.2《爆炸性气体环境用电气设备第二部分：隔爆型"d"》的规定。

公共广播系统工程设计文件应包括：系统结构图及其说明文件；广播传输线路敷设路由及广播扬声器布点平面图；控制中心及其设备现场配置图；设备清单。

3. 分级

公共广播包括业务广播、背景广播和紧急广播；其中，每一类广播系统均可按其功能的完善程度分成三个等级。

一个公共广播系统可以同时具有三类功能，但不一定必须；同一个公共广播系统中的不同类别功能，可以具有相同的等级，也可以是不同的等级。例如，一个具有紧急广播和背景广播两类功能的公共广播系统，其紧急广播部分是一级系统，而其背景广播部分可以是三级系统。

4. 功能

公共广播系统应能实时发布语声广播，且应有一个广播传声器处于最高广播优先级。

当有多个信号源对同一广播分区进行广播时，优先级别高的信号应能自动覆盖优先级别低的信号。

（1）业务广播系统。业务广播系统的应备功能应符合表 6-4 的规定。

表 6-4　　　　　　　　　　业务广播系统功能

级别	应备功能
一级	编程管理，自动定时运行（允许手动干预）且定时误差不应大于 10s（包括累积误差）；矩阵分区；分区强插；广播优先级排序；主/备功率放大器自动切换；支持寻呼台站；支持远程监控
二级	自动定时运行（允许手动干预），分区管理，可强插，功率放大器故障告警
三级	—

（2）背景广播系统。背景广播系统的应备功能应符合表 6-5 的规定。

表 6-5　　　　　　　　　　背景广播系统功能

级别	应备功能
一级	编程管理，自动定时运行（允许手动干预）；矩阵分区；具有音调调节环节；分区强插；广播优先级排序；支持远程监控
二级	自动定时运行（允许手动干预）；具有音调调节环节；分区管理；可强插
三级	—

（3）紧急广播系统。紧急广播系统的应备功能应符合下列规定：

1）当公共广播系统有多种用途时，紧急广播应具有最高级别的优先权。公共广播系统应能在手动或警报信号触发的 10s 内，向相关广播区播放警示信号（含警笛）、警报语声文件或实时指挥语声。

10s 包括接通电源及系统初始化所需要的时间。如果系统接通电源及初始化所需要的时间超过 10s，则相应设备必须支持 24h 待机，才可能满足要求。

2）以现场环境噪声为基准，紧急广播的信噪比应大于或等于 12dB。

应估算突发公共事件发生时现场环境的噪声水平，以确定紧急广播的应备声压级。由于环境的差异，在符合电声性能指标规定的前提下，同一个系统（甚至同一个广播区）内，不同区域的紧急广播声压级可以不同。

3）紧急广播系统设备应处于热备用状态，或具有定时自检和故障自动告警功能。

热备用是指紧急广播系统平时作为业务广播系统或背景广播系统经常运行，只有这样，才能够随时暴露系统故障，便于及时处理。如果系统不是处于上述热备用状态，则必须定时自检，以便及时发现并排除故障。

4）紧急广播系统应具有应急备用电源，主电源与备用电源切换时间应不大于 1s；应急备用电源应能满足 20min 以上的紧急广播。以电池为备用电源时，系统应设置电池自动充电装置。

随着 220V UPS 后备电源的成熟，220V 后备（由 UPS 提供或由第二供电回路提供）逐渐成为备用电源首选，但不一定能实现无缝切换。

5）紧急广播音量应能自动调节至不小于应备声压级界定的音量。

在突发公共事件发生时，有些广播分区和个别广播扬声器可能处于关闭或低音量状态，紧急广播设备应能在紧急信号触发下，自动开启有关广播区并调节至最大的（与应备声压级相当的）音量。

6）当需要手动发布紧急广播时，应设置一键到位功能。

7）单台广播功率放大器失效不应导致整个广播系统失效。

8）单个广播扬声器失效不应导致整个广播分区失效。

9）紧急广播系统的其他应备功能应符合表 6-6 的规定。

表 6-6　　　　　　　　　　　　紧急广播系统功能

级别	应备功能
一级	具有与事故处理中心（消防中心）联动的接口；与消防分区相容的分区警报强插；主/备电源自动切换；主/备功率放大器自动切换；支持有广播优先级排序的寻呼台站；支持远程监控；支持备份主机；自动生成运行记录
二级	与事故处理系统（消防系统或手动告警系统）相容的分区警报强插；主/备功率放大器自动切换
三级	可强插紧急广播和警笛；功率放大器故障告警

5. 电声性能指标

公共广播系统在各广播服务区内的电声性能指标应符合表 6-7 的规定。

表 6-7　　　　　　　　　　公共广播系统电声性能指标

性能　　指标　分类	应备声压级①	声场不均匀度（室内）	漏出声衰减	系统设备信噪比	扩声系统语言传输指数	传输频率特性（室内）
一级业务广播系统	≥83dB	≤10dB	≥15dB	≥70dB	≥0.55	图 6-26（a）
二级业务广播系统		≤12dB	≥12dB	≥65dB	≥0.45	图 6-26（b）
三级业务广播系统		—	—	—	≥0.40	图 6-26（c）
一级背景广播系统	≥80dB	≤10dB	≥15dB	≥70dB	—	图 6-26（a）
二级背景广播系统		≤12dB	≥12dB	≥65dB	—	图 6-26（b）
三级背景广播系统		—	—	—	—	—
一级紧急广播系统	≥86dB	—	≥15dB	≥70dB	≥0.55	—
二级紧急广播系统		—	≥12dB	≥65dB	≥0.45	—
三级紧急广播系统		—	—	—	≥0.40	—

① 紧急广播的应备声压级尚应符合其信噪比应大于或等于 12dB。

传输频率特性指公共广播系统在正常工作状态下，服务区内各测量点稳态声压级相对于公共广播设备信号输入电平的幅频响应特性，如图 6-26 所示。

二、系统设计

1. 终端方式

公共广播系统的用途和等级应根据用户需要、系统规模及投资等因素确定。

公共广播系统可根据实际情况选用无源终端方式、有源终端方式或无源终端和有源终端相结合的方式构建，如图 6-27 所示。

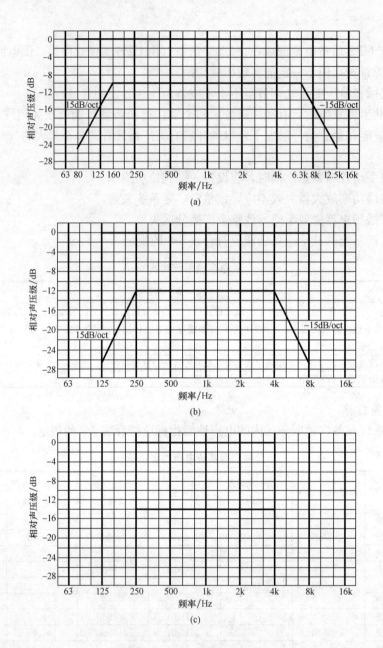

图 6-26　室内传输频率特性

(a) 一级业务广播、一级背景广播室内传输频率特性容差域（以频带内的最大值为 0dB）；

(b) 二级业务广播、二级背景广播室内传输频率特性容差域（以频带内的最大值为 0dB）；

(c) 三级业务广播室内传输频率特性容差域（以频带内的最大值为 0dB）

　　由定压式广播功率放大器驱动功率传输线路，直接激励无源广播扬声器放声的系统，是典型的无源终端系统。

　　经由信号传输线路激励有源广播扬声器放声的系统，是典型的有源终端系统。

　　在具有主控中心和分控中心的系统中，分控中心通常是主控中心的有源终端；而由某些分控中心管理的子系统则可以选用无源终端方式或有源终端方式构建。这就是一种典型的有

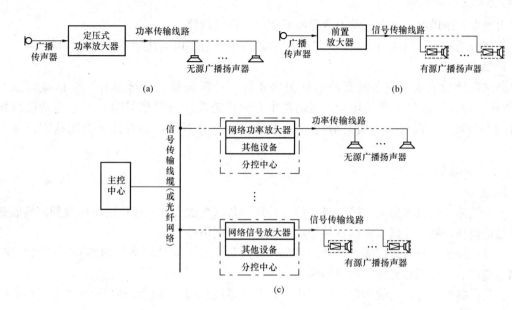

图 6-27　终端方式

(a) 无源终端方式；(b) 有源终端方式；(c) 无源终端和有源终端相结合的方式

源终端和无源终端相结合的系统。

2. 广播分区

广播分区的设置主要是为了便于管理，其次，也考虑到分散运行风险和设备的容量不宜太大。

广播分区的设置应符合下列规定：

(1) 紧急广播系统的分区应与消防分区相容。

(2) 大厦可按楼层分区，场馆会所可按部门或功能块分区，走廊通道可按结构分区。

(3) 管理部门与公众场所宜分别设区。

(4) 重要部门或广播扬声器音量需要由现场人员调节的场所，宜单独设区。

(5) 每一个分区内广播扬声器的总功率不宜太大，并应同分区器的容量相适应。

3. 监控中心

公共广播系统应有监控中心，以便于对系统实行统一管理。三级公共广播系统的档次较低，功能也较简单，所以，其监控中心可以由系统的广播功率放大器或前置放大器兼任。

公共广播系统监控中心应符合下列规定：

(1) 三级公共广播系统的监控中心可由系统的广播功率放大器或广播前置放大器兼任。

(2) 一级和二级公共广播系统的监控中心宜设在监控室（或机房）内，监控主机的性能应满足一级和二级公共广播系统功能要求的规定。

(3) 必要时，可设置主控中心和若干分控中心。分控中心可为二级监控主机或寻呼台站。

有监控室（或机房）时，监控中心应安装在其控制台、机柜或机架上；无监控室（或机房）时，应安装在安全和便于操控的场所。除广播扬声器和传输线路外，公共广播系统其他设备的安装，应符合现行 GB/T 50198《民用闭路监视电视系统工程技术规范》的有关规定。

一级和二级公共广播系统的监控室（或机房）的电源应设专用的空气开关（或断路器），

且宜由独立回路供电，不宜与动力或照明共用同一供电回路。

控制台或机柜、机架应有良好的接地，接地线不应与供电系统的零线直接相接。

4. 系统构成

公共广播功能基本完备的系统包括报警矩阵、分区强插、分区寻呼、电话接口以及主/备功放切换、应急电源等环节。当消防中心向系统发出警报信号时，通过连动接口强行启动有关环节；强行切入所有分区插入紧急广播，而不管它是否处于关闭状态。如图6-28所示。

三、传输线路

1. 线路

传输线路指的是将公共广播信号从信号处理设备（含放大器）或机房，传输到广播服务区现场广播扬声器的线路。包括各种导电线缆、光纤网络等。

公共广播通常是有线广播。公共广播信号应通过布设在广播服务区内的有线广播线路、同轴电缆或五类线缆、光缆等网络传输。

公共广播信号可用无线传输，但不应干扰其他系统运行，且必须经当地有关无线电广播（或无线通信）管理部门批准或许可。

2. 距离

传输距离指的是由公共广播传输线路输入端到负载端的线路长度。

当传输距离在3km以内时，广播传输线路应采用普通线缆传送广播功率信号；当传输距离大于3km，且终端功率在千瓦级以上时，广播传输线路宜采用五类线缆、同轴电缆或光缆传送低电平广播信号。

当传输距离不远时，采用无源广播扬声器，并采用普通线缆传送广播功率信号，是最可靠和最节约的选择。但长距离、大功率传输必须考虑线路衰耗、高频损失等问题，采用普通线缆传送广播功率信号就不一定是可靠和节约的。当传输里程大于3km，且终端功率在千瓦级以上时，用五类线缆、同轴电缆或光缆作为低电平广播信号（俗称弱电信号）传输线，由有源终端放声，不仅便于保障传输质量，且利于节约投资。

3. 额定传输电压

额定传输电压也叫传输线路始端的额定电压，是传输线路配接的广播扬声器（或其他终端器件）的标称输入电压。

当广播扬声器为无源扬声器，且传输距离大于100m时，额定传输电压宜选用70V、100V；当传输距离与传输功率的乘积大于1km·kW时，额定传输电压可选用150V、200V、250V。

由于公共广播系统的功率传输线路一般比厅堂扩声系统的传输线路长得多，所以通常使用高电压、小电流的方式传输。在这种情况下，广播功率放大器和广播扬声器一般都属"定压式"而不是"定阻式"。定压式系统的额定电压级差大致为3dB。

4. 衰减

公共广播系统室内广播功率传输线路，衰减不宜大于3dB（1000Hz）。

传输距离、负载功率、线路衰减和传输线路截面之间的关系

$$S = \frac{2\rho LP}{U^2(10^{\frac{x}{20}} - 1)}$$

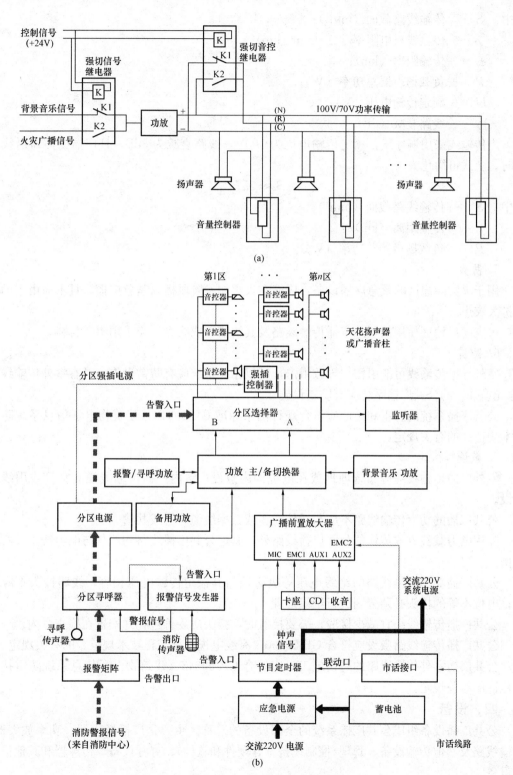

图 6-28 公共广播系统组成

（a）强行切入；（b）系统组成

式中 S——传输线路截面（mm²）；

       ρ——传输线材电阻率（$\Omega \cdot mm^2/km$）；

       L——传输距离（km）；

       P——负载扬声器总功率（W）；

       U——额定传输电压（V）；

       γ——线路衰减（dB）。

当传输线采用铜导线，额定传输电压为 100V，线路衰减为 3dB，且广播扬声器沿线均布时，上式可简化为

$$S \approx 5LP$$

式中 S——传输线路截面（mm²）；

       L——传输距离（km）；

       P——负载扬声器总功率（W）。

5. 防火

用于火灾隐患区的紧急广播设备，应能在火灾初发阶段播出紧急广播，且不应由于助燃而扩大灾患。

火灾隐患地区使用的紧急广播传输线路及其线槽（或线管）应采用阻燃材料。

6. 防雷

室外导电传输线可能引雷，导致雷击，所以相关系统应有防雷设施。具有室外传输线路（除光缆外）的公共广播系统应有防雷设施。

公共广播系统的防雷和接地应符合现行国家标准 GB 50343《建筑物电子信息系统防雷技术规范》的有关规定。

7. 敷设

室外广播传输线缆应穿管埋地或在电缆沟内敷设；室内广播传输线缆应穿管或用线槽敷设。

公共广播的功率传输线路不应与通信线缆或数据线缆共管或共槽。

除用电力载波方式传输的公共广播线路外，其他公共广播线路均严禁与电力线路共管或共槽。

公共广播功率传输线路的绝缘电压等级必须与其额定传输电压相容；线路接头不应裸露；电位不等的接头必须分别进行绝缘处理。

公共广播传输线缆宜减少接驳；需要接驳时，接头应妥善包扎并安置在检查盒内。

公共广播传输线路敷设应符合 GB 50200《有线电视系统工程技术规范》的有关规定。

公共广播室外传输线路的防雷施工，应符合 GB 50343《建筑物电子信息系统防雷技术规范》的有关规定。

四、设备

公共广播设备组成公共广播系统的全部设备的总称。主要是广播扬声器、功率放大器、传输线路及其他传输设备、管理/控制设备（含硬件和软件）、寻呼设备、传声器和其他信号源设备。

1. 广播扬声器

（1）选型。

1）广播扬声器的重放声场，应符合电声性能指标的规定。

2）广播扬声器的灵敏度、额定功率、频率响应、指向性等性能指标应符合声场设计的要求。

3）室外广播扬声器应具有防潮和防腐的特性。

4）广播扬声器的外形、色调、结构及其安装架设方式应与环境相适应。

5）当采用无源广播扬声器，且传输距离大于 100m 时，宜选用内置线间变压器的定压式扬声器。定压式扬声器的额定工作电压应与广播线路额定传输电压相同。

6）用于火灾隐患区的紧急广播扬声器应符合下列规定：

广播扬声器应使用阻燃材料，或具有阻燃后罩结构。

广播扬声器的外壳防护等级应符合 GB 4208《外壳防护等级（IP 代码）》的有关规定。

（2）布点。广播扬声器布点宜符合下列规定：

1）广播扬声器宜根据分片覆盖的原则，在广播服务区内分散配置。

分散配置广播扬声器（或广播扬声器群组）是为了分片覆盖。由于广播扬声器的覆盖边界不可能非常明确，相邻广播扬声器的覆盖难免互相重叠，但宜尽可能减少重叠，尤其是应避免多个广播扬声器的覆盖互相重叠，以免发生严重的梳状效应。

2）广场以及面积较大且高度大于 4m 的厅堂等块状广播服务区，也可根据具体条件选用集中式或集中分散相结合的方式配置广播扬声器。

（3）布置。在天花板不高于 3m 的场所内，扬声器大体可以互相距离 5～8m 均匀配置。如果仅考虑背景音乐而不考虑紧急广播，则该距离可以增大至 8～12m。

走道、大厅、餐厅等公众场所，扬声器的配置数量，应能保证从本层任何部位到最近一个扬声器的步行距离不超过 15m。在走道交叉处、拐弯处均应设扬声器。走道末端最后一个扬声器距墙不大于 8m。

（4）安装。广播扬声器的安装高度和安装角度应符合声场设计的要求。广播扬声器的安装架设高度及其水平指向和垂直指向，应根据声场设计及现场情况确定，并应符合下列规定：

1）广播扬声器的声辐射应指向广播服务区。

2）当周围有高大建筑物和高大地形地物时，应避免产生回声。

2. 广播功率放大器

（1）选型。驱动无源终端的广播功率放大器，宜选用定压式功率放大器；定压式功率放大器的标称输出电压应与广播线路额定传输电压相同。

（2）额定输出功率。非紧急广播用的广播功率放大器，额定输出功率不应小于其所驱动的广播扬声器额定功率总和的 1.3 倍。

用于紧急广播的广播功率放大器，额定输出功率应不小于其所驱动的广播扬声器额定功率总和的 1.5 倍；全部紧急广播功率放大器的功率总容量，应满足所有广播分区同时发布紧急广播的要求。

对于广播系统来说，只要广播扬声器的总功率小于或等于功放的额定功率，而且电压参数相同，即可随意配接，但考虑到线路损耗、老化等因素，应适当留有功率余量。

功放设备的容量（相当于额定输出功率）一般应按下式计算

$$P = K_1 K_2 \sum P_0$$
$$P_0 = K_i P_i$$

式中　　P——功放设备输出总电功率（W）；

　　　　P_0——每一分路（相当于分区）同时广播时最大电功率（W）；

　　　　P_i——第 i 分区扬声器额定容量（W）；

　　　　K_i——第 i 分区同时需要系数：服务性广播，取 0.2～0.4；背景音乐，取 0.5～0.6；
业务性广播，取 0.7～0.8；火灾事故广播，取 1.0；

　　　　K_1——线路衰耗补偿系数为 1.26～1.58；

　　　　K_2——老化系数为 1.2～1.4。

3. 公共广播信号源设备

（1）公共广播信号源设备应包括广播传声器、寻呼器、警报信号发生器、调谐器、激光唱机、语声文件录放器、具有声频模拟信号录放接口的计算机及其他声频信号录放设备等，并应根据系统用途、等级和实际需要进行配置。

（2）广播传声器及其信号处理电路的特性应符合下列规定：

1）广播传声器应符合语言传声特性。

2）广播传声器的频率特性宜符合 GB/T 16851《应急声系统》的有关规定。

3）广播传声器宜具有发送提示音的功能；当用作寻呼台站时，应配备分区选通功能。

五、小区应用

1. 要求

住宅建筑的公共广播系统可根据使用要求，分为背景音乐广播系统和火灾应急广播系统。

背景音乐广播系统的分路，应根据住宅建筑类别、播音控制、广播线路路由等因素确定。

当背景音乐广播系统和火灾应急广播系统合并为一套系统时，广播系统分路宜按建筑防火分区设置，且当火灾发生时，应强制投入火灾应急广播。

室外背景音乐广播线路的敷设可采用铠装电缆直接埋地、地下排管等敷设方式。

2. 分区广播功能

按小区组团把小区划分为区域来进行分区广播，每区的广播区选择为花园、公共绿化带、组团内主干道等公共场所。

3. 系统

（1）背景音乐系统。背景广播用于向小区中心广场、各组团花园、主干道等公众活动区播出背景音乐。广播系统可选择卡式放音座、数字调频调谐器、CD 唱机，对小区的公共区播放丰富的节目。

（2）业务广播。平时用于播出通告、通知等信息，在紧急状态（如发生火灾时）进行紧急广播，公共广播由中心控制选择节目源，并能够分区域进行播出和切换。

（3）消防紧急广播。作为小区的一个必须的功能项目，系统可提供完全符合消防紧急广播的功能，当小区某一区发生火灾报警时，可自动触发语音系统对发生火灾的这一区及其相邻区域进行语音提示，并可人工广播来进行事故处理。

4. 实例

背景音乐系统主机设在监控室或管理室内，电源引自插座回路，建设方可现场调整。

广播线路采用 RVVP-3×2.5 穿重型难燃 PVC32 管暗敷，室外埋深 0.7m，线路穿越车行道时，须穿大二级的水煤气钢管保护。

所有音箱均设在草坪或花池内，音箱选用室外防雨埋地型，造型要求美观。

　　所有室内、外设备须可靠接地，接地装置为共同接地体，利用建筑原有接地装置，接地电阻须小于 4Ω。

　　采用 $360°$ 全向音箱，电压传送方式，服务范围为 $35\sim45m$，声压级大于周围噪声 $3\sim5dB$。

　　某小区背景广播系统如图 6-29 所示。

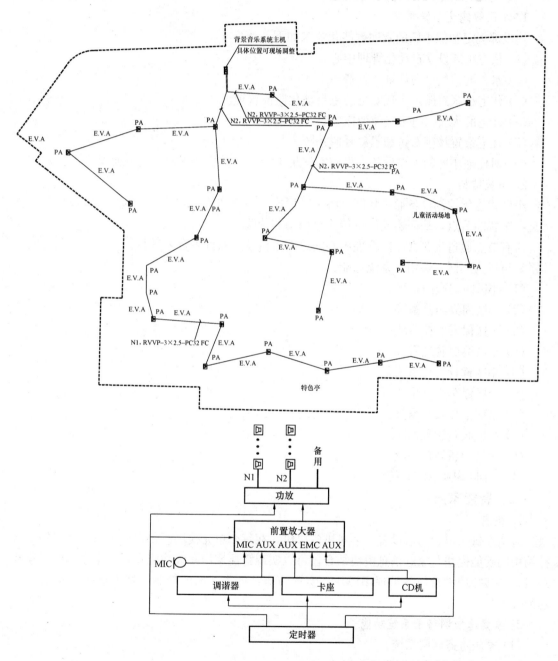

图 6-29　小区背景音乐

第六节　小区智能化系统集成

一、小区智能化系统集成概述

1. 小区智能化系统要求

建设部规定智能小区的六项智能化要求如下：

(1) 住宅小区设立自动化管理中心。

(2) 水、电、气自动计量、收费。

(3) 住宅小区封闭，实现安全防范自动化监控管理。

(4) 住宅的火灾、有害气体泄露实行自动报警。

(5) 住宅设置楼宇对讲和紧急呼叫系统。

(6) 对住宅小区的关键设备、设施实施集中管理，对其运作状态实施远程监控。

2. 系统结构

小区智能化控制设备通过联网，将小区形成一个互动的智能网络，每个家庭或公共设备都是一个智能节点，从而实现信息传输与控制的功能。

所有节点通过设置在小区管理中心的总控主机及其软件平台上进行统一控制。通过整个体系，可以为小区（选用）系统功能：

(1) 小区防盗联网系统。

(2) 小区周界防范系统。

(3) 小区保安监控系统。

(4) 小区巡更管理系统。

(5) 小区背景音响系统。

(6) 小区停车管理系统。

(7) 小区信息发布系统。

(8) 小区收费管理系统。

(9) 小区设备智控系统。

(10) 小区物业管理系统。

二、智能家居

1. 组成

包括在每个单元门口设置一个对讲门口机，在每个单元楼层或每户设置一个智控箱。智控箱中的功能模块与家庭信息模块结合，可以实现智能家居布线功能；在每个家庭敷设家庭总线，挂接智控键盘与各类现场模块，实现防盗、抄表、家电控制、红外遥控等家居控制功能。

2. 家庭总线网络子系统功能

(1) 家居防盗联网系统。

1) 安防模块对各类探测器兼容。

2) 系统提供总线制墙装探测器模块，布线方式简单灵活。

3) 可编程设定不同防区类型及报、接警方式。

4) 设撤防可以编制在模式中，并且报警可以联动任意执行器或场景模式。

5）可以用异地电话、本地电话遥控设防、撤防，全程语音提示。

6）可以每天定时设撤防，方便用户使用。

7）本地声光报警、电话语音报警、小区管理中心接警等多种报警方式。

8）可在键盘或小区数据库查询警情。

（2）可视对讲门控系统。

1）数码按键，按门牌号呼叫住户。

2）感应卡开门或使用用钥匙开门。

3）具有黑白或彩色图像，清晰直观。

4）门禁卡可与停车管理等其他系统实现"一卡通"。

5）对讲控制终端话筒对讲并控制开门或键盘控制开门。

6）室内电话机切换单元数字主机对讲，并控制开门，此功能可省去加配对讲控制终端。

7）遇到断电，自动启动后备电源，对讲开门部分有备电。

8）单户型主机有保护电路，短路断路不会影响室内安防系统工作。

9）单元主机读卡头兼有在线巡更功能，可以将刷卡数据实时传送到管理主机，一个单元主机可以带多个副机或在线巡更模块。

10）完善而又周到的模块配置，可以满足不同场合的各种应用要求。

（3）智能远程抄表系统。在基本系统基础上配置数字采集模块，即可完成住宅水、电、煤气等表具数据自动抄送。用户还可通过数字信息键盘查看煤气、水、电等的使用状况。

（4）AV节目切换系统。

（5）家电智能遥控系统。

1）在基本系统的家庭总线上添加智控类模块，可方便实现家电智控功能，用户可以通过数字信息键盘、室内或远程电话对家电进行控制或状态查询。常用的智控家电为空调、电热水器和灯光等。

2）控制方式可以现场手动控制、智控键盘控制、联动控制、定时控制、模式控制、用户内电话控制或子母机控制（全程语音提示）、外部电话或手机控制（全程语音提示）。

（6）住户信息接收系统。智控键盘支持每户家庭与小区管理中心的信息交换，中心机可以发布短信息到各家各户，用户可通过智控键盘查阅接收到的文字信息，如天气预报、通知等。住户可以向中心机发送信息代码，实现了住户与中心的信息交换功能。

（7）家庭广播接收系统。

（8）家庭综合布线系统。

1）智控箱中配备标准的配线模块，能实现专用多媒体接线箱的功能。对电话、宽带网、有线电视等多种室外进线与室内信息点线缆集中管理，解除有新线进户需拉明线的烦恼，强大的扩展功能能满足未来发展和住户个性化需求，并使检修维护非常方便。

2）系统中一户设置一只智控箱，安装在业主家庭内部区域。除此之外，还要为智控箱预埋一根220V供电电源线和一根电话外线（用于系统远程控制），电话内线连入室内，用于家庭本地智能控制。

三、系统集成设备

小区系统集成需要的设备见表6-8。

表 6-8 小区系统集成设备

系统	设备	名　称	安　装　位　置
家庭智能化系统	必备设备	数字总控主机	每个小区一台，安装在小区管理中心
		控制网关模块	每个单元一块，安装在单元底层预埋箱中
		分支模块	每个单元楼层一块，安装在单元楼层预埋箱中
		控制网匹配器	每个子网段一个，安装在网络总线末端
		智能电源模块	每户一块，安装在家庭弱电配线箱中，每个单元门口一块，给单元分支分配器供电
		数字智控模块	每户一块，安装在家庭弱电配线箱中
	选配设备	网络路由器	与路由器电源一起安装在底层预埋箱中
		语音遥控模块	当系统需要电话语音控制、拨打报警电话或使用电话对讲开门时，需每户配置一个语音遥控模块，安装在家庭弱电配线箱中
家居防盗联网	必配设备	八路安防模块	每户一块，安装在家庭弱电配线箱中
		数字信息键盘	每户一只，安装在户内大门一侧。系统可共用一个键盘
	选配模块	探测器	每户可根据实际情况选配警笛、紧急按钮、红外探测器、红外栅栏、门磁、煤气探测器或烟感探测器等等
		数字信息键盘	实现多键盘控制
		遥控器	提供遥控设防、撤防、紧急求救操作
可视对讲门控	必配设备	中心对讲主机	小区管理中心设置一台
		射频发卡终端	小区管理中心设置一台
		单元数字主机	每单元一个，安装在大门附近
		智能电源模块	每个数字主机配一块，安装在单元门口预埋箱内
		单元控制模块	每单元一块，安装在单元门口预埋箱内
		视频分支模块	每个单元楼层一块，安装在单元楼层预埋箱内
	选配设备	对讲控制终端	每户一个，安装在户门内侧墙面
		图像显示模组	需要图像显示时选用，组合安装
		智能声响模块	提供门铃音乐和现场报警声，在没有对讲控制终端时使用
		小区大门主机	小区入口大门需要与住户对讲时选用
		单元数字副机	单元有其他出入口需要对讲控制时使用
		单户对讲主机	户内要与本户门对讲时选用
		单户门禁主机	当独户需要刷卡开门时选用
		对讲切换模块	—
		AV总线切换器	当小区对讲系统需要视频显示时，需要采用此设备，有 4 条总线，一条扩展线，大门机、管理主机各占用一条总线，其余总线为住宅分区 AV 总线，每条总线可以串接 8 个单元控制主机
		AV总线扩展板	可以扩展 AV 总线

续表

系统	设备	名称	安装位置
智能远程抄表	必配设备	数字采集模块	每户配置一块或多块，安装在家庭智控箱内
	选配设备	数字信息键盘	每户一只，可查询表具读数。系统可共用一个键盘
		墙装数字采集模块	墙面安装，预埋120盒
家电智能遥控	必配设备	数字信息键盘	每户一只，安装在户内大门一侧。本键盘具有集中控制与紧急求救功能，系统可共用一个键盘
	选配设备	智控开关模块	总线制手动或遥控开关，按需选配，安装在与开关等高处墙面，预埋86盒
		红外遥控模块	总线制自学习式红外遥控模块，按需选配，安装在被控电器对面墙面，预埋86盒
住户信息	必配设备	数字信息键盘	每户1只，安装在户内大门一侧。本键盘具有紧急求救功能。系统可共用一个键盘
家居智能布线	必配设备	数据配线模块	每户一块或多块，安装在户内弱电预埋箱内
		射频分配模块	每户一块，安装在户内弱电预埋箱内
	选配设备	接线端子模块	每户一块，安装在户内弱电预埋箱内
		家庭网络模块	每户一块，安装在户内弱电预埋箱内（需要提供DC电源）
		箱装理线架	每户一块或多块，安装在户内弱电预埋箱内
与户内预埋箱就可以组成独立的家庭多媒体接线箱，供一般家庭使用			

智能小区弱电集成系统示意图如图6-30所示。

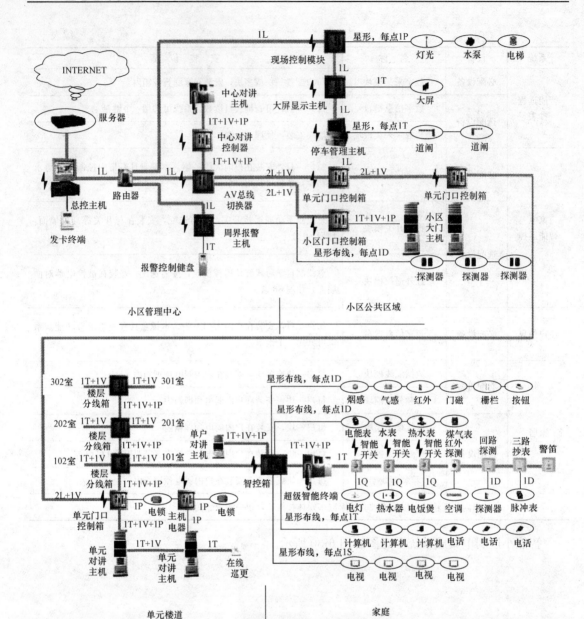

图 6-30　智能小区弱电集成系统示意

注：T 为 5 类 4 对 UTP 线；V 为视频线 SYV-75-3 或 5 或 7；S 为射频线 SYKV-75-5；L 为二芯护套双绞线 16AWG；D 为四芯护套线 RVV-4×0.3；P 为二芯电源线 RVV-2×1 或 0.5；Q 为 1.5mm² 4 芯交流电源线；⚡ 表示控制箱（预埋盒）内引入 220VAC 电源。

第七章 防雷接地系统

第一节 防雷措施

一、防雷接地系统设计

1. 设计内容

（1）建筑物防雷设计内容。

1）确定防雷类别。

2）防雷措施有防直接雷击、侧击雷、雷击电磁脉冲以及高电位侵入。

3）当利用建（构）筑物混凝土内钢筋做接闪器、引下线、接地装置时，应说明采取的措施和要求。

（2）接地安全设计内容。

1）本工程各系统要求接地的种类及接地电阻要求。

2）总等电位、局部等电位的设置要求。

3）接地装置要求，当接地装置需作特殊处理时应说明采取的措施、方法等。

4）安全接地及特殊接地的措施。

2. 设计步骤

防雷系统设计步骤如图7-1所示。

3. 设计图样

（1）绘制建筑物顶层平面，应有主要轴线号、尺寸、标高、标注接闪杆、接闪带、引下线位置。注明材料型号规格、所涉及的标准图编号、页次，图样应标注比例。

（2）绘制接地平面图（可与防雷顶层平面重合），绘制接地线、接地极、测试点、断接卡等的平面位置、标明材料型号、规格、相对尺寸等及涉及的标准图编号、页次（当利用自然接地装置时，可不出此图），图样应标注比例。

（3）当利用建筑物（或构筑物）钢筋混凝土内的钢筋作为防雷接闪器、引下线、接地装置时，应标注连接点，接地电阻测试点，预埋件位置及敷设方式，注明所涉及的标准图编号、页次。

（4）随图说明包括防雷类别和采取的防雷措施（含防侧击雷、雷击电磁脉冲及高电位引入）；接地装置形式，接地极材料要求，敷设要求，接地电阻值要求；当利用桩基、基础内钢筋作接地极时，应采取的措施。

（5）除防雷接地外的其他电气系统的工作或安全接地的要求（如电源接地形式，直流接地，局部等电位、总等电位接地等），如果采用共用接地装置，应在接地平面图中叙述清楚，交代不清楚的应绘制相应图样（如局部等电位平面图等）。

二、建筑物的年预计雷击次数

年预计雷击次数是指一年内某建筑物单位面积内遭受雷电袭击的次数，具体数值与建筑

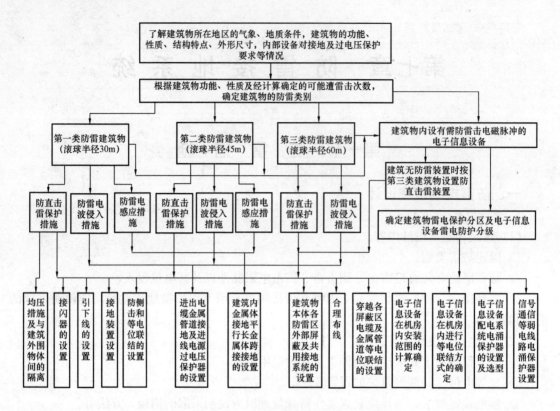

图 7-1　防雷系统设计步骤

注：地质条件包括土壤电阻率、土质、水含量等。

物等效面积、当地雷暴日及建筑物地况有关。年预计雷击次数是建筑防雷必要性分析的一个指标。

1. 建筑物年预计雷击次数

依据 GB 50057《建筑物防雷设计规范》建筑物年预计雷击次数按下式计算

$$N = kN_g A_e$$

式中　N——建筑物预计雷击次数（次/a）；

k——雷击次数校正系数；一般情况下取 1；位于河边、湖边、山坡下或山地中土壤电阻率较小处、地下水露头处、土山顶部、山谷风口等处的建筑物，以及特别潮湿的建筑物取 1.5；金属屋面没有接地的砖木结构建筑物取 1.7；位于山顶上或旷野孤立的建筑物取 2；

N_g——建筑物所处地区雷击大地的年平均密度［次/(km^2·a)］；

A_e——与建筑物截收相同雷击次数的等效面积（km^2）。

2. 雷击大地的年平均密度

雷击大地的年平均密度，首先应按当地气象台、站资料确定；若无此资料，可按下式计算

$$N_g = 0.1 \times T_d$$

式中　T_d——年平均雷电日，根据当地气象台、站资料确定（d/a）。

3. 与建筑物截收相同雷击次数的等效面积

建筑物平面面积扩大后的等效面积为图 7-2 中周边虚线所包围的面积。

与建筑物截收相同雷击次数的等效面积应为其实际平面积向外扩大后的面积。其计算方法应符合下列规定：

（1）当建筑物的高度小于 100m 时，其每边的扩大宽度和等效面积应按下列公式计算

$$D = \sqrt{H(200-H)}$$

$$A_e = [LW + 2(L+W)\sqrt{H(200-H)} + \pi H(200-H)] \times 10^{-6}$$

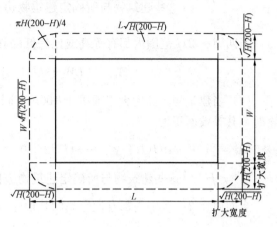

图 7-2　与建筑物截收相同雷击次数的等效面积

式中　D——建筑物每边的扩大宽度（m）；

　L、W、H——分别为建筑物每边的长、宽、高（m）。

（2）当建筑物的高度小于 100m，同时其周边在 2D 范围内有等高或比它低的其他建筑物，这些建筑物不在所考虑建筑物以 $h_r = 100$m 的保护范围内时，其等效面积为

$$A_e = [LW + 2(L+W)\sqrt{H(200-H)} + \pi H(200-H)] \times 10^{-6} -$$

$$\frac{D}{2} \times (\text{这些建筑物与所考虑建筑物边长平行以米计的长度总和}) \times 10^{-6}(\text{km}^2)$$

当四周在 2D 范围内都有等高或比它低的其他建筑物时，其等效面积为

$$A_e = \left[LW + (L+W)\sqrt{H(200-H)} + \frac{\pi H(200-H)}{4} \right] \times 10^{-6}$$

（3）当建筑物的高度小于 100m，同时其周边在 2D 范围内有比它高的其他建筑物时，其等效面积为

$$A_e = [LW + 2(L+W)\sqrt{H(200-H)} + \pi H(200-H)] \times 10^{-6} -$$

$$D \times (\text{这些建筑物与所考虑建筑物边长平行以米计的长度总和}) \times 10^{-6}(\text{km}^2)$$

当四周在 2D 范围内都有比它高的其他建筑物时，其等效面积可按下式计算

$$A_e = LW \times 10^{-6}$$

（4）当建筑物的高度等于或大于 100m 时，其每边的扩大宽度应按等于建筑物的高度计算，建筑物的等效面积应按下式计算

$$A_e = [LW + 2H(L+W) + \pi H^2] \times 10^{-6}$$

（5）当建筑物的高度等于或大于 100m，同时其周边在 2H 范围内有等高或比它低的其他建筑物，且不在所确定建筑物以滚球半径等于建筑物高度（m）的保护范围内时，其等效面积为

$$A_e = [LW + 2H(L+W) + \pi H^2] \times 10^{-6} -$$

$$\frac{H}{2} \times (\text{这些建筑物与所确定建筑物边长平行以米计的长度总和}) \times 10^{-6} (\text{km}^2)$$

当四周在 $2H$ 范围内都有等高或比它低的其他建筑物时，其等效面积为

$$A_e = \left[LW + H(L+W) + \frac{\pi H^2}{4} \right] \times 10^{-6}$$

（6）当建筑物的高度大于或等于 100m，同时其周边在 $2H$ 范围内有比它高的其他建筑物时，其等效面积为

$$A_e = [LW + 2H(L+W) + \pi H^2] \times 10^{-6} -$$

$$H \times (\text{这些建筑物与所确定建筑物边长平行以米计的长度总和}) \times 10^{-6} (\text{km}^2)$$

当四周在 $2H$ 范围内都有比它高的其他建筑物时，其等效面积为

$$A_e = LW \times 10^{-6}$$

（7）当建筑物部位的高不同时，应沿建筑物周边逐点算出最大扩大宽度，其等效面积应按每点最大扩大宽度外端的连接线所包围的面积计算。

三、建筑物的防雷分类

1. 第二类防雷建筑物

建筑高度为 100m 或 35 层及以上的住宅建筑和年预计雷击次数大于 0.25 的住宅建筑，应按第二类防雷建筑物采取相应的防雷措施。

2. 第三类防雷建筑物

建筑高度为 50～100m 或 19～34 层的住宅建筑和年预计雷击次数大于或等于 0.05 且小于或等于 0.25 的住宅建筑，应按不低于第三类防雷建筑物采取相应的防雷措施。

四、建筑物的防雷措施

防雷分为外部防雷和内部防雷以及防雷击电磁脉冲。

1. 外部防雷

外部防雷就是防直击雷，不包括防止外部防雷装置受到直接雷击时向其他物体的反击。

（1）直击雷。建筑物外部防雷的措施，宜采用装设在建筑物上的接闪网、接闪带或接闪杆，也可采用由接闪网、接闪带或接闪杆混合组成的接闪器。

（2）侧击雷。对水平突出外墙的物体，当第二类防雷建筑物滚球半径为 45m，当第三类防雷建筑物滚球半径为 60m，球体从屋顶周边接闪带外向地面垂直下降接触到突出外墙的物体时，应采取相应的防雷措施。

高于 60m 的建筑物，其上部占高度 20% 并超过 60m 的部位应防侧击，防侧击应符合下列规定：

1）在建筑物上部占高度 20% 并超过 60m 的部位，各表面上的尖物、墙角、边缘、设备以及显著突出的物体，应按屋顶上的保护措施处理。

2）在建筑物上部占高度 20% 并超过 60m 的部位，布置接闪器应符合对本类防雷建筑物的要求，接闪器应重点布置在墙角、边缘和显著突出的物体上。

3）外部金属物，当其最小尺寸符合规定尺寸时，可利用其作为接闪器，还可利用布置

在建筑物垂直边缘处的外部引下线作为接闪器。

当建筑物的钢筋和建筑物金属框架作为引下线或与引下线连接时，均可利用其作为接闪器。

4）外墙内、外竖直敷设的金属管道及金属物的顶端和底端，应与防雷装置等电位联结。

2. 内部防雷

内部防雷包括防闪电感应、防反击以及防闪电电涌侵入和防生命危险。

内部防雷装置应防止由于雷电流流经外部防雷装置或建筑物的其他导电部分而在需要保护的建筑物内发生危险的火花放电。危险的火花放电可能在外部防雷装置与其他部件（如金属装置、建筑物内系统、从外部引入建筑物的导电物体和线路）之间发生。

3. 防雷击电磁脉冲

防雷击电磁脉冲是对建筑物内系统（包括线路和设备）防雷电流引发的电磁效应，包含防经导体传导的闪电电涌和防辐射脉冲电磁场效应。

4. 屏蔽、接地和等电位联结

屏蔽、接地和等电位联结的要求宜联合采取下列措施：

（1）所有与建筑物组合在一起的大尺寸金属件都应等电位联结在一起，并应与防雷装置相连。

（2）在需要保护的空间内，采用屏蔽电缆时其屏蔽层应至少在网端，并宜在防雷区交界处做等电位联结，系统要求只在一端做等电位联结时，应采用两层屏蔽或穿钢管敷设，外层屏蔽或钢管应至少在两端，并宜在防雷区交界处做等电位联结。

（3）分开的建筑物之间的连接线路，若无屏蔽层，线路应敷设在金属管、金属格栅或钢筋成格栅形的混凝土管道内。金属管、金属格栅或钢筋格栅从一端到另一端应是导电贯通，并应在两端分别连到建筑物的等电位联结带上；若有屏蔽层，屏蔽层的两端应连到建筑物的等电位联结带上。

（4）对由金属物、金属框架或钢筋混凝土钢筋等自然构件构成建筑物，或房间的格栅形大空间屏蔽，应将穿入大空间屏蔽的导电金属物就近与其做等电位联结。

5. 反击间距

防止雷电流流经引下线和接地装置时产生的高电位对附近金属物或电气和电子系统线路的反击，应符合下列规定：

在金属框架的建筑物中，或在钢筋连接在一起、电气贯通的钢筋混凝土框架的建筑物中，金属物或线路与引下线之间的间隔距离可无要求；在其他情况下，金属物或线路与引下线之间的间隔距离应按下式计算：

第二类防雷建筑物

$$S_{a3} \geqslant 0.06 k_c l_x$$

第二类防雷建筑物

$$S_{a3} \geqslant 0.04 k_c l_x$$

式中　S_{a3} ——空气中的间隔距离（m）；

　　　k_c ——分流系数；

l_x——引下线计算点到连接点的长度（m），连接点即金属物或电气及电子系统线路与防雷装置直接或通过电涌保护器相连之点。

当金属物或线路与引下线之间有自然或人工接地的钢筋混凝土构件、金属板、金属网等静电屏蔽物隔开时，金属物或线路与引下线之间的间隔距离可无要求。

6. 防接触电压

防接触电压应符合下列规定之一：

（1）利用建筑物金属构架和建筑物互相连接的钢筋在电气上是贯通且不少于 10 根柱子组成的自然引下线。

（2）引下线 3m 范围内地表层的电阻率不小于 $50k\Omega\cdot m$，或敷设 5cm 厚沥青层或 15cm 厚砾石层。

（3）外露引下线，其距地面 2.7m 以下的导体用耐 $1.2/50\mu s$ 冲击电压 100kV 的绝缘层隔离，或用至少 3mm 厚的交联聚乙烯层隔离。

（4）用护栏、警告牌使接触引下线的可能性降至最低限度。

7. 防跨步电压

防跨步电压应符合下列规定之一：

（1）利用建筑物金属构架和建筑物互相连接的钢筋在电气上是贯通且不少于 10 根柱子组成的自然引下线，作为自然引下线的柱子包括位于建筑物四周和建筑物内的。

（2）引下线 3m 范围内地表层的电阻率不小于 $50k\Omega\cdot m$，或敷设 5cm 厚沥青层或 15cm 厚砾石层。

（3）用网状接地装置对地面做均衡电位处理。

（4）用护栏、警告牌使进入距引下线 3m 范围内地面的可能性减小到最低限度。

8. 附加保护措施

对第二类和第三类防雷建筑物，没有得到接闪器保护的屋顶孤立金属物的尺寸不超过下列数值时，可不要求附加的保护措施：

（1）高出屋顶平面不超过 0.3m。

（2）上层表面总面积不超过 $1.0m^2$。

（3）上层表面的长度不超过 2.0m。

没有处在接闪器保护范围内的非导电性屋顶物体，当未突出在由接闪器形成的平面 0.5m 以上时，可不要求附加增设接闪器的保护措施。

第二节　防　雷　装　置

防雷装置用于减少闪击击于建（构）筑物上或建（构）筑物附近造成的物质性损害和人身伤亡，由外部防雷装置和内部防雷装置组成。外部防雷装置由接闪器、引下线和接地装置组成。内部防雷装置由防雷等电位联结和与外部防雷装置的间隔距离组成。

一、材料

1. 材料的使用

防雷装置使用的材料及其应用条件，宜符合表 7-1 的规定。

表 7-1 防雷装置使用的材料

材料	使用于大气中	使用于地中	使用于混凝土中	耐腐蚀情况		
				在下列环境中能耐腐蚀	在下列环境中增加腐蚀	与下列材料接触形成直流电耦合可能受到严重腐蚀
铜	单根导体，绞线	单根导体，有镀层的绞线，铜管	单根导体，有镀层的绞线	在许多环境中良好	硫化物有机材料	—
热镀锌钢	单根导体，绞线	单根导体，铜管	单根导体，绞线	敷设于大气、混凝土和无腐蚀性的一般土壤受到的腐蚀是可以接受的	高氯化物含量	铜
电镀铜钢	单根导体	单根导体	单根导体	在许多环境中良好	硫化物	—
不锈钢	单根导体，绞线	单根导体，绞线	单根导体，绞线	在许多环境中良好	高氯化物含量	—
铝	单根导体，绞线	不适合	不适合	在含有低浓度硫和氯化物的大气中良好	碱性溶液	铜
铅	有镀铅层的单根导体	禁止	不适合	在含有高浓度硫酸化物的大气中良好	—	铜不锈钢

注：1. 敷设于黏土或潮湿土壤中的镀锌钢可能受到腐蚀。
　　2. 在沿海地区，敷设于混凝土中的镀锌钢不宜延伸进入土壤中。
　　3. 不得在地中使用铅。

2. 最小截面

防雷等电位联结各连接部件的最小截面，应符合表 7-2 的规定。

表 7-2 防雷等电位联结各连接部件的最小截面

等电位联结各连接部件			材料	截面/mm²
等电位联结带（铜，外表镀铜的钢或热镀锌钢）			铜（Cu）、铁（Fe）	50
从等电位联结带至接地装置或各等电位联结带之间的连接导体			铜（Cu）	16
			铝（Al）	25
			铁（Fe）	50
从屋内金属装置至等电位联结带之间的连接导体			铜（Cu）	6
			铝（Al）	10
			铁（Fe）	16
连接电涌保护器的导体	电气系统	I 级试验的电涌保护器	铜（Cu）	6
		II 级试验的电涌保护器		2.5
		III 级试验的电涌保护器		1.5
	电子系统	D1 类电涌保护器		1.2
		其他类的电涌保护器（连接导体的截面可小于 1.2mm²）		根据具体情况确定

连接单台或多台 I 级分类试验或 D1 类电涌保护器的单根导体的最小截面，还应按下式计算

$$S_{\min} \geqslant \frac{I_{\text{imp}}}{8}$$

式中 $S_{\min}$ ——单根导体的最小截面（mm^2）；

I_{imp} ——流入该导体的雷电流（kA）。

二、接闪器

接闪器由拦截闪击的接闪杆、接闪带、接闪线、接闪网以及金属屋面、金属构件等组成。

1. 规格

专门敷设的接闪器应由下列的一种或多种方式组成：

(1) 独立接闪杆。

(2) 架空接闪线或架空接闪网。

(3) 直接装设在建筑物上的接闪杆、接闪带或接闪网。

不得利用安装在接收无线电视广播天线杆顶上的接闪器保护建筑物。

接闪器的材料、结构和最小截面应符合表 7-3 的规定。

表 7-3 　　　　接闪线（带）、接闪杆、引下线的材料、结构和最小截面

材　　料	结　　构	最小截面/mm^2	备注[10]
铜，镀锡铜[1]	单根扁铜	50	厚度 2mm
	单根圆铜[7]	50	直径 8mm
	铜绞线	50	每股线直径 1.7mm
	单根圆铜[3][4]	176	直径 15mm
铝	单根扁铝	70	厚度 3mm
	单根圆铝[7]	50	直径 8mm
	铝绞线	50	每股线直径 1.7mm
铝合金	单根扁形导体	50	厚度 2.5mm
	单根圆形导体	50	直径 8mm
	绞线	50	每股线直径 1.7mm
	单根圆形导体[3]	176	直径 15mm
	外表面镀铜的单根圆形导体	50	直径 8mm，径向镀铜厚度至少 70μm，铜纯度 99.9%
热浸镀锌钢[2]	单根扁钢	50	厚度 2.5mm
	单根圆钢[9]	50	直径 8mm
	绞线	50	每股线直径 1.7mm
	单根圆钢[3]	176	直径 15mm

续表

材　　料	结　　构	最小截面/mm²	备注⑩
不锈钢⑤	单根扁钢⑥	50⑧	厚度 2mm
	单根圆钢⑥	50⑧	直径 8mm
	绞线	50	每股线直径 1.7mm
	单根圆钢③④	176	直径 15mm
外表面镀铜的钢	单根圆钢（直径 8mm）	50	镀铜厚度至少 70μm，
	单根扁钢（厚度 2.5mm）		铜纯度 99.9％

① 热浸或电镀锡的锡层最小厚度为 1μm。

② 镀锌层宜光滑连贯、无焊剂斑点，镀锌层圆钢至少 22.7g/m²、扁钢至少 32.4g/m²。

③ 仅用于接闪杆，当应用于机械应力没到达临界值之处，可采用直径 10mm、最长 1m 的接闪器，并增加固定。

④ 仅应用于入地之处。

⑤ 不锈钢中，铬的含量等于或大于 16％，镍的含量等于或大于 8％，碳的含量等于或大于 0.08％。

⑥ 对埋于混凝土中以及与可燃材料直接接触的不锈钢，其最小尺寸宜增大至直径 10mm 的 78mm²（单根圆钢）和最小厚度 3mm 的 78mm²（单根扁钢）。

⑦ 在机械强度没有重要要求之处，50mm²（直径 8mm）可减为 28mm²（直径 6mm），并应减少固定支架间的间距。

⑧ 当温升和机械受力是重点考虑之处，50mm² 加大至 75mm²。

⑨ 避免在单位能量 10MJ/Ω 下融化的最小截面是铜为 16mm²、铝为 25mm²、钢为 50mm²、不锈钢为 50mm²。

⑩ 截面积允许误差为 −3％。

2. 接闪器

（1）接闪网。应沿屋角、屋脊、屋檐和檐角等易受雷击的部位敷设，如图 7-3 所示。

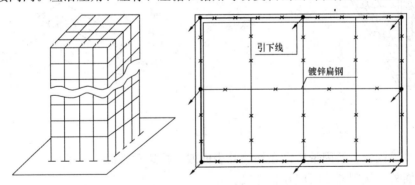

图 7-3　立体金属笼接闪网

表 7-4 是不同防雷等级的接闪网的规格。

表 7-4　　　　　　　　　　不同防雷等级的接闪网规格　　　　　　　　　　（m）

建筑物的防雷等级	滚球半径 h_r	接闪网尺寸
二类	45	10×10 或 12×8
三类	60	20×20 或 24×16

（2）接闪带。应沿屋角、屋脊、屋檐和檐角等易受雷击的部位敷设，如图 7-4 所示。

当第二类防雷建筑物高度超过 45m 时，第三类防雷建筑物高度超过 60m 时，首先应沿

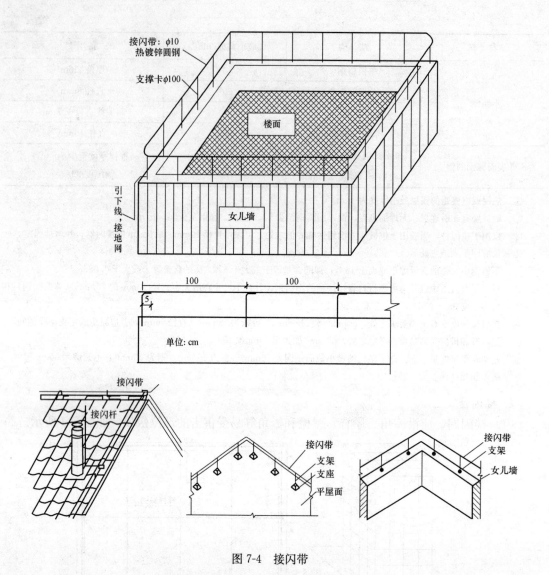

图 7-4 接闪带

屋顶周边敷设接闪带，接闪带应设在外墙外表面或屋檐边垂直面上，也可设在外墙外表面或屋檐边垂直面外。接闪器之间应互相连接。

（3）接闪杆。采用热镀锌圆钢或钢管制成时，如图 7-5 所示。

其直径应符合下列规定：

1）杆长 1m 以下时，圆钢应不小于 12mm，钢管应不小于 20mm。

2）杆长 1m～2m 时，圆钢应不小于 16mm，钢管应不小于 25mm。

3）独立烟囱顶上的杆，圆钢应不小于 20mm，钢管应不小于 40mm。

接闪杆的接闪端宜做成半球状，其最小弯曲半径宜为 4.8mm，最大弯曲半径宜为 12.7mm。

3. 支架间距

明敷接闪导体固定支架如图 7-6 所示。固定支架间距不宜大于表 7-5 的规定。固定支架的高度不宜小于 150mm。

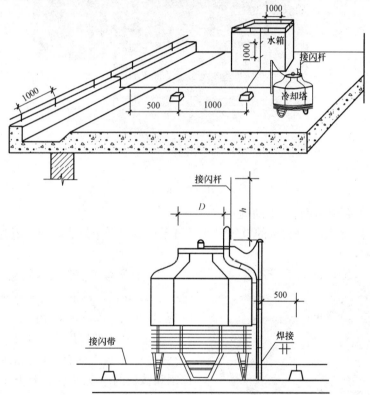

图 7-5 接闪杆

表 7-5 明敷接闪导体固定支架的间距

布置方式	扁形导体和绞线固定支架的间距/mm	单根圆钢导体固定支架的间距/mm
安装于水平面上的水平导体	500	1000
安装于垂直面上的水平导体	500	1000
安装于从地面至高 20m 垂直面上的垂直导体	1000	1000
安装在高于 20m 垂直面上的垂直导体	500	1000

4. 金属屋面

金属屋面的建筑物宜利用其屋面作为接闪器，如图 7-7 所示。

图 7-6 固定支架

屋面作为接闪器应符合下列规定：

（1）板间的连接应是持久的电气贯通，可采用铜锌合金焊、熔焊、卷边压接、缝接、螺钉或螺栓连接。

图 7-7 金属屋面作为接闪器

（2）金属板下面无易燃物品时，铅板的厚度不应小于 2mm，不锈钢、热镀锌钢、钛和铜板的厚度应不小于 0.5mm，铝板的厚度应不小于 0.65mm，锌板的厚度应不小于 0.7mm。

（3）金属板下面有易燃物品时，不锈钢、热镀锌钢和钛板的厚度应不小于 4mm，铜板的厚度应不小于 5mm，铝板的厚度应不小于 7mm。

（4）金属板应无绝缘被覆层。薄的油漆保护层或 1mm 厚沥青层或 0.5mm 厚聚氯乙烯层均不应属于绝缘被覆层。

5. 永久性金属物

屋顶上永久性金属物宜作为接闪器，但其各部件之间均应连成电气贯通，并应符合下列规定：

（1）旗杆、栏杆、装饰物、女儿墙上的盖板等，其截面应符合表 7-3 的规定，其壁厚应符合金属屋面的建筑物宜利用其屋面作为接闪器的规定，如图 7-8 所示。

（2）利用建筑构件内钢筋。建筑物宜利用钢筋混凝土屋面、梁、柱、基础内的钢筋作为

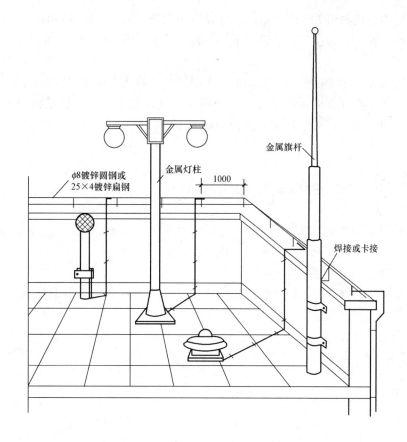

图 7-8　屋顶透气孔、金属灯杆、旗杆防雷

引下线和接地装置，当其女儿墙以内的屋顶钢筋网以上的防水和混凝土层允许不保护时，宜利用屋顶钢筋网作为接闪器，以及当建筑物为多层建筑，其女儿墙压顶板内或檐口内有钢筋且周围除保安人员巡逻外通常无人停留时，宜利用女儿墙压顶板内或檐口内的钢筋作为接闪器。

构件内有箍筋连接的钢筋或成网状的钢筋，其箍筋与钢筋、钢筋与钢筋应采用土建施工的绑扎法、螺钉、对焊或搭焊连接。单根钢筋、圆钢或外引预埋连接板、线与构件内钢筋应焊接或采用螺栓紧固的卡夹器连接。构件之间必须连接成电气通路。

6. 耐腐措施

除利用混凝土构件钢筋或在混凝土内专设钢材做接闪器外，钢质接闪器应热镀锌。在腐蚀性较强的场所，尚应采取加大截面或其他耐腐措施。

三、引下线

引下线用于将雷电流从接闪器传导至接地装置的导体。

1. 规格

引下线宜采用热镀锌圆钢或扁钢，宜优先采用圆钢。

引下线的材料、结构和最小截面应按表 7-3 的规定取值。

2. 引下线

专设引下线应不少于 2 根，并应沿建筑物四周和内庭院四周均匀对称布置。

第二类防雷建筑物引下线间距沿周长计算不应大于18m。当建筑物的跨度较大，无法在跨距中间设引下线时，应在跨距端设引下线并减小其他引下线的间距，专设引下线的平均间距不应大于18m。

第三类防雷建筑物专设引下线应不少于2根，并应沿建筑物四周和内庭院四周均匀对称布置，其间距沿周长计算应不大于25m。当建筑物的跨度较大，无法在跨距中间设引下线时，应在跨距两端设引下线并减小其他引下线的间距，专设引下线的平均间距应不大于25m。

3. 支架间距

明敷引下线固定支架的间距不宜大于表7-5的规定。

4. 防腐措施

除利用混凝土构件钢筋或在混凝土内专设钢材作接闪器外，钢质接闪器应热镀锌。在腐蚀性较强的场所，还应采取加大截面或其他耐腐措施。

5. 利用建筑构件内钢筋

利用基础内钢筋网作为接地体时，在周围地面以下距地面应不小于0.5m，每根引下线所连接的钢筋表面积总和应按下式计算。

第二类防雷建筑物

$$S \geqslant 4.24k_c^2$$

第三类防雷建筑物

$$S \geqslant 1.89k_c^2$$

式中　S——钢筋表面积总和（m^2）；

　　　k_c——分流系数。

单根引下线时，分流系数应为1；两根引下线及接闪器不成闭合环的多根引下线时，分流系数可为0.66；图7-9（c）适用于单层和多层建筑物引下线根数 n 不少于3根，当接闪器成闭合环或网状的多根引下线时，分流系数为0.44。各引下线设独自的接地体且各独自接地体的冲击接地电阻与邻近的差别不大于2倍；若差别大于2倍时，则 $k_c=1$。

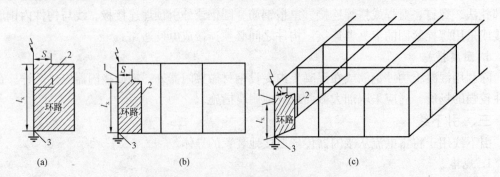

图7-9　引下线分流系数 k_c

（a）单根引下线；（b）两根引下线及接闪器不成闭合环的多根引下线；（c）接闪器成闭合环或网状的多根引下线

1—引下线；2—金属装置或线路；3—直接连接或通过电涌保护器连接；S—空气中间隔距离；

l_x—引下线从计算点到等电位联结点的长度

当高层住宅建筑采用网格型接闪器、引下线用多根环形导体互相连接、接地体采用环形接地体或利用建筑物钢筋或钢构架作为防雷装置时，分流系数宜按图 7-10 确定。

$h_1 \sim h_m$ 为连接引各线个环形导体或各层地面金属体之间的距离 c_s、c_d 为某引下线顶雷击电至两侧最近引下线之间的距离，计算式中的 c 取两者较小值，n 为建筑物周边和内部引下线的根数且不少于 4 根，c 和 h_1 取值范围在 3～20m。

在接地装置相同的情况下，即采用环形接地体或各引下线设独自接地体且其冲击接地电阻相近，按图 7-9 和图 7-10 确定的分流系数不同时，可取较小者。

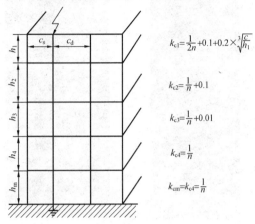

$$k_{c1}=\frac{1}{2n}+0.1+0.2\times\sqrt[3]{\frac{c}{h_1}}$$

$$k_{c2}=\frac{1}{n}+0.1$$

$$k_{c3}=\frac{1}{n}+0.01$$

$$k_{c4}=\frac{1}{n}$$

$$k_{cm}=k_{c4}=\frac{1}{n}$$

图 7-10　利用建筑物钢筋或钢构架作为防雷装置的分流系数 k_c

6. 专设引下线

专设引下线应沿建筑物外墙外表面明敷，并应经最短路径接地；建筑外观要求较高时可暗敷，但其圆钢直径应不小于 10mm，扁钢截面应不小于 80mm²，如图 7-11 所示。

防直击雷的专设引下线距出入口或人行道边沿不宜小于 3m。

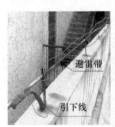

图 7-11　引下线

7. 断接卡

采用多根专设引下线时，应在各引下线上距地面 0.3～1.8m 处装设断接卡，如图 7-12 所示。

当利用混凝土内钢筋、钢柱作为自然引下线并同时采用基础接地体时，可不设断接卡，但利用钢筋作引下线时应在室内外的适当地点设若干连接板。当仅利用钢筋作引下线并采用埋于土壤中的人工接地体时，应在每根引下线上距地面不低于 0.3m 处设接地体连接板。采

(a)　　　　　(b)

图 7-12　断接卡

(a) 明装；(b) 暗装

用埋于土壤中的人工接地体时应设断接卡，其上端应与连接板或钢柱焊接。连接板处宜有明显标志。

在易受机械损伤之处，地面上 1.7m 至地面下 0.3m 的一段接地线，应采用暗敷或采用镀锌角钢、改性塑料管或橡胶管等加以保护。

第二类防雷建筑物或第三类防雷建筑物为钢结构或钢筋混凝土建筑物时，在其钢构件或钢筋之间的连接满足利用其作为引下线的条件下，当其垂直支柱均起到引下线的作用时，可不要求满足专设引下线之间的间距。

第三节　电涌保护器

一、电涌保护器概述

电涌保护器（SPD）目的在于限制瞬态过电压和分流电涌电流的器件，至少含有一非线性元件，一种为各种电子设备、仪表仪器、通信线路提供安全防护的电子装置。

当电气回路或者通信线路中因为外界的干扰突然产生尖峰电流或者电压时，电涌保护器能在极短的时间内导通分流，从而避免电涌对回路中其他设备的损害。

1. 型号

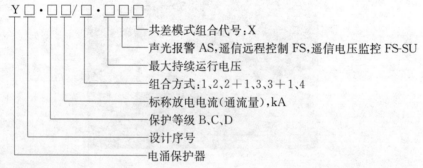

组合方式代号说明：

1——单极：U_c＝275V、320V，用于 TN-C、IT、TN-S 系统的单相系统；U_c＝385V、420V，用于 TT 系统的单相系统。

2——二极组合：U_c＝275V、320V，用于 TN-C、IT、TN-S 系统的单相系统；U_c＝385V、420V，用于 TT 系统的单相系统。

2+1——2+1 组合：由 2 级保护器加一极放电间隙组合而成，适合用于由 TT 系统供电的单相电路。

3——三极组合：用于 TN-C、IT、TN-S 系统主配电箱。

3+1——3+1 组合及全模组合。

4——四极组合：U_c=320V，用于 TN-C、TN-C-S、TN-S 系统；U_c=385V，用于 TT 系统。

2. 保护功能

SPD 安装在被保护设备的外部，其功能如下：

(1) 电力系统无电涌时，SPD 对其所应用的系统工作特性无明显影响。

(2) 电力系统出现电涌时，SPD 呈现低电阻，电涌电流通过 SPD 泄漏，把电压限制到其保护水平，电涌可能引起工频续流通过 SPD。

(3) 当电力系统出现电涌以后，SPD 在电涌及任何可能出现的工频续流熄灭以后，恢复到高阻抗状态。

3. 使用条件

规定 SPD 的特性，使其在正常使用条件下能满足以上功能。

正常使用条件包括电力系统电压频率、负载电流、海拔（即气压）、空气湿度和环境温度。

电源 SPD 是连接到低压配电系统的 SPD。

电信 SPD 是连接到电信和信号网络的 SPD。

适用电压：直流 1500V；交流 1000V（r·m·s）（50Hz）。

4. 要求

当电涌大于设计最大能量吸收能力和放电电流时，SPD 可能失效或损坏。SPD 的失效模式分为开路模式和短路模式。

(1) 在开路模式下，被保护系统不再被保护，因为失效的 SPD 对系统影响很小，所以不易被发现。为保证下一个电涌到来之前，更换失效的 SPD，就需要有一个指示。

(2) 在短路模式下，失效的 SPD 严重影响系统，系统中短路电流通过失效的 SPD，短路电流导通时使能量过度释放可能引起火灾，如果被保护系统没有合适的装置将失效的 SPD 从系统中脱离，使用具有短路失效模式的 SPD 需配备一个合适的脱离器。

5. 分类

(1) 按工作原理分类：

1) 开关型：其工作原理是当没有瞬时过电压时呈现为高阻抗，但一旦响应雷电瞬时过电压时，其阻抗就突变为低值，允许雷电流通过。用作此类装置时器件有空气间隙、气体放电管、晶闸管（晶闸管硅整流器）、三端双向晶闸管开关等。

2) 限压型：其工作原理是当没有瞬时过电压时为高阻抗，但随电涌电流和电压的增加其阻抗会不断减小，其电流电压特性为强烈非线性。用作此类装置的器件有：压敏电阻、雪崩二极管或抑制二极管等。

3) 分流型或扼流型。

分流型：与被保护的设备并联，对雷电脉冲呈现为低阻抗，而对正常工作频率呈现为高阻抗。

扼流型：与被保护的设备串联，对雷电脉冲呈现为高阻抗，而对正常的工作频率呈现为低阻抗。

用作此类装置的器件有扼流线圈、高通滤波器、低通滤波器、1/4 波长短路器等。

（2）按用途分：

1）电源保护器：交流电源保护器、直流电源保护器、开关电源保护器等。

2）信号保护器：低频信号保护器、高频信号保护器、天线保护器等。

6. 试验等级

试验等级分Ⅰ～Ⅲ级。Ⅰ级分类试验（T1）是用标称放电电流 I_n、1.2/50μs 冲击电压和 10/350μs 冲击电流 I_{imp} 做的试验，对应为电压开关型 SPD。

Ⅱ级分类试验（T2）是用标称放电电流 I_n、1.2/50μs 冲击电压和 8/20μs 最大放电电流 I_{max} 做的试验，对应为限压型 SPD。

Ⅲ级分类试验（T3）是用混合波（1.2/50μs 和 8/20μs）做的试验，对应为组合型 SPD。

（1）Ⅰ级试验用于模拟部分传导雷电流冲击的情况。符合Ⅰ级试验方法的 SPD 通常推荐用于高暴露地点，如由雷电防护系统保护的建筑物的进线。

（2）Ⅱ级或Ⅲ级试验方法试验的 SPD 承受较短时间的冲击。这些 SPD 通常被推荐用于较少暴露于直接受冲击的地方。

（3）Ⅱ级试验对 SPD 施加外加电流，Ⅲ级试验对 SPD 施加电压，所产生的电流与 SPD 的特性有关。

（4）Ⅰ级和Ⅱ级试验。

限制电压的测量可由两个试验来确定：

1）使用 8/20μs 波形测量各种电流值下的残压。

2）使用 1.2/50μs 波形测量放电电压。

限制电压是下列最高电压值：

1）对应下列电流范围的残压：

Ⅰ级试验，从 0.1×标称放电电流 I_n 直到幅值电流 I_{peak} 或标称放电电流 I_n 中较高值。

Ⅱ级试验，从 0.1×标称放电电流 I_n 直到 1.0×标称放电电流 I_n。

2）放电电压。选择 SPD 时必须考虑其试验等级和规定的冲击幅值。

7. 技术参数

（1）最大持续运行电压 U_c 和持续工作电流 I_c。最大持续运行电压 U_c 是可以持续加在 SPD 上而不导致 SPD 动作的最大交流电压（r·m·s）或直流电压，为 SPD 的动作阈值，也是 SPD 的额定电压值。

持续工作电流 I_c 是当施加 U_c 时通过 SPD 的电流值。如果有经过接地端（PE）的电流称为剩余电流，在选择 SPD 时，为避免过电流保护器或其他保护器（如 RCD）误动作，要考虑剩余电流。

（2）暂时过电压 U_T。理想情况的定义用一条曲线。实际上用几对工频电压或直流过电压相对于时间（几秒以下）关系的值就足以反映 SPD 在 U_T 方面的特性。典型持续时间是 200ms 和 5s。

（3）标称放电电流 I_n（8/20μs）（对于进行Ⅰ级、Ⅱ级试验的 SPD）。I_n 相当于装置中预期相当频繁出现的电流，流过 SPD 的 8/20μs 电流波的峰值电流，用于对 SPD 做Ⅱ级分类实验或做Ⅰ级分类实验的预处理。

I_n 优选值：0.05、0.1、0.25、0.5、1.0、1.5、2.0、2.5、3.0、5.0、10、15 和 20kA。对于Ⅰ级分类实验 I_n 不小于 15kA，对于Ⅱ级分类实验 I_n 不小于 5kA。

（4）冲击电流 I_{imp}（对于进行Ⅰ级和Ⅱ级试验的 SPD）。用于电源的第一级保护 SPD，反映了 SPD 的耐直击雷能力（采用 $10/350\mu s$ 波形），包括幅值电流 I_{peak} 和电荷 Q，其值可根据建筑物防雷等级和进入建筑物的各种设施（如导电物、电力线、通信线等）进行分流计算。

I_{imp}（I_{peak}，Q）优选值见表 7-6。

表 7-6　I_{imp} 的优选值

I_{peak} /kA	1	2	5	10	20
Q/（A·s）	0.5	1	2.5	5	10

（5）保护电压水平 U_p。在标称放电电流 I_n 下的残压，又称 SPD 的最大钳压，对于电源保护器而言，可分为Ⅰ、Ⅱ、Ⅲ、Ⅳ级保护，保护级别决定其安装位置，在信息系统中保护级别需与被保护系统和设备的耐压能力相匹配。

建筑物内 220/380V 配电系统中设备绝缘耐冲击电压额定值应符合表 7-7 的要求。

表 7-7　建筑物内 220/380V 配电系统中设备绝缘耐冲击电压额定值

电气装置标称电压/V		各种设备额定耐冲击电压值/kV			
三相系统	带中性点的单相系统	电气装置电源进线端的设备	配电装置和末级电器设备	用电器具	特殊需要保护设备
耐冲击过电压类别		Ⅳ	Ⅲ	Ⅱ	Ⅰ
—	120～240	4	2.5	1.5	0.8
220/380	—	6	4	2.5	1.5

注：Ⅰ类——需要将瞬态过电压限制到特定水平的设备。
　　Ⅱ类——如家用电器、手提电工工具或类似负荷。
　　Ⅲ类——如配电盘、断路器，包括电缆、母线、分线盒、开关、插座等的布线系统，以及应用于工业的设备和永久接于固定装置的固定安装的电动机等的一些其他设备。
　　Ⅳ类——如电气计量仪表、一次线过电流保护设备、波纹控制设备。

8. 组成

电涌保护器的类型和结构按不同的用途有所不同，但它至少应包含一个非线性电压限制元件。用于电涌保护器的基本元器件有放电间隙、充气放电管、压敏电阻、抑制二极管和扼流线圈等，如图 7-13 所示。

二、防雷区和防雷击电磁脉冲

1. 防雷区的划分

防雷区的划分应符合表 7-8 规定。

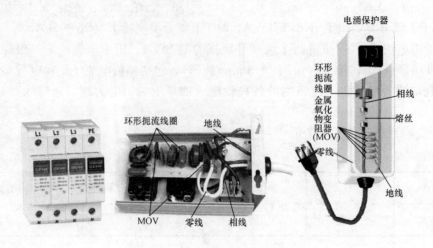

图 7-13   电涌保护器结构

表 7-8   **防 雷 区 的 划 分**

防雷区	保 护
LPZ0A	本区内的各物体都可能遭到直接雷击和导走全部雷电流；本区内的电磁场强度没有衰减
LPZ0B	本区内的各物体不可能遭到大于所选滚球半径对应的雷电流直接雷击，但本区内的电磁场强度没有衰减
LPZ1	本区内的各物体不可能遭到直接雷击，且由于在界面处的分流，流经各导体的雷电流比 LPZ0B 更小；本区内的雷击电磁场强度可能衰减，衰减程度取决于屏蔽措施
LPZN+1	需要进一步减小流入的电涌电流和雷击电磁场强度时，增设的后续防雷区

防雷区的划分示意如图 7-14 所示。

2. 防雷击电磁脉冲

安装磁场屏蔽后续防雷区、安装协调配合好的多组电涌保护器，宜按需要保护的设备数量、类型和耐压水平及其所要求的磁场环境选择，如图 7-15 所示。

3. SPD 设置

(1) 单、三相电源共差模电涌保护器。单、三相电源共差模电涌保护器主要适用于电网干扰比较严重的场所，能有效抑制电网中的峰值干扰及感应雷电流，其设计主要针对 TT、TN 配电系统所要求的相线、零线、零线对地及相线对零线的共模、差模进行全方位保护，如图 7-16 所示。

(2) LPZ0A 或 LPZ0B 区与 LPZ1 区交界处。LPZ0A 或 LPZ0B 区与 LPZ1 区交界处 Ⅰ 级电涌保护器，通常安装在进线低压主配电柜处，用于雷击时等电位联结。

为了防止电涌保护器失效，保护器失效后影响电网正常运行，连于 L 线的保护应该串联一个熔断器或断路器，如图 7-17 所示。

(3) LPZ0B 或 LPZ1 区与 LPZ2 区交界处。安装 LPZ0B 或 LPZ1 区与 LPZ2 区交界处 Ⅱ 级雷电流 SPD 保护，用于雷击时等电位联结。

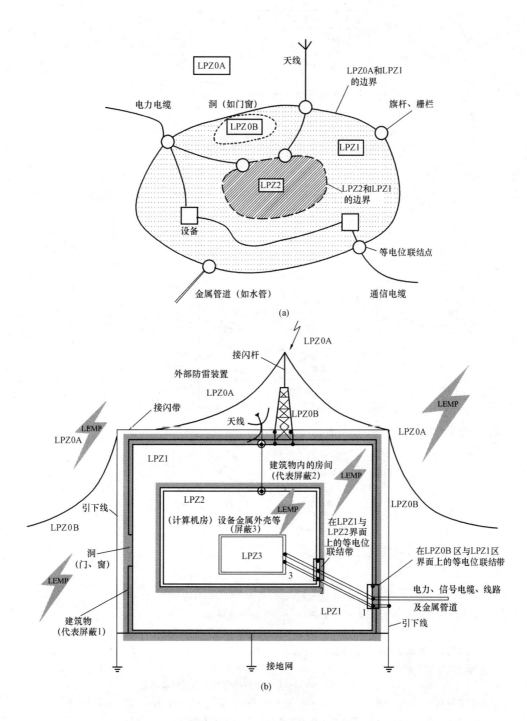

图 7-14　防雷区的划分

（a）俯视图；（b）剖面图

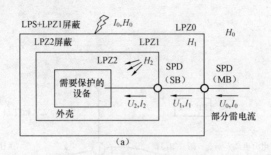

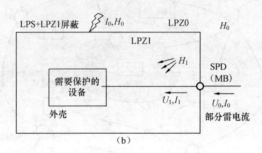

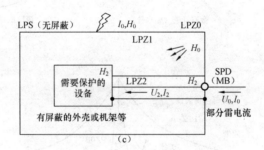

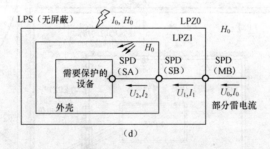

MB—总配电箱；SB—分配电箱；SA—插座

图 7-15　防雷击电磁脉冲

（a）采用大空间屏蔽和协调配合好的电涌保护器保护

注：设备得到良好的防导入电涌的保护，U_2 大大小于 U_0 和 I_2 大大小于 I_0，以及 H_2 大大小于 H_0 防辐射磁场的保护。

（b）采用 LPZ1 的大空间屏蔽和进户处安装电涌保护器的保护

注：设备得到防导入电涌的保护，U_1 小于 U_0 和 I_1 小于 I_0，以及 H_1 小于 H_0 防辐射磁场的保护。

（c）采用内部线路屏蔽和在进入 LPZ1 处安装电涌保护器的保护

注：设备得到防线路导入电涌的保护，U_2 小于 U_0 和 I_2 小于 I_0，以及 H_2 小于 H_0 防辐射磁场的保护。

（d）仅采用协调配合好的电涌保护器保护

注：设备得到防线路导入电涌的保护，U_2 大大小于 U_0 和 I_2 大大小于 I_0，但不需防 H_0 辐射磁场的保护。

图 7-16 单、三相电源共、差模电涌保护器

（a）单相电源共、差模全保护接线图；（b）三相电源共、差模全保护接线图

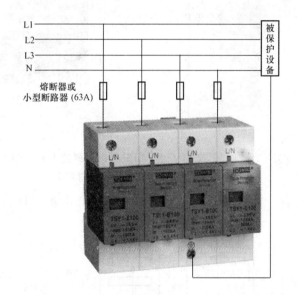

图 7-17 LPZ0A 或 LPZ0B 区与 LPZ1 区交界处 Ⅰ级 SPD

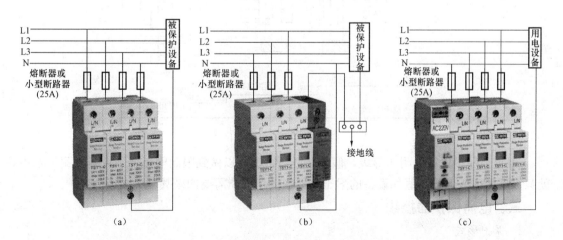

图 7-18 LPZ0B 或 LPZ1 区与 LPZ2 区交界处 Ⅱ级 SPD

（a）4 极组合接线图；（b）3＋1 极组合接线图；（c）4 极组合带声光报警接线图

通常安装在楼层配电箱、计算机中心、电信机房、电梯控制室、有线电视机房、楼宇自控室、保安监控中心、消防中心的配电箱内；也可以安装在 6 层以下住宅照明总配电箱内，分散型小别墅应将 SPD 安装在住户配电箱内，如图 7-18 所示。

（4）LPZ1 或 LPZ2 区与 LPZ3 区交界处。安装 LPZ1 或 LPZ2 区与 LPZ3 区交界处Ⅲ级电涌保护器，适用于住户配电箱、计算机设备、信息设备、电子设备及控制设备前或最近的插座箱内，如图 7-19 所示。

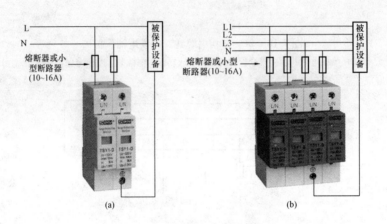

图 7-19　LPZ1 或 LPZ2 区与 LPZ3 区交界处Ⅲ级 SPD

(a) 2 极组合接线图；(b) 4 极组合接线图

（5）各级 SPD 配合。Ⅲ级 SPD 是对 LEMP 和通过第Ⅱ级 SPD 的残余雷击能量进行保护，如图 7-20 所示。

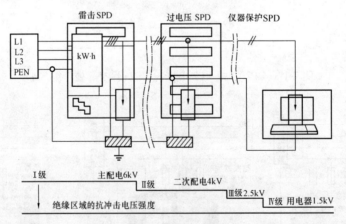

图 7-20　SPD 三级防护

根据被保护设备的耐压等级，假如两级防雷就可以做到限制电压低于设备的耐压水平，就只需要做两级保护，假如设备的耐压水平较低，可能需要四级甚至更多级的保护。

三、电涌保护器接线

1. 保护形式

低压供电系统的电涌保护形式主要有单相、三相电涌保护器，主要用于电网干扰较严重的场所，能有效地抑制电网中的尖峰干扰及感应雷电波，主要针对 TT 和 TN-S 配电系统所要求的相线、零线对地及相线对零线的共模、差模进行全方位保护，用于第一、二级的保护，如图 7-21 所示。

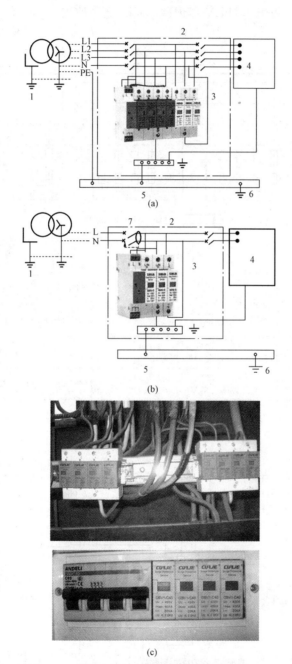

图 7-21 电涌保护器接线

（a）三相共差模示意图用于总配电柜；（b）单相共差模示意图用于楼层分配电箱；（c）接线实物图
1—接地线；2—电气开关箱；3—电涌保护器；4—被保护设备；5—主接地端子；6—总接地连接；
7—漏电保护设备

2. TT 系统

在高压系统为低电阻接地的前提下，当电源变压器高压侧碰外壳短路产生的 200ms 或更长时间耐 1200V 暂态过电压的电涌保护器，如图 7-22 所示。

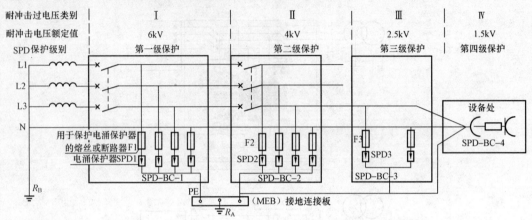

序号	编号	名称	设计要求	设备选型			单位	数量
				方案 I	方案 II	方案 III		
1	SPD-BC-1	电源电涌保护器	$U_n=220V \quad U_c=1.55U_n$ $U_p \leq 0.75 \sim 3.0kV$ $I_n=20kA \ (10/350\mu s)$ $I_n=80kA \ (8/20\mu s)$	SD1100-G / MS1100	HYMG-50 / HY22P-150J	ZGGF-50 / ZGSD-160JY	组	1
2	SPD-BC-2	电源电涌保护器	$U_n=220V \quad U_c=1.55U_n$ $U_p \leq 0.75 \sim 2.5kV \quad I_n=40kA(8/20\mu s)$	MS180(-L)	HY22P-80	ZGSD80	组	1
3	SPD-BC-3	电源电涌保护器	$U_n=220V \quad U_c=1.55U_n$ $U_p \leq 0.75 \sim 1.8kV \quad I_n=20kA(8/20\mu s)$	MS130(-L)	HY22P-40	ZGSD40-(J)	组	1
4	SPD-BC-4	电源电涌保护器组合式插座	$U_n=220V \quad U_c=1.55U_n$ $U_p \leq 0.75 \sim 1.2kV \quad I_n=10kA(8/20\mu s)$	MS120(-L)	HY22P-10	ZGL-120	组	1

(a)

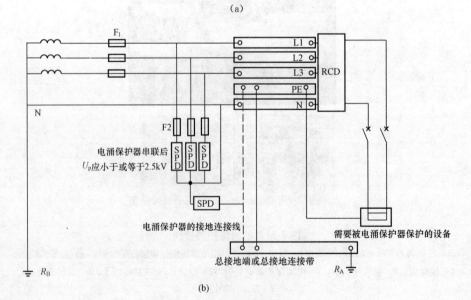

(b)

图 7-22 TT 系统的电涌保护（一）

(a) TT 系统三级保护；(b) 进户处剩余电流保护器电源侧

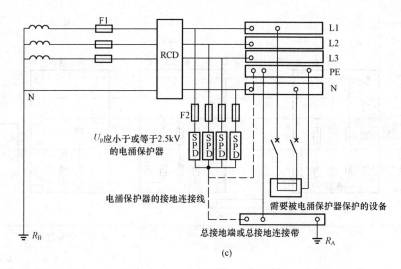

图 7-22　TT 系统的电涌保护（二）

（c）进户处剩余电流保护器负荷侧

3. TN 系统

当采用 TN-C-S 或 TN-S 系统时，在 N 与 PE 线连接处电涌保护器用三个，在其后 N 与 PE 线分开 10m 以后安装电涌保护器时用四个，即在 N 与 PE 线间增加一个，如图 7-23 所示。

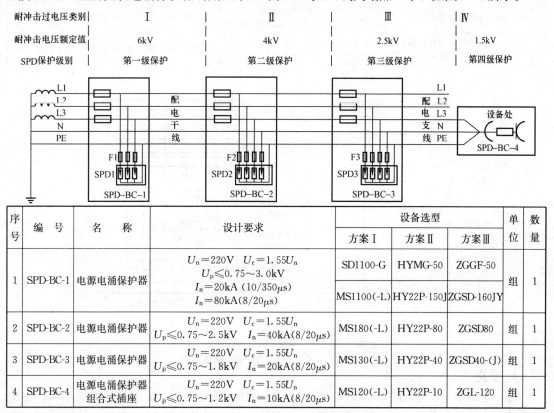

序号	编号	名　称	设计要求	设备选型			单位	数量
				方案Ⅰ	方案Ⅱ	方案Ⅲ		
1	SPD-BC-1	电源电涌保护器	$U_n=220V$　$U_c=1.55U_n$ $U_p≤0.75～3.0kV$ $I_n=20kA(10/350\mu s)$ $I_n=80kA(8/20\mu s)$	SD1100-G MS1100(-L)	HYMG-50 HY22P-150J	ZGGF-50 ZGSD-160JY	组	1
2	SPD-BC-2	电源电涌保护器	$U_n=220V$　$U_c=1.55U_n$ $U_p≤0.75～2.5kV$　$I_n=40kA(8/20\mu s)$	MS180(-L)	HY22P-80	ZGSD80	组	1
3	SPD-BC-3	电源电涌保护器	$U_n=220V$　$U_c=1.55U_n$ $U_p≤0.75～1.8kV$　$I_n=20kA(8/20\mu s)$	MS130(-L)	HY22P-40	ZGSD40-(J)	组	1
4	SPD-BC-4	电源电涌保护器组合式插座	$U_n=220V$　$U_c=1.55U_n$ $U_p≤0.75～1.2kV$　$I_n=10kA(8/20\mu s)$	MS120(-L)	HY22P-10	ZGL-120	组	1

（a）

图 7-23　TN 系统的电涌保护（一）

（a）TN-S 系统

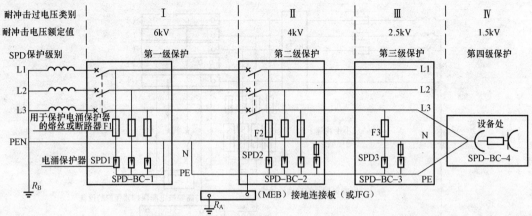

序号	编号	名称	设计要求	设备选型			单位	数量
				方案Ⅰ	方案Ⅱ	方案Ⅲ		
1	SPD-BC-1	电源电涌保护器	$U_n=220V$ $U_c=1.55U_n$ $U_p\leqslant0.75\sim3.0kV$ $I_n=20kA(10/350\mu s)$ $I_n=80kA(8/20\mu s)$	SD1100-G / MS1100(-L)	HYMG-50 / HY22P-150J	ZGGF-50 / ZGSD-160JY	组	1
2	SPD-BC-2	电源电涌保护器	$U_n=220V$ $U_c=1.55U_n$ $U_p\leqslant0.75\sim2.5kV$ $I_n=40kA(8/20\mu s)$	MS180(-L)	HY22P-80	ZGSD80	组	1
3	SPD-BC-3	电源电涌保护器	$U_n=220V$ $U_c=1.55U_n$ $U_p\leqslant0.75\sim1.8kV$ $I_n=20kA(8/20\mu s)$	MS130(-L)	HY22P-40	ZGSD40-(J)	组	1
4	SPD-BC-4	电源电涌保护器组合式插座	$U_n=220V$ $U_c=1.55U_n$ $U_p\leqslant0.75\sim1.2kV$ $I_n=10kA(8/20\mu s)$	MS120(-L)	HY22P-10	ZGL-120	组	1

(b)

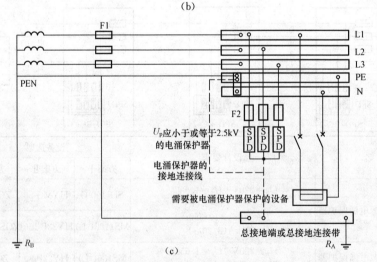

(c)

图 7-23 TN 系统的电涌保护（二）

（b）TN-C-S 系统；（c）进户处的电涌保护

4. 安装

（1）电压要求。电涌保护器的最大持续运行电压应不小于表 7-9 所规定的最小值；在电涌保护器安装处的供电电压偏差超过所规定的 10％ 以及谐波使电压幅值加大的情况下，应根据具体情况对限压型电涌保护器满足表 7-9 所规定的最大持续运行电压最小值。

表 7-9 电涌保护器取决于系统特征所要求的最大持续运行电压最小值

电涌保护器接于	配电网络的系统特征				
	TT 系统	TN-C 系统	TN-S 系统	引出中性线的 IT 系统	无中性线引出的 IT 系统
每一相线与中性线间	$1.15U_0$	不适用	$1.15U_0$	$1.15U_0$	不适用
每一相线与 PE 线间	$1.15U_0$	不适用	$1.15U_0$	$\sqrt{3}U_0$[1]	相间电压[1]
中性线与 PE 线间	U_0[1]	不适用	U_0[1]	U_0[1]	不适用
每一相线与 PEN 线间	不适用	$1.15U_0$	不适用	不适用	不适用

注: 1. 标有[1]的值是故障下最坏的情况, 所以不需计及 15% 的允许误差。

2. U_0 是低压系统相线对中性线的标称电压, 即相电压 220V。

3. 此表基于按现行国家标准 GB 18802.1《低压配电系统的电涌保护器 (SPD) 第 1 部分, 性能要求和试验方法》做过相关试验的电涌保护器产品。

(2) 接线要求。电涌保护器的接线形式应符合表 7-10 的规定。

表 7-10 电涌保护器的接线形式

电涌保护器接于			每根相线与中性线间	每根相线与 PE 线间	中性线与 PE 线之间	每根相线与 PEN 线间	各相线之间
系统特征安装处的电涌保护器	TT 系统	按以下形式连接 接线形式 1	可选用	必须	必须	不适用	可选用
		接线形式 2	必须	不适用	必须	不适用	可选用
	TN-C 系统		不适用	不适用	不适用	必须	可选用
	TN-S 系统	按以下形式连接 接线形式 1	可选用	必须	必须	不适用	可选用
		接线形式 2	必须	不适用	必须	不适用	可选用
	引出中性线的 IT 系统	按以下形式连接 接线形式 1	可选用	必须	必须	不适用	可选用
		接线形式 2	必须	不适用	必须	不适用	可选用
	不中性线引出的 IT 系统		不适用	必须	不适用	不适用	可选用

四、低压配电系统中的应用

1. 建筑物

当金属物或线路与引下线之间有混凝土墙、砖墙隔开时, 其击穿强度应为空气击穿强度的 1/2。当间隔距离不能满足规定时, 金属物应与引下线直接相连, 带电线路应通过电涌保护器与引下线相连。

2. 低压电源线路引入

在电气接地装置与防雷接地装置共用或相连的情况下, 应在低压电源线路引入的总配电箱、配电柜处装设 I 级试验的电涌保护器。

电涌保护器的电压保护水平值应小于或等于 2.5kV。每一保护模式的冲击电流值, 当无法确定时应取大于或等于 12.5kA。

3. 配电变压器

(1) 当 Yyn0 型或 Dyn11 型接线的配电变压器设在建筑物内或附设于外墙处时, 应在变压器高压侧装设接闪器。

（2）在低压侧的配电屏上，当有线路引出本建筑物至其他有独自敷设接地装置的配电装置时，应在母线上装设Ⅰ级试验的电涌保护器，电涌保护器每一保护模式的冲击电流值，当无法确定时，冲击电流应取大于或等于 12.5kA。

（3）当无线路引出本建筑物时，应在母线上装设Ⅱ级试验的电涌保护器，电涌保护器每一保护模式的标称放电电流值应大于或等于 5kA。电涌保护器的电压保护水平值应小于或等于 2.5kV。

4. 电源总配电箱

低压电源线路引入的总配电箱、配电柜处装设Ⅰ级试验的电涌保护器，以及配电变压器设在本建筑物内或附设于外墙处，并在低压侧配电屏的母线上装设Ⅰ级试验的电涌保护器时，电涌保护器每一保护模式的冲击电流值，当电源线路无屏蔽层时可按下面公式计算，即

$$I_{imp} = \frac{0.5I}{nm}$$

式中　I——雷电流，应取 150kA。

当有屏蔽层时可按下面公式计算，即

$$I_{imp} = \frac{0.5IR_s}{n(mR_s + R_c)}$$

式中　I——雷电流（kA），第二类防雷建筑物应取 150kA，第三类防雷建筑物应取 100kA；

　　n——地下和架空引入的外来金属管道和线路的总数；

　　m——每一线路内导体芯数的总根数；

　　R_s——屏蔽层每千米的电阻（Ω/km）；

　　R_c——芯线每千米的电阻（Ω/km）。

配电系统的 SPD 保护如图 7-24 所示。

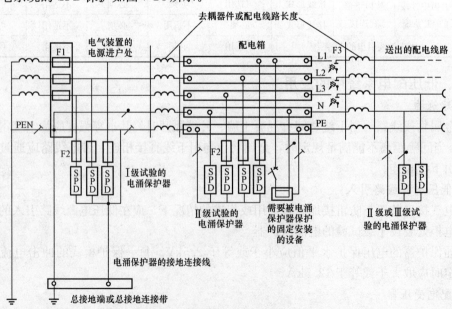

图 7-24　配电系统 SPD 保护（一）

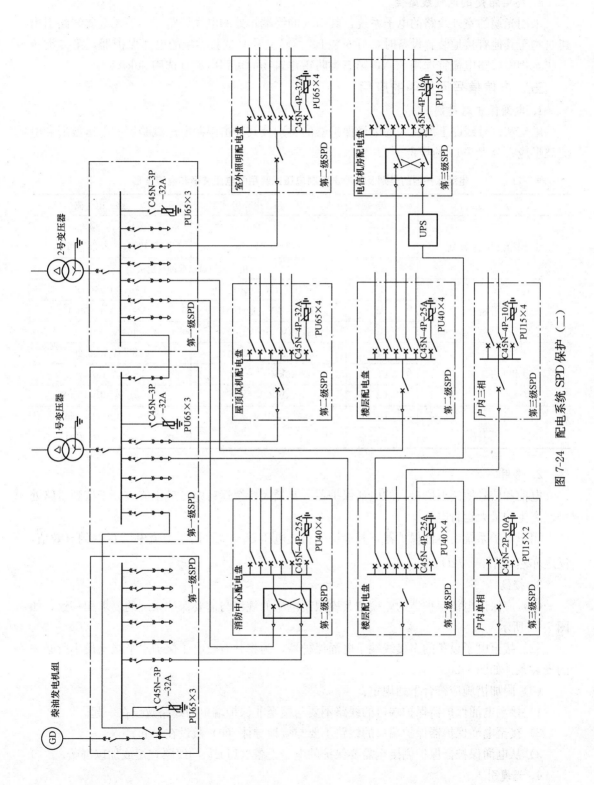

图 7-24 配电系统 SPD 保护（二）

5. 终端箱处的电气线路侧

采用光缆的室外线路的电子系统，其引入的终端箱处的电气线路侧，当无金属线路引出建筑物至其他有接地装置设备时，可安装 B2 类慢上升率试验类型的电涌保护器，第二类防雷建筑物的短路电流宜选用 75A，第三类防雷建筑物的短路电流宜选用 50kA。

五、电信信号网络中的应用

1. 电涌保护器类别

电信和信号线路上所接入的电涌保护器的类别及其冲击限制电压试验用的电压波形和电流波形应符合表 7-11 的规定。

表 7-11　电涌保护器的类别及其冲击限制电压试验用的电压波形和电流波形

分　类	小类别	开　路　电　压	短　路　电　流
非常低的上升速率 AC	A1	≥1kV 0.1~100kV/s	10A 0.1~2A/μs ≥1000μs（持续时间）
	A2	由交流负载试验的规定决定	
低上升速率	B1	1kV（10/1000）	100A（10/1000）
	B2	1kV~4kV（10/700）	25~100A（5/300）
	B3	≥1kV（100V/μs）	10~100A（10/1000）
快上升速率	C1	0.5~1kV（1.2/50）	0.25~1kA（8/20）
	C2	2~10kV（1.2/50）	1~5kA（8/20）
	C3	≥1kV（1kV/μs）	10~100A（10/1000）
高能量	D1	≥1kV	0.5~2.5kA（10/350）
	D2	≥1kV	0.6~2kA（10/250）

2. 选用

电信和信号线路上所接入的电涌保护器，其最大持续运行电压最小值应大于接到线路处可能产生的最大运行电压。

用于电子系统的电涌保护器，其标记的直流电压 U_{DC} 也可用于交流电压 U_{AC} 的有效值，反之亦然，$U_{DC} = \sqrt{2}U_{AC}$。

3. 接线

（1）应保证电涌保护器的差模和共模限制电压的规格与需要保护系统的要求相一致，如图 7-25 所示。

（2）接至电子设备的多接线端子电涌保护器，为将其有效电压保护水平减至最小所必需的安装条件如图 7-26 所示。

（3）附加措施应符合下列规定：

1）接至电涌保护器保护端口的线路不要与接至非保护端口的线路敷设在一起。

2）接至电涌保护器保护端口的线路不要与接地导体（p）敷设在一起。

3）从电涌保护器保护侧接至需要保护的电子设备（ITE）的线路宜短或加以屏蔽。

4. 光缆引入

采用金属线的室外线路的电子系统，其引入的终端箱处应安装 D1 类高能量试验类型的

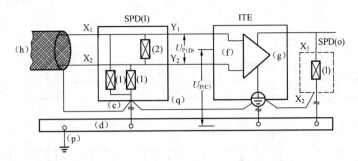

图 7-25　防需要保护的电子设备（ITE）的供电电压输入端及其信号端的差模和
共模电压的保护措施的例子

(c) 电涌保护器的一个连接点，通常电涌保护器内的所有限制共模电涌电压元件都以此为基准点；(d) 一等电位联结带；(f) 一电子设备的信号端口；(g) 一电子设备的电源端口；(h) 一电子系统线路或网络；(l) 一符合表 7-11 所选用的电涌保护器；(o) 一用于直流电源线路的电涌保护器；(p) 一接地导体；$U_{P(C)}$ 一将共模电压限制至电压保护水平；$U_{P(D)}$ 一将差模电压限制至电压保护水平；X_1、X_2 一电涌保护器非保护侧的接线端子，在它们之间接入 (1) 和 (2) 限压元件；Y_1、Y_2 一电涌保护器保护侧的接线端子；(1) 一用于限制共模电压的防电涌电压元件；(2) 一用于限制差模电压的防电涌电压元件。

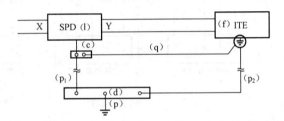

图 7-26　将多接线端子电涌保护器的有效电压保护水平减至最小所必需的安装条件的例子

(c) 一电涌保护器的一个连接点，通常，电涌保护器内的所有限制共模电涌电压元件都以此为基准点；(d) 一等电位联结带；(f) 一电子设备的信号端口；(l) 一符合表 7-11 所选用的电涌保护器；(p) 一接地导体；(q) 一必需的连接线（应尽可能短）；(p_1)、(p_2) 一应尽可能短的接地导体，当电子设备（ITE）在远处时可能无 (p_2)；X、Y 一电涌保护器的接线端子，X 为其非保护的输入端，Y 为其保护侧的输出端。

电涌保护器。计算同电源总配电箱计算方法。

第四节　接　地　系　统

一、接地方式

住宅供电系统应采用 TT、TN-C-S 或 TN-S 接地方式，并进行总等电位联结。

1. TT 系统

TT 方式是指将电气设备的金属外壳直接接地的保护系统，称为保护接地系统，适用于负载设备容量小且很分散的场合，如城市公用低压线路供电的住宅建筑，如图 7-27 所示。

2. TN-C-S 系统

TN-C-S 系统中，前端为 TN-C 系统，即工作零线 N 和保护线 PE 是合一的，后端为 TN-S 系统，即工作零线 N 和保护线 PE 是分开的，如图 7-28 所示。

TN-C-S 系统在带独立变压器的生活小区中较普遍采用，变压器至小区每栋建筑物用

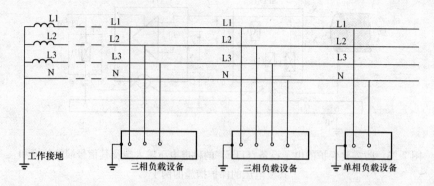

图 7-27 TT 系统

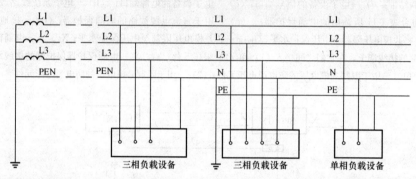

图 7-28 TN-C-S 系统

TN-C 方式供电，每栋建筑物接地后将 TN-C 形式的 PEN 线分为工作零线 N 和保护线 PE，在建筑物内采用 TN-S 的方式供电。

3. TN-S 系统

TN-S 系统是一种把工作零线 N 和专用保护线 PE 严格分开的供电系统，称为 TN-S 供电系统，如图 7-29 所示。

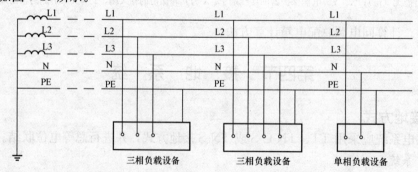

图 7-29 TN-S 系统

TN-S 方式供电系统安全可靠，适用于住宅建筑内低压供电系统。

二、接地要求

1. 接地网

住宅建筑各电气系统的接地宜采用共用接地网。

2. 接地电阻

接地网的接地电阻值应满足其中电气系统最小值的要求。

3. 套内接地

住宅建筑套内下列电气装置的外露可导电部分均应可靠接地：

(1) 固定家用电器、手持或移动式家用电器的金属外壳。

(2) 家居配电箱、家居配线箱、家居控制器的金属外壳。

(3) 线缆的金属保护导管、接线盒及终端盒。

(4) Ⅰ类照明灯具的金属外壳。

4. 接地干线

接地干线可选用镀锌扁钢或铜导体，接地干线可兼作等电位联结干线。高层建筑电气内的接地干线，每隔 3 层应与相近楼板钢筋做等电位联结。接地干线做法如图 7-30 所示。

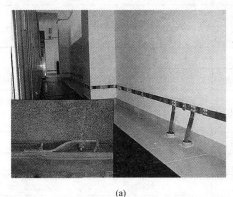

(a)   (b)

图 7-30 接地干线做法

(a) 配电室；(b) 电气竖井

三、接地装置

接地装置是接地体和接地线的总和，用于传导雷电流并将其电流散入大地。接地体指的是埋入土壤中或混凝土基础中作散流用的导体。接地线是从引下线断接卡或接线处至接地体的连接导体；或从接地端子、等电位联结带至接地体的连接导体。

1. 规格

接地体的材料、结构和最小尺寸应符合表 7-12 的规定。

2. 接地体

外部防雷装置的接地应和防闪电感应、内部防雷装置、电气和电子系统等接地共用接地装置，并应与引入的金属管线做等电位联结。外部防雷装置的专设接地装置宜围绕建筑物敷设成环形接地体。

(1) 当基础采用硅酸盐水泥和周围土壤的含水量不低于 4% 及基础的外表面无耐腐层或有沥青质耐腐层时，宜利用基础内的钢筋作为接地装置。当基础的外表面有其他类的耐腐层且无桩基可利用时，宜在基础耐腐层下面的混凝土垫层内敷设人工环形基础接地体。

表 7-12 接地体的材料、结构和最小尺寸

材料	结构	最小尺寸			备 注
		垂直接地体直径/mm	垂直接地体面积/mm²	接地板	
铜镀锡铜	铜绞线	—	50	—	每股直径 1.7mm
	单根圆钢	15	50	—	
	单根扁钢	—	50	—	厚度 2mm
	钢管	20	—	—	壁厚 2mm
	整块铜板	—	—	500×500	厚度 2mm
	网络铜板	—	—	600×600	各网格边截面 25mm×2mm，网格网边总长度不少于 4.8m
热镀锌钢	圆钢	14	78	—	—
	钢管	20	—	—	壁厚 2mm
	扁钢	—	90	—	厚度 3mm
	钢板	—	—	500×500	厚度 3mm
	网络钢板	—	—	600×600	各网格边截面 30mm×3mm，网格网边总长度不少于 4.8m
	型钢	注3	—	—	—
裸钢	钢绞线	—	70	—	每股直径 1.7mm
	圆钢	—	78	—	—
	扁钢	—	75	—	厚度 3mm
外表面镀铜的钢	圆钢	14	50	—	镀铜厚度至少 250μm，铜纯度 99.9%
	扁钢	—	90（厚 3mm）	—	
不锈钢	圆形导体	15	78	—	—
	扁形导体	—	100	—	厚度 2mm

注：1. 热镀锌钢的镀锌层应光滑连贯、无焊剂斑点。镀锌层圆钢至少 22.7g/m²、扁钢至少 32.4g/m²。

2. 热镀锌之前螺纹应先加工好。

3. 不同截面的型钢，其截面不小于 290mm²；最小厚度 3mm，可采用 50mm×50mm×3mm 角钢。

4. 当完全埋在混凝土中时，才采用裸钢。

5. 外表面镀铜的钢，铜应与钢结合良好。

6. 不锈钢中，铬的含量大于或等于 16%，镍的含量大于或等于 5%，钼的含量大于或等于 2%，碳的含量大于或等于 0.08%。

7. 截面积允许误差为 −3%。

  （2）敷设在混凝土中作为防雷装置的钢筋或圆钢，当仅为一根时，其直径应不小于 10mm。被利用作为防雷装置的混凝土构件内有箍筋连接的钢筋时，其截面积总和应不小于一根直径 10mm 钢筋的截面积。

  （3）当在建筑物周边的无钢筋的闭合条形混凝土基础内敷设人工基础接地体时，接地体的规格尺寸应按表 7-13 的规定确定。

表 7-13 建筑物环形人工基础接地体的最小规格尺寸

建筑物防雷分类	闭合条形基础的周长/m	扁钢/mm	圆钢，根数×直径/mm
第二类	≥60	4×25	2×φ10
第二类	40～60	4×50	4×φ10 或 3×φ12
第二类	<40	钢材表面积总和≥4.24m²	
第三类	≥60	—	1×φ10
第三类	40～60	4×20	2×φ8
第三类	<40	钢材表面积总和≥1.89m²	

注：1. 当长度相同、截面相同时，宜选用扁钢。

2. 采用多根圆钢时，其敷设净距不小于直径的2倍。

3. 利用闭合条形基础内的钢筋作接地体时可按表7-13校验，除主筋外，可计入箍筋的表面积。

埋于土壤中的人工垂直接地体宜采用热镀锌角钢、钢管或圆钢；埋于土壤中的人工水平接地体宜采用热镀锌扁钢或圆钢。接地线应与水平接地体的截面相同。

人工钢质垂直接地体的长度宜为2.5m，其间距以及人工水平接地体的间距均宜为5m，当受地方限制时可适当减小。

人工接地体在土壤中的埋设深度应不小于0.5m，并宜敷设在当地冻土层以下，其距墙或基础不宜小于1m。接地体宜远离由于烟道等高温影响使土壤电阻率升高的地方。

在敷设于土壤中的接地体连接到混凝土基础内起基础接地体作用的钢筋或钢材的情况下，土壤中的接地体宜采用铜质或镀铜或不锈钢导体。

3. 接地电阻

（1）冲击接地电阻与工频接地电阻的换算。接地装置冲击接地电阻与工频接地电阻的换算，应按下式计算

$$R_{\sim} = AR_{\mathrm{i}}$$

式中　$R_{\sim}$——接地装置各支线的长度取值小于或等于接地体的有效长度 l_{e}，或者有支线大于 l_{e} 而取其等于 l_{e} 时的工频接地电阻（Ω）；

　　A——换算系数，其值宜按图7-31所示确定；

　　R_{i}——所要求的接地装置冲击接地电阻（Ω）。

（2）接地体的有效长度。接地体的有效长度应按下式计算为

$$l_{\mathrm{e}} = 2\sqrt{\rho}$$

式中　l_{e}——有效长度（m），按图7-32计算；

　　ρ——敷设接地体处的土壤电阻率(Ω·m)。

（3）环形接地体冲击接地电阻。环绕建筑物

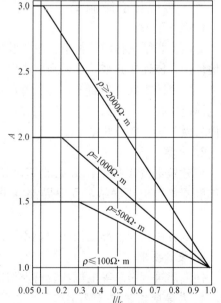

图 7-31　换算系数 A

注：l 为接地体最长支线的实际长度，其计量与 l_{e} 类同；当 l 大于 l_{e} 时，取其等于 l_{e}。

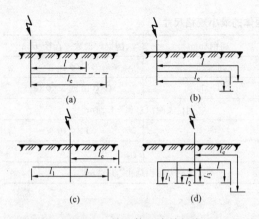

图 7-32 接地体的有效长度

（a）单根水平接地体；（b）末端接垂直接地体的单根水平接地体；（c）多根水平接地体，$l_1 \leqslant l$；（d）接多根垂直接地体的多根水平接地体，$l_1 \leqslant l, l_2 \leqslant l, l_3 \leqslant l$

的环形接地体应按下列方法确定冲击接地电阻：

1）当环形接地体周长的一半大于或等于接地体的有效长度时，引下线的冲击接地电阻应为从与引下线的连接点起，沿两侧接地体各取有效长度的长度计算出的工频接地电阻，换算系数应等于 1。

2）当环形接地体周长的一半小于有效长度时，引下线的冲击接地电阻应为以接地体的实际长度算出的工频接地电阻再除以换算系数。

与引下线连接的基础接地体，当其钢筋从与引下线的连接点测量起大于 20m 时，其冲击接地电阻应为以换算系数等于 1 和以该连接点为圆心、20m 为半径的半球体范围内的钢筋体

的工频接地电阻。

4. 耐腐措施

接地装置埋在土壤中的部分，其连接宜采用放热焊接。当采用通常的焊接方法时，应在焊接处做耐腐处理。

第五节 等 电 位 联 结

一、等电位联结概述

1. 等电位联结

等电位联结是将建筑物中各电气装置和其他装置外露的金属及可导电部分与人工或自然接地体用导体连接起来，以达到减少电位差的目的称为等电位联结。

在两个防雷区的界面上宜将所有通过界面的金属物做等电位联结。当线路能承受所发生的电涌电压时，电涌保护器可安装在被保护设备处，而线路的金属保护层或屏蔽层宜首先于界面处做一次等电位联结。

2. 分类

在建筑电气工程中，常见的等电位联结措施有三种，即总等电位联结、辅助等电位联结和局部等电位联结，其中局部等电位联结是辅助等电位联结的一种扩展，如图 7-33 所示。

这三者在原理上都是相同的，不同之处在于作用范围和工程作法。

3. 设计要求

住宅建筑应做总等电位，装有淋浴或浴盆的卫生间应做局部等电位联结。

4. 总等电位联结（MEB）

总等电位联结作用于全建筑物，在一定程度上可降低建筑物内间接接触电击的接触电压和不同金属部件间的电位差，并消除自建筑物外经电气线路和各种金属管道引入的危险故障电压的危害。

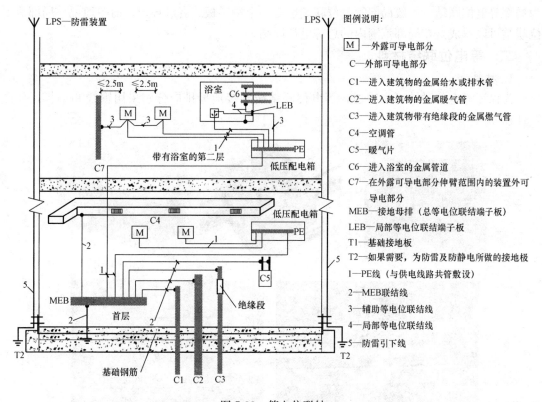

图 7-33　等电位联结

5. 辅助等电位联结（SEB）

将两导电部分用导线直接作等电位联结，使故障接触电压降至接触电压限值以下，称作辅助等电位联结。下列情况下需做辅助等电位联结：

（1）电源网络阻抗过大，使自动切断电源时间过长，不能满足防电击要求时。

（2）自 TN 系统同一配电箱供给固定式和移动式两种电气设备，而固定式设备保护电器切断电源时间不能满足移动式设备防电击要求时。

（3）为满足浴室、游泳池、医院手术室等场所对防电击的特殊要求时。

6. 局部等电位联结（LEB）

当需在一局部场所范围内作多个辅助等电位联结时，可通过局部等电位联结端子板将下列部分互相连通，以简便地实现该局部范围内的多个辅助等电位连接，被称作局部等电位联结。

（1）PE 母线或 PE 干线。

（2）公用设施的金属管道。

（3）建筑物金属结构。

按 GB 50054《低压配电设计规范》规定，采用接地故障保护时，在建筑物内应作总等电位联结。而当电气装置或其某一部分的接地故障保护不能满足规定要求时，尚应在局部范围内做局部等电位联结。

局部等电位联结一般是在浴室、游泳池等特别危险场所，发生电气事故危险性较大，要求更低的接触电压，在这些局部范围内有多个辅助等电位联结才能达到要求，这种联结称之为局部等电位联结。一般局部等电位联结也有一个端子板或者成环形。简单地说，局部等电位联结可以看成是在局部范围内的总等电位联结。

二、等电位联结材料

1. 材料

为保证等电位联结可靠导通，等电位联结线和接地母排应分别采用铜线和铜板，如图7-34所示。

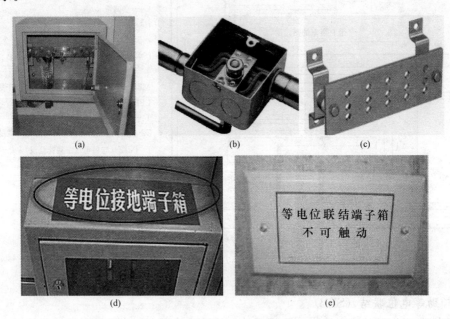

图 7-34　等电位联结设备
(a) 等电位联结端子箱；(b) 等电位联结盒；(c) 等电位联结端子板；(d) 明装；(e) 暗装

2. 规格

等电位联结线截面积见表7-14。

表 7-14　　　　　　　　　　　　等电位联结线截面积

取　值	总等电位联结线	等电位联结线	
一般值	不小于最大 PE 线截面的 1/2		
最小值	6mm²①	有机械保护时	2.5mm²①
		无机械保护时	4mm²①
	50mm²③	16mm²③	
最大值	25mm²②		
	100mm²③		

① 铜材质，可选用裸铜线、绝缘铜芯线。
② 铜材质，可选用铜导体、裸铜线、绝缘铜芯线。
③ 钢材质，可选用热镀锌扁钢或热镀锌圆钢。

除考虑机械强度外，当等电位联结线在故障情况下有可能通过短路电流时，还应保证在短路电流作用下导线与其接头不应被烧断。因总等电位联结线一般没有短路电流通过，故规定有最大值，而辅助等电位联结线有短路电流通过，故 LEB 以 PE 线为基准选择，不规定最大值。

3. 联结线

不允许用下列金属部分当作联结线：

(1) 金属水管。

(2) 输送爆炸气体或液体的金属管道。

(3) 正常情况下承受机械压力的结构部分。

(4) 易弯曲的金属部分。

(5) 钢索配线的钢索。

三、总等电位联结

1. 总等电位联结

通过进线配电箱近旁的接地母排（总等电位联结端子板）将下列可导电部分互相连通：

(1) 进线配电箱的 PE (PEN) 母排。

(2) 公用设施的金属管道，如上、下水、热力、燃气等管道。

(3) 建筑物金属结构。

(4) 如果设置有人工接地，也包括其接地极引线。

建筑物做总等电位联结后，可防止 TN 系统电源线路中的 PE 和 PEN 线传导引入故障电压导致电击事故，同时可减少电位差、电弧、电火花发生的几率，避免接地故障引起的电气火灾事故和人身电击事故；同时也是防雷安全所必需，如图 7-35 所示。

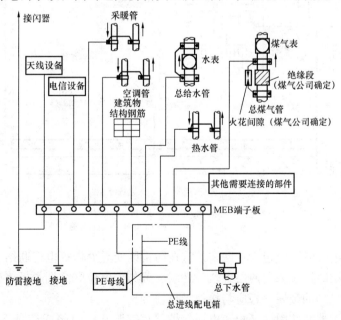

图 7-35 总等电位联结系统

应注意的是，在与煤气管道作等电位联结时，应采取措施将管道处于建筑物内、外的部分隔离开，以防止将煤气管道作为电流的散流通道（即接地极），并且为防止雷电流在煤气管道内产生火花，在此隔离两端应跨接火花放电间隙。

2. 电源进线、电信进线

在建筑物的每一电源进线处，一般设有总等电位联结端子板，由总等电位联结端子板与进入建筑物的金属管道和金属结构构件进行连接，如图 7-36 所示。

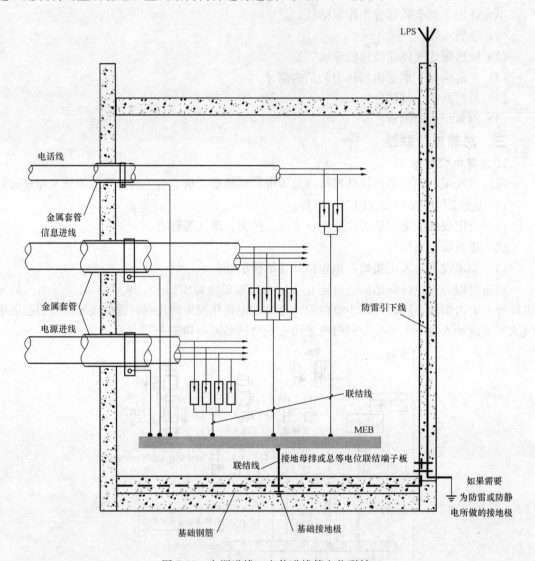

图 7-36   电源进线、电信进线等电位联结

当采用屏蔽电缆时，应至少在两端并宜在防雷区交界处做等电位联结；当系统要求只在一端做等电位联结时，应采用两层屏蔽，外层屏蔽与等电位联结端子板连通。

所有进入建筑物的金属套管应与接地母排连接。

为使电涌保护器两端引线最短，电涌保护器宜安装在配电箱或信息系统的配线设备内，SPD 联结线全长不宜超过 0.5m。

当防雷设施利用建筑物金属体和基础钢筋引下线和接地极时，引下线应与等电位联结系统连通以实现等电位。MEB 线均采用 $40\text{mm} \times 4\text{mm}$ 镀锌扁钢或 25mm^2 铜导线在墙内或地面内暗敷，如图 7-37 所示。

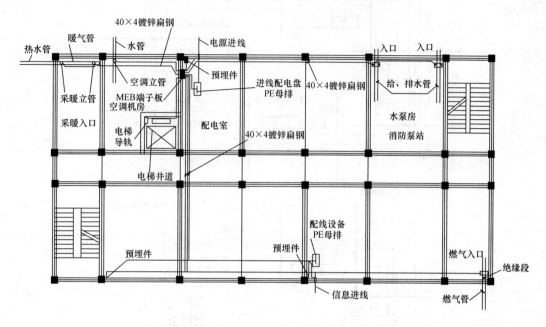

图 7-37　总等电位联结平面

3. 多处电源进线

多处电源进线总等电位联结，采用室内环形导体将总等电位联结端子板互相连通，如图 7-38 所示。

图 7-38（b）适用于室外水平环形接地极，等电位联结端子板应就近与其连通。

室外环形接地体可采用 $40\text{mm} \times 4\text{mm}$ 镀锌扁钢。室内环形导体可采用 $40\text{mm} \times 4\text{mm}$ 镀锌扁钢或铜带，室内环形导体宜明敷设，在支撑点处或过墙处为了耐腐应有绝缘防护。

四、局部等电位联结

1. 卫生间

局部等电位联结应包括卫生间内金属给水排水管、金属浴盆、金属洗脸盆、金属采暖管、金属散热器、卫生间电源插座的 PE 线以及建筑物钢筋网。

在卫生间内便于检测的位置设置局部等电位端子板，端子板与等电位联结干线连接。地面内钢筋网宜与等电位联结线连通，当墙为混凝土墙时，墙内钢筋网也宜与等电位联结线连通。

卫生间内金属地漏、下水管等设备通过等电位联结线与局部等电位端子板连接。连接时抱箍与管道接触处的接触表面需刮拭干净，安装完毕后刷防护漆。抱箍内径等于管道外径，抱箍大小依管道大小而定。

等电位联结线采用 $\text{BV-}1 \times 4\text{mm}^2$ 铜导线穿塑料管于地面或墙内暗敷设。具体做法如图 7-39（a）所示。

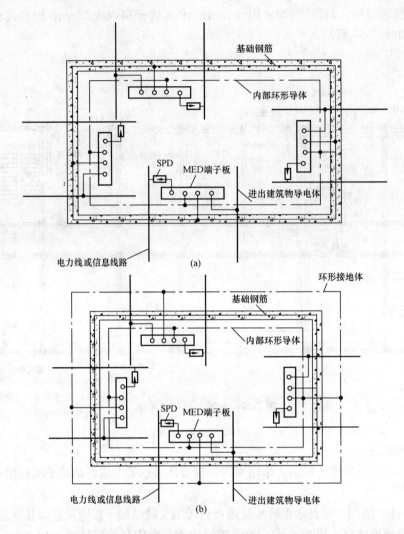

图 7-38　多处电源进线总等电位联结平面
（a）室内环形导体；（b）室外水平环形接地极

卫生间地面或墙内暗敷不小于 25mm×4mm 镀锌扁钢构成环状，具体做法如图 7-39（b）所示。

2. 金属门窗

对于金属门窗的等电位联结导体宜采用暗敷，并应在门窗框定位后，墙面装饰层或抹灰层施工前进行。当导体采用钢柱时，将连接导体的一端直接焊在钢柱上。

金属门的等电位联结如图 7-40 所示。金属窗的等电位联结如图 7-41 所示。

3. 喷水池

室内喷水池与建筑物除应采取总等电位联结外，尚应进行辅助等电位联结；室外喷水池在 0、1 区域范围内均应进行等电位联结。LEB 端子板可安装于池外进线井内。

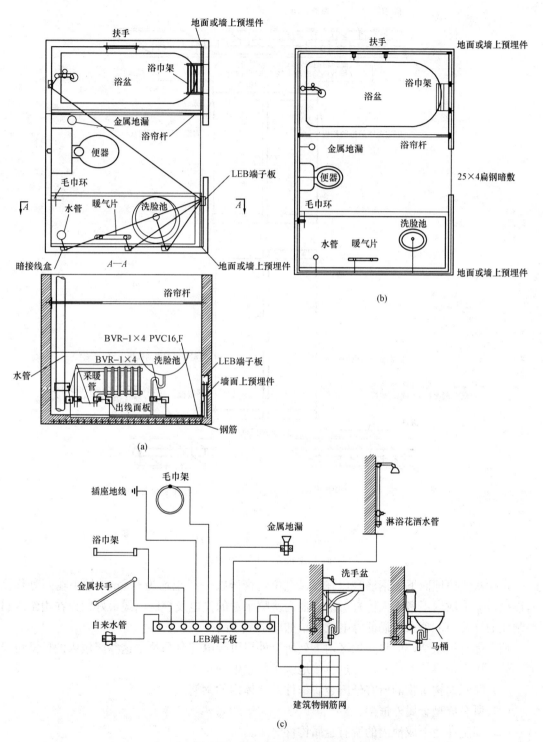

图 7-39 卫生间的等电位联结

（a）导线穿塑料管与地面或墙内暗敷设；（b）地面内钢筋网宜与等电位联结线连通；（c）立体图

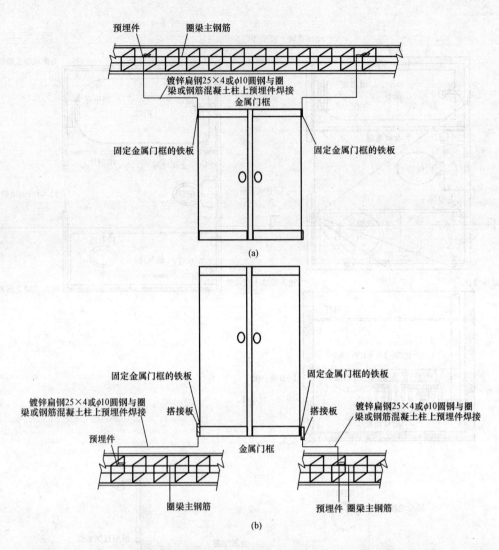

图 7-40 金属门的等电位联结

(a) 门上联结；(b) 门下联结

在喷水池边地面下无钢筋时，宜敷设电位均衡导线，间距均为 0.6m，最小在两处作横向连接。喷水池内不考虑人体有意落入池内。喷水池的供电及控制电缆最好敷设在由绝缘材料制成的导管内。喷水池局部等电位联结如图 7-42 所示。

辅助等电位联结，应将防护区内下列所有外界可导电部分与位于这些区域内的外露可导电部分，用保护导体连接，并经过总接地端子与接地网相连。

(1) 喷水池构筑物的所有外露金属部件及墙体内的钢筋。

(2) 所有成型金属外框架。

(3) 固定在池上或池内的所有金属构件。

(4) 与喷水池有关的电气设备的金属配件。

(5) 水下照明灯具的外壳、爬梯、扶手、给水口、排水口、变压器外壳、金属穿线管。

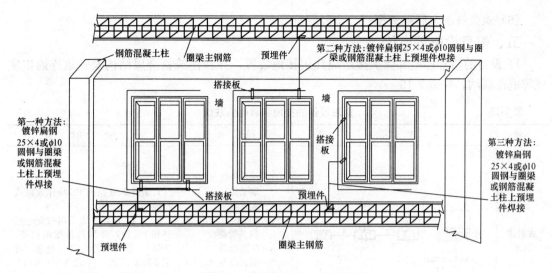

图 7-41 金属窗的等电位联结

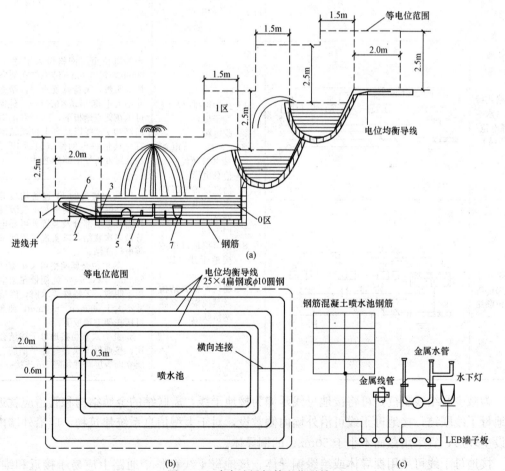

图 7-42 喷水池局部等电位联结
(a) 示意图;
0区—水池内部;1区—0区之外,图示虚线框内部分;
(b) 平面图;(c) 接线图
1—LEB端子板;2—穿线管;3—金属预埋件;4—金属水管;5—潜水泵;6—LEB线,25×4镀锌扁钢;7—水下灯

（6）永久性的金属隔离栅栏、金属网罩等。

五、信息设备等电位

IT设备的信号接地和保护接地应共用接地装置，并和建筑物金属结构及管道连通以实现等电位联结，见表7-15。

表 7-15　　　　　　　　信息设备的接地和等电位联结

方　式	图　示	标　注	说　明
放射式接地		1—接地母排（MEB端子板） 2—配电箱 3—PE线，与电源线共管敷设 4—信息电缆 5—信息设备（ITE） 6—接至接地母排或接地干线（BV-$1\times25mm^2$）	1. 用电源线路的PE线作放射式接地 2. 为IT设备设置专用的配电回路和PE线，并与其他配电回路、PE线及装置外导电部分绝缘，可显著降低干扰，IT设备配电箱PE母排也宜用绝缘导线直接接至总接地母排
网格式接地（水平等电位联结）		1—接地母排（MEB端子板） 2—配电箱 3—PE线，与电源线共管敷设 4—信息电缆 5—信息设备（ITE） 6—水平等电位金属网格 7—LEB线 8—接至接地母排或接地干线（BV-$1\times25mm^2$）与建筑物金属结构及其他楼层金属网格联结	等电位金属网格可采用宽60～80mm，厚0.6mm纯铜带在架空地板下明敷，无特殊要求时，网格尺寸不大于600mm×600mm，纯铜带可压在架空地板下，IT设备的电源回路和PE线以及等电位联结网格宜与其他供电回路（包括PE线）及装置外可导电部分绝缘
水平和垂直局部等电位联结			1. 每层楼内的IT设备均设等电位联结网格，该网格与电气装置的外露可导电部分及装置外可导电部分做多次联结，以实现楼层间垂直等电位联结。 2. 等电位金属网格可采用宽60～80mm、厚0.6mm纯铜带在架空地板下明敷，无特殊要求时，网格尺寸不大于600mm×600mm，纯铜带可压在架空地板下。 3. 此方式宜与接地母干线结合应用，接地母干线宜与柱子钢筋、金属立面等屏蔽件每隔5m连接一次

为减少联结线阻抗，可将接地母线延伸为接地干线，需联结的金属结构和管道应就近与接地母干线联结，接地母干线可沿外墙内侧敷设，对于大型信息系统建筑物，应沿外墙内侧敷设呈环形，宜采用截面不小于$50mm^2$的铜导体。

接地母干线可采用裸导体或绝缘铜导体，接地母干线在整个通路上应易于接近和维护，裸导体在固定处或穿墙处应有绝缘保护以防被腐蚀。

成排的IT设备长度超过10m时，宜在两端与等电位网络或接地母排连通。

第六节 小区智能化系统防雷与接地

一、整体设计

住宅小区智能化系统的雷电防护应做好直击雷防护和雷击电磁脉冲防护，如图 7-43 所示。

采取等电位联结、屏蔽、合理布线、共用接地系统和安装电涌保护装置等综合措施进行防护。

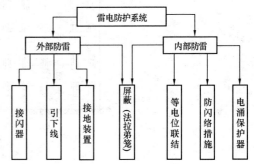

图 7-43 防雷保护系统

二、建筑物防雷

1. 高层及多层住宅

(1) 直击雷防护设计应严格按照 GB 50057《建筑物防雷设计规范》中规定的第二类、第三类防雷建筑物的相关规定执行。

(2) 若屋面有电气设备（如电视共用天线、空调室外机、卫星电视天线、通信天线、广告牌等），则应采用针状和带状组成的混合接闪装置进行直击雷防护。

(3) 安装在建筑物屋面设备的金属外壳底座（如电视共用天线、霓虹灯、航空障碍灯、空调室外机、天线、广告牌等），应就近与防雷装置作等电位联结。

(4) 考虑到建筑物作为初级屏蔽体，宜将外侧结构柱子内两根以上主钢筋与防雷装置连接，既可分流雷电流，又可改善电磁环境。

(5) 每二层利用圈梁内主筋与引下线电气连接，并将建筑物外侧上的金属门窗、阳台栏杆与上下圈梁电气连接，形成完整的法拉第笼结构，也可防侧击雷。

(6) 带洗浴装置的卫生间应预埋从结构主筋引出局部等电位联结板。

(7) 每层电能表箱附近应预埋从结构主筋引出的等电位连接板，PE 线应在此作重复接地。

(8) 应将桩基、承台内主筋或地梁主筋作接地体，在建筑物的最下层设置总等电位联结板或带（MEB），将进入建筑物的电缆、信号线缆的金属屏蔽层、各种金属管道就近连接到 MEB 上。应在电源配电房、机房适当位置预埋从结构柱内引出等电位联结板。

高层及多层住宅防雷如图 7-44 所示。

2. 低层住宅（含别墅类建筑）

(1) 直击雷防护原则上采用接闪带，也可采用接闪杆或杆带混合接闪器。

(2) 引下线宜采用结构主筋，也可采用明装或暗敷引下线。

(3) 接地体应利用桩基或地梁内两根以上主筋，闭合连通。

(4) 别墅住宅总配电箱附近应预埋总等电位联结板，PE 线在此接地。

(5) 将进入建筑物电缆的金属屏蔽层、防护层及金属管道作等电位联结。

3. 变配电所的防雷与接地

变配电所接地如图 7-45 所示。

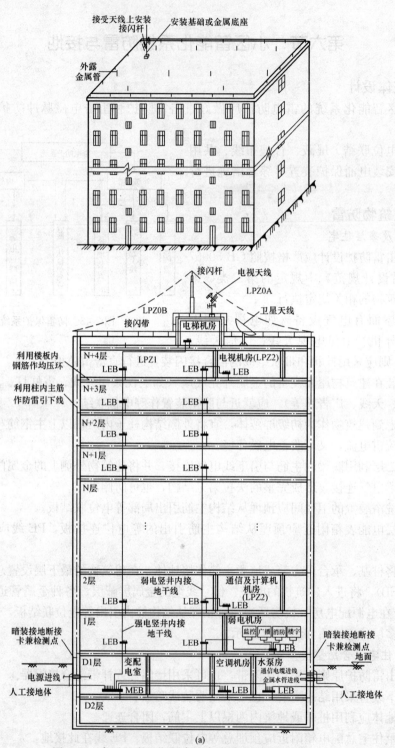

图 7-44 高层及多层住宅建筑建筑物防雷装置设置（一）

（a）第三类建筑建筑物防雷装置设置

注：1. 本建筑物采用共用接地装置，利用基础及桩内钢筋作接地体（需要时敷设人工接地体），接地电阻值要求不大于 1Ω。

2. 所用进出建筑物的金属管道、电缆金属外护层，应在入口处与接地装置可靠连接；燃气管道应根据要求加装绝缘段及放电间隙后接地。

3. 各电气系统功能房间、电气竖井内的设备、金属构件应按照要求接至各接地端子板。

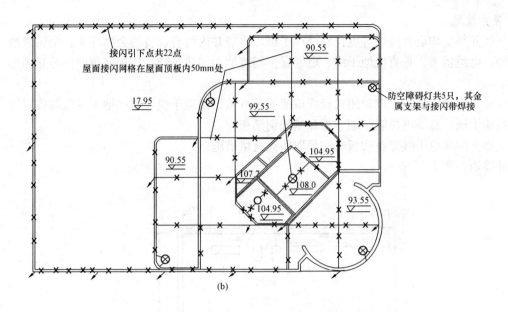

图 7-44　高层及多层住宅建筑建筑物防雷装置设置（二）

（b）第二类建筑建筑物防雷装置设置

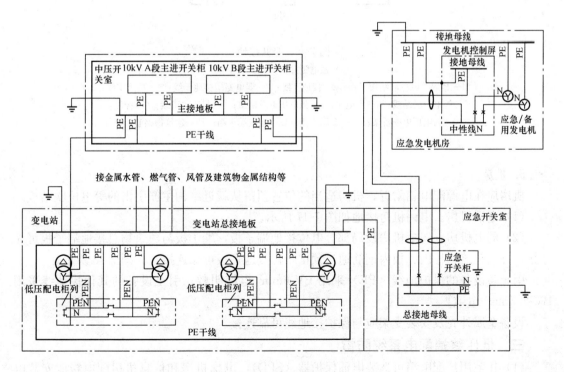

图 7-45　变配电所接地

4. 竖井接地

电气竖井每层均设置楼层等电位联结端子板，将竖井内所有设备的金属外壳、金属线槽（或钢管）、电缆桥架、垂直接地干线、电涌保护器接地端和建筑物结构钢筋预埋件等互相连通起来。

电气竖井内沿电缆桥架或封闭式母线或墙面垂直敷设接地干线，该接地干线应与楼层等电位联结端子板、总等电位联结端子板和基础钢筋相连。

电气竖井内接地干线穿越楼板时应采取防火封堵措施。

竖井接地如图 7-46 所示。

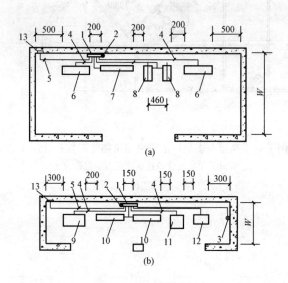

图 7-46　竖井接地

（a）强电竖井；（b）弱电竖井

1—楼层等电位联结端子板；2—接地干线；3—弱电专用接地干线；4—接地支线；
5—等电位联结线；6—配电箱；7—强电用电缆桥架；8—封闭式母线；9—控制箱；
10—弱电用电缆桥架；11—金属线槽；12—接线端子箱；13—建筑物钢筋预埋件

5. 机房

机房应在电源配电箱附近、机房适当的位置预留从就近结构主筋引出的等电位联结板。

（1）电话机房。电话机房接地如图 7-47 所示。

（2）弱电机房。弱电机房设局部等电位接地端子板，端子板与建筑物总接地端子板可靠连接，并与建筑物柱内、板内钢筋通过预留结构接地钢板可靠连接，如图 7-48 所示。

引至各设备的保护地线（PE）采用 BV-6mm^2 电缆明敷；引至设备的其他接地线采用 BV-2.5mm^2 电缆。

设备金属外壳及安装支架应与保护接地线可靠连接。

三、低压终端配电系统防雷

（1）住宅用户配电箱可选装电涌保护器（SPD），电梯机房和信息机房配电箱应安装电涌保护器（SPD），电涌保护器的参数应按电涌保护器参数选配表 7-16 选配。

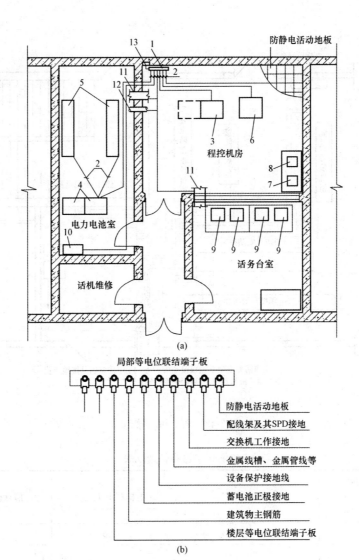

图 7-47　电话机房接地

（a）平面图；（b）端子板接线

1—局部等电位联结端子板；2—接地线；3—综合业务数字交换机；4—交直流组合电源；

5—全密封免维护铅酸蓄电池；6—配线架（柜式）；7—维护终端；8—计费装置；

9—话务台；10—交流配电箱；11—金属线槽；12—金属管线；13—建筑物钢筋预埋件

注：此图以 500/1000 门交换机工程为例。电话机房接地采用 S 形星形结构，接地线均采
用铜芯绝缘导线。

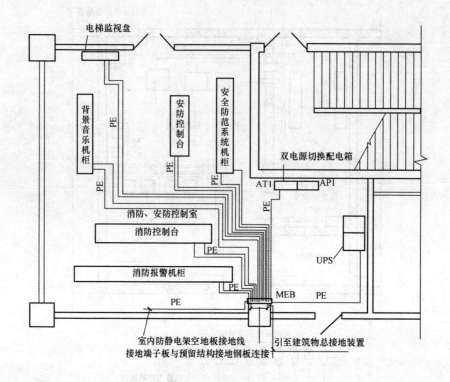

图 7-48 弱电机房接地

表 7-16 电涌保护器参数选配表 (kA)

建筑物分类 \ 位置	住户配电箱 I_n	电梯配电 I_n	信息机房配电箱 I_n
高层及多层	10~20	10~20	10~20
低层	20	—	10
别墅	50	—	10

注：1. 标准通流测试波形为 $8/20\mu s$，电压保护水平为 $U_p \leqslant 1.5kV$。

2. 别墅的配电箱处在 LPZ0 区与 LPZ1 区交界处，所以 $I_n \geqslant 50kA$。

（2）住户配电箱中安装的电涌保护器可不设后备保护装置（如熔断器或断路器）。

（3）配电箱内电涌保护器的两端连线长度之和宜小于 0.5m，相线至 SPD 的连接线应采用不小于 $10mm^2$ 铜线，SPD 至 PE 排的连接线应采用不小于 $16mm^2$ 铜线。

住宅防雷方案如图 7-49 所示。

四、智能化系统防雷

每户住宅内的家庭信息配线箱，应做到电磁屏蔽、等电位联结、共用接地并安装信号电涌保护器。

由室内引至室外的信号线路（或室外引入室内）两端应加设 SPD 保护。

在每栋建筑物内部的信号及控制线间不必加 SPD 保护。

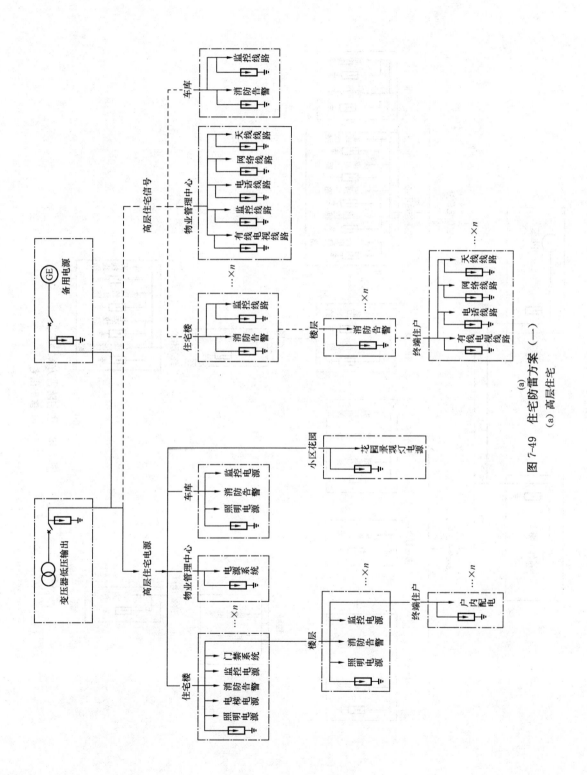

图 7-49 住宅防雷方案（一）

(a) 高层住宅

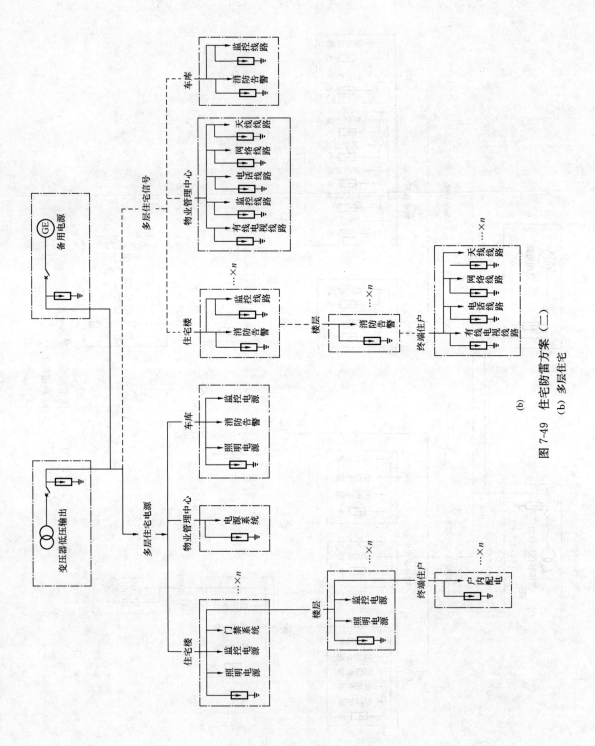

(b)

图 7-49　住宅防雷方案（二）

(b) 多层住宅

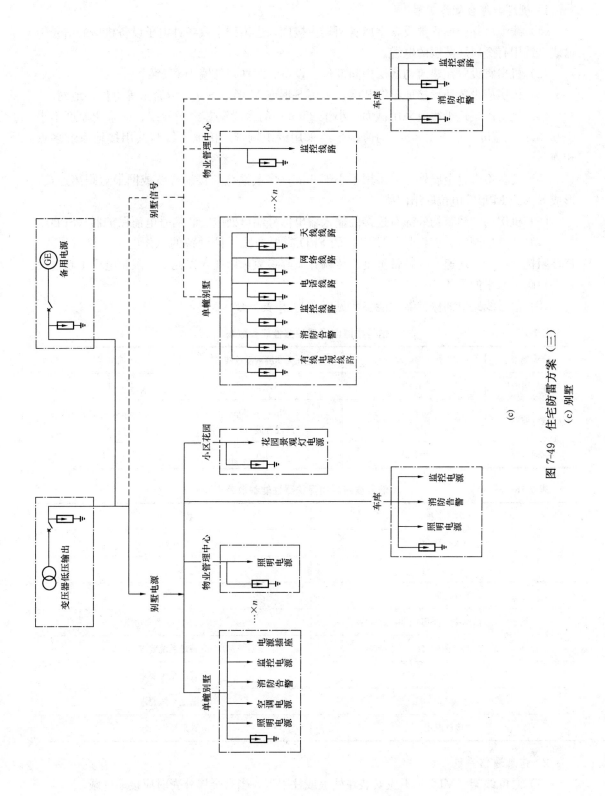

图 7-49 住宅防雷方案 (三)
(c) 别墅

1. 机房与综合管线工程

（1）线缆应穿金属管敷设，金属管两端应接地，进出楼宇或各种电子设备机房的信号传输线宜选用有金属屏蔽层的电缆。

（2）机房宜设置在建筑物底层中间部位。设备宜距柱、外墙 1m 安装。

（3）机房应设置环形接地母线和网，采用 S 形或 M 形或 S、M 混合形等电位接地网。

（4）机房内接地干线应采用截面不小于 $25mm^2$ 的多股铜芯绝缘导线，或采用厚度不小于 0.2mm，宽度不小于 120mm 的薄铜带或采用编织铜带，接地干线与共用接地系统多点相连。

（5）设备不带电金属外壳应采用不小于 $6mm^2$ 多股铜线与接地母线或网最短距离连接，形成 S 形或 M 形等电位联结网络。

（6）机房内与建筑物外部有连接的输入输出信号端口处应安装信号电涌保护器（SPD）。

（7）计算机网络数据信号线路安装的 SPD 应根据被保护设备的工作电压、接口形式、特性阻抗、信号传输速率、频带宽度及传输介质等参数选用插入损耗小，限制电压不超过设备端口耐压水平的 SPD。

（8）信号线路电涌保护器性能参数见表 7-17 和表 7-18。

表 7-17　　　　信号线路电涌保护器性能参数表

线缆类型	五类非屏蔽双绞线	超五类非屏蔽双绞线	同轴电缆
标称导通电压	$\geqslant 1.2U_n$	$\geqslant 1.2U_n$	$\geqslant 1.2U_n$
测试波形	$(1.2/50\mu s$、$8/20\mu s)$ 混合波	$(1.2/50\mu s$、$8/20\mu s)$ 混合波	$(1.2/50\mu s$、$8/20\mu s)$ 混合波
标称通流容量	$\geqslant 1kA$	$\geqslant 1kA$	$\geqslant 3kA$

表 7-18　　　　信号线路电涌保护器性能参数表

名　　称	数　　值
插入损耗/dB	$\leqslant 0.50$
电压驻波比	$\leqslant 1.3$
响应时间/ns	$\leqslant 10$
用于收发通信系统的 SPD 平均功率/W	$\geqslant 1.5$ 倍系统平均功率
特性阻抗/Ω	应满足系统要求
传输速率（bit/s）	应满足系统要求
工作频率/MHz	应满足系统要求
接口形式	应满足系统要求

2. 信息通信系统

（1）总配线架（MDF）不应安装在柱上或柱附近。当有金属外壳时应接地屏蔽。

（2）线缆进入机房应将缆线屏蔽层与总配线架连接。若是光缆进入应先将光缆加强筋和金属防潮层与光端盒可靠连接，光端盒应接地。

（3）在配线架上连接进出建筑物的通信线端口均应安装电涌保护器（SPD）。光端机电信号输出端宜安装信号电涌保护器。有线电视网引入引出至建筑物的信号传输线，宜安装电涌保护器（SPD）。

综合布线系统过电压保护如图 7-50 所示。

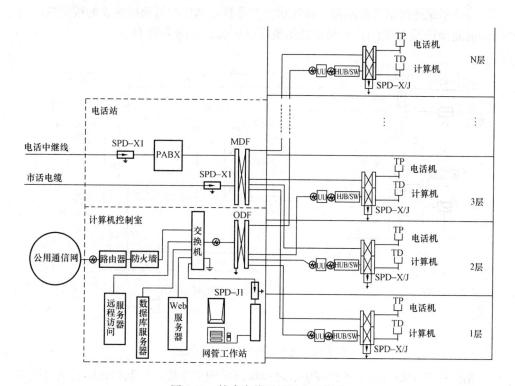

图 7-50　综合布线系统过电压保护

计算机局域网过电压保护如图 7-51 所示。

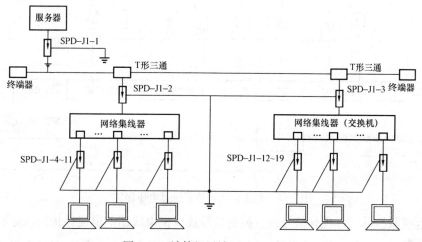

图 7-51　计算机局域网过电压保护

3. 安全防范系统

（1）建筑物各处设置的区域报警控制器的金属机架（壳）、金属走线槽（或钢管）、电气竖井内的接地干线、接线箱的保护接地端等应就近接至等电位联结端子板。消防联动控制系统所控制的水、风空调系统等设备的金属机架（壳）、管道均应就近与等电位联结端子板连接。

（2）安防系统连接信号控制器、视频切换器等核心部件的进出建筑物的线缆端口处应设置相应的电涌保护器（SPD）。视频监控系统过电压保护如图 7-52 所示。

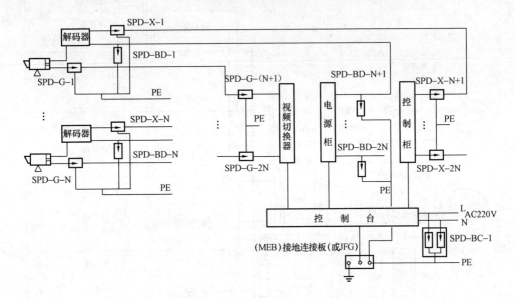

图 7-52　视频监控系统过电压保护

（3）消防控制中心与本地区指挥中心之间联网的网络系统的调制解调器的进出线端、对外 119 报警电信出线端，应装设信号电涌保护器（SPD），如图 7-53 所示。

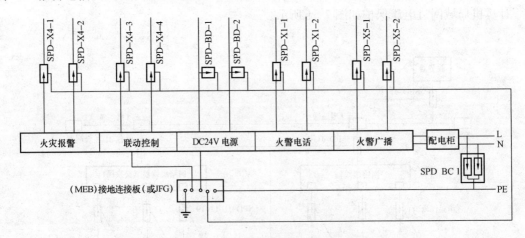

图 7-53　火灾自动报警系统过电压保护

（4）电视监控系统的视频信号线、控制信号线及供电线路的电涌保护器应分别根据其技术参数来选择。

4. 建筑设备监控系统

（1）建筑设备监控系统主机房要求同本章第六节机房内容。

（2）建筑设备监控系统的监控主机、通信控制器宜安装相应的电涌保护器（SPD）。

（3）建筑设备监控系统的信号线及供电线路电涌保护器应根据其技术参数来选择。

建筑设备监控系统过电压保护如图 7-54 所示。

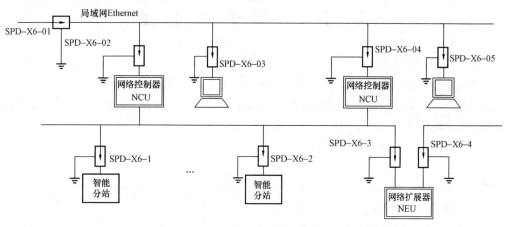

图 7-54 建筑设备监控系统过电压保护

5. 家居智能化系统

（1）家居智能化系统的管理中心主机、网络设备及终端控制器宜安装相应的电涌保护器（SPD）。

（2）家居智能化系统的信号电涌保护器（SPD）应根据信号特性及接口参数来选择。

6. 小区综合物业信息服务系统

（1）小区综合物业信息服务系统的 Modem，管理计算机 LED 显示板、网络设备及信号采集器等信号接口均应安装相应的电涌保护器（SPD）。

（2）小区综合物业信息服务系统的信号电涌保护器应根据信号特性及接口参数来选择。

广播系统过电压保护如图 7-55 所示。

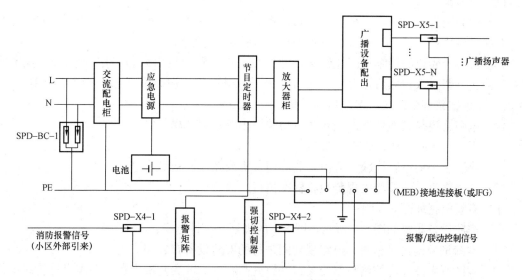

图 7-55 广播系统过电压保护

第八章 住宅电气系统与智能化系统设计实例

第一节 小区外线工程

一、小区供电线路

小区室外电缆管线综合施工图如图 8-1 所示,图 8-1 说明如下:

(1) 本工程变电所应满足相关消防用电设备两路(一用一备)独立电源的要求,否则需从其他单位取得第二路 380/220V 低压电源做为消防备用电源。

(2) 本图电缆以直埋方式敷设,电缆敷设施工要求见标准图。

(3) 直埋电缆埋深应不小于 0.70m。

(4) 直埋电缆穿过道路及与其他地下设施交叉时均需穿 SC150 钢管保护。

(5) 直埋电缆与其他地下设施最小净距满足规范要求。

(6) 图 8-1 中各建筑物楼前进线处均设手孔井。

(7) 直埋电缆直线间隔 100m,转弯处或接头部位均设电缆标示桩。

(8) 电缆敷设和设置电缆井时如与其他专业发生冲突时,施工人员可根据现场情况作适当调整。

9. 未尽事宜,请按相关规范验收标准执行。

二、小区弱电干线

小区通信缆线如图 8-2 所示,图 8-2 说明如下:

(1) 小区内沿主要道路埋设六孔混凝土通信管块,每隔 50~70m 或转弯处或进户处设置电缆人孔井,小区内各弱电线路共穿六孔混凝土管块保护,分支进户处线路及保护型式由单体设计时考虑。

(2) 混凝土管块埋深应不小于 0.70m,管道沟底必须铲平夯实,挖管道沟时,如遇土壤中含有腐蚀性物质(垃圾、矿渣、石灰等),必须清除并换土。

(3) 混凝土管道的接续采用抹浆法,即先在混凝土管道接口处包一层 5~10cm 宽度的纱布,防止砂浆进入,然后抹上 1.5cm 厚,8~10cm 宽的水泥砂浆(水泥砂浆比为 1:2 或 1:3),要求抹浆部分密实,保证接续质量。

(4) 电缆管道与其他地下设施和建筑物的最小净距满足规范要求。

(5) 手孔及人孔具体制作按标准执行。

(6) 小区室外弱电管线施工应由专业部门负责或在他们指导下进行施工。

(7) 未尽事宜,请按相关规范验收标准执行。

小区有线电视如图 8-3 所示。

小区安防设备布置如图 8-4 所示,图 8-4 的规划与设计方案:

(1) 本图是根据建筑总图、道路规划图进行的安防设备布置图。

(2) 本图所有高程均按路与路交叉口铁钉处高程 96.88 为基准点进行,本设计管线定位主要根据建筑外墙面定位。

（3）安防系统包括不可视不联网楼宇对讲系统、周界防范系统、闭路监控系统、车辆出入口管理系统。

不可视不联网楼宇对讲系统：楼内已经预留好管线，具体功能为编码与密码开锁，具体要求详见图样等。

周界防范系统采用红外对射系统，具体布置如图 8-4 所示，有围墙的设在围墙上，有商店的设置在商店上方（二层女儿墙上），过大门设置在地下。

闭路监控系统采用固定与旋转摄像机进行监控，100m 内图像清晰，采用具有夜视功能的摄像机；监控点设置见图，监控点位置现场可以根据实际需要进行调整。监控室设在物业管理中心一层（10 号楼）。

小区内车辆出入口管理系统应具有电动升降道闸、刷卡管理、彩色摄像监控、外来车辆管理等功能共计两套。其他各处采用铁大门。东出入口采用双道闸、南入口采用单道闸。两套系统必须联网，中心设置在物业管理室。

背景音乐、路灯照明与喷泉系统在园林绿化图样中设计。

三、小区路灯照明

小区路灯照明系统设计如图 8-5 所示。

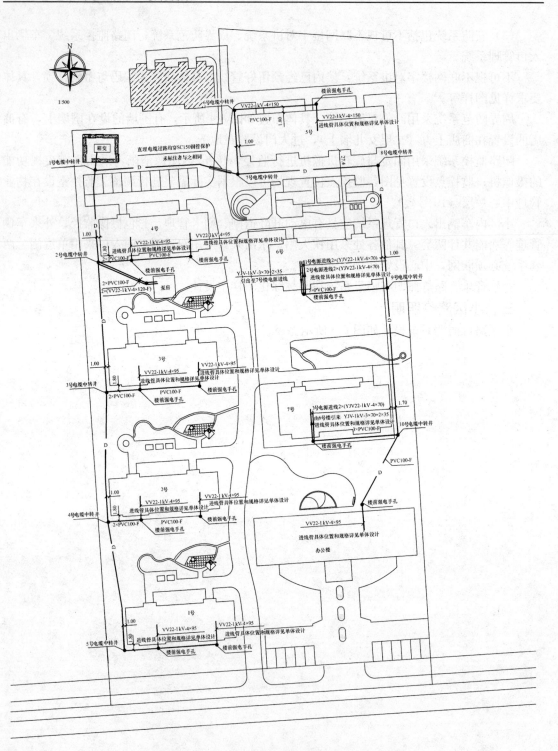

图例 ——D—— 380V 电力电缆 · 电缆手孔或人孔井

图 8-1 小区室外电缆管线综合施工图

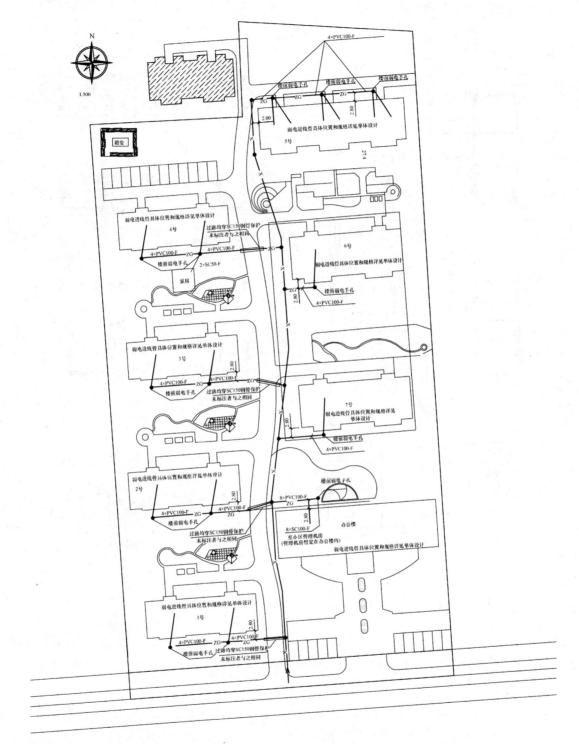

图例

—X— 通信干管六孔混凝土通信管块　—ZG— 通信支管 4 根 PVC100 管
—— 弱电进户管，详见单体设计　● 弱电手孔或人孔

图 8-2　小区通信缆线

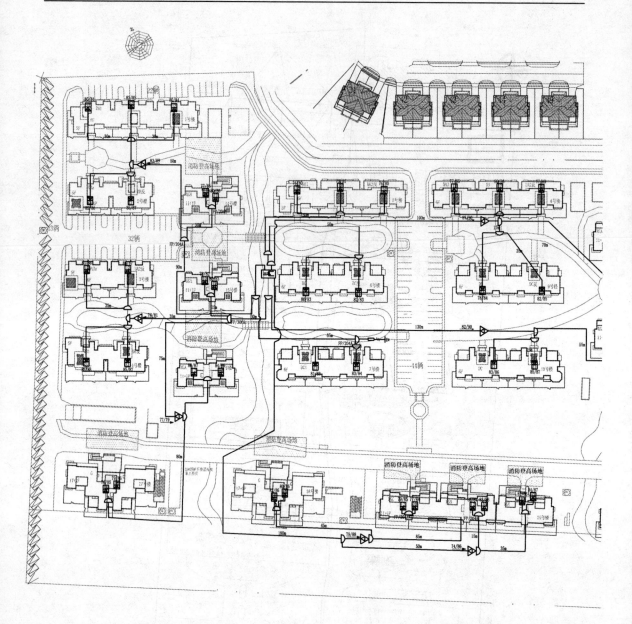

图 8-3 小区

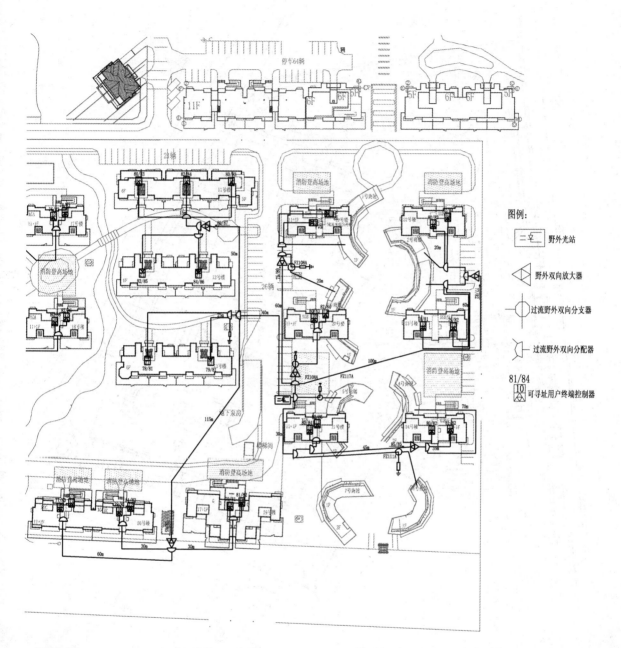

图例:

野外光站

野外双向放大器

过流野外双向分支器

过流野外双向分配器

81/84
10 可寻址用户终端控制器

有线电视

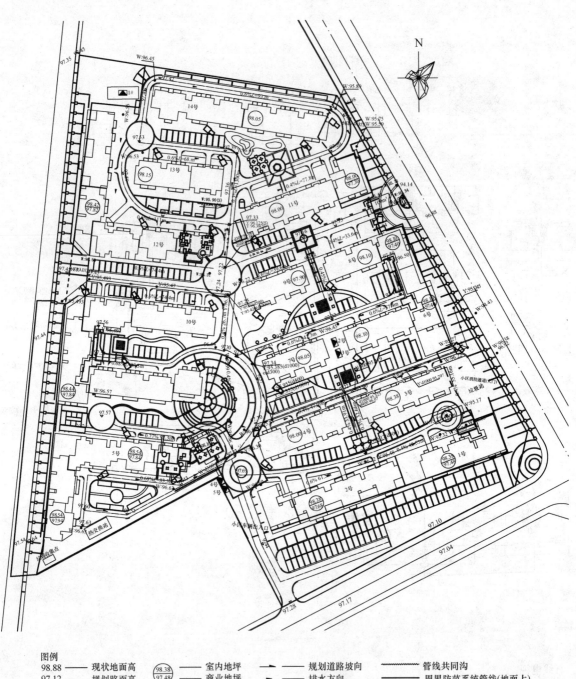

图例

98.88 ——— 现状地面高	(98.38)(97.48) ——— 室内地坪	➤ 规划道路坡向	～～～ 管线共同沟
97.12 ——— 规划路面高	——— 商业地坪	➤ 排水方向	——— 周界防范系统管线(地面上)
- - - - 周界防范系统管线(地面上)		🔲 固定式摄像监控布置点	🔲 旋转摄像监控布置点

图 8-4 小区安防设备布置

设计说明

1　工程概况

1.1　本工程为××××景观电气设计，包括景观的供配电系统、照明系统、防雷接地保护设计。

1.2　本景区植被、铺装区域较多，在设计时既要满足正常功能性照明，又要实现多种装饰性照明，在符合相关规范的情况下与周围景观协调一致。

2.　设计依据

2.1　甲方相关技术要求和实际工程状况

2.2　JGJ/T 16—2008《民用建筑电气设计规范》

2.3　GB 50054—2011《低压配电设计规范》

2.4　GB 50052—2009《供配电电系统设计规范》

2.5　JGJ/T 163—2008《城市夜景照明设计规范》

3　供配电与控制系统

3.1　本工程采用三级负荷供电，由附近配电室或变压器引出两路 380/220V 三相低压电源，分别引至室外照明配电箱 AL 和室外动力配电箱 AP。

3.2　本设计采用了手控、时控和光控多种控制相结合的方式对照明灯具进行控制。配电箱内安装的定时开关模块，可以预设时间定时开关，实现分区、分时多功能供电。

程控模块可以实现远程控制。每个回路的灯具负荷仅供参考，开关和电缆均留有一定裕量。并在配电箱留有备用回路，为以后增加负荷留有余量。配电箱具体尺寸由厂家定制，箱体防水防腐，防护等级不低于 IP54，带锁。

4　线路敷设

4.1　照明线路采用 YJV22 型电缆进行直埋敷设，埋深不小于 0.70m，沿电缆全长的上、下紧邻侧铺以厚度不少于 100mm 的软土或砂层，沿电缆全长应覆盖宽度不小于电缆两侧各 50mm 的护板，保护板宜采用混凝土，并在保护板上层铺设醒目标志带。在穿过主道路、进出建筑物或基础时应穿镀锌钢管保护敷设，埋地钢管焊接处需进行防腐处理。穿过铺装或其他不宜直埋的土层时可穿硬质聚乙烯管敷设。所有埋管均应埋于地下 30cm 以下。电缆敷设时与道路、建筑物基础、排水沟、树木主干的间距详见相关规范。

4.2　所有的线路应尽量埋设在绿化带内。根据现场情况设置过线手孔井，所有线路的接头、接点均应在室外专用接线盒内进行。接线盒下面垫混凝土基础板，其长度伸出接头盒两侧 0.6m。电缆在保护管内不得有接头、接点。安装结束后，应对电缆接口和不用的电缆接口做防水封堵。

5　照明系统

5.1　本工程所用灯具皆采用 LED 灯，埋地灯具外壳防护等级不应低于 IP67，水下射灯的防水等级应不低于 IPX8。

5.2　照明光源在选用时，应在满足显色性、启动时间等要求条件下，根据光源、灯具及镇流器等的效率，寿命和价格在进行综合技术经济分析，比较后选购符合国家标准的产品。

6　防雷接地保护

6.1　本系统采用 TN-C-S 接地系统，在进入配电箱时 PEN 线做重复接地。自配电箱出线后，PE 线和 N 线严格分开。箱内设电涌保护器，且相线和中性线上都需要安装，以防止雷击电压。

6.2　各回路灯具均单独接地，接地极采用 2500mm，φ50 镀锌钢管，顶端埋深不小于 0.7m，用 40mm×4mm 镀锌扁钢与灯具外壳、金属杆连接。其中，庭院灯、路灯、球场灯每个灯具旁边设接地极，同一支路的灯具之间用 PE 线可靠连接；草坪灯、地灯、射灯等其他灯具在每个支路的第一个灯具旁做接地极，由此地极引出 PE 线（每个回路灯具之间有 PE 线）再和灯具外壳、金属杆做可靠连接。要求所有回路的接地电阻小于或等于 10Ω。如果接地电阻满足不了要求，需增打接地极。草坪灯、地埋灯等支路接地极的间距大于 20m。各灯具间的 PE 线相互连接。

6.3　在水池、喷泉处分别做局部等电位联结（LEB），利用池底钢筋混凝土钢筋网做为等电位线。喷水池地下无钢筋时，应敷设电位均衡导线。LEB 端子板可安装于池外进线井内。金属管、泵体、电动机外壳等外露可导电部分均与端子板可靠连接。详细做法见等电位联结示意图。

6.4　杆基座内设 5A 的熔断器，用于灯具短路保护。

7　其他

7.1　配电箱的二次回路由专业厂家加工设计。

7.2　本设计所列材料，设备及元器件的型号规格供参考，业主可以选择符合国家规范的同性能、同规格的其他产品。

7.3　本说明仅适用一般情况，在施工中如遇特殊情况或问题需要变更，应及时汇同设计人员共同协商解决。

图 8-5　小区路灯照明系统设计（一）

(a) 设计说明

图 例

序号	图例	名　称	规　格	备　注
1	⊖	庭院灯	70W（LED光源）	灯高4m
2	⊕	路灯	150W（LED光源）	灯高6m
3	⊗	聚光类射灯	50W（LED光源）	
4	⊗	泛光类射灯	50W（LED光源）	
5	⬤	水下射灯	8W（LED光源）	
6	⊛	圆形地埋灯	18W（LED光源）	
7	⊘	景观灯	100W（LED光源）	灯高4m
8	⊗	草坪灯	25W（LED光源）	灯高0.8m
9	——	LED灯带	（LED光源，功率由厂家定）	
10	Ⓜ	潜水泵电动机	详设备专业	
11	▬	室外防水照明配电箱	25kW（尺寸由厂家定）	距地1.8m明装
12	▭	室外防水动力配电箱	28kW（尺寸由厂家定）	距地1.8m明装

(b)

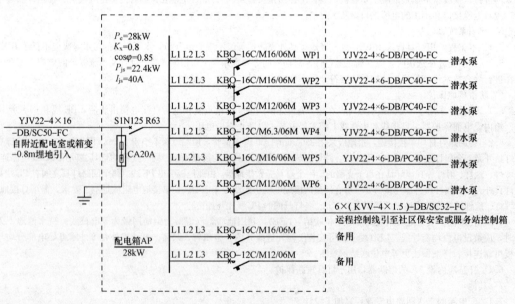

(c)

图 8-5　小区路灯照明系统设计（二）

(b) 图例；(c) 系统图 (1)

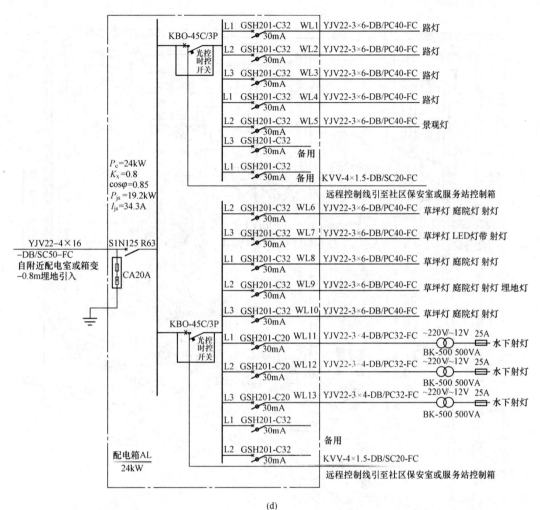

(d)

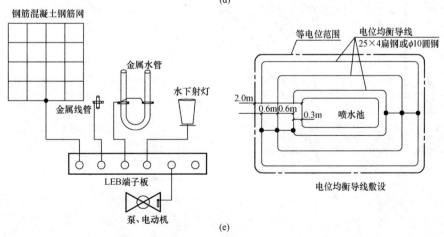

(e)

图 8-5　小区路灯照明系统设计（三）

（d）系统图（2）；（e）喷泉等电位图

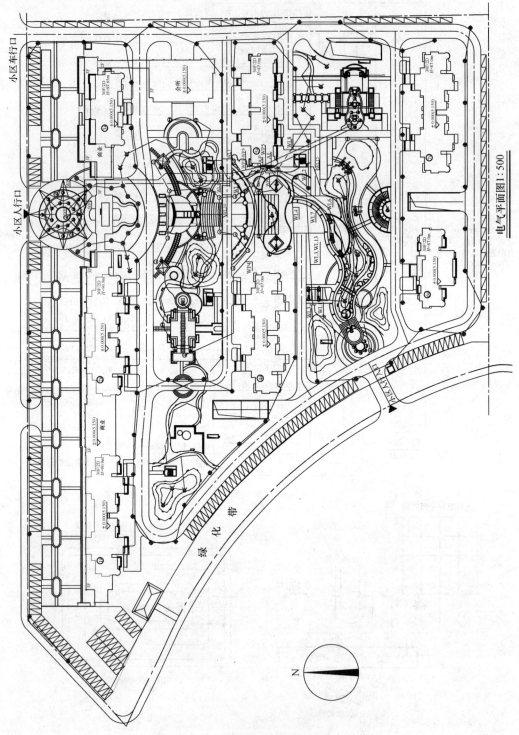

图 8-5　小区路灯照明系统设计（四）

(f) 平面图

第二节　变　配　电　所

一、变电所主接线

住宅小区高低压主接线如图 8-6 所示。

高压一次单线图	10kV	TMY-3×(100×8)	TMY-3×(100×8)	10kV	高压一次单线图
高压环网柜编号	AH1	AH2	AH4	AH3	高压环网柜编号
高压环网柜型号	XGN15-12	XGN15-12	XGN15-12	XGN15-12	高压环网柜型号
回路编号	WH1	WH2	WH4	WH3	回路编号
方案编号	XGN15-12-04(改)	XGN15-12-05	XGN15-12-05	XGN15-12-04(改)	方案编号
负荷/隔离开关	FN3-10kV	FLN12-12D/630A	FLN12-12D/630A	FN3-10kV	负荷/隔离开关
断路器	VS1-12-25kA/1250A			VS1-12-25kA/1250A	断路器
高压熔断器		XRNT3A-12/125A	XRNT3A-12/125A		高压熔断器
电流互感器	2×(LZZBJ9-10C100/5A 0.5/10P10)			2×(LZZBJ9-10C100/5A 0.5/10P10)	电流互感器
电压互感器					电压互感器
避雷器	HY5WS2-17/50			HY5WS2-17/50	避雷器
带电显示装置	DXN-10	DXN-10	DXN-10	DXN-10	带电显示装置
电缆或导线型号及规格	YJV22-10kV-3×120	YJV-10kV-3×95	YJV-10kV-3×95	YJV22-10kV-3×120	电缆或导线型号及规格
操作方式	弹簧储能操作机构	手动(带温度脱扣)	手动(带温度脱扣)	弹簧储能操作机构	操作方式
用途	进线柜	1号出线柜	2号出线柜	进线柜	用途
高压柜宽度×深度×高度	750×900×1850	500×900×1850	500×900×1850	750×900×1850	高压柜宽度×深度×高度
备注		变压器T1(1250kVA)	变压器T2(1250kVA)		备注

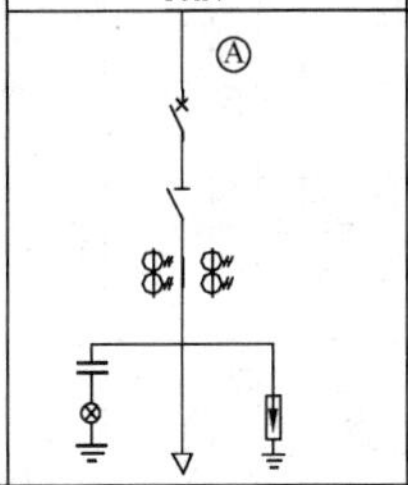

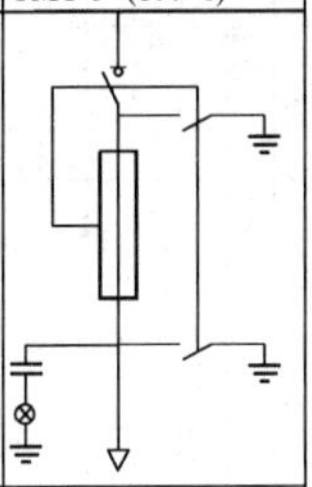

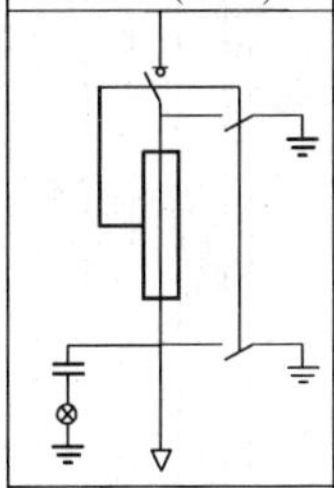

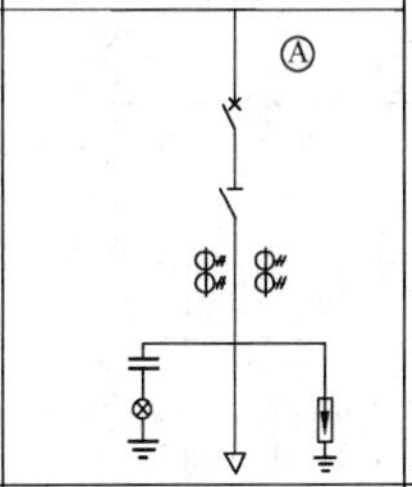

注: 1. 变电所高压柜按XGN15-12型高压环网柜技术参数设计。

2. 由配电所高压配电柜引来一路10kV进线。

3. 馈线柜应具备温控保护装置，当变压器供电温度超过155℃时报警，170℃时自动断开。

4. 进线柜操作电源采用交流220V，弹簧储能操动机构，设过电流及速断保护。

(a)

图 8-6　住宅小区高低压主接线（一）

（a）高压系统主接线

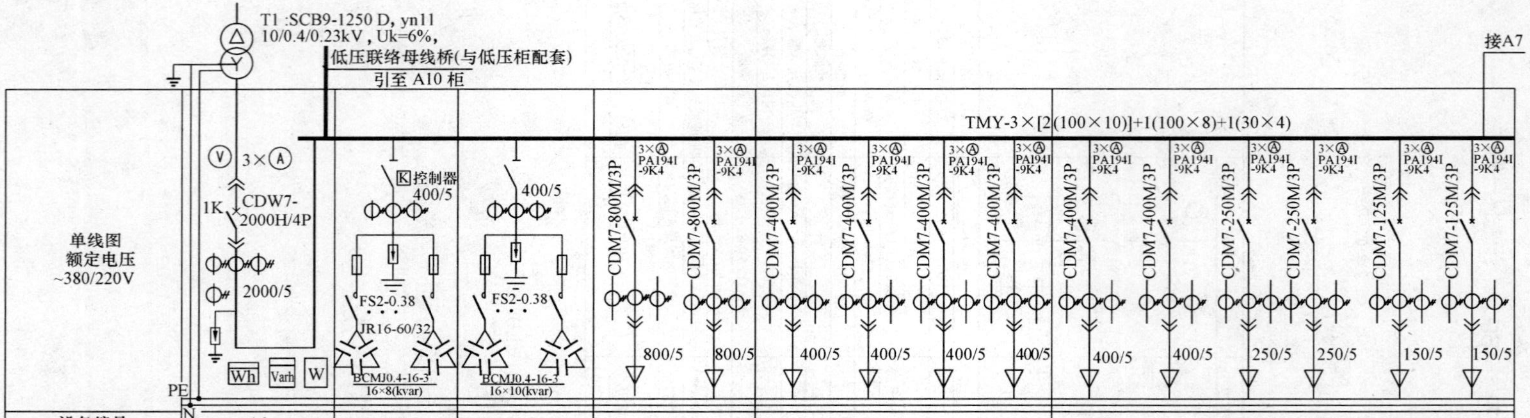

图 8-6　住宅小区高低压主接线（二）

(b) 低压系统主接线（1）

单线图
额定电压
~380/220V

T1 -SCB9-1250 D, yn11
10/0.4/0.23kV, Uk=6%

低压联络母线桥（与低压柜配套）引至 A10 柜

	A1	A2	A3	A4	A5	A6
设备编号	A1	A2	A3	A4	A5	A6
尺寸H×W×C	2200×800×800	2200×800×800	2200×800×800	2200×800×800	2200×800×800	2200×800×800
设备型号	GCS-03改	GCS-38B改	GCS-39A改	GCS-06改	GCS-10改	GCS-10改
负荷开关		GL-400/3J	GL-400/3J			
主要设备 断路器	2000A					
熔断器 AM-32		24	30			
交流接触器 HSC1		8	10			
热继电器 LR1		8	10			
备 电磁锁						
阀式避雷器						
回路编号				WA1 WA2	WA3 WA4 WA5 WA6 WA7 WA8	WA9 WA10 WA11 WA12
负荷名称	进线	无功功率补偿	无功功率补偿	1号楼一单元照明／1号楼六单元照明	1号楼二单元照明／1号楼三单元照明／备用／备用／1号楼四单元照明／1号楼五单元照明	商业单元预留／备用／备用／备用
设备容量/kW		128kvar	160kvar	816kW 816kW	306kW 282kW 282kW 306kW	100kW
计算电流/A				609A 609A	311A 327A 327A 311A	
导线型号规格				2YJV22-1kV-4×185+1×95	2YJV22-1kV-4×95+1×50 2YJV-1kV-4×95+1×50 2YJV22-1kV-4×95+1×50	

(b)

注：变配电所中要求1K、2K、3K、4K和5K之间按以下关系实现电气联锁：
(1)市电正常情况下，1K、3K合，2K、4K、5K分，柴油发电机不起动。
(2)市电正常情况下，1K或3K任一个检修或故障分时，2K合、4K及5K分，柴油发电机不起动。
(3)市电正常情况下，1K和3K同时检修或故障分时，4K、5K合，柴油发电机起动，带各高层备用负荷及消防负荷。
(4)市电断电情况下，4K、5K合，柴油发电机起动，带各高层备用负荷及消防负荷。

单线图 额定电压 ~380/220V		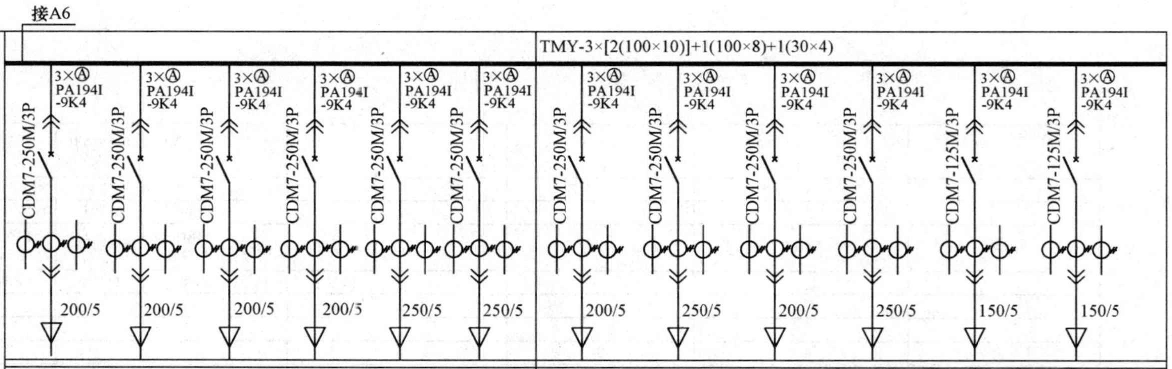 接A6								TMY-3×[2(100×10)]+1(100×8)+1(30×4)				
设备编号		WA13	WA14	WA15	WA16	WA17	WA18	WA19	WA20	WA21	WA22	WA23	WA24	
尺寸H×W×C		A7 2200×800×800						A8 2200×800×800						
设备型号		GCS-10改						GCS-10改						
负荷开关														
隔离开关														
断路器	250A	250A	160A	160A	160A	250A	250A	160A	200A	200A	225A	125A	125A	
熔断器AM-32														
交流接触器HSC1														
热压继电器LR1														
电磁锁														
阀式避雷器														
回路编号		WA13	WA14	WA15	WA16	WA17	WA18	WA19	WA20	WA21	WA22	WA23	WA24	
负荷名称		1号楼 一单元动力	1号楼 二单元动力	1号楼 三单元照明	1号楼 四单元动力	备用	备用	1号楼 五单元动力	1号楼 六单元动力	水泵房 消防泵	水泵房 生活泵	备用	备用	
设备容量/kW		57.3kW	57kW	57kW	57kW			57kW	57.3kW	67kW	81kW			
计算电流/A		113A	111A	111A	111A			111A	113A	127.3A	153.9A			
导线型号规格		ZR-YJV22-1kV -3×70+2×35	ZR-YJV22-1kV -3×50+2×25	ZR-YJV22-1kV -3×50+2×25	ZR-YJV-1kV -3×50+2×25			ZR-YJV-1kV -3×50+2×25	ZR-YJV22-1kV -3×70+2×35					

(c)

图8-6　住宅小区高低压主接线（三）

（c）低压系统主接线（2）

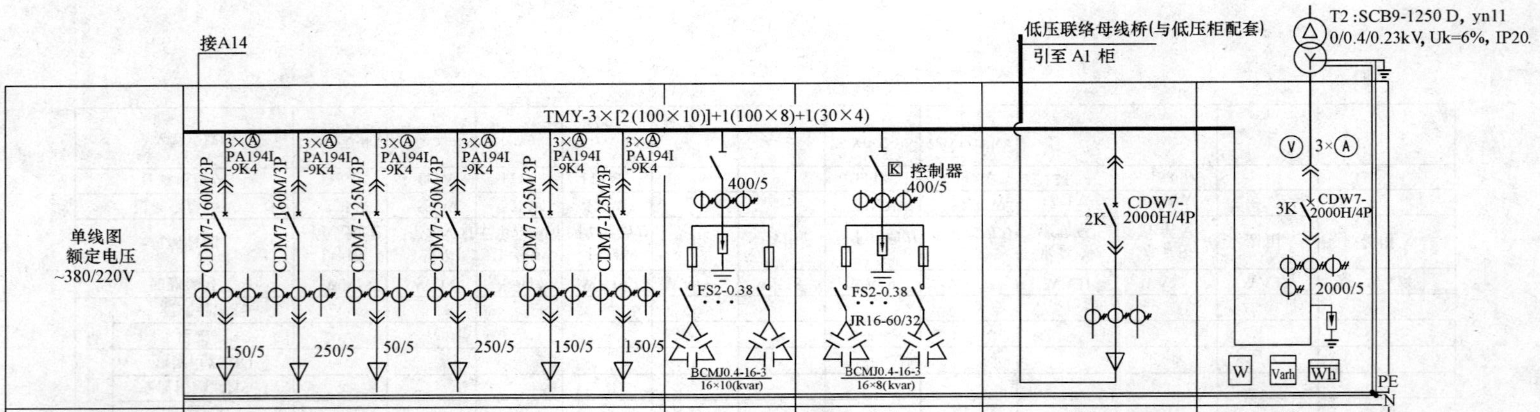

图 8-6　住宅小区高低压主接线（四）

(d) 低压系统主接线（3）

(d)

接A13

单线图 额定电压 ~380/220V	WA25	WA26	WA27	WA28	WA29	WA30	WA31	WA32	WA33	WA34	WA35	WA36	WA37	WA38
仪表	3×A PA194I-9K4	3×A PA194I-9K4	3×A PA194I-9K4	3×A PA194I-9K4	3×A PA194I-9K4	3×A PA194I-9K4	3×A PA194I-9K4	3×A PA194I-9K4	3×A PA194I-9K4	3×A PA194I-9K4	3×A PA194I-9K4	3×A PA194I-9K4	3×A PA194I-9K4	3×A PA194I-9K4
断路器型号	CDM7-800M/3P	CDM7-630M/3P	CDM7-800M/3P	CDM7-630M/3P	CDM7-630M/3P	CDM7-250M/3P	CDM7-125M/3P	CDM7-125M/3P	CDM7-250M/3P	CDM7-250M/3P	CDM7-250M/3P	CDM7-160M/3P	CDM7-125M/3P	CDM7-125M/3P
电流互感器	800/5	500/5	800/5	500/5	500/5	250/5	150/5	150/5	200/5	200/5	200/5	200/5	150/5	150/5
设备编号	A17		A16		A15				A14					
尺寸H×W×C	2200×800×800 GCS-10改		2200×800×800 GCS-10改		2200×800×800 GCS-10改				2200×800×800 GCS-10改					
断路器	800A	500A	800A	500A	500A	250A	125A	125A	200A	200A	200A	160A	125A	125A
回路编号	WA25	WA26	WA27	WA28	WA29	WA30	WA31	WA32	WA33	WA34	WA35	WA36	WA37	WA38
负荷名称	2号楼一单元照明二单元照明	2号楼二单元照明	3号楼一单元照明二单元照明	3号楼一单元照明	3号楼三单元照明	商铺1号照明预留	备用	备用	2号楼一单元动力	2号楼一单元动力	3号楼一单元动力	3号楼二单元动力	备用	备用
设备容量/kW	816kW	342kW	816kW	326kW	326kW	100kW			68.7kW	55.1kW	68.3kW	49.95kW		
计算电流/A	609A	404A	609A	385A	385A				104.4	83.7A	103.8A	76A		
导线型号规格	2(YJV22-1kV-4×185+1×95)	2(YJV22-1kV-4×95+1×50)	2(YJV22-1kV-4×185+1×95)	2(YJV22-1kV-4×95+1×50)	2(YJV22-1kV-4×95+1×50)				YJV22-1kV-3×70+2×35	YJV22-1kV-3×70+2×35	YJV22-1kV-3×50+2×35	YJV22-1kV-3×50+2×35		

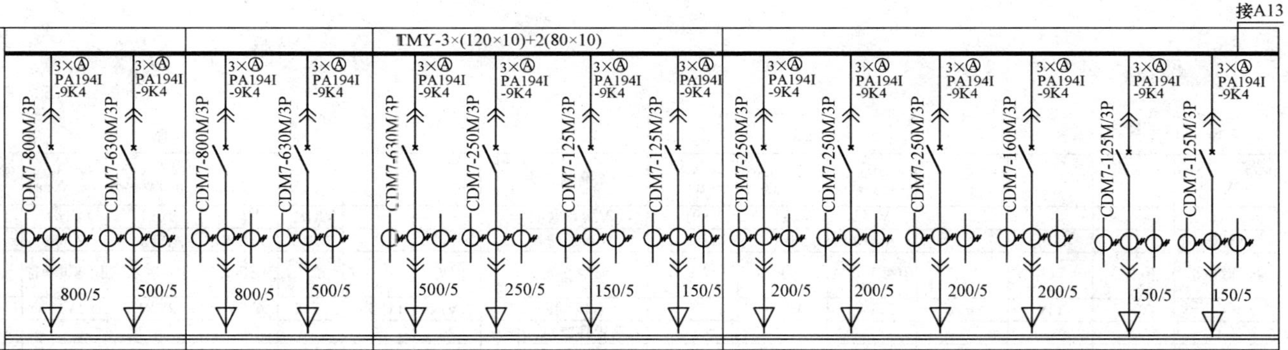

母线 TMY-3×(120×10)+2(80×10)

主要设备：负荷开关、隔离开关、断路器、熔断器AM-32、交流接触器HSC1、热继电器LR1、电磁锁、阀式避雷器

(e)

图 8-6 住宅小区高低压主接线（五）

(e) 低压系统主接线（4）

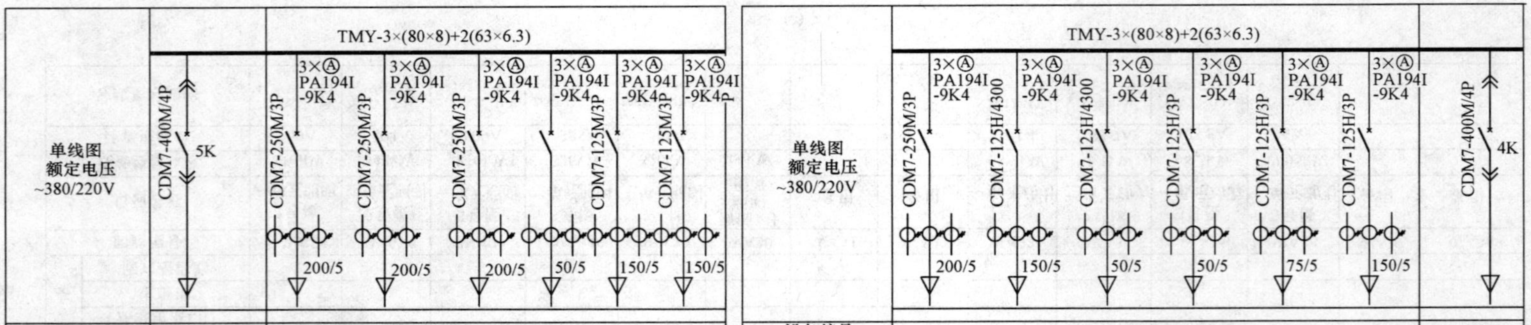

图 8-6　住宅小区高低压主接线（六）

(f)　备用回路配电系统

(f) 上部（FA3、FA4）

单线图 额定电压 ~380/220V	CDM7-400M/4P (4K)	CDM7-250M/3P	CDM7-125M/4300	CDM7-125M/4300	CDM7-125M/3P	CDM7-125M/3P	CDM7-125M/3P
	3×PA194I-9K4	3×PA194I-9K4	3×PA194I-9K4	3×PA194I-9K4	3×PA194I-9K4	3×PA194I-9K4	3×PA194I-9K4
互感器		200/5	150/5	50/5	50/5	75/5	150/5
设备编号	FA3	FA4					
尺寸 H·W·C		2200×800×800					
设备型号		GGD3-07					
断路器	400A	180A	125A	125A	125A	125A	125A
回路编号		MA1	MA2	MA3	MA4	MA5	MA6
负荷名称	发电机进线	一单元备用	二单元备用	三单元备用	备用	备用	备用
设备容量 kW	198kW	90kW	84kW	84kW			
计算电流 A	310A	163A	157A	157A			
导线型号规格	ZR-YJV22-3×185+1×95SC150	ZR-YJV22-1kV -3×70+1×35	ZR-YJV22-1kV -3×70+1×35	ZR-YJV22-1kV -3×70+1×35			

(f) 下部（FA1、FA2）

单线图 额定电压 ~380/220V	CDM7-400M/4P (5K)	CDM7-250M/3P	CDM7-250M/3P	CDM7-250M/3P	CDM7-125M/3P	CDM7-125M/3P
	3×PA194I-9K4	3×PA194I-9K4	3×PA194I-9K4	3×PA194I-9K4	3×PA194I-9K4	3×PA194I-9K4
互感器		200/5	200/5	200/5	50/5	150/5
设备编号	FA1	FA2				
尺寸 H·W·C		2200×800×800				
设备型号		GGD3-07				
断路器	400A	225A	225A	225A	40A	125A
回路编号		MA7	MA8	MA9	MA10	MA11	MA12
负荷名称	发电机进线	四单元备用	五单元备用	六单元备用	变电所双电源柜	备用	备用
设备容量 kW	198kW	90kW	84kW	84kW	10kW	
计算电流 A	310A	163A	157A	157A	16.8A	
导线型号规格	ZR-YJV22-3×185+1×95SC150	ZR-YJV-1kV -3×70+1×35	ZR-YJV22-1kV -3×70+1×35	ZR-YJV22-1kV -3×70+1×35	ZR-YJV-1kV-5×10	

二、变电所平面布置

住宅小区变电所平面布置图如图 8-7 所示。

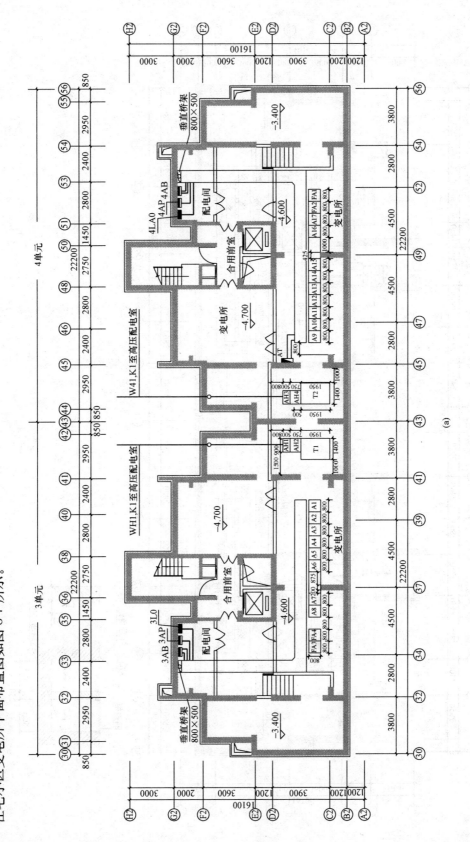

(a)

图 8-7　住宅小区变电所平面布置（一）

(a) 平面布置

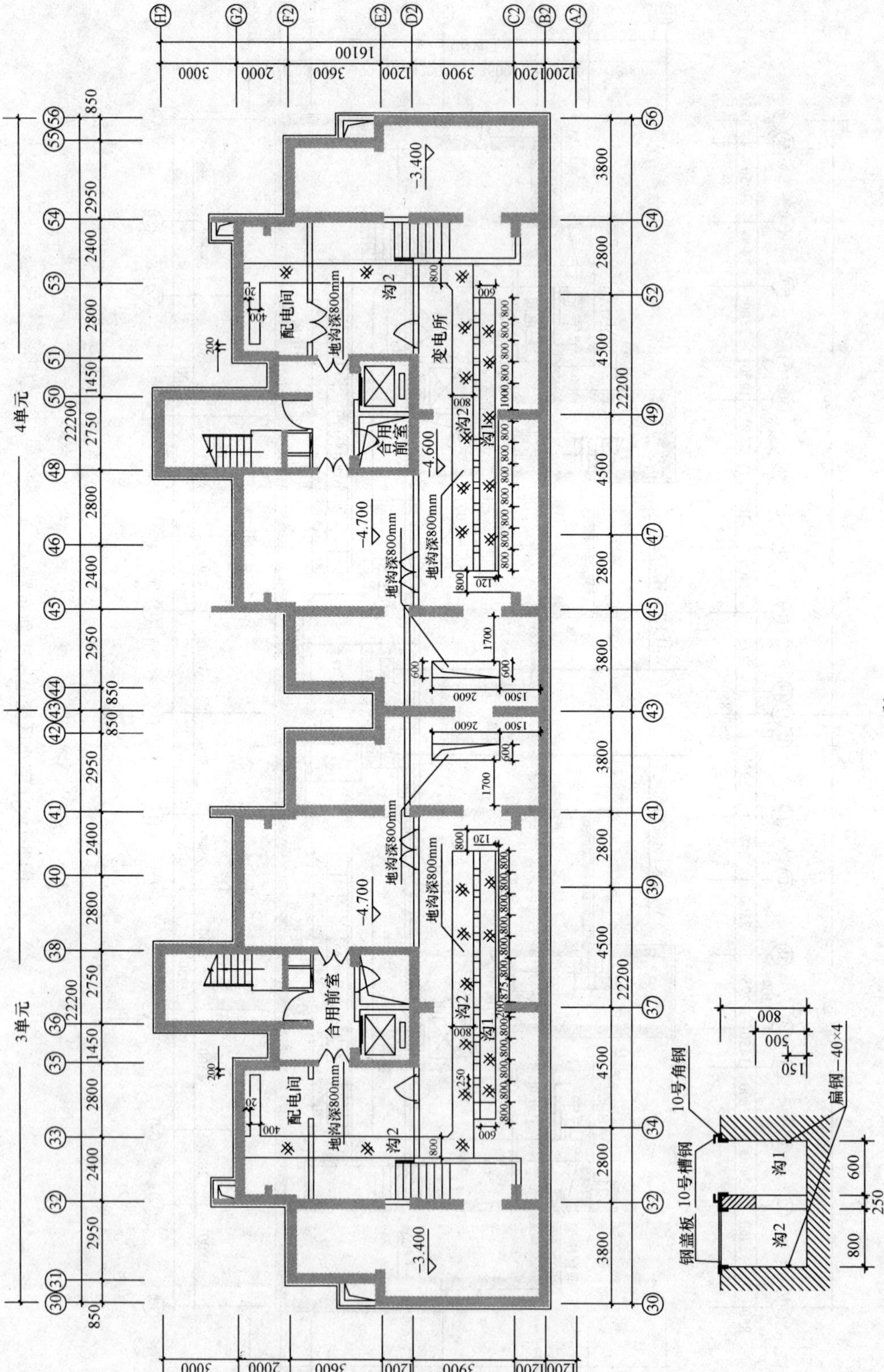

(b)

图 8-7 住宅小区变电所平面布置 (二)

(b) 地沟

三、防雷接地

住宅小区变电所接地如图 8-8 所示。

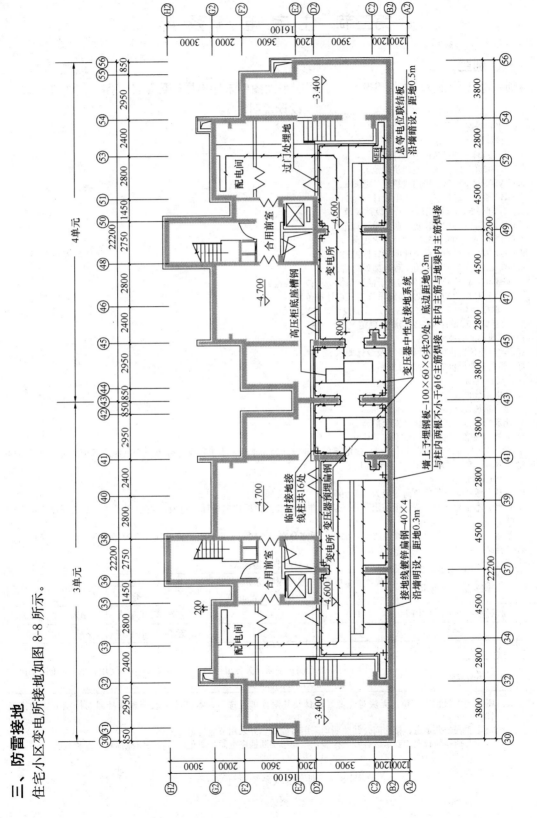

图 8-8　住宅小区变电所接地

第三节　住宅电气系统

一、别墅

别墅电气系统设计如图 8-9 所示。照明平面图中未标出导线数量的线路，均为 3 根线。

设计说明

一、工程概况

二、设计依据

1. GB 50096—2011《住宅设计规范》。

2. GB 50368—2005《住宅建筑规范》。

3. GB 50352—2005《民用建筑设计通则》。

4. GB 50054—2011《低压配电设计规范》。

5. JGJ 16—2008《民用建筑电气设计规范》。

6. GB 50057—2010《建筑物防雷设计规范》。

7. GB 50016—2006《建筑设计防火规范》。

8. GB 50034—2004《建筑照明设计标准》。

9. GB 50217—2007《电力工程电缆设计规范》。

10. GB 50343—2004《建筑物电子信息系统防雷技术规范》。

11. GB 50311—2007《综合布线系统工程设计规范》。

12. 7DB22/T450—2007《居住建筑节能设计标准》。

13. 《建筑工程设计文件编制深度规定》2008 年版。

14. 其他相关的技术规范。

15. 建设单位提供的设计任务书及设计要求。

16. 相关专业提供的工程设计资料。

三、设计范围

1. 配电系统设计。

2. 照明系统设计。

3. 建筑物防雷、接地系统及安全措施。

4. 电视、网络、电话及门禁系统设计。

小区变电站与电缆敷设的设计由当地供电部门专业设计公司承担，本工程电源分界点为电源进线柜的进线开关。电源进建筑物的位置及过墙套管由本设计提供。

四、配电系统

1. 负荷分级：本建筑物负荷等级为三级负荷。

2. 计费：本工程住户电费计量采用一户一表，挂墙明装。根据住宅设计规范及建设单位要求，本工程住宅用电标准：每户 40kW。

3. 配电：根据住宅建筑设计规范规定，照明、插座分别由不同的支路供电；除壁挂式空调插座外，其他插座回路设漏电断路器保护。

电气照明节能措施表

序号	主要房间及场所	规范要求照度 /lx	规范照明功率密度值 LPD/（W/m²）	光源类型	镇流器类型	灯具效率	功率因数
1	起居室，厨房，卫生间	100	7	节能型	电子式	80%	0.9
2	卧室	75	7	节能灯	电子式	80%	0.9
3	餐厅	150	7	节能灯	电子式	80%	0.9
4	照明控制方式	户内单灯就地控制；多联开关分组控制；不同区域、不同使用目的，不同使用时间、不自然采光状况分别控制。					

说明：1. 住宅内只预留灯位，无法对光源，灯具及其附件进行选择，本设计采取合理选择照明控制方式的措施节能。

2. 本工程公共走道、楼梯间公共照明均采用节能灯，并采用节能自熄开关。

3. 所有插座面板上均要求带有开关控制，以便于切断插座电源，避免用电设备空载损耗，以利节能。

(a)

图 8-9　别墅电气系统设计（一）

(a) 设计说明

五、导线选型及敷设方式

1. 住宅用电电源进线拟选用 YJV 电缆，室内照明支线以及其他线路选用 BV 型导线。

2. 绝缘导体应符合工作电压的要求，室内敷设塑料绝缘电线不应低于 0.45/0.75kV，电力电缆不应低于 0.6/1kV。

六、设备选型及安装

1. 照明配电箱为暗装：安装高度为底边距地 1.5m。户内配电箱墙上暗装，距地 1.8m。

2. 一般照明选用节能型灯具，直管型荧光灯应配用电子镇流器或加电容补偿的节能型电感镇流器，其功率因数在 0.9 以上。除图中已注明外，一般灯具均为吸顶安装。Ⅰ类灯具及低于 2.4m 的灯具加装一根保护接地线。

3. 除注明外，所有插座为 10A/250V 配有安全型插座；空调插座（起居室空调插座为 16A/250V）为三孔插座、厨房排油烟机插座为三孔带 IP54 防溅面盖插座、卫生间插座为 16A/250V 五孔带 IP54 防溅面盖插座，厨房台面插座为五孔带 IP54 防溅面盖插座、洗衣机插座为 16A/250V 三孔带 IP54 防溅面盖插座；电冰箱插座为三孔带 IP54 防溅面盖插座；其他居室插座为二，三孔插座，插座安装方式详见图例。

4. 翘板开关距地 1.3m，空调挂机插座距地 2m，空调柜机插座距地 0.3m，厨房、卫生间及洗衣机插座距地 1.4m，其他插座距地 0.3m。插座回路采用单相三线制，其中一根线为专用地线。

5. 有淋浴、浴缸的卫生间内开关、插座需设在 2 区以外。

插座距地 1.4m，其他插座距地 0.3m。插座回路采用单相三线制，其中一根线为专用地线。

6. 所有配电柜（箱）内母线均采用铜母线，其载流量不小于该柜（箱）进线开关整定电流的 1.25 倍。柜（箱）内应留有接 PE 线端子及安装电缆头的安全空间。

7. 平面图中所有回路均按回路单独穿管，不同支路不应共管敷设。各回路 N、PE 线均从箱内引出。

8. 电缆竖井应在每层楼板处及电缆井与房间、走道等相连通的孔洞采用防火封堵材料封堵。

七、防雷与接地

1. 本工程建筑物为三类防雷建筑物。建筑物的防雷装置应满足防直击雷及雷电波的侵入，并设置总等电位联结。

2. 接闪带采用 φ12 镀锌圆钢沿屋檐敷设，网格间距不大于 20m×20m 或 24m×16m。支持件预埋每隔 1m 一个，转角处 0.5m 一个。做法详见《建筑物防雷设施安装》。

3. 利用结构剪力墙内 2 根主筋通长（φ>16）焊接作为防雷引下线，间距不大于 25m，上与接闪网连接，下与接地网连接，形成封闭网。部分引下线在距地面不低于 0.3m 处做接地电阻测试卡子，并作明显标志。做法见《接地装置安装》。

4. 接地装置：接地装置为建筑物桩基、基础底板轴线上的上下两层钢筋中的两根通长焊接形成的基础接地网组成。本工程防雷接地，电气设备的保护接地，电梯机房等的接地共用统一的接地装置。要求其接地电阻不大于 1Ω，实测不满足要求时，增设人工接地极。

5. 凡高出屋面的金属导体及其他金属构筑物均需与屋面接闪带作可靠焊接。

6. 电源进出线回路设避雷器，低压进线回路设电涌保护器，防止线路过电压侵入。

7. 室外接地凡焊接处均应刷沥青防腐。

八、接地系统及等电位联结

1. 本工程采用 TN-C-S 系统，PEN 线在进户处做重复接地，并与防雷接地共用接地极。PEN 做重复接地后，PE、N 线严格分开，不得混接，PE 线截面积见图中标注（四极开关严禁断开 PEN 线）。

2. 本工程实行总等电位联结，在地下层变配电所设总等电位联结箱。总等电位板由紫铜板制成，应将建筑物内保护干线、设备进线总管进行联结，总等电位联结线采用 BV-1×25 导线穿阻燃 PVC32 管在地面内或墙内暗敷（电气专用房内可明敷），总等电位联结均采用等电位卡子，禁止在金属管道上焊接。

3. 有洗浴设备的卫生间做局部等电位联结，从适当地方引出两根大于 φ16 结构钢筋至局部等电位箱（LEB），局部等电位箱暗装，底边距地 0.3m。将卫生间内所有金属管道、金属构件，卫生间楼板内钢筋与之联结。电梯井道作辅助等电位联结。具体做法参见国标图集《等电位联结安装》。

4. 凡引入建筑物内的各种金属管道、电缆金属外皮和金属护管以及电缆支架、电梯轨道，所有电气设备正常运行不带电的金属部分均应可靠接地。接地支线需独立与接地干线连接，不得相互连接后再与接地干线连接。固定在建筑物上的用电设备的线路，从配电盘引出的线路应穿钢管，钢管的一端应与配电盘外露可导电部分相连，另一端应与用电设备外露可导电部分及保护罩相连，并应就近与屋顶防雷装置相连，钢管因连接设备而在中间断开时，应设跨接线，钢管穿过防雷分区界面时，应在分区界面作等电位联结。

九、弱电系统

1. 电信、数据由室外弱电井穿管埋地引入楼座内弱电间总箱，在户内设置用户多媒体箱，线路经过弱电总箱沿墙/地引入用户多媒体箱。

2. 每户引一根电信、一根数据，由用户多媒体箱向起居室/主/次卧室电话、数据等出线口配线。

3. 电信、数据出线口底边距地 0.3m。

4. 电视电缆由室外弱电井穿管埋地引入楼座内电视总箱，系统采用放射式配线至户内多媒体箱。

5. 系统干线电缆为 SYWV-75-9P，穿 SC32 管至单元电视箱，支线为 SYWV-75-5P 穿 PVC25 管沿墙敷设至户内用户多媒体箱。

(a)

图 8-9 别墅电气系统设计（二）

(a) 设计说明

6. 电视插座底边距地 0.3m。

7. 系统采用邻频传输，用户电平要求 64±4dBμV，图像清晰度应在四级以上。

8. 本工程采用总线制多功能访客对讲系统，将住户的防入侵报警系统纳入其中。

9. 本楼设独立的访客对讲系统，工作状态及报警信号送到小区管理中心。门口机嵌墙安装，底边距地 1.4m，对讲分机挂墙安装在住户门厅内（兼做防入侵报警系统控制器），距地 1.3m。

10. 每户住宅内的紧急报警按钮等信号均引入对讲分机，再由对讲分机引出，通过总线引至小区管理中心。

11. 本工程每户住宅内均设紧急报警按钮，住户可根据自家的具体情况，通过家居控制器设定报警器的状态。

12. 系统深化由智能化或专业化设计部门设计。

13. 在本栋建筑的有线电视线、网络、电话入口处装设适配的信号电涌保护器（SPD）。

十、其他

1. 凡与施工有关而又未说明之处，参见国家、地方标准图集施工，或与设计院协商解决。

2. 本工程所选设备，材料必须具有国家级检测中心的检测合格证书（3C 认证）：必须满足与产品相关的国家标准；供电产品、消防产品应具有入网许可证。

3. 施工单位必须按照工程设计图纸和施工技术标准施工，不得擅自修改工程设计。建设工程竣工验收时，必须具备设计单位签署的质量合格文件。

4. 应业主要求住宅用户内仅预留负荷箱，具体布置由二次装修考虑。二次装修应符合国家相关规范要求。

十一、本工程引用的国家建筑标准设计图集

《建筑物防雷设施安装》

《等电位联结安装》

《利用建筑物金属体做防雷及接地装置安装》

《接地装置安装》

《建筑电气工程设计常用图形和文字符号》

(a)

图例

序号	图例	名　称	型号及规格	备　注
1	▬	照明配电箱	外壳为IP2X或IP2X以上防护等级	见设计说明六.1
2	▬	户配电箱	甲方自选定制	墙上暗装距地1.8m
3	▭	电度表箱	见系统图	墙上明装距地1.5m
4	MEB	总等电位端子板	甲方自选定制	暗装，底边距地0.3m
5	LEB	局部等电位端子板	甲方自选定制	暗装，底边距地0.3m
6	⬓	吸顶灯	1×22W 220V 节能型	吸顶安装（带玻璃罩防尘保护）
7	⊗	防水防尘灯	1×13W 220V 节能型	吸顶安装（带玻璃罩防尘保护）
8	⬭	壁灯	1×13W 220V 节能型	底边距地2.5m
9	⊖	排风扇		吸顶
10	⬝	单联单控开关	250V 10A	暗装，底边距地1.3m
11	⬝	双联单控开关	250V 10A	暗装，底边距地1.3m

图 8-9　别墅电气系统设计（三）

(a) 设计说明；(b) 图例

图例

序号	图例	名　称	型号及规格	备　注
12		声光控制开关	250V 10A	暗装，底边距地1.3m
13		单相双控暗开关	250V 10A	暗装，底边距地1.3m
14		热水器插座	安全型防溅型	暗装，底边距地2.3m
15		卫生间暗插座	安全型防溅型	暗装，底边距地2.3m
16		冰箱插座	安全型防溅型	暗装，底边距地0.3m
17		厨房暗插座	安全型防溅型	暗装，底边距地1.4m
18		排烟机暗插座	安全型防溅型	暗装，底边距地1.8m
19		洗衣机插座	安全型防溅型	暗装，底边距地1.4m
20		单相二孔三孔组合插座	安全型	暗装，底边距地0.3m
21		空调插座(单相三孔)	安全型	柜式，暗装，底边距地0.3m 壁挂式，暗装，距地2m
22		断路器	见系统图	
23		带漏电附件断路器	见系统图	
24		接触器	见系统图	
25	HC	家庭控制器(带黑白对讲屏)		墙上暗装，下沿距地1.4m
26	RD	户内多媒体箱		墙上暗装，下沿距地0.3m
27	DJ	可视访客对讲主机		底边距地1.6m
28		电控锁		
29		紧急报警按钮		底边距地0.8m
30	TV	电视插座		暗装，底边距地0.3m
31	TP	电话插座		暗装，底边距地0.3m
32	TO	网络插座		暗装，底边距地0.3m
33		电话接线箱		挂墙明装，底边距地1.5m
34	VH	有线电视前端箱		挂墙明装，底边距地1.5m
35		网络配线箱		挂墙明装，底边距地1.5m
36		对讲箱		挂墙明装，底边距地1.5m

(b)

图 8-9　别墅电气系统设计（四）

（b）图例

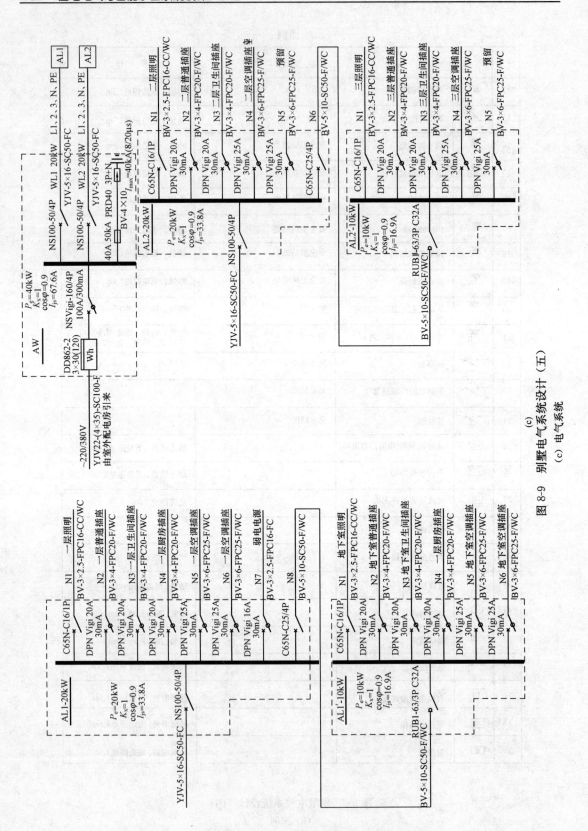

图 8-9　别墅电气系统设计（五）

(c) 电气系统

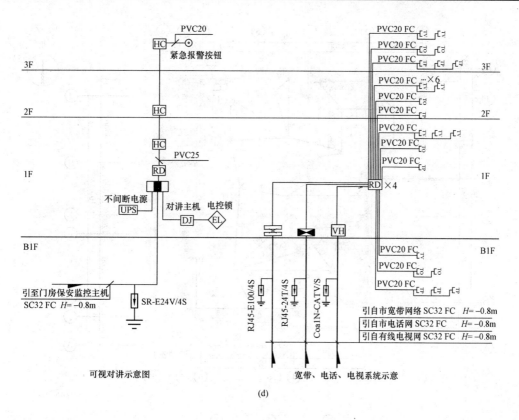

(d)

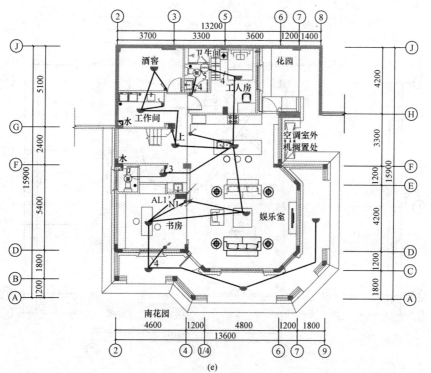

(e)

图 8-9　别墅电气系统设计（六）

（d）弱电系统；（e）地下层照明平面

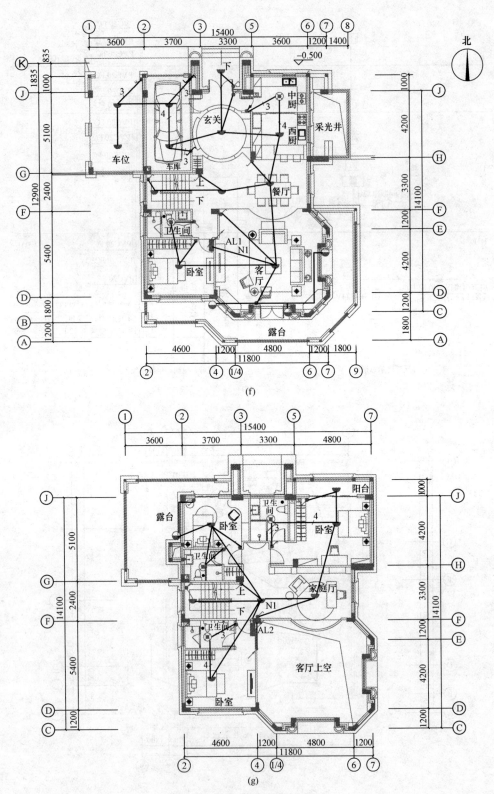

图 8-9 别墅电气系统设计（七）

（f）一层照明平面；（g）二层照明平面

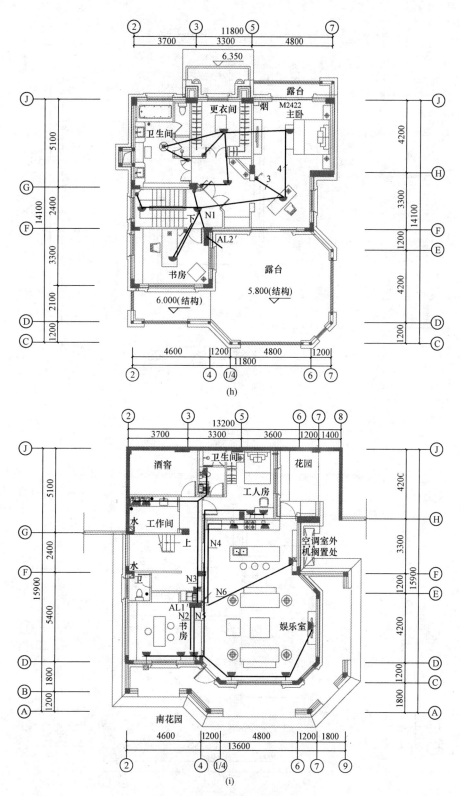

图 8-9　别墅电气系统设计（八）

（h）三层照明平面；（i）地下层插座平面

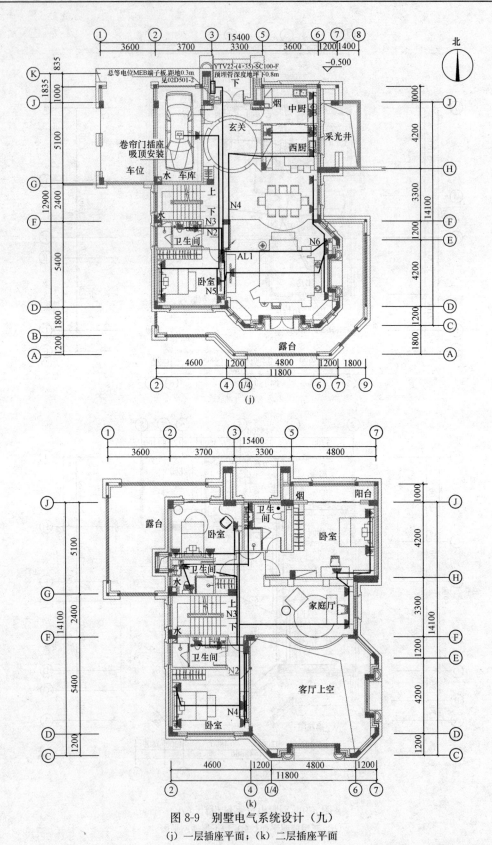

图 8-9 别墅电气系统设计（九）

（j）一层插座平面；（k）二层插座平面

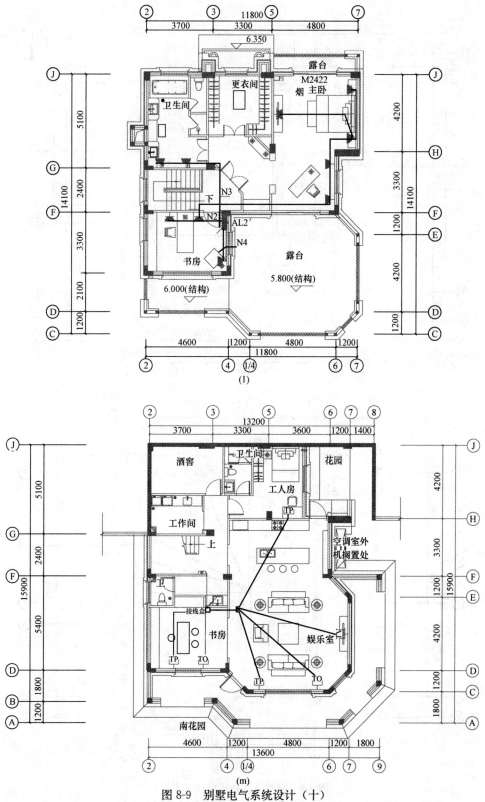

图 8-9　别墅电气系统设计（十）

(1) 三层插座平面；(m) 地下层弱电平面

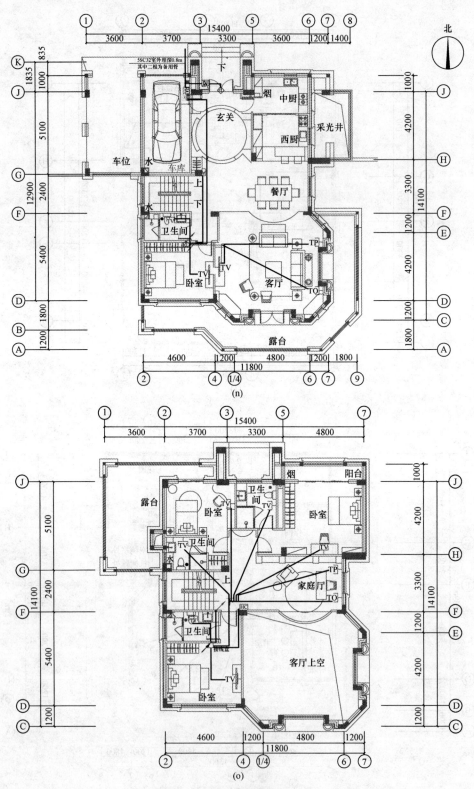

图 8-9　别墅电气系统设计（十一）
(n) 一层弱电平面；(o) 二层弱电平面

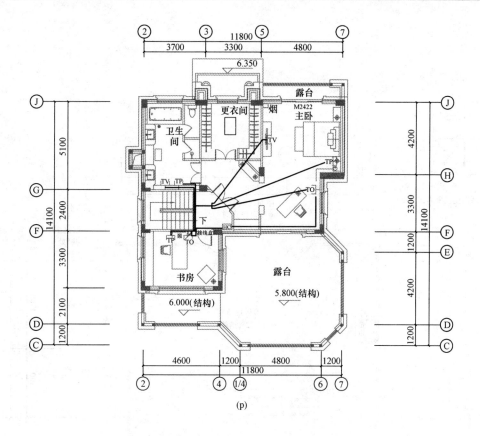

(p)

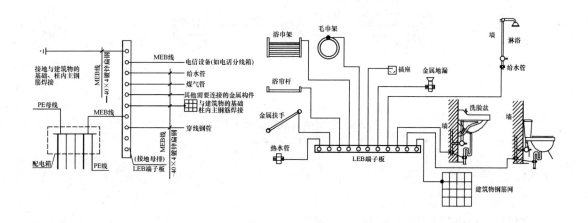

(q)

图 8-9 别墅电气系统设计（十二）

（p）三层弱电平面；（q）等电位

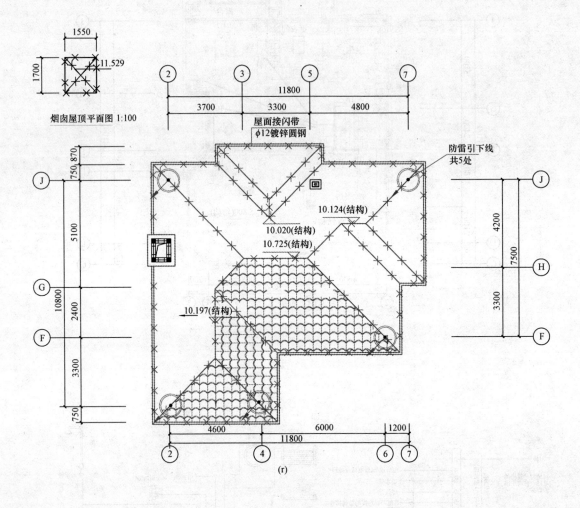

图 8-9　别墅电气系统设计（十三）

（r）屋顶防雷平面

二、多层住宅楼

多层住宅楼电气系统设计如图 8-10 所示。

三、高层住宅楼

高层住宅楼电气系统设计如图 8-11 所示。

设计说明

一、设计遵循的主要标准、规范及安装图集

1. JGJ/T16—2008《民用建筑电气设计规范》
2. GB 50054—2011《低压配电设计规范》
3. GB 50052—2009《供配电系统设计规范》
4. GB/T 50314—2006《智能建筑设计标准》
5. GB 50096—2011《住宅设计规范》
6. GB 50034—2004《建筑照明设计标准》
7. GB 50303—2002《建筑电气工程施工质量验收规范》
8.《国家建筑标准设计电气装置标准图集》、《建筑电气安装工程图集》

二、工程概况

本工程建筑面积 7634.82m²，地上六层，总高度 22.15m，为三类建筑。供电负荷为三级负荷。

三、设计内容

照明系统、门铃对讲、电视、电话系统（其中门铃对讲、电视、电话系统只预埋穿线管）。

四、配电设计

1. 供、配电系统

（1）本工程为三级负荷，采用 220V/380V 低压进线，详见电气系统图。

（2）配电系统采用电缆埋地引至总配电盘。

（3）接线时注意使三相负荷平衡，配电箱尺寸仅供参考。应在满足国家有关规范、规定前提下以厂家定做时最经济尺寸为准。

2. 导线敷设方式

（1）直埋电力电缆进出建筑物做法见相关图集。

（2）敷线方式：照明支线和干线均穿钢管在楼板现浇层或垫层内暗敷。

（3）配线管径（线径2.5mm）2 根 PC16，3、4 根 PC20，5、6 根 PC25。

（4）其余管线安装见平面图注。

3. 电气设备安装距地高度及安装大样

（1）本工程配电箱均为暗装，安装高度底边距地 1.5m。

（2）本工程插座均选用安全型，安装高度见图例标注，各类插座均为暗装。

4. 接地

（1）本工程采用 TN-C-S 保护接地系统，设专用接地保护线，接地电阻不大于 1Ω，若实测达不到应引出室外加装人工接地极。

（2）所有配电箱外壳、穿线钢管及三孔插座零线均作好跨接，并与 PE 线可靠相连。重复接地连成一体。

（3）在电源进户处设总等电位联结端子箱，凡进出建筑物的所有金属管道均与重复接地可靠连接卫生间、浴室做局部等电位联结，等电位端子箱距地 0.3m。

（4）灯具安装高度低于 2.4m 时，需增加一根 PE 线，平面图中不再标注，当采用 I 类灯具时，灯具的外露可导电部分应可靠接地，平面图中不再标注。

电气平面图中电源线路不表示导线根数的为 3 根线，由面板开关引至第一盏灯具的线路不表示导线根数的为 2 根线，其余在图中已表示导线根数的依图示为准。

五、弱电部分

1. 电话系统

（1）本工程电话管线系统采取市话直通用户方式，市话进线穿 SC 管埋地引入电话总接线箱，详见电话系统图。

（2）电话只预埋管线（管径见平面图标注），系统由电信专业公司设计施工。

2. 电视系统

（1）本工程电视系统采用分支—分配系统，干线采用 SYV 75-12 型同轴电缆，支线采用 SYV 75-7 型同轴电缆。

（2）电视只预埋管线，系统由有线专业公司设计施工。

（3）本系统所有器件均由专业公司成套供货，并负责安装和调试。

3. 门铃对讲系统

（1）门铃对讲系统只预埋管线，系统由专业公司设计施工。

六、其他

1. 配电箱内均标示永久性标志，隔离开关不能带负荷操作。

2. 厨房、卫生间内开关、灯具、插座均采用防水型。

3. 由于管线种类较多，施工时应与土建密切配合予埋管线，注意和水管、消防、通风等管道的相对位置，尽量减少管线叠交和避免错、漏、碰、缺。

七、防雷设计

1. 本工程属三类防雷建筑，设整体综合防雷保护，防雷系统与保护接地共用一组联合接地装置，其接地电阻小于 1Ω。

2. 安装大样图详《建筑防雷设施安装图集》。

3. 屋顶设接闪带、接闪网保护，以防直接雷。

4. 采用柱内两根 φ16 的主筋相互连通做引下线，所有引下线应上、下可靠焊接与接地装置连接。

5. 进、出建筑物的埋地金属管道、入户电缆金属外皮及建筑物内主干金属管道均应与防雷装置相连，以防雷电电磁波引入。

6. 电话、电视等弱电系统电源应装设电涌过电压防护器，以防雷电电磁脉冲对微电子设备的影响。

(a)

图 8-10　多层住宅楼电气系统设计（一）

(a) 设计说明

设 备 材 料 表

编号	符号	设备名称	型号规格	备注
1		进户配电箱	铁制暗装(上锁)	装高底距地1.5m
2		分户电表箱	铁制暗装(上锁)	装高底距地1.5m
3		分户配电箱	铁制暗装(上锁)	装高底距地1.5m
4		单相五孔暗插座(安全型)	220V 10A	装高底距地0.3m
5		单相五孔暗插座(防水型油烟机)	220V 10A	装高底距地2.0m
6		单相三孔空调暗插座	220V 16A	装高底距地2.2m
7		单相五孔暗插座(防水型)	220V 10A	装高底距地1.4m
8		单控单、双、三联开关	220V 5A	装高底距地1.3m
9		双控开关	220V 5A	装高底距地1.3m
10		吸顶灯	220V-13W节能灯	吸顶安装
11		防水吸顶灯	待定220V-20W节能灯	吸顶安装
12		排气扇	待定	吸顶安装
13		人体感应灯	待定220V-11W节能灯	吸顶安装
14	MEB	总等电位接地端子箱	铁制暗装	装高底距地0.3m
15	LEB	局部等电位接地端子箱	铁制暗装	装高底距地
16		进户电缆线	YJV22(线径详见系统图)	—
17	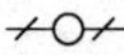	接地极	L50×50×5,l=2500	埋深冻土层以下
18	TP	电话分线箱(总箱、分箱)	铁制暗装	装高底距地1.5m
19	TD	网络分线箱(总箱、分箱)	铁制暗装	装高底距地1.5m
20	TV	电视前端箱(总箱、分箱)	铁制暗装	装高底距地1.5m
21	TP	电话终端盒	待定	装高底距地0.3m
22	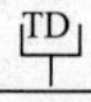 TD	网络终端盒	待定	装高底距地0.3m
23	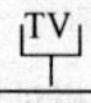 TV	电视终端盒	待定	装高底距地0.3m
24		呼叫门铃	待定	装高底距地1.5m
25		呼叫门铃单元总箱	待定	装高底距地2.0m

(b)

图 8-10　多层住宅楼电气系统设计（二）

(b) 图例及材料表

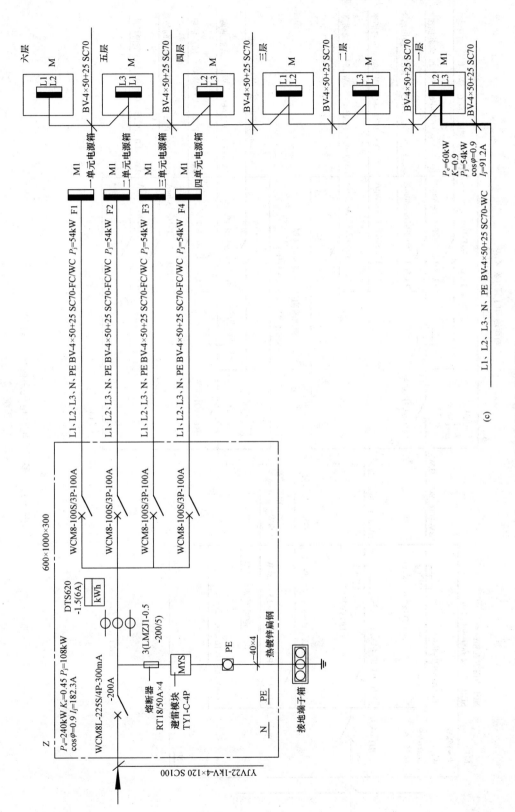

图 8-10 多层住宅楼电气系统设计（三）

(c) 电气系统（1）

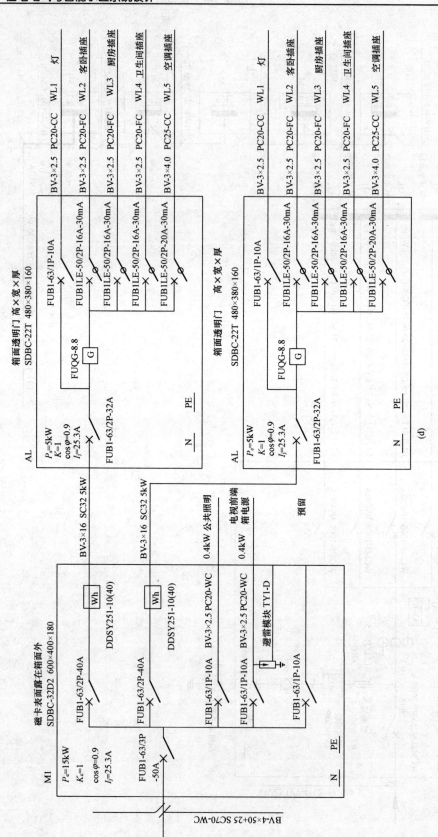

图 8-10 多层住宅楼电气系统设计（四）

(d) 电气系统（2）

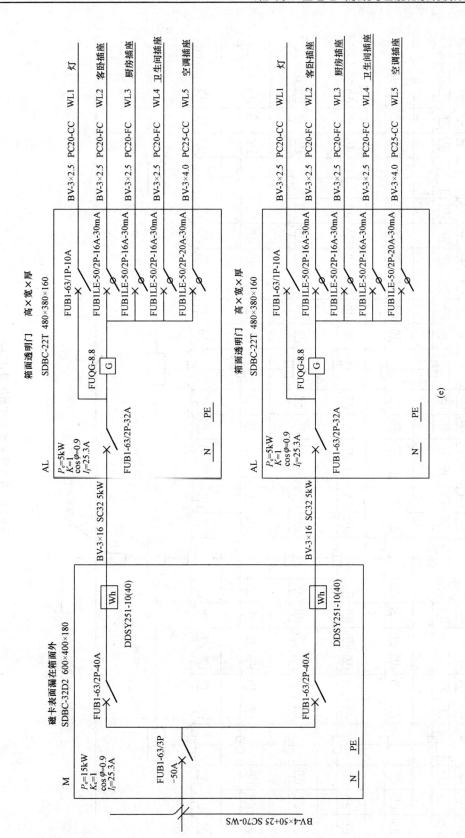

图 8-10 多层住宅楼电气系统设计 (五)
(e) 电气系统 (3)

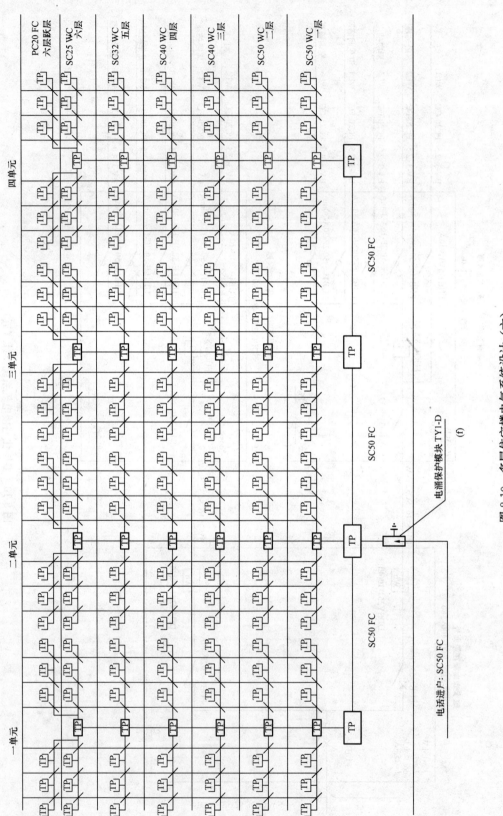

图 8-10 多层住宅楼电气系统设计（六）

（f）电话系统

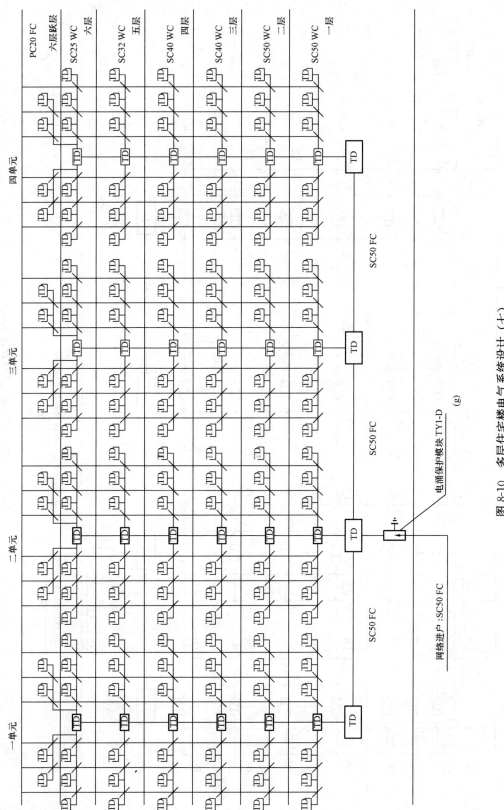

图 8-10 多层住宅楼电气系统设计（七）
(g) 网络系统

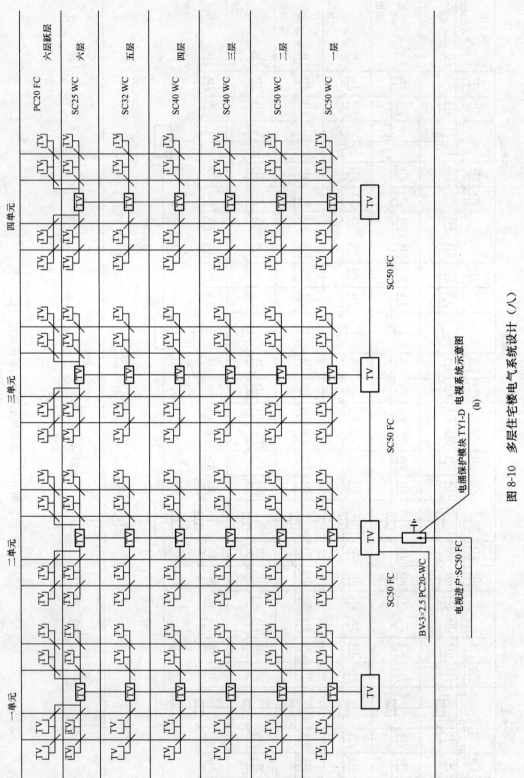

图 8-10　多层住宅楼电气系统设计（八）

(h) 弱电系统

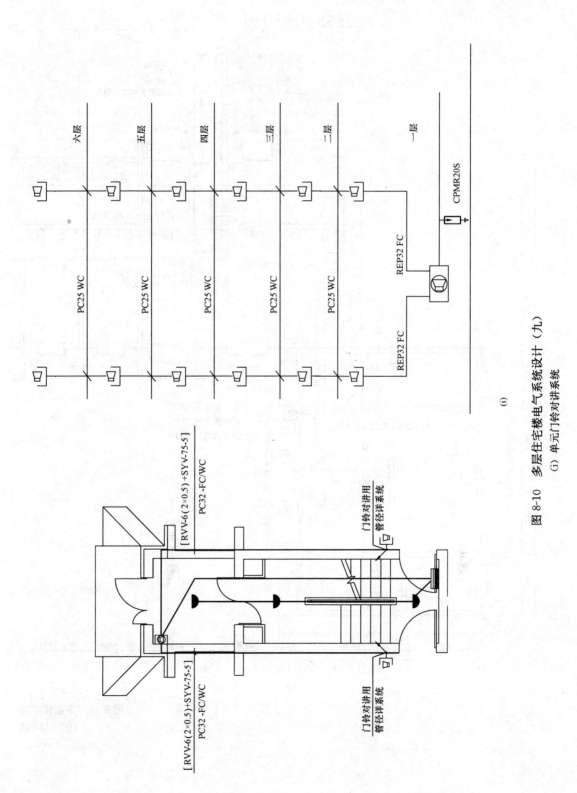

图 8-10 多层住宅楼电气系统设计（九）
(i) 单元门铃对讲系统

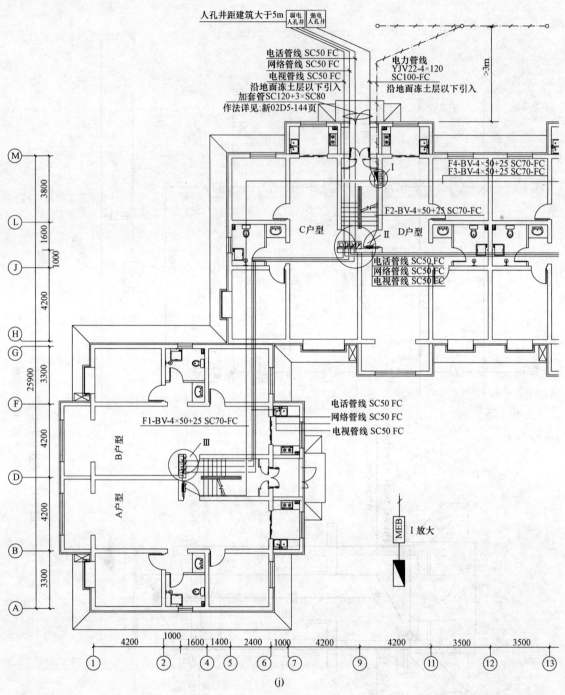

人孔井距建筑大于5m
弱电人孔井　强电人孔井

电话管线 SC50 FC
网络管线 SC50 FC
电视管线 SC50 FC
沿地面冻土层以下引入
加套管SC120+3×SC80
作法详见:新02D5-144页

电力管线
YJV22-4×120
SC100-FC
沿地面冻土层以下引入
>3m

F4-BV-4×50+25 SC70-FC
F3-BV-4×50+25 SC70-FC

F2-BV-4×50+25 SC70-FC

C户型　　　　D户型

电话管线 SC50 FC
网络管线 SC50 FC
电视管线 SC50 FC

电话管线 SC50 FC
网络管线 SC50 FC
电视管线 SC50 FC

F1-BV-4×50+25 SC70-FC

B户型

A户型

MEB　I 放大

图 8-10　多层住宅楼

(j) 一层干线

(j)

实测>1Ω时楼外接地作法:
接地极└50×50×5接地电阻<1Ω均为热镀锌钢件。
接地母线 -40×4极数以实测为准，接地极埋深冻土层以下。

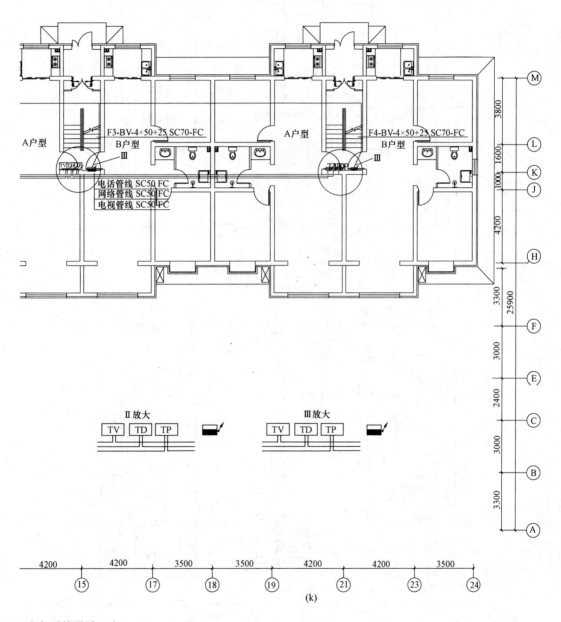

电气系统设计（十）
及接地（1）

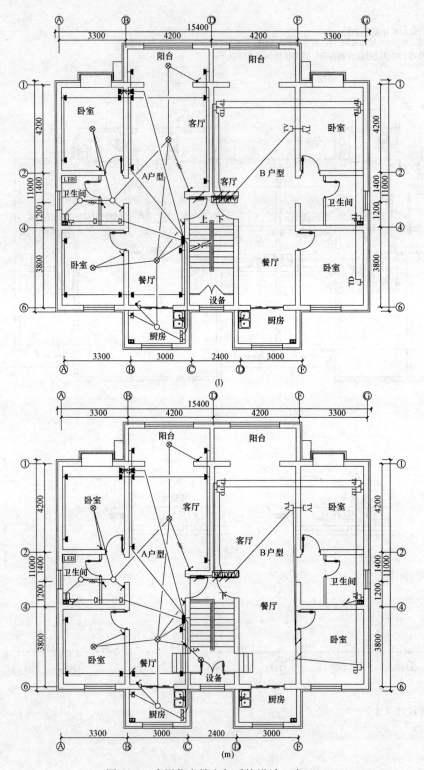

图 8-10　多层住宅楼电气系统设计（十一）

（l）A、B户型强弱电平面图（标准层）；（m）A、B户型强弱电平面图（六层）

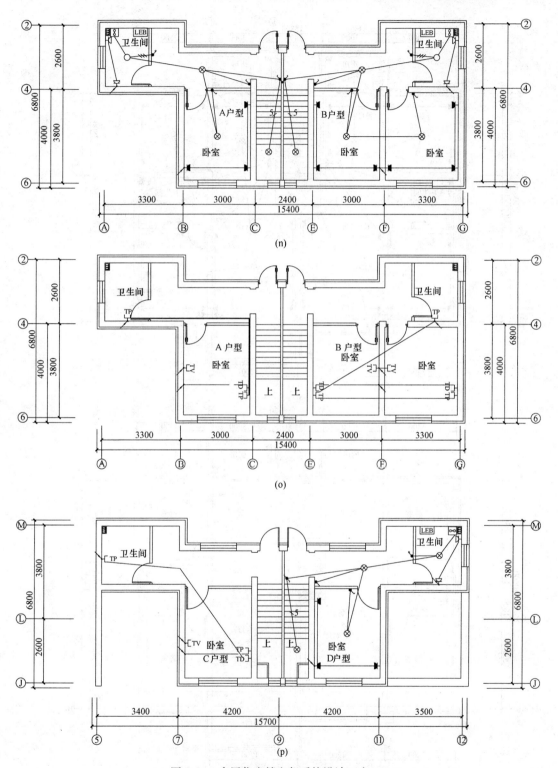

图 8-10 多层住宅楼电气系统设计（十二）

（n）A、B户型强电平面图（跃层）；（o）A、B户型弱电平面图（跃层）；（p）C、D户型强弱电平面图（跃层）

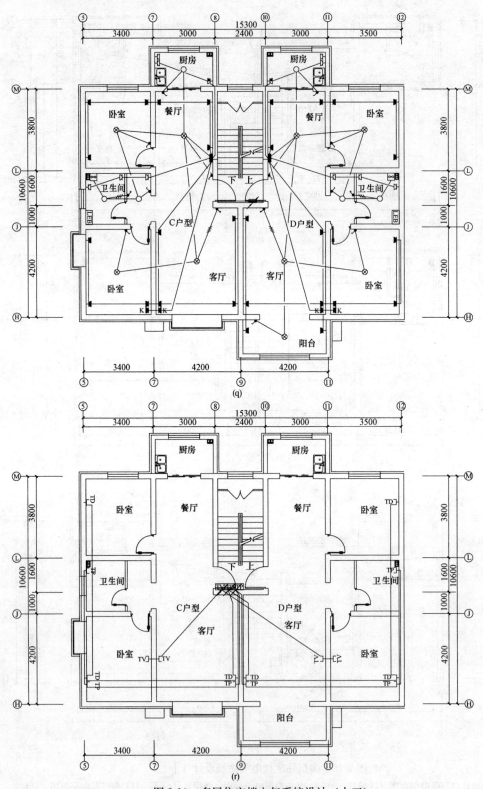

图 8-10　多层住宅楼电气系统设计（十三）

（q）C、D 户型强电平面图（标准层）；（r）C、D 户型弱电平面图（标准层）

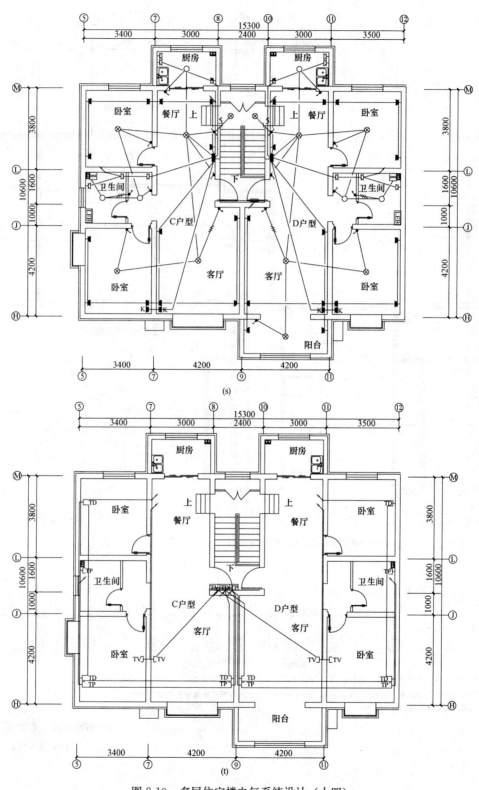

图 8-10　多层住宅楼电气系统设计（十四）

（s）C、D 户型强电平面图（六层）；（t）C、D 户型弱电平面图（六层）

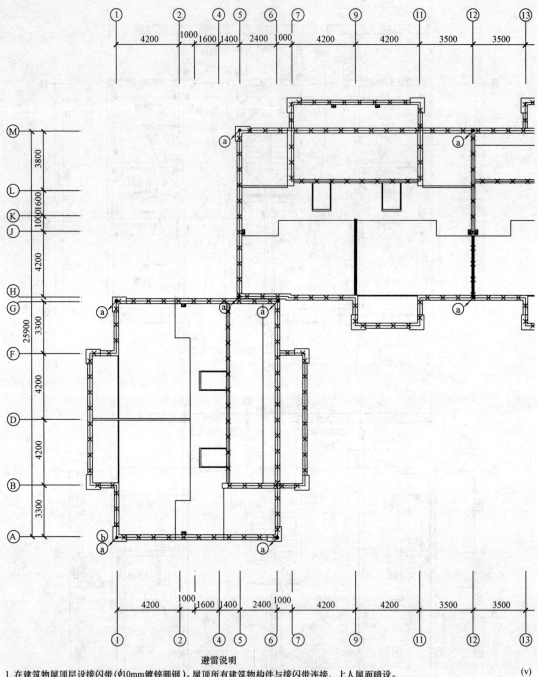

避雷说明

1. 在建筑物屋顶层设接闪带(ϕ10mm镀锌圆钢)。屋顶所有建筑物构件与接闪带连接，上人屋面暗设。

2. 利用结构柱对角主钢筋(ϕ>16mm)做为引下线，图中用ⓐ表示。主筋与室外接地装置可靠焊接。

3. ⓑ处做测试点距首层地面以上0.5m。

(v)

图 8-10 多层住宅楼

（u）屋顶防雷（1）；

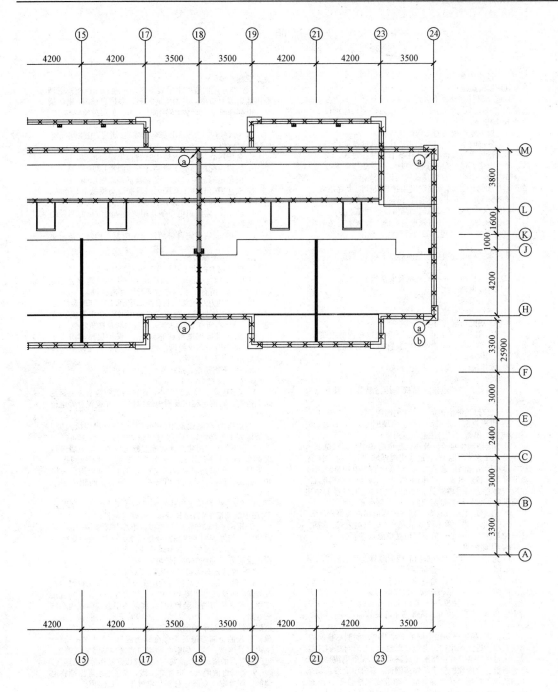

电气系统设计（十五）
（v）屋顶防雷（2）

设 计 说 明

一、设计依据

1. 建筑概况:

住宅小区住宅楼,不含地下室部分设计,1~26层,每层层高3m,1层为架空层,2~26层为住宅;屋顶设有电梯机房。

2. 相关专业提供的工程设计资料。

3. 各市政主管部门对初步设计的审批意见。

4. 建设单位提供的设计任务书及设计要求。

5. 中华人民共和国现行主要标准及法规:

JGJ 16—2008《民用建筑电气设计规范》。

GB 50045—2008《高层民用建筑设计防火规范》。

GB 50096—2011《住宅设计规范》。

GB 50057—2010《建筑物防雷设计规范》。

GB 50200—1994《有线电视系统工程技术规范》。

其他有关国家及地方的现行规程、规范及标准。

二、设计范围

1. 本工程设计包括红线内的以下电气系统:

1) 220/380V配电系统。

2) 建筑物防雷、接地系统及安全措施。

3) 有线电视系统。

4) 电话系统。

5) 网络布线系统。

6) 多功能闭客对讲系统。

2. 本工程电源分界点为底层电源进线柜内的进线开关。电源进建筑物的位置及过墙套管由本设计提供。

三、220/380V配电系统

1. 本建筑为一类高层住宅建筑。

2. 负荷分类及容量:

一级负荷:消防电梯、风机、排污泵等,其容量为79kW。

三级负荷:其他电力负荷及住宅照明,其容量为400kW。

3. 供电电源:本工程从小区一配电间引来1路220/380V电源,供给本楼的住宅照明用电;

从小区柴油发电机房及小区配电间各引来两路电源,分别供一级负荷用电。所有进线电缆埋地引入,接入住宅插接母线始端箱及应急动力柜。正常照明用电由母线插接箱分别引入各层电表箱,消防电源由应急配电箱引出电缆,在电气竖井内通过桥架引至末端双电源箱,电气竖井中电缆及母线敷设完毕后每层留洞,应做防火封堵。

4. 住宅用电指标:本工程住宅用电标准为每户8kW。

5. 供电方式:本工程采用放射式的供电方式;对消防电梯及排污泵等一级负荷采用双电源末端互投。

6. 照明配电:

1) 光源:公共照明应采用节能型灯具。住宅装修功率密度值LPD=7W/m²。应急照明灯、安全出口灯选用自带电池的灯具组,要求发光时间不低于30min。应急照明灯墙上明装,底距地2.2m;安全出口灯明装,当在门上方安装时,底边距门框0.2m;若门上无法安装时,则在门旁墙上安装,顶距墙0.3m。疏散指示灯安装高度中心距地0.6m。

2) 照明、插座分别由不同的支路供电,照明、插座为单相三线;进线采用铠装电缆直埋敷设,入户时穿钢管敷设。由母线至各分配电箱配出线路采用YJV型电缆穿钢管地埋暗敷,户内预理管采用焊接钢管。室内所有线路均采用铜芯线,视所在位置穿管墙内暗敷或埋地暗敷。所有插座回路均采用漏电保护(2.2m以上空调插座除外)。

四、设备安装

1. 楼梯间声光控开关墙上明装,下端距地1.8m。其余电源开关墙上暗装,下端距地1.5m。

2. 插座均采用安全型单相二孔加三孔双联插座墙上暗装,下端距地0.3m。

3. 空调专用插座墙上暗装,下端距地2.0m;柜式空调专用插座墙上暗装,下端距地0.3m;各信息插座、电话插座、电视插座墙上暗装,下端距地0.3m。夹层插座安装距地1.8m。

4. 所有插座均应采用安全型插座,厨房,卫生间插座加装防溅面板。

5. 各接线盒、过线盒墙上暗装,上端距顶0.5m。

6. 各户内配电箱墙上暗装,下端距地1.8m。

7. 应急电源总进线箱,电表箱下端距地1.5m。

8. 未注明灯具详平面图,灯具安装高度低于2.4m时,需增加一根PE线,平面图中不再标注。

9. 消防、应急用设备及相关线槽上应标有明显的"消防"标志。

10. 应急照明系统自带的蓄电池应每年检修,及时更换。

五、导线选择及敷设

1. 消防动力配电干线选用NH-YJV-1kV交联聚乙烯铜芯耐火电力电缆;照明干线选用YJV-1kV交联聚乙烯铜芯电力电缆。所有干线均在桥架及竖井内敷设。

2. 消防动力及应急照明支线选用ZR-BV-500V聚氯乙烯绝缘铜芯阻燃导线;照明支线选用BV-500V聚氯乙烯绝缘铜芯导线。所有支线均穿SC钢管沿墙及楼板暗敷。

3. 消防设备配电线路暗敷时,保护层厚度需大于30mm;明敷时做防火处理。电气竖井内孔在设备安装完毕后用防火材料封堵。

六、建筑物防雷、接地系统及安全措施

(一) 建筑物防雷

1. 本工程防雷等级为三类。建筑物的防雷装置应满足防直击雷、防雷电感应及雷电波的侵入,并设置总等电位联结。

2. 接闪器:在屋顶采用φ10mm热镀锌圆钢作接闪带,屋顶接闪带连接线网格不大于20m×20m及24m×16m。

3. 引下线:利用建筑物钢筋混凝土柱子或剪力墙内两根φ16mm以上主筋通长焊接作为引下线柱,引下线间距不大于25m。所有外墙引下线在室外地面下1m处引出一根40×4热镀锌扁钢,扁钢伸出室外,距外墙皮的距离不小于1m。

4. 接地极:接地极为建筑物基础底梁上的上、下两层钢筋中的两根主筋,通长焊接,形成基础接地网。

5. 引下线上端与接闪带焊接,下端与接地极焊接。建筑物四角的外墙引下线在室外地面上0.5m处设测试卡子。

6. 凡突出屋面的所有金属构件、金属通风管、金属屋面、金属屋架等均与接闪带可靠焊接。

7. 室外接地凡焊接处均应刷沥青防腐。

8. 防侧击雷:建筑物内钢架及钢筋混凝土钢筋应相互连接60m及以上外墙上的栏杆、门窗等较大金属物直接或通过预埋件与防雷装置相连。作防雷引下线的柱内钢筋应在11、14、17、20、23层与结构圈梁水平钢筋相接,该层的结构圈梁中的钢筋应连成闭合回路以形成均压环。垂直敷设的金属管道及类似金属物应每三层与钢筋混凝土内钢筋连接一次,同时在顶端与底端与防雷装置连接。电气竖井内电缆干线应每三层与楼板钢筋作等电位连接。

9. 防雷电波侵入:电缆进出线,应在电缆进出端将电缆的金属外皮,金属导管等与电气设备接地相连。

(二) 接地及安全措施

1. 本工程防雷接地、电气设备的保护接地、电梯机房等的接地共用统一的接地极,要求接地电阻不大于1Ω,实测不满足要求时,增设人工接地极。

图 8-11 高层住宅楼电气系统设计(一)

(a) 设计说明(1)

2. 电气竖井内垂直敷设两条、水平敷设一圈40×4mm热镀锌扁钢，水平与垂直接地扁钢之间可靠焊接。

3. 凡正常不带电，而当绝缘破坏有可能呈现电压的一切电气设备金属外壳均应可靠接地。

4. 本工程采用总等电位联结，总等电位板用紫铜板制成，应将建筑物内保护干线、设备进线总管等进行联结，总等电位联结线采用BV-1×25mm PC32，总等电位联结均采用等电位卡子，禁止在金属管道上焊接。住宅卫生间采用局部等电位联结，从适当地方引出两根大于φ16mm结构钢筋至局部等电位箱(LEB)，局部等电位箱暗装，底边距地0.3m。将卫生间内所有金属管道、金属构件联结。具体做法参见国标图集《等电位联结安装》。

5. 过电压保护：在电源总配电柜内装第一级电涌保护器(SPD)。

6. 有线电视系统引入端、电话引入端等处过电压保护装置。

7. 本工程接地型式采用TN-S系统，电源在进户处做重复接地，并与防雷接地共用接地极。

8. 电气桥架应与电气竖井内镀锌扁钢可靠焊接。

9. 整个电梯的金属构件应采取等电位联结措施，所有电气设备及导管，线槽的外露可导电部分均应可靠接地。

10. 水平敷设的钢制桥架，桥架的连接头处尽量设置在跨距的1/4处，水平走向电缆每隔2m固定一次，垂直走向的电缆每隔1.5m固定一次。电缆桥架应可靠接地，干线桥架将其端部接BV-6mm² 铜芯导线，并与总接地线相通。长距离桥架每隔30m接地一次。

七、有线电视系统

1. 电视信号由室外有线电视网的市政接口引来，进楼处预埋一根SC100钢管。

2. 系统采用750MHz邻频传输，要求用户电平满足64±4dB；图象清晰度不低于四级。

3. 放大器箱在弱电箱内，各分支分配器箱均安装在各层竖井内。挂墙明装，底边距地0.5m。

4. 干线电缆选用SYWV-75-9，穿PVC25管。支线电缆选用SYWV-75-5，穿PVC20管，沿墙及楼板暗敷。每户在起居室及主卧室各设一个电视插座；用户电视插座暗装，底边距0.3m。

八、电话系统

1. 住宅每户按3对电话线考虑，在客厅、卧室处分别设电话插座。

2. 市政电话电缆先由室外引入至总接线箱，再由总接线箱通过竖井引至各层接线箱。各层接线箱分线给住户配线箱，再由住户配线箱敷线给户内各户的电话插座。

3. 电话电缆及电话线分别选用HYA和RVS型，穿金属管敷设。电话干线电缆在地面内暗敷，在竖井内明敷。电话支线沿墙及楼板暗敷。

4. 每层的电话分线箱在竖井内挂墙安装，底边距地0.5m。住户配线箱在每户住宅内嵌墙暗装，底边距地0.5m。电话插座暗装，底边距地0.3m。

九、网络布线系统

1. 本工程每户按1根网线考虑；在客厅及主次卧室各设一个计算机插座。

2. 由弱电间引来的数据网线至一层的网络设备配线柜，再由配线柜配线给各层的住宅用户。

3. 由室外引入楼内的数据网线选用2芯非屏蔽多模光纤，穿金属管埋地暗敷；由竖井引至各层的线路沿金属线槽在竖井内明敷。从竖井引至各户接线箱及计算机插座的线路采用超五类4对双绞线，穿金属管沿墙及楼板暗敷。

4. 计算机插座选用RJ45超五类型，与网线匹配，底边距地0.3m暗装。

十、多功能访客对讲系统

1. 本工程采用总线制多功能访客对讲系统，将住户的防入侵报警系统纳入其中。

2. 本楼按独立的访客对讲系统，工作状态及报警信号送到小区管理中心。门口机嵌墙安装，底边距地1.4m，对讲分机挂墙安装在住户门厅内（兼做防入侵报警系统控制器），距地1.4m。可燃气体探测器通过对讲系统接入小区消防控制中心。

3. 厨房可燃气体探测器的安装位置应根据厨房内可燃气体的种类而定，当厨房采用天然气时，探测器安装在灶具上方，采用液化气时，安装在灶具下方，相关单位安装前应与甲方沟通后，确认厨房用气种类后再行安装。

十一、火灾自动报警系统

1. 本大楼按一级保护对象进行火灾报警与控制系统的设置，采用集中火灾报警系统。

2. 火灾自动报警控制线路引自小区消防控制室。

3. 设备安装高度：消火栓按钮放置在消火栓内，手动报警按钮及消防电话插座均挂墙安装底边距地1.5m；各控制模块，在有吊顶的地方安装在吊顶内，无吊顶的地方安装在墙上，底距地(楼)面2m；消防广播在有吊顶的地方安装在吊顶内，没有吊顶的地方吸顶安装；探测器吸顶安装，至墙壁梁边及遮挡物的水平距离不小于0.5m，至空调送风口的水平距离不小于1.5m，至多孔送风顶孔口的水平距离不小于0.5m。火灾显示盘底边距地1.5m。

4. 线路敷设方式：所有水平线路均穿钢管沿墙、柱、顶棚敷设，有吊顶的敷设于吊顶内；垂直部分线路在弱电井内沿桥架敷设。

5. 消防联动控制：

(1)火灾时，所有电梯降至首层，并显示电梯运行状态。

(2)火灾时，切断非消防电源，并接通火灾层及上下相邻楼层消防广播。

(3)火灾时，强制接通应急照明电源，保证应急照明点亮。

6. 火灾报警系统，联动控制柜接地线应与室内等电位联结板可靠连接，接地电阻小于1Ω。

7. 消火栓具体位置详见排水专业图纸。

8. 消防用电设备采用专用供电回路，配电设备设明显标志。

9. 应急照明和疏散指示标志，需设不燃烧材料制作保护罩。

10. 消防部分施工详见××××，本说明未尽事宜详《火灾自动报警系统设计规范》、《火灾自动报警系统施工及验收规范》。

11. 消防专用设备过载保护只报警，不跳闸。

12. 所有消火栓启泵按钮采用ZR-BV-4×1.5线穿SC15钢管引至消防泵控制箱，火灾时可直接启动。

十二、其他

1. 凡与施工有关而又未说明之处，参见国家、地方标准图集施工，或与设计院协商解决。

2. 本工程所选设备、材料必须具有国家级检测中心的检测合格证书（3C认证）；必须满足与产品相关的国家标准；供电产品、消防产品应具有入网许可证。

3. 根据国务院颁发的《建设工程质量管理条例》

1) 本设计文件需报县级以上人民政府建设行政主管部门或其他有关部门审查批准后，方可用于施工。

2) 建设方应提供电源、电信、电视等市政原始资料，原始资料应真实、准确、齐全。

3) 施工单位必须按照工程设计图纸和施工技术标准施工，不得擅自修改工程设计。

4) 建设工程竣工验收时，必须具备设计单位签署的质量合格文件。

十三、本工程引用的国家建筑标准设计图集

《低压双电源切换电路图》；

《等电位联结安装》；

《利用建筑物金属体做防雷及接地装置安装》；

《住宅小区建筑电气设计与施工》；

《智能家居控制系统设计施工图集》；

《建筑电气工程设计常用图形和文字符号》。

图 8-11　高层住宅楼电气系统设计（二）

(b) 设计说明（2）

符号图例	设备名称	型号规格	单位	备注
	可燃气(体)探测器	GST-BT002F	个	
	接线端子箱	GST-JX100	个	
	总线接线箱	GST-LD-8309	个	
8304	电话模块	GST-LD-8304	个	
8305	广播模块	LD-8305	个	
FI	楼层显示盘	ZF-101	个	
	感烟探测器	JTY-GD-G3	个	
	手动报警按钮(带消防电话插座)	LD-8403	个	
SI	总线隔离器	LD8313 (动作电流270mA)	个	
	消防电话分机	GST-TS-100A	个	
	消防广播	120V 3W	个	
	单输入输出模块	LD-8301	个	
	热镀锌接线闪带	φ12mm	m	
	接地线	-25×4	m	按实数量计算
	桥架	XQJ-P-200×100	m	按实际数量计算
LEB	局部等电位端子箱		个	
MEB	总等电位端子箱		个	
SPD	电涌保护器	TIU1-40/440	个	
	PVC阻燃塑料管	PVC16、20、25、32、40、50	m	
	保护钢管	SC15、20、25、32、40、50、100	m	数量按实计算
	电视电缆	SYWV-75-9、-5	m	数量按实计算
	电话线	RVB-2×0.5	m	
A	电话电缆	HYA-500 (2×0.5)	m	
TP	电话插座		个	
TV	电视插座		个	
	门禁主机(楼门口)		个	
	对讲户内机		个	
	阻燃导线	ZR-BV-0.5-2.5、4、16mm²	m	数量按实计算
	铜芯护套线	BV-0.5-2.5、4、6、10、16mm²	m	数量按实计算

符号图例	设备名称	型号规格	单位	备注
	交联电缆	YJV-1-4×70+35	m	数量按实计算
	耐火铠装交联电缆	NH-YJV22-1-4×95+50	m	数量按实计算
	铠装交联电缆	YJV22-1-4×120+70	m	数量按实计算
	耐火交联电缆	NH-YJV-1-5×6	m	数量按实计算
	耐火交联电缆	NH-YJV-1-4×35+16	m	数量按实计算
	耐火交联电缆	NH-YJV-1-4×25+16	m	数量按实计算
→	疏散指示灯		套	
E	双头应急灯	2×10W	套	安全型
	安全出口指示灯		套	安全型
	局部照明变压器	BJZ-1000VA/220/36V	台	
▲	墙壁灯座	20W	个	
	超五类4对绞线	4对UTP	m	
□	住宅智能化系统配线箱	ADD1	台	
	节能自熄开关	220V、10A	个	
	防水插座	220V、10A	个	
	空调专用插座	220V、16A	个	
	单相二孔加三孔插座	220V、10A	个	
	双联开关	220V、10A	个	
	单联开关	220V、10A	个	
	双管荧光灯	TCW2×36W/840	套	
⊗	防水防尘灯	100W	套	灯具型号由甲方选定
○	节能灯	40W	只	诺见01D303-3 第108、109页
AC	水泵控制箱	XKP-3-1/3	台	津99D303-2 31、32页
ACP1,2	风机控制箱	SF-4	台	
	双电源箱	XLS-100Z	台	
	住户配电箱		台	
	动力配电柜	XL-21	台	
	智能电表箱	KD80-YD/6	台	
	接地母线	ENA-400A	m	

图 8-11 高层住宅楼电气系统设计 (三)

(c) 图例及材料表

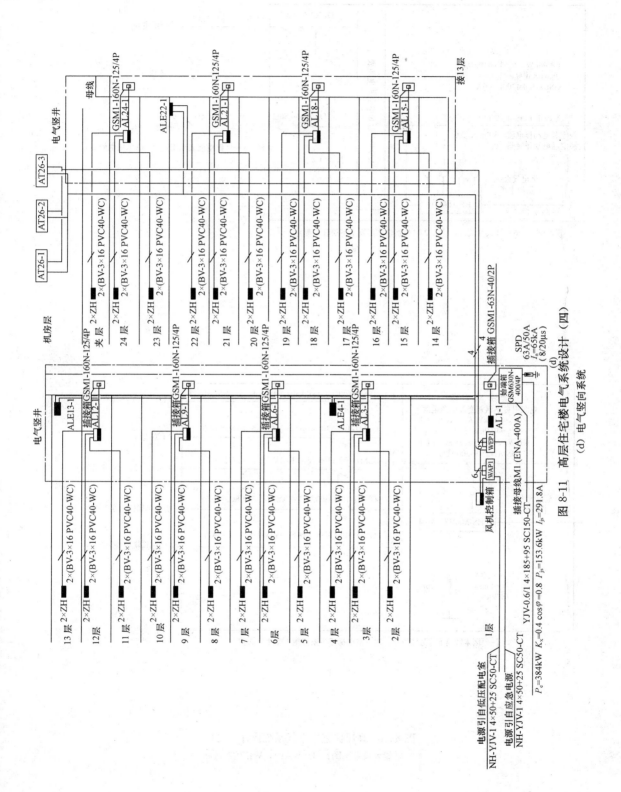

图 8-11　高层住宅楼电气系统设计（四）

(d) 电气竖向系统

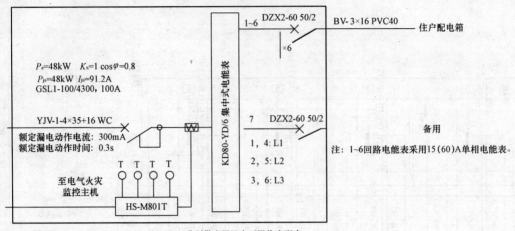

说明:AL3、69、12、15、18、21、24-1分别供本层及上下层住户配电。

(e)

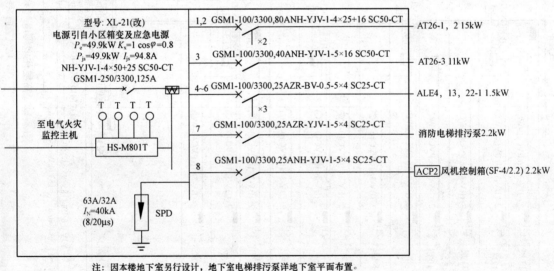

注：因本楼地下室另行设计，地下室电梯排污泵详地下室平面布置。

(f)

图 8-11 高层住宅楼电气系统设计（五）

(e) 电能表箱系统图；(f) WAP1，WEP1 系统图

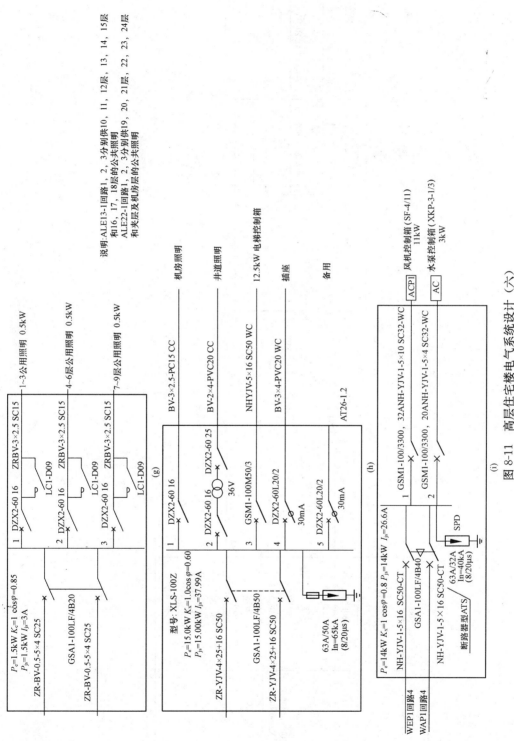

图 8-11 高层住宅楼电气系统设计 (六)

(g) 楼层公共照明箱 ALE4-1; (h) AT26-1, 2; (i) AT26-3

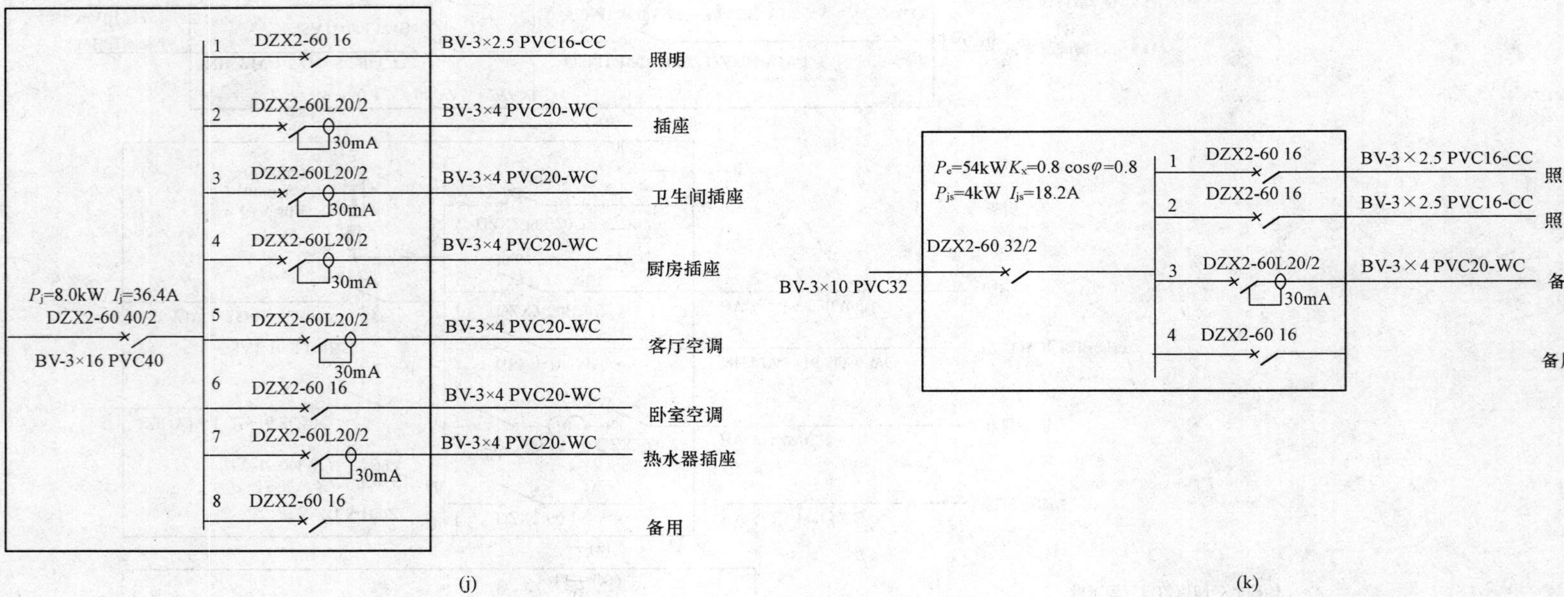

照明 BV-3×2.5 PVC16-CC

照明 BV-3×2.5 PVC16-CC

备用 BV-3×4 PVC20-WC

备用

DZX2-60 16 　1

DZX2-60 16 　2

DZX2-60L20/2　30mA　3

DZX2-60 16 　4

$P_e=54\text{kW}\ K_x=0.8\ \cos\varphi=0.8$
$P_{js}=4\text{kW}\ \ I_{js}=18.2\text{A}$

DZX2-60 32/2

BV-3×10 PVC32

(k)

照明 BV-3×2.5 PVC16-CC

插座 BV-3×4 PVC20-WC

卫生间插座 BV-3×4 PVC20-WC

厨房插座 BV-3×4 PVC20-WC

客厅空调 BV-3×4 PVC20-WC

卧室空调 BV-3×4 PVC20-WC

热水器插座 BV-3×4 PVC20-WC

备用

DZX2-60 16 　1

DZX2-60L20/2　30mA　2

DZX2-60L20/2　30mA　3

DZX2-60L20/2　30mA　4

DZX2-60L20/2　30mA　5

DZX2-60 16 　6

DZX2-60L20/2　30mA　7

DZX2-60 16 　8

$P_j=8.0\text{kW}\ \ I_j=36.4\text{A}$
DZX2-60 40/2

BV-3×16 PVC40

(j)

图 8-11　高层住宅楼电气系统设计（七）
(j) ZH 住户系统图；(k) AL1-1

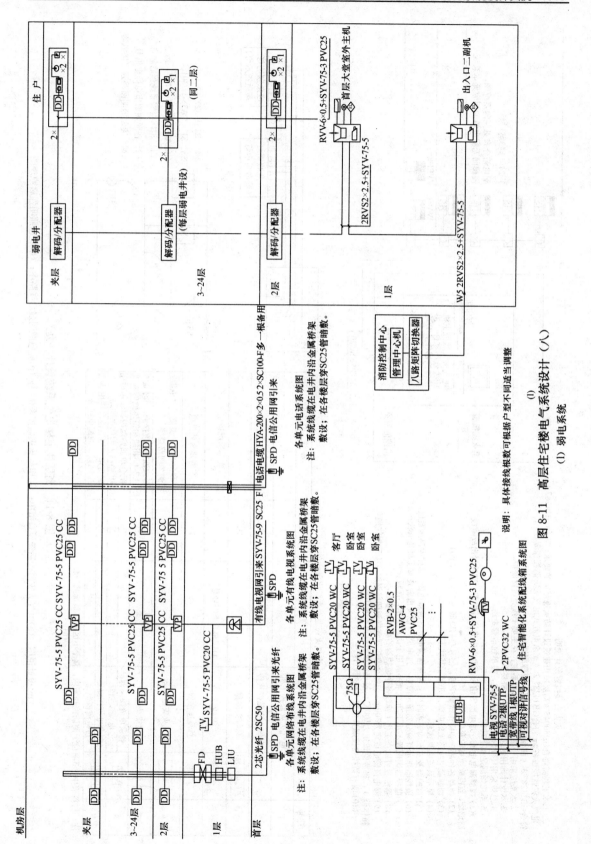

图 8-11 高层住宅楼电气系统设计（八）
（I）弱电系统

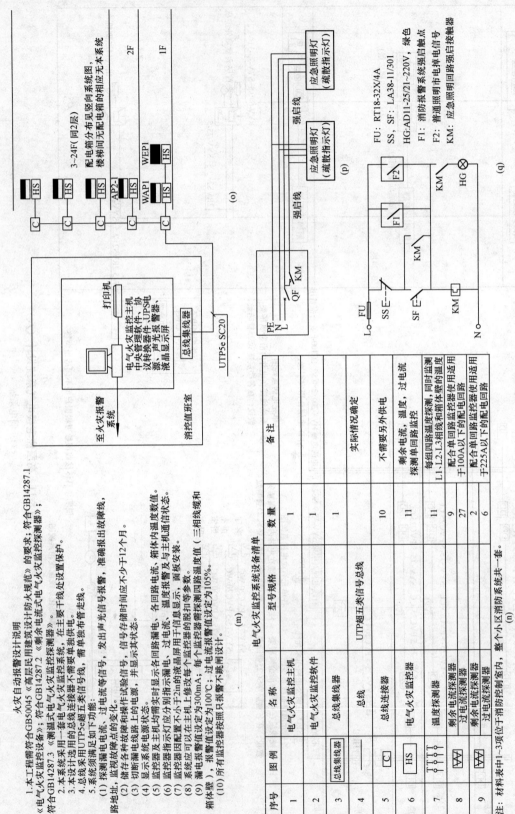

火灾自动报警设计说明

1.本工程需符合GB50045《高层民用建筑设计防火规范》的要求；符合GB14287.1《电气火灾监控设备》；符合GB14287.2《剩余电流式电气火灾监控探测器》；符合GB14287.3《测温式电气火灾监控探测器》。

2.本设计采用一套电气火灾监控系统，在主要干线处加装保护。

3.本设计选用的总线连接器不需要单独接线供电。

4.总线采用UTP5e超五类信号线，需单独布管走线。

5.系统需满足如下功能：

(1) 探测漏电电流、过流电流，发出声光等信号报警，准确报出故障地址。

(2) 监视电源状态的变化。

(3) 储存各种故障报警和操作试验等实时数值，信号存储时间应不小于12个月。

(4) 显示系统运行状态。

(5) 切断各电线路上的电源，并显示其状态。

(6) 监控器及主机均需实时显示指示漏电、过电流等状态。

(7) 监控器指示灯应分别指示漏电、过电流、电源状态。

(8) 监控器因配置不小于2m的液晶屏及主机通信。

(9) 系统应可以在主机上修改每个监控器的脱扣门限值信息参数。

漏电报警值设定为300mA；过电流报警只报警不跳闸设计。

(10) 所有监控器按图示要求参数，温度报警值设定为100℃；温度显示、温度通信温度设定为105‰。

箱体壁（墙），报警值设定为100℃；漏电报警和

(m)

电气火灾监控系统设备清单

序号	图例	名称	型号规格	数量	备注
1		电气火灾监控主机		1	
2		电气火灾监控软件		1	
3	总线集线器	总线集线器		1	
4	——	总线	UTP超五类信号总线		
5	C	总线连接器		10	实际情况确定
6	HS	电气火灾监控器		11	不需要另外供电
7	TTTT	温度探测器		11	剩余电流、温度、过电流探测单回路监控
8	∨∨	过电流探测器		9	每组四路温度探测，同时监测L1、L2、L3相线探测和箱体温度配合单回路监控器使用适用于100A以下的配电回路
9	∨∨	剩余电流探测器		27	配合单回路监控器使用适用于225A以下的配电回路
		过电流探测器		2	
		剩余电流探测器		6	

注：材料表中1～3项位于消防控制室内，整个小区消防系统共一套。

(n)

图 8-11 高层住宅楼电气系统设计（九）

(m)设计说明；(n)电气火灾监控系统设备清单；(o)电气火灾监控系统系统图；(p)应急照明强启线路图；(q)应急照明强启原理图

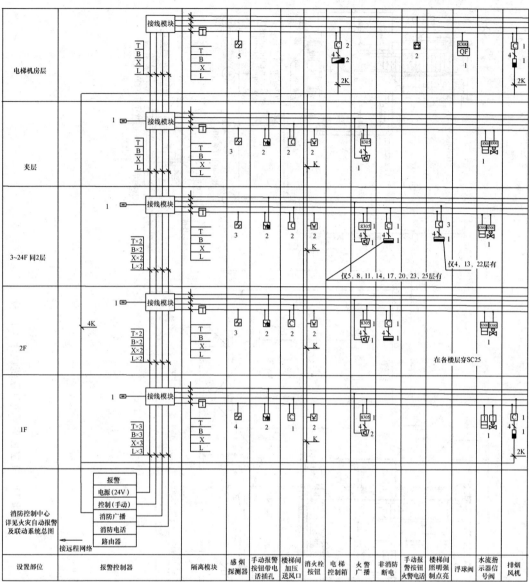

图 8-11 高层住宅楼电气系统设计（十）

（r）消防系统

说明：

报警线路为ZR-RVS-2×2.5 SC15
电源总线为ZR-BV-2×4 SC15
多线盘联动线为ZR-BV-5×2.5 SC25
消防广播线为ZR-BV-2×1.5 SC15
消防电话线为ZR-RVVP-2×2.5 SC15
消防回路划分·每栋住宅用1回路

序号	图例	名称	序号	图例	名称	序号	图例	名称
1.	▬	火灾显示盘	10	⧖	信号蝶阀	19	8304	电话模块
2	⌹	手动报警按钮（带电话插孔）	11	!	非编码感温探测器	20	8302	切换模块
3	⌷	消火栓按钮	12	C	单输入/单输出模块	21	JLM	防火卷帘控制柜
4	⟁	消防广播	13	8313	总线隔离器	22	PY	排烟风机控制柜
5	▬	电源箱	14	8300	输入模块	23	⧲	气体灭火探测器
6	☎	消防电话分机	15	8305	编码广播切换模块	24	⟋	接线模块
7	⬛	280°防火阀	16	8303	双输入/双输出模块	25	⊞	接线端子箱
8	⬛	70°防火阀	17	8302A	双动作切换模块	26	QF	浮球阀
9	⟋	水流指示器	18	8302C	切换模块	27		

(r)

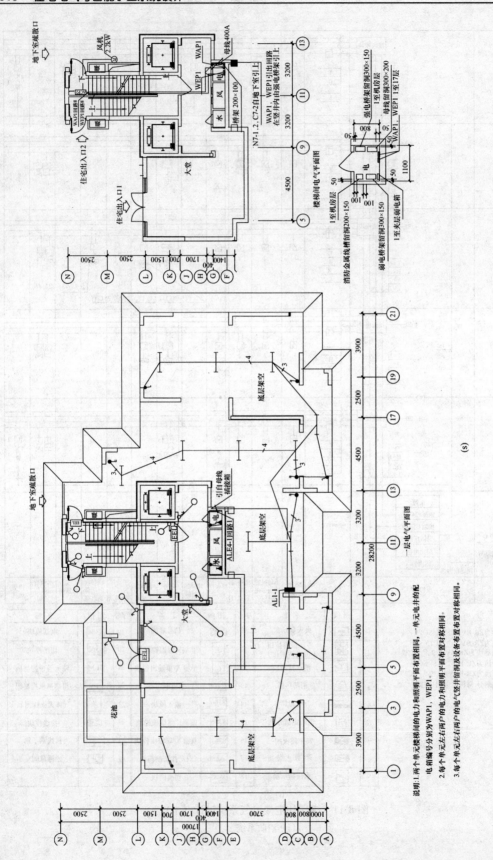

说明：1.两个单元楼梯间的电力和照明平面布置相同，一单元电井内的配
电箱编号分别为WAP1、WEP1。
2.每个单元左右两户的电力和照明平面布置对称相同。
3.每个单元左右两户的电气竖井留洞及设备布置布置对称相同。

图 8-11 高层住宅楼电气系统设计（十一）

(s) 一层电气平面

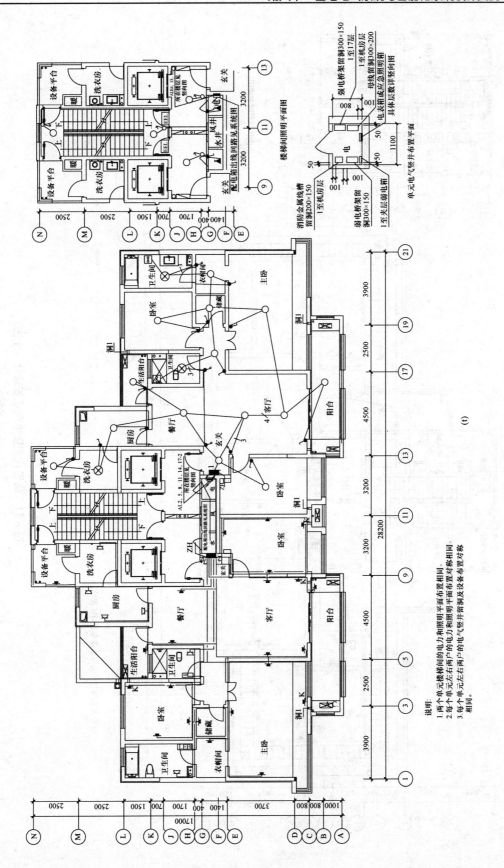

图 8-11　高层住宅楼电气系统设计（十二）

（t）2~24 层电气平面

说明：
1. 两个单元楼梯间的电力和照明平面布置相同。
2. 每个单元左右两户的电力和照明平面布置对称相同。
3. 每个单元左右两户的电气竖井留洞及设备布置对称相同。

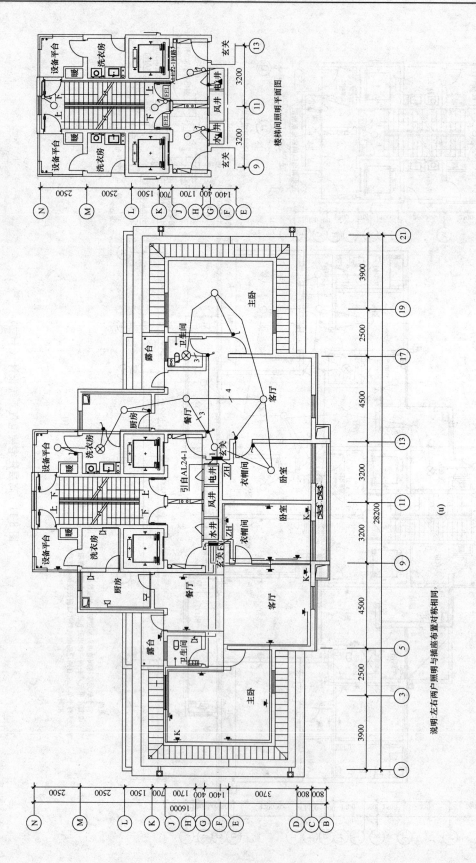

图 8-11　高层住宅楼电气系统设计（十三）

（u）夹层电气平面

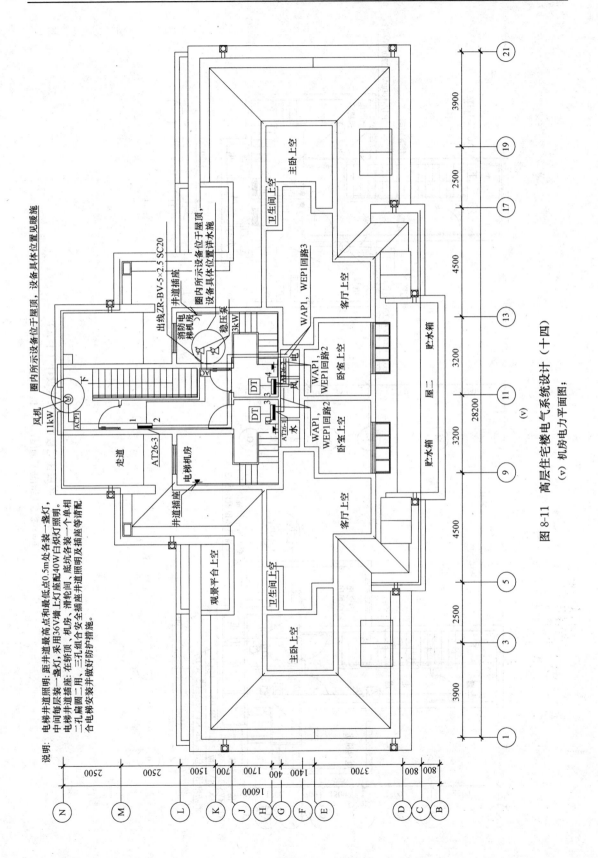

说明：电梯井道照明，距井道最高点和最低点0.5m处各装一盏灯，
中间每层装一盏灯，采用36V壁灯配40W墙上灯胆或40W白炽灯照明。
电梯井道插座：在桥顶、机房、滑轮间，底座各装一个单相
二孔扁圆二用，三孔组合全安插座并做好防护措施。
合电梯安装并做好微好防护措施。

圈内所示设备位于屋顶，设备具体位置见暖施
出线ZR-BV-5×2.5 SC20
圈内所示设备位于屋顶，
设备具体位置详水施

图 8-11 高层住宅楼电气系统设计（十四）
(v) 机房电力平面图；

(v)

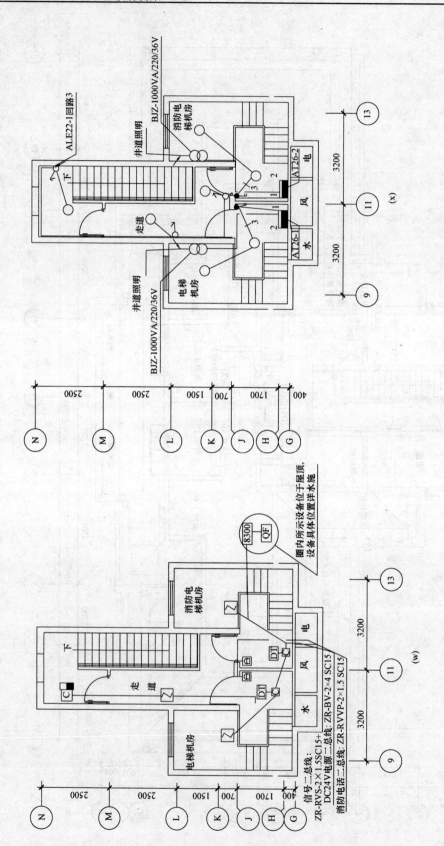

图 8-11 高层住宅楼电气系统设计（十五）
(w) 机房层消防平面图；(x) 机房层照明平面图

信号二总线：
ZR-RVS-2×1.5SC15+
DC24V电源二总线：ZR-BV-2×4 SC15
消防电话二总线：ZR-RVVP-2×1.5 SC15

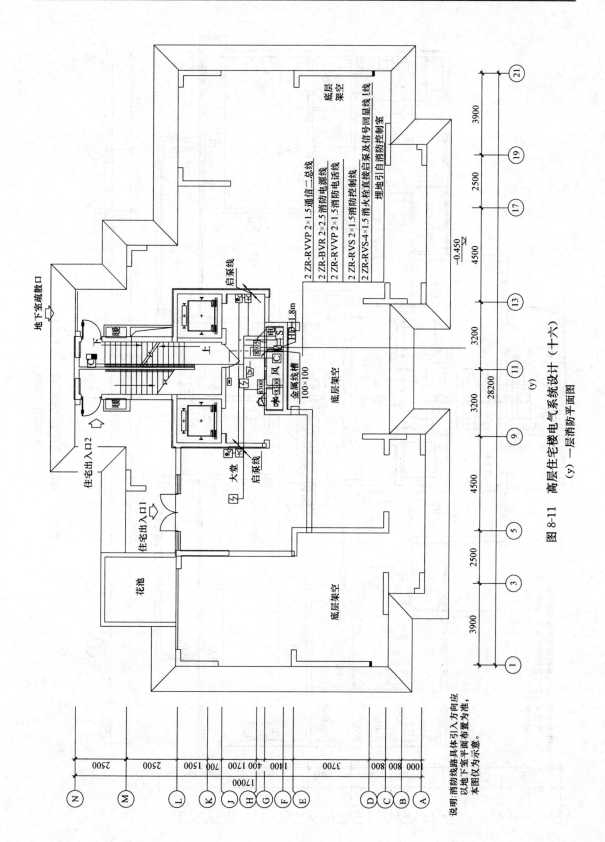

图 8-11　高层住宅楼电气系统设计（十六）

(y) 一层消防平面图

地下室疏散口

住宅出口2

住宅出入口1

花池

底层架空

底层架空

底层架空

底层架空

启泵线

大堂

启泵线

金属线槽
100×100

启泵线

2 ZR-RVVP 2×1.5 通信一总线
2 ZR-BVR 2×2.5 消防电源线
2 ZR-RVVP 2×1.5 消防电话线
2 ZR-RVS 2×1.5 消防控制线
2 ZR-RVS-4×1.5 消火栓直接启泵及信号回显线
埋地引自消防控制室

−0.450

28200

3900 2500 4500 3200 3200 4500 2500 3900

① ③ ⑤ ⑨ ⑪ ⑬ ⑰ ⑲ ㉑

N M L K J H G F E D C B A

17000

2500 2500 1500 700 1700 400 1400 3700 800 800 1000

说明：消防线路线路具体引入方向应
以地下室平面布置为准，
本图仅为示意。

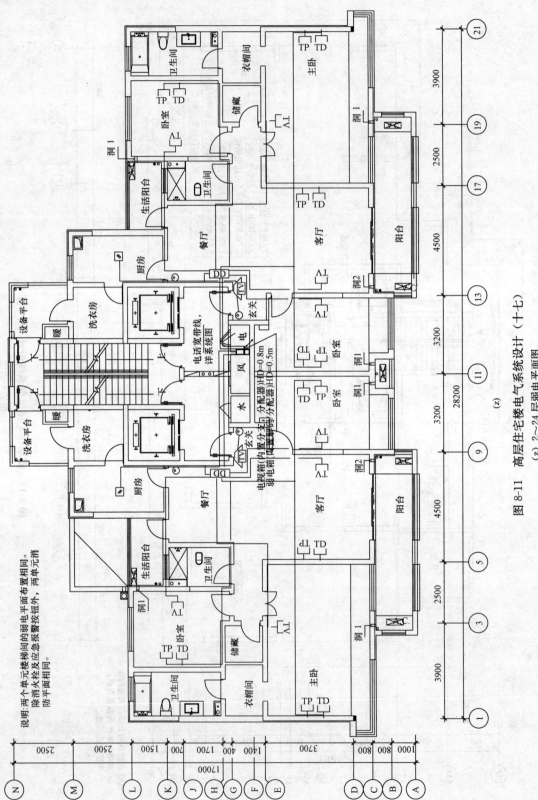

图 8-11 高层住宅楼电气系统设计（十七）

(z) 2～24 层弱电平面图

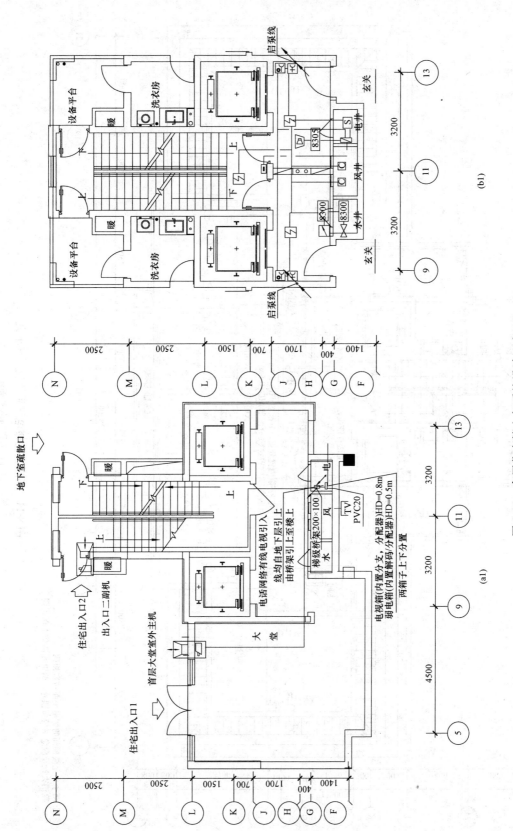

图 8-11　高层住宅楼电气系统设计（十八）

(a1) 一层弱电平面图；(b2) 2~24 层楼梯间消防平面图

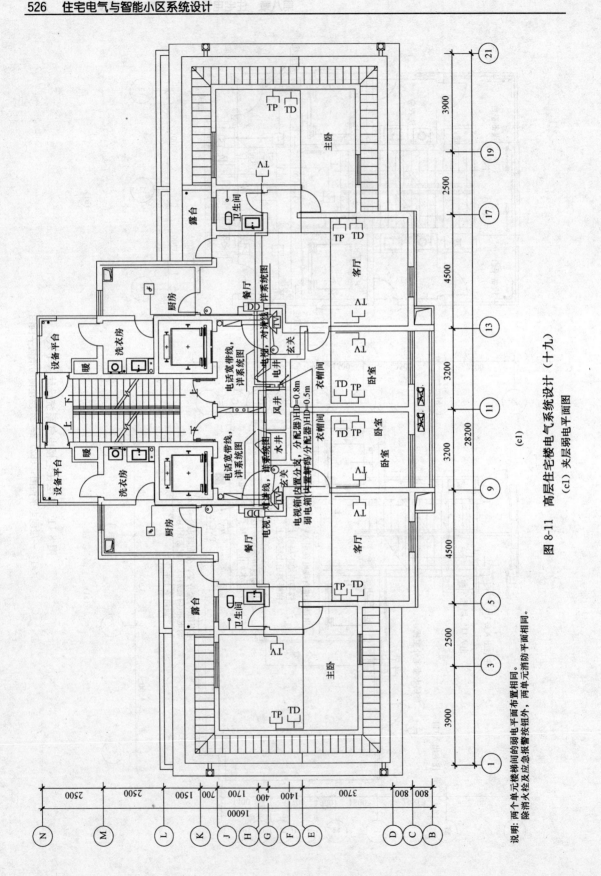

图 8-11 高层住宅楼电气系统设计（十九）

(c1) 夹层弱电平面图

说明：两个单元楼梯间的弱电平面布置相同，两单元平面相同。
除消火栓及应急报警按组外，两单元消防平面相同。

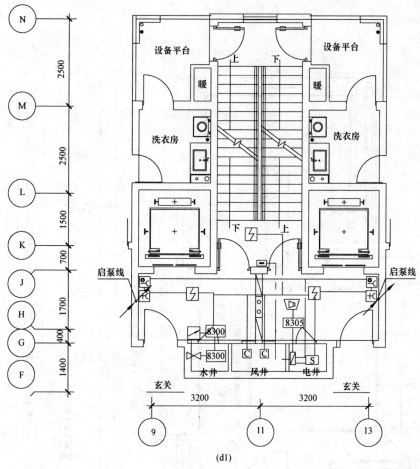

(d1)

图 8-11　高层住宅楼电气系统设计（二十）

(d1) 夹层消防平面图

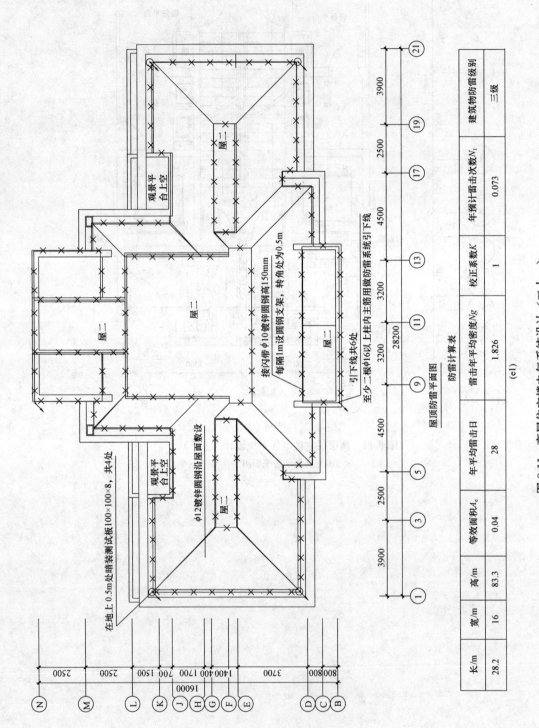

屋顶防雷平面图

接闪带 φ10 镀锌圆钢高150mm，每隔1m设圆钢支架，转角处为0.5m

引下线共6处

至少二根 φ16以上柱内主筋用做防雷系统引下线

φ12镀锌圆钢沿屋面敷设

观景平台上空

观景平台上空

屋二

屋二

屋二

屋二

屋二

在地上 0.5m处暗装测试板100×100×8，共4处

防雷计算表

长/m	宽/m	高/m	等效面积A_e	年平均雷击日	雷击年平均密度N_g	校正系数K	年预计雷击次数N_1	建筑物防雷级别
28.2	16	83.3	0.04	28	1.826	1	0.073	三级

(e1)

图 8-11　高层住宅楼电气系统设计（二十一）

(e1) 屋顶防雷平面